主编简介

冯之敬　博士，清华大学机械工程系教授，博士生导师。

1982年在合肥工业大学机械工程系大学本科毕业，获学士学位。1985年在哈尔滨工业大学机械制造专业硕士研究生毕业，获硕士学位，1987年博士研究生毕业，获博士学位。1987—1990年在北京理工大学光学仪器专业做博士后。1990年到清华大学工作，1996年任职教授。

主要从事机械学基础理论和精密超精密加工技术领域的研究工作，科研成果1985年获航天工业部科技进步二等奖，1998年获教育部科技进步二等奖，2001年获教育部科技进步一等奖。发表科学研究论文60余篇。在机械工业出版社1994年出版的《机电一体化技术手册》中担任全书副主编和总论篇主编，该书1995年获国家新闻出版署全国优秀科技图书二等奖。指导的博士生论文中有1篇2006年度入选全国百篇优秀博士学位论文。

主编《机械制造工程原理》和《制造工程与技术原理》两本教材，分别于2012年和2005年获评北京市高等教育精品教材。1995年以来，主持清华大学本科生“制造工程基础”课程的教学工作，课程的教学改革1998年获清华大学优秀教学成果一等奖，2001年获北京市高等教育优秀教学成果二等奖。主持的“制造工程基础”课程2005年获评为北京市高等教育精品课程、国家级高等教育精品课程。2006年获得北京市高等学校教学名师奖。

普通高等教育“十一五”国家级规划教材

北京高等教育精品教材
BEIJING GAODENG JIAOYU JINGPIN JIAOCAI

清华大学名优教材立项项目

冯之敬 主编

机械制造工程原理

（第3版）

清华大学出版社
北京

内容简介

本书是为适应机械制造专业教学体系改革的需要，将机械制造几门专业课程中的核心教学内容，以机械制造工程基础原理为主线进行综合编写而成的一门系统的机械制造专业基础课教材。主要内容有：金属切削的基本要素，金属切削过程及切削参数优化选择，机床、刀具和加工方法，工件的定位夹紧与夹具设计，机械加工表面质量，机械加工精度，机械加工工艺规程的制定，装配工艺规程的制定，精密、特种加工和新工艺技术方法简介等。章末附有习题与思考题。

本书可作为高等工科院校机械制造专业的技术基础课教材，也可作为机械类通用的专业基础课教材。

图书在版编目(CIP)数据

机械制造工程原理/冯之敬主编. —3版. —北京：清华大学出版社，2015(2023.8 重印)
ISBN 978-7-302-40039-4

Ⅰ. ①机… Ⅱ. ①冯… Ⅲ. ①机械制造工艺－教材 Ⅳ. ①TH16

中国版本图书馆 CIP 数据核字(2015)第 086762 号

责任编辑：庄红权
封面设计：常雪影
责任校对：刘玉霞
责任印制：宋　林

出版发行：清华大学出版社
网　　址：http://www.tup.com.cn，http://www.wqbook.com
地　　址：北京清华大学学研大厦 A 座　　**邮　　编**：100084
社 总 机：010-83470000　　**邮　　购**：010-62786544
投稿与读者服务：010-62776969，c-service@tup.tsinghua.edu.cn
质量反馈：010-62772015，zhiliang@tup.tsinghua.edu.cn
印 装 者：三河市龙大印装有限公司
经　　销：全国新华书店
开　　本：185mm×260mm　**印　张**：25.25　**插　页**：1　**字　　数**：608 千字
版　　次：1999 年 2 月第 1 版　2015 年 5 月第 3 版　**印　　次**：2023 年 8 月第 10 次印刷
定　　价：68.00 元

产品编号：064151-04

FOREWORD

前　言

制造工业是在国民经济中起着重要作用的基础工业。

高等工科院校机械制造专业为培养能适应现代制造工业发展的高层次的工程技术人才和科学研究人才，进行课程体系和教学内容的改革是十分必要的。

机械制造专业原来的课程体系结构分为金属切削原理、金属切削刀具、机床、机械制造工艺学等几门大课，分类细化，深度增加，在培养计划中占用学时比例大，体现的培养理念是专、深。随着现代科学技术的进步，为使学生将来能够适应工业技术的高速发展，高校培养的学生不仅要建立坚实的专业基础和专业能力，还要注重学习大量涌现的新知识，拓宽知识面，注重综合能力的培养，提高毕业后对工作环境的适应性，因此教学计划中产生了新的专业知识、新的教学内容大量增加引起的学时分配问题，教学改革思想上提出了通识教育和专业教育的合理平衡的新培养理念。为适应教学改革的需要，以新的培养理念为指导思想，本书对机械制造原专业课程中的核心教学内容进行了综合提炼以及新的专业基础知识的扩展，以机械制造工程基础原理为主线，形成一门系统的机械制造专业技术基础课程，力图达到强化工程基础原理、扩大专业讲授知识面、反映专业新技术和发展趋势、加强教材系统性、避免重复、减少学时、精化教学、注重学生专业基础能力和专业适应能力培养的目的。为编好本书，我曾于 1996 年 8 月编写了试用教材，在清华大学机械制造专业和仪器仪表专业试讲，经过 3 年积累教学经验并进行认真修改后于 1999 年 2 月正式完成出版了本书第 1 版。教材出版以来在清华大学多届学生授课中获得优良的教学效果。由于这本书在当时是较早出现的机械制造新编综合性教材，符合很多重点高校教学改革的迫切需要，很快受到多所高校制造学科的重视和采纳，在推动国内高校机械制造专业教学改革中发挥了重要作用。

本书修订工作 2006 年入选了普通高等教育“十一五”国家级教材规划项目，于 2008 年 6 月完成出版了第 2 版。第 2 版修订的特点主要有：①力求语言严谨，学术概念准确。例如，“系统误差”和“随机误差”不再像以前的教材和本书第 1 版那样按照是否有规律或是否被人们掌握来分类，而是严格按数学概念描述为具有确定性规律的误差和具有统计分布规律的误差；再如，以前教材都一直使用“定位基准选择的原则”一词，如称“原则”本应普遍适用，而其实每个所谓“原则”都只适用于某种工艺条件，因此经过反复推敲，改用“选择定位基准的基本方法”这样准确的描述。②注重工程基础原理和学术性。例如，在以往的教材中，加工误差分析与控制的“点图法”，定时抽样均值图和极差图的上下控制线都只说是通过直接给出的公式和系数表进行计算，而没有阐述公式和系数表得来的原理，修订版中根据概率论抽样分布理论推演，阐明“点图法”的基本原理，使教科书区别于手册，体现大学教材注重讲清道理的理论教学特征，也充实了学术性。③精编习题。每章精编了不同类型的习题，提高了教学和自学效果。有些习题需要查阅课外参考书和工程手册，有助于扩展知识面，增强独立解决工程问题的能力。有些习题不是课程讲授内容的验证性练习，具有扩展的更深层次概念和内容，例如习题 7-16，通过尺寸链计算得到测量尺寸，转而要求讨论和计算这个测量尺寸如果超差，零件是否应判定为废品等一连串问题，这就带出了正课上工艺尺寸链计算理论没有讲到的另一个侧面知识，也通过对比，促使进一步提高对工艺尺寸链计算是适应什么样的工艺目的和生产条件等一系列深层次问题的认识，这样一来，习题本身成为超出正课内容的新知识和课程的补充。书上没有附习题参考答案，是考虑到机械制造工程的习题注重的是思路启发和钻研精神，很多习题并非有唯一答案，而通过师生讨论，教学相长，教师会在教学过程中积累经验，逐步掌握习题的精髓，使习题在教学过程中焕发生机。本书第 2 版于 2012 年获评北京市高等教育精品教材。

本书第 3 版修订工作 2012 年入选了清华大学名优教材建设计划。修订着眼的目标是教材内容要跟进新技术发展，要点主要有：①详解刀具材料按切削用途分类标识的方法，阐明新国家标准体现以用户为关注焦点，为用户服务的企业运营理念，列举切削用途与材质组分、结构、工艺之间的关联，表明刀具材料按材质组分分类方法是刀具研发的技术基础，使得刀具材料这样两种分类方法的技术原理达到辩证统一。②与 CA6140 机床传动系统相呼应，引入了数控机床传动系统的内容。CA6140 机床传动系统是机床传动设计的一个典范，包含了机床设计原理必要的技术知识基础，再引入数控机床传动系统，则使得教学内容紧紧跟上机床数控的主流发展。③在工件的定位夹紧中吸收引入了曲面随形支承定位组合夹具的案例，通过企业研发的新技术迅速扩展了定位夹紧原理研究的视野。④以简短注释的方式，写进了《金属切削基本术语》国家标准制定过程中学界关于“背吃刀量”和“切削深度”两个名词术语的争议，起到增添学术活力的作用。

在本书写作过程中，始终特别追求语言的准确、精练、严谨、富含学术性，意使工程技术教材也能从字里行间展现秀美文字艺术的魅力。

本教材可作为高等工科院校机械制造专业的技术基础课教材，也可作为机械类通用的专业基础课教材。

本书第 1 版编写人员及负责的编写工作如下：潘尚峰、冯平法第 1 章，潘尚峰第 2 章，冯平法、冯之敬第 3 章，刘成颖第 4、7、8 章，郁鼎文第 5、6 章，冯之敬第 9 章。冯之敬为主编，参与了第 1 版各章的修改定稿，并负责全书第 2 版、第 3 版的修订。

在本教材的规划和编写过程中，汪劲松、王先逵、金之垣、张玉峰、姚健、池去病、傅水根、段广洪、叶蓓华、陈田养、成晔等许多有经验的教师对教材编写大纲和编写方法提出了宝贵的意见和建议。在本书的修订过程中，北京理工大学的庞思勤老师，上海交通大学的陈明老师，浙江工业大学的王秋成老师，合肥工业大学的张崇高老师、谢峰老师、朱政红老师，北京农业大学的朱红梅老师，北京航空航天大学的陈五一老师，北京毕阳德科技有限公司的王勇彪高级工程师，以及清华大学出版社的张秋玲老师等都提出了许多非常中肯的修订建议，在此致以衷心的感谢。

作者在本书中融入了新的教学指导思想、新的学术见解和研究成果，也参考了相关的文献，在此谨向所列参考文献的作者致以诚挚的谢意，也向所有对本书提出过建议和给予帮助的同行和同事致谢。

诚恳希望对教材中的错误和不足之处提出批评指正。

冯之敬

2015年1月

CONTENTS

目录

金属切削的基本要素 1

金属切削刀具和工件按一定规律作相对运动，通过刀具上的切削刃切除工件上多余的（或预留的）金属，从而使工件的形状、尺寸精度及表面质量都合乎预定要求，这样的加工称为金属切削加工。成形运动和刀具是实现工件切削加工过程的两个基本要素。

1.1 工件表面的形成方法和成形运动

零件的形状是由各种表面组成的，表面成形原理是切削加工方法设计的基础。

1.1.1 工件的加工表面及其形成方法

1. 被加工工件的表面形状

图 1-1 是机器零件上常用的各种表面。可以看出，零件表面是由若干种基本表面组成的，如图 1-2 所示，这些基本表面是：平面、直线成形表面、圆柱面、圆锥面、球面、圆环面、螺旋面等。

2. 工件表面的形成方法

一般的基本表面都可以看作是一条母线沿着一条导线运动形成的，母线和导线统称为形成表面的发生线。

为得到平面（图 1-2(a)），可以使直线 1（母线）沿着直线 2（导线）移动。直线 1 和 2 就是形成平面的两条发生线。为得到直线成形表面（图 1-2(b)），需使直线 1（母线）沿着曲线 2（导线）移动。直线 1 和曲线 2 就是形成直线成形表面的两条发生线。同样，为形成圆柱面（图 1-2(c)），需使直线 1（母线）沿圆 2（导线）运动，直线 1 和圆 2 就是它的两条发生线，等等。

有些表面的两条发生线相同，但因母线的原始位置不同，也可形成不同的表面。如图 1-3 中，母线皆为直线 1，导线皆为圆 2，轴心线皆为 OO，所需要的运动也相同。但由于母线相对于旋转轴线 OO 的原始位置不同，所产生的表面也就不同，如圆柱面、圆锥面或双曲面等。

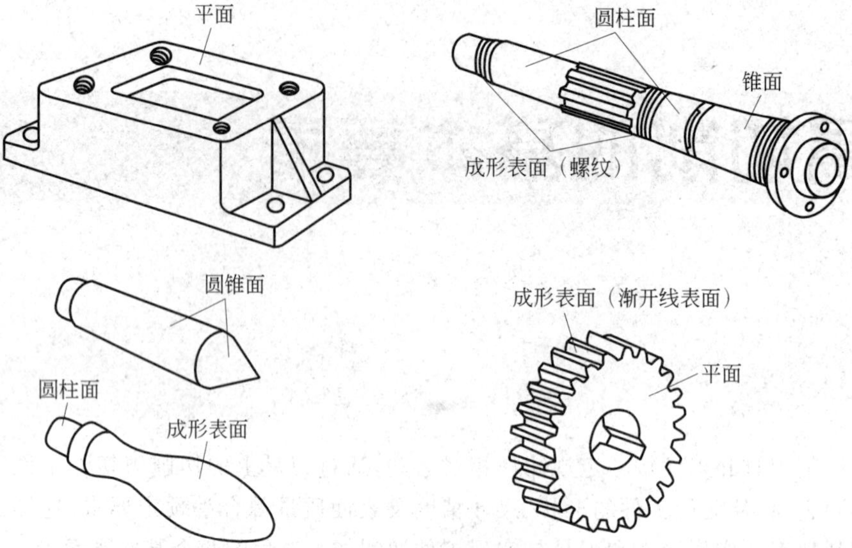

图 1-1　机器零件上常用的各种典型表面

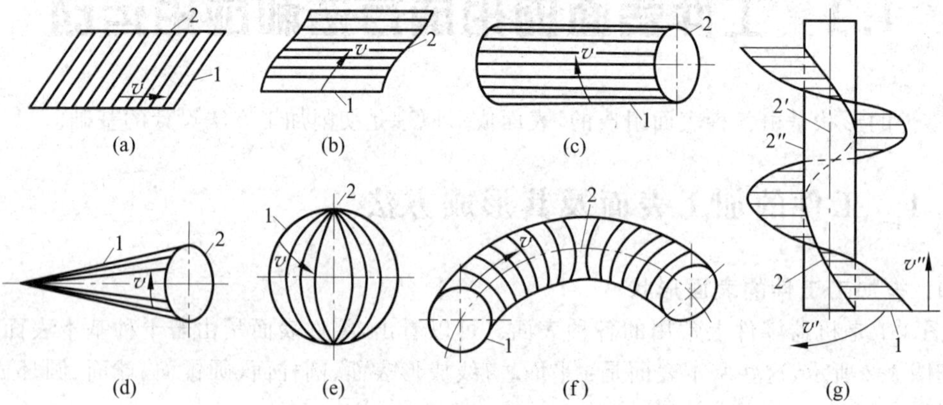

图 1-2　组成工件轮廓的几种基本表面

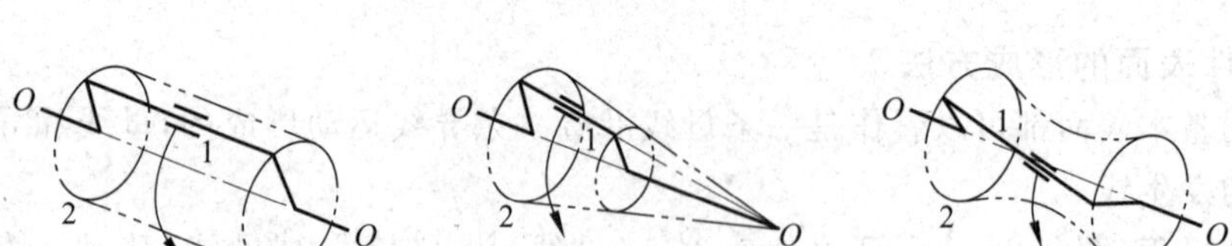
图 1-3　母线原始位置变化时形成的表面

3. 发生线的形成方法及所需的运动

发生线是由刀具的切削刃与工件间的相对运动得到的。由于使用的刀具切削刃形状和采取的加工方法不同，形成发生线的方法可归纳为以下 4 种：

(1) 轨迹法。如图 1-4(a)所示，切削刃为切削点 1，它按一定规律作轨迹运动，从而形成所需要的发生线 2。

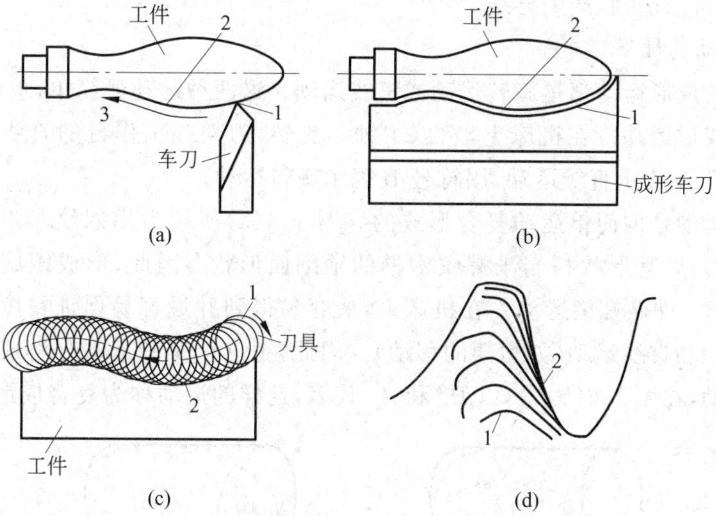

图 1-4　形成发生线的 4 种方法

(2) 成形法。如图 1-4(b)所示，它是利用成形刀具对工件进行加工的方法，切削刃为一条切削线 1，它的形状和长短与需要形成的发生线 2 完全一致。因此，用成形法来形成发生线不需要专门的成形运动。

(3) 相切法。如图 1-4(c)所示，刀具旋转，刀具的旋转中心按一定规律运动，刀具上切削刃 1 的运动轨迹与工件表面相切，从而形成了发生线 2。用相切法形成发生线需要两个成形运动，一个是刀具的旋转运动，另一个是刀具中心按一定规律的运动。

(4) 展成法。如图 1-4(d)所示，它是利用工件和刀具作展成切削运动的加工方法。刀具切削刃为切削线 1，它与需要形成的发生线 2 的形状不吻合。切削线 1 与发生线 2 彼此作无滑动的纯滚动，发生线 2 就是切削线 1 在切削过程中连续位置的包络线。

1.1.2　表面成形运动

为了获得所需的工件表面形状，必须使刀具和工件按上述 4 种方法完成一定的运动，这种运动称为表面成形运动。

1. 表面成形运动分析

表面成形运动是保证得到工件要求的表面形状的运动。例如，图 1-5 是用车刀车削外圆柱面，形成母线和导线的方法都属于轨迹法。工件的旋转运动 B_1 产生母线(圆)；刀具的纵向直线运动 A_2 产生导线(直线)。运动 B_1 和 A_2 就是两个表面成形运动。又如刨削，滑枕带着刨刀(牛头刨床和插床)或工作台带着工件(龙门刨床)作往复直线走刀运动，产生母线；工作台带着工件(牛头刨床和插床)或刀架带着刀具(龙门刨

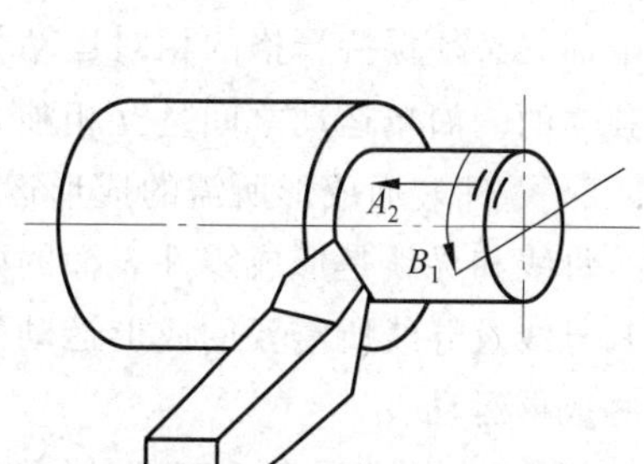

图 1-5　车削外圆柱表面时的成形运动

床）作间歇直线进给运动，产生导线。

1）成形运动的种类

以上所说的成形运动都是旋转运动或直线运动。这两种运动最简单，也最容易得到，因而都称为简单成形运动。在机床上，它以主轴的旋转，刀架或工作台的直线运动的形式出现。一般用符号 A 表示直线运动，用符号 B 表示旋转运动。

有些成形运动是由简单运动复合形成的。图 1-6(a)所示为用螺纹车刀车削螺纹。螺纹车刀是成形刀具，其形状相当于螺纹沟槽的轴剖面形状。因此，形成螺旋面只需一个运动：车刀相对于工件做螺旋运动。在机床上，最容易得到并最容易保证精度的是旋转运动（如主轴的旋转）和直线运动（如刀架的移动）。因此，把这个螺旋运动分解成等速旋转运动和等速直线运动，在图 1-6(b)中，以 B_{11} 和 A_{12} 代表，这样的运动称为复合成形运动。为了得

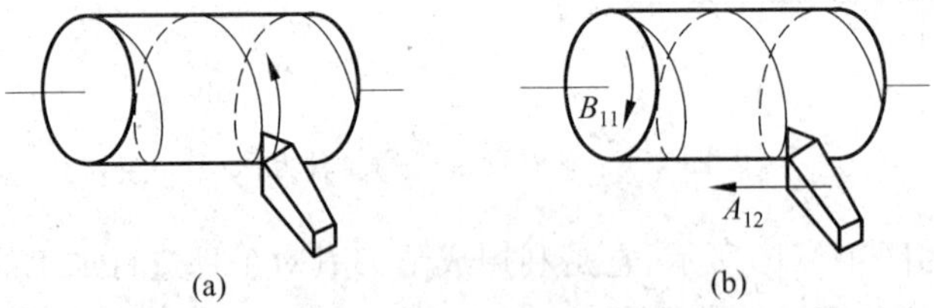

图 1-6　加工螺纹时的运动

到一定导程的螺旋线，运动的两个部分 B_{11} 和 A_{12} 必须严格保持相对关系，即工件每转 1 转，刀具的移动量应为 1 个导程。图 1-7 为用齿条刀加工齿轮，产生渐开线靠展成法，需要一个复合的展成运动。这个复合运动可分解为工件的旋转 B_{11} 和刀具的直线运动 A_{12}，B_{11} 和 A_{12} 是一个运动（展成运动）的两个部分，必须保持严格的运动关系，即工件每转过 1 个齿，齿条刀应移动 1 个周节 πm（m 为模数）。

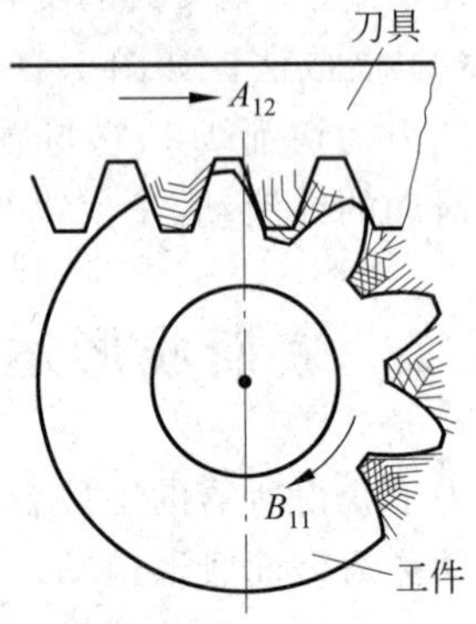

图 1-7　齿条刀加工齿轮时的运动

有些零件的表面形状很复杂，例如螺旋桨的表面，为了加工它需要十分复杂的表面成形运动。这种成形运动要分解为更多个部分，这只能在多轴联动的数控机床上实现。运动的每个部分，就是数控机床上的一个坐标轴。

由复合成形运动分解成的各个部分，虽然都是直线或旋转运动，与简单运动相像，但本质是不同的。复合运动的各个部分必须保持严格的相对运动关系，是互相依存，而不是独立的。简单运动之间是互相独立的，没有严格的相对运动关系。

2）零件表面成形所需的成形运动

母线和导线是形成零件表面的两条发生线。因此，形成表面所需要的成形运动，就是形成其母线及导线所需要的成形运动的总和。为了加工出所需的零件表面，机床就必须具备这些成形运动。

例 1-1　用普通车刀车削外圆（见图 1-5）。

母线——圆，由轨迹法形成，需要一个成形运动 B_1。

导线——直线，由轨迹法形成，需要一个成形运动 A_2。

表面成形运动的总数为 2 个，即 B_1 和 A_2，都是简单的成形运动。

例 1-2 用成形车刀车削成形回转表面(图 1-8(a))。

母线——曲线刀刃，由成形法形成，不需要成形运动。

导线——圆，由轨迹法形成，需要一个成形运动 B_1。

表面成形运动的总数为 1 个，即 B_1，是简单的成形运动。

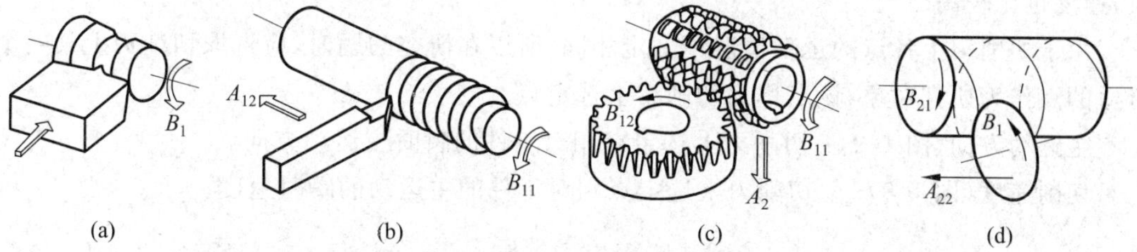

图 1-8 形成所需表面的成形运动

例 1-3 用螺纹车刀车削螺纹(图 1-8(b))。

母线——车刀的刀刃形状与螺纹轴向剖面轮廓的形状一致，故母线由成形法形成，不需要成形运动。

导线——螺旋线，由轨迹法形成，需要一个成形运动。这是一个复合运动，把它分解为工件旋转 B_{11} 和刀具直线移动 A_{12}。B_{11} 和 A_{12} 之间必须保持严格的相对运动关系。表面成形运动的总数为 1 个，即 $B_{11}A_{12}$，是复合的成形运动。

例 1-4 用齿轮滚刀加工直齿圆柱齿轮齿面(图 1-8(c))。

母线——渐开线，由展成法形成，需要一个成形运动，是复合运动，可分解为滚刀旋转 B_{11} 和工件旋转 B_{12} 两个部分，B_{11} 和 B_{12} 之间必须保持严格的相对运动关系。

导线——直线，由相切法形成，需要两个独立的成形运动，即滚刀的旋转运动和滚刀沿工件的轴向移动 A_2。其中滚刀的旋转运动与复合展成运动的一部分 B_{11} 重合。因此，形成表面所需的成形运动的总数只有两个：一个是复合的成形运动 $B_{11}B_{12}$；另一个是简单的成形运动 A_2。

例 1-5 用螺旋槽铣刀(或砂轮)铣削(或磨削)加工螺杆(图 1-8(d))。

母线——一条空间曲线，由铣刀刀齿回转面(或砂轮回转面)与螺旋槽面相切线形成，需要两个独立的成形运动，即铣刀盘(或砂轮)的旋转运动 B_1 和铣刀(或砂轮)轴线沿螺杆轴线的螺旋复合运动 $B_{21}A_{22}$。

导线——螺旋线，由螺旋复合运动 $B_{21}A_{22}$ 形成，与母线形成运动的一部分重合。

2. 主运动、进给运动和合成切削运动

各种切削加工中的成形运动，按照它们在切削过程中所起的作用，可以分为主运动和进给运动两种，而这两种运动的向量和称为合成切削运动。所有切削运动的速度及方向都是相对于工件定义的。

1) 主运动

主运动是刀具与工件之间的主要相对运动，它使刀具的切削部分切入工件材料，使被切金属层转变为切屑，从而形成工件新表面。

在车削时，工件的回转运动是主运动；在钻削、铣削和磨削时，刀具或砂轮的回转运动是主运动；在刨削时，刀具或工作台的往复直线运动是主运动。主运动可能是简单的成形运动，也可能是复合的成形运动。上面所述各种切削中的主运动都是简单运动。图 1-8(b)所示的车削螺纹，主运动就是复合运动 $B_{11}A_{12}$。

在表面成形运动中，必须有而且只能有一个主运动。一般地，主运动消耗的功率比较大，速度也比较高。

由于切削刃上各点的运动情况不一定相同，所以在研究问题时，应选取切削刃上某一个合适的点作为研究对象，该点称为切削刃上选定点。

主运动方向(图 1-9)：切削刃上选定点相对工件的瞬时主运动方向。

切削速度(图 1-9)v_c：切削刃上选定点相对工件的主运动的瞬时速度。

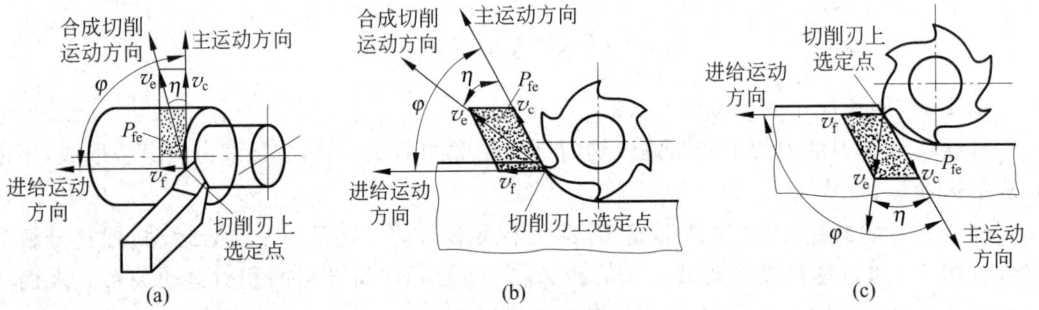

图 1-9　切削运动和切削速度

2）进给运动

进给运动配合主运动，使切削加工持续不断地进行，形成具有所需几何形状的已加工表面。进给运动可能是连续的(例如在车床上车削圆柱表面时，刀架带车刀的连续纵向运动)，也可能是间歇的(例如在牛头刨床上加工平面时，刨刀每往复一次，工作台带工件横向间歇移动一次)。进给运动可以是简单运动，也可以是复合运动。上述两个例子的进给运动都是简单运动。用成形铣刀铣削螺纹(见图 1-8(d))时，铣刀相对于工件的螺旋复合运动 $B_{21}A_{22}$ 是进给运动，这时的主运动是铣刀的旋转 B_1，是一个简单运动。

进给运动方向(图 1-9)：切削刃上选定点相对于工件的瞬时进给运动的方向，与主运动方向的夹角为 φ。

进给速度 v_f(图 1-9)：切削刃上选定点相对于工件的进给运动的瞬时速度。

3）合成切削运动

合成切削运动是由同时进行的主运动和进给运动合成的运动。

合成切削运动方向(图 1-9)：切削刃上选定点相对于工件的瞬时合成切削运动的方向。

合成切削速度 v_e(图 1-9)：切削刃上选定点相对于工件的合成切削运动的瞬时速度。

合成切削速度角 η(图 1-9)：主运动方向和合成切削运动方向之间的夹角。它在工作进给剖面 P_{fe} 内度量。

在车削中(图 1-9(a))，$\varphi=90°$，$v_e=v_c/\cos\eta$。在大多数实际加工中 η 值很小，所以可认为 $v_e=v_c$。

1.2 加工表面和切削用量三要素

1.2.1 切削过程中工件上的加工表面

车削加工是一种最典型的切削加工方法。如图 1-10 所示，普通外圆车削加工在主运动和进给运动的共同作用下，工件表面的一层金属连续地被车刀切下来并转变为切屑，从而加工出所需要的工件新表面。在新表面的形成过程中，工件上有 3 个不断变化着的表面：待加工表面、过渡表面和已加工表面，它们的含义是：

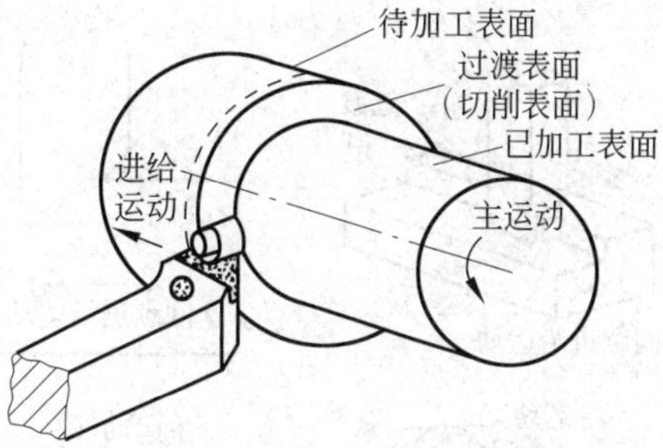

图 1-10　外圆车削运动和加工表面

（1）待加工表面，指加工时即将被切除的表面。

（2）已加工表面，指已被切去多余金属而形成符合要求的工件新表面。

（3）过渡表面，指加工时主切削刃正在切削的那个表面，它是待加工表面和已加工表面之间的表面。

在切削过程中，切削刃相对于工件的运动轨迹面，就是工件上的过渡表面和已加工表面。显然，这里有两个要素：一是切削刃；二是切削运动。不同形状的切削刃与不同的切削运动组合，即可形成各种工件表面，如图 1-11 所示。

1.2.2 切削用量三要素

切削速度 v_c、进给量 f 和切削深度 a_p 称为切削用量三要素。

1. 切削速度 v_c

主运动为回转运动时，切削速度的计算公式如下：

$$v_c = \frac{\pi d n}{1000} \quad (\text{m/s 或 m/min}) \tag{1-1}$$

式中：d 为工件或刀具上某一点的回转直径，mm；n 为工件或刀具的转速，r/s 或 r/min。

在生产中，磨削速度的单位习惯上用 m/s，其他加工的切削速度单位用 m/min。

由于切削刃上各点的回转半径不同（刀具的回转运动为主运动），或切削刃上各点对应的工件直径不同（工件的回转运动为主运动），因而切削速度也就不同。考虑到切削速度对刀具磨损和已加工表面质量有影响，在计算切削速度时，应取最大值。如外圆车削时用 d_w 代入公式计算待加工表面上的切削速度，内孔车削时用 d_m 代入公式计算已加工表面上的切削速度，钻削时计算钻头外径处的速度，其中 d_w 和 d_m 见图 1-11(a)。

2. 进给速度 v_f、进给量 f 和每齿进给量 f_z

进给速度 v_f 是单位时间内的进给位移量，单位是 mm/s（或 mm/min）；进给量是工件或

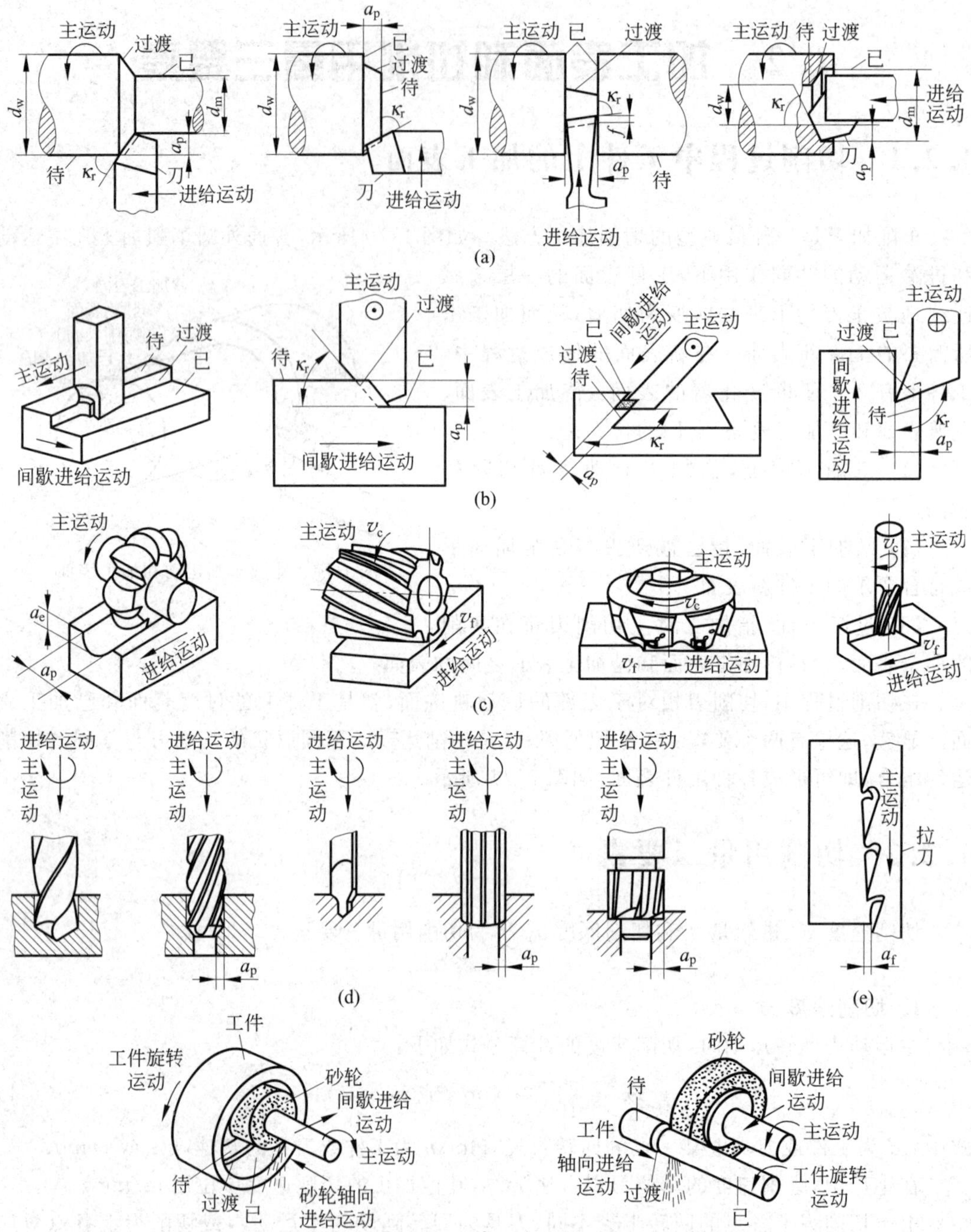

图 1-11　各种切削加工的切削运动和加工表面

“已”表示已加工表面；“过渡”表示过渡表面；“待”表示待加工表面

刀具每回转 1 周时二者沿进给方向的相对位移，单位是 mm/r。

对于刨削、插削等主运动为往复直线运动的加工，虽然可以不规定间歇进给速度，但要规定间歇进给的进给量，单位为 mm/双行程。对于铣刀、铰刀、拉刀、齿轮滚刀等多刃刀具

(齿数用 z 表示)，还应规定每齿进给量 f_z，单位是 mm/齿。

显然进给速度 v_f、进给量 f 和每齿进给量 f_z 有如下关系：

$$v_f = fn = f_z zn \quad (\text{mm/s 或 mm/min}) \tag{1-2}$$

3. 切削深度(背吃刀量)* a_p

参照图 1-11 所示的车削和刨削工况，切削深度(或称背吃刀量)a_p 为工件上已加工表面和待加工表面间的垂直距离，单位为 mm。

外圆车削时切削深度可用下式计算：

$$a_p = \frac{d_w - d_m}{2} \quad (\text{mm}) \tag{1-3}$$

对于钻削，

$$a_p = \frac{d_m}{2} \quad (\text{mm}) \tag{1-4}$$

上两式中：d_m 为已加工表面直径，mm；d_w 为待加工表面直径，mm。

1.3 刀具角度

1.3.1 刀具切削部分的结构要素

尽管金属切削刀具的种类繁多，但其切削部分的几何形状与参数都有共性，即不论刀具结构如何复杂，其切削部分的形状总是近似地以外圆车刀切削部分的形状为基本形态。

因此，在确定刀具切削部分几何形状的一般术语时，常以车刀切削部分为基础。刀具切削部分的结构要素如图 1-12 所示，其定义如下：

(1) 前刀面 A_γ。前刀面 A_γ 是切屑流过的表面。

(2) 后刀面 A_α。后刀面 A_α 是与主切削刃毗邻，且与工件过渡表面相对的刀具表面。与副切削刃毗邻，且与工件上已加工表面相对的刀面称为副后刀面，用 A'_α 表示。

(3) 切削刃 S。切削刃是前刀面上直接进行切削的边锋。有主切削刃 S 和副切削刃 S' 之分，如图 1-12 所示。

(4) 刀尖。刀尖是指主、副切削刃衔接处很短的一段切削刃，通常也称为过渡刃。常用刀尖有 3 种形式，即交点刀尖、圆弧刀尖和倒角刀尖，如图 1-13 所示。

---

* 国内机械工程领域早前一直沿用“切削深度”一词，美国主流机械工程教材例如 *Fundmentals of Modern Manufacturing*、*Manufacturing Engineering and Technology* 等也沿用“depth of cut”用语。随着 ISO 国际标准的推行，根据 ISO 3002(1982)等标准中“back engagement of a cutting edge”一词，1990 年制定的国家标准 GB/T 12204—1990《金属切削基本术语》确定了“背吃刀量”的术语，一经发表即引起学界争议，认为这个直译的 “背”字不符合汉语语言习惯，“背吃刀量”的定义在所涉及的刀具结构和参考系上都没有能产生汉字“背”的语言意识的元素，而中国国家标准要编的是中文汉字的“基本术语”，其用语的基本出发点应当体现汉字词的语言特点，能够激发相应的语言意识和语言感受，“切削深度”这个词在我国的工厂、学校早已成为汉语系中广为使用和成熟的用语，因此建议国家标准制定仍允许使用“切削深度”一词。经过近 20 年的长期争议讨论，2010 年修订的新的国家标准 GB/T 12204—2010《金属切削基本术语》中在“背吃刀量”的定义注释中增加了“在一些场合，可使用‘切削深度’(depth of cut，符号 a_p)来表示‘背吃刀量’”的表述。

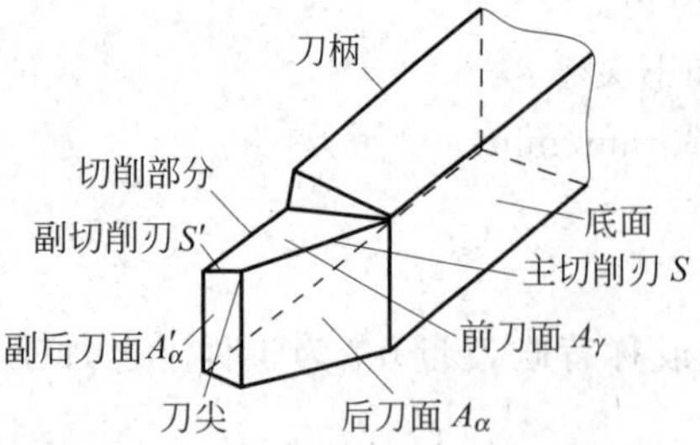

图 1-12　车刀切削部分的结构要素

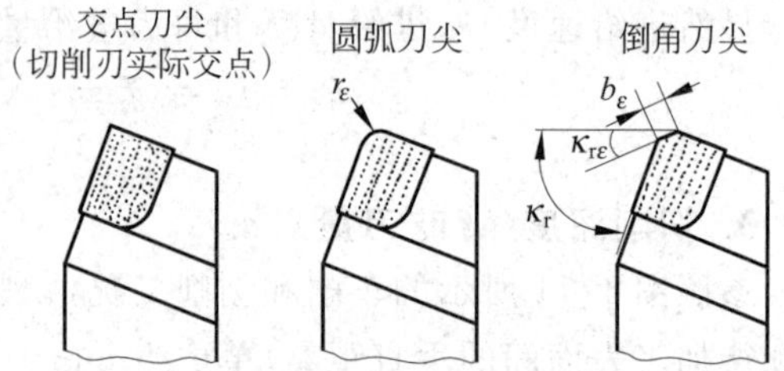

图 1-13　刀尖形状

1.3.2　刀具角度的参考系

刀具切削部分必须具有合理的几何形状，才能保证切削加工的顺利进行和获得预期的加工质量。刀具切削部分的几何形状主要由一些刀面和刀刃的方位角度来表示。为了确定刀具的这些角度，必须将刀具置于相应的参考系中。参考系可分为刀具标注角度参考系和刀具工作角度参考系，前者由主运动方向确定，后者则由合成切削运动方向确定。

1. 刀具标注角度参考系

构成刀具标注角度参考系的参考平面通常有基面、切削平面、主剖面、切削刃法剖面、进给剖面和切深剖面。

1）基面 P_r

基面是通过切削刃上选定点，垂直于主运动方向的平面(图 1-14)。通常基面应平行或垂直于刀具上便于制造、刃磨和测量的某一安装定位平面或轴线。

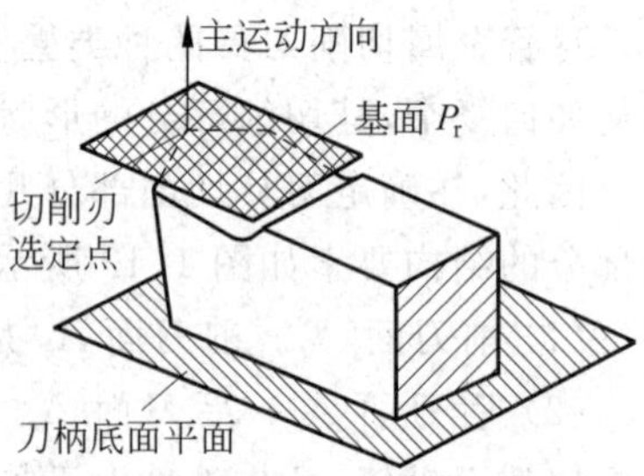

图 1-14　普通车刀的基面 P_r

例如，普通车刀、刨刀的基面 P_r 平行于刀具底面(图 1-14)；钻头和铣刀等旋转类刀具，其切削刃上各点的主运动(即回转运动)方向都垂直于通过该点并包含刀具旋转轴线的平面，故其基面 P_r 就是刀具的轴向平面。

2）切削平面 P_s

切削平面是通过切削刃上选定点与切削刃 S 相切，并垂直于基面 P_r 的平面。也就是切削刃 S 与切削速度方向构成的平面(见图 1-15)。

基面和切削平面十分重要。这两个平面加上以下所述的任一剖面，便构成不同的刀具角度参考系。

3）主剖面 P_o 和主剖面参考系

主剖面 P_o 是通过切削刃上选定点，同时垂直于基面 P_r 和切削平面 P_s 的平面。图 1-15 所示为 P_r-P_s-P_o 组成的一个正交主剖面参考系，这是目前生产中最常用的刀具标注角度参考系。

4）切削刃法剖面 P_n 和法剖面参考系

法剖面 P_n 是通过切削刃上选定点，垂直于切削刃的平面。如图 1-15 所示，P_r-P_s-P_n 组成一个法剖面参考系。由该图可知，两个参考系的基面和切削平面相同，只是剖面不同。

5）进给剖面 P_f 和切深剖面 P_p 及其组成的进给、切深剖面参考系

进给剖面 P_f 是通过切削刃上选定点，平行于进给运动方向并垂直于基面 P_r 的平面。通常 P_f 也平行或垂直于刀具上制造、刃磨和测量时的某一安装定位平面或轴线。例如，车刀和刨刀的 P_f 垂直于刀柄底面（图 1-16）；钻头、拉刀、端面车刀、切断刀等的 P_f 平行于刀具轴线；铣刀的 P_f 则垂直于铣刀轴线。

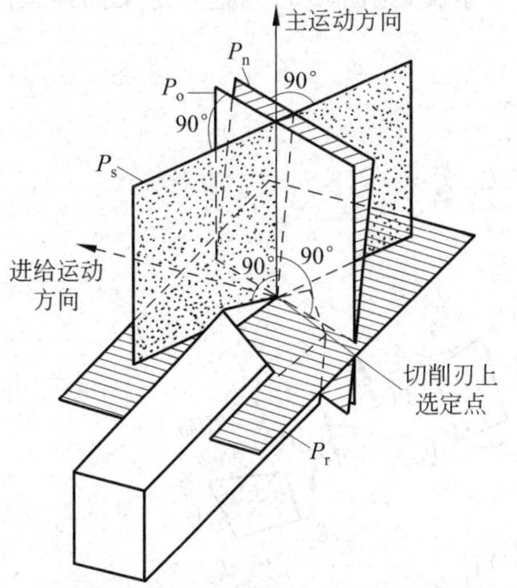

图 1-15 主剖面与法剖面参考系

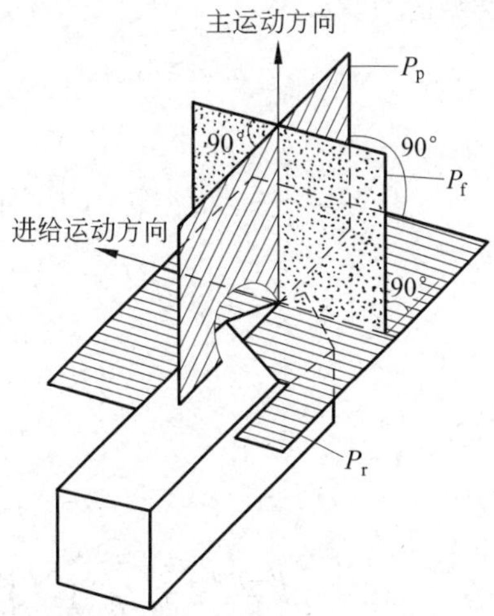

图 1-16 进给、切深剖面参考系

切深剖面 P_p 是通过切削刃上选定点，同时垂直于 P_r 和 P_f 的平面。图 1-16 所示为由 P_r-P_f-P_p 组成的一个进给、切深剖面参考系。

2. 刀具工作角度参考系

在刀具标注角度参考系里定义基面时，只考虑了主运动，未考虑进给运动。但刀具在实际使用时，这样的参考系所确定的刀具角度往往不能反映切削加工的真实情形，只有用合成切削运动方向来确定参考系才符合实际情况。刀具工作角度参考系的定义见表 1-1。

表 1-1 刀具工作角度参考系

参考系	参考平面	符号	定义与说明
工作主剖面参考系	工作基面	P_{re}	垂直于合成切削运动方向的平面
	工作切削平面	P_{se}	与切削刃 S 相切并垂直于工作基面 P_{re} 的平面
	工作主剖面	P_{oe}	同时垂直于工作基面 P_{re} 和工作切削平面 P_{se} 的平面
工作法剖面参考系	工作基面	P_{re}	垂直于合成切削运动方向的平面
	工作切削平面	P_{se}	与切削刃 S 相切并垂直于工作基面 P_{re} 的平面
	切削刃法剖面	P_{ne}	工作系中的切削刃法剖面与标注系中所定义的切削刃法剖面相同，即 $P_{ne}=P_n$
工作进给、切深剖面参考系	工作基面	P_{re}	垂直于合成切削运动方向的平面
	工作进给剖面	P_{fe}	由主运动方向和进给运动方向所组成的平面。显见，P_{fe} 包含合成切削运动方向，因此 P_{fe} 与工作基面 P_{re} 互相垂直
	工作切深剖面	P_{pe}	同时垂直于工作基面 P_{re} 和工作进给剖面 P_{fe} 的平面

1.3.3 刀具标注角度

在刀具标注角度参考系中确定的切削刃与各刀面的方位角度，称为刀具标注角度。由于刀具角度的参考系沿切削刃各点可能是变化的，故所定义的刀具角度均应指明是切削刃选定点的角度。下面通过普通车刀给各标注角度下定义（见图 1-17），这些定义同样适用于其他类型的刀具。

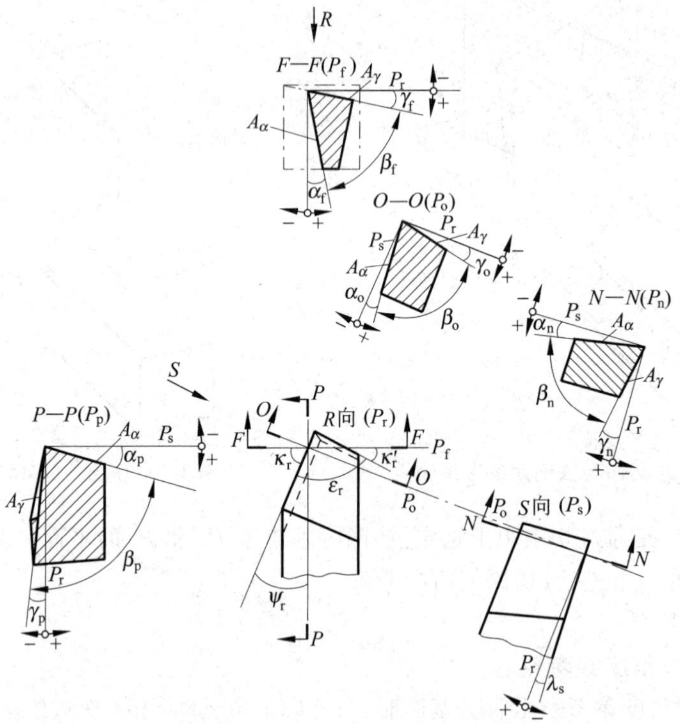

图 1-17 车刀的标注角度

1. 主剖面参考系内的标注角度

在主剖面参考系中的参考平面 P_r，P_o 和 P_s 内有如下一些标注角度。

1）在主剖面 P_o 内的标注角度

（1）前角 γ_o：在主剖面内度量的基面 P_r 与前刀面 A_γ 的夹角。

（2）后角 α_o：在主剖面内度量的后刀面 A_α 与切削平面 P_s 的夹角。

（3）楔角 β_o：在主剖面内度量的后刀面 A_α 与前刀面 A_γ 的夹角。

显然，γ_o，α_o 和 β_o 之间有如下关系：

$$\beta_o = 90^\circ - (\alpha_o + \gamma_o) \tag{1-5}$$

2）在切削平面 P_s 内的标注角度

刃倾角 λ_s：在切削平面内度量的主切削刃 S 与基面 P_r 的夹角。

3）在基面 P_r 内的标注角度

（1）主偏角 κ_r：在基面 P_r 内度量的切削平面 P_s 与进给平面 P_f 的夹角。它也是主切削

刃 S 在基面内的投影与进给运动方向之间的夹角。

(2) 刀尖角 ε_r：在基面内度量的切削平面 P_s 和副切削平面 P_s'的夹角。也可以定义为主切削刃 S 和副切削刃 S'在基面上投影的夹角。从图 1-17 可知：

$$\varepsilon_r = 180° - (\kappa_r + \kappa_r') \tag{1-6}$$

在主剖面参考系里定义了 5 个角度：$\gamma_o,\alpha_o,\lambda_s,\kappa_r$ 和 β_o，其中，β_o 是派生角度，只有前 4 个角度是独立的。当给定刃倾角 λ_s 和主偏角 κ_r 后，主切削刃 S 在空间的方位就唯一被确定了。再进一步给定前角 γ_o 和后角 α_o 后，前刀面 A_γ 和后刀面 A_α 也唯一被确定。对于单刃刀具，若给定这 4 个独立角度，那么它的切削部分的几何形状便被唯一确定。对于具有主切削刃 S 和副切削刃 S'的刀具，还必须给出与副切削刃 S'有关的 4 个独立角度：副偏角κ_r'、副刃倾角 λ_s'、副前角 γ_o'和副后角 α_o'，这把刀具切削部分的几何形状才能确定。与副切削刃 S'有关的 4 个独立角度的定义可以参照 $\gamma_o,\alpha_o,\lambda_s,\kappa_r$ 的定义。

如果主、副切削刃共在一个平面前刀面上，则只需再给出副偏角 κ_r'和副后角 α_o'，副切削刃的空间位置即可确定。

前角 γ_o、后角 α_o 和刃倾角 λ_s 的定义是有正负号的，其正负号的判定如图 1-17 所示。

2. 法剖面参考系内的标注角度

法剖面参考系和主剖面参考系的差别仅在于剖面不同。因此，只有法剖面内的标注角度和主剖面内的标注角度不同，其余角度是相同的，所以只需定义法剖面 P_n 内的标注角度即可。

(1) 法前角 γ_n：在法剖面内度量的前刀面 A_γ 与基面 P_r 的夹角。

(2) 法后角 α_n：在法剖面内度量的切削平面 P_s 与后刀面 A_α 的夹角。

(3) 法楔角 β_n：在法剖面内度量的前刀面 A_γ 与后刀面 A_α 的夹角。

上述 3 个角度有如下关系：

$$\gamma_n + \alpha_n + \beta_n = 90° \tag{1-7}$$

3. 进给、切深剖面参考系内的标注角度

进给、切深剖面参考系中的标注角度可以从图 1-17 所示的 R 向视图 P_r、$F—F(P_f)$和 $P—P(P_p)$剖面图得到。进给剖面 P_f 内的标注角度有进给前角 γ_f、进给后角 α_f 和进给楔角 β_f；切深剖面 P_p 内有切深前角 γ_p、切深后角 α_p 和切深楔角 β_p。

1.3.4 刀具角度换算

在设计和制造刀具时，需要对不同参考系内的刀具角度进行换算，也就是将主剖面、法剖面、切深剖面、进给剖面之间的角度进行换算。

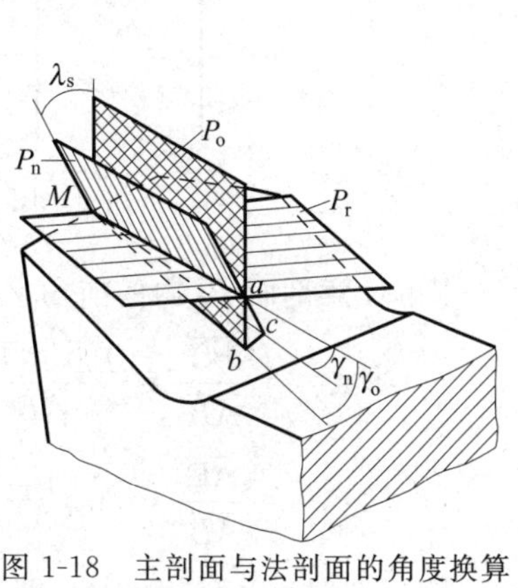

图 1-18　主剖面与法剖面的角度换算

1. 主剖面与法剖面内的角度换算

在刀具设计、制造、刃磨和检验时，常常需要知道法剖面内的标注角度。许多斜角切削刀具(图 1-18)，特别是大刃倾角刀具，如大螺旋角圆柱铣刀，必须标注法剖面角度。法剖面内的角度可以从主剖面内的角度换算得到。换算公式如下：

$$\tan\gamma_n = \tan\gamma_o\cos\lambda_s \tag{1-8}$$

$$\cot\alpha_n = \cot\alpha_o\cos\lambda_s \tag{1-9}$$

以前角为例,推导换算公式。根据图 1-18 可得到

$$\tan\gamma_n = \frac{\overline{ac}}{\overline{Ma}}$$

$$\tan\gamma_o = \frac{\overline{ab}}{\overline{Ma}}$$

$$\frac{\tan\gamma_n}{\tan\gamma_o} = \frac{\overline{ac}}{\overline{Ma}}\cdot\frac{\overline{Ma}}{\overline{ab}} = \frac{\overline{ac}}{\overline{ab}} = \cos\lambda_s$$

$$\tan\gamma_n = \tan\gamma_o\cos\lambda_s$$

同理,可以推导出

$$\cot\alpha_n = \cot\alpha_o\cos\lambda_s$$

2. 主剖面与其他剖面内的角度换算

如图 1-19 所示,$AGBE$ 为通过主切削刃上 A 点的基面,$P_o(AEF)$为主剖面;P_p 和 P_f 分别为切深剖面和进给剖面;$P_\theta(ABC)$为垂直于基面的任意剖面,它与主切削刃 AH 在基面上投影 AG 间的夹角为 θ;$AHCF$ 在前刀面上。

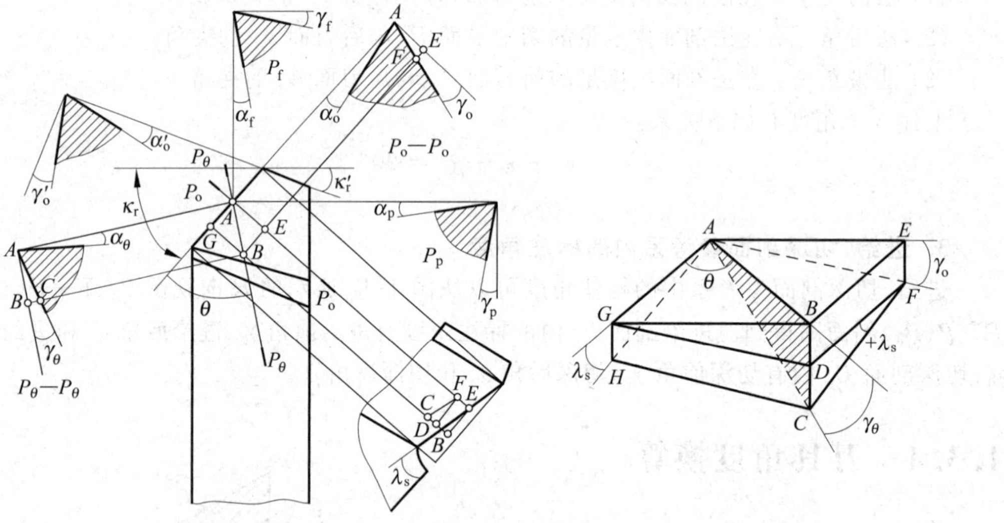

图 1-19 任意剖面内的角度变换

求解任意剖面 P_θ 内的前角 γ_θ:

$$\tan\gamma_\theta = \frac{\overline{BC}}{\overline{AB}} = \frac{\overline{BD}+\overline{DC}}{\overline{AB}} = \frac{\overline{EF}+\overline{DC}}{\overline{AB}} = \frac{\overline{AE}\cdot\tan\gamma_o + \overline{DF}\cdot\tan\lambda_s}{\overline{AB}}$$

$$= \frac{\overline{AE}}{\overline{AB}}\cdot\tan\gamma_o + \frac{\overline{DF}}{\overline{AB}}\cdot\tan\lambda_s = \tan\gamma_o\sin\theta + \tan\lambda_s\cos\theta \tag{1-10}$$

当 $\theta=0$ 时,$\tan\gamma_\theta=\tan\lambda_s$,即 $\gamma_\theta=\lambda_s$。

当 $\theta=90°-\kappa_r$ 时，可得切深前角 γ_p：

$$\tan\gamma_p = \tan\gamma_o\cos\kappa_r + \tan\lambda_s\sin\kappa_r \tag{1-11}$$

当 $\theta=180°-\kappa_r$ 时，可得进给前角 γ_f：

$$\tan\gamma_f = \tan\gamma_o\sin\kappa_r - \tan\lambda_s\cos\kappa_r \tag{1-12}$$

变换公式形式可得 γ_o，λ_s 计算公式：

$$\tan\gamma_o = \tan\gamma_p\cos\kappa_r + \tan\gamma_f\sin\kappa_r \tag{1-13}$$

$$\tan\lambda_s = \tan\gamma_p\sin\kappa_r - \tan\gamma_f\cos\kappa_r \tag{1-14}$$

同理，可求出任意剖面内的后角 α_θ：

$$\cot\alpha_\theta = \cot\alpha_o\sin\theta + \tan\lambda_s\cos\theta \tag{1-15}$$

当 $\theta=90°-\kappa_r$ 时，

$$\cot\alpha_p = \cot\alpha_o\cos\kappa_r + \tan\lambda_s\sin\kappa_r \tag{1-16}$$

当 $\theta=180°-\kappa_r$ 时，

$$\cot\alpha_f = \cot\alpha_o\sin\kappa_r - \tan\lambda_s\cos\kappa_r \tag{1-17}$$

1.3.5 刀具工作角度

刀具标注角度是在假定运动条件和假定安装条件下得到的，如果考虑合成切削运动和实际安装条件，则刀具角度的参考系将发生变化，因而刀具角度也将产生变化，即刀具的实际工作角度不等于标注角度。按照切削加工的实际情况，在刀具工作角度参考系中所确定的角度称为刀具工作角度。

由于通常进给速度远小于主运动速度，所以在一般安装条件下，刀具的工作角度近似地等于标注角度，如普通车削、镗削、端铣、周铣等。只有在进给运动引起刀具角度值变化较大时(如车螺纹或丝杠、铲背和钻孔时)才计算工作角度。

1. 进给运动对刀具工作角度的影响

1) 横车

以切断刀为例(图 1-20)，当不考虑进给运动时，车刀主切削刃上选定点相对于工件的运动轨迹为一圆周，切削平面 P_s 为通过切削刃上该点并切于圆周的平面，基面 P_r 为平行于刀杆底面同时垂直于 P_s 的平面，工作前角和后角就是标注前角 γ_o 和标注后角 α_o。当考虑进给运动后，切削刃选定点相对于工件的运动轨迹为一平面阿基米德螺旋线，切削平面变为通过切削刃切于螺旋面的平面 P_{se}，基面也相应倾斜为 P_{re}，角度变化值为 η。工作主剖面 P_{oe} 仍为 P_o 平面。此时在刀具工作角度参考系 P_{re}-P_{se}-P_{oe} 内，刀具工作角度 γ_{oe} 和 α_{oe} 分别为

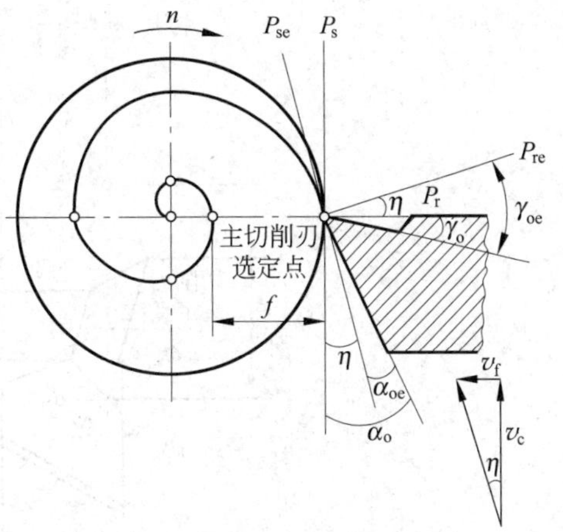

图 1-20 横向进给运动对刀具工作角度的影响

$$
\left.\begin{aligned}
\gamma_{oe} &= \gamma_o + \eta \\
\alpha_{oe} &= \alpha_o - \eta \\
\tan\eta &= \frac{v_f}{v_c} = \frac{fn}{\pi dn} = \frac{f}{\pi d}
\end{aligned}\right\} \tag{1-18}
$$

从上式可知，进给量 f 越大，η 也越大，说明对于大进给量的切削，不能忽略进给运动对刀具角度的影响，如铲背加工时，η 值很大，不能忽略。另外，d 随着刀具横向进给不断减小，因此 η 值随着切削刃趋近工件中心而增大。靠近中心时，η 值急剧增大，工作后角 α_{oe} 将变为负值。

2）纵车

同理，纵车时也是由于工作中基面 P_r 和切削平面 P_s 发生了变化，形成了一个合成切削速度角 η，引起了工作角度的变化。如图 1-21 所示，假定车刀 $\lambda_s=0$，在不考虑进给运动时，切削平面 P_s 垂直于刀柄底面，基面 P_r 平行于刀柄底面，刀具工作前角和后角就是标注前角 γ_o 和标注后角 α_o；考虑进给运动后，工作切削平面 P_{se} 为切于螺旋面的平面，刀具工作角度参考系 P_{se}-P_{re} 倾斜了一个 η 角，则工作进给剖面 F—F 内的工作角度为

$$
\left.\begin{aligned}
\gamma_{fe} &= \gamma_f + \eta \\
\alpha_{fe} &= \alpha_f - \eta \\
\tan\eta &= \frac{f}{\pi d_w}
\end{aligned}\right\} \tag{1-19}
$$

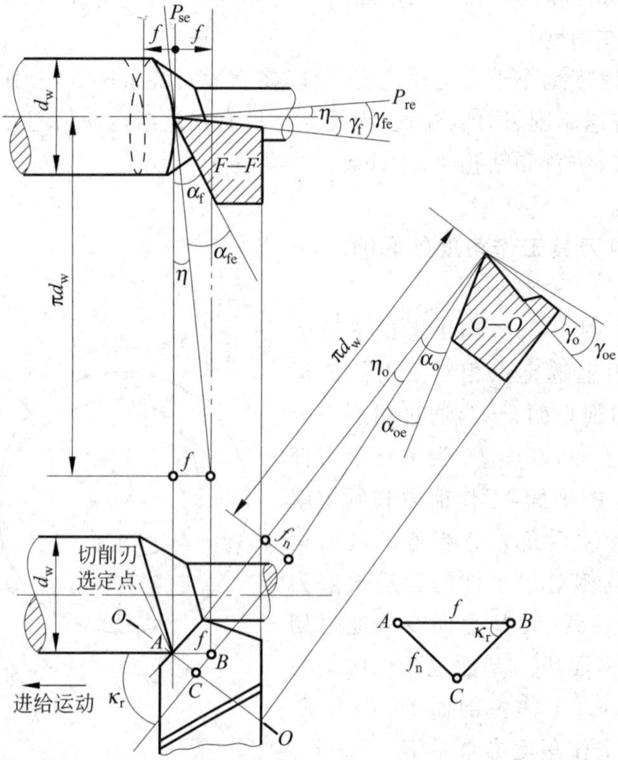

图 1-21　外圆车削纵向走刀对刀具工作角度的影响

上述角度变换可以换算到主剖面内：

$$\left.\begin{aligned}\tan\eta_o &= \tan\eta\sin\kappa_r\\ \gamma_{oe} &= \gamma_o+\eta_o\\ \alpha_{oe} &= \alpha_o-\eta_o\end{aligned}\right\}\tag{1-20}$$

由上式可知，η 值与进给量 f 和工件直径 d_w 有关。一般外圆车削的 η 值不超过 $30'\sim40'$，因此可以忽略不计。但在车螺纹，特别是车大螺旋升角的多头螺纹时，η 的值很大，必须进行工作角度的计算。

2. 切削刃上选定点安装高低对刀具工作角度的影响

如图 1-22 所示，当切削刃上选定点安装得比工件中心高时，工作切削平面将变为 P_{se}，工作基面变为 P_{re}，在切深剖面 $P—P$（仍为标注切深剖面）内的工作前角 γ_{pe} 增大，工作后角 α_{pe} 减小，其角度变化值为 θ_p：

$$\tan\theta_p=\frac{h}{\sqrt{(d_K/2)^2-h^2}}\tag{1-21}$$

式中：h 为切削刃上选定点高于工件中心线的数值，mm；d_K 为切削刃 K 点处的工件直径，mm。则刀具工作角度为

$$\left.\begin{aligned}\gamma_{pe} &= \gamma_p+\theta_p\\ \alpha_{pe} &= \alpha_p-\theta_p\end{aligned}\right\}\tag{1-22}$$

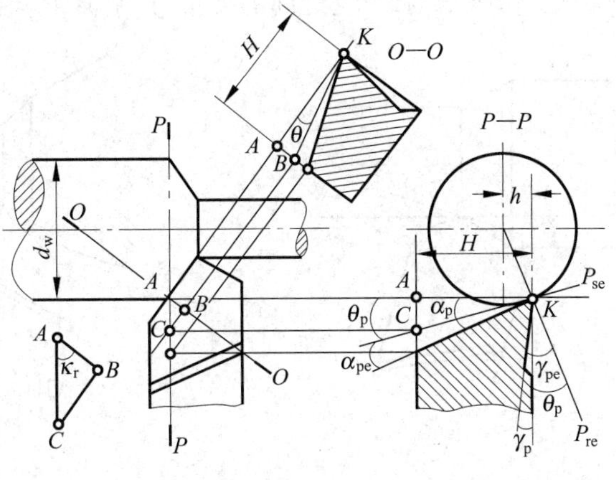

图 1-22 切削刃上选定点安装高低对工作角度的影响

当切削刃上选定点安装得低于工件中心时，上述计算公式符号相反；镗孔时计算公式符号与外圆车削计算公式符号相反。

图 1-23 为镗刀杆上小刀头安装位置对工作角度的影响，其计算公式与车床上镗孔一样。

上述计算是在刀具的工作切深剖面内的角度变化，还需换算到工作主剖面内：

$$\tan\gamma_{oe}=\frac{\tan(\gamma_o\pm\theta_o)\cos\lambda_s}{\cos(\lambda_s+\theta_s)}\tag{1-23}$$

$$\tan\alpha_{oe}=\frac{\tan(\alpha_o\mp\theta_o)\cos\lambda_s}{\cos(\lambda_s+\theta_s)}\tag{1-24}$$

上式中，

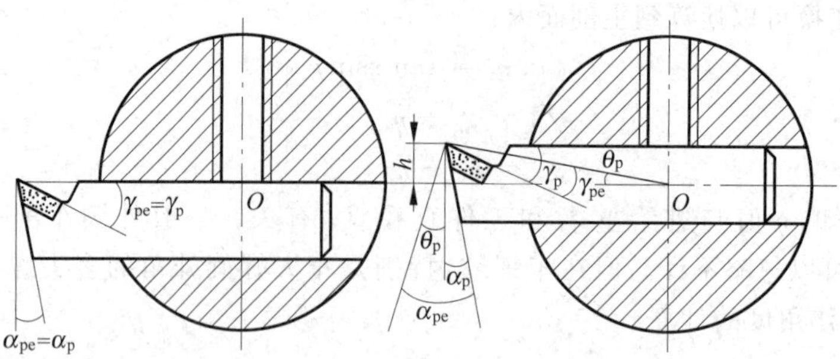

图 1-23 镗刀安装高低对工作角度的影响

$$\tan\theta_o = \tan\theta_p\cos\kappa_r \tag{1-25}$$

$$\tan\theta_s = \tan\theta_p\sin\kappa_r \tag{1-26}$$

外圆车削时，当切削刃上选定点 A 高于工件中心时，式(1-23)中 θ_o 取正号，式(1-24)中 θ_o 取负号；当 A 点低于工件中心时，式(1-23)中 θ_o 取负号，式(1-24)中 θ_o 取正号。

3. 刀柄中心线与进给方向不垂直对刀具工作角度的影响

如图 1-24 所示，当车刀刀柄与进给方向不垂直时，其工作主、副偏角将发生变化：

$$\left.\begin{aligned}\kappa_{re} &= \kappa_r \pm G \\ \kappa'_{re} &= \kappa'_r \mp G\end{aligned}\right\} \tag{1-27}$$

式中：G 为进给剖面 P_f 与工作进给剖面 P_{fe} 之间的夹角，在基面 P_r 内测量。

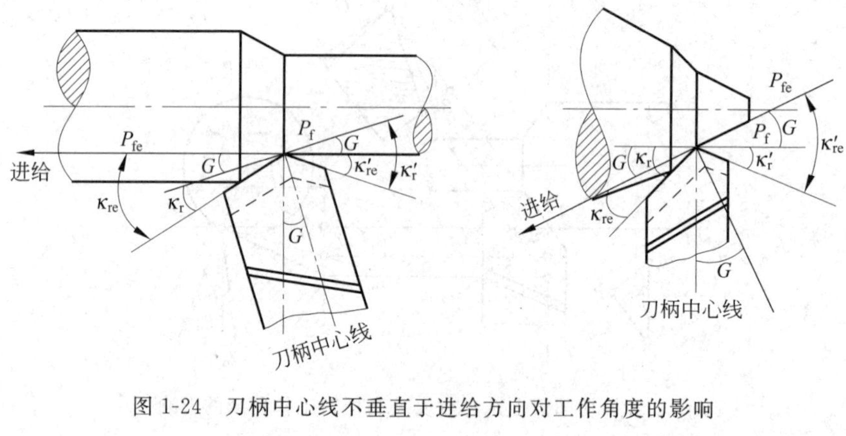

图 1-24 刀柄中心线不垂直于进给方向对工作角度的影响

1.4 切削层参数

各种切削加工的切削层参数，可用典型的外圆纵车来说明。如图 1-25 所示，车刀主切削刃上任意一点相对于工件的运动轨迹是一条空间螺旋线。当 $\lambda_s=0$ 时，主切削刃切出的过渡表面为阿基米德螺旋面。工件每转 1 转，车刀沿轴线移动 1 个进给量 f，这时切削刃从过渡表面Ⅰ的位置移至过渡表面Ⅱ的位置上，于是Ⅰ，Ⅱ之间的金属变为切屑。由车刀正在切削着的这一层金属叫做切削层，切削层的大小和形状决定了车刀切削部分所承受的负荷大小及切屑的形状和尺寸。当 $\kappa_r'=0$，$\lambda_s=0$ 时，切削层的剖面形状为一平行四边形；当 $\kappa_r=90°$时为矩形。但不论切削层的形状如何，其底边尺寸总是 f，高总是 a_p，因此，切削用量的两个要素 f 和 a_p 又称为切削层的工艺尺寸。但是，不论何种切削加工，真正能够说明切削机理的是切削层的真实厚度和宽度。切削层及其参数的定义如下。

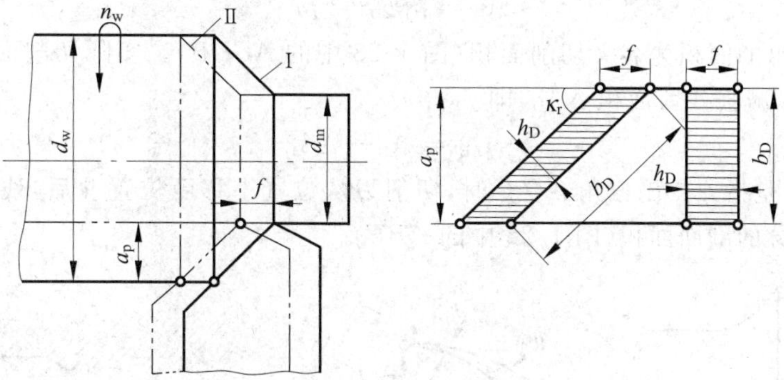

图 1-25　外圆纵车时切削层的参数

1）切削层

在各种切削加工中，刀具相对于工件沿进给方向每移动 f(mm/r)或 f_z(mm/齿)之后，一个刀齿正在切削的金属层称为切削层。切削层的尺寸称为切削层参数。切削层的剖面形状和尺寸通常在基面 P_r 内观察和度量。

2）切削厚度

垂直于过渡表面来度量的切削层尺寸(图 1-25)称为切削厚度，以 h_D 表示。在外圆纵车($\lambda_s=0$)时

$$h_D = f\sin\kappa_r \tag{1-28}$$

3）切削宽度

沿过渡表面来度量的切削层尺寸(图 1-25)称为切削宽度，以 b_D 表示。外圆纵车($\lambda_s=0$)时

$$b_D = a_p/\sin\kappa_r \tag{1-29}$$

在 f 与 a_p 一定的条件下，κ_r 越大，切削厚度 h_D 也越大(图 1-26)，但切削宽度 b_D 越小；κ_r 越小时，h_D 越小，b_D 越大；当 $\kappa_r=90°$时，$h_D=f$。

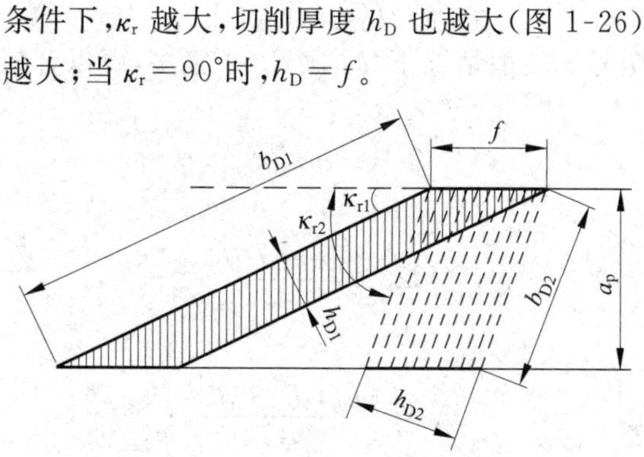

图 1-26　κ_r 不同时 h_D 和 b_D 的变化

对于曲线形主切削刃，切削层各点的切削厚度互不相等(图 1-27)。

4) 切削面积

切削层在基面 P_r 内的面积称为切削面积，以 A_D 表示。其计算公式为

$$A_D = h_D b_D \quad (mm^2) \tag{1-30}$$

对于车削来说，不论切削刃形状如何，切削面积均为

$$A_D = h_D b_D = f a_p \tag{1-31}$$

上面计算出的面积为名义切削面积(图 1-28 中的 $ACDB$)。实际切削面积 A_{DE} 等于名义切削面积 A_D 减去残留面积 ΔA_D，即

$$A_{DE} = A_D - \Delta A_D \tag{1-32}$$

残留面积 ΔA_D 是指刀具副偏角 $\kappa_r' \neq 0$ 时，切削刃从位置Ⅰ移至位置Ⅱ后，残留在已加工表面上的不平部分的剖面面积(图 1-28 中的 ABE)。

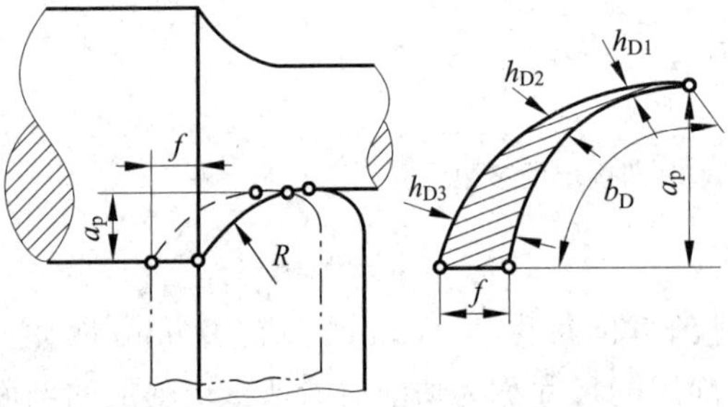

图 1-27　曲线切削刃工作时的 h_D 和 b_D

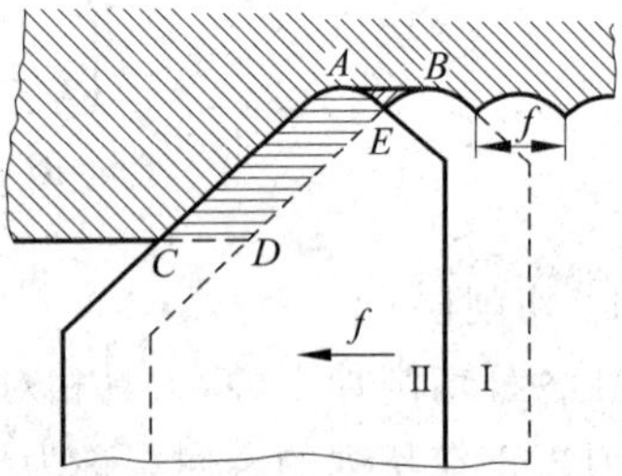

图 1-28　切削面积和残留面积

5) 金属切除率

金属切除率是指刀具在单位时间内从工件上切除的金属的体积，它是衡量金属切削加工效率的指标。金属切除率 Z_w 可由切削面积 A_D 和平均切削速度 v_{av} 求出，即$Z_w = 1000 A_D v_{av}$。

对于车削，$v_{av} = \dfrac{\pi n(d_w + d_m)}{2000}$(m/s 或 m/min)，所以

$$\begin{aligned} Z_w &= 1000 A_D v_{av} = 1000 a_p f v_{av} \\ &= \frac{\pi n a_p f(d_w + d_m)}{2} \\ &= \pi n a_p f(d_m \pm a_p) \end{aligned} \tag{1-33}$$

车外圆取正号，镗孔取负号。一般情况下，a_p 比 d_m 小很多，所以金属切除率可用下式近似计算：

$$Z_w \approx \pi n a_p f d_m \tag{1-34}$$

对于钻孔，

$$Z_w = \frac{\pi n f d_m^2}{4} \tag{1-35}$$

对于扩孔，

$$Z_w = \frac{\pi n f(d_m^2 - d_w^2)}{4} \tag{1-36}$$

上面各式中，各变量的单位分别为：Z_w 为 mm^3/s 或 mm^3/min；n 为 r/s 或 r/min；a_p 为 mm；f 为 mm/r；d_m 为 mm；d_w 为 mm。

1.5 刀具材料

刀具切削性能的优劣，主要取决于刀具材料、几何形状和结构，而刀具材料是首要的，它对刀具的使用寿命、生产效率、加工质量和加工成本影响极大。因此，应当高度重视刀具材料的正确选择和合理使用，并不断研制新型刀具材料。

1.5.1 刀具材料应具备的基本性能

在切削过程中，刀具切削部分与切屑、工件相互接触的表面上承受着很大的压力和强烈的摩擦，刀具在高温、高压以及冲击和振动下切削，因此刀具材料必须具备以下基本性能：

(1) 硬度。一般而言，刀具材料的硬度应高于工件材料的硬度，常温硬度应在 62HRC 以上。

(2) 耐磨性。耐磨性表示刀具抵抗磨损的能力。通常，硬度高耐磨性也高。此外，耐磨性还与基体中硬质点的大小、数量、分布的均匀程度以及化学稳定性有关。

(3) 耐热性。刀具材料应在高温下保持较高的硬度、耐磨性、强度和韧性，这就是刀具材料的耐热性。

(4) 强度和韧性。为了承受切削力、冲击和振动，刀具材料应具备足够的强度和韧性。强度用抗弯强度表示，韧性用冲击值表示。刀具材料的强度和韧性越高，硬度和耐磨性就越低，这两个方面的性能常常是互相矛盾的。

(5) 减摩性。刀具材料的减摩性越好，刀面上的摩擦系数就越小，既可以减小切削力和降低切削温度，还能抑制刀-屑界面处冷焊的形成。

(6) 导热性和热膨胀系数。刀具材料的导热系数越大，散热就越好，有利于降低切削区温度，从而提高刀具使用寿命。线膨胀系数小，可减小刀具的热变形和对尺寸精度的影响。

(7) 工艺性和经济性。为了便于制造，刀具材料应具有良好的可加工性(锻、轧、焊接、切削加工、可磨削性和热处理等)。其次，刀具材料的价格应低廉，便于推广使用。

1.5.2 高速钢

高速钢是在高碳钢中加入了大量的钨(W)、钼(Mo)、铬(Cr)、钒(V)等合金元素，这些元素是强烈的碳化物形成元素，与碳形成高硬度的碳化物，提高了钢的耐磨性和淬透性。高速钢的化学成分含量见表 1-2。高速钢经淬火并 3 次回火后，由于弥散硬化效果进一步提高了硬度和耐磨性。高速钢的性能见表 1-3。

高速钢在 600℃以上时，其硬度下降而失去切削性能。切削中碳钢时，切削速度可达 30m/min 左右。高速钢的最大优点是强度、韧性和工艺性能好，且价格便宜，因此广泛用于复杂刀具和小型刀具的制造。

表 1-2　高速钢的化学成分

钢种		化学成分含量/%									
		C	W	Mo	Cr	V	Co	Mn	Si	Al	其他
普通高速钢	W18Cr4V	0.7～0.8	17.5～19.0	≤0.3	3.80～4.40	1.00～1.40	—	—	—	—	—
	W6Mo5Cr4V2（M2）	0.80～0.90	5.50～6.75	4.50～5.50	3.80～4.40	1.75～2.20	—	—	—	—	—
	W14Cr4VMn-Re	0.85～0.95	13.50～15.00	—	3.50～4.00	1.40～1.70	—	0.35～0.55	≤0.50	—	Re 0.07
高性能高速钢	110W1.5Mo9.5Cr4VCo8(M42)	1.10	1.50	9.50	3.75	1.15	8.00	≤0.40	—	—	—
	W6Mo5Cr4V2Al（501）	1.05～1.20	5.50～6.75	4.50～5.50	3.80～4.40	1.75～2.20	—	≤0.40	≤0.60	0.80～1.20	—
	W10Mo4Cr4V3Al（5F6）	1.30～1.45	9.00～10.50	3.50～4.50	3.80～4.50	2.70～3.20	—	≤0.50	≤0.50	0.70～1.20	—
	W12Mo3Cr4V3Co5Si（Co5Si）	1.20～1.35	11.5～13.0	2.80～3.40	3.80～4.40	2.80～3.40	4.70～5.10	≤0.40	0.80～1.20	—	—
	W6Mo5Cr4V5SiNbAl（B201）	1.55～1.65	5.00～6.00	5.00～6.00	3.80～4.40	4.20～5.20	—	≤0.40	1.00～1.40	0.30～0.70	Nb 0.20～0.50

注：M42，M2 为美国钢铁研究院（American Iron and Steel Institute，AIS）牌号。

按化学成分，高速钢可分为钨系、钨钼系和钼钨系；按切削性能，则分为普通高速钢和高性能高速钢。常用普通高速钢的牌号有 W18Cr4V，W6Mo5Cr4V2。W18Cr4V 属钨系高速钢，使用普遍，其综合机械性能和可磨削性好，可用于制造包括复杂刀具在内的各类刀具。W6Mo5Cr4V2 属钨钼系高速钢，具有碳化物分布均匀、韧性好、热塑性好的特点，将逐步取代 W18Cr4V，但其可磨削性比 W18Cr4V 略差。

对于强度和硬度较高的难加工材料，采用普通高速钢刀具的切削效果不理想，切削速度不能超过 30 m/min。因此，近年来采用新技术措施来改善高速钢刀具的切削性能，其主要途径如下。

1）改变高速钢的合金成分

调整普通高速钢的基本化学成分和添加其他合金元素，使其机械性能和切削性能显著提高，这就是高性能高速钢。高性能高速钢可用于切削高强度钢、高温合金、钛合金等难加工材料。例如，加钴形成钴高速钢（M42），它的特点是综合性能好，硬度接近 70HRC，高温硬度也居前（见表 1-3），可磨削性也好，但由于含有钴元素，所以价格较贵。加铝形成铝高速钢（W6Mo5Cr4V2Al），它是我国独创的无钴高速钢，其性能见表 1-3。它的优点是无钴而成本低，缺点是可磨削性略低于 M42，且热处理温度较难控制。

表 1-3 几种高速钢性能的比较

钢　　种	常温硬度/HRC	高温硬度/HV (600℃)	抗弯强度 /GPa	冲击韧性 /(MJ/m^2)
W18Cr4V	62～65	～520	～3.50	0.30
110W1.5Mo9.5Cr4VCo8 (M42)	67～69	～602	2.70～3.80	0.23～0.30
W6Mo5Cr4V2Al(501)	68～69	～602	3.50～3.80	0.20
W10Mo4Cr4V3Al (5F6)	68～69	～583	～3.07	0.20
W12Mo3Cr4V3Co5Si	69～70	～608	2.40～2.70	0.11
W6Mo5Cr4V5SiNbAl (B201)	66～68	～526	～3.60	0.27

注：除 W18Cr4V 和 M42 外，均系引用冶金工业部钢铁研究总院的实验数据。

2）采用粉末冶金技术

采用一般电炉炼钢法得到的高速钢，其金相组织中含有粗大的碳化物偏析，它容易造成刀刃的崩刃失效。完全消除碳化物偏析的方法是采用粉末冶金技术，即将高频感应炉熔炼的钢液用惰性气体雾化成粉末，再经热压成坯，最后轧制或锻造成材。

粉末冶金高速钢的韧性和硬度较高，可磨削性能显著改善，材质均匀，热处理变形小，适合于制造各种精密刀具和复杂刀具。

3）采用表面化学渗入法

典型的表面化学渗入法是渗碳。渗碳后刀具表面硬度、耐磨性提高，但脆性增加。减小脆性的办法是同时渗入多种元素，如渗硼可降低脆性并提高抗黏结性，渗硫可减小表面摩擦，渗氮可提高热硬性等。

4）采用表面涂覆硬质薄膜技术

在真空条件下，将 TiC 和 TiN 等耐磨、耐高温、抗黏结的材料薄膜(3～5 μm)涂覆在高速钢刀具表面上，称之为 PVD 法(物理气相沉积法)。经过涂层后的刀具耐磨性和使用寿命大大提高(提高 3～7 倍)，切削效率提高 30%，可用于制造形状复杂的刀具，如钻头、丝锥、铣刀和齿轮刀具等。

1.5.3 硬质合金

硬质合金是高硬度、难熔金属碳化物(主要是 WC，TiC 等，又称高温碳化物)微米级的粉末，用钴或镍作黏结剂烧结而成的粉末冶金制品。允许切削温度高达 800～1000℃，切削中碳钢时，切削速度可达 100～200 m/min。

硬质合金是目前最主要的刀具材料之一。由于硬质合金工艺性差，所以主要用于制造简单刀具，而制造复杂刀具受到一定限制。

1. 高温碳化物

硬质合金的性能主要取决于金属碳化物的种类、性能、数量、粒度和黏结剂的分量。

1）碳化物的种类和性能

表 1-4 所列为几种碳化物的性能。在硬质合金中碳化物所占比例越大，硬度就越高；反之，若碳化物减少，则硬度低，但抗弯强度提高。

表 1-4　金属碳化物的主要性能

碳化物	熔点/℃	硬度/HV	弹性模量/GPa	导热系数/(W/m·℃)	密度/(g/cm^3)	对钢的黏附温度
WC	2900	1780	720	29.3	15.6	较低
TiC	3200～3250	3000～3200	321	24.3	4.93	较高
TaC	3730～4030	1599	291	22.2	14.3	—
TiN	2930～2950	1800～2100	616	16.8～29.3	5.44	—

2）碳化物的粒度

碳化物的粒度越细，越有利于提高硬质合金的硬度和耐磨性，但当黏结剂含量一定时，如碳化物粒度减小，则碳化物颗粒的总表面积加大，使黏结层厚度减薄，从而降低了合金的抗弯强度。反之，则合金的抗弯强度提高，而硬度降低。碳化物粒度的均匀性也影响硬质合金的性能，粒度均匀的碳化物能形成均匀的黏结层，可防止产生裂纹。在硬质合金中添加 TaC 能使碳化物粒度均匀和细化。

2. 硬质合金的种类

目前大部分硬质合金是以 WC 为基体，并分为 WC-Co(YG 类)、WC-TiC-Co(YT 类)、WC-TaC(NbC)-Co(YA 类)和 WC-TiC-TaC(NbC)-Co(YW 类)4 类。表 1-5 列出了国内常用各类合金的分类代号、成分和性能。

3. 硬质合金的性能

1）硬度

由于 WC，TiC 等的硬度很高，所以合金的硬度也很高，一般在 89～93HRA 之间。硬质合金的硬度随着温度的升高而降低。在 700～800℃时，大部分合金保持着相当于高速钢的常温硬度。合金的高温硬度主要取决于碳化物在高温下的硬度，故 WC-TiC-Co 合金的高温硬度比 WC-Co 合金高。添加 TaC(或 NbC)能提高高温硬度。

2）抗弯强度和韧性

常用硬质合金的抗弯强度在 0.9～1.5 GPa 范围内。黏结剂含量越高，抗弯强度也越高。随着 TiC 含量的增加，抗弯强度下降。

硬质合金是脆性材料，冲击韧性仅为高速钢的 1/30～1/8。韧性不足是硬质合金的一大弱点。故硬质合金刀具一般将合金刀片焊接或夹固在刀体上使用，只有一些小的复杂刀具才做成整体的。WC-TiC-Co 类的韧性低于 WC-Co 类。

3）导热系数

由于 TiC 的导热系数低于 WC，所以 WC-TiC-Co 合金的导热系数比 WC-Co 合金低，并随着 TiC 含量的增加而下降。从表 1-5 中可见，YG6 的导热系数是 YT15 的 2 倍多。

表 1-5　硬质合金成分和性能

合金分类代号		化学成分				物理机械性能							相近ISO分类代号
		WC	TiC	TaC (NbC)	Co	硬度 HRA	硬度 HRC	抗弯强度 σ_{bb} /GPa	冲击韧性 a_κ /(kJ/m^2)	导热系数 k/(W/m·℃)	线膨胀系数 α/10^{-6}	密度 /(g/cm^3)	
WC 基合金													
WC+Co	YG3	97	—	—	3	91	78	1.10	—	87.9	—	14.9～15.3	K01 K05
	YG6	94	—	—	6	89.5	75	1.40	26.0	79.6	4.5	14.6～15.0	K15 K20
	YG8	92	—	—	8	89	74	1.50	—	75.4	4.5	14.4～14.8	K30
	YG3X	97	—	—	3	92	80	1.00	—	—	4.1	15.0～15.3	K01
	YG6X	94	—	—	6	91	78	1.35	—	79.6	4.4	14.6～15.0	K10
WC+TaC(NbC)+Co	YG6A (YA6)	91～93	—	1～3	6	92	80	1.35	—	—	—	14.4～15.0	K10
WC+TiC+Co	YT30	66	30	—	4	92.5	80.5	0.90	3.00	20.9	7.00	9.35～9.7	P01
	YT15	79	15	—	6	91	78	1.15	—	33.5	6.51	11.0～11.7	P10
	YT14	78	14	—	8	90.5	77	1.20	7.00	33.5	6.21	11.2～12.7	P20
	YT5	85	5	—	10	89.5	75	1.30	—	62.8	6.06	12.5～13.2	P30
WC+TiC+TaC(NbC)+Co	YW1	84	6	1	6	92	80	1.25				13.0～13.5	M10
	YW2	82	6	4	8	91	78	1.50				12.7～13.3	M20
TiC 基合金													
TiC+WC+Ni-Mo	YN10	15	62	1	Ni12 Mo10	92.5	80.5	1.10				6.3	P05
	YN05	8	71		Ni7 Mo14	93	82	0.90				5.9	P01

注：Y—硬质合金；G—钴，其后数字表示含钴量；X—细晶粒合金；T—TiC，其后数字表示 TiC 含量；A—含 TaC(NbC)的钨钴类合金；W—通用合金；N—以镍、钼作黏结剂的 TiC 基合金。

4）线膨胀系数

硬质合金的线膨胀系数比高速钢小得多。WC-TiC-Co 合金的线膨胀系数大于 WC-Co 合金，且随 TiC 含量增加而增大。

5）抗冷焊性

硬质合金与钢发生冷焊的温度高于高速钢，WC-TiC-Co 合金与钢发生冷焊的温度高于 WC-Co 合金。

4. 硬质合金的选用

正确选用适当类别的硬质合金对于发挥其效能具有重要意义(见表 1-6)。

表 1-6　各种硬质合金的应用范围

<table>
<tr><th>合金分类代号</th><th>性能提高方向</th><th>应 用 范 围</th></tr>
<tr><td>YG3X</td><td rowspan="5">硬度、耐磨性、切削速度↑
抗弯强度、韧性、进给量↓</td><td>铸铁、有色金属及其合金的精加工、半精加工，不能承受冲击载荷</td></tr>
<tr><td>YG3</td><td>铸铁、有色金属及其合金的精加工、半精加工，不能承受冲击载荷</td></tr>
<tr><td>YG6X</td><td>普通铸铁、冷硬铸铁、高温合金的精加工、半精加工</td></tr>
<tr><td>YG6</td><td>铸铁、有色金属及其合金的半精加工和粗加工</td></tr>
<tr><td>YG8</td><td>铸铁、有色金属及其合金、非金属材料的粗加工，也可用于断续切削</td></tr>
<tr><td>YG6A</td><td></td><td>冷硬铸铁、有色金属及其合金的半精加工，亦可用于高锰钢、淬硬钢的半精加工和精加工</td></tr>
<tr><td>YT30</td><td rowspan="4">硬度、耐磨性、切削速度↑
抗弯强度、韧性、进给量↓</td><td>碳素钢、合金钢的精加工</td></tr>
<tr><td>YT15</td><td rowspan="2">碳素钢、合金钢在连续切削时的粗加工、半精加工，亦可用于断续切削时精加工</td></tr>
<tr><td>YT14</td></tr>
<tr><td>YT5</td><td>碳素钢、合金钢的粗加工，可用于断续切削</td></tr>
<tr><td>YW1</td><td rowspan="2">硬度、耐磨性、切削速度↑
抗弯强度、韧性、进给量↓</td><td>高温合金、高锰钢、不锈钢等难加工材料及普通钢料、铸铁、有色金属及其合金的半精加工和精加工</td></tr>
<tr><td>YW2</td><td>高温合金、不锈钢、高锰钢等难加工材料及普通钢料、铸铁、有色金属及其合金的粗加工和半精加工</td></tr>
</table>

切削铸铁及其他脆性材料时，由于形成崩碎切屑，切削力集中在切削刃上，局部压力很大，并具有一定的冲击性，所以宜选用抗弯强度和韧性较好的 WC-Co 合金。但这类合金与钢料摩擦时，其抗月牙洼磨损能力比 WC-TiC-Co 合金差，因此不宜用于高速切削普通钢料。然而由于高温合金、不锈钢等难加工材料中含有钛，且导热系数低，所以切削温度高，并容易产生冷焊，因而要求刀具中不含钛，并具有良好的导热性。这说明切削上述难加工材料选用不含钛的 WC-Co 合金并采用较低的切削速度较为合适。

显然，精加工时宜选用含钴少、硬度高的合金，如 YG3 或 YT30；粗加工或有冲击载荷时，宜选用含钴多、抗弯强度大的合金，如 YG8 或 YT5。

5．新型硬质合金

1）添加碳化钽(TaC)和碳化铌(NbC)的硬质合金

在 WC-Co 合金中添加少量 TaC 或 NbC 可显著提高常温硬度、高温硬度、高温强度和耐磨性，而抗弯强度略有降低。表 1-6 中的 YG6A 就是这种合金。在 TiC 含量少于 10%的 WC-TiC-Co 合金中，添加少量 TaC(或 NbC)，可以获得较好的综合机械性能，既可加工铸铁、有色金属，又可加工碳素钢、合金钢，也适合于加工高温合金、不锈钢等难加工材料，从而有“通用合金”之称。表1-6中的YW1，YW2就是这种合金。目前，添加TaC和NbC的硬质合金应用日益广泛，而没有TaC和NbC的YG，YT类硬质合金在国际市场上呈被淘汰趋势。

2）涂层硬质合金

解决刀具硬度、耐磨性与强度、韧性之间矛盾的最好方法是采用涂层技术。在YG8、YT5这类韧性、强度较好但硬度、耐磨性较差的刀具表面上，用CVD法（化学气相沉积法）涂上颗粒极细的碳化物（如TiC）、氮化物（如TiN）或氧化物（如Al_2O_3）等可以解决上述矛盾。TiC硬度高，耐磨性好，线膨胀系数与基体相近，所以与基体结合比较牢固；TiN的硬度低于TiC，与基体结合稍差，但抗月牙洼磨损能力强，且不易生成中间层（脆性相），故允许较厚的涂层；Al_2O_3涂层的高温化学性能稳定，适用于更高速度下的切削。目前多用复合涂层合金，其性能优于单层。近年来研究出了金刚石涂层硬质合金刀具，刀具使用寿命可提高50倍，而成本仅提高10倍。

由于涂层材料的线膨胀系数总是大于基体，故表层存在残余应力，抗弯强度下降。所以，涂层硬质合金适用于各种钢料、铸铁的精加工和半精加工及负荷较轻的粗加工。含钛的涂层材料不能加工高温合金、钛合金和奥氏体不锈钢，因为它们之间会产生冷焊。

涂层刀片不能采用焊接结构，不能重磨使用，只能用于机夹可转位刀具。

3）细晶粒和超细晶粒硬质合金

一般硬质合金中的晶粒均大于1 μm，如使晶粒细化到小于1 μm，甚至小于0.5 μm，则耐磨性有较大改善，刀具使用寿命可提高1～2倍。添加Cr_2O_3可使晶粒细化。这类合金可用于加工冷硬铸铁、淬硬钢、不锈钢、高温合金等难加工材料。

4）TiC基和Ti(C,N)基硬质合金

一般硬质合金属于WC基。TiC基合金是以TiC为主体成分，以镍、钼作黏结剂，TiC含量达60%～70%。与WC基合金比较，它的硬度较高，抗冷焊磨损能力较强，热硬性也较好，但韧性和抗塑性变形的能力较差，性能介于陶瓷和WC基合金之间。国内代表性的是YN10和YN5，它们适合于碳素钢、合金钢的半精加工和精加工，其性能优于YT15和YT30。

在TiC基合金中进一步加入氮化物形成Ti(C,N)基硬质合金。Ti(C,N)基硬质合金的强度、韧性、抗塑性变形的能力均高于TiC基合金，是很有发展前景的刀具材料。

5）添加稀土元素的硬质合金

在WC基合金中，加入少量稀土元素，可有效地提高合金的韧性、抗弯强度和耐磨性。适用于粗加工，目前处于研究阶段。

6）高速钢基硬质合金

以TiC或WC作硬质相（占30%～40%），以高速钢作黏结剂（占60%～70%），用粉末冶金工艺制成。其性能介于硬质合金和高速钢之间，具有良好的耐磨性和韧性，特别是大大改善了工艺性，适合于制造复杂刀具。

1.5.4 超硬刀具材料

1. 陶瓷

1）纯氧化铝陶瓷

主要用Al_2O_3加微量添加剂（如MgO），经冷压烧结而成，是一种廉价的非金属刀具材料。其抗弯强度为 400～500 MPa，硬度 91～92HRA。由于抗弯强度太低，难以推广应用。

2）复合氧化铝陶瓷

在 Al_2O_3 基体中添加高硬度、难熔碳化物（如 TiC），并加入一些其他金属（如镍、钼）进行热压而成的一种陶瓷。其抗弯强度为 800 MPa 以上，硬度达到 93～94HRA。

陶瓷具有很高的高温硬度，在 1200℃时硬度尚能达到 80HRA；化学稳定性好，与被加工金属亲和作用小。但陶瓷的抗弯强度和冲击韧性较差，对冲击十分敏感。目前多用于各种金属材料的半精加工和精加工，特别适合于淬硬钢、冷硬铸铁的加工。

在 Al_2O_3 基体中加入 SiC 和 ZrO_2 晶须而形成的晶须陶瓷，可大大提高韧性。

3）复合氮化硅陶瓷

在 Si_3N_4 基体中添加 TiC 等化合物和金属 Co 等进行热压，可以制成复合氮化硅陶瓷。它的机械性能与复合氧化铝陶瓷相近，特别适合于切削冷硬铸铁和淬硬钢。

由于陶瓷的原料在自然界中容易得到，且价格低廉，因而是一种极有发展前途的刀具材料。

2. 金刚石

金刚石分天然和人造两种，它们都是碳的同素异构体。其硬度高达 10 000HV，是自然界中最硬的材料。天然金刚石质量好，但价格昂贵。人造金刚石是在高温高压条件下，借助于某些合金的触媒作用，由石墨转化而成的。金刚石能切削陶瓷、高硅铝合金、硬质合金等难加工材料，还可以切削有色金属及其合金，但不能切削铁族材料。因为碳元素和铁元素有很强的亲和性，碳元素向工件扩散，加快刀具磨损。当温度大于 700℃时，金刚石转化为石墨结构而丧失了硬度。金刚石刀具的刃口可以磨得很锋利，对有色金属进行精密和超精密切削时，表面粗糙度 Ra 可达到 0.01～0.1 μm。

3. 立方氮化硼

氮化硼的性质和形状同石墨很相似。六方氮化硼经高温高压处理转化为立方氮化硼（CBN）。立方氮化硼是六方氮化硼的同素异构体，其硬度仅次于金刚石。两者的性能比较见表 1-7。立方氮化硼的热稳定性和化学惰性优于金刚石，可耐 1300～1500℃的高温。用于切削淬硬钢、冷硬铸铁、高温合金等，切削速度比硬质合金高 5 倍。立方氮化硼刀片采用机械夹固或焊接方法固定在刀柄上。

表 1-7　金刚石和立方氮化硼性能比较

材　料	组成	密度 /(g/cm^3)	硬度/HV	热稳定性/℃（在空气中）	与铁元素的化学惰性	备　注
金刚石	C	3.52	10 000	<700～800	小	聚晶金刚石的硬度 8000HV
立方氮化硼	BN	3.48	8000	<1600	大	聚晶立方氮化硼的硬度 4000～7000HV

1.5.5 刀具材料按用途分类标识方法

刀具制造商根据各种不同的切削用途，分析确定刀具应具备的性能，设计刀具材料组分、结构和制造工艺，研发各种牌号的切削刀具；刀具用户则按照自己的切削用途，选购相应牌号的切削刀具，或向刀具制造商提出新切削用途的刀具研发需求。因此，切削用途既是刀具制造商研发制造刀具的直接目标，也是刀具用户选用刀具的基本依据，刀具材料按用途分类标识，既符合刀具材料研发规律，也体现以用户为关注焦点、为用户服务的企业运营理念。

1. 刀具材料按用途分类标准

参照 ISO 513：2004 国际标准，我国制定了 GB/T 2075—2007 硬切削刀具材料(包括硬质合金、陶瓷、金刚石、氮化硼)按用途分类的国家标准。标准规定了 6 个用途大组，见表 1-8，依照不同的被加工工件材料划分，分别用标识字母符号(P、M、K、N、S、H)和识别颜色(蓝、黄、红、绿、褐、灰)表示。每个用途大组分成若干用途小组，用分类数字号表示：随分类号增大，刀具材料韧性增加，切削进给量增加；随分类号减小，耐磨性增加，切削速度增加。

表 1-8 硬切削材料的分类和用途

用途大组			用途小组			
字母符号	识别颜色	被加工材料	硬切削材料		变化趋势	
P	蓝色	钢：除不锈钢外所有带奥氏体结构的钢和铸钢	P01 P10 P20 P30 P40 P50	P05 P15 P25 P35 P45	↑[a]	↓[b]
M	黄色	不锈钢：不锈奥氏体钢或铁素体钢，铸钢	M01 M10 M20 M30 M40	M05 M15 M25 M35	↑[a]	↓[b]
K	红色	铸钢：灰铸铁，球状石墨铸铁，可锻铸铁	K01 K10 K20 K30 K40	K05 K15 K25 K35	↑[a]	↓[b]
N	绿色	非铁金属：铝，其他有色金属，非金属材料	N01 N10 N20 N30	N05 N15 N25	↑[a]	↓[b]
S	褐色	超级合金和钛：基于铁的耐热特种合金，镍、钴、钛、钛合金	S01 S10 S20 S30	S05 S15 S25	↑[a]	↓[b]

续表

用途大组			用途小组			
字母符号	识别颜色	被加工材料	硬切削材料		变化趋势	
H	灰色	硬材料：硬化钢，硬化铸铁材料，冷硬铸铁	H01 H10 H20 H30	H05 H15 H25	↑[a]	↓[b]

[a] 增加速度，增加切削材料的耐磨性。

[b] 增加进给量，增加切削材料的韧性。

在硬切削刀具材料中，具体针对硬质合金，我国制定了 GB/T 18376.1—2008 切削工具用硬质合金牌号按用途分类的国家标准。硬质合金刀具各组别的基本成分和力学性能要求如表 1-9 所示，加工作业条件推荐如表 1-10 所示。

表 1-9　硬质合金刀具各组别的基本成分和力学性能要求

组别		基本成分	力学性能		
类别	分组号		洛氏硬度/HRA 不小于	维氏硬度/HV_3 不小于	抗弯强度 R_{re}/MPa，不小于
P	01	以 TiC，WC 为基，以 Co（Ni+Mo，Ni+Co）作黏结剂的合金/涂层合金	92.3	1750	700
	10		91.7	1680	1200
	20		91.0	1600	1400
	30		90.2	1500	1550
	40		89.5	1400	1750
M	01	以 WC 为基，以 Co 作黏结剂，添加少量 TiC（TaC，NbC）的合金/涂层合金	92.3	1730	1200
	10		91.0	1600	1350
	20		90.2	1500	1500
	30		89.9	1450	1650
	40		88.9	1300	1800
K	01	以 WC 为基，以 Co 作黏结剂，或添加少量 TaC，NbC 的合金/涂层合金	92.3	1750	1350
	10		91.7	1680	1460
	20		91.0	1600	1550
	30		89.5	1400	1650
	40		88.5	1250	1800
N	01	以 WC 为基，以 Co 作黏结剂，或添加少量 TaC，NbC 或 CrC 的合金/涂层合金	92.3	1750	1450
	10		91.7	1680	1560
	20		91.0	1600	1650
	30		90.0	1450	1700

续表

组别		基本成分	力学性能		
类别	分组号		洛氏硬度/HRA 不小于	维氏硬度/HV_3 不小于	抗弯强度 R_{re}/MPa，不小于
S	01	以WC为基，以Co作黏结剂，或添加少量TaC，NbC或TiC的合金/涂层合金	92.3	1730	1500
	10		91.5	1650	1580
	20		91.0	1600	1650
	30		90.5	1550	1750
H	01	以WC为基，以Co作黏结剂，或添加少量TaC，NbC或TiC的合金/涂层合金	92.3	1730	1000
	10		91.7	1680	1300
	20		91.0	1600	1650
	30		90.5	1520	1500

注：① 洛氏硬度和维氏硬度中任选一项。

② 以上数据为非涂层硬质合金要求，涂层产品可按对应的维氏硬度下降30～50。

表 1-10　硬质合金刀具加工作业条件推荐表

组别	作业条件		性能提高方向	
	被加工材料	适应的加工条件	切削性能	合金性能
P01	钢，铸钢	高切削速度、小切屑截面、无振动条件下的精车、精镗	切削速度↑↓进给量	耐磨性↑↓韧性
P10	钢，铸钢	高切削速度，中、小切屑截面条件下的车削、仿形车削、车螺纹和铣削		
P20	钢，铸钢，长切屑可锻铸铁	中等切削速度、中等切屑截面条件下的车削、仿形车削和铣削，小切屑截面的刨削		
P30	钢，铸钢，长切屑可锻铸铁	中或低等切削速度、中等或大切屑截面条件下的车削、铣削、刨削和不利条件下的加工		
P40	钢，含砂眼和气孔的铸钢件	低切削速度、大切削角、大切屑截面以及不利条件下的车削、刨削、切槽和自动机床上加工		
M01	不锈钢，铁素体钢，铸钢	高切削速度、小载荷、无振动条件下的精车、精镗	切削速度↑↓进给量	耐磨性↑↓韧性
M10	不锈钢，铸钢，锰钢，合金钢，合金铸铁，可锻铸铁	中和高等切削速度，中、小切屑截面条件下的车削		
M20	不锈钢，铸钢，锰钢，合金钢，合金铸铁，可锻铸铁	中等切削速度、中等切屑截面条件下的车削、铣削		
M30	不锈钢，铸钢，锰钢，合金钢，合金铸铁，可锻铸铁	中和高等切削速度、中等或大切屑截面条件下的车削、铣削、刨削		
M40	不锈钢，铸钢，锰钢，合金钢，合金铸铁，可锻铸铁	车削、切断、强力铣削加工		

续表

组别	作业条件		性能提高方向	
	被加工材料	适应的加工条件	切削性能	合金性能
K01	铸铁,冷硬铸铁,短切屑可锻铸铁	车削、精车、铣削、镗削、刮削	切削速度↑ 进给量↓	耐磨性↑ 韧性↓
K10	布氏硬度高于 220 的铸铁,短切屑可锻铸铁	车削、精车、铣削、镗削、刮削		
K20	布氏硬度低于 220 的灰口铸铁,短切屑可锻铸铁	用于中等切削速度下,轻载荷粗加工、半精加工的车削、铣削、镗削等		
K30	铸铁,短切屑可锻铸铁	用于在不利条件下可能采用大切削角的车削、铣削、刨削、切槽加工,对刀片的韧性有一定的要求		
K40	铸铁,短切屑可锻铸铁	用于在不利条件下的粗加工,采用较低的切削速度和大的进给量		
N01	有色金属,塑料,木材,玻璃	高切削速度下,有色金属铝、铜、镁,塑料、木材等非金属材料的精加工	切削速度↑ 进给量↓	耐磨性↑ 韧性↓
N10		较高切削速度下,有色金属铝、铜、镁,塑料、木材等非金属材料的精加工或半精加工		
N20	有色金属,塑料	中等切削速度下,有色金属铝、铜、镁,塑料等的半精加工或精加工		
N30		中等切削速度下,有色金属铝、铜、镁,塑料等的粗加工		
S01	耐热和优质合金,含镍、钴、钛的各类合金材料	中等切削速度下,耐热钢和钛合金的精加工	切削速度↑ 进给量↓	耐磨性↑ 韧性↓
S10		低切削速度下,耐热钢和钛合金的半精加工或精加工		
S20		较低切削速度下,耐热钢和钛合金的半精加工或粗加工		
S30		较低切削速度下,耐热钢和钛合金的断续切削,适于半精加工或精加工		
H01	淬硬钢,冷硬铸铁	低切削速度下,淬硬钢、冷硬铸铁的连续轻载精加工	切削速度↑ 进给量↓	耐磨性↑ 韧性↓
H10		低切削速度下,淬硬钢、冷硬铸铁的连续轻载精加工、半精加工		
H20		较低切削速度下,淬硬钢、冷硬铸铁的连续轻载半精加工、粗加工		
H30		较低切削速度下,淬硬钢、冷硬铸铁的半精加工、粗加工		

注:“不利条件”系指原材料或铸造、锻造的零件表面硬度不匀,加工时的切削深度不匀,间断切削以及振动等情况。

2. 分类标识示例

示例 1：图 1-29 是刀具制造商 CERATIZIT 的刀具材料牌号命名方法，牌号由制造商特征、刀具材质特征、用途分类码、加工方式和分类数字号等组成。

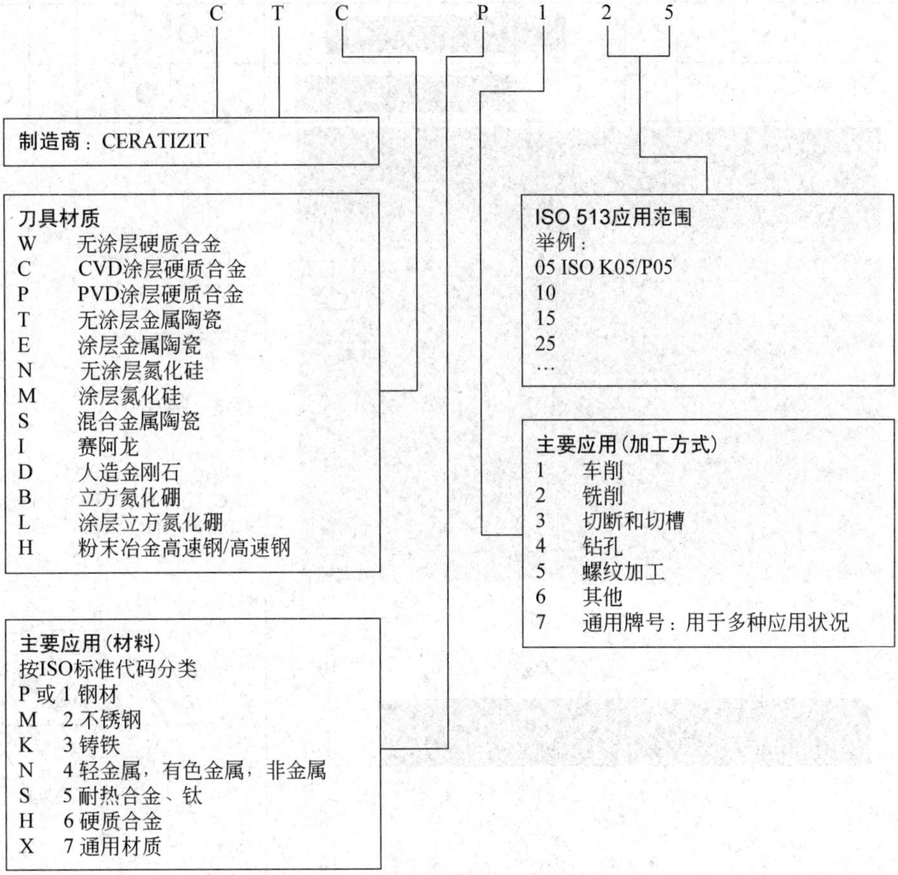

图 1-29　CERATIZIT 的刀具材料牌号命名方法

表 1-11 是 CERATIZIT 产品中的 CTC2135 牌号刀具材料的材质组分、涂层结构、性能及用途分类，主要应用于 M30～M45 不锈钢类工件材料切削用途，也可扩展应用于 P 钢类和 S 耐热合金类工件材料切削用途。表中附注，表明了在实际的产品样本中用识别颜色蓝、黄、红、绿、褐、灰涂色的六边形表示其适用的工件材料分类，和在六边形每个类别三角块再用分区标记表示其适用于粗加工、半精加工、精加工用途的方法。

示例 2：表 1-12 是刀具制造商株洲钻石的部分车削刀具材料牌号及其用途分类与适用工况。例如，涂层硬质合金 YBC151 刀具材料适用于 P10 钢材料良好工况的车削；非涂层硬质合金 YC40 适用于 P40 钢材料恶劣工况的车削和 M30 不锈钢材料的车削；PCD 刀具材料 YCD011 适用于 N10 有色金属材料良好工况的车削。实际的产品样本中在 P、M、K、N、S、H 区域分别涂蓝、黄、红、绿、橙、灰标准识别颜色，可使之醒目易区分。

表 1-11　CTC2135 牌号刀具材料的组分、涂层结构、性能及用途分类

牌号	应用范围	P 钢	M 不锈钢	K 铸铁	N 有色金属	S 耐热合金	H 高硬度材料
CTC2135	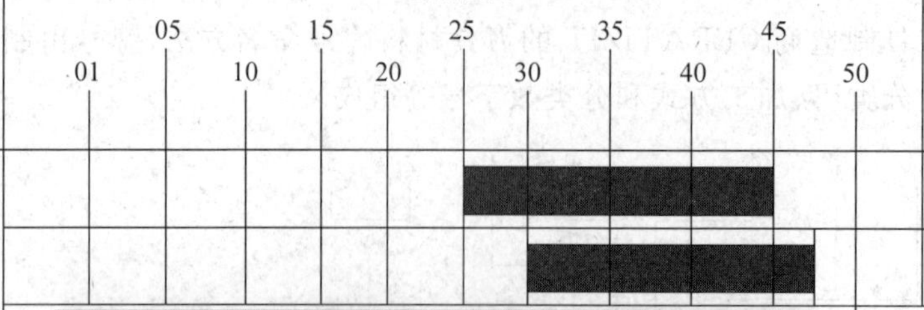	○					
			●			○	

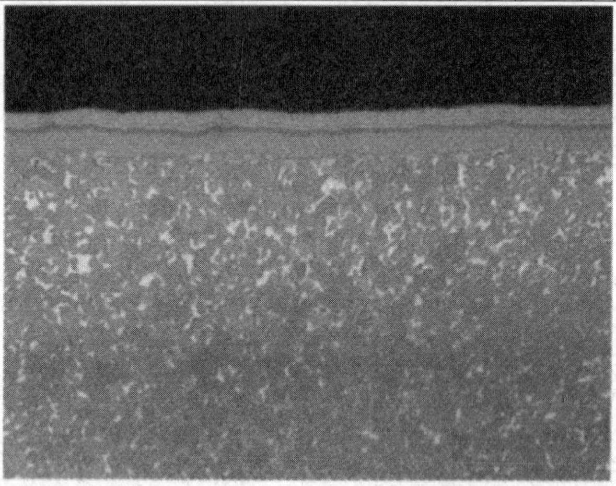

韧性：

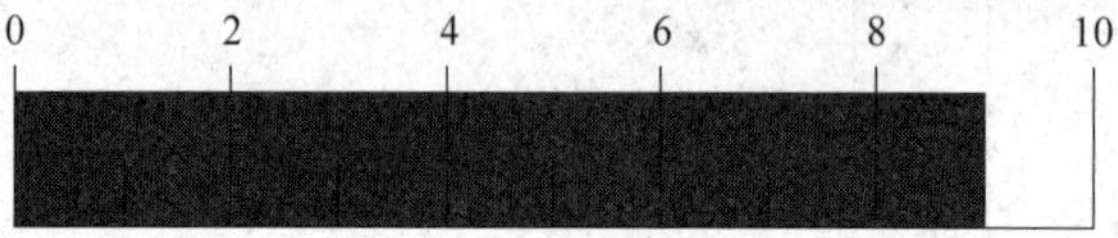

耐磨性：

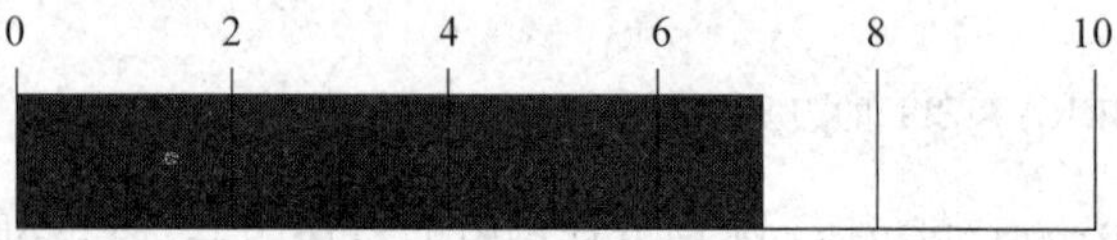

成分：Co 9.6%；复合硬质合金 7.4%；其余为WC。

晶粒度：1~2μm

硬度：HV 1400

涂层成分：CVD；Ti(C, N) + Ti(C, N) + TiN + Ti(N, B) + Ti(C, N) +TiN；6μm

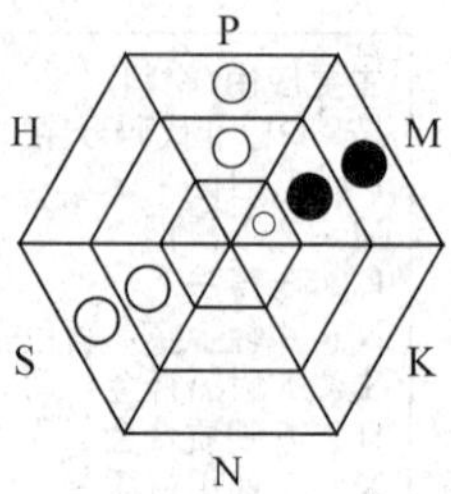

注

涂色识别方法：

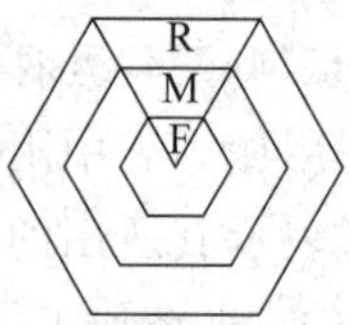

R = 粗加工
M = 半精加工
F = 精加工
●：主要应用
○：扩展应用

表 1-12　株洲钻石部分车削刀具材料牌号及其用途分类与适用工况

用途分类代码 \ 刀具材料牌号			涂层硬质合金								金属陶瓷	涂层金陶	硬质合金					PCBN& PCD		
			YBC151	YBC252	YBG102	YBG202	YBM151	YBM253	YBD052	YBD152	YNG151	YNG151C	YC10	YC40	YD051	YD101	YD201	YCB011	YCB012	YCD011
车削	P	P01																		
		P10	●		●						●	●	●							
		P20		●		●														
		P30		●		●														
		P40												●						
	M	M10			●						●	●	●							
		M20				●	●													
		M30					●							●						
		M40						●												
	K	K01							●						●					
		K10			●						●	●				●		●		
		K20				●				●							●			
		K30																		
	N	N01																		
		N10														●				●
		N20															●			
		N30																		
	S	S01																●		
		S10			●											●				

续表

用途分类代码＼刀具材料牌号			涂层硬质合金								金属陶瓷	涂层金陶	硬质合金					PCBN& PCD		
			YBC151	YBC252	YBG102	YBG202	YBM151	YBM253	YBD052	YBD152	YNG151	YNG151C	YC10	YC40	YD051	YD101	YD201	YCB011	YCB012	YCD011
车削	S	S20																		
		S30																		
	H	H01																		
		H10																	●	
		H20																		
		H30																		
适用工况		P	☺	😐	☺	😐					☺	☺	☺	☹						
		M			☺	😐	😐	😐			☺	☺							☺	
		K							☺	☹					☺		☹	☺		
		N														😐	☹			☺
		S			☺											☺				
		H																	☺	

注：☺良好工况；😐一般工况；☹恶劣工况。

习题与思考题

1-1 用母线、导线概念，试述与车削端平面相对应的平面成形原理和相应的机床加工方法。

1-2 复合成形运动与简单成形运动有什么区别？试述加工如图 1-30 所示三维自由曲面的成形原理，并且进一步以简单示意图描述机床上的实现方法。

1-3 用 $\kappa_r=45°$ 的车刀加工外圆柱面，加工前工件直径为 $\phi 62$，加工后直径为 $\phi 54$，主轴转速 $n=240$ r/min，刀具的进给速度 $v_f=96$ mm/min，试计算 $v_c, f, a_p, h_D, b_D, A_D$。

1-4 图 1-31 为用端面车刀切削工件端面示意图。已知刀具角度：$\kappa_r=75°$，$\kappa_r'=15°$，$\gamma_o=10°$，$\alpha_o=5°$，$\lambda_s=10°$；切削用量：$a_p=3$ mm，$f=0.3$ mm/r。

(1) 画出确定端面车刀形状的最基本刀具标注角度图，计算其纵横剖面及法向剖面系中的 $\gamma_p, \alpha_p, \gamma_f, \alpha_f, \gamma_n, \alpha_n$ 等角度。

(2) 示意标出 a_p, f, b_D, h_D，计算 b_D 和 h_D。

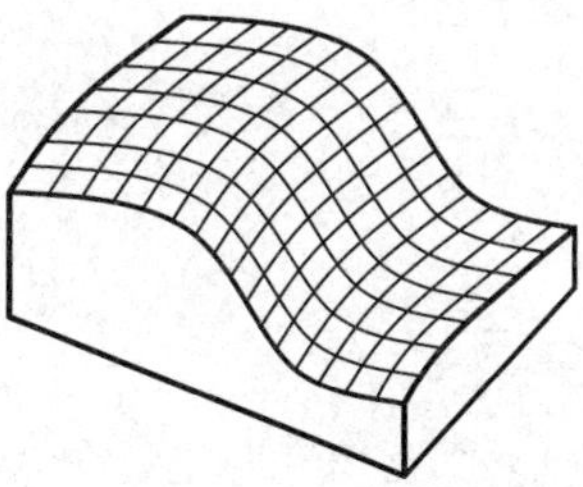

图 1-30 习题 1-2 附图

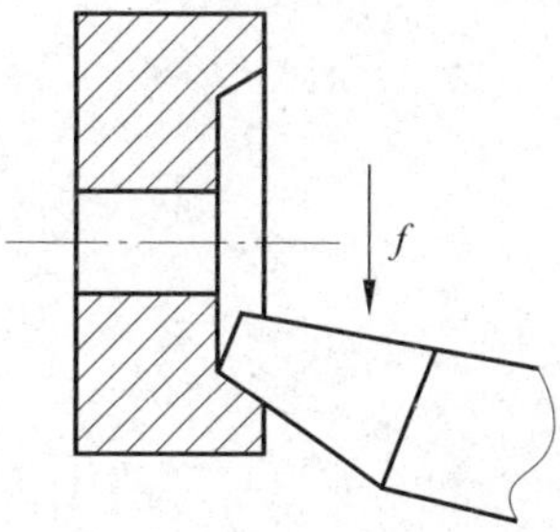

图 1-31 习题 1-4 附图

1-5 画出下列标注角度的车床切断刀的车刀图：$\gamma_o=10°$，$\alpha_o=6°$，$\alpha_o'=2°$，$\kappa_r=90°$，$\kappa_r'=2°$，$\lambda_s=0°$。

1-6 确定一把单刃刀具切削部分的几何形状，最少需要哪几个基本角度？有几组？

1-7 为什么说切断车削时，工件最后不是车断而是挤断的？在工件切断到直径较小时要采取什么措施防止刀具破损？

1-8 由几何学可知，阿基米德螺线上各点的向量半径 ρ 随其转角 θ 的增减而等比例增减，也就是说该机构具备等进性，所以在纺织机械、轻工机械以及铲齿加工中广泛应用。采用车削方式加工图 1-32 所示的阿基米德螺线凸轮时，试讨论刀具工作角度的变化情况，并且标注某一瞬时的工作前角、工作后角，同时计算工作后角小于等于 0°，不能正常切削时的位置。如何解决这个问题？是否可以设计一个机构来保证得到一致的工作角度？

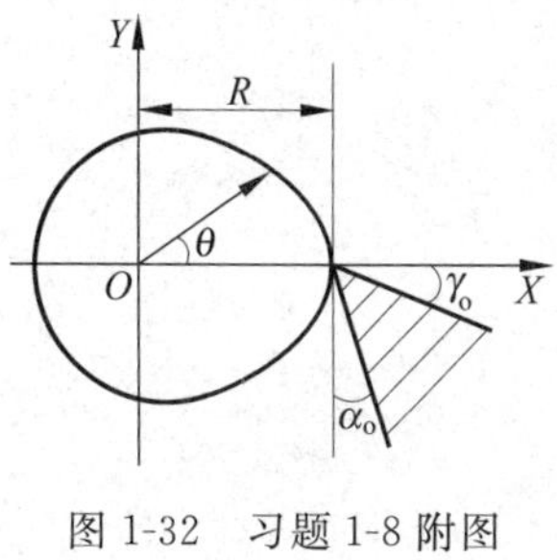

图 1-32 习题 1-8 附图

已知：刀具前角 $\gamma_o=10°$，后角 $\alpha_o=5°$，阿基米德螺线的方程：$\rho=R-C\theta(\theta\leqslant 180°)$，其中 C 为比例系数，$C=3.2$ mm/rad，$R=45$ mm。

1-9　为什么许多复杂刀具(如滚刀等)用高速钢制造?

1-10　按照以下刀具材料、工件材料、加工条件进行相应刀具材料的合理选择。

刀具材料：YG3X,YG8,YT5,YT30,W18Cr4V。

工件材料及切削条件：①粗铣铸铁箱体平面；②精镗铸铁箱体孔；③齿轮加工的滚齿工序；④45钢棒料的粗加工；⑤精车40Cr工件外圆。

1-11　金刚石刀具适用切削的材料是什么？是否适合于切削钢？CBN刀具如何?

1-12　车削灰铸铁材料的电机轴承盖工件,硬度200HB,毛坯件粗加工,铸件表面在安装孔部位切削不连续,如根据表1-12选株洲钻石的车削刀具材料,可以选用哪种牌号?

2 金属切削过程及切削参数优化选择

2.1 金属切削的变形过程

金属切削加工中的各种物理现象，如切削力、切削热、振动、卷屑、断屑、刀具磨损以及已加工表面质量等，都与切削变形过程和切屑形成过程有关。研究金属切削变形过程对于切削加工技术的发展和进步、保证加工质量、降低生产成本、提高生产效率，都有十分重要的意义。

2.1.1 研究金属切削变形过程的实验方法

1）侧面方格变形观察法

为了更加直观、清楚地观察金属切削层各点的变形，在工件侧面作出细小的方格，察看切削过程中这些方格如何被扭曲，借以判断和认识切削层的塑性变形、切削层变为切屑的实际情形(见图 2-1)。方格的复印方法是先将工件侧面抛光，镀上一层薄铜，敷上感光胶层，然后用照相、腐蚀方法在表面薄铜层上形成网格图形。

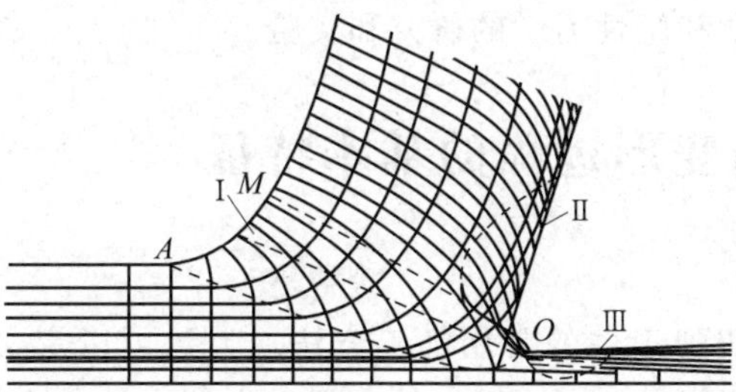

图 2-1　金属切削过程中的滑移线、流线和三个变形区的位置

2）高频摄影法

利用带有显微镜头的高频摄影机，拍摄切削试件的侧面，可以得到一个完整的从切削变形开始至形成切屑的真实过程。常用的高频摄影机每秒可拍摄几百幅到 1 万幅以上。高频摄影机为研究高速切削时切削变形过程提供了可能性。

3）快速落刀法

利用一种叫做快速落刀装置的特殊刀架，在切削过程的某一瞬间使刀具以极快的速度突然脱离工件，把在某一切削条件下切削层的变形状态保留下来。落刀后从工件上锯下切屑根部，制成金相标本，用显微镜观察。

图 2-2 是用手锤击打刀夹里的刀具，剪断铸铁销，从而使刀具迅速脱离工件的快速落刀装置。图 2-3 是用炸药爆炸的动力剪断铸铁销的快速落刀装置。

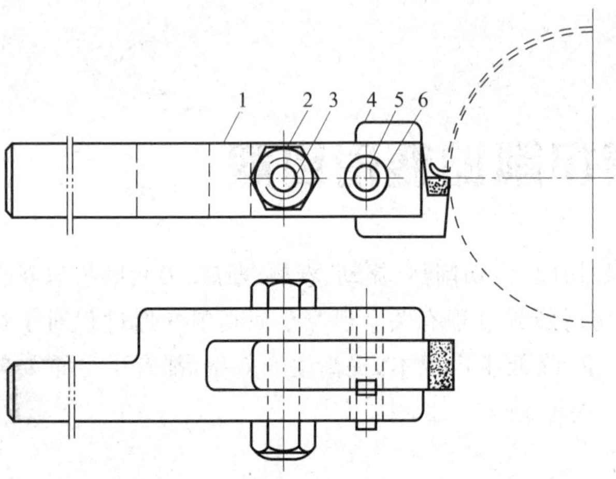

图 2-2 锤击式快速落刀装置示意图

1—刀夹；2—螺母；3—螺栓；4—实验车刀；5—铸铁销；6—套管

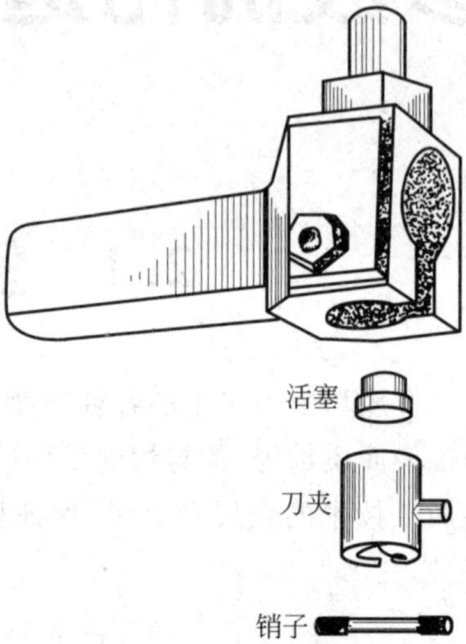

图 2-3 爆炸型落刀装置

4）扫描电镜和透视电镜显微观察法

借助于扫描电镜，可以观察到金属晶粒内部的微观滑移情况，使我们能够用金属物理的观点来理解金属切削变形过程及其现象。

5）光弹性和光塑性实验法

在实验观察金属切削变形过程的基础上，为了分析金属变形区的应力状况，应对切削刃前方的金属进行弹性力学和塑性力学的研究和实验。

2.1.2 金属切削变形过程的基本特征

1. 切削加工的概念

切削加工是用刀具切削工件的常用加工方法。大致可以定义为：首先使刀具接触工件，然后使刀具对工件作相对运动，由于工件内部产生较大的应力而引起工件材料破坏，把不需要的部分（余量）作为切屑剥离下来，加工出所需形状、尺寸和表面质量的工件。

2. 金属切削变形过程的基本特征

金属材料受压后其内部产生应力应变，大约与受力方向成 45°的斜平面内，剪应力随载荷增大而逐渐增大，并且有剪应变产生。开始是弹性变形，载荷增大到一定程度后，剪切变形进入塑性流动阶段，金属材料内部沿着剪切面发生相对滑移，于是金属材料被压扁(对于塑性材料)或剪断(对于脆性材料)。

根据上述理论，切削时金属层受前刀面挤压，受压金属层将沿剪切面向上滑移，如果是脆性材料(如铸铁)，则沿此剪切面被剪断。如果刀具不断向前移动，则此种滑移将持续下去，如图 2-4 所示，于是被切金属层就转变为切屑。

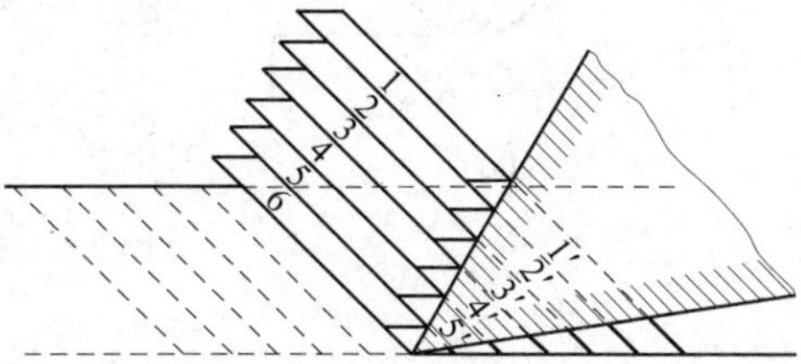

图 2-4 金属切削变形过程示意图

从这个简单的切削模型中，可以得出一个重要的结论：金属切削过程就是工件的被切金属层在刀具前刀面的推挤下，沿着剪切面(滑移面)产生剪切变形并转变为切屑的过程。因而可以说，金属切削过程就是金属内部不断滑移变形的过程。

2.1.3 金属切削过程中的3个变形区

前面粗略地分析了金属切削过程的基本特征，为了深入了解金属切削的变形过程，还需详细地分析变形区的变形过程。

如图 2-5 所示，选定被切金属层中的一个晶粒 P 来观察其变形过程。当刀具以切削速度 v 向前推进时，可以看作刀具不动，晶粒 P 以速度 v 反方向逼近刀具。当 P 到达 OA 线(等剪应力线)时，剪切滑移开始，故称 OA 为始剪切线(始滑移线)。P 继续向前移动的同时，也沿 OA 线滑移，其合成运动使 P 到达 2 点，即处于 OB 滑移线(等剪应力线)上，2′—2 就是其滑移量，此处晶粒 P 开始纤维化。同理，当 P 继续移动到达位置 3(OC 滑移线)时呈现更严重的纤维化，当 P 到达位置 4(OM 滑移线，称 OM 为终剪切线或终滑移线)时，其流动方向已基本平行于前刀面，并沿前刀面流出，因而纤维化达到最严重程度后不再增加，此时被切金属层完全转变为切屑，同时由于逐步冷硬的效果，切屑的硬度比被切金属的硬度高，而且变脆，易折断。OA 与 OM 所形成的塑性变形区称为发生在切屑上的第Ⅰ变形区(见图 2-1)。其主要特征是：沿滑移线(等剪应力线)的剪切变形和随之产生的加工硬化现象。

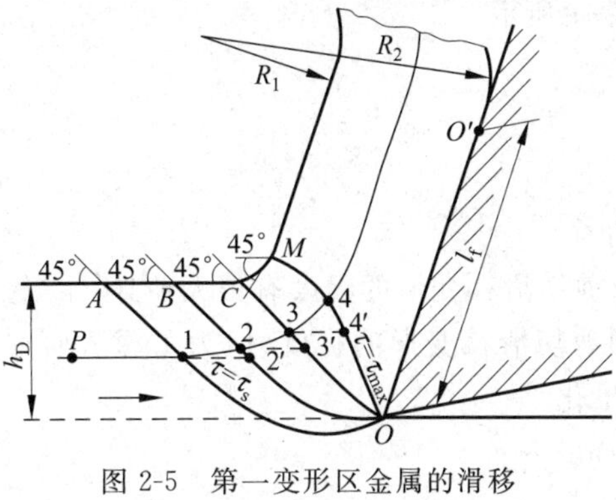

图 2-5 第一变形区金属的滑移

沿滑移线的剪切变形，从金属晶体结构的角度来看，就是晶粒中的原子沿着滑移面所进行的滑移。可以用图 2-6 的模型来说明。工件材料的晶粒可以看成是圆的颗粒(图 2-6(a))，当它受到剪应力时，晶粒内部原子沿滑移面发生滑移，而使晶粒呈椭圆形。这样，圆的直径 AB 就变成椭圆的长轴 $A'B'$(图 2-6(b))。$A''B''$就是晶粒纤维化的方向(图 2-6(c))。从图 2-7 中可见，晶粒伸长的方向与剪切面并不重合。

在一般切削速度下，OA 与 OM 非常接近(0.02～0.2 mm)，所以通常用一个平面来表示这个变形区，该平面称为剪切面。剪切面与切削速度方向的夹角叫做剪切角，用 ϕ 表示。

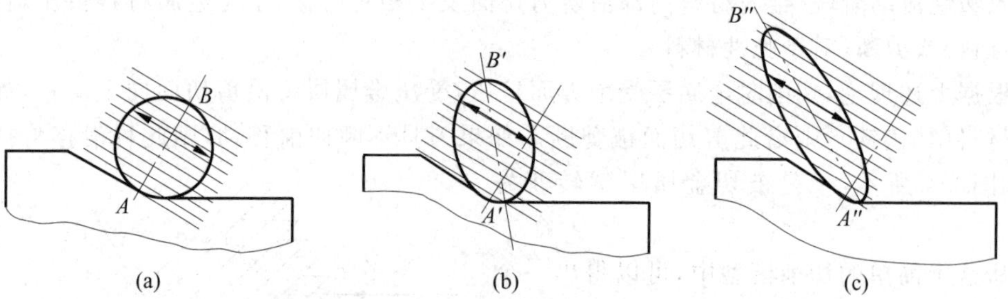

图 2-6　晶粒滑移示意图

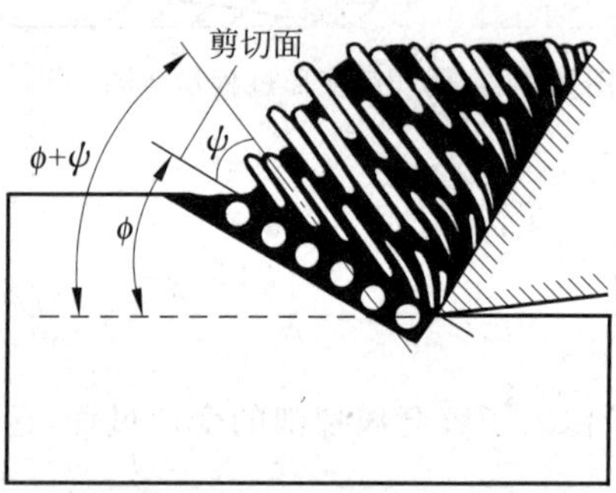

图 2-7　滑移与晶粒的伸长

当切屑沿着前刀面流动时，由于切屑与前刀面接触处有相当大的摩擦力来阻止切屑的流动，因此，切屑底部的晶粒又进一步纤维化，其纤维化的方向与前刀面平行。这一沿着前刀面的变形区被称为第Ⅱ变形区（见图 2-1）。

由于刀尖不断挤压已加工表面，而当刀具前移时，工件表面产生反弹，因此后刀面与已加工表面之间存在挤压和摩擦，其结果使已加工表面处也产生晶粒的纤维化和冷硬效果。此变形区称为第Ⅲ变形区，如图 2-1 所示。

2.1.4　变形系数和剪应变

切削过程中的各种物理现象几乎都与剪切滑移有关。由于被加工材料的不同，切削条件的不同，剪切滑移变形的程度有很大差异。尽管可以从切屑的形态、尺寸、颜色以及硬度定性地判别剪切滑移变形的程度，但为了深入研究金属切削变形过程的规律，必须对变形的程度予以量化。

1. 变形系数

在金属切削加工中，被切金属层在刀具的推挤下被压缩，因此切屑厚度 h_{ch} 通常要大于切削层的厚度 h_D，而切屑长度 l_{ch} 却小于切削层长度 l_c，如图 2-8 所示。根据这一事实来衡量切削变形程度，就得出了切削变形系数的概念。

厚度变形系数　$$\xi_h=\frac{h_{ch}}{h_D} \tag{2-1}$$

长度变形系数　$$\xi_l=\frac{l_c}{l_{ch}} \tag{2-2}$$

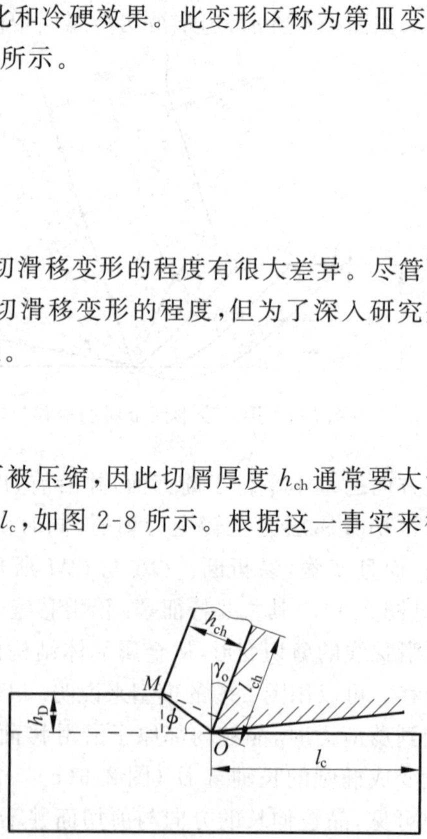

图 2-8　变形系数 ξ 的计算参数

由于切削层变为切屑后，宽度 b_D 变化很小，根据体积不变原理（$b_D h_D l_c=b_D h_{ch} l_{ch}$），有

$$\xi_h=\xi_l=\xi>1 \tag{2-3}$$

根据图 2-8，可以计算出变形系数 ξ：

$$\xi = \frac{h_{ch}}{h_D} = \frac{OM\cos(\phi - \gamma_o)}{OM\sin\phi} = \frac{\cos(\phi - \gamma_o)}{\sin\phi} \tag{2-4}$$

显然，剪切角 ϕ 增大，变形系数 ξ 减小。

变形系数直观地反映了切削变形的程度，且容易测量，但很粗略，有时不能反映剪切变形的真实情况，所以必须研究衡量变形程度的其他方法。

2. 剪应变

切削过程中金属变形的主要特征既然是剪切滑移，那么采用剪应变 ε 来衡量变形程度，应该说是比较合理的。如图 2-9 所示，平行四边形 $OHNM$ 剪切变形为 $OGPM$ 时，剪应变为

$$\varepsilon = \frac{\Delta s}{\Delta y} = \frac{NP}{MK} = \frac{NK + KP}{MK} = \frac{NK}{MK} + \frac{KP}{MK}$$
$$= \cot\phi + \tan(\phi - \gamma_o)$$

或

$$\varepsilon = \frac{\cos\gamma_o}{\sin\phi\cos(\phi - \gamma_o)} \tag{2-5}$$

3. 剪应变与变形系数的关系

将式(2-4)变换后可写成

$$\tan\phi = \frac{\cos\gamma_o}{\xi - \sin\gamma_o}$$

将此式代入式(2-5)，可得

$$\varepsilon = \frac{\xi^2 - 2\xi\sin\gamma_o + 1}{\xi\cos\gamma_o} \tag{2-6}$$

将 ε 和 ξ 的函数关系用曲线表示，如图 2-10 所示。

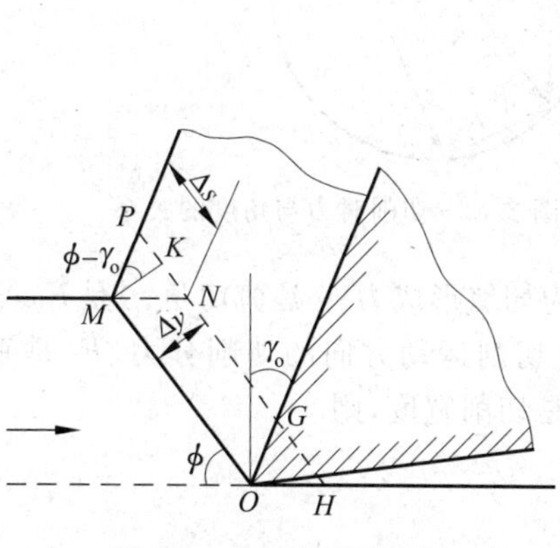

图 2-9　剪切变形示意图

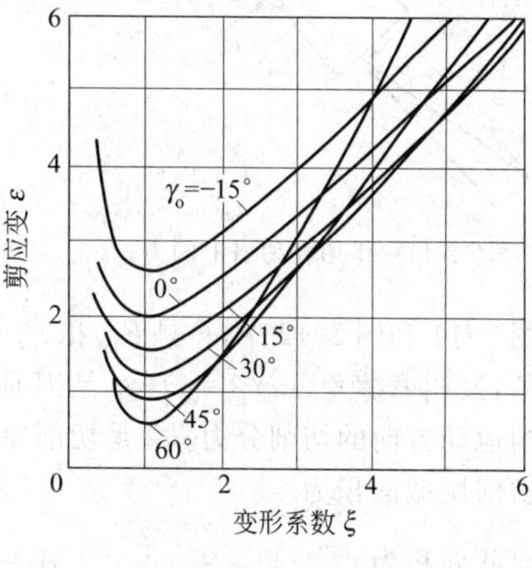

图 2-10　ε 和 ξ 的关系

由图 2-10 可知：

(1) 变形系数 ξ 并不等于剪应变 ε。

(2) 当 $\xi \geqslant 1.5$ 时，对于某一固定的前角，剪应变 ε 与变形系数 ξ 呈线性关系。因此，在一般情况下，变形系数 ξ 可以在一定程度上反映剪应变 ε 的大小。

(3) 当 $\xi = 1$ 时，$h_D = h_{ch}$，似乎切屑没有变形，但此时剪应变 ε 并不等于零，因此，切屑还

是有变形的。

(4) 当 $\gamma_o=-15°\sim30°$时，变形系数 ξ 即使具有同样的数值，倘若前角不相同，ε 仍然不相等，前角愈小，ε 就愈大。

(5) 当 $\xi<1.2$ 时，不能用 ξ 表示变形程度。原因是当 ξ 在 $1\sim1.2$ 之间时，ξ 虽然减小，而 ε 却变化不大；当 $\xi<1$ 时，ξ 稍有减小，而 ε 反而大大增加。

2.1.5 剪切角

从图 2-8 和式(2-4)可知，切削变形与剪切角 ϕ 密切相关。ϕ 减小，切屑变厚、变短，变形系数 ξ 便增大，因此研究剪切角 ϕ 很有必要。

1. 作用在切屑上的力

如图 2-11 所示，作用在切屑上的力有：前刀面上的法向力 $F_{\gamma N}$ 和摩擦力 F_γ；在剪切面上也有一个法向力 F_{shN} 和剪切力 F_{sh}，这两对力的合力应该平衡。把所有的力都画在切削刃的前方，各力的关系如图 2-12 所示。

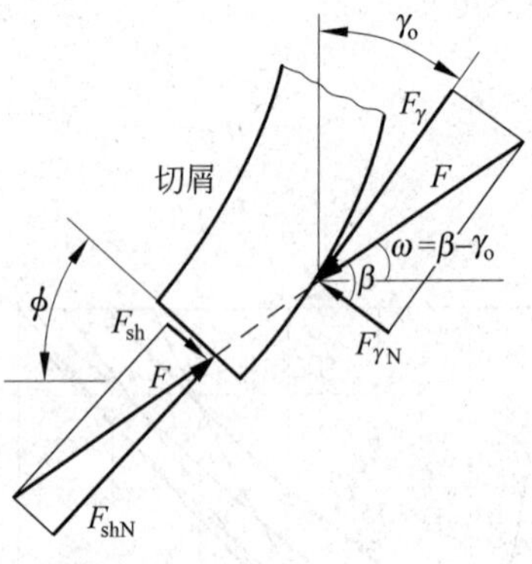

图 2-11 作用在切屑上的力

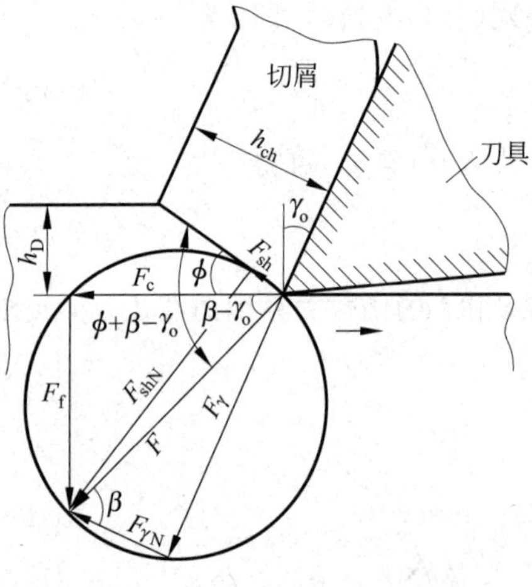

图 2-12 切削时力与角度的关系

图 2-11 和图 2-12 中，F 是 $F_{\gamma N}$ 和 F_γ 的合力，称为切屑形成力；ϕ 是剪切角；β 是 $F_{\gamma N}$ 和 F 的夹角，又叫摩擦角($\tan\beta=\mu$)；γ_o 是刀具前角；F_c 是切削运动方向的切削分力；F_f 是垂直于切削运动方向的切削分力；h_D 是切削厚度。设 b_D 是切削宽度，则

切削层截面积为
$$A_D=h_Db_D$$

剪切面截面积为
$$A_s=\frac{A_D}{\sin\phi}=\frac{h_Db_D}{\sin\phi}$$

用 τ_s 表示剪切面上产生剪切滑移变形时的屈服剪应力，则

$$F_{sh}=\tau_sA_s=\frac{\tau_sA_D}{\sin\phi}=\frac{\tau_sh_Db_D}{\sin\phi}$$

又
$$F_{sh}=F\cos(\phi+\beta-\gamma_o)$$

$$F=\frac{F_{sh}}{\cos(\phi+\beta-\gamma_o)}=\frac{\tau_sh_Db_D}{\sin\phi\cos(\phi+\beta-\gamma_o)} \tag{2-7}$$

$$F_c = F\cos(\beta - \gamma_o) = \frac{\tau_s h_D b_D \cos(\beta - \gamma_o)}{\sin\phi\cos(\phi + \beta - \gamma_o)} \tag{2-8}$$

$$F_f = F\sin(\beta - \gamma_o) = \frac{\tau_s h_D b_D \sin(\beta - \gamma_o)}{\sin\phi\cos(\phi + \beta - \gamma_o)} \tag{2-9}$$

式(2-8)与式(2-9)说明摩擦角 β 对切削分力 F_c 和 F_f 有影响。如能测出 F_c 和 F_f，则可用下式求出摩擦角 β：

$$\frac{F_f}{F_c} = \tan(\beta - \gamma_o)$$

2. 剪切角的计算

1) 根据合力最小原理确定的剪切角

从图 2-12 及式(2-7)可以看出，若剪切角 ϕ 不同，则切削合力 F 亦不同。存在一个 ϕ，使得 F 最小。对式(2-7)求导，并令 $\frac{dF}{d\phi}=0$，求得 F 为最小时的 ϕ 值，即

$$\phi = \frac{\pi}{4} - \frac{\beta}{2} + \frac{\gamma_o}{2} \tag{2-10}$$

上式称为麦钱特(M. E. Merchant)公式。

2) 根据主应力方向与最大剪应力方向成 45°角原理确定的剪切角

合力 F 的方向即为主应力方向，F_{sh} 的方向就是最大剪应力的方向，二者之间的夹角为 $\phi+\beta-\gamma_o$。根据此原理，有

$$\phi + \beta - \gamma_o = \frac{\pi}{4}$$

即

$$\phi = \frac{\pi}{4} - \beta + \gamma_o \tag{2-11}$$

上式称为李和谢弗(Lee and Shaffer)公式。

从式(2-10)和式(2-11)可以得到如下结论：

(1) 剪切角 ϕ 与摩擦角 β 有关。当 β 增大时，ϕ 角随之减小，变形增大。因此，在低速切削时，加切削液以减小前刀面上的摩擦系数是很重要的。这一结论也说明第Ⅰ变形区的变形与第Ⅱ变形区的变形密切相关。

(2) 当前角 γ_o 增大时，剪切角 ϕ 随之增大，变形减小。可见在保证切削刃强度的前提下，增大前角对改善切削过程是有利的。

上述两个公式的计算结果和实验结果在定性上是一致的，但在定量上有出入，其原因是切削模型的简化所致。

2.2 切屑的种类及卷屑、断屑机理

2.2.1 切屑的分类方法

能否合理地进行切削和形成什么样的切屑有着密切的关系，通过观察切屑的形状可以得到各种有用的信息。切屑的形状是多种多样的，为了系统地研究切屑的形状，一般可以按

照如下两种方法分类：

(1) 形态。按照局部观察切屑时的形状来分，如切屑是连续的还是分离的。

(2) 形状。按照整体观察切屑时的形状来分，如切屑是笔直的或者向哪个方向有多大程度的卷曲。

2.2.2 切屑的形态

由于工件材料以及切削条件不同，切削变形的程度也就不同，因而所产生的切屑形态也就多种多样。切屑形态一般分为4种基本类型(见图2-13)，即带状切屑、节状切屑、粒状切屑和崩碎切屑。

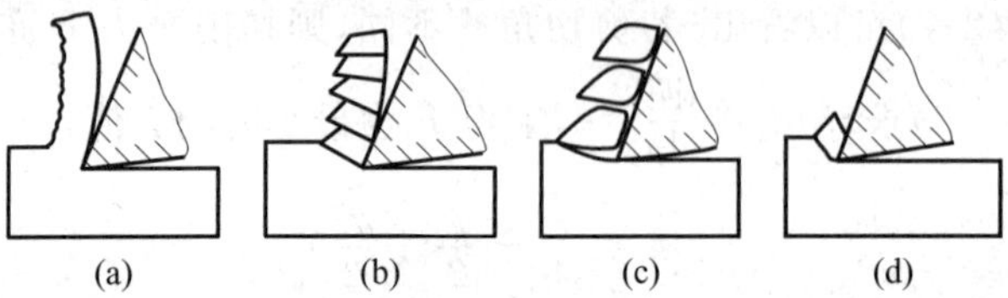

图2-13 切屑类型

(a) 带状切屑；(b) 节状切屑；(c) 粒状切屑；(d) 崩碎切屑

(1) 带状切屑。带状切屑是最常见的一种切屑，它的形状像一条连绵不断的带子，底部光滑，背部呈毛茸状。一般加工塑性材料，当切削厚度较小、切削速度较高、刀具前角较大时，得到的切屑往往是带状切屑。出现带状切屑时，切削过程平稳，切削力波动较小，已加工表面粗糙度较小。

(2) 节状切屑。节状切屑又称挤裂切屑。切屑上各滑移面大部分被剪断，尚有小部分连在一起，犹如节骨状。它的外弧面呈锯齿形，内弧面有时有裂纹。这种切屑在切削速度较低、切削厚度较大的情况下产生。出现节状切屑时，切削过程不平稳，切削力有波动，已加工表面粗糙度较大。

(3) 粒状切屑(单元切屑)。切屑沿剪切面完全断开，因而切屑呈粒状(单元状)。当切削塑性材料且切削速度极低时产生这种切屑。出现粒状切屑时切削力波动大，已加工表面粗糙度大。

(4) 崩碎切屑。切削脆性材料时，被切金属层在前刀面的推挤下未经塑性变形就在张应力状态下脆断，形成不规则的碎块状切屑。形成崩碎切屑时，切削力幅度小，但波动大，加工表面凹凸不平。

切屑的形态是随切削条件的改变而转化的。在形成节状切屑的情况下，若减小前角或加大切削厚度，就可以得到单元切屑；反之，若加大前角，提高切削速度，减小切削厚度，则可以得到带状切屑。

2.2.3 切屑的形状及卷屑、断屑机理

1. 切屑形状的分类

按照切屑形成机理的差异，把切屑分成带状、节状、粒状和崩碎4种形态。为了满足切

屑的处理及运输要求，还需按照切屑的形状进行分类。切屑的形状大体有带状屑、C 形屑、崩碎屑、螺卷屑、长紧卷屑、发条状卷屑、宝塔状卷屑等，如图 2-14 所示。

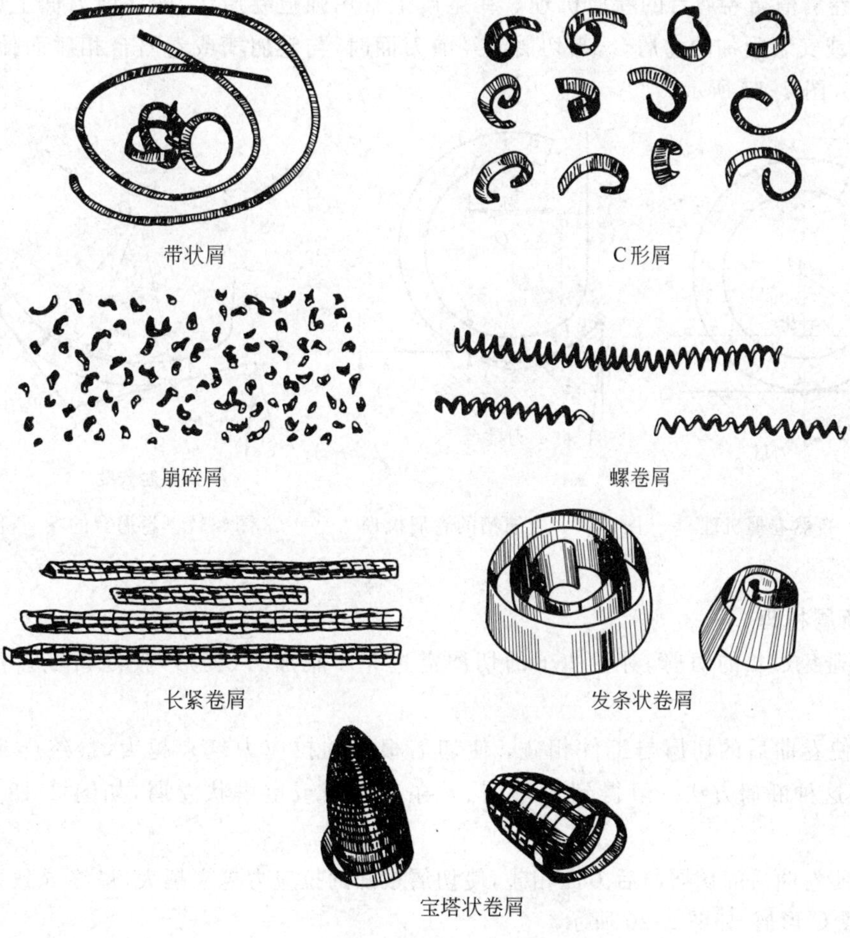

图 2-14　切屑的各种形状

由于切削加工的具体条件不同，要求切屑的形状也有所不同。在一般情况下，不希望得到带状切屑，只有在立式镗床上镗盲孔时，为了使切屑顺利排出孔外，才要求形成带状切屑或长螺卷屑。C 形屑不缠绕工件，也不易伤人，是一种比较好的屑形。但 C 形屑高频率的碰撞和折断会影响切削过程的平稳性，对已加工表面粗糙度有影响，所以精车时希望形成长螺卷屑。在重型机床上用大切深、大进给量车削钢件时，C 形屑易损坏切削刃和飞崩伤人，所以通常希望形成发条状卷屑。在自动机或自动线上，宝塔状卷屑是一种比较好的屑形。车削铸铁、黄铜等脆性材料时，为避免切屑飞溅伤人或损坏滑动表面，应设法使切屑连成卷状。

2. 卷屑机理

为了得到要求的切屑形状，均需要使切屑卷曲。卷屑的基本原理是：设法使切屑沿前刀面流出时，受到一个额外的作用力，在该力作用下，使切屑产生一个附加的变形而弯曲。

具体方法有：

(1) 自然卷屑机理。利用前刀面上形成的积屑瘤使切屑自然卷曲，如图 2-15 所示。

(2) 卷屑槽与卷屑台的卷屑机理。在生产上常用强迫卷屑法，即在前刀面上磨出适当的卷屑槽或安装附加的卷屑台，当切屑流经前刀面时，与卷屑槽或卷屑台相碰而使它卷曲，如图 2-16、图 2-17 所示。

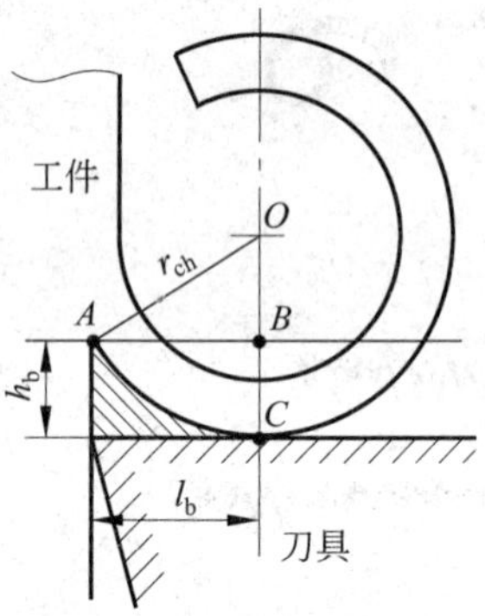

图 2-15　自然卷屑机理

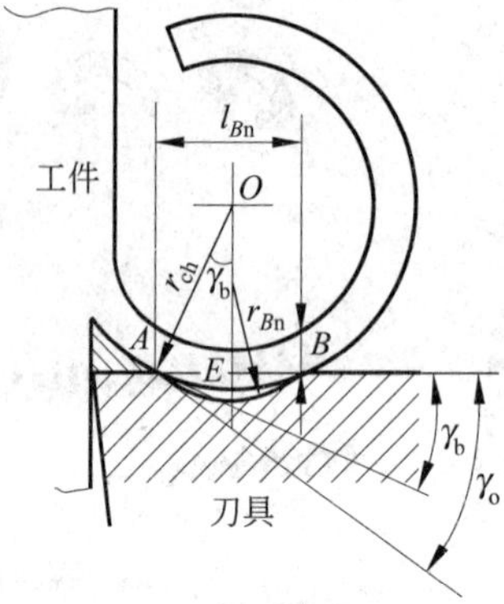

图 2-16　卷屑槽的卷屑机理

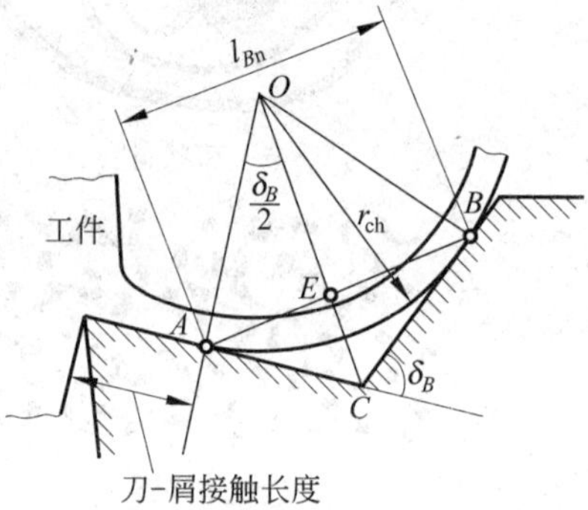

图 2-17　卷屑台的卷屑机理

3. 断屑机理

为了避免过长的切屑，对卷曲了的切屑需进一步施加力(变形)使之折断。常用的方法有：

(1) 使卷曲后的切屑与工件相碰，使切屑根部的拉应力越来越大，最终导致切屑完全折断。这种断屑方法一般得到 C 形屑、发条状卷屑或宝塔状卷屑，如图 2-18、图 2-19 所示。

(2) 使卷曲后的切屑与后刀面相碰，使切屑根部的拉应力越来越大，最终导致切屑完全断裂，形成 C 形屑，如图 2-20 所示。

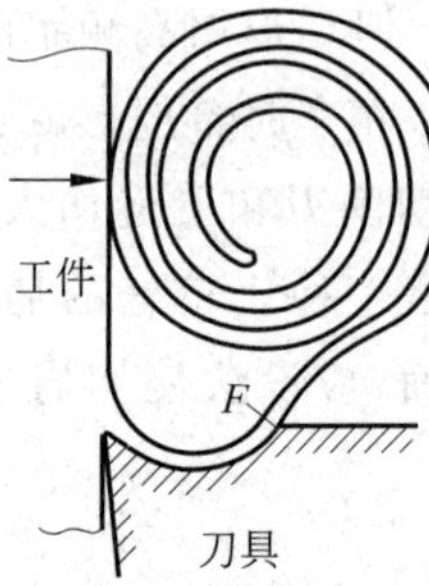

图 2-18　发条状切屑碰到工件上折断的机理

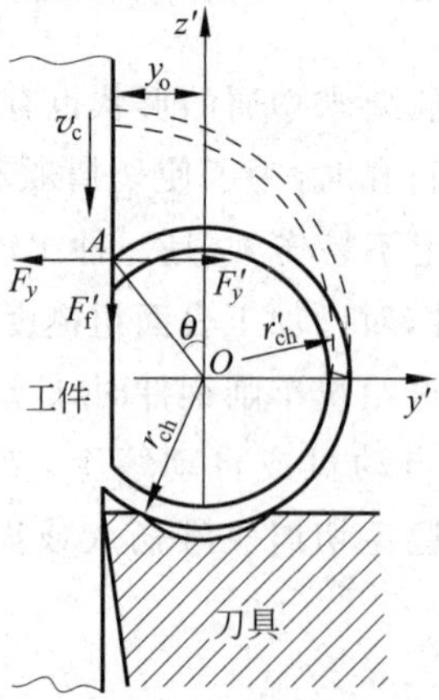

图 2-19　C 形屑撞在工件上折断的机理

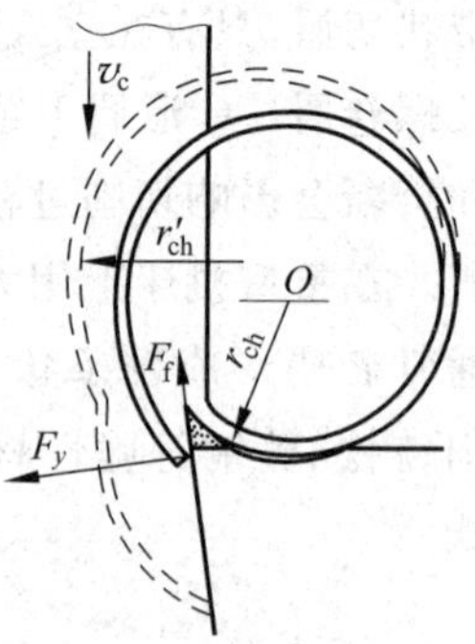

图 2-20　切屑碰到后刀面上折断的机理

2.3 前刀面上的摩擦与积屑瘤

2.3.1 前刀面上的摩擦

在前刀面上存在着刀-屑摩擦，它影响到切屑的形成、切削力、切削温度及刀具的磨损；此外，还影响积屑瘤的形成，从而影响已加工表面的质量。因此，研究和探讨前刀面上的摩擦理论及其在切削过程中所起的作用是很重要的。

1. 摩擦面的实际接触面积

1）峰点型接触

由于固体表面从微观上看是不平的，若将其叠放在一起，当载荷较小时，接触面仅有少数峰点接触，这种接触称为峰点型接触，如图 2-21 所示。实际接触面积 A_r 只是名义接触面积 A_a 的一小部分。

当载荷增大时，实际接触面积 A_r 增大，主要是增加了峰点的接触数目。当承受载荷的峰点的应力达到屈服极限时，发生了塑性变形，实际接触面积为

$$A_r = \frac{F_{\gamma N}}{\sigma_s} \tag{2-12}$$

式中：$F_{\gamma N}$——两接触面的法向载荷；

σ_s——材料的压缩屈服极限。

从上式看出，在峰点型接触的情况下，A_r 只是 $F_{\gamma N}$ 的函数，与 A_a 无关。

2）紧密型接触

当法向载荷 $F_{\gamma N}$ 增大到一定程度时，实际接触面积 A_r 达到名义接触面积 A_a，此时两摩擦面发生的接触称为紧密型接触，如图 2-22 所示。

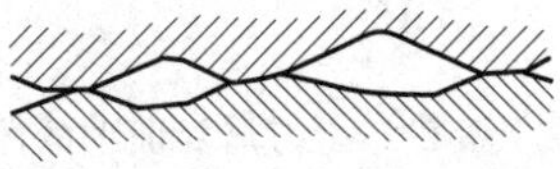

图 2-21　峰点型接触示意图

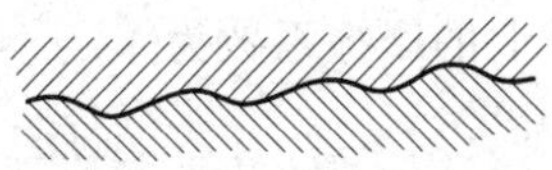

图 2-22　紧密型接触示意图

2. 峰点的冷焊和摩擦力

在法向力和切向力的作用下，接触峰点发生了强烈的塑性变形，破坏了峰点表面的氧化膜和吸附膜，使峰点发生了金属对金属的直接接触，同时由于接触峰点的温度升高，从而使正在接触的峰点发生了焊接，称为冷焊，焊接的结点称为冷焊结。

当两固体相对滑动时，冷焊结必然受到破坏，与此同时形成一些新的冷焊结，以维持原有实际接触面积不变。滑动摩擦过程就是不断更换冷焊结的过程。冷焊结破坏时的抗剪力成为摩擦力的一部分，其大小为 $\tau_s A_r$。组成摩擦力的另一部分是耕犁力 P，它是较硬的凸峰在较软一方的材料中划过时受到的阻力。所以，总摩擦力为

$$F_\gamma = \tau_s A_r + P$$

通常 P 很小，可忽略不计，所以摩擦力为

$$F_\gamma = \tau_s A_r \tag{2-13}$$

当刀-屑间的接触满足形成冷焊的条件时，切屑底面上的一层金属就会黏结在前刀面上，即产生冷焊。

3. 摩擦系数

对于峰点型接触，摩擦系数为

$$\mu = \frac{F_\gamma}{F_{\gamma N}} = \frac{\tau_s A_r}{F_{\gamma N}} = \frac{\tau_s \dfrac{F_{\gamma N}}{\sigma_s}}{F_{\gamma N}} = \frac{\tau_s}{\sigma_s} = \text{常数} \tag{2-14}$$

可见，峰点型接触的摩擦服从古典摩擦法则。

对于紧密型接触，摩擦力为 $F_\gamma = \tau_s A_a$，所以摩擦系数为

$$\mu = \frac{\tau_s A_a}{F_{\gamma N}} \tag{2-15}$$

可以看出，紧密型接触的摩擦系数是一个变数，与名义接触面积 A_a 和法向力 $F_{\gamma N}$ 有关。紧密型接触的摩擦不服从古典摩擦法则。

4. 前刀面上的摩擦

前刀面上法应力的分布如图 2-23 所示。靠近切削刃处法应力较大，远离切削刃处较小。因而刀-屑接触长度 OB 上存在两种类型的接触。OA 段上形成紧密型接触，AB 段上形成峰点型接触。

OA 段上的摩擦系数为

$$\mu_{OA} = \frac{\tau_s}{\sigma(x)} \tag{2-16}$$

它是一个变数，所以 OA 段上的摩擦不服从古典摩擦法则。

AB 段上的摩擦系数为

$$\mu_{AB} = \frac{\tau_s}{\sigma_s}$$

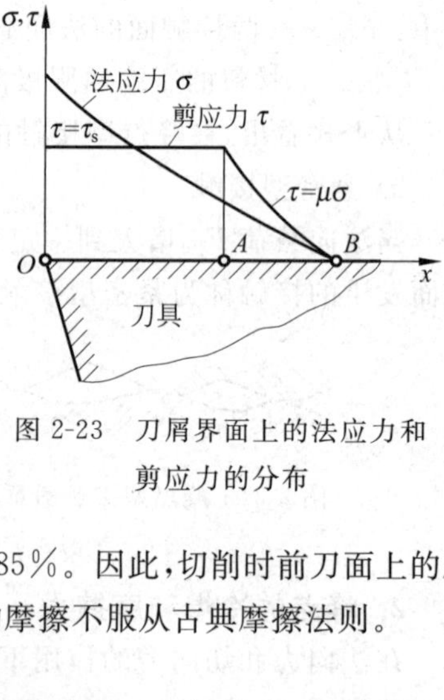

图 2-23 刀屑界面上的法应力和剪应力的分布

它是一个常数，所以 AB 段上的摩擦服从古典摩擦法则。

在一般切削条件下，来自 OA 段的摩擦力占总摩擦力的 85%。因此，切削时前刀面上的摩擦由紧密型接触区的摩擦起主要作用，也就是说，前刀面上的摩擦不服从古典摩擦法则。

2.3.2 积屑瘤的形成及其对切削过程的影响

1. 积屑瘤现象及其产生条件

在金属切削过程中，常常有一些从切屑和工件上来的金属冷焊并层积在前刀面上，形成一个非常坚硬的金属堆积物，其硬度是工件材料硬度的 2～3.5 倍(见图 2-24)，能够代替刀刃进行切削，并且以一定频率生长和脱落。这种堆积物称为积屑瘤。当切削钢、球墨铸铁、铝合金等塑性材料时，在切削速度不高，而又能形成带状切屑的情况下生成积屑瘤。

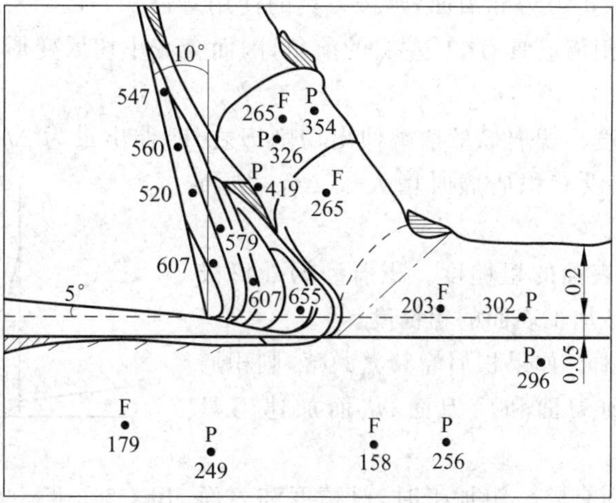

图 2-24 积屑瘤、切屑和被切材料的硬度

显微硬度：10 MPa(荷重 0.5 N)；P—珠光体处；F—铁素体处；工件材料：0.3%碳素钢；

刀具：YT14，$\gamma_o=10°$，$\alpha_o=5°$；切削用量(干切削)：$v_c=22$ m/min，$b_D=3$ mm，$h_D=0.2$ mm

2. 积屑瘤的成因及其与切削速度的关系

切削速度不同，积屑瘤生长所能达到的最大高度也不同，如图 2-25 所示。根据积屑瘤有无及生长高度，可以把切削速度分为 4 个区域。

Ⅰ区：切削速度很低，形成粒状或节状切屑，没有积屑瘤生成。

Ⅱ区：形成带状切屑，冷焊条件逐渐形成，随着切削速度的提高积屑瘤高度也增加。由于摩擦阻力 F_γ(参见图 2-12)的存在，使得切屑滞留在前刀面上，积屑瘤高度增加；但与此同时，切屑流动时所形成的推力 T 欲将积屑瘤推倒。若 $T<F_\gamma$，则积屑瘤高度继续增大，当 $T>F_\gamma$ 时，积屑瘤被推走，$T=F_\gamma$ 时的积屑瘤高度为临界高度。在这个区域内，积屑瘤生长的基础比较稳定，即使脱落也多半是顶部被挤断，这种情况下能代替刀具进行切削，并保护刀具。

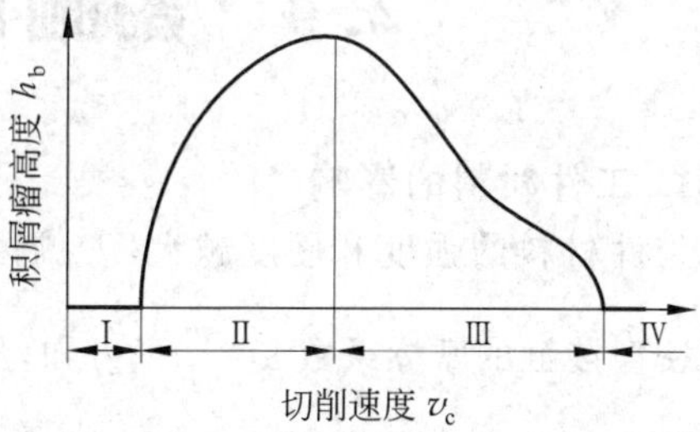

图 2-25 切削速度与积屑瘤形成的关系(示意图)

Ⅲ区：积屑瘤高度随切削速度的提高而减小，当达到Ⅲ区右边界时，积屑瘤消失。随着切削速度进一步提高，切屑底部由于切削温度升高而开始软化，剪切屈服极限 τ_s 下降，摩擦阻力 F_γ 下降，切屑的滞留倾向减弱，因而积屑瘤的生长基础不稳定，结果积屑瘤的高度减小。在此区域内经常脱落的积屑瘤硬块不断滑擦刀面，使刀具磨损加快。

Ⅳ区：切削速度进一步提高，由于切削温度较高而冷焊消失，此时积屑瘤不再存在了。但切屑底部的纤维化依然存在，切屑的滞留倾向也依然存在。

3. 积屑瘤对切削过程的影响及其控制

积屑瘤对切削过程的影响主要有以下几个方面：

(1) 保护刀具。积屑瘤包围着刀刃和刀面，如果积屑瘤生长稳定，则可代替刀刃和前刀面进行切削，因而可保护刀刃和刀面，延长刀具的使用寿命。

(2) 增大前角。积屑瘤具有 30°左右的前角，因而会减小切屑变形，降低切削力，从而使切削过程容易进行。

(3) 增大切削厚度。积屑瘤的前端伸出切削刃之外，伸出量为 Δh_D（见图 2-26）。有积屑瘤时的切削厚度比没有积屑瘤时增大了 Δh_D，从而影响工件的加工精度。

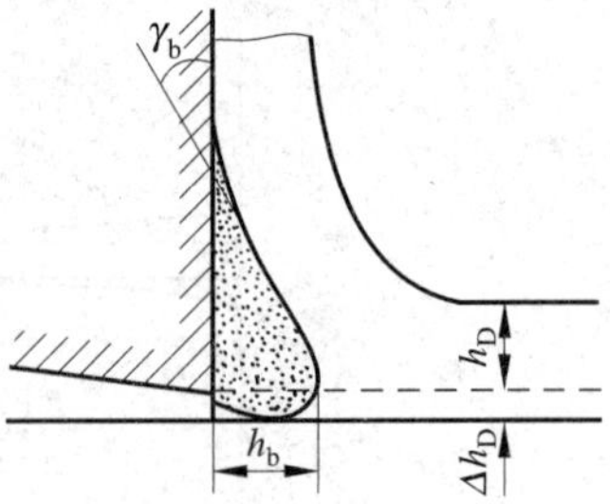

图 2-26　积屑瘤前角 γ_b 和伸出量 Δh_D

(4) 增大已加工表面的粗糙度。积屑瘤的外形极不规则，因此会增大已加工表面的粗糙度。

(5) 加速刀具磨损。如果积屑瘤频繁脱落，则积屑瘤碎片会反复挤压前刀面和后刀面，从而加速刀具磨损。

显然，积屑瘤有利有弊。粗加工时，对精度和表面粗糙度要求不高，如果积屑瘤能稳定生长，则可以代替刀具进行切削，既可保护刀具，又可减小切削变形。精加工时，则绝对不希望积屑瘤出现。

控制积屑瘤的形成，实质上就是要控制刀-屑界面处的摩擦系数。改变切削速度是控制积屑瘤生长的最有效措施。此外，加注切削液和增大前角都可以抑制积屑瘤的形成。

2.4　影响切削变形的因素

1. 工件材料的影响

工件材料的强度和硬度越大，刀-屑接触长度越小，因而刀-屑名义接触面积 A_a 减小。由紧密型接触的摩擦系数 $\mu=\dfrac{\tau_s A_a}{F_{\gamma N}}$ 可知，虽然此时 τ_s 有所增大，但由于 A_a 的减小，摩擦系数 μ 还是减小了，结果引起变形系数 ξ 减小。实验结果也表明，工件材料的强度和硬度越大，变形系数 ξ 越小（见图 2-27）。

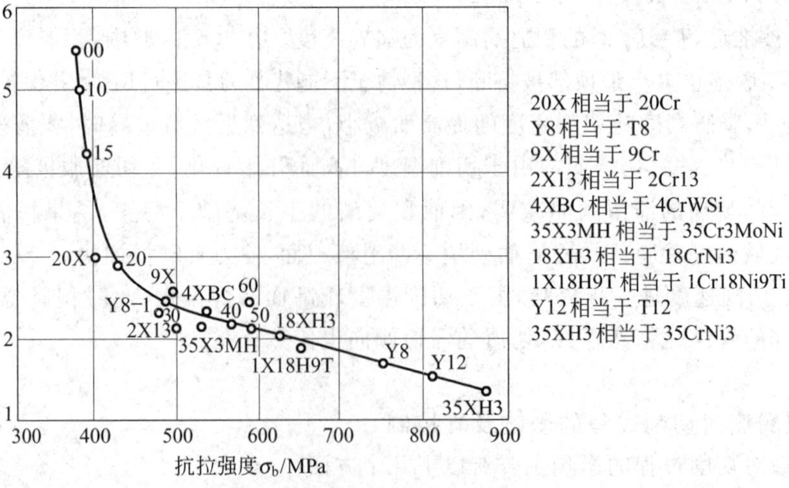

图 2-27　工件材料强度对变形系数的影响

2. 刀具前角的影响

从剪切角的表达式 $\phi=\frac{\pi}{4}-\beta+\gamma_o$ 可直观地看出，当前角 γ_o 增大时，剪切角 ϕ 增大。但实验证明，随着前角 γ_o 的增大，摩擦角 β（或摩擦系数 μ）也随之增大。例如，用高速钢刀具切削 40 钢，$h_D=0.1$ mm，当 $\gamma_o=10°$ 时，$\mu=0.61$；当 $\gamma_o=30°$ 时，$\mu=0.79$。当前角 γ_o 增大时，前刀面上的法向力 $F_{\gamma N}$ 减小，根据紧密型接触的摩擦系数 $\mu=\frac{\tau_s A_a}{F_{\gamma N}}$ 可知，摩擦系数 μ 增大。可见，前角 γ_o 的增大直接增大了剪切角 ϕ，而通过摩擦角 β 间接减小了剪切角 ϕ，但是直接影响超过了间接影响，最终剪切角 ϕ 增大了。所以，前角 γ_o 增大，变形系数 ξ 减小。刀具前角对切削变形的影响见图 2-28。

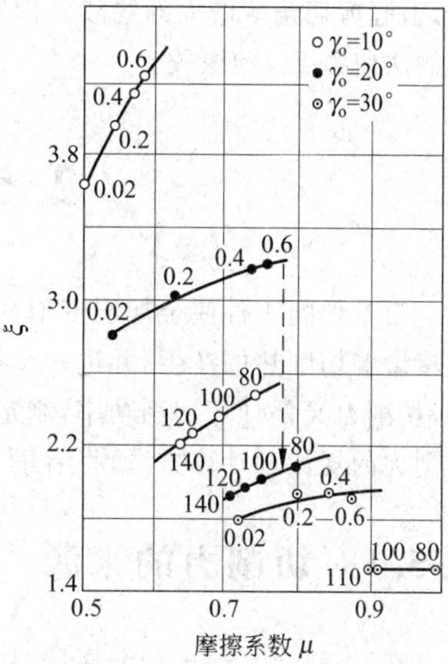

图 2-28　刀具前角对变形系数的影响

工件材料：30Cr；切削用量：$h_D=5$ mm；$f=0.149$ mm/r；$v_c=0.02\sim140$ m/min

（图中实验点附近标注的数字是切削速度）

3. 切削速度的影响

图 2-29 是 ξ-v_c 的实验曲线。曲线表明：当 $v_c<22$ m/min 时，ξ 随着 v_c 的增大而减小；当 22 m/min$<v_c<84$ m/min 时，ξ 随着 v_c 的增大而增大；当 $v_c>84$ m/min 时，ξ 随着 v_c 的增大而减小；当 $v_c=22$ m/min 时，ξ 最小。在 8 m/min$<v_c<22$ m/min 范围内，积屑瘤随着 v_c 增大逐步形成，积屑瘤前角 γ_b 也逐渐增大，所以变形系数 ξ 减小；在 22 m/min$<v_c<84$ m/min 范围内，积屑瘤随着 v_c 的增大逐渐消失，积屑瘤前角 γ_b 也逐渐减小，所以变形系数 ξ 增大；当 $v_c>84$ m/min 时，积屑瘤消失，切削温度起主要作用。随着 v_c 的增大，切削温度升高，使切屑底层金属的 τ_s 下降，因而摩擦系数 μ 减小，摩擦角 β 随之减小，剪切角 ϕ 增大，故变形系数 ξ 减小。

4. 切削厚度的影响

图 2-30 所示为各种切削速度下的 ξ-f 实验曲线。从 $v_c=200$ m/min 的 ξ-f 曲线看出，ξ 随着切削厚度的增大而减小。切削厚度增大之所以能减小切削变形是因为摩擦系数 μ 下

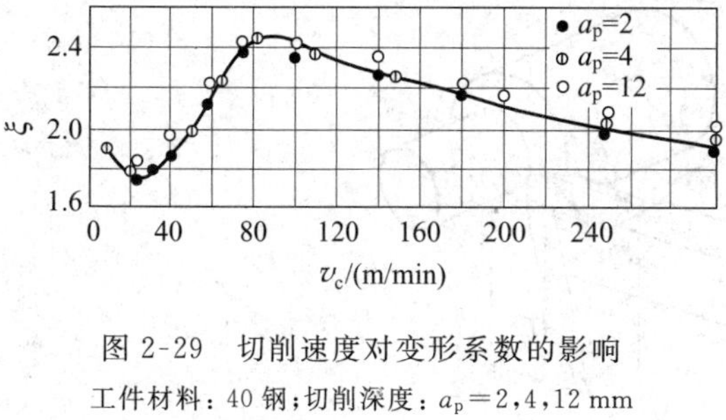

图 2-29　切削速度对变形系数的影响

工件材料：40 钢；切削深度：$a_p=2,4,12$ mm

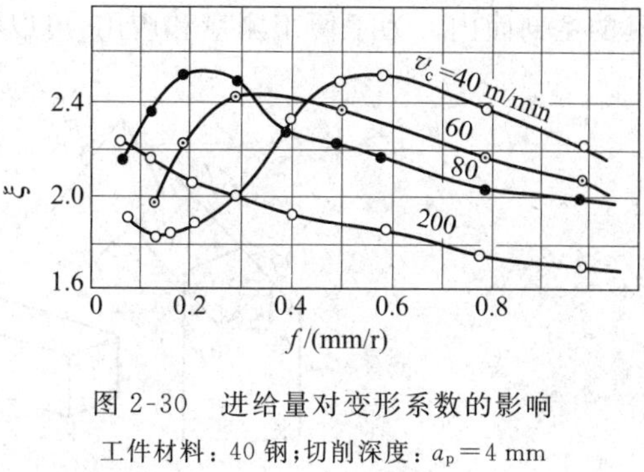

图 2-30　进给量对变形系数的影响

工件材料：40 钢；切削深度：$a_p=4$ mm

降，引起剪切角 ϕ 增大的缘故。而摩擦系数 μ 的减小则是因为增大切削厚度会增大前刀面上的法向力 $F_{\gamma N}$ 的缘故。

2.5 切削力

刀具切削工件使金属层变形的过程也就是刀具和工件之间力的相互作用过程。切削力直接影响切削热的产生，并进一步影响刀具磨损、刀具使用寿命、加工精度和已加工表面质量，切削力又是计算切削功率，制定切削用量，设计机床、刀具、夹具的重要参数。因此，研究切削力的规律和计算方法，将有助于分析切削机理，并对生产实际有重要的实用意义。

2.5.1 切削力的来源

在刀具作用下，被切金属层、切屑和已加工表面层金属都要产生弹性变形和塑性变形。如图 2-31 所示，有正向压力 $F_{\gamma N}$ 和 $F_{\alpha N}$ 分别作用于前、后刀面上；由于切屑沿前刀面流出，故有摩擦力 F_{γ} 作用于前刀面；刀具与工件之间有相对运动，又有摩擦力 F_{α} 作用于后刀面，$F_{\gamma N}$ 和 F_{γ} 合成 $F_{\gamma,\gamma N}$，$F_{\alpha N}$ 和 F_{α} 合成 $F_{\alpha,\alpha N}$，$F_{\gamma,\gamma N}$ 和 $F_{\alpha,\alpha N}$ 再合成 F，F 就是作用在刀具上的总切削力。对于锋利的刀具，$F_{\alpha N}$ 和 F_{α} 很小，分析问题时可忽略不计。

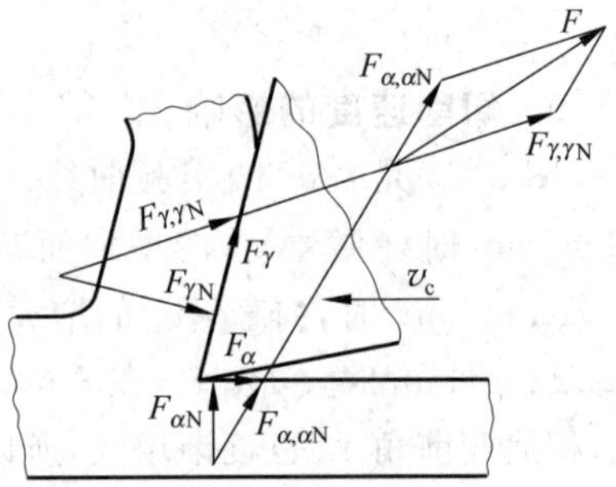

图 2-31　作用在刀具上的力

综上所述，切削力的来源有两个：一是切削层金属、切屑和工件表层金属的弹塑性变形所产生的抗力；二是刀具与切屑、工件表面间的摩擦阻力。

2.5.2 切削合力、分力和切削功率

1. 切削合力和分力

以车削外圆为例（见图 2-32）。忽略副切削刃的切削作用及其他影响因素，合力 F 在刀具的主剖面内。为了便于测量和应用，可以将 F 分解为 3 个相互垂直的分力。

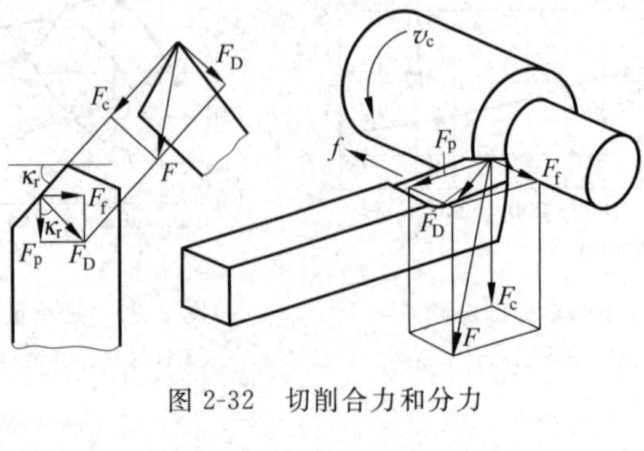

图 2-32　切削合力和分力

主切削力 F_c：垂直于基面，与切削速度 v_c 的方向一致，又称为切向力。

切深抗力 F_p：在基面内，并与进给方向相垂直。

进给抗力 F_f：在基面内，并与进给方向相平行。

由图 2-32 可知，

$$F = \sqrt{F_c^2 + F_D^2} = \sqrt{F_c^2 + F_p^2 + F_f^2} \tag{2-17}$$

F_p，F_f 与 F_D 有如下关系：

$$F_p = F_D \cos \kappa_r, \quad F_f = F_D \sin \kappa_r \tag{2-18}$$

一般情况下，F_c 最大，F_p 和 F_f 小一些。F_p，F_f 与 F_c 的大致关系为

$$F_p = (0.15 \sim 0.7) F_c$$

$$F_f = (0.1 \sim 0.6) F_c$$

F_c 是计算切削功率和设计机床的主要依据。车削外圆时，F_p 虽不做功，但会造成工件变形或引起振动，影响加工精度和已加工表面质量，特别是车细长轴时，F_p 对工件变形的影响十分突出。F_f 作用在进给机构上，在设计进给机构或校核其强度时会用到。

F_c，F_p 与 F_f 可用三向测力仪测得。

2. 切削功率

切削功率是各切削分力消耗功率的总和。在车削外圆时，F_p 不做功，只有 F_c 和 F_f 做功，因此，切削功率可按下式计算：

$$P_c = \left(F_c v_c + \frac{F_f n_w f}{1000}\right) \times 10^{-3} \quad (\text{kW}) \tag{2-19}$$

式中：F_c 为主切削力，N；v_c 为切削速度，m/s；F_f 为进给抗力，N；n_w 为工件转速，r/s；f 为进给量，mm/r。

由于 $F_f < F_c$，而 F_f 方向的进给速度又很小，因此 F_f 所消耗的功率很小(小于 1%)，可以忽略不计。一般切削功率按下式计算即可：

$$P_c = F_c v_c \times 10^{-3} \quad (\text{kW}) \tag{2-20}$$

2.5.3 切削力的理论公式

由于工件与后刀面的接触情况较复杂，且具有随机性，应力状态也较复杂，所以后刀面上的切削力定量计算比较困难。但实验表明，当刀具保持锋利状态时，后刀面上的切削力仅占总切削力的 3%～4%，因此可以忽略后刀面上的切削力。在 2.1 节中推导出的主切削力的计算公式(式 2-8)称为主切削力的理论公式。

切削力的理论公式能够揭示影响切削力诸因素之间的内在联系，有助于分析问题。但是，由于影响切削力的许多因素难以正确定量确定，在公式的推导过程中做了许多简化假设，因此，用这个理论公式实际计算切削力时准确性较差。工程上一般采用通过实验方法得到的切削力的经验公式来实际计算切削力。

2.5.4 切削力的经验公式

1. 切削力经验公式的建立

利用测力仪测出切削力，再将实验数据用图解法、线性回归等进行处理，就可以得到切

削力的经验公式。

切削力的经验公式通常是以切深 a_p 和进给量 f 为变量的幂函数，其形式为

$$F_c = C_{F_c} a_p^{x_{F_c}} f^{y_{F_c}} \tag{2-21}$$

$$F_p = C_{F_p} a_p^{x_{F_p}} f^{y_{F_p}} \tag{2-22}$$

$$F_f = C_{F_f} a_p^{x_{F_f}} f^{y_{F_f}} \tag{2-23}$$

建立切削力的经验公式，实质上就是测得 F_c，F_p，F_f 后，如何确定 3 个系数 C_{F_c}，C_{F_p}，C_{F_f} 和 6 个指数 x_{F_c}，y_{F_c}，x_{F_p}，y_{F_p}，x_{F_f}，y_{F_f}。

切削力实验的设计方法很多，最简单的是单因素法，即固定其他因素不变，只改变一个因素，测出 F_c，F_p，F_f 后进行数据处理，建立经验公式。

以外圆车刀车削 45 钢的一组实验为例。固定切削速度和刀具几何参数，分别在 4 种切削深度下改变 5 种进给量，测得的数据列入表 2-1。

表 2-1　切削力测量记录表

<table>
<tr><td rowspan="7">实验条件</td><td>工件材料</td><td colspan="11">45 钢(正火)，187HB</td></tr>
<tr><td rowspan="2">刀具</td><td>结构</td><td>刀片材料</td><td>刀片规格</td><td>γ_o</td><td>α_o</td><td>α_o'</td><td>κ_r</td><td>κ_r'</td><td>λ_s</td><td>r_ε</td><td>b_γ</td></tr>
<tr><td>外圆车刀</td><td>YT15</td><td>SNMA150602</td><td>15°</td><td>6°～8°</td><td>4°～6°</td><td>75°</td><td>10°～12°</td><td>0°</td><td>0.2mm</td><td>0</td></tr>
<tr><td rowspan="2">切削用量</td><td colspan="5">工作直径 d_w/mm</td><td colspan="3">转速 n_w/(r/min)</td><td colspan="3">切削速度 v_c/(m/min)</td></tr>
<tr><td colspan="5">81</td><td colspan="3">380</td><td colspan="3">96</td></tr>
</table>

<table>
<tr><td rowspan="21">切削力测量值</td><td>切削深度 a_p/mm</td><td>进给量 f/(mm/r)</td><td>主切削力 F_c/N</td></tr>
<tr><td rowspan="5">4</td><td>0.1</td><td>868</td></tr>
<tr><td>0.2</td><td>1792</td></tr>
<tr><td>0.3</td><td>2432</td></tr>
<tr><td>0.4</td><td>3072</td></tr>
<tr><td>0.5</td><td>3904</td></tr>
<tr><td rowspan="5">3</td><td>0.1</td><td>640</td></tr>
<tr><td>0.2</td><td>1280</td></tr>
<tr><td>0.3</td><td>1792</td></tr>
<tr><td>0.4</td><td>2240</td></tr>
<tr><td>0.5</td><td>2816</td></tr>
<tr><td rowspan="5">2</td><td>0.1</td><td>448</td></tr>
<tr><td>0.2</td><td>896</td></tr>
<tr><td>0.3</td><td>1152</td></tr>
<tr><td>0.4</td><td>1472</td></tr>
<tr><td>0.5</td><td>1792</td></tr>
<tr><td rowspan="5">1</td><td>0.1</td><td>200</td></tr>
<tr><td>0.2</td><td>448</td></tr>
<tr><td>0.3</td><td>640</td></tr>
<tr><td>0.4</td><td>832</td></tr>
<tr><td>0.5</td><td>1024</td></tr>
</table>

这里只讨论主切削力指数公式 $F_c=C_{F_c}a_p^{x_{F_c}}f^{y_{F_c}}$ 的建立方法。在单因素实验的构思下，分别表达切深 a_p、进给量 f 与主切削力 F_c 关系的单项切削力的指数公式为

$$F_c = C_{a_p}a_p^{x_{F_c}}, \quad F_c = C_f f^{y_{F_c}} \tag{2-24}$$

将两式等号两边取对数，则有

$$\lg F_c = \lg C_{a_p} + x_{F_c}\lg a_p, \quad \lg F_c = \lg C_f + y_{F_c}\lg f$$

实验结果表明，F_c-a_p 线和 F_c-f 线在双对数坐标纸上是直线。其中，C_{a_p}（或 C_f）是 F_c-a_p 线（或F_c-f 线）在 $a_p=1$ mm（或 $f=1$ mm/r）处的对数坐标上的 F_c 值；指数 x_{F_c}，y_{F_c} 分别是 F_c-a_p 线和 F_c-f 线的斜率。

用表 2-1 的数据在双对数坐标纸上画出 5 条 F_c-a_p 线和 4 条 F_c-f 线，如图 2-33 所示。根据此图就可以求出 x_{F_c}，y_{F_c}，C_{F_c}。

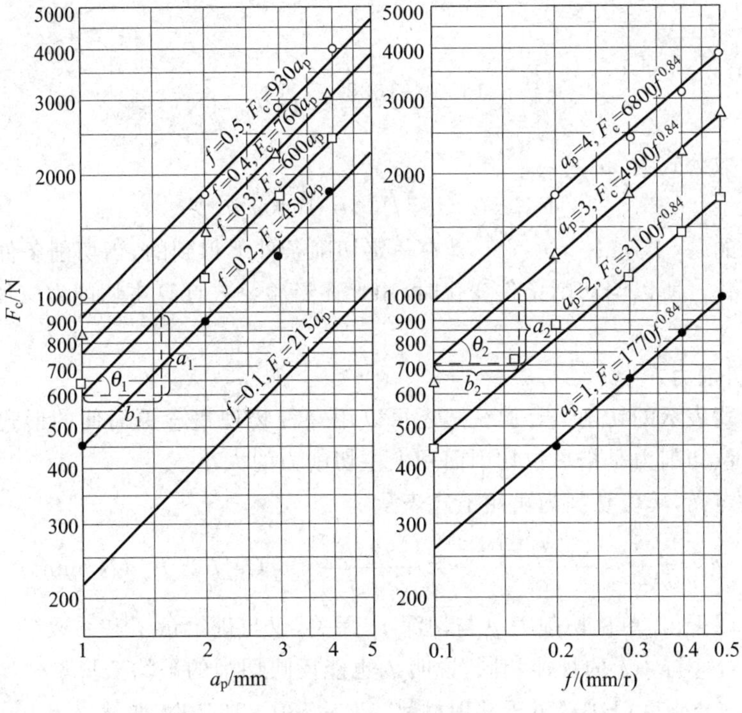

图 2-33　F_c-a_p 线和 F_c-f 线（车削 45 钢）

取任意一条 F_c-a_p 线，如 $f=0.3$ mm/r 的 F_c-a_p 线，在此直线上画出直角三角形，测得直角边 a_1，b_1 的长度，可得到

$$x_{F_c} = \tan\theta_1 = \frac{a_1}{b_1} \approx 1$$

可以分别求出 5 条 F_c-a_p 线的 x_{F_c}，然后取平均值，以提高实验精度。

从此条 F_c-a_p 线上可得到纵坐标上的截距，即 C_{a_p}（$a_p=1$ mm 时的 F_c 值）的值为 600 N。

同理，取 $a_p=3$ mm 的 F_c-f 线，在此直线上画出直角三角形，测得直角边 a_2，b_2 的长度，可得到

$$y_{F_c} = \tan\theta_2 = \frac{a_2}{b_2} \approx 0.84$$

可以求出每一条 F_c-f 线的 y_{F_c}，取平均值以提高实验精度。从此条 F_c-f 线上同样可得到 C_f($f=1$ mm/r 时的 F_c 值)的值为 4900 N。

用硬质合金刀具切削常用材料，在大量实验下，$x_{F_c}\approx 1$，$y_{F_c}\approx 0.84$。

取任意一对 F_c-a_p 线和 F_c-f 线，可以求出 C_{F_c}。仍用上述两条直线，当 $f=0.3$ mm/r 时，

$$F_c = C_{a_p} a_p^{x_{F_c}} = 600a_p^1 = C_{F_c} a_p^1 f^{0.84}$$

故

$$C_{F_c}=\frac{600}{f^{0.84}}=\frac{600}{0.3^{0.84}}=\frac{600}{0.364}=1650 \quad (\text{N})$$

当 $a_p=3$ mm 时，

$$F_c = C_f f^{y_{F_c}} = 4900f^{0.84} = C_{F_c} a_p^1 f^{0.84}$$

故

$$C_{F_c}=\frac{4900}{a_p^1}=\frac{4900}{3}=1633 \quad (\text{N})$$

取平均值

$$C_{F_c} = \frac{1650+1633}{2} \approx 1640 \quad (\text{N})$$

故切削力的指数公式为

$$F_c = C_{F_c} a_p^{x_{F_c}} f^{y_{F_c}} = 1640a_p^1 f^{0.84} \tag{2-25}$$

需要注意的是，上述 x_{F_c}，y_{F_c}，C_{F_c} 是在一定切削条件下得到的，当切削条件改变时，这些值也将发生变化。所以当切削条件变化时，用上述经验公式计算主切削力应加修正系数。

2. 单位切削力

用指数公式表示的切削力经验公式还可以用一种物理概念更简便的形式，即单位切削力来表示。单位切削力是指单位切削面积上主切削力的大小。

根据上述定义，单位切削力可用下式表示：

$$p=\frac{F_c}{A_D}=\frac{C_{F_c} a_p^{x_{F_c}} f^{y_{F_c}}}{a_p f}=\frac{C_{F_c} a_p f^{0.84}}{a_p f}=C_{F_c} f^{-0.16} \quad (\text{N/mm}^2) \tag{2-26}$$

从上式可以看出，单位切削力 p 与切深 a_p 无关，仅与进给量 f 和系数 C_{F_c} 有关。随着 f 的增加，p 减小，这与 ξ-f 的规律相同，说明 p 也能反映切削的平均变形量。C_{F_c} 取决于工件材料的强度(σ_b)和硬度(HB)，对于常用材料，$C_{F_c}=580\sim1640$ N，见表 2-2。

表 2-2 主切削力经验公式中的系数、指数值(车外圆)

工件材料	硬度/HB	经验公式中的系数、指数			单位切削力 $p_{0.3}$ /(N/mm²) $f=0.3$ mm/r
		C_{F_c}/N	x_{F_c}	y_{F_c}	
碳素结构钢 45 合金结构钢 40Cr 40MnB，18CrMnTi (正火)	187～227	1640	1	0.84	2000
工具钢 T10A，9CrSi，W18Cr4V (退火)	189～240	1720	1	0.84	2100
灰铸铁 HT20-40 (退火)	170	930	1	0.84	1140

续表

工 件 材 料	硬度/HB	经验公式中的系数、指数			单位切削力 $p_{0.3}$ /(N/mm²) $f=0.3$ mm/r
		C_{F_c}/N	x_{F_c}	y_{F_c}	
铅黄铜 HPb59-1（热轧）	78	650	1	0.84	750
锡青铜 ZQSn5-5-5（铸造）	74	580	1	0.85	700
铸铝合金 ZL10（铸造）	45	660	1	0.85	800
硬铝合金 LY12（淬火及时效）	107				

注：切钢用 YT15 刀片，切铸铁、铜铝合金用 YG6 刀片；$v_c=1.67$ m/s(100 m/min)；VB=0；$\gamma_o=15°$；$\kappa_r=75°$；$\lambda_s=0°$；$b_\gamma=0$；$r_\varepsilon=0.2\sim0.25$ mm。

显然，进给量不同时，单位切削力也不同。在实际使用中，取 $f=0.3$ mm/r 时的 p 作为单位切削力，用 $p_{0.3}$ 来表示(见表 2-2)。当 $f\neq0.3$ mm/r 时，应加修正系数。根据 $p_{0.3}$ 的定义，有

$$p_{0.3}=C_{F_c}\times0.3^{-0.16}$$

而任意进给量下的单位切削力可以用 $p_{0.3}$ 来表示为

$$p=C_{F_c}f^{-0.16}=C_{F_c}(0.3/0.3)^{-0.16}\times f^{-0.16}=C_{F_c}\times0.3^{-0.16}(0.3/f)^{0.16}=p_{0.3}k_{fF_c}$$

式中：$k_{fF_c}=(0.3/f)^{0.16}$ 称为进给量改变时对单位切削力的修正系数。为了使用方便，将其制成表格，见表 2-3。显然，f 增大时，k_{fF_c} 减小。因此，任意进给量 f 下的切削力计算公式(用单位切削力表示)为

$$F_c=p_{0.3}k_{fF_c}fa_p \tag{2-27}$$

表 2-3 车削进给量改变时对切削力的修正系数值 k_{fF_c}（$\kappa_r=75°$）

进给量 f/(mm/r)	0.1	0.15	0.2	0.25	0.3	0.35	0.4	0.45	0.5	0.6
切削力修正系数 k_{fF_c}	1.18	1.11	1.06	1.03	1	0.98	0.96	0.94	0.93	0.9

2.5.5 影响切削力的因素

1. 工件材料的影响

工件材料的强度、硬度越高，τ_s 就越大，虽然变形系数 ξ 略有减小，但总的切削力还是增大的。强度、硬度相近的材料，若其塑性越大，则切削变形越大，切削力也越大。工件材料对切削力的影响反映在系数 C_{F_c} 中。

2. 切削用量的影响

1）切深和进给量的影响

切深 a_p 和进给量 f 加大，切削力均增大，但两者的影响程度不同。a_p 对变形系数没有影响，所以 a_p 增大时切削力按正比增大。而 f 增大，变形系数 ξ 略有下降，故切削力与 f 不

成正比关系。反映在经验公式中，a_p 的指数近似为 1，而 f 的指数为 0.75～0.9。由此可以得出：从切削力和切削功率的角度来考虑，为了提高金属切除率(生产率)，加大 f 比加大 a_p 有利。进给量 f 对切削力的影响反映在修正系数 k_{fF_c} 中，见表 2-3。

2）切削速度的影响

加工塑性材料时，在中速和高速下，随着切削速度的增加，切削力减小(图 2-34)。由于切削速度的提高，将使切削温度升高，摩擦系数 μ 下降，从而使变形系数 ξ 减小。在低速范围内，由于积屑瘤的影响，切削速度对切削力的影响有特殊规律。$p_{0.3}$ 是在 $v_c=100$ m/min时得到的，当 $v_c\neq100$ m/min 时，应加修正系数 k_{vF_c}，见表 2-4。

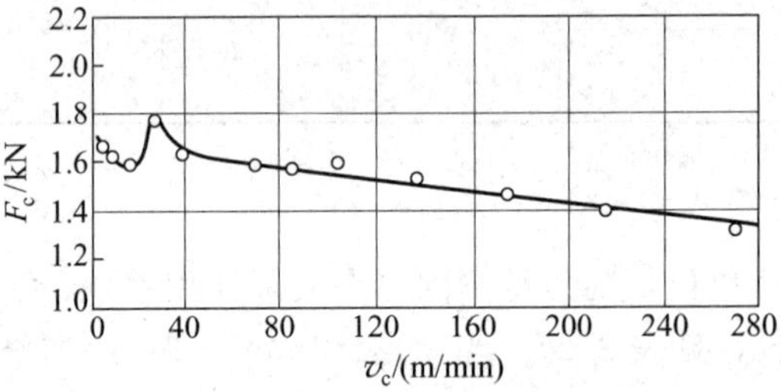

图 2-34　切削速度对切削力的影响

工件材料：45 钢(正火)，187HB；刀具结构：焊接式平前刀面外圆车刀；刀片材料：YT15；

刀具几何参数：$\gamma_o=18°$，$\alpha_o=6°\sim8°$，$\alpha_o'=4°\sim6°$，$\kappa_r=75°$，$\kappa_r'=10°\sim12°$，$\lambda_s=0°$，$b_\gamma=0$，$r_\varepsilon=0.2$ mm；

切削用量：$a_p=3$ mm，$f=0.25$ mm/r

表 2-4　车削速度改变时对切削力的修正系数值 k_{vF_c}

工件材料	v/(m/min)													
	50	75	100	125	150	175	200	250	300	400	500	600	700	800
碳素结构钢 45 合金结构钢 40Cr	1.05	1.02	1	0.98	0.96	0.95	0.94							
合金工具钢 9CrSi 轴承钢 GCr15	1.15	1.04	1	0.98	0.96	0.95	0.94							
铸铝合金 ZL10	1.09	1.04	1	0.95	0.91	0.86	0.82	0.74	0.66	0.54	0.49	0.45	0.44	0.43

3. 刀具几何参数的影响

1）前角的影响

前角 γ_o 加大，变形系数 ξ 减小，切削力 F_c 减小。材料塑性越大，前角 γ_o 对切削力的影响也越大。图 2-35 表示前角对切削力的影响。$p_{0.3}$ 是在 $\gamma_o=15°$时得到的，当 $\gamma_o\neq15°$时，应加修正系数 $k_{\gamma_oF_c}$，$k_{\gamma_oF_p}$ 和 $k_{\gamma_oF_f}$，见表 2-5。

2）负倒棱的影响

在锋利的切削刃上磨出负倒棱(如图 2-36 所示)，可以提高刃区强度，从而提高刀具的使用寿命。但负倒棱使切削变形增加，切削力增大。$p_{0.3}$ 是在没有负倒棱时得到的，当有负倒棱时，切削力经验公式应加修正系数 $k_{b_\gamma F_c}$，$k_{b_\gamma F_p}$ 和 $k_{b_\gamma F_f}$，见表 2-6。

表 2-5　车刀前角改变时对切削力的修正系数值

工件材料	修正系数	前角							
		−10°	0°	5°	10°	15°	20°	25°	30°
45 钢	$k_{\gamma_o F_c}$	1.28	1.18		1.05	1	0.95	0.89	0.85
	$k_{\gamma_o F_p}$	1.41	1.23		1.08	1	0.94	0.79	0.73
	$k_{\gamma_o F_f}$	2.15	1.70		1.24	1	0.85	0.50	0.30
灰铸铁 HT20-40	$k_{\gamma_o F_c}$	1.37	1.21		1.05	1	0.95		0.84
	$k_{\gamma_o F_p}$	1.47	1.30		1.09	1	0.95		0.85
	$k_{\gamma_o F_f}$	2.44	1.83		1.22	1	0.73		0.37
硬铝合金 LY12	$k_{\gamma_o F_c}$			1.19	1.10	1	0.90	0.83	0.77
	$k_{\gamma_o F_p}$			1.40	1.14	1	0.88	0.78	0.71
	$k_{\gamma_o F_f}$			1.58	1.25	1	0.77	0.59	0.48
紫铜 T_2	$k_{\gamma_o F_c}$			1.34	1.15	1	0.93	0.80	0.65
	$k_{\gamma_o F_p}$			1.50	1.15	1	0.76	0.61	0.50
	$k_{\gamma_o F_f}$			1.60	1.23	1	0.80	0.62	0.49
铅黄铜 HPb59-1	$k_{\gamma_o F_c}$		1.06	1.04	1.02	1	0.98		
	$k_{\gamma_o F_p}$		1.18	1.12	1.06	1	0.94		

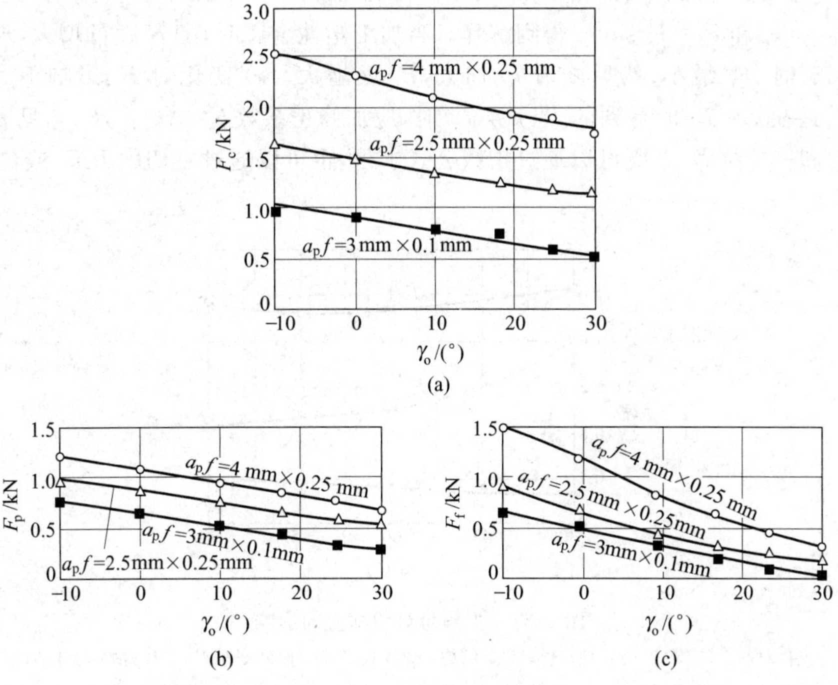

图 2-35　前角对切削力的影响

工件材料：45 钢(正火)，187HB；刀具结构：焊接式平前刀面硬质合金外圆车刀；刀片材料：YT15；

刀具几何参数：$\kappa_r=75°$，$\kappa_r'=10°\sim12°$，$\alpha_o=6°\sim8°$，$\alpha_o'=4°\sim6°$，$\lambda_s=0°$，$b_\gamma=0$，$r_\varepsilon=0.2$ mm；

切削速度：$v_c=96.5\sim105$ m/min

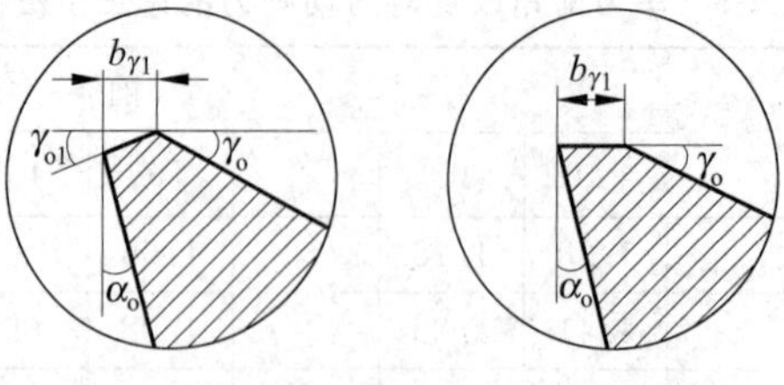

图 2-36　具有负倒棱的刀刃结构

表 2-6　车刀负倒棱宽度与进给量比值改变时对切削力的修正系数值

b_γ/f	修　正　系　数					
	$k_{b_\gamma F_c}$		$k_{b_\gamma F_p}$		$k_{b_\gamma F_f}$	
	钢	灰铸铁	钢	灰铸铁	钢	灰铸铁
0	1	1	1	1	1	1
0.5	1.05	1.20	1.20	1.20	1.50	1.60
1	1.10	1.30	1.30	1.30	1.80	2.00
附　注	切削 45 钢与灰铸铁 HT20-40 时，$\gamma_o=15°$，$\kappa_r=75°$，$\gamma_{o1}=-10°\sim-20°$					

3）主偏角的影响

主偏角对切削力的影响如图 2-37 所示。当 κ_r 加大时，F_p 减小，F_f 增大。这可以从公式 $F_p=F_D\cos\kappa_r$ 和 $F_f=F_D\sin\kappa_r$ 得到解释。当加工塑性金属时，随着 κ_r 的增大，F_c 减小；在 $\kappa_r=60°\sim75°$ 时，F_c 最小；然后随着 κ_r 加大，F_c 又增大。κ_r 变化对 F_c 影响不大，不超过 10%。$p_{0.3}$ 是在 $\kappa_r=75°$ 时得到的，当 $\kappa_r\neq75°$ 时，应加修正系数 $k_{\kappa_r F_c}$，$k_{\kappa_r F_p}$，$k_{\kappa_r F_f}$，见表 2-7。切深抗力 F_p 和进给抗力 F_f 既可以通过指数公式求得，也可以通过主切削力 F_c 或单位切削力 $p_{0.3}$ 求得。

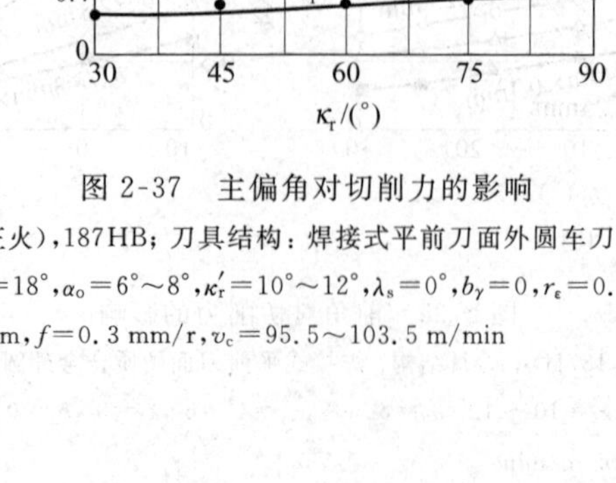

图 2-37　主偏角对切削力的影响

工件材料：45 钢(正火)，187HB；刀具结构：焊接式平前刀面外圆车刀；刀片材料：YT15；

刀具几何参数：$\gamma_o=18°$，$\alpha_o=6°\sim8°$，$\kappa_r'=10°\sim12°$，$\lambda_s=0°$，$b_\gamma=0$，$r_\varepsilon=0.2$ mm；

切削用量：$a_p=3$ mm，$f=0.3$ mm/r，$v_c=95.5\sim103.5$ m/min

表 2-7　车刀主偏角改变时对切削力的修正系数值

工件材料	修正系数	主偏角 κ_r				
		30°	45°	60°	75°	90°
45 钢	$k_{\kappa_r F_c}$	1.10	1.05	1	1	1.05
	$k_{\kappa_r F_p}$	2	1.60	1.25	1	0.85
	$k_{\kappa_r F_f}$	0.65	0.80	0.90	1	1.15
灰铸铁 HT200	$k_{\kappa_r F_c}$	1.10	1	1	1	1
	$k_{\kappa_r F_p}$	2.80	1.80	1.17	1	0.70
	$k_{\kappa_r F_f}$	0.60	0.85	0.95	1	1.45

当 κ_r 增大时，F_p/F_c 减小，F_f/F_c 增大。根据实验可以求出加工钢料和铸铁时的 F_p/F_c 和 F_f/F_c，见表 2-8。在已知 F_c 之后，可以用这两个比值求出 F_p 和 F_f。

表 2-8　切削各种钢料和铸铁时的 F_p/F_c，F_f/F_c 值

工件材料	比　值	主偏角 κ_r		
		45°	75°	90°
钢	F_p/F_c	0.55～0.65	0.35～0.50	0.25～0.40
	F_f/F_c	0.25～0.40	0.35～0.50	0.40～0.55
铸　铁	F_p/F_c	0.30～0.45	0.20～0.35	0.15～0.30
	F_f/F_c	0.10～0.20	0.15～0.30	0.20～0.35
附　注	在实验范围内（$a_p=1$～6 mm，$f=0.1$～0.6 mm/r）： 切削深度较大时，F_p/F_c 取小值，F_f/F_c 取大值 切削深度较小时，F_p/F_c 取大值，F_f/F_c 取小值 进给量 f 较大时，F_p/F_c，F_f/F_c 均取小值 进给量 f 较小时，F_p/F_c，F_f/F_c 均取大值			

4）过渡圆弧刃的影响

在一般的切削加工中，刀尖圆弧半径 r_ε 对 F_p 和 F_f 的影响较大，对 F_c 的影响较小。图 2-38表示刀尖圆弧半径对切削力的影响，从图中可以看出，随着 r_ε 的增大，F_p 增大，F_f 减小，F_c 略有增大。$p_{0.3}$ 是在 $r_\varepsilon=0.25$ mm 时得到的，当 $r_\varepsilon\neq0.25$ mm 时，应加修正系数 $k_{r_\varepsilon F_c}$，$k_{r_\varepsilon F_p}$，$k_{r_\varepsilon F_f}$，见表 2-9。

表 2-9　车刀刀尖圆弧半径改变时对切削力的修正系数值（切削 45 钢）

修正系数	刀尖圆弧半径 r_ε/mm					
	0.25	0.5	0.75	1	1.5	2
$k_{r_\varepsilon F_c}$	1	1	1	1	1	1
$k_{r_\varepsilon F_p}$	1	1.11	1.18	1.23	1.33	1.37
$k_{r_\varepsilon F_f}$	1	0.9	0.85	0.81	0.75	0.73

5）刃倾角的影响

如图 2-39 所示，刃倾角 λ_s 对 F_c 的影响很小。刃倾角 λ_s 减小，F_p 增大，F_f 减小。$p_{0.3}$ 是在 $\lambda_s=0°$时得到的，当 $\lambda_s\neq0°$时，应加修正系数 $k_{\lambda_sF_c}$，$k_{\lambda_sF_p}$，$k_{\lambda_sF_f}$，见表 2-10。

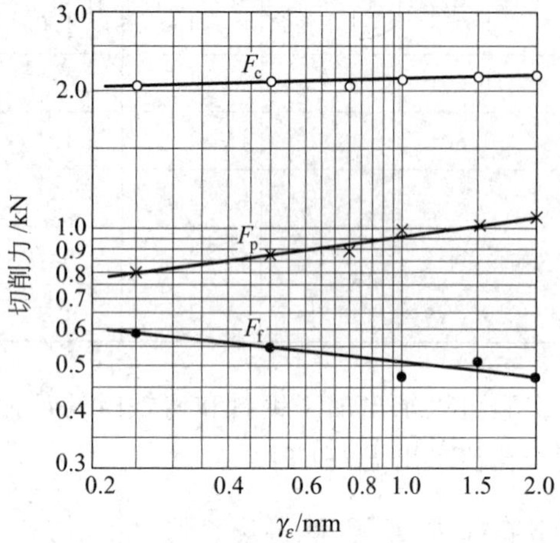

图 2-38　刀尖圆弧半径对切削力的影响

工件材料：45 钢（正火），187HB；

刀具结构：焊接式平前刀面外圆车刀；

刀片材料：YT15；

刀具几何参数：$\gamma_o=18°$，$\alpha_o=6°\sim7°$，$\kappa_r=75°$，$\kappa_r'=10°\sim12°$，$\lambda_s=0°$，$b_\gamma=0$；

切削用量：$a_p=3$ mm，$f=0.35$ mm/r，$v_c=93$ m/min

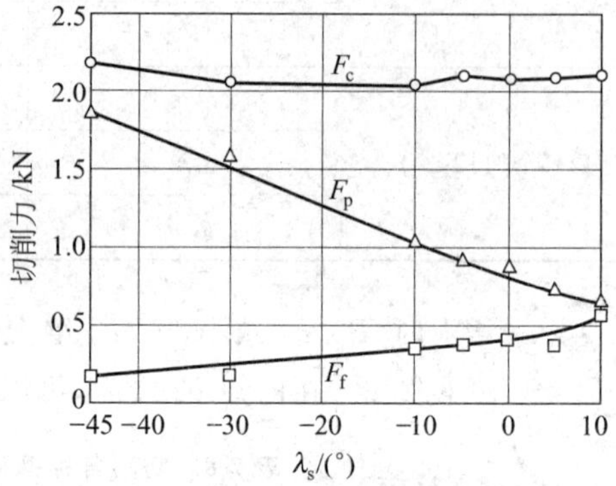

图 2-39　刃倾角对切削力的影响

工件材料：45 钢（正火），187HB；

刀具结构：焊接式平前刀面外圆车刀；

刀片材料：YT15；

刀具几何参数：$\gamma_o=18°$，$\alpha_o=6°$，$\alpha_o'=4°\sim6°$，$\kappa_r=75°$，$\kappa_r'=10°\sim12°$，$b_\gamma=0$，$r_\varepsilon=0.2$ mm；

切削用量：$a_p=3$ mm，$f=0.35$ mm/r，$v_c=100$ m/min

表 2-10　车刀刃倾角改变时对切削力的修正系数值

刀具结构	修正系数	刃倾角 λ_s						
		10°	5°	0°	−5°	−10°	−30°	−45°
焊接车刀（平前刀面）	$k_{\lambda_sF_c}$	1	1	1	1	1	1	1
	$k_{\lambda_sF_p}$	0.8	0.9	1	1.1	1.2	1.7	2
	$k_{\lambda_sF_f}$	1.6	1.3	1	0.95	0.9	0.7	0.5
机夹车刀（有卷屑槽）	$k_{\lambda_sF_c}$		1	1	1			
	$k_{\lambda_sF_p}$		0.85	1	1.15			
	$k_{\lambda_sF_f}$		0.85	1	1			
附　注	主偏角 κ_r 均为 75°；工件材料 45 钢							

4. 刀具磨损的影响

后刀面磨损后，形成了后角为零、高度为 VB 的小棱面，结果造成后刀面上的切削力增大，因而总切削力增大。后刀面磨损量对切削力的影响见图 2-40。$p_{0.3}$ 是在 VB=0 时得到的，当 VB≠0 时，应加修正系数 k_{VBF_c}，k_{VBF_p}，k_{VBF_f}，见表 2-11。

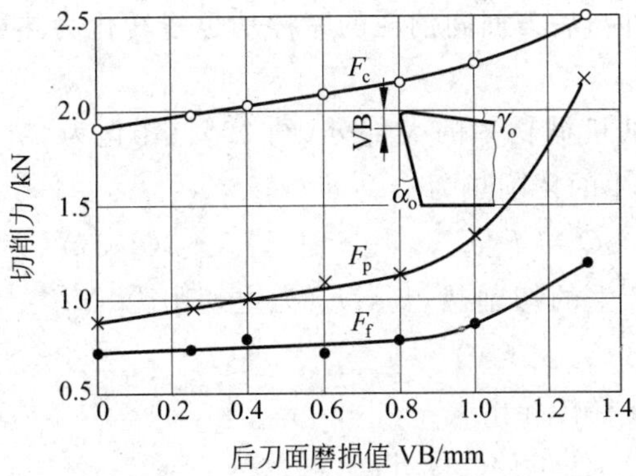

图 2-40　车刀后刀面磨损量对切削力的影响

工件材料：45 钢(正火)，187HB；刀具结构：机夹可转位式外圆车刀；刀片材料：YT15(SNMM150402)；

刀具几何参数：$\gamma_o=18°$，$\alpha_o=6°\sim8°$，$\alpha_o'=4°\sim6°$，$\kappa_r=75°$，$\kappa_r'=10°\sim12°$，$\lambda_s=0°$，$b_\gamma=0$，$r_\varepsilon=0.2$ mm；

切削用量：$a_p=3$ mm，$f=0.3$ mm/r，$v_c=95.5\sim105$ m/min

考虑所有影响切削力的因素后，总的切削力公式为

$$F_c = p_{0.3} f a_p k_{fF_c} k_{vF_c} k_{\kappa_r F_c} k_{\gamma_o F_c} k_{b_\gamma F_c} k_{r_\varepsilon F_c} k_{\lambda_s F_c} k_{VBF_c} \tag{2-28}$$

$$F_p = p_{0.3} f a_p k_{fF_c} k_{vF_c} (F_p/F_c) k_{\gamma_o F_p} k_{b_\gamma F_p} k_{r_\varepsilon F_p} k_{\lambda_s F_p} k_{VBF_p} \tag{2-29}$$

$$F_f = p_{0.3} f a_p k_{fF_c} k_{vF_c} (F_f/F_c) k_{\gamma_o F_f} k_{b_\gamma F_f} k_{r_\varepsilon F_f} k_{\lambda_s F_f} k_{VBF_f} \tag{2-30}$$

表 2-11　车刀后刀面磨损量改变时对切削力的修正系数值

工件材料	修正系数	后刀面磨损量 VB/mm						
		0	0.25	0.4	0.6	0.8	1.0	1.3
45 钢	k_{VBF_c}	1	1.06	1.09	1.20	1.30	1.40	1.50
	k_{VBF_p}	1	1.06	1.12	1.20	1.30	1.50	2.00
	k_{VBF_f}	1	1.06	1.12	1.25	1.32	1.50	1.60
灰铸铁 HT20-40	k_{VBF_c}	1	1.13	1.15	1.17	1.19	1.25	1.34
	k_{VBF_p}	1	1.20	1.30	1.4	1.5	1.55	1.65
	k_{VBF_f}	1	1.10	1.20	1.3	1.35	1.45	2.3

2.6　切削热和切削温度

切削热和由它产生的切削温度直接影响刀具的磨损和使用寿命，最终影响工件的加工精度和表面质量。所以，研究切削热和切削温度的产生及变化规律，是研究金属切削过程的重要方面。

2.6.1　切削热的产生及传导

在刀具的切削作用下，切削层金属发生弹性变形和塑性变形，这是切削热的一个来源。

另外，切屑与前刀面、工件与后刀面间消耗的摩擦功也将转化为热能，这是切削热的另一个来源(图 2-41)。

由于切削时所消耗的机械功率的大部分(约 99%)转化为热能，所以单位时间内产生的切削热为

$$Q = F_c v_c \tag{2-31}$$

式中：Q 为单位时间内产生的切削热，J/s；F_c 为主切削力，N；v_c 为切削速度，m/s。

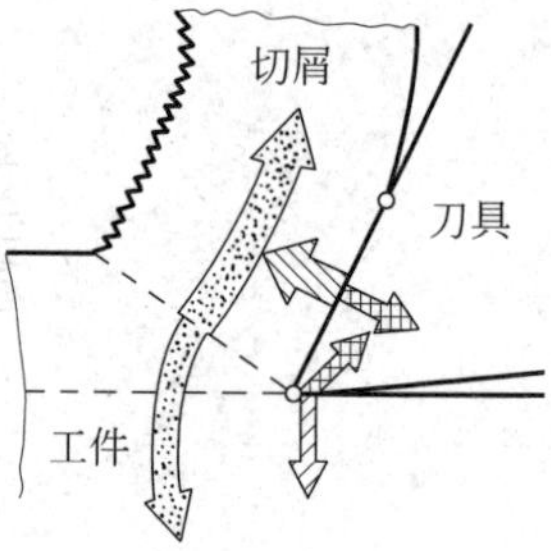

图 2-41 切削热的来源

切削热由以下 4 个途径传导出去：

(1) 通过工件传走 Q_g，使工件温度升高；

(2) 通过切屑传走 Q_x，使切屑温度升高；

(3) 通过刀具传走 Q_d，使刀具温度升高；

(4) 通过周围介质传走 Q_j。

$$Q=Q_g+Q_x+Q_d+Q_j$$

Q_g 和 Q_x 取决于工件材料的导热系数，导热系数越高，通过工件和切屑传走的热量也越多，结果切削区温度降低，这有助于提高刀具的使用寿命，但同时工件温度也升高，会影响工件的尺寸精度。而导热系数低的材料，情况与之相反。所以切削导热系数低的不锈钢、钛合金及高温合金时，切削区温度较高，必须采用耐热性好的刀具材料，且充分加注冷却性能良好的切削液。

刀具材料的导热系数越高，则由刀具传走的热量也越多，可以降低切削区温度。Q_j 决定于周围介质的情况，加冷却性能好的切削液能使 Q_j 增加，从而降低切削区温度。

据有关资料介绍，在未使用切削液时，由切屑、刀具、工件和周围介质传出的热量的比例大致为：

车削时，50%～86%由切屑带走，10%～40%传入车刀，3%～9%传入工件，1%左右传入空气。

钻削时，28%由切屑带走，14.5%传入刀具，52.5%传入工件，5%传入周围介质。

2.6.2 刀具上切削温度的分布规律

由于刀具上各点与 3 个变形区(3 个热源)的距离各不相同，因此刀具上不同点处获得热量和传导热量的情况也不相同，结果使各个刀面上的温度分布不均匀。应用人工热电偶法测温，并辅以传热学得到的刀具、切屑和工件上的切削温度分布情况，如图 2-42 和图 2-43 所示。

切削塑性材料时，刀具上温度最高处是在距离刀尖一定长度的地方，该处由于温度高而首先开始磨损。这是因为切屑沿前刀面流出时，热量积累得越来越多，而如果此时热传导十分不利时，则在距离刀尖一定长度的地方温度就会达到最大值。图 2-43 表示了切削塑性材料时刀具前刀面上切削温度的分布情况。而在切削脆性材料时，第一变形区的塑性变形不太显著，且切屑呈崩碎状，与前刀面接触长度大大减小，使第二变形区的摩擦减小，切削温度不易升高，只有刀尖与工件摩擦，即只有第三变形区产生的热量是主要的。因而，切削脆性

材料时，最高切削温度将在刀尖处且靠近后刀面的地方，磨损也将首先从此处开始。

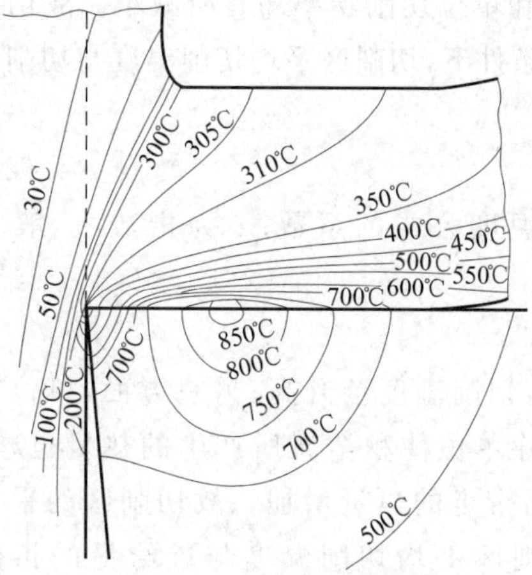

图 2-42　刀具、切屑和工件的温度分布

工件材料：GCr15；刀具：YT4 车刀，$\gamma_o=0°$；

切削用量：$b_D=5.8$ mm，$h_D=0.35$ mm，$v_c=80$ m/min

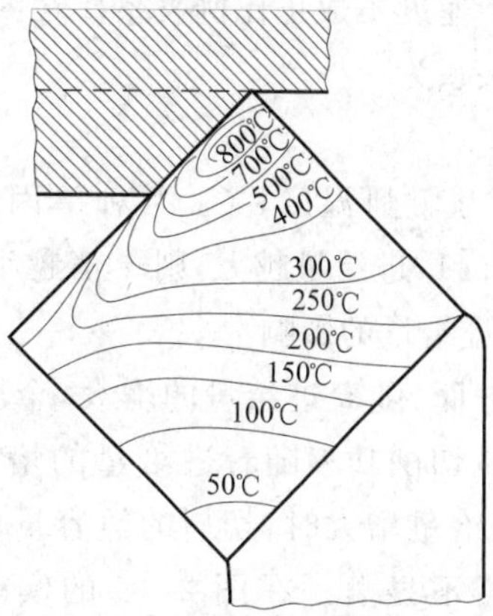

图 2-43　刀具前刀面上的切削温度分布

工件材料：GCr15；刀具：YT4 车刀；

切削用量：$a_p=4.1$ mm，$f=0.5$ mm/r，$v_c=80$ m/min

2.6.3　影响切削温度的因素

1. 切削用量的影响

1）切削速度的影响

切削速度对切削温度有显著影响。实验证明，随着切削速度的提高，切削温度将明显上升(图 2-44)。其原因为：当切屑沿前刀面流出时，切屑底层与前刀面发生强烈摩擦，因而产生很多热量。截取极短的一段切屑作为研究单元来观察，当这个切屑单元沿前刀面流出时，摩擦热一边生成而又一边向切屑顶面和刀具内部传导。若切削速度提高，则摩擦热生成的时间极短，而切削热向切屑内部和刀具内部传导都需要一定时间。因此，提高切削速度的结果是，摩擦热来不及传导，而是大量积聚在切屑底层，从而使切削温度升高。

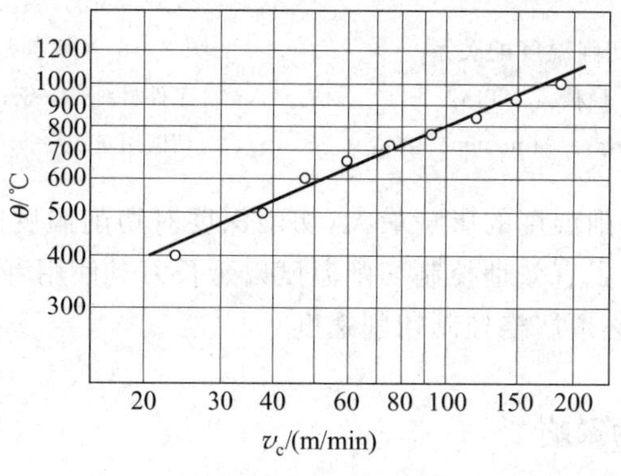

图 2-44　切削温度与切削速度的关系

工件材料：45 钢；刀具材料：YT15；切削用量：$a_p=3$ mm，$f=0.1$ mm/r

此外，随着切削速度的提高，金属切除率正比例地增加，所消耗的机械功增大，所以切削热也会增加。而随着切削速度的提高，单位切削力和单位切削功率却有所减小。故切削温度与切削速度不成正比例关系。在图 2-44 的实验条件下，切削区平均切削温度与切削速度的指数关系为

$$\theta = C_{\theta v} v_c^x \tag{2-32}$$

式中：θ 为切削温度；$C_{\theta v}$ 为对单因素 v_c 的切削温度公式的系数；x 为指数，一般 $x=0.26\sim0.41$，进给量越大，则 x 值越小。

2）进给量的影响

一方面，随着进给量的增大，金属切除率增多，切削温度会升高；另一方面，单位切削力和单位切削功率随着进给量的增大而减小，切除单位体积金属所产生的热量也减小。此外，进给量增大时，切屑的热容量也增大，由切屑带走的热量增加。故切削区的平均温度上升得不显著。在图 2-45 的实验条件下，切削区平均切削温度与进给量的指数关系为

$$\theta = C_{\theta f} f^{0.14} \tag{2-33}$$

3）切削深度的影响

切削深度对切削温度的影响很小（图 2-46）。因为切削深度增大后，切削区产生的热量虽然成正比例地增多，但切削刃参加切削的工作长度也成正比例地增大，改善了散热条件，所以切削温度升高不明显。在图 2-46 的实验条件下，切削区平均切削温度与切削深度的指数关系为

$$\theta = C_{\theta a_p} a_p^{0.04} \tag{2-34}$$

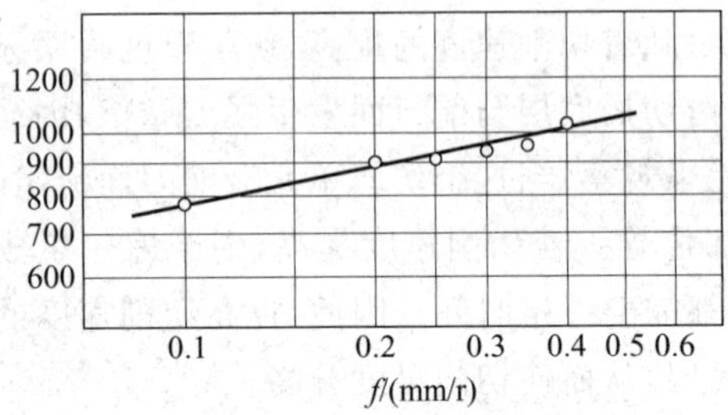

图 2-45　进给量与切削温度的关系

工件材料：45 钢；刀具材料：YT15；

切削用量：$a_p=3$ mm，$v_c=94$ m/min

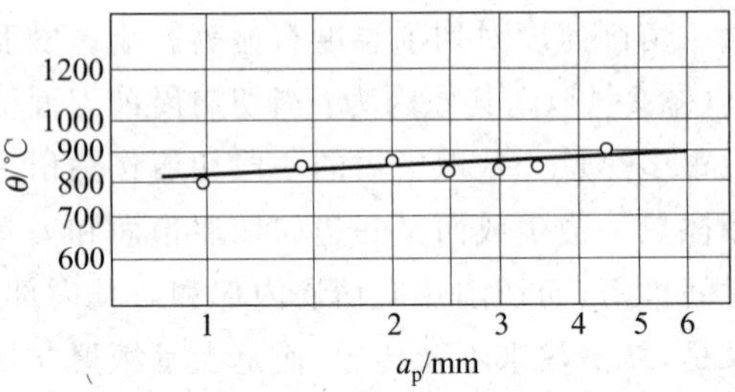

图 2-46　切削深度与切削温度的关系

工件材料：45 钢；刀具材料：YT15；

切削用量：$f=0.1$ mm/r，$v_c=107$ m/min

显然，切削速度对切削温度的影响最大，切削深度对切削温度的影响最小。所以，在提高金属切除率的同时，为了有效地控制切削温度以延长刀具使用寿命，应优先选用大的切削深度，其次是进给量，而必须严格控制切削速度。

2. 刀具几何参数的影响

1）前角的影响

前角 γ_o 的大小直接影响切削过程中的变形和摩擦，所以它对切削温度有明显影响。在一定范围内，前角大，切削温度低；前角小，切削温度高。如果进一步加大前角，则因刀具散

热体积减小，切削温度不会进一步降低，反而升高。表 2-12 表示不同前角下的切削温度对比值。

表 2-12　不同前角下的切削温度对比值

前角/(°)	−10	0	10	18	25
切削温度对比值	1.08	1.03	1	0.85	0.8
附　注	车削 45 钢；刀具：YT15，$\alpha_o=6°\sim8°$，$\kappa_r=75°$，$\lambda_s=0°$，$r_\varepsilon=0.2$ mm；切削用量：$a_p=3$ mm，$f=0.1$ mm/r；$v_c=81\sim135$ m/min				

2）主偏角的影响

主偏角对切削温度的影响见图 2-47。随着 κ_r 的增大，切削刃的工作长度将缩短，使切削热相对集中，且 κ_r 加大后，刀尖角减小，使散热条件变差，从而提高了切削温度。

3）负倒棱的影响

负倒棱宽度 b_{γ_1} 在(0～2)f 范围内变化时，基本上不影响切削温度。原因是：一方面负倒棱的存在使切削区的塑性变形增大，切削热也随之增多；另一方面，却又使刀尖的散热条件得到改善。二者共同影响的结果，使切削温度基本不变。

4）刀尖圆弧半径的影响

刀尖圆弧半径 r_ε 在 0～1.5 mm 范围内变化时，基本上不影响切削温度。因为随着刀尖圆弧半径加大，切削区的塑性变形增大，切削热也随之增多，但加大刀尖圆弧半径又改善了散热条件，两者相互抵消的结果，使平均切削温度基本不变。

3. 刀具磨损的影响

刀具磨损后切削刃变钝，刃区前方的挤压作用增大，使切削区金属的变形增加；同时，磨损后的刀具与工件的摩擦增大，两者均使切削热增多。所以，刀具的磨损是影响切削温度的主要因素。图 2-48 是切削 45 钢时，车刀后刀面磨损值与切削温度的关系。

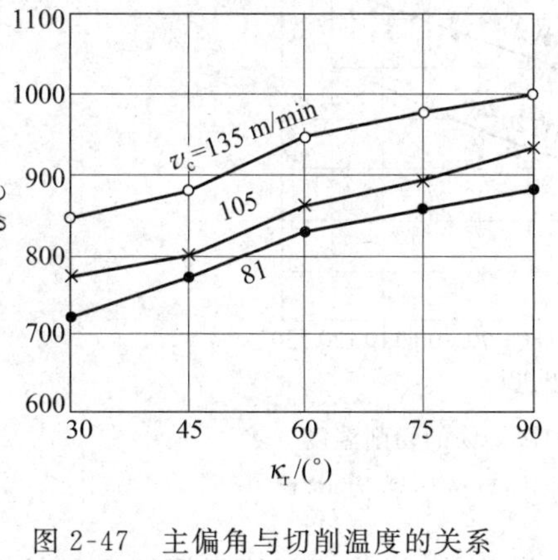

图 2-47　主偏角与切削温度的关系

工件材料：45 钢；刀具材料：YT15；

切削用量：$a_p=3$ mm，$f=0.1$ mm/r

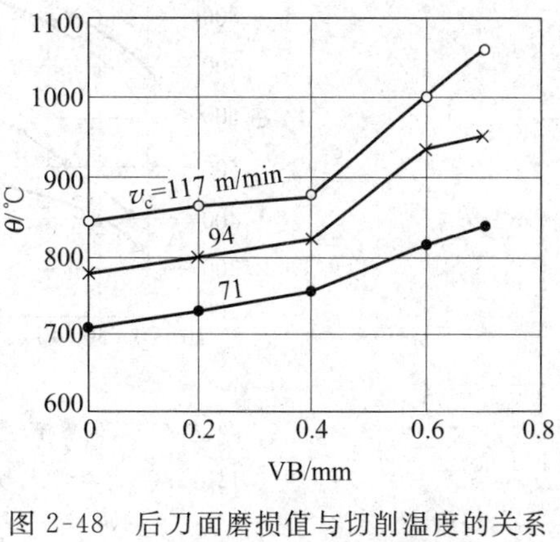

图 2-48　后刀面磨损值与切削温度的关系

工件：45 钢；刀具：YT15；$\gamma_o=15°$；

切削用量：$a_p=3$ mm，$f=0.1$ mm/r

4. 工件材料的影响

(1) 工件材料的强度和硬度越高，切削时所消耗的功越多，产生的切削热也越多，切削温度就越高。图 2-49 表示 45 钢的不同热处理状态对切削温度的影响。

(2) 合金钢的强度普遍高于 45 钢，而导热系数又低于 45 钢，所以切削合金钢时的切削温度高于切削 45 钢时的切削温度(图 2-50)。

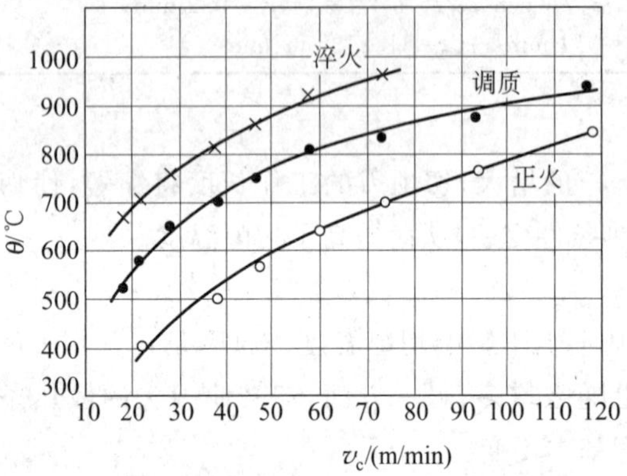

图 2-49　45 钢的热处理状态对切削温度的影响

刀具：YT15；$\gamma_o=15°$；

切削用量：$a_p=3$ mm，$f=0.1$ mm/r

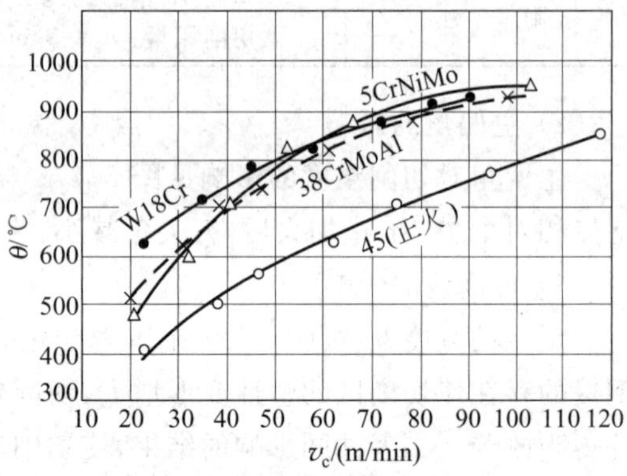

图 2-50　合金钢的切削温度

刀具：YT15；$\gamma_o=15°$；切削用量：$a_p=3$ mm，$f=0.1$ mm/r

(3) 不锈钢和高温合金不但导热系数低，而且有较高的高温强度和硬度，所以切削这类材料时，切削温度比其他材料要高得多，如图 2-51 所示。必须采用导热性和耐热性较好的刀具材料，并充分加注切削液。

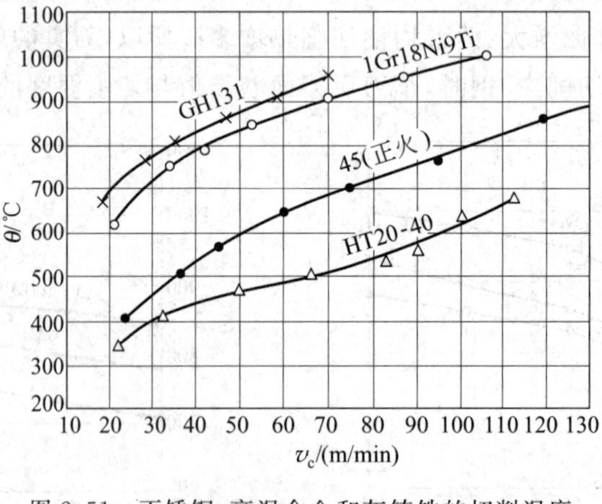

图 2-51　不锈钢、高温合金和灰铸铁的切削温度

刀具：YG8；$\gamma_o=15°$；切削用量：$a_p=3$ mm，$f=0.1$ mm/r

(4) 脆性金属在切削时塑性变形很小，切屑呈崩碎状，与前刀面的摩擦较小，所以切削温度比切削钢料时要小。图 2-51 也表示了切削灰铸铁时的切削温度，比切削 45 钢的切削温度大约低 20%～30%。

2.7 刀具的失效和切削用量的优化选择

刀具在切削过程中将逐渐磨损。当磨损量达到一定程度时，切削力加大，切削温度上升，切屑颜色改变，甚至产生振动。同时，工件尺寸可能超差，已加工表面质量也明显恶化，此时必须刃磨刀具或更换新刀。有时，刀具也可能在切削过程中突然损坏而失效，造成刀具破损。刀具的磨损、破损及其使用寿命对加工质量、生产效率和成本影响极大，因此它是切削加工中极为重要的问题之一。

2.7.1 刀具磨损的形态

刀具磨损是指刀具在正常的切削过程中，由于物理的或化学的作用，使刀具原有的几何角度逐渐丧失。显然，在切削过程中，前、后刀面不断与切屑、工件接触，在接触区里存在着强烈的摩擦，同时在接触区里又有很高的温度和压力。因此，随着切削的进行，前、后刀面都将逐渐磨损。刀具磨损呈现为3种形态。

(1) 前刀面磨损(月牙洼磨损)。在切削速度较高、切削厚度较大的情况下加工塑性金属，当刀具的耐热性和耐磨性稍有不足时，在前刀面上经常会磨出一个月牙洼(图2-52)。在产生月牙洼的地方切削温度最高，因此磨损也最大，从而形成一个凹窝(月牙洼)。月牙洼和切削刃之间有一条棱边。在磨损过程中，月牙洼宽度逐渐扩展。当月牙洼扩展到使棱边很小时，切削刃的强度将大大减弱，结果导致崩刃。月牙洼磨损量以其深度KT表示。

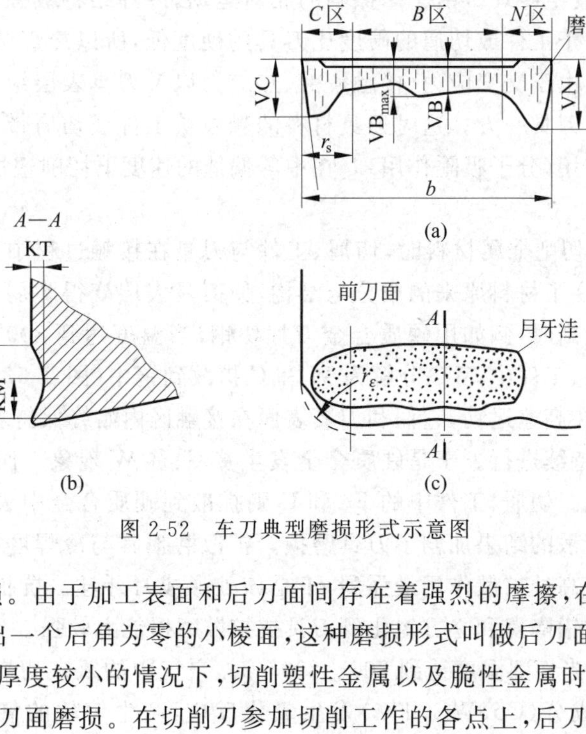

图2-52 车刀典型磨损形式示意图

(2) 后刀面磨损。由于加工表面和后刀面间存在着强烈的摩擦，在后刀面上毗邻切削刃的地方很快就磨出一个后角为零的小棱面，这种磨损形式叫做后刀面磨损(图2-52)。在切削速度较低、切削厚度较小的情况下，切削塑性金属以及脆性金属时，一般不产生月牙洼磨损，但都存在着后刀面磨损。在切削刃参加切削工作的各点上，后刀面磨损是不均匀的。

从图 2-52(a)可见，在刀尖部分（C 区）由于强度和散热条件差，因此磨损剧烈，其最大值为 VC。在切削刃靠近工件外表面处（N 区），由于加工硬化层或毛坯表面硬层等影响，往往在该区产生较大的磨损沟而形成缺口。该区域的磨损量用 VN 表示。N 区的磨损又称为边界磨损。在参与切削的切削刃中部（B 区），其磨损较均匀，以 VB 表示平均磨损值，以 VB_{max} 表示最大磨损值。

(3) 前刀面和后刀面同时磨损。这是一种兼有上述两种情况的磨损形式。在切削塑性金属时，经常会发生这种磨损。

2.7.2 刀具磨损机理

为了减小和控制刀具磨损以及研制新型刀具材料，必须研究刀具磨损的原因和本质，即从微观上探讨刀具在切削过程中是怎样磨损的。刀具经常工作在高温、高压下，在这样的条件下工作，刀具磨损经常是机械的、热的、化学的 3 种作用的综合结果，实际情况很复杂，尚待进一步研究。到目前为止，认为刀具磨损的机理主要有以下几个方面。

(1) 磨料磨损。切削时，工件或切屑中的微小硬质点（碳化物——Fe_3C，TiC，VC 等，氮化物——TiN，Si_3N_4 等，氧化物——SiO_2，Al_2O_3 等）以及积屑瘤碎片，不断滑擦前、后刀面，划出沟纹，这就是磨料磨损。很像砂轮磨削工件一样，刀具被一层层磨掉。这是一种纯机械作用。磨料磨损在各种切削速度下都存在，但在低速下磨料磨损是刀具磨损的主要原因。这是因为在低速下，切削温度较低，其他原因产生的磨损不明显。刀具抵抗磨料磨损的能力主要取决于其硬度和耐磨性。

(2) 冷焊磨损。工件表面、切屑底面与前、后刀面之间存在着很大的压力和强烈的摩擦，因而它们之间会发生冷焊。由于摩擦副的相对运动，冷焊结将被破坏而被一方带走，从而造成冷焊磨损。由于工件或切屑的硬度比刀具的硬度低，所以冷焊结的破坏往往发生在工件或切屑一方。但由于交变应力、接触疲劳、热应力以及刀具表层结构缺陷等原因，冷焊结的破坏也会发生在刀具一方。这时刀具材料的颗粒被工件或切屑带走，从而造成刀具磨损。这是一种物理作用（分子吸附作用）。在中等偏低的速度下切削塑性材料时冷焊磨损较为严重。

(3) 扩散磨损。切削金属材料时，切屑、工件与刀具在接触过程中，双方的化学元素在固态下相互扩散，改变了材料原来的成分与结构，使刀具表层变得脆弱，从而加剧了刀具磨损。当接触面温度较高时，例如用硬质合金刀片切钢，当温度达到 800℃时，硬质合金中的钴会迅速扩散到切屑、工件中，WC 分解为 W 和 C 扩散到钢中（图 2-53）。随着切削过程的进行，切屑和工件都在高速运动，它们和刀具表面在接触区内始终保持着扩散元素的浓度梯度，从而使扩散现象持续进行。于是硬质合金发生贫 C、贫 W 现象。而 Co 的减少，又使硬质相的黏结强度降低。切屑、工件中的 Fe 和 C 则扩散到硬质合金中去，形成低硬度、高脆性的复合碳化物。扩散的结果加剧了刀具磨损。扩散磨损常与冷焊磨损、磨料磨损同时产生。前刀面上温度最高处扩散作用最强烈，于是该处形成月牙洼。抗扩散磨损能力取决于刀具的耐热性。氧化铝陶瓷和立方氮化硼刀具抗扩散磨损能力较强。

(4) 氧化磨损。当切削温度达到 700～800℃时，空气中的氧在切屑形成的高温区中与刀具材料中的某些成分（Co，WC，TiC）发生氧化反应，产生较软的氧化物（Co_3O_4，CoO，

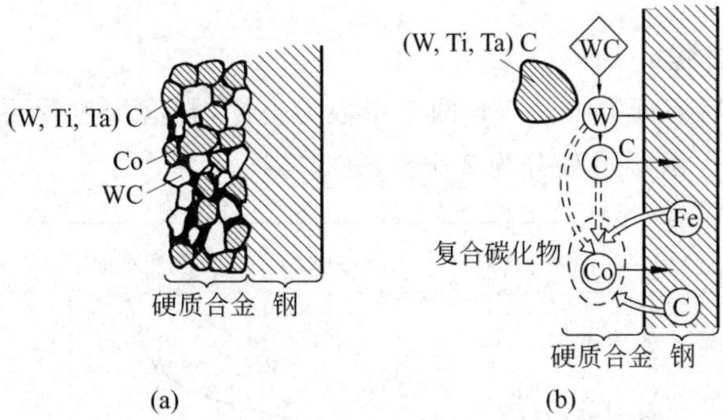

图 2-53 硬质合金与钢之间的扩散

WO_3，TiO_2），从而使刀具表面层硬度下降，较软的氧化物被切屑或工件擦掉而形成氧化磨损。这是一种化学反应过程。最容易在主、副切削刃工作的边界处（此处易与空气接触）发生这种氧化反应，这也是造成刀具边界磨损的主要原因之一（图 2-54）。

（5）热电磨损。工件、切屑与刀具由于材料不同，切削时在接触区将产生热电势，这种热电势有促进扩散的作用而加速刀具磨损。这种在热电势的作用下产生的扩散磨损，称为热电磨损。

总之，在不同的工件材料、刀具材料和切削条件下，磨损的原因和强度是不同的。图 2-55 所示为用硬质合金切钢料时，在不同切削速度（切削温度）下各种磨损所占的比例。

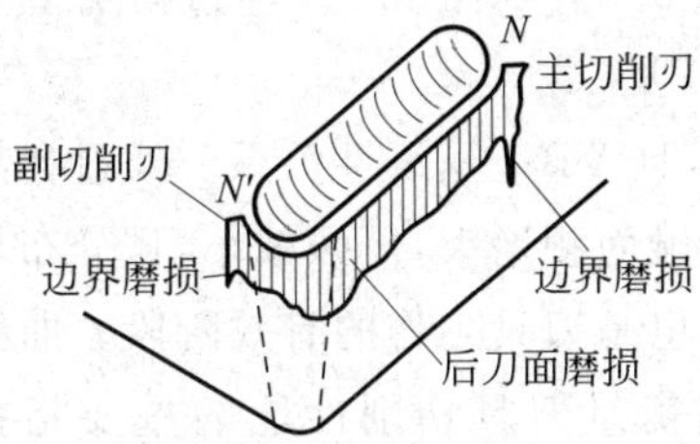

图 2-54 边界磨损

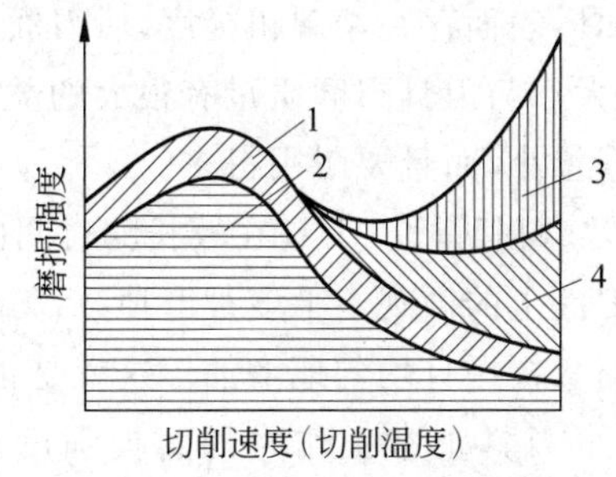

图 2-55 切削速度对刀具磨损强度的影响

1—磨料磨损；2—冷焊磨损；3—扩散磨损；4—氧化磨损

由图可得到结论：对于一定的刀具和工件材料，切削温度对刀具磨损具有决定性的影响。高温时扩散磨损和氧化磨损强度较高；在中、低温时，冷焊磨损占主导地位；磨料磨损则在不同切削温度下都存在。

2.7.3 刀具的磨损过程及磨钝标准

一把新刀具是怎样逐渐磨损的？它的磨损过程具有什么特点和规律？回答这些问题就需要研究刀具的磨损过程。另外，刀具磨损到一定程度就不能继续使用了，否则，会降低工件的尺寸精度和已加工表面的质量，同时也会增加刀具消耗和加工费用。那么，刀具磨损到什么程度就不能使用了？这就需要制定一个磨钝标准。

1. 刀具的磨损过程

以切削时间 t 和后刀面磨损量 VB 两个参数为坐标，则磨损过程可以用图 2-56 所示的一条磨损曲线来表示。磨损过程分为 3 个阶段。

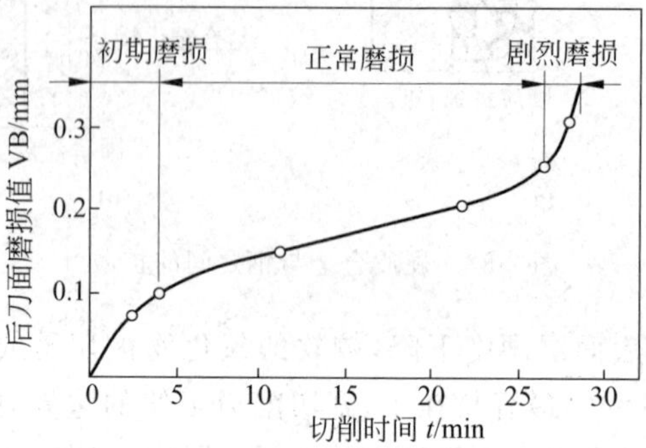

图 2-56 硬质合金车刀的典型磨损曲线

刀具：P10(TiC 涂层)外圆车刀，$\gamma_o=4°$，$\kappa_r=45°$，$\lambda_s=-4°$，$r_\varepsilon=0.5$ mm；

工件材料：60Si2Mn(HRC40)；

切削用量：$v_c=115$ m/min，$f=0.2$ mm/r，$a_p=1$ mm

(1) 初期磨损阶段。初期磨损阶段的特点是：在极短的时间内，VB 上升很快。由于新刃磨后的刀具，表面存在微观粗糙度，后刀面与工件之间为峰点接触，故磨损很快。所以，初期磨损量的大小与刀具刃磨质量有很大的关系，通常 VB＝0.05～0.1 mm。经过研磨的刀具，初期磨损量小，而且要耐用得多。

(2) 正常磨损阶段。刀具在较长的时间内缓慢地磨损，且 VB-t 呈线性关系。经过初期磨损后，后刀面上的微观不平度被磨掉，后刀面与工件的接触面积增大，压强减小，且分布均匀，所以磨损量缓慢且均匀地增加。这就是正常磨损阶段，也是刀具工作的有效阶段。曲线的斜率代表了刀具正常工作时的磨损强度。磨损强度是衡量刀具切削性能的重要指标之一。

(3) 剧烈磨损阶段。在相对很短的时间内，VB 猛增，刀具因而完全失效。刀具经过正常磨损阶段后，切削刃变钝，切削力增大，切削温度升高，这时刀具的磨损情况发生了质的变化而进入剧烈磨损阶段。这一阶段磨损强度很大，此时如果刀具继续工作，不但不能保证加工质量，反而会消耗刀具材料，经济上不合算。因此，刀具在进入剧烈磨损阶段前必须换刀或重新刃磨。

2. 刀具的磨钝标准

刀具磨损后将影响切削力、切削温度和加工质量，因此必须根据加工情况规定一个最大的允许磨损值，这就是刀具的磨钝标准。一般刀具后刀面上均有磨损，它对加工精度和切削力的影响比前刀面显著，同时后刀面磨损量容易测量。因此在刀具管理和金属切削的科学研究中都按后刀面磨损量来制定刀具磨钝标准。它是指后刀面磨损带中间部分平均磨损量允许达到的最大值，以 VB 表示。

制定磨钝标准应考虑以下因素：

(1) 工艺系统刚性。工艺系统刚性差，VB 应取小值。如车削刚性差的工件，应控制在 VB＝0.3 mm 左右。

(2) 工件材料。切削难加工材料，如高温合金、不锈钢、钛合金等，一般应取较小的 VB 值；加工一般材料，VB 值可以取大一些。

(3) 加工精度和表面质量。加工精度和表面质量要求高时，VB 应取小值。如精车时，应控制 VB＝0.1～0.3 mm。

(4) 工件尺寸。加工大型工件，为了避免频繁换刀，VB 应取大值。

根据生产实践中的调查资料，把硬质合金车刀的磨钝标准推荐值列于表 2-13。

表 2-13　硬质合金车刀的磨钝标准

加 工 条 件	后刀面的磨钝标准 VB/mm
精车	0.1～0.3
合金钢粗车，粗车刚性较差的工件	0.4～0.5
碳素钢粗车	0.6～0.8
铸铁件粗车	0.8～1.2
钢及铸铁大件低速粗车	1.0～1.5

2.7.4　刀具的使用寿命及与切削用量的关系

1. 刀具的使用寿命

在生产实践中，直接用 VB 值来控制换刀的时机在多数情况下是极其困难的，通常采用与磨钝标准相应的切削时间来控制换刀的时机。

刃磨好的刀具自开始切削直到磨损量达到磨钝标准为止的净切削时间，称为刀具的使用寿命，以 T 表示。也可以用相应的切削路程 l_m 或加工的零件数来定义刀具的使用寿命。显然，$l_m = v_c T$。

刀具的使用寿命是很重要的参数。在同一条件下切削同一材料的工件，可以用刀具的使用寿命来比较不同刀具材料的切削性能；用同一刀具材料切削不同材料的工件，又可以用刀具的使用寿命来比较工件材料的切削加工性；也可以用刀具的使用寿命来判断刀具的几何参数是否合理。工件材料和刀具材料的性能对刀具的使用寿命影响最大。切削速度、进给量、切削深度以及刀具的几何参数对刀具的使用寿命都有影响。在这里用单因素法来建立 v_c，a_p，f 与刀具的使用寿命 T 的数学关系。

2. 刀具的使用寿命与切削速度的关系

首先选定刀具的磨钝标准。为了节约材料，同时又要反映刀具在正常工作情况下的磨损强度，按照 ISO 的规定：当切削刃参加切削部分的中部磨损均匀时，磨钝标准取 VB＝0.3 mm；磨损不均匀时，取 VB_{max}＝0.6 mm。选定磨钝标准后，固定其他因素不变，只改变切削速度(如取 $v = v_{c1}, v_{c2}, v_{c3}, v_{c4}, \cdots$)做磨损实验，得出各种切削速度下的刀具磨损曲线(图 2-57)；再根据选定的磨钝标准 VB，求出各切削速度下对应的刀具使用寿命 T_1，T_2，T_3，

T_4,…。在双对数坐标纸上定出(T_1,v_{c1}),(T_2,v_{c2}),(T_3,v_{c3}),(T_4,v_{c4})等点(图2-58)。在一定的切削速度范围内,这些点基本上分布在一条直线上。这条在双对数坐标图上的直线可以表示为

$$\lg v_c = -m\lg T + \lg A$$

式中:$m=\tan\varphi$,即该直线的斜率;A 为当 $T=1$ s(或1 min)时直线在纵坐标上的截距。m 和 A 可从图中实测。因此,v_c-T(或 T-v_c)关系可写成

$$v_c = A/T^m \quad 或 \quad v_c T^m = A \tag{2-35}$$

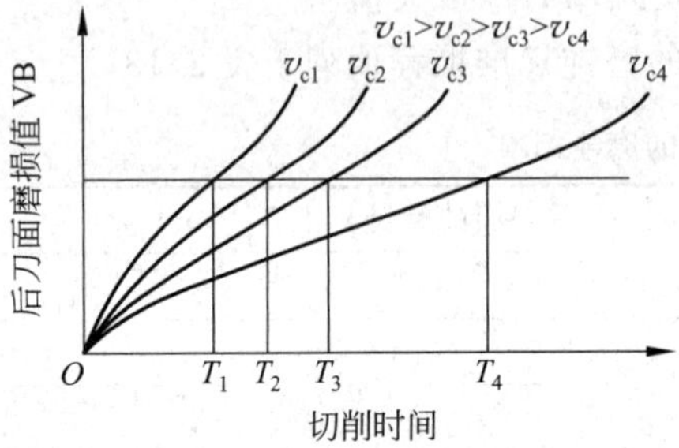

图2-57 刀具磨损曲线

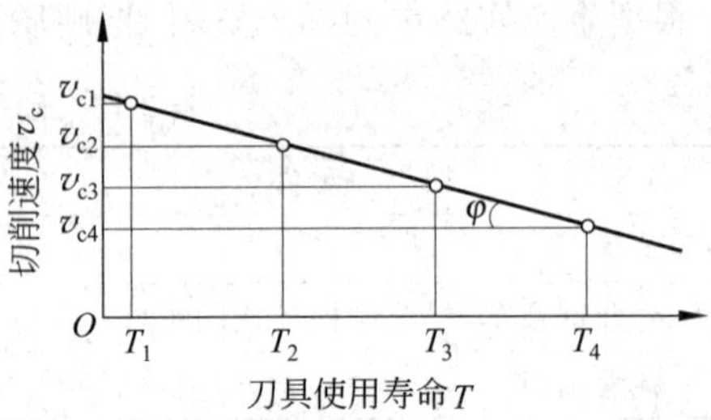

图2-58 在双对数坐标纸上的 T-v_c 曲线

这个关系是20世纪初由美国著名工程师泰勒(F. W. Taylor)建立的,常称为泰勒公式。它揭示了切削速度与刀具使用寿命之间的关系,是选择切削速度的重要依据。此公式说明:随着切削速度 v_c 的变化,为保证VB不变,刀具使用寿命 T 必须作相应的变化。指数 m 的大小反映了刀具使用寿命 T 对切削速度 v_c 变化的敏感性,m 越小,直线越平坦,表明 T 对 v_c 的变化极为敏感,也就是说刀具的切削性能较差。对于高速钢刀具,$m=0.1\sim0.125$;对于硬质合金刀具,$m=0.1\sim0.4$;对于陶瓷刀具,$m=0.2\sim0.4$。

3. 刀具的使用寿命与进给量、切削深度的关系

按照求 v_c-T 关系式的方法,同样可以求得 f-T 和 a_p-T 关系式:

$$f = B/T^n \tag{2-36}$$

$$a_p = C/T^p \tag{2-37}$$

式中:B,C 为系数;n,p 为指数。

4. 刀具的使用寿命与切削用量的综合关系

综合式(2-35)~式(2-37),可以得到刀具使用寿命的三因素公式:

$$T = \frac{C_T}{v_c^{1/m} f^{1/n} a_p^{1/p}} \tag{2-38}$$

或

$$v_c = \frac{C_v}{T^m f^{y_v} a_p^{x_v}} \tag{2-39}$$

式中:C_T,C_v 分别为与工件材料、刀具材料和其他切削条件有关的系数;指数 $x_v=m/p$,$y_v=m/n$;系数 C_T,C_v 和指数 x_v,y_v 可在有关工程手册(如参考文献[8])中查得。

式(2-38)称为广义泰勒公式。

例如,用硬质合金外圆车刀切削 $\sigma_b=750$ MPa 的碳素钢,当 $f>0.75$ mm/r 时,经验公

式为

$$T=\frac{C_T}{v_c^5 f^{2.25} a_p^{0.75}} \tag{2-40}$$

或

$$v_c=\frac{C_v}{T^{0.2} f^{0.45} a_p^{0.15}} \tag{2-41}$$

2.7.5 切削用量的优化选择

1. 切削用量选择的顺序原则

由式(2-38)和式(2-40)可知，一般情况下，$\frac{1}{m}>\frac{1}{n}>\frac{1}{p}$或$m<n<p$。这说明在影响刀具使用寿命$T$的3项因素$v_c$，$f$，$a_p$中，$v_c$对$T$的影响最大，其次为$f$，$a_p$对$T$的影响最小。所以在提高生产率的同时，又希望刀具使用寿命下降得不多的情况下，优选切削用量的顺序为：首先尽量选用大的切削深度a_p，然后根据加工条件和加工要求选取允许的最大进给量f，最后根据刀具使用寿命或机床功率允许的情况选取最大的切削速度v_c。

在确定了选择切削用量的基本顺序原则后，还要考虑切削用量具体数值如何选定的问题。选定切削用量的具体数值时，还需要附加一些约束条件。

2. 切削深度的选定

选择合理的切削用量必须考虑加工的性质，即要考虑粗加工、半精加工和精加工3种情况。

(1) 在粗加工时，应尽可能一次切除粗加工的全部加工余量，即选择切削深度值等于粗加工余量值。

(2) 对于粗大毛坯，如切除余量大时，由于受工艺系统刚性和机床功率的限制，应分几次走刀切除全部余量，但应尽量减少走刀次数。在中等功率的普通机床(C620)上加工时，切削深度最大可取8～10 mm。

(3) 切削表层有硬皮的铸锻件或切削不锈钢等冷硬较严重的材料时，应尽量使切削深度超过硬皮或冷硬层，以预防刀刃过早磨损或破损。

(4) 在半精加工时，如单面余量$Z_b>2$ mm，则应分两次走刀切除：第一次取$a_p=(2/3\sim3/4)Z_b$，第二次取$a_p=(1/4\sim1/3)Z_b$。如$Z_b\leqslant2$ mm，亦可一次切除。

(5) 在精加工时，应一次切除精加工余量，即$a_p=Z_b$。Z_b值可按工艺手册选定。

3. 进给量的选定

由于切削面积$A_D=a_p f$，所以当a_p选定后，A_D决定于f，而A_D决定了切削力的大小。选择进给量f时，首先要考虑切削力，其次，f的大小还影响已加工表面粗糙度。因此，允许选用的最大进给量受下列因素限制：

(1) 机床的有效功率和转矩；

(2) 机床进给机构传动链的强度；

(3) 工件刚度；

(4) 刀柄刚性；

(5) 图纸规定的加工表面粗糙度。

4. 切削速度的选定

当 a_p 和 f 选定后，v_c 可按公式或查表法(表 2-14)选定。计算公式为

$$v_c = \frac{C_v}{T^m a_p^{m/p} f^{m/n}} k_v \tag{2-42}$$

式中：$k_v, C_v, m/p, m/n, m$ 可从表 2-15 和表 2-16 得到；T, a_p, f, v_c 的单位分别是 min，mm，mm/r，m/min。

表 2-14 硬质合金外圆车刀切削速度的参考数值

工件材料	热处理状态	a_p=0.3～2 mm	a_p=2～6 mm	a_p=6～10 mm
		f=0.08～0.3 mm/r	f=0.3～0.6 mm/r	f=0.6～1 mm/r
		v_c/(m/s) 或(m/min)	v_c/(m/s) 或(m/min)	v_c/(m/s) 或(m/min)
低碳钢 易切钢	热轧	2.33～3.0 (140～180)	1.667～2.0 (100～120)	1.167～1.5 (70～90)
中碳钢	热轧	2.17～2.667 (130～160)	1.5～1.83 (90～110)	1～1.333 (60～80)
	调质	1.667～2.17 (100～130)	1.167～1.5 (70～90)	0.833～1.167 (50～70)
合金结构钢	热轧	1.667～2.17 (100～130)	1.167～1.5 (70～90)	0.833～1.167 (50～70)
	调质	1.333～1.83 (80～110)	0.833～1.167 (50～70)	0.667～1 (40～60)
工具钢	退火	1.5～2.0 (90～120)	1～1.333 (60～80)	0.833～1.167 (50～70)
不锈钢		1.167～1.333 (70～80)	1～1.167 (60～70)	0.833～1 (50～60)
灰铸铁	<190HB	1.5～2.0 (90～120)	1～1.333 (60～80)	0.833～1.167 (50～70)
	190～225HB	1.333～1.83 (80～110)	0.833～1.167 (50～70)	0.67～1 (40～60)
高锰钢 (13%Mn)			0.167～0.333 (10～20)	
铜及铜合金		3.33～4.167 (200～250)	2.0～3.0 (120～180)	1.5～2 (90～120)
铝及铝合金		5.0～10.0 (300～600)	3.33～6.67 (200～400)	2.5～5 (150～300)
铸铝合金 (7%～13%)Si		1.667～3.0 (100～180)	1.333～2.5 (80～150)	1～1.67 (60～100)

注：① 切削钢及灰铸铁时刀具的使用寿命约为 3600～5400 s(60～90 min)。

② 本表以生产实践的调查为根据，并参考国内外有关资料编制的硬质合金外圆车刀切削速度参考值。在该表中，a_p=2～6 mm，f=0.3～0.6 mm/r，为一般粗加工的范围；a_p=0.3～2 mm，f=0.08～0.3 mm/r，为一般半精加工和精加工的范围；a_p>6 mm，f=0.6～1 mm/r，为大件粗加工的范围。

表 2-15　车削速度计算公式中的系数和指数值

加工材料	刀具材料	进给量 $f/(\mathrm{mm/r})$	系数和指数值			
			C_v	m/p	m/n	m
外圆纵车 碳素结构钢 $\sigma_b=650$ MPa	YT15 (干切)	$f\leqslant0.3$	291	0.15	0.2	0.2
		$f\leqslant0.7$	242	0.15	0.35	0.2
		$f>0.7$	235	0.15	0.45	0.2
	W18Cr4V (加切削液)	$f\leqslant0.25$	67.2	0.25	0.33	0.125
		$f>0.25$	43	0.25	0.66	0.125
外圆纵车 灰铸铁 190HB	YG6 (干切)	$f\leqslant0.4$	189.8	0.15	0.2	0.2
		$f>0.4$	158	0.15	0.4	0.2
	W18Cr4V (干切)	$f\leqslant0.25$	24	0.15	0.3	0.1
		$f>0.25$	22.7	0.15	0.4	0.1

说明：镗孔——用外圆纵车速度乘以0.9；用高速钢加工结构钢，干切，乘以0.8；切断、成形刀加工、车螺纹及车削不锈钢、可锻铸铁、铜合金、铝合金的数据，可参阅艾兴、肖诗纲编《切削用量手册》(参考文献[8])。

表 2-16　车削速度计算的修正系数

1. 工件材料 k_{Mv}	加工钢(抗拉强度 σ_b/MPa)	使用硬质合金刀具	使用高速钢刀具
	300～400	—	1.39
	400～500	1.44	1.70
	500～600	1.18	1.31
	600～700	1	1
	700～800	0.87	0.77
	加工灰铸铁(布氏硬度/HBS)	使用硬质合金刀具	使用高速钢刀具
	160～180	1.15	1.21
	180～200	1	1
	200～220	0.89	0.85

2. 毛坯状况 k_{sv}	无外皮	棒料	锻件	铸钢、铸铁		Cu-Al 合金
				一般	带砂皮	
	1.0	0.9	0.8	0.8～0.85	0.5～0.6	0.9

3. 刀具材料 k_{Tv}	钢	YT5	YT14	YT15	YT30	YG8
		0.65	0.8	1	1.4	0.4
	灰铸铁	YG8	YG6	YG3		
		0.83	1.0	1.15		

4. 主偏角 $k_{\kappa_r v}$	$\kappa_r/(°)$	30	45	60	75	90
	钢	1.13	1	0.92	0.86	0.81
	灰铸铁	1.2	1	0.88	0.83	0.73
5. 副偏角 $k_{\kappa_r' v}$	$\kappa_r'/(°)$	10	15	20	30	45
	$k_{\kappa_r' v}$	1	0.97	0.94	0.91	0.87

续表

6. 刀尖半径 $k_{r_\varepsilon v}$	r_ε/mm	1		2		3		5	
	$k_{r_\varepsilon v}$	0.94		1		1.03		1.13	
7. 刀柄尺寸 k_{Bv}	$B\times H$ /mm×mm	12×20 16×16	16×25 20×20	20×30 25×25	25×40 30×30	30×45 40×40	40×60		
	k_{Bv}	0.93	0.97	1	1.04	1.08	1.12		

2.7.6 刀具合理使用寿命的选择

刀具磨损到磨钝标准后即需换刀或重磨，在生产实际中，采用与磨钝标准相应的切削时间，即刀具的使用寿命来定时换刀。究竟切削时间应当多长，即刀具的使用寿命应取多大才合理呢？由于刀具的使用寿命与生产率、生产成本及利润率密切相关，所以一般选择刀具的使用寿命时应从这 3 个方面来考虑，即以生产率最高、生产成本最低、利润率最大为目标来优选刀具的使用寿命。

1. 保证加工生产率最高的刀具使用寿命

完成一个工序所需要的工时 t_w 为

$$t_w = t_m + t_c + t_{ot} \tag{2-43}$$

式中：t_m 为工序的切削时间(机动时间)；t_c 为工序的换刀时间；t_{ot} 为除换刀时间外的其他辅助时间。

以简单的圆柱工件外圆车削为例。设工件切削长度为 l_w(mm)，外径为 d_w(mm)，切削深度 a_p(mm)和进给量 f(mm/r)已根据工艺条件确定，需要通过优选刀具的使用寿命 T，进而确定合理的工件转速 n_w(r/min)或切削速度 v_c(m/min)。这时，工件的切削时间 t_m 可按下式计算：

$$t_m = \frac{l_w}{n_w f} = \frac{l_w \pi d_w}{1000 v_c f} \quad (\text{min}) \tag{2-44}$$

将泰勒公式 $v_c = A/T^m$ 代入上式，进一步得到

$$t_m = \frac{l_w \pi d_w}{1000Af} T^m \tag{2-45}$$

除 T^m 项外，其余各项均为常数，所以有

$$t_m = kT^m \tag{2-46}$$

令换刀一次所需时间为 t_{ct}，则有

$$t_c = t_{ct}\frac{t_m}{T} = t_{ct}\frac{kT^m}{T} = kt_{ct}T^{m-1} \tag{2-47}$$

将 t_m，t_c 代入式(2-43)，可得

$$t_w = kT^m + kt_{ct}T^{m-1} + t_{ot} \tag{2-48}$$

将此式画成图 2-59，可以看出 t_w-T 有最小值，说明此处工时最短，即生产率最高。

将式(2-48)求微分，并取$\frac{dt_w}{dT}=0$，则

$$\frac{dt_w}{dT} = mkT^{m-1} + (m-1)kt_{ct}T^{m-2} = 0$$

$$T = \frac{1-m}{m}t_{ct} = T_p \tag{2-49}$$

T_p 即为刀具的最大生产率使用寿命。与 T_p 相对应的最大生产率切削速度 v_{cp} 可由下式求得：

$$v_{cp} = A/T_p^m \tag{2-50}$$

2. 保证加工成本最低的刀具使用寿命

每个工件的工序成本为

$$C = t_m M + t_{ct}\frac{t_m}{T}M + \frac{t_m}{T}C_t + t_{ot}M \tag{2-51}$$

式中：M 为该工序单位时间内的机床折旧费及所分担的全厂开支；C_t 为刃磨一次刀具消耗的费用。

将上式画成图 2-60，可以看出 C 有最小值，说明此处生产成本最低。

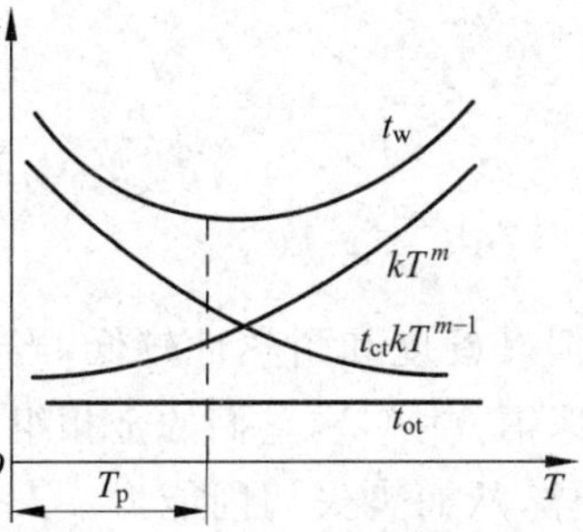

图 2-59　t_w-T 关系曲线

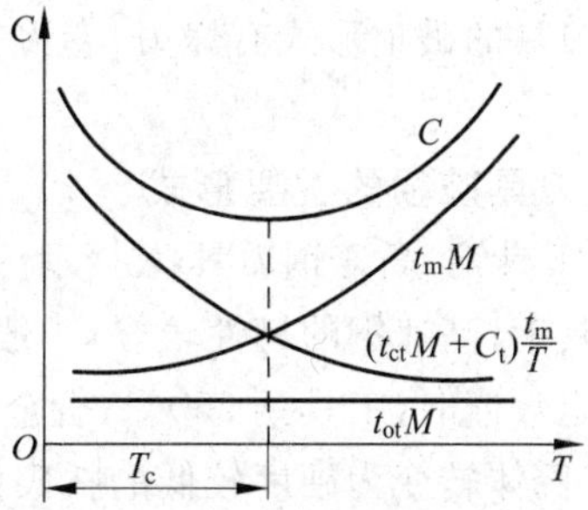

图 2-60　C-T 关系曲线

令 $\frac{dC}{dT}=0$，得

$$T = \frac{1-m}{m}\left(t_{ct} + \frac{C_t}{M}\right) = T_c \tag{2-52}$$

T_c 即为刀具的最低生产成本使用寿命。与 T_c 相对应的最低生产成本切削速度 v_{cc} 可由下式求得：

$$v_{cc} = A/T_c^m \tag{2-53}$$

对比式(2-49)和式(2-52)可知，$T_c > T_p$，$v_{cc} < v_{cp}$。当产品供不应求、任务紧急(如战争、自然灾害等)或该工序成为生产上的限制性或关键性环节时，应采用刀具的最大生产率使用寿命 T_p；当产品滞销时，应采用刀具的最低生产成本使用寿命 T_c。复杂刀具的 C_t 高于简单刀具，故前者的使用寿命应高于后者。对于装刀、调刀较为复杂的多刀机床、组合机床等，t_{ct} 较大，故刀具的使用寿命应定得高些。对于数控机床、加工中心或全厂开支较大时，则 M 值大，故刀具的使用寿命应定得低些。

随着刀具的革新和生产技术的发展，换刀时间与刀具成本有所下降，现代化机床的应用又提高了机床折旧费，因而 T_c 逐渐接近 T_p。

3. 保证加工利润率最大的刀具使用寿命

如按最低生产成本原则制定刀具的使用寿命，则加工工时长于最短的工序工时；如按最大生产率原则制定刀具的使用寿命，则工序成本将高于最低的成本。为了兼顾两方面的要求，应按最大利润率原则制定刀具的使用寿命。

单件工序的利润率可以表示为

$$P_r = \frac{S - C}{t_w} \tag{2-54}$$

式中：S 为单件工序所收的加工费用；C 为单件工序的加工成本；t_w 为单件工序工时。

将 C，t_w 的表达式代入式(2-54)，并令$\frac{dP_r}{dT}=0$，则可得刀具的最大利润率使用寿命 T_{P_r}。T_{P_r}介于 T_p 和 T_c 之间，即 $T_p < T_{P_r} < T_c$。与 T_{P_r} 相对应的 v_{cP_r} 介于 v_{cp} 和 v_{cc} 之间，即 $v_{cc} < v_{cP_r} < v_{cp}$。一般情况下，应采用 T_{P_r} 作为刀具的使用寿命。

2.7.7 刀具破损

在加工过程中，刀具不经过正常磨损，而在很短的时间内突然失效，这种情况称为刀具破损。刀具的破损形式有烧刃、卷刃、崩刃、断裂、表层剥落等。

1. 刀具破损的主要形式

1) 工具钢、高速钢刀具

工具钢、高速钢的韧性较好，一般不易发生崩刃。但其硬度和耐热性较低，当切削温度超过一定数值时(工具钢 250℃，合金工具钢 350℃，高速钢 600℃)，它们的金相组织会发生变化，马氏体转变为硬度较低的托氏体、索氏体或奥氏体，从而丧失切削能力。人们常称之为卷刃或相变磨损。工具钢、高速钢热处理硬度不够或切削高硬度材料时，切削刃或刀尖部分可能产生塑性变形，使刀具形状和几何参数发生变化，刀具迅速磨损。在精加工、薄切削刀具上可能产生卷刃。

2) 硬质合金、陶瓷、立方氮化硼、金刚石刀具

这些材料硬度和耐热性高，不易烧刃和卷刃，但韧性低，很容易发生崩刃、折断。

(1) 切削刃微崩：当工件材料的组织、硬度、余量不均匀，前角太大，有振动或断续切削，刃磨质量差时，切削刃容易发生微崩，即刃区出现微小的崩落、缺口或剥落。

(2) 切削刃或刀尖崩碎：在比微崩条件更为恶劣的条件下形成，是微崩的进一步发展。崩碎的尺寸和范围比微崩大，刀具完全丧失切削能力。

(3) 刀片或刀具折断：当切削条件极为恶劣，切削用量过大，有冲击载荷，刀片中有微裂纹、残余应力时，刀片或刀具产生折断，不能继续工作。

(4) 刀片表层剥落：对于脆性大的刀具材料，由于表层组织中有缺陷或潜在裂纹，或由于焊接、刃磨而使表层存在残余应力，在切削过程不稳定或承受交变载荷时，易产生剥落，刀具不能继续工作。

(5) 切削部位塑性变形：硬质合金刀具在高温和三向正应力状态下工作时，会产生表层塑性流动，使切削刃或刀尖发生塑性变形而造成塌陷。

(6) 刀片的热裂：当刀具承受交变的机械负荷和热负荷时，切削部分表面因反复热胀冷缩，产生交变热应力，从而使刀片产生疲劳和开裂。

2. 刀具破损的防止

(1) 合理选择刀具材料的种类和牌号。在保证一定硬度和耐磨性的前提下,刀具材料必须具有必要的韧性。

(2) 合理选择刀具几何参数。保证切削刃和刀尖具有足够强度,在切削刃上磨出负倒棱以防止崩刃。

(3) 保证焊接和刃磨质量,避免因焊接和刃磨带来的各种弊病。

(4) 合理选择切削用量,避免过大的切削力和过高的切削温度。

(5) 保证工艺系统较好的刚性,减小振动。

(6) 尽量使刀具不承受或少承受突变性载荷。

2.8 刀具几何参数的选择

刀具材料的优选对于切削过程的优化具有关键作用,但是,刀具几何参数的选择不合理也会使刀具材料的切削性能得不到充分的发挥。可见,刀具合理几何参数的选择同样是切削刀具理论与实践的重要课题之一。中国有句谚语:“工欲善其事,必先利其器”,指的就是切削加工刀具的完善程度对切削加工的现状和发展起着决定性的作用。

在保证加工质量的前提下,能够满足刀具使用寿命长、生产效率高、加工成本低的刀具几何参数,称为刀具的合理几何参数。选定刀具几何参数合理值的问题,本质上是多变量函数针对某一目标求解最佳值的问题。由于影响切削加工效益的因素很多,所以建模困难,只能固定若干因素,改变少量参数,取得实验数据,用适当方法进行处理,得出优选结果。

2.8.1 优选刀具几何参数的一般性原则

(1) 要考虑工件的实际情况。选择刀具的合理几何参数,要考虑工件的实际情况,主要是工件材料的化学成分、制造方法、热处理状态、物理和机械性能(包括硬度、抗拉强度、延伸率、冲击韧性、导热系数等),还有毛坯表层情况、工件的形状、尺寸、精度和表面质量要求等。

(2) 要考虑刀具材料和刀具结构。选择刀具的合理几何参数,要考虑刀具材料的化学成分、物理和机械性能(包括硬度、抗弯强度、冲击值、耐磨性、热硬性和导热系数),还要考虑刀具的结构形式,是整体式,还是焊接式或机夹式。

(3) 要考虑各个几何参数之间的联系。刀具几何参数之间是相互联系的,应综合起来考虑它们之间的相互作用与影响,分别确定其合理值。从本质上看,这是一个多变量函数的优化问题,若用单因素法则有很大的局限性。

(4) 要考虑具体的加工条件。选择刀具的合理几何参数,也要考虑机床、夹具的情况,工艺系统刚性及功率大小,切削用量和切削液性能等。一般来说,粗加工时,应着重考虑保证刀具的使用寿命最长;精加工时,主要考虑保证加工精度和已加工表面质量的要求;对于自动线生产用的刀具,主要考虑刀具工作的稳定性,有时要考虑断屑问题;机床刚性和动力不足时,刀具应力求锋利,以减小切削力和振动。

2.8.2 刀具角度的功用及其合理值的选择

1. 前角的功用及其合理值的选择

前角 γ_o 影响切削变形、切削力、切削温度和切削功率，也影响刀头强度、容热体积和导热面积，从而影响刀具的使用寿命和切削效率。

1）前角的功用

（1）影响切削区的变形程度：若增大前角，可以减小切削变形，从而减小切削力、切削热和切削功率。

（2）影响切削刃与刀头强度、受力性质和散热条件：增大前角，会使切削刃与刀头强度降低，刀头的导热面积和容热体积减小。

（3）影响切屑形态和断屑效果：若减小前角，可以增大切屑的变形，使切屑容易卷曲和折断。

（4）影响已加工表面质量：切削过程中的振动现象与前角的大小有关，减小前角或采用负前角时，振幅急剧增大，如图 2-61 所示。

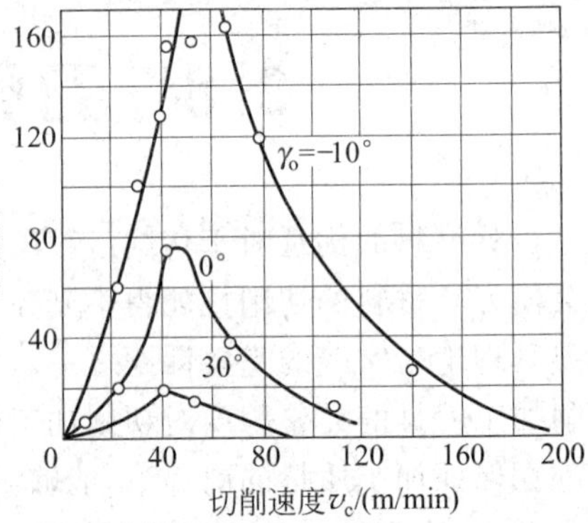

图 2-61 前角和切削速度对振幅的影响

2）合理前角的概念

从上述分析可知，增大或减小前角，各有其有利和不利两方面的影响。增大前角可以减小切削变形和切削力，减小切削热的产生，降低切削温度，但同时刀头导热面积和容热体积减小，切削温度反而升高。图 2-62 为刀具前角对刀具使用寿命影响的示意曲线。可见前角太大、太小都会使刀具使用寿命显著降低。对于不同的刀具材料，各有其对应刀具使用寿命最大的前角，称为合理前角 γ_{opt}。工件材料不同，刀具的合理前角也不同(图 2-63)。切削塑性大的材料时，为了减小切削变形和摩擦阻力，应取大的前角；加工强度、硬度高的材料时，为了提高切削刃强度，增加刀头导热面积和容热体积，需适当减小前角；切削脆性材料时，切削力集中在切削刃附近，为了保护切削刃，宜取较小的前角。

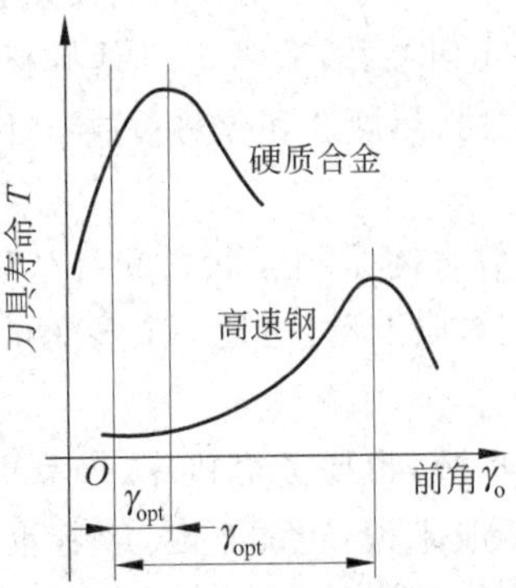

图 2-62 前角的合理数值

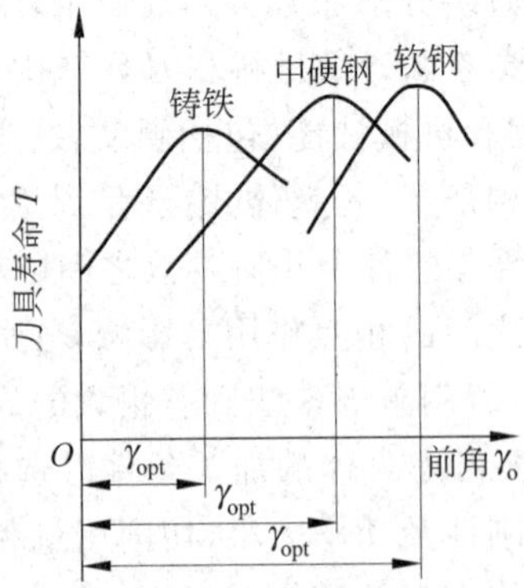

图 2-63 材料不同时刀具的合理前角

3）合理前角值的选择

（1）工件材料的强度、硬度低，可以取较大的前角；反之，取小的前角。加工特别硬的材料时，前角甚至取负值。

（2）加工塑性材料，尤其是冷硬严重的材料时，应取大的前角；加工脆性材料，可取较小的前角。

（3）粗加工、断续切削或工件有硬皮时，为了保证刀具有足够的强度，应取小的前角。

（4）对于成形刀具和前角影响切削刃形状的其他刀具，为防止其刃形畸变，常取较小的前角。

（5）刀具材料抗弯强度大、韧性较好时，应取大的前角。

（6）工艺系统刚性差或机床功率不足时，应取大的前角。

（7）对于数控机床和自动机、自动线用刀具，为保障刀具尺寸公差范围内的使用寿命及工作稳定性，应选用较小的前角。

2. 后角的功用及其合理值的选择

1）后角的功用

（1）减小后刀面和加工表面之间的摩擦。后刀面与加工表面接触，由于摩擦造成后刀面磨损。增大后角，减小摩擦，可以提高已加工表面的质量和刀具的使用寿命。

（2）后角越大，切削刃钝圆半径 r_n 值越小，切削刃越锋利。

（3）在相同磨钝标准 VB 下，后角越大，所磨去的金属体积也越大（图 2-64），因而延长了刀具的使用寿命。但它使刀具的径向磨损值 NB 增大（图 2-64），当工件尺寸精度要求较高时，就不宜采用大后角。

（4）增大后角将使切削刃和刀头的强度削弱，导热面积和容热体积减小；且 NB 一定时的磨耗体积小，刀具使用寿命短（图 2-64），这些都是增大后角的不利方面。

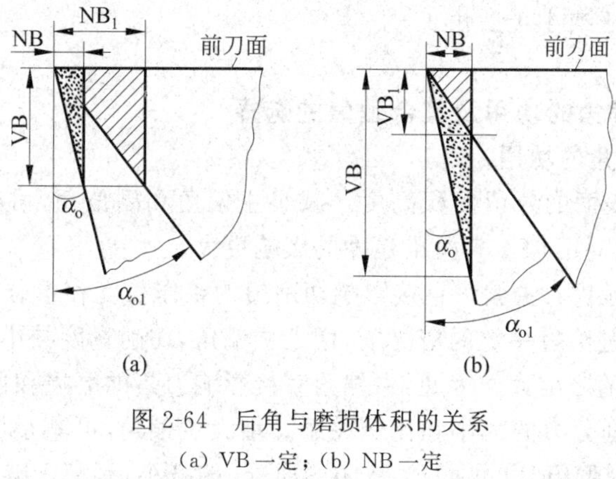

图 2-64　后角与磨损体积的关系

（a）VB 一定；（b）NB 一定

2）合理后角的概念

在一定的切削条件下，刀具的后角有一个合理数值。图 2-65 所示为不同材料的刀具后角对刀具使用寿命影响的示意曲线，在一定的切削条件下，有某一对应刀具使用寿命最长的后角，称为合理后角 α_{opt}。

应该指出，刀具角度之间是相互联系的。例如，改变前角，将使刀具的合理后角发生相应变化。图 2-66 所示为前角和后角对刀具使用寿命影响的示意曲线。

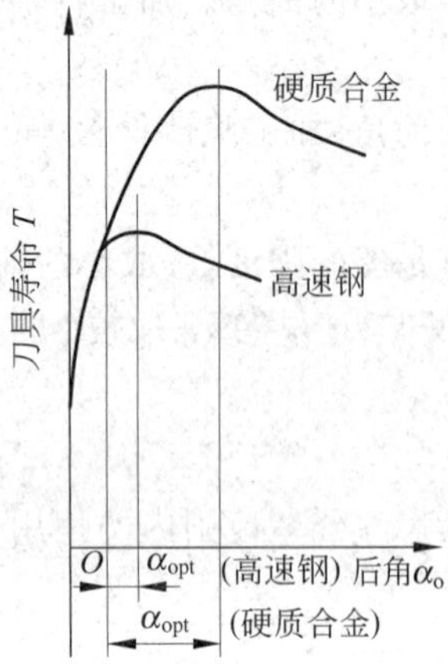

图 2-65 刀具的合理后角

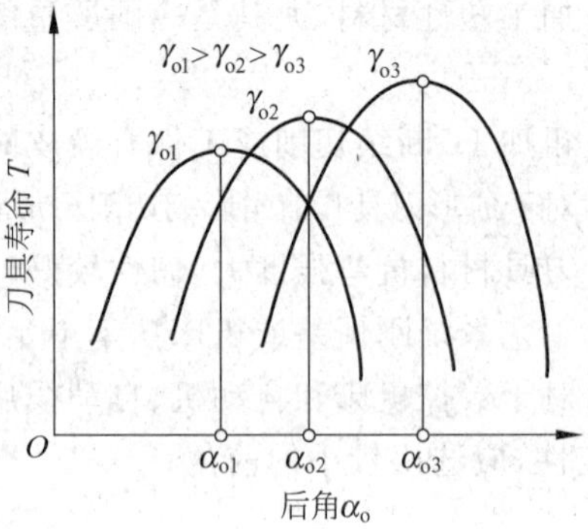

图 2-66 不同前角的刀具合理后角

3）合理后角值的选择

（1）粗加工、强力切削及承受冲击载荷的刀具，要求切削刃有足够强度，应取较小的后角；精加工时，应以减小后刀面上的摩擦为主，宜取较大的后角，可延长刀具的使用寿命和提高已加工表面的质量。

（2）工件材料强度、硬度较高时，为保证切削刃强度，宜取较小的后角；工件材料较软、塑性较大时，后刀面摩擦对已加工表面质量及刀具磨损影响极大，应适当加大后角；加工脆性材料时，切削力集中在刃区，宜取较小的后角。

（3）工艺系统刚性差，容易出现振动时，适当减小后角，有增加阻尼的作用。

（4）各种有尺寸精度要求的刀具，为了限制重磨后刀具尺寸的变化，宜取小的后角。

副后角 α_o' 通常等于或小于后角 α_o。

3. 主偏角和副偏角的功用及其合理值的选择

1）主偏角和副偏角的功用

（1）影响已加工表面的残留面积高度。减小主偏角和副偏角，可以减小已加工表面的粗糙度，特别是副偏角对已加工表面粗糙度的影响更大。

（2）影响切削层形状。主偏角直接影响切削刃的工作长度和单位长度切削刃上的切削负荷。在切削深度和进给量一定的情况下，增大主偏角，切削宽度减小，切削厚度增大，切削刃单位长度上的负荷随之增大。因此，主偏角直接影响刀具的磨损和使用寿命。

（3）影响三向切削分力的大小和比例关系。增大主偏角，可减小切削力 F_c 和 F_p，但会增大 F_f。同理，增大副偏角，也可使 F_p 减小。而 F_p 的减小，有利于减小工艺系统的弹性变形和振动。

（4）主偏角和副偏角共同决定了刀尖角 ε_r，故直接影响刀尖强度、导热面积和容热体积。

（5）主偏角还影响断屑效果和排屑方向。增大主偏角，切屑变厚变窄，容易折断。

2）合理主偏角值的选择

（1）粗加工和半精加工时，硬质合金车刀一般选用较大的主偏角，以利于减小振动，延长刀具的使用寿命，容易断屑，可以采用大的切削深度。

(2) 加工很硬的材料时，如淬硬钢和冷硬铸铁，为减轻单位长度切削刃上的负荷，同时为改善刀头导热和容热条件，延长刀具的使用寿命，宜取较小的主偏角。

(3) 工艺系统刚性较好时，较小的主偏角可延长刀具的使用寿命；刚性不足(如车细长轴)时，应取较大的主偏角，甚至 $\kappa_r \geqslant 90°$，以减小切深抗力 F_p。

3) 合理副偏角值的选择

选取副偏角首先应满足已加工表面质量的要求，然后再考虑刀尖强度、导热和容热要求。

(1) 一般刀尖的副偏角，在不引起振动的情况下可选取较小的数值，即 $\kappa_r' = 5° \sim 10°$。

(2) 精加工刀具的副偏角应取小值，必要时可磨出一段 $\kappa_r' = 0$ 的修光刃(图 2-67)。修光刃的长度应略大于进给量，即 $b_\varepsilon' = (1.2 \sim 1.5)f$。

(3) 加工高强度高硬度材料或断续切削时，应取小的副偏角($\kappa_r' = 4° \sim 6°$)，以提高刀尖强度。

(4) 切断刀、锯片铣刀和槽铣刀等，为了保证刀头强度和重磨后刀头宽度变化较小，只能取很小的副偏角，即 $\kappa_r' = 1° \sim 2°$(图 2-68)。

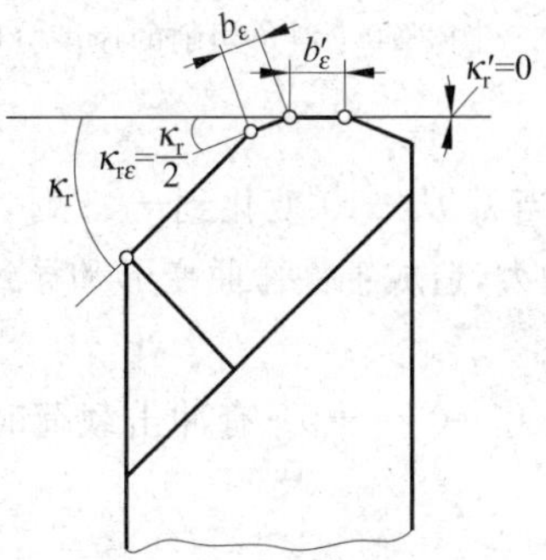

图 2-67　修光刃

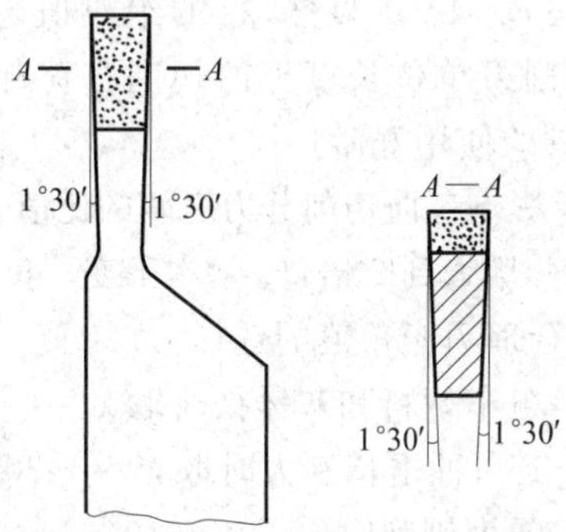

图 2-68　切断刀的副偏角和副后角

4. 刃倾角的功用及其合理值的选择

1) 刃倾角的功用

(1) 影响刀尖强度和散热条件。当 $\lambda_s < 0$ 时，使远离刀尖的切削刃先切入工件，避免刀尖受到冲击，同时，使刀头强固，刀尖处导热和散热条件较好，有利于延长刀具的使用寿命；$\lambda_s = 0$ 时次之；$\lambda_s > 0$ 时较差。

(2) 控制切屑流出的方向。如图 2-69 所示，当 $\lambda_s = 0$ 时，切屑流出的方向垂直于主切削刃；当 $\lambda_s > 0$ 时，切屑流向待加工表面；当 $\lambda_s < 0$ 时，切屑流向已加工表面，会缠绕或划伤已加工表面。

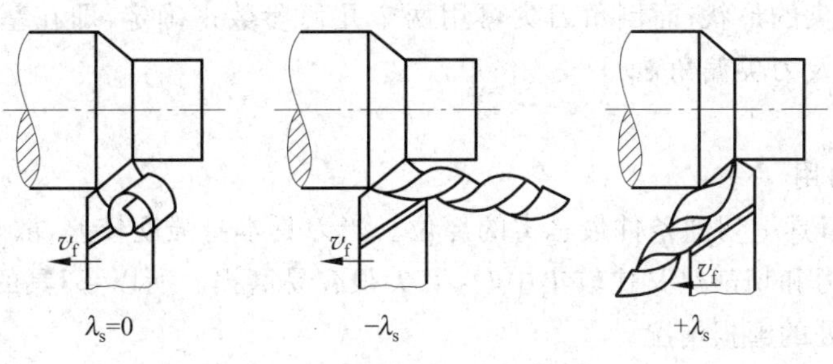

图 2-69　刃倾角对排屑方向的影响

（3）影响切削刃的锋利性。$\lambda_s \neq 0$ 时，实际前角加大，实际钝圆半径 r_{ne}（$r_{ne}=r_n\cos\lambda_s$）变小，因而刃口变锋利。大刃倾角切削时，可以切下很薄的一层金属，这对于微量精车、精镗和精刨是十分有利的。

（4）影响切入切出的平稳性。当 $\lambda_s=0$ 时，切削刃同时切入、切出，冲击力大；当 $\lambda_s\neq 0$ 时，切削刃逐渐切入工件，冲击小。刃倾角越大，切削刃越长，切削过程越平稳。对于大螺旋角（$\lambda_s=60°\sim70°$）圆柱铣刀，由于工作平稳，排屑顺利，切削刃锋利，故刀具使用寿命较长，加工表面质量好。

（5）刃口具有"割"的作用。当 $\lambda_s\neq 0$ 时，沿着主切削刃方向有一个切削速度分量 v_T（图 2-70），v_T 起着"割"的作用，有利于切削。

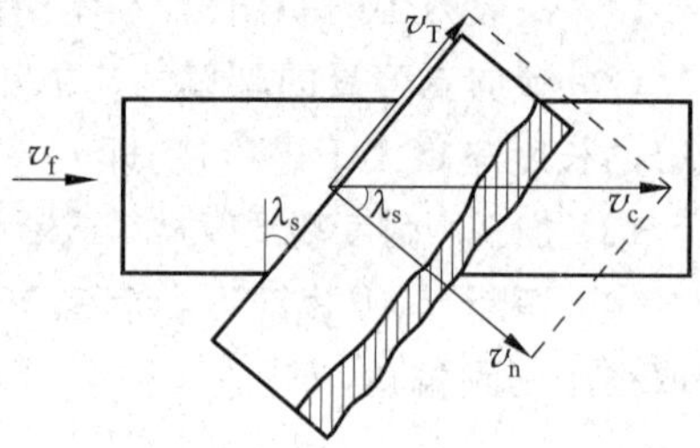

图 2-70　斜角切削的速度分解

（6）影响切削刃的工作长度。当 $\lambda_s\neq 0$ 时，切削刃实际工作长度加大。切削刃实际工作长度为 $l_{se}=a_p/(\sin\kappa_r\cos\lambda_s)$。显然，$\lambda_s$ 的绝对值越大，l_{se} 值也越大，而切削刃单位长度上的切削负荷却减小，有利于延长刀具的使用寿命。

（7）影响三向切削分力之间的比值。以车外圆为例，当 λ_s 从 $+10°$ 变化到 $-45°$ 时，F_f 下降为 1/3，F_p 增大到 2 倍，F_c 基本不变。负的刃倾角使 F_p 增大，造成工件弯曲变形和导致振动。

2）合理刃倾角值的选择

（1）粗车钢料和灰铸铁时取 $\lambda_s=0°\sim-5°$；精车时取 $\lambda_s=0°\sim+5°$；有冲击载荷时取 $\lambda_s=-5°\sim-15°$；冲击特别大时取 $\lambda_s=-30°\sim-45°$。

（2）强力刨削时取 $\lambda_s=-10°\sim-20°$。

（3）车削淬硬钢时取 $\lambda_s=-5°\sim-12°$。

（4）工艺系统刚性不足时，尽量不用负刃倾角。

（5）微量精车、精镗、精刨时取 $\lambda_s=45°\sim75°$。

（6）对金刚石和立方氮化硼车刀，取 $\lambda_s=0°\sim-5°$。

2.8.3　刀尖几何参数的功用及其合理值的选择

1. 刀尖的形式

按形成方法的不同，刀尖可分为 3 种（图 1-13）：交点刀尖、修圆刀尖和倒角刀尖。交点刀尖是主、副切削刃的交点，无所谓形状，无需用几何参数去描述。修圆刀尖可用刀尖圆弧半径 r_ε 来确定刀尖的形状；而倒角刀尖可用两个几何参数来确定，即在基面上度量的刀尖投影的长度 b_ε 以及刀尖偏角 $\kappa_{r\varepsilon}$。

2. 刀尖的功用

（1）刀尖是刀具上切削条件最恶劣的部位。当刀具本身强度较差，散热情况不好，再加上刀尖处的切削力和切削热又比较集中时，刀尖很容易磨损。所以，刀具的使用寿命很大程度上取决于刀尖处的磨损情况。

（2）主、副切削刃连接处的刀尖，直接影响已加工表面的形成过程，影响残留面积的高度。精加工特别是微量切削时，刀尖对已加工表面的质量影响很大。

(3) 选择刀尖几何参数时，一般从刀具的使用寿命和已加工表面的质量两方面考虑。粗加工时，着重考虑强化刀尖以延长刀具的使用寿命；精加工时，应侧重考虑已加工表面的质量。

3. 圆弧刀尖半径和倒角刀尖参数的选择

1) 圆弧刀尖

高速钢车刀：$r_\varepsilon=1\sim3$ mm；

硬质合金和陶瓷车刀：$r_\varepsilon=0.5\sim1.5$ mm；

金刚石车刀：$r_\varepsilon=1.0$ mm；

立方氮化硼车刀：$r_\varepsilon=0.4$ mm。

2) 倒角刀尖

刀尖偏角：$\kappa_{r\varepsilon}\approx\frac{1}{2}\kappa_r$；

刀尖长度：$b_\varepsilon=0.5\sim2$ mm 或 $b_\varepsilon=(1/5\sim1/4)a_p$，$b_\varepsilon$ 也称过渡刃长度；

切断刀倒角刀尖：$\kappa_{r\varepsilon}\approx45°$，$b_\varepsilon=\frac{1}{5}b_D$（$b_D$ 为切断刀宽度）。

加大过渡刃有利于提高刀尖强度和改善散热条件，提高刀具的使用寿命，并降低表面粗糙度。但过分加大过渡刃会增大切削力，并很容易引起振动，反而会缩短刀具的使用寿命，增大已加工表面的粗糙度。

2.9 工件材料的切削加工性

2.9.1 工件材料切削加工性的概念

工件材料的切削加工性是指工件材料加工的难易程度。在研究刀具的使用寿命、切削用量、刀具材料以及刀具几何参数的优选时，都已涉及了工件材料加工难易程度的问题。材料的切削加工性是一个相对的概念。所谓某种材料切削加工性的好坏，是相对于另一种材料而言的。一般在讨论钢料的切削加工性时，以 45 钢作为比较基准；而讨论铸铁的切削加工性时，则以灰铸铁作为比较基准。如高强度钢难加工，就是相对于 45 钢而言的。

刀具的切削性能与材料的切削加工性密切相关，不能脱离刀具的切削性能孤立地讨论材料的切削加工性，而应把二者有机地结合起来研究。在了解了材料的切削加工性并采取了有效措施后，就能够保证加工质量，提高加工效率，降低加工成本。因此，研究材料的切削加工性对切削过程的优化具有十分重要的现实意义。

2.9.2 衡量材料切削加工性的指标

衡量材料切削加工性的指标要根据具体加工情况选用。常用的衡量材料切削加工性的指标有以下几种：

(1) 以刀具使用寿命 T 的相对比值作为衡量材料切削加工性的指标。在相同的切削条件下，如果切削正火状态下 45 钢的刀具使用寿命为 T_j，而切削另一种材料时的刀具使用寿命为 T，则比值 $K_T = T/T_j$ 的大小就可以反映材料的切削加工性。$K_T > 1$ 表示其切削加工性比 45 钢好，$K_T < 1$ 则表示其切削加工性比 45 钢差。

(2) 以相同刀具使用寿命下切削速度 v_c 的相对比值作为衡量材料切削加工性的指标。在保持切深 a_p、进给量 f 和刀具使用寿命 T 不变的情况下（如 $T = 60$ min），如果切削正火状态下 45 钢的切削速度为 $(v_{c60})_j$，而切削另一种材料时的切削速度为 v_{c60}，则用比值 $K_r = v_{c60}/(v_{c60})_j$ 可以反映材料的切削加工性。$K_r > 1$ 表示其切削加工性比 45 钢好，$K_r < 1$ 则表示其切削加工性比 45 钢差。K_r 称为相对加工性，分为 8 级，见表 2-17。

表 2-17　材料切削加工性等级

加工性等级	名称及种类		相对加工性 K_r	代表性材料
1	很容易切削的材料	一般有色金属	>3.0	5-5-5 铜铅合金，9-4 铝铜合金，铝镁合金
2	容易切削的材料	易切削钢	$2.5\sim3.0$	退火 15Cr，$\sigma_b = 0.38\sim0.45$ GPa 自动机钢 $\sigma_b = 0.4\sim0.5$ GPa
3		较易切削钢	$1.6\sim2.5$	正火 30 钢 $\sigma_b = 0.45\sim0.56$ GPa
4	普通材料	一般钢及铸铁	$1.0\sim1.6$	正火 45 钢，灰铸铁
5		稍难切削的材料	$0.65\sim1.0$	2Cr13 调质 $\sigma_b = 0.85$ GPa 85 钢 $\sigma_b = 0.9$ GPa
6	难切削材料	较难切削的材料	$0.5\sim0.65$	45Cr 调质 $\sigma_b = 1.05$ GPa 65Mn 调质 $\sigma_b = 0.95\sim1.0$ GPa
7		难切削材料	$0.15\sim0.5$	50CrV 调质，1Cr18Ni9Ti，某些钛合金
8		很难切削的材料	<0.15	某些钛合金，铸造镍基高温合金

(3) 以切削力或切削温度作为衡量材料切削加工性的指标。在相同的切削条件下，凡切削力大、切削温度高的材料难加工，即切削加工性差；反之，则切削加工性好。铜、铝及其合金的加工性普遍比钢料好，灰铸铁的加工性比冷硬铸铁好。切削力大，则消耗的功率多。在粗加工或机床刚性、动力不足时，可用切削力或切削功率作为衡量材料切削加工性的指标。由于切削温度的数据不易得到，故这个指标用得较少。

(4) 以已加工表面质量作为衡量材料切削加工性的指标。精加工时，常以已加工表面质量的优劣作为衡量材料切削加工性的指标。凡容易获得好的已加工表面质量（包括表面粗糙度、冷硬程度及残余应力等）的材料，其切削加工性较好，反之较差。由于塑性大的材料切削变形大，易冷硬，所以低碳钢的切削加工性不如中碳钢，纯铝的切削加工性不如硬铝合金。

(5) 以切屑控制或断屑的难易程度作为衡量材料切削加工性的指标。在自动机床或自动生产线上，切屑的处理是一个突出问题，因而常以切屑控制或断屑的难易程度作为衡量切削加工性的指标。凡切屑容易控制或容易折断的材料，其切削加工性较好，反之较差。

2.9.3 影响材料切削加工性的因素

1. 金属材料物理和机械性能的影响

(1) 硬度和强度。金属材料的硬度和强度越高,切削力就越大,切削温度越高,刀具磨损越快,故切削加工性越差。例如,高强度钢比一般钢材难加工,冷硬铸铁比灰铸铁难加工。有些材料常温强度不高,但高温下强度降低不多,则其切削加工性也较差。如 20CrMo 合金钢比 45 钢的高温强度高,故切削加工性较 45 钢差。并非材料的硬度越低越好加工。有些材料如低碳钢、纯铁、纯铜等硬度虽低,但其塑性很大,并不好加工。硬度适中的材料(160～200HB)容易加工。

(2) 塑性。一般情况下,材料的塑性越大,越难加工。因为塑性大的材料,加工变形、冷作硬化以及刀具前刀面上的冷焊现象都比较严重,不易断屑,不易获得好的已加工表面质量。如 1Cr18Ni9Ti 不锈钢的硬度与 45 钢相近,但其塑性很大,故其切削加工性较 45 钢差。

(3) 韧性。材料的韧性越高,切削时消耗的能量就越多,切削力和切削温度也都较高,且不易断屑,故切削加工性较差。

(4) 导热性。材料的导热系数越大,由切屑和工件带走的热量就越多,越有利于降低切削区的温度,故切削加工性较好。例如,奥氏体不锈钢和高温合金的导热系数仅为 45 钢的 1/4～1/3,故其切削加工性比 45 钢差。

(5) 线膨胀系数。材料的线膨胀系数越大,加工时工件会热胀冷缩,其尺寸变化大,不易控制尺寸精度,故切削加工性差。

2. 金属材料化学成分的影响

金属材料的物理和机械性能是由材料的化学成分决定的。以下主要分析钢料中各种元素对切削加工性的影响。

(1) 碳的影响。含碳量小于 0.15%的低碳钢,塑性和韧性很高;含碳量大于 0.5%的高碳钢,强度和硬度又很高。在这两种情况下,切削加工性都要降低。含碳量为 0.35%～0.45%的中碳钢,切削加工性最好。

(2) 锰的影响。增加含锰量,钢的硬度和强度提高,韧性下降。当含碳量小于 0.2%时,锰的含量在1.5%以下范围内增加时,可改善切削加工性;当增加含碳量或锰含量大于 1.5%时,切削加工性变差。一般含锰量在 0.7%～1.0%时切削加工性最好。

(3) 硅的影响。硅能在铁素体中固溶,提高钢的硬度。当含硅量小于 1%时,钢的硬度提高而塑性下降很少,对切削加工性略有不利。此外,钢中含硅后导热系数有所下降;钢中形成的硬质杂物 SiO_2 会加剧刀具的磨损。

(4) 铬的影响。铬能在铁素体中固溶,又能形成碳化物。当含铬量小于 0.5%时,对切削加工性的影响很小。若含铬量进一步增加,则钢的硬度、强度提高,切削加工性有所下降。

(5) 镍的影响。镍能在铁素体中固溶,使钢的强度和韧性有所提高,导热系数下降,使切削加工性变差。当含镍量大于 8%后,形成奥氏体钢,加工硬化严重,切削加工性变差。

(6) 钼的影响。钼能形成碳化物,能提高钢的硬度,降低韧性。当含钼量在0.15%~0.4%范围内时,切削加工性略有改善。大于0.5%后,切削加工性下降。

(7) 钒的影响。钒能形成碳化物,能使钢的组织细密,提高硬度,降低塑性。当含量增多后会使切削加工性变差,特别是会降低钢的可磨削性,含量少时能改善切削加工性。

(8) 硫的影响。硫能与钢中的锰形成非金属夹杂物MnS,呈微粒均匀分布。MnS的强度低,有润滑作用。MnS会破坏铁素体的连续性从而降低钢的塑性,故能减小钢的变形,提高已加工表面的质量,改善断屑情况,减小刀具磨损,使切削加工性显著提高。

(9) 铅的影响。铅在钢中不固溶,呈单相微粒均匀分布,它可破坏铁素体的连续性,且有润滑作用,故能减轻刀具磨损,使切屑容易折断,从而有效地改善切削加工性。

(10) 磷的影响。磷存在于铁素体的固溶体内。增加含磷量能提高强度和硬度,降低塑性和韧性,使钢变脆。含磷量小于0.15%时,可通过加工脆性改善钢的切削加工性;当含量大于0.2%时,由于脆性过大反而使切削加工性变差。

(11) 氧的影响。氧能与其他合金元素形成硬质夹杂物如SiO_2,Al_2O_3,TiO_2等,加剧刀具磨损,从而降低切削加工性。

(12) 氮的影响。氮在钢中会形成硬而脆的氮化物,使切削加工性变差。

各种元素在小于2%的含量时对结构钢切削加工性的影响如图2-71所示。

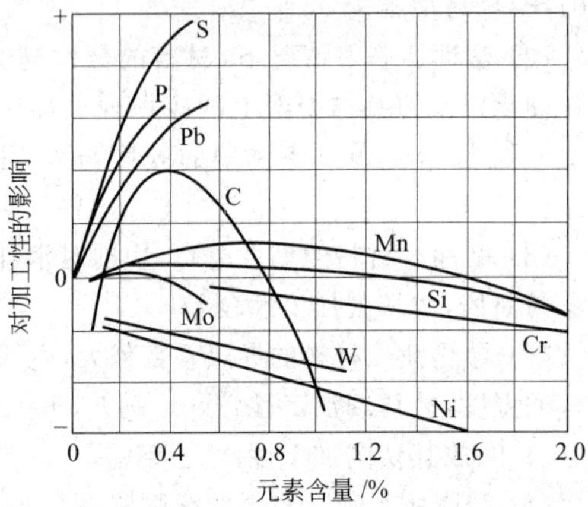

图2-71 各种元素对结构钢加工性的影响示意图
"+"表示切削加工性改善;"−"表示切削加工性变差

3. 金属材料热处理状态和金相组织的影响

钢的金相组织有铁素体、渗碳体、珠光体、索氏体、托氏体、奥氏体、马氏体等,其物理和机械性能见表2-18。

表2-18 各种金相组织的物理和机械性能

金相组织	硬度/HB	σ_b/GPa	δ/%	k/(W/(m·℃))
铁素体	60~80	0.25~0.30	30~50	77.00
渗碳体	700~800	0.030~0.035	极小	7.10
珠光体	160~260	0.80~1.30	15~20	50.20
索氏体	250~320	0.70~1.40	10~20	—
托氏体	400~500	1.40~1.70	5~10	—
奥氏体	170~220	0.85~1.05	40~50	—
马氏体	520~760	1.75~2.10	2.8	—

(1) 铁素体。由于铁素体含碳量极少，故其性能接近于纯铁，是一种很软而又很韧的组织。在切削铁素体时，虽然刀尖不被擦伤，但冷焊现象严重，易使刀具产生冷焊磨损，又容易形成积屑瘤，故铁素体的切削加工性并不好。通过热处理（如正火）或冷作变形，提高其硬度，降低其韧性，可使切削加工性得到改善。

(2) 渗碳体。渗碳体的硬度很高，塑性很低。如果钢中渗碳体含量较多，容易擦伤刀具表面而使刀具加剧磨损，使切削加工性变差。通过球化退火，使网状和片状渗碳体变为球形组织混在软基体中，可以改善钢的切削加工性。

(3) 珠光体。片状珠光体的硬度高，刀具磨损较大，但加工表面粗糙度小。球状珠光体的硬度较低，刀具磨损较小，刀具使用寿命较长。由于珠光体的硬度、强度和韧性都比较适中，因而是切削加工性较好的一种金相组织。

(4) 索氏体和托氏体。索氏体和托氏体是淬火后中温或较低温回火得到的金相组织。索氏体是细珠光体组织，硬度和强度比珠光体高，而塑性有所下降。托氏体是极细的珠光体组织，硬度和强度进一步提高，塑性进一步降低。由于渗碳体高度弥散，塑性降低，在精加工时可得到较高的已加工表面质量，但其硬度高，比较难加工。

(5) 马氏体。马氏体是淬火低温回火后的典型金相组织，呈针状分布，具有很高的硬度和抗拉强度，但塑性和韧性极低，故切削加工性极差。一般只能用磨削加工。近年来由于陶瓷刀具和CBN刀具的发展，实现了“以车代磨”，提高了加工效率。

(6) 奥氏体。奥氏体的硬度不高，但塑性和韧性很大，切削时变形、加工硬化和冷焊现象都很严重，因此切削加工性较差。

2.9.4 改善材料切削加工性的途径

材料的切削加工性与使用要求之间常常存在着矛盾，加工部门应与设计、冶金部门密切配合，在保证零件使用性能的前提下，通过各种途径来改善其切削加工性。

1. 通过热处理改变材料的组织和机械性能

对于高碳钢和工具钢，其硬度高，且有较多的网状、片状渗碳体组织，加工困难，可经过球化退火，降低硬度，并得到球状渗碳体，从而改善其切削加工性。

热轧状态的中碳钢，组织不均匀，表皮有硬层，经过正火可使其组织与硬度均匀，从而改善其切削加工性。低碳钢的塑性过高，可通过冷拔或正火降低其塑性，提高硬度，使切削加工性得到改善。加工2Cr13不锈钢时，可调质提高硬度，降低塑性，以利于切削加工。铸铁件的表层及薄截面处，由于冷却速度较快（特别是金属模浇铸时），常会产生白口，致使切削加工难以进行，应进行软化退火处理。

2. 调整材料的化学成分

在钢中添加一些元素，如硫、钙、铅等，可使钢的切削加工性得到改善，这样的钢叫易切钢。易切钢使刀具的使用寿命提高，切削力变小，容易断屑，已加工表面质量好。

易切钢的添加元素几乎不能与钢的基体固溶，而以金属或非金属夹杂物的状态分布。这类夹杂物可改善钢的切削加工性。

2.10 切 削 液

在切削加工中，合理使用切削液可以改善切屑、工件与刀具之间的摩擦状况，降低切削力和切削温度，延长刀具的使用寿命，并能减小工件的热变形，控制积屑瘤和鳞刺的生长，从而提高加工精度和减小已加工表面的粗糙度。

2.10.1 切削液的种类

金属切削加工中常用的切削液分为 3 大类：水溶液、乳化液和切削油。

(1) 水溶液：主要成分是水，它的冷却性能好，呈透明状，便于工作者观察。但是单纯的水易使金属生锈，且润滑性能欠佳。因此，经常在水溶液中加入一定的添加剂，使其既能保持冷却性能，又有良好的防锈性能和一定的润滑性能。水溶液的冷却性能最好，最适用于磨削加工。

(2) 乳化液：以水为主加入适量的乳化油而成。乳化油是由矿物油和乳化剂配成的。用 95%～98%水稀释后成为乳白色或半透明状的乳化液。尽管乳化液的润滑性能优于水溶液，但润滑和防锈性能仍较差。为了提高其润滑和防锈性能，需再加入一定量的油性添加剂、极压添加剂和防锈添加剂，配成极压乳化液或防锈乳化液。

(3) 切削油：主要成分是矿物油，少数采用植物油或复合油。纯矿物油不能在摩擦界面上形成坚固的润滑膜，常常加入油性添加剂、极压添加剂和防锈添加剂以提高润滑和防锈性能。

2.10.2 切削液的作用机理

1) 切削液的冷却作用

切削液能降低切削温度，从而提高刀具的使用寿命和工件的加工质量。在刀具材料的耐磨性较差、工件材料的热膨胀系数较大以及二者的导热性较差的情况下，切削液的冷却作用尤为重要。切削液性能的好坏，取决于它的导热系数、比热容、汽化热、汽化速度、流量、流速等。水溶液的冷却性能最好，油类最差(表 2-19)，乳化液介于二者之间。

表 2-19 水、油性能的比较

切削液类别	导热系数/(W/(m·℃))	比热容/(J/(kg·℃))	汽化热/(J/g)
水	0.628	4190	2260
油	0.126～0.210	1670～2090	167～314

2) 切削液的润滑作用

金属切削加工时，切屑、工件与刀具表面之间的摩擦可以分为干摩擦、流体润滑摩擦和边界润滑摩擦 3 类。金属间的边界润滑摩擦见图 2-72。金属界面间实际承压的接触面积中，由于润滑液的渗透和吸附作用，部分接触面仍存在润滑液的吸附膜，起到降低摩擦系数的作用，这种接触和润滑状态称为边界润滑。在金属切削加工中，大多数属于边界润滑。边界润滑分为低温低压边界润滑、高温边界润滑、高压边界润滑和高温高压边界润滑（也称极压润滑）4 种。切削液能在切屑、工件与刀具界面之间形成边界润滑，从而降低摩擦系数，提高刀具的使用寿命，改善已加工表面的质量。

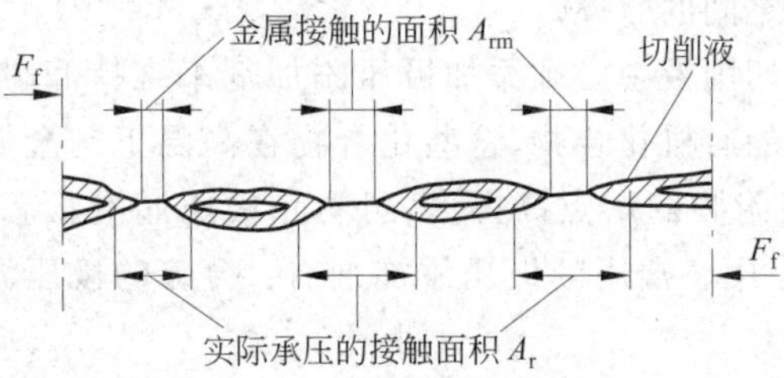

图 2-72　金属间的边界润滑摩擦

3）切削液的清洗作用

在切削铸铁或磨削时，会产生碎屑或粉屑，极易进入机床导轨面，所以要求切削液能将其冲洗掉。清洗性能的好坏取决于切削液的渗透性、流动性和压力。为了改善切削液的清洗性能，应加入剂量较大的活性剂和少量矿物油，制成水溶液或乳化液来提高其清洗效果。

4）切削液的防锈作用

为了减小工件、机床、刀具受周围介质（水、空气等）的腐蚀，要求切削液具有一定的防锈作用。防锈作用的好坏取决于切削液本身的性能和加入的防锈剂的作用。

此外，切削液还应价廉，配置方便，性能稳定，不污染环境和对人体无害。

2.10.3　提高切削液性能的添加剂

为了改善切削液的性能所加入的化学物质，称为添加剂。常见的添加剂有油性添加剂、极压添加剂、防锈添加剂、防霉添加剂、抗泡沫添加剂和乳化剂等（表 2-20）。

表 2-20　切削液中的添加剂

<table>
<tr><th colspan="3">分　类</th><th>添　加　剂</th></tr>
<tr><td colspan="3">油性添加剂</td><td>动植物油，脂肪酸及其皂，脂肪醇，酯类、酮类、胺类等化合物</td></tr>
<tr><td colspan="3">极压添加剂</td><td>硫、磷、氯、碘等有机化合物，如氯化石蜡、二烷基二硫代磷酸锌等</td></tr>
<tr><td colspan="2" rowspan="2">防锈添加剂</td><td>水溶性</td><td>亚硝酸钠，磷酸三钠，磷酸氢二钠，苯甲酸钠，苯甲酸胺，三乙醇胺等</td></tr>
<tr><td>油溶性</td><td>石油磺酸钡，石油磺酸钠，环烷酸锌，二壬基萘磺酸钡等</td></tr>
<tr><td colspan="3">防霉添加剂</td><td>苯酸、五氯酚、硫柳汞等化合物</td></tr>
<tr><td colspan="3">抗泡沫添加剂</td><td>二甲基硅油</td></tr>
<tr><td colspan="3">助溶添加剂</td><td>乙醇，正丁醇，苯二甲酸酯，乙二醇醚等</td></tr>
<tr><td rowspan="2">乳化剂</td><td rowspan="2">（表面活性剂）</td><td>阴离子型</td><td>石油磺酸钠，油酸钠皂，松香酸钠皂，高碳酸钠皂，磺化蓖麻油，油酸三乙醇胺等</td></tr>
<tr><td>非离子型</td><td>平平加（聚氧乙烯脂肪醇醚），司本（山梨糖醇油酸酯），吐温（聚氧乙烯山梨糖醇油酸酯）</td></tr>
<tr><td colspan="3">乳化稳定剂</td><td>乙二醇，乙醇，正丁醇，二乙二醇单正丁基醚，二甘醇，高碳醇，苯乙醇胺，三乙醇胺</td></tr>
</table>

1）油性添加剂和极压添加剂

油性添加剂主要用于低压低温边界润滑状态，主要起渗透和润滑作用，降低油与金属的界面张力，使切削液迅速渗透到切削区。在一定的切削温度下，进一步形成物理吸附膜，减小切屑、工件与刀具表面之间的摩擦。

在极压润滑状态下，切削液中必须添加极压添加剂来维持润滑膜强度。常用的极压添加剂是含硫、磷、氯、碘等的有机化合物，这些化合物在高温下与金属表面起化学反应，生成化学吸附膜，它比物理吸附膜的熔点高得多，可防止极压润滑状态下金属摩擦界面直接接触，减小摩擦，保持润滑作用。常用的极压添加剂有：含硫的极压添加剂、含氯的极压添加剂和含磷的极压添加剂。

2）防锈添加剂

为了使机床、刀具和工件不受腐蚀，要在切削液中加入防锈添加剂。它是一种极性很强的化合物，与金属表面有很强的附着力，在金属表面上优先吸附形成保护膜，或与金属表面化合成钝化膜，保护金属表面不与腐蚀介质接触，因而起到防锈作用。常用的防锈添加剂分为水溶性和油溶性两种。水溶性防锈添加剂的品种很多，其中以亚硝酸钠在乳化液和水溶液中的应用较广。油溶性防锈添加剂主要用于防锈乳化液，也可用于切削油。一般将防锈剂复合使用可以达到综合防锈的效果。

3）防霉添加剂

为了防止乳化液变质发臭，需要加入万分之几的防霉添加剂，以达到杀菌和抑制细菌繁殖的效果。但防霉添加剂对人体有害。

4）抗泡沫添加剂

切削液中加入的防锈添加剂、乳化剂等表面活性剂，增加了混入空气而形成泡沫的可能性。加入万分之几的抗泡沫添加剂，可以有效地防止泡沫的形成。在高速强力磨削时，添加抗泡沫添加剂是十分必要的。

5）乳化剂

乳化剂能吸附在油-水界面上形成坚固的吸附膜，使油很均匀地分布在水中，而不会使油水分层，从而形成稳定的乳化液。

乳化液形成的机理是：乳化剂（表面活性剂）是一种有机化合物，它的分子是由极性基团和非极性基团组成的。极性基团亲水，又叫亲水基团，可溶于水；非极性基团亲油，又叫亲油基团，可溶于油。

加入油和水中的表面活性剂能定向地排列吸附在油、水两相界面上，极性端朝水，非极性端朝油，把油与水连接起来，降低油、水界面张力，使油以微小的颗粒均匀地分散在水中，形成稳定的水包油乳化液，如图2-73所示。此时，水为连续相，油为不连续相。反之，就是油包水乳化液，如图2-74所示。金属切削加工中应用的是水包油乳化液。

表面活性剂除了起乳化作用外，还能吸附在金属表面上形成润滑膜，起油性润滑剂的作用。

表面活性剂的种类大体分为4类：阴离子型、阳离子型、两性离子型和非离子型。应用最广的是阴离子型和非离子型。阴离子型表面活性剂的乳化性能好，有一定的清洗、润滑和防锈性能，但抗硬水能力差，易起泡沫。非离子型表面活性剂在乳化液和水溶液中不产生离子，所以不怕硬水，且分子中的亲水、亲油基可以调节。

乳化液中加入的乳化稳定剂能与其他添加剂充分互溶，以改善乳化油和乳化液的稳定性，还可以扩大乳化范围，提高稳定性。

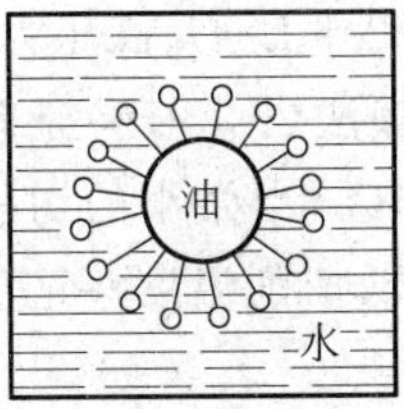

图 2-73　水包油乳化液示意图

图 2-74　油包水乳化液示意图

2.10.4　切削液的选用

应当根据工件材料、刀具材料、加工方法和加工要求，选用合适的切削液。高速钢刀具粗加工时，应选用以冷却为主的切削液来降低切削温度；硬质合金刀具粗加工时可以不用切削液，必要时采用低浓度的乳化液和水溶液，但必须连续充分地浇注，以防止刀具产生交变热应力破坏。精加工时，应以改善已加工表面质量和提高刀具的使用寿命为主要目的。高速钢刀具在中、低速精加工时(铰削、拉削、螺纹加工、剃齿等)，应选用润滑性能好的极压切削油或高浓度的极压乳化液。硬质合金刀具精加工时采用的切削液与粗加工时基本相同，但应适当提高其润滑性能。切削高强度钢和高温合金等难加工材料时，对冷却和润滑都要求较高，应尽可能采用极压切削油或极压乳化液。加工铜、铝及其合金时不能用含硫的切削液。

切削液的施加方法以浇注用得最多(图 2-75)。使用此方法时，切削液流量应充足，浇

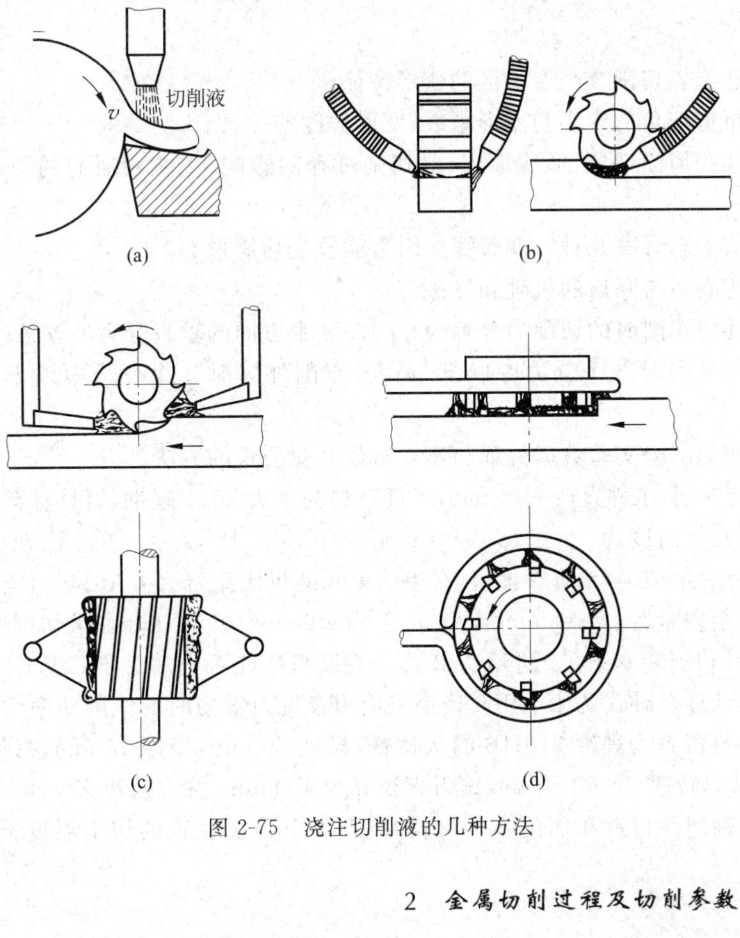

图 2-75　浇注切削液的几种方法

注位置尽量靠近切削区。深孔加工时，应使用大流量(0.83～2.5 L/s)、高压力(1～10 MPa)的切削液，以达到有效的冷却、润滑和排屑的目的。喷雾冷却法(图 2-76)是利用入口压力为0.3～0.6 MPa 的压缩空气使切削液雾化，并高速喷向切削区，当微小的切削液滴碰到灼热的刀具、切屑时便很快汽化，带走大量热量，从而有效地降低切削温度。这种方法冷却效果最佳。

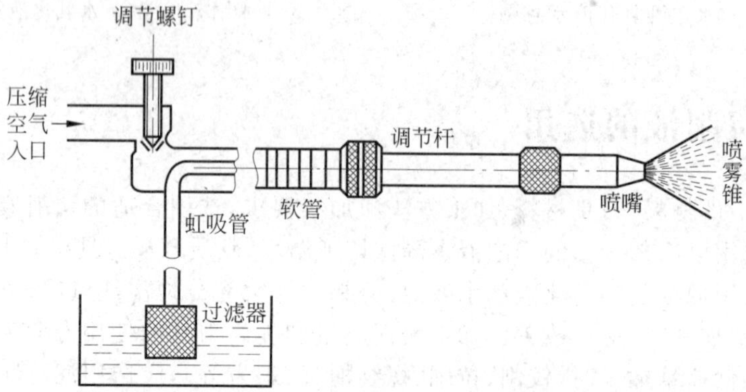

图 2-76　喷雾冷却装置的原理图

习题与思考题

2-1　试述金属切削 3 个变形区的变形特征。

2-2　分析剪切角的大小与变形系数、变形程度的关系。

2-3　试述积屑瘤现象、形成原因、对切削过程的影响、影响积屑瘤的因素和积屑瘤的控制方法。

2-4　切屑形态有哪几种？调整哪些因素能改变切屑形态？

2-5　试述卷屑与断屑的机理和方法。

2-6　试述将车削时的切削力分解为 x,y,z 3 个方向的垂直分力的意义。

2-7　磨削外圆时 3 个分力中以 F_p 最大，车削外圆时 3 个分力中以 F_c 最大，原因是什么？

2-8　说明切削力实验数据处理和建立指数经验公式的方法。

2-9　外圆车削，工件直径 ϕ100 mm，工件材料为正火 45 中碳钢，刀具材料为硬质合金刀片 YT15，刀具几何角度为：$\gamma_o=18°$，$\alpha_o=6°$，$\kappa_r=60°$，$\kappa_r'=15°$，$\lambda_s=-5°$。已知：$r_\varepsilon=0.5$ mm，$b_{r1}=0.6$ mm，$\gamma_{o1}=-10°$，刀具磨损值 VB=0.4 mm，机床型号为 CA6140 车床，主电机功率为 7.5 kW，切削用量为：$a_p=5$ mm，$f=0.6$ mm/r，$v=100$ m/min。求切削时的 3 个分力 F_c,F_p,F_f，以及切削功率 P_m 及进给功率 P_f。判断机床能否正常工作。应采取什么对策？

2-10　试计算在卧式铣床上用高速钢三面刃盘铣刀铣槽时的铣削功率 P_m 及走刀抗力 F_H。已知：工件材料为硬度 210HB 的灰铸铁，槽宽 20 mm，槽深 16 mm，每齿进给量 $a_f=0.1$ mm/齿，铣刀转速 $n=60$ r/min，铣刀直径 $d_0=100$ mm，铣刀齿数 $Z=20$。

2-11　切削塑性材料和切削脆性材料时，刀具上什么位置的切削温度最高？为什么？

磨损形式有什么区别？

2-12　刀具磨损的机理主要有哪些？什么是边界磨损？主要原因是什么？

2-13　刀具磨损过程分为哪几个阶段？什么是刀具磨钝标准？制定刀具磨钝标准的依据是什么？什么是刀具的使用寿命？它与切削用量之间的关系是什么？试述确定刀具使用寿命的原则和方法。在刀具的使用寿命确定后，如何选定切削用量？

2-14　试述刀具前角、后角、主偏角、负偏角、刃倾角的功用及选择原则。

2-15　衡量工件材料切削加工性的评价指标和方法有哪些？纯铁硬度低，是不是可以说比45中碳钢容易加工？不锈钢为什么难加工？

2-16　切削液的主要作用有哪些？切削液有哪些种类？什么叫极压添加剂？其作用机理是什么？

2-17　硬质合金刀具切削时加注切削液要注意哪些问题？

2-18　为什么硬质合金车刀的刀尖圆弧半径选择得比高速钢车刀小一些？为什么多刃刀具一般不采用圆弧形过渡刃？

2-19　用硬质合金车刀加工镍基高温合金时，不同的刀尖圆弧半径 r_ε、切削速度与刀具相对表面磨损值（指刀具每切出 1000 cm^2 已加工表面时的刀具径向磨损量，单位为 $\mu m/(10^3 cm^2)$）及切削温度的关系如图 2-77 所示，试分析说明当选定某一切削速度时，合理刀尖圆弧半径如何设计确定。如果切削速度为 30 m/min，r_ε 应取多大？

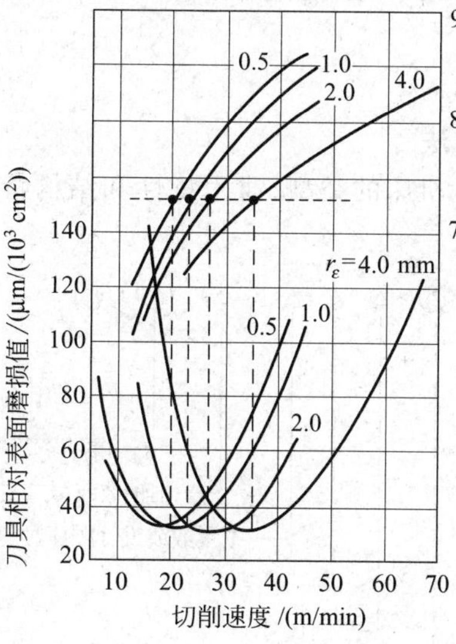

图 2-77　习题 2-19 附图

3 机床、刀具和加工方法

3.1 机床的分类、型号编制与机床的运动分析

3.1.1 金属切削机床的分类与型号编制

机床的品种和规格很多，为便于区别、使用和管理，需对机床加以分类和编制型号。我国的机床型号，现在是按2008年颁布的国家标准GB/T 15375—2008《金属切削机床型号编制方法》编制的。

1. 普通机床型号的编制方法

机床的型号用以简明地表示机床的类型、通用特性和结构特性，以及主要技术参数等。型号构成如下：

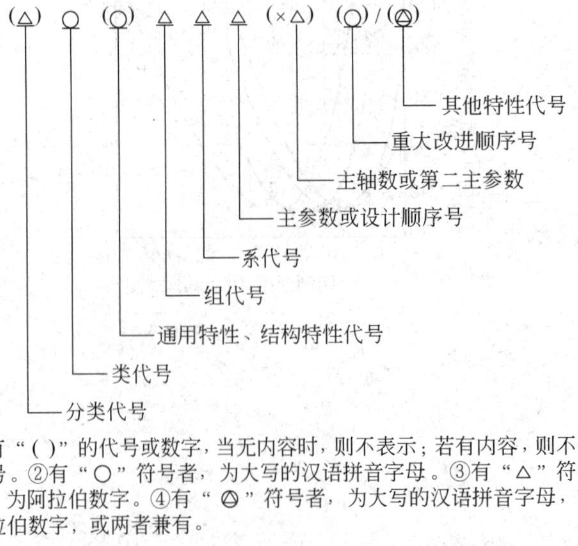

注：①有“( )”的代号或数字，当无内容时，则不表示；若有内容，则不带括号。②有“○”符号者，为大写的汉语拼音字母。③有“△”符号者，为阿拉伯数字。④有“◎”符号者，为大写的汉语拼音字母，或阿拉伯数字，或两者兼有。

机床，按其工作原理划分为11类，见表3-1。机床的类代号用其类别读音的汉语拼音字头表示，例如铣床用X表示，必要时，每类可分为若干分类，如磨床类分为M，2M，3M三个分类。

表 3-1　通用机床类别代号

类别	车床	钻床	镗床	磨床			齿轮加工机床	螺纹加工机床	铣床	刨插床	拉床	锯床	其他机床
代号	C	Z	T	M	2M	3M	Y	S	X	B	L	G	Q
读音	车	钻	镗	磨	二磨	三磨	牙	丝	铣	刨	拉	割	其

机床的特性代号表示机床的特定性能，包括通用特性和结构特性。通用特性代号见表 3-2，例如“CK”表示数控车床；为了区分主参数相同而结构不同的机床，用表 3-2 以外的结构特性代号表示，例如，CA6140 型卧式车床型号中的“A”，可理解为这种型号车床在结构上区别于 C6140 型车床。

表 3-2　通用特性代号

通用特性	高精度	精密	自动	半自动	数控	加工中心（自动换刀）	仿形	轻型	加重型	柔性加工单元	数显	高速
代号	G	M	Z	B	K	H	F	Q	C	R	X	S
读音	高	密	自	半	控	换	仿	轻	重	柔	显	速

机床主参数代表机床规格的大小，用折算值（主参数乘以标准中对各种机床规定的折算系数）表示。

综合上述普通机床型号的编制方法，举例如下。

例 3-1　CA6140 型卧式车床。

C A 6 1 40

类别代号（车床类）

结构特性代号（结构不同）

组别代号（落地及卧式车床组）

系别代号（卧式车床系）

主参数（最大车削直径 400 mm）

例 3-2　MG1432A 型高精度万能外圆磨床。

M G 1 4 32 A

类别代号（磨床类）

通用特性代号（高精度）

组别代号（外圆磨床组）

系别代号（万能外圆磨床系）

主参数（最大磨削直径 320 mm）

重大改进顺序号（第一次重大改进）

2. 专用机床型号的编制方法

专用机床的型号一般由设计单位代号和设计顺序号组成。例如，北京第一机床厂设计制造的第 100 种专用机床为专用铣床，其型号为 B1-100。

3. 机床自动线型号的编制方法

由通用机床或专用机床组成的机床自动线代号为 ZX（读作“自线”），位于设计单位代号之后。例如，北京机床研究所（单位代号为 JCS）以通用机床或专用机床为某厂设计的第一条机床自动线,其型号为 JCS-ZX001。

3.1.2 机床的运动分析

机床运动分析的一般过程是：首先,根据在机床上加工的各种表面和使用的刀具类型,分析得到这些表面的方法和所需的运动。在此基础上,分析为了实现这些运动,机床必须具备的传动联系、实现这些传动的机构以及机床运动的调整方法。这个次序可以总结为“表面—运动—传动—机构—调整”。

1. 机床的运动分类

在机床上,为了获得所需的工件表面形状,必须使刀具和工件完成表面成形运动。此外,机床还有多种辅助运动。

1）表面成形运动

在 1.1 节中我们从工件表面的形状分析入手,分析了加工各种典型表面时机床所需的表面成形运动。表面成形运动根据其复杂程度分为简单运动和复合运动,根据其在切削加工中所起的作用,又可分为主运动和进给运动。

2）辅助运动

机床上除表面成形运动外,还需要辅助运动,以实现机床的各种辅助动作。辅助动作的种类很多,主要包括以下几种：

(1) 各种空行程运动。空行程运动是指进给前后的快速运动和各种调位运动。例如,在装卸工件时,为避免碰伤操作者,刀具与工件应相对退离。在进给开始之前快速引进,使刀具与工件接近。进给结束后应快退。再如,车床的刀架或铣床的工作台,在进给前后都有快进或快退运动。调位运动是在调整机床的过程中,把机床的有关部件移到要求的位置。例如摇臂钻床,为使钻头对准被加工孔的中心,可转动摇臂和使主轴箱在摇臂上移动。又如龙门式机床,为适应工件的不同高度,可使横梁升降。这些都是调位运动。

(2) 切入运动。使刀具由待加工表面逐渐切入工件到给定切削位置。

(3) 分度运动。加工若干个完全相同的均匀分布的表面时,为使表面成形运动得以周期地继续进行的运动称为分度运动。如车削多头螺纹,在车完一条螺纹后,工件相对于刀具要回转 $1/K$ 转(K 是螺纹头数)才能车削另一条螺纹表面,这个工件相对于刀具的旋转运动就是分度运动。多工位机床的多工位工作台或多工位刀架也需要分度运动。

(4) 操纵和控制运动。操纵和控制运动包括启动、停止、变速、换向、部件与工件的夹紧、松开、转位以及自动换刀、自动测量、自动补偿等。

2. 机床的传动联系和传动原理图

1）机床的传动链

机床上为了得到所需要的运动,需要通过一系列的传动件把执行件和动源(例如把主轴和电动机),或者把执行件和执行件(例如把主轴和刀架)连接起来,以构成传动联系。构成一个传动联系的一系列传动件,称为传动链。根据传动联系的性质,传动链可以分为以下两类：

(1) 外联系传动链。外联系传动链联系动源(如电动机)和机床执行件(如主轴、刀架和工作台等),使执行件得到预定速度的运动,并传递一定的动力。此外,外联系传动链还包括变速机构和换向(改变运动方向)机构等。外联系传动链传动比的变化,只影响生产率或表面粗糙度,不影响发生线的性质。因此,外联系传动链不要求动源与执行件间有严格的传动比关系。例如,在车床上用轨迹法车削圆柱面时,主轴的旋转和刀架的移动就是两个互相独立的成形运动,有两条外联系传动链。主轴的转速和刀架的移动速度,只影响生产率和表面粗糙度,不影响圆柱面的性质。传动链的传动比不要求很准确,工件的旋转和刀架的移动之间也没有严格的相对速度关系。

(2) 内联系传动链。内联系传动链联系复合运动之内的各个运动分量,因而传动链所联系的执行件之间的相对速度(及相对位移量)有严格的要求,用来保证运动的轨迹。例如,在卧式车床上用螺纹车刀车螺纹时,为了保证所加工螺纹的导程,主轴(工件)每转1转,车刀必须移动1个导程。联系主轴-刀架之间的螺纹传动链,就是一条内联系传动链。再如,用齿轮滚刀加工直齿圆柱齿轮时,滚刀每转 $1/K$ 转(K 是滚刀头数),工件必须转 $1/z_{工}$ 转($z_{工}$ 为工件的齿数)。联系滚刀旋转 B_{11} 和工件旋转 B_{12}(参见图1-8(c))的传动链,就是内联系传动链。内联系传动链有严格的传动比要求,否则就不能保证被加工表面的性质。例如,如果传动比不准确,则车螺纹时就不能得到要求的导程,加工齿轮时就不能展成正确的渐开线齿形。为了保证准确的传动比,在内联系传动链中不能用摩擦传动或瞬时传动比有变化的传动件,如链传动。

2) 传动原理图

通常,传动链包括各种传动机构,如带传动、定比齿轮副、齿轮齿条、丝杠螺母、蜗杆蜗轮、滑移齿轮变速机构、离合器变速机构、交换齿轮或挂轮架以及各种电的、液压的和机械的无级变速机构等。在考虑传动路线时,可以先撇开具体机构,把上述各种机构分成两大类:固定传动比的传动机构(简称定比机构)和变换传动比的传动机构(简称换置机构)。定比传动机构有定比齿轮副、丝杠螺母副以及蜗轮蜗杆副等,换置机构有变速箱、挂轮架和数控机床中的数控系统等。

为了便于研究机床的传动联系,常用一些简明的符号把传动原理和传动路线表示出来,这就是传动原理图。图3-1为传动原理图常使用的一部分符号。其中,表示执行件的符号还没有统一的规定,一般采用较直观的图形表示。为了把运动分析的理论推广到数控机床,图中引入了画数控机床传动原理图时所要用到的一些符号,如电的联系、脉冲发生器等。

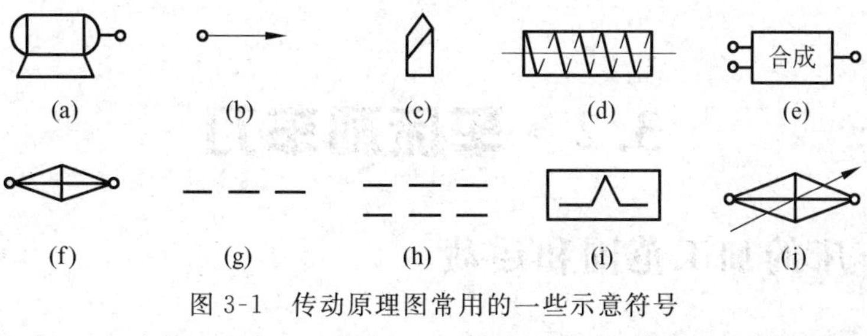

图3-1 传动原理图常用的一些示意符号

(a) 电动机;(b) 主轴;(c) 车刀;(d) 滚刀;(e) 合成机构;(f) 传动比可变换的换置机构;
(g) 传动比不变的机械联系;(h) 电的联系;(i) 脉冲发生器;(j) 快调换置机构——数控系统

下面举例说明传动原理图的画法和所表示的内容。

例 3-3 卧式车床的传动原理图(图 3-2)。

卧式车床在形成螺旋表面时需要一个运动——刀具与工件间的相对螺旋运动,这个运动是复合运动,它可分解为两部分:主轴的旋转 B_{11} 和车刀的纵向移动 A_{12}。因此,车床应有两条传动链:①联系复合运动两部分 B_{11} 和 A_{12} 的内联系传动链:主轴—4—5—i_f—6—7—丝杠;②联系动源与这个复合运动的外联系传动链。外联系传动链可由动源联系复合运动中的任一环节。考虑到大部分动力应输送给主轴,故外联系传动链联系动源与主轴。图 3-2 中为:电动机—1—2—i_v—3—4—主轴。

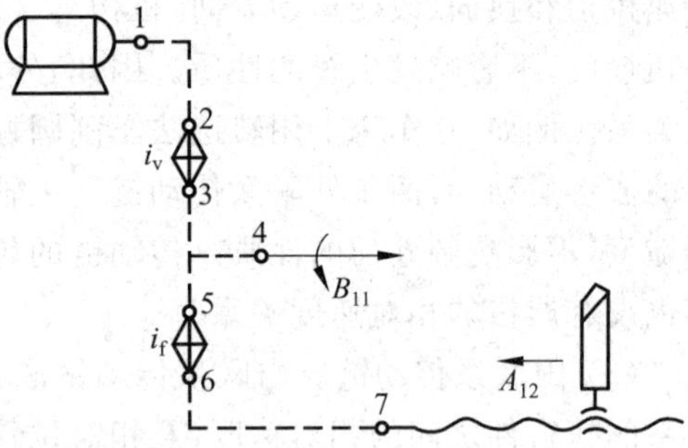

图 3-2 卧式车床的传动原理图

车床在车削圆柱面时,主轴的旋转和刀具的移动是两个独立的简单运动。这时 B_{11} 应改为 B_1,A_{12} 应改为 A_2。这时车床应有两条外联系传动链。其中一条为:电动机—1—2—i_v—3—4—主轴;另一条为:电动机—1—2—i_v—3—4—5—i_f—6—7—丝杠。其中 1—2—i_v—3—4 是公共段。这样,虽然车削螺纹和车削外圆时运动的数量和性质不同,但却可以共用一个传动原理图。差别仅在于当车削螺纹时,i_f 必须计算和调整得准确,车削外圆时,i_f 不需准确。

如果车床仅用于车削圆柱面和端面,不用来车螺纹,则传动原理图也可如图 3-3(a)所示;进给也可采用液压传动(图 3-3(b)),例如某些多刀半自动车床。

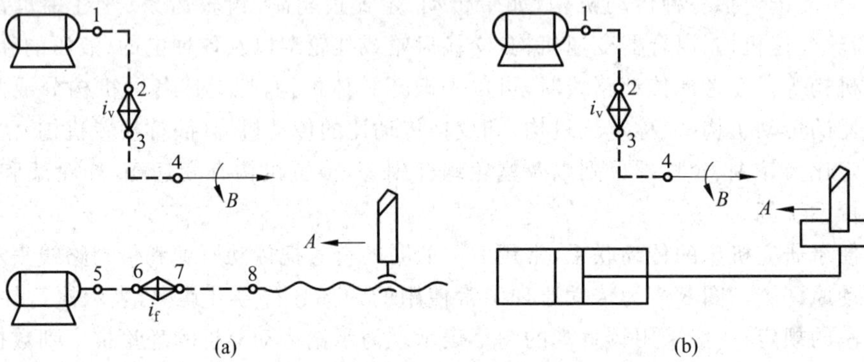

图 3-3 车削圆柱面时的传动原理图

3.2 车床和车刀

3.2.1 车床的加工范围和运动

1. 车床的种类和加工范围

车床类机床主要用于加工各种回转表面,如内外圆柱表面、圆锥表面、成形回转表面和回转体的端面、螺纹面等。由于多数机器零件具有回转表面,车床的通用性又较广,因此在机器制造厂中，车床的应用极为广泛。

车床的种类很多，按其结构和用途，主要可分为以下几类：①卧式车床和落地车床；②立式车床；③转塔车床；④单轴和多轴自动和半自动车床；⑤仿形车床和多刀车床；⑥数控车床和车削中心；⑦各种专门化车床如凸轮轴车床、曲轴车床、车轮车床及铲齿车床等。此外，在大批量生产的工厂中还有各种各样的专用车床。在所有的车床类机床中，以卧式车床应用最广。

图 3-4 是卧式车床所能加工的典型表面。

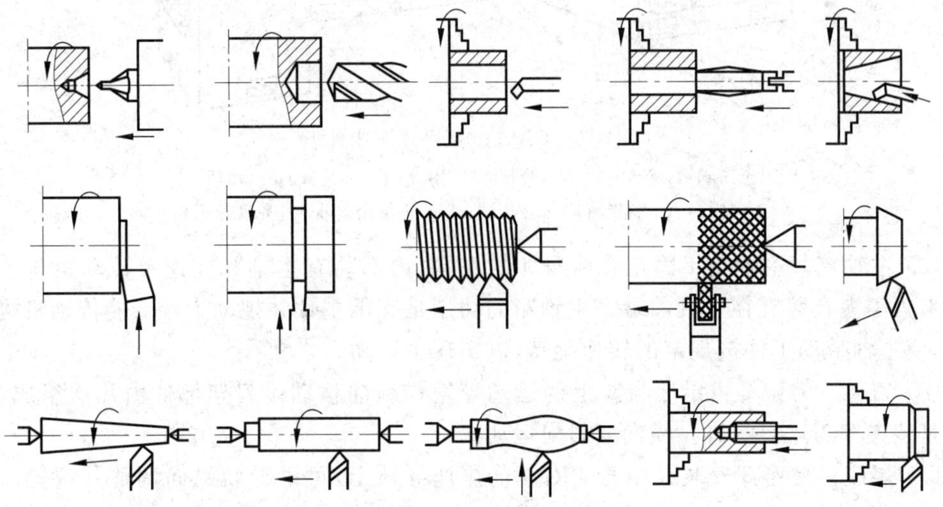

图 3-4 卧式车床所能加工的典型表面

在车床上使用的刀具，主要是各种车刀，有些车床还可以采用各种孔加工刀具，如钻头、扩孔钻及铰刀等和螺纹刀具如丝锥、板牙等。

2. 车床的运动

车床刀具和工件的主要运动有表面成形运动和辅助运动。

1) 表面成形运动

(1) 工件的旋转运动。这是车床的主运动，其转速较高，消耗机床功率的主要部分。

(2) 刀具的移动。这是车床的进给运动。刀具可作平行于工件旋转轴线的纵向进给运动(车圆柱表面)或作垂直于工件旋转轴线的横向进给运动(车端面)，也可作与工件旋转轴线倾斜一定角度的斜向运动(车圆锥表面)或作曲线运动(车成形回转表面)。进给量 f 常以主轴每转刀具的移动量计，即 mm/r。

车削螺纹时，只有一个复合的主运动：螺旋运动。它可以被分解为两部分：主轴的旋转和刀具的移动。

2) 辅助运动

为了将毛坯加工到所需要的尺寸，车床还应有切入运动，有的还有刀架纵、横向的机动快移。重型车床还有尾架的机动快移等。

3. 卧式车床的布局

图 3-5 是卧式车床的外形图，其主要组成部分及功用如下：

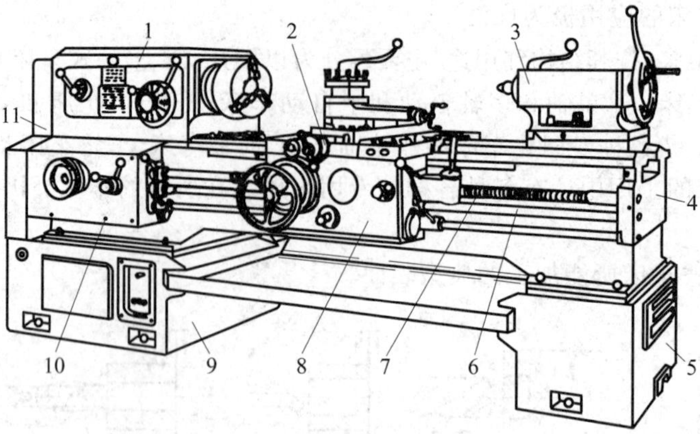

图 3-5 CA6140 型卧式车床外形

1—主轴箱；2—刀架；3—尾座；4—床身；5—右床腿；6—光杠；
7—丝杠；8—溜板箱；9—左床腿；10—进给箱；11—挂轮变速机构

(1) 主轴箱。主轴箱 1 固定在床身 4 的左端，内部装有主轴和变速及传动机构。工件通过卡盘等夹具装夹在主轴前端。主轴箱的功用是支承主轴并把动力经变速传动机构传给主轴，使主轴带动工件按规定的转速旋转，以实现主运动。

(2) 刀架。刀架 2 可沿床身 4 上的运动导轨作纵向移动。刀架部件由几层组成，它的功用是装夹车刀，实现纵向、横向或斜向运动。

(3) 尾座。尾座 3 安装在床身 4 右端的尾座导轨上，可沿导轨纵向调整其位置。它的功用是用后顶尖支承长工件，也可以安装钻头、铰刀等孔加工刀具进行孔加工。

(4) 进给箱。进给箱 10 固定在床身 4 的左端前侧。进给箱内装有进给运动的变换机构，用于改变机动进给的进给量或所加工螺纹的导程。

(5) 溜板箱。溜板箱 8 与刀架 2 的最下层——纵向溜板相连，与刀架一起作纵向运动，功用是把进给箱传来的运动传递给刀架，使刀架实现纵向和横向进给或快速移动或车螺纹。溜板箱上装有各种操纵手柄和按钮。

(6) 床身。床身 4 固定在左、右床腿 9 和 5 上。在床身上安装着车床的各个主要部件，使它们在工作时保持准确的相对位置或运动轨迹。

3.2.2 CA6140 型车床的传动系统

1. 传动系统图

在 3.1 节中已经分析了车床的传动原理图(图 3-2，图 3-3)。传动原理图所表示的传动关系最后要通过传动系统图体现出来。CA6140 型卧式车床的传动系统图见图 3-6。图中各种传动元件用简单的规定符号代表，各齿轮所标数字表示齿数。规定符号详见国家标准 GB 4460—2013《机械制图——机构运动简图用图形符号》。机床的传动系统图画在一个能反映机床基本外形和各主要部件相互位置的平面上，并尽可能绘制在机床外形的轮廓线内。各传动元件应尽可能按运动传递的顺序安排。该图只表示传动关系，不代表各传动元件的实际尺寸和空间位置。

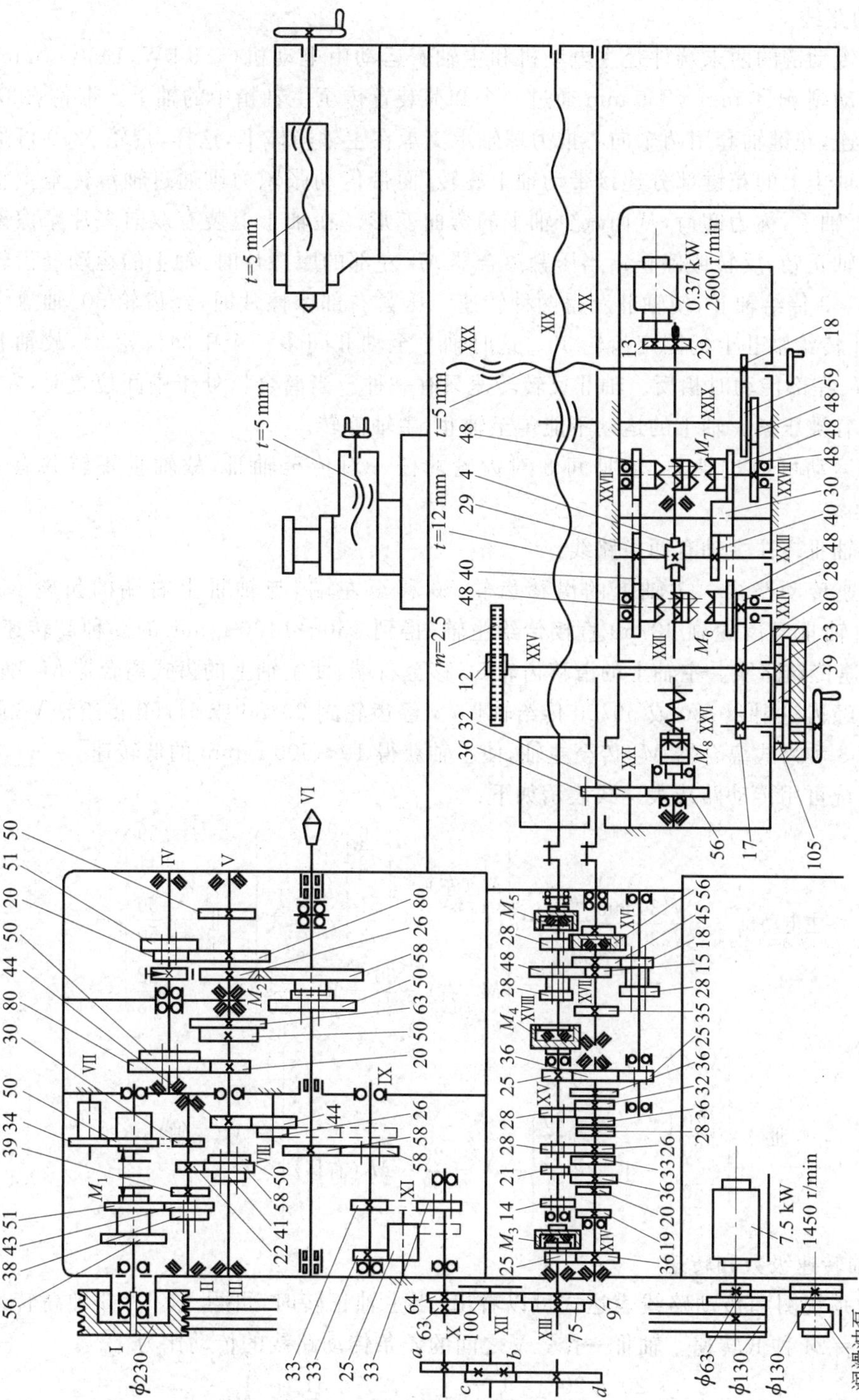

图 3-6　CA6140 型卧式车床的传动系统图

2. 主运动传动链

1）传动路线

主运动传动链的两末端件是主电动机和主轴。运动由电动机(7.5 kW,1450 r/min)经V形带轮传动副 ϕ130 mm/ϕ230 mm 通过一个卸荷装置传至主轴箱中的轴Ⅰ。带轮 ϕ230 与花键轴套固连，花键轴套用两个向心推力球轴承支承在主轴箱体上，这样，带轮 ϕ230 可通过花键轴套与轴Ⅰ上的花键部分连接带动轴Ⅰ旋转，而带传动张紧力则通过轴承传至主轴箱体，不作用于轴Ⅰ，称为卸荷，从而减少轴Ⅰ的弯曲变形。在轴Ⅰ上装有双向多片摩擦离合器 M_1，使主轴正转、反转或停止。当压紧离合器 M_1 左部的摩擦片时，轴Ⅰ的运动经齿轮副 56/38 或 51/43 传给轴Ⅱ，使轴Ⅱ获得两种转速。压紧右部摩擦片时，经齿轮 50、轴Ⅶ上的空套齿轮 34 传给轴Ⅱ上的固定齿轮 30。这时轴Ⅰ至轴Ⅱ间多一个中间齿轮 34，故轴Ⅱ的转向与经 M_1 左部传动时相反。轴Ⅱ反转转速只有一种。当离合器处于中间位置时，左、右摩擦片都没有被压紧。轴Ⅰ的运动不能传至轴Ⅱ，主轴停转。

轴Ⅱ的运动可通过轴Ⅱ、轴Ⅲ间 3 对齿轮的任一对传至轴Ⅲ，故轴Ⅲ正转共有 2×3=6 种转速。

运动由轴Ⅲ传往主轴有两条路线：

(1) 高速传动路线。主轴上的滑移齿轮 50 移至左端，与轴Ⅲ上右端的齿轮 63 啮合。运动由轴Ⅲ经齿轮副 63/50 直接传给主轴，得到 450～1400 r/min 的 6 种高转速。

(2) 低速传动路线。主轴上的滑移齿轮 50 移至右端，使主轴上的齿式离合器 M_2 啮合。轴Ⅲ的运动经齿轮副 20/80 或 50/50 传给轴Ⅳ，又经齿轮副 20/80 或 51/50 传给轴Ⅴ，再经齿轮副 26/58 和齿式离合器 M_2 传至主轴，使主轴获得 10～500 r/min 的低转速。

传动系统可用传动路线表达式表示如下：

$$\underset{(7.5\ \text{kW},1450\ \text{r/min})}{\text{主电动机}} - \frac{\phi130\ \text{mm}}{\phi230\ \text{mm}} - \text{I} - \left\{\begin{array}{l} \underset{(\text{正转})}{M_1(\text{左})} - \left\{\begin{array}{c}\frac{56}{38}\\[4pt] \frac{51}{43}\end{array}\right\} \\[8pt] \underset{(\text{反转})}{M_1(\text{右})} - \frac{50}{34} - \text{VII} - \frac{34}{30}\end{array}\right\} - \text{II} - \left\{\begin{array}{c}\frac{39}{41}\\[4pt] \frac{30}{50}\\[4pt] \frac{22}{58}\end{array}\right\} -$$

$$\text{III} - \left\{\begin{array}{l} M_2(\text{左移}) - \frac{63}{50} \\[8pt] \left\{\begin{array}{c}\frac{20}{80}\\[4pt] \frac{50}{50}\end{array}\right\} - \text{IV} - \left\{\begin{array}{c}\frac{20}{80}\\[4pt] \frac{51}{50}\end{array}\right\} - \text{V} - \frac{26}{58} - M_2(\text{右移})\end{array}\right\} - \text{VI}(\text{主轴})$$

2）主轴转速级数和转速

由传动系统图和传动路线表达式可以看出，当主轴正转时，可得 2×3=6 种高转速和 2×3×2×2=24 种低转速。轴Ⅲ—Ⅳ—Ⅴ之间的 4 条传动路线的传动比为

$$i_1=\frac{20}{80}\times\frac{20}{80}=\frac{1}{16},\quad i_2=\frac{20}{80}\times\frac{51}{50}\approx\frac{1}{4}$$

$$i_3=\frac{50}{50}\times\frac{20}{80}=\frac{1}{4},\quad i_4=\frac{50}{50}\times\frac{51}{50}\approx 1$$

式中，i_2 和 i_3 基本相同，所以实际上只有 3 种不同的传动比。因此，运动经由低速传动路线时，主轴实际上只能得到 2×3×(2×2−1)＝18 级转速。加上由高速路线传动获得的 6 级转速，主轴总共可获得 2×3×[1＋(2×2−1)]＝6＋18＝24 级转速。

同理，主轴反转时，有 3×[1＋(2×2−1)]＝12 级转速。

主轴的各级转速，可根据各滑移齿轮的啮合状态求得。如图 3-6 中所示的啮合位置时，主轴的转速为

$$n_{主} = 1450 \times \frac{130}{230} \times \frac{51}{43} \times \frac{22}{58} \times \frac{20}{80} \times \frac{20}{80} \times \frac{26}{58} \approx 10 \quad (\text{r/min})$$

同理，可以计算出主轴正转时的 24 级转速为 10～1400 r/min；反转时的 12 级转速为 14～1580 r/min。主轴反转通常不是用于切削，而是用于车削螺纹时，切削完一刀后使车刀沿螺旋线退回，所以转速较高以节约辅助时间。

3）主传动系统的转速图

转速图可以表达主轴的每一级转速是通过哪些传动副得到的，这些传动副之间的关系如何，各传动轴的转速等。

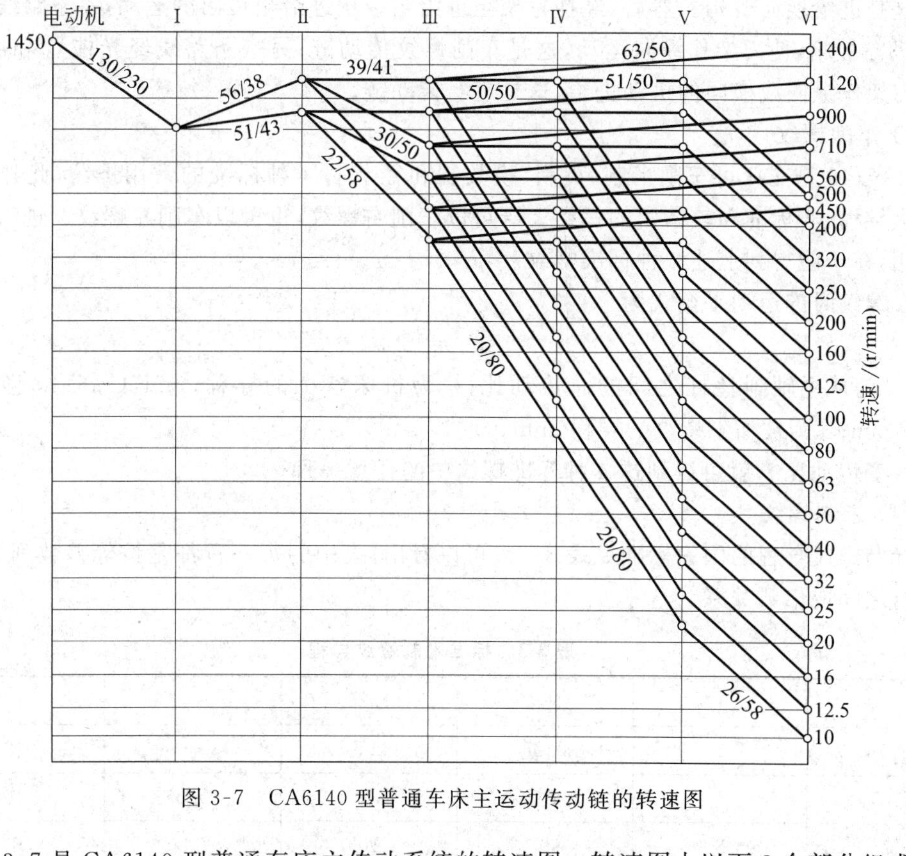

图 3-7　CA6140 型普通车床主运动传动链的转速图

图 3-7 是 CA6140 型普通车床主传动系统的转速图。转速图由以下 3 个部分组成：

(1) 距离相等的一组竖线代表各轴。轴号写在上面。竖线间的距离不代表中心距。

(2) 距离相等的一组水平线代表各级转速。与各竖线的交点代表各轴的转速。由于分级变速机构的转速一般是按等比数列排列的，故转速采用了对数坐标。相邻两水平线之间

的间隔为 $\lg\varphi$(其中 φ 为相邻两级转速之比，称为公比)。为了简单起见，转速图中省略了对数符号。

(3) 各轴之间连线的倾斜方式代表了传动副的传动比，升速时向上倾斜，降速时向下倾斜。斜线向上倾斜 x 格表示传动副的实际传动比为 $z_{主}/z_{被}=\varphi^{x}$；斜线向下倾斜 x 格表示传动副的实际传动比为 $z_{主}/z_{被}=\varphi^{-x}$。

例如，CA6140 型车床的公比 $\varphi=1.26$，在轴Ⅱ与轴Ⅲ之间的传动比 $30/50\approx1/\varphi^{2}$，基本下降 2 格；$22/58\approx1/\varphi^{4}$，基本下降 4 格。

3. 进给传动链

进给传动链是实现刀具纵向或横向移动的传动链。卧式车床在切削螺纹时，进给传动链是内联系传动链。主轴转 1 转，刀架的移动量应等于螺纹的导程。在切削圆柱面和端面时，进给传动链是外联系传动链。进给量也以工件每转刀架的移动量计。因此，在分析进给链时都把主轴和刀架当作传动链的两端。

运动从主轴Ⅵ开始，经轴Ⅸ传至轴Ⅹ，可经一对齿轮直接传递，也可经轴Ⅺ上的惰轮传递。这是进给换向机构。然后，经挂轮架至进给箱。从进给箱传出的运动，一条路线经丝杠ⅩⅨ带动溜板箱，使刀架作纵向运动，这是车削螺纹传动链；另一条路线经光杠ⅩⅩ和溜板箱，带动刀架作纵向或横向的机动进给，这是进给传动链。

1) 车削螺纹

CA6140 型车床可车削米制、英制、模数制和径节制 4 种标准的常用螺纹，此外还可以车削大导程、非标准和较精密的螺纹。既可以车削右螺纹，也可以车削左螺纹。进给传动链的作用，在于能得到上述 4 种标准螺纹。

车螺纹时的运动平衡式为

$$it_{l}=S \tag{3-1}$$

式中：i 为从主轴到丝杠之间的总传动比；t_{l} 为机床丝杠的导程，mm，CA6140 型车床的 $t_{l}=12$ mm；S 为被加工螺纹的导程，mm。

改变传动比 i，就可得到这 4 种标准螺纹中的任意一种。

(1) 米制螺纹

米制螺纹导程的国家标准见表 3-3。可以看出，表中的每一行都是按等差数列排列的，行与行之间成倍数关系。

表 3-3 标准米制螺纹导程 mm

—	1	—	1.25	—	1.5
1.75	2	2.25	2.5	—	3
3.5	4	4.5	5	5.5	6
7	8	9	10	11	12

车削米制螺纹时，进给箱中的离合器 M_3 和 M_4 脱开，M_5 接合。挂轮架齿数为 63—100—75。运动进入进给箱后，经移换机构的齿轮副 25/36 传至轴ⅩⅣ，再经过双轴滑移变速机构的齿轮副 19/14，20/14，36/21，33/21，26/28，28/28，36/28，32/28 中的任一对

传至轴XV，然后再由移换机构的齿轮副 25/36×36/25 传至轴XVI，接下去再经轴XVI～XVIII间的两组滑移变速机构，最后经离合器 M_5 传至丝杠XIX。溜板箱中的开合螺母闭合，带动刀架。

车削米制螺纹时传动链的传动路线表达式如下：

$$\text{主轴 VI}-\frac{58}{58}-\text{IX}-\left\{\begin{array}{c}(\text{右螺纹})\ \frac{33}{33} \\ (\text{左螺纹})\ \frac{33}{25}-\text{XI}-\frac{25}{33}\end{array}\right\}-\text{X}-\frac{63}{100}\times\frac{100}{75}-\text{XIII}-\frac{25}{36}-\text{XIV}$$

$$-\left\{\begin{array}{c}19/14 \\ 20/14 \\ 36/21 \\ 33/21 \\ 26/28 \\ 28/28 \\ 36/28 \\ 32/28\end{array}\right\}-\text{XV}-\frac{25}{36}\times\frac{36}{25}-\text{XVI}-\left\{\begin{array}{c}\frac{28}{35}\times\frac{35}{28} \\ \frac{18}{45}\times\frac{35}{28} \\ \frac{28}{35}\times\frac{15}{48} \\ \frac{18}{45}\times\frac{15}{48}\end{array}\right\}-\text{XVIII}-M_5-\text{丝杠 XIX}-\text{刀架}$$

其中，轴XIV～轴XV之间的变速机构可变换 8 种不同的传动比：

$$i_{基1}=\frac{26}{28}=\frac{6.5}{7},\quad i_{基5}=\frac{19}{14}=\frac{9.5}{7}$$

$$i_{基2}=\frac{28}{28}=\frac{7}{7},\quad i_{基6}=\frac{20}{14}=\frac{10}{7}$$

$$i_{基3}=\frac{32}{28}=\frac{8}{7},\quad i_{基7}=\frac{33}{21}=\frac{11}{7}$$

$$i_{基4}=\frac{36}{28}=\frac{9}{7},\quad i_{基8}=\frac{36}{21}=\frac{12}{7}$$

即 $i_{基j}=\frac{S_j}{7}$，$S_j=6.5,7,8,9,9.5,10,11,12$。这些传动比的分母相同，分子则除 6.5 和9.5用于其他种类的螺纹外，其余按等差数列排列，相当于米制螺纹导程标准的最后一行。这套变速机构称为基本组。轴XVI～轴XVIII间的变速机构可变换 4 种传动比：

$$i_{倍1}=\frac{18}{45}\times\frac{15}{48}=\frac{1}{8},\quad i_{倍3}=\frac{18}{45}\times\frac{35}{28}=\frac{1}{2}$$

$$i_{倍2}=\frac{28}{35}\times\frac{15}{48}=\frac{1}{4},\quad i_{倍4}=\frac{28}{35}\times\frac{35}{28}=1$$

它们用以实现螺纹导程标准中行与行间的倍数关系，称为增倍组。基本组、增倍组和移换机构组成进给变速机构。它和挂轮一起组成换置机构。

车削米制(右旋)螺纹的运动平衡式为

$$S=\frac{58}{58}\times\frac{33}{33}\times\frac{63}{100}\times\frac{100}{75}\times\frac{25}{36}\times i_{基}\times\frac{25}{36}\times\frac{36}{25}\times i_{倍}\times 12\quad(\text{mm})$$

式中：$i_{基}$ 为基本组的传动比；$i_{倍}$ 为增倍组的传动比。

将上式简化后可得

$$S=7i_{基}\,i_{倍}=7\times\frac{S_j}{7}i_{倍}=S_j i_{倍}\tag{3-2}$$

选择 $i_{基}$ 和 $i_{倍}$ 之值，就可以得到各种标准米制螺纹的导程 S。

S_j 最大为 12，$i_{倍}$ 最大为 1，故能加工的最大螺纹导程为 $S=12$ mm。如需车削导程更大的螺纹，可将轴Ⅸ上的滑移齿轮 58 向右移，与轴Ⅷ上的齿轮 26 啮合。这是一条扩大导程的传动路线。

$$主轴\ \text{Ⅵ} - \frac{58}{26} - \text{Ⅴ} - \frac{80}{20} - \text{Ⅳ} - \begin{bmatrix} \frac{50}{50} \\ \\ \frac{80}{20} \end{bmatrix} - \text{Ⅲ} - \frac{44}{44} - \text{Ⅷ} - \frac{26}{58} - \text{Ⅸ} - \cdots$$

轴Ⅸ以后的传动路线与前文传动路线表达式所述相同。从主轴Ⅵ～轴Ⅸ之间的传动比为

$$i_{扩1} = \frac{58}{26} \times \frac{80}{20} \times \frac{50}{50} \times \frac{44}{44} \times \frac{26}{58} = 4$$

$$i_{扩2} = \frac{58}{26} \times \frac{80}{20} \times \frac{80}{20} \times \frac{44}{44} \times \frac{26}{58} = 16$$

在正常螺纹导程时，主轴Ⅵ与轴Ⅸ间的传动比为 $i=\frac{58}{58}=1$。

扩大螺纹导程机构的传动齿轮就是主运动的传动齿轮，所以：①只有当主轴上的 M_2 合上，即主轴处于低速状态时，才能用扩大导程。②当轴Ⅲ—Ⅳ—Ⅴ之间的传动比为$\frac{50}{50}\times\frac{20}{80}=\frac{1}{4}$时，$i_{扩1}=4$，导程扩大了 4 倍；当传动比为$\frac{20}{80}\times\frac{20}{80}=\frac{1}{16}$时，$i_{扩2}=16$，导程扩大了 16 倍。因此，当主轴转速确定后，螺纹导程能扩大的倍数也就确定了。③当轴Ⅲ—Ⅳ—Ⅴ之间的传动比为$\frac{50}{50}\times\frac{50}{51}$时，并不准确地等于 1，所以不能用于扩大导程。

(2) 模数螺纹

模数螺纹主要是米制蜗杆，有时某些特殊丝杠的导程也是模数制的。米制蜗杆的齿距为 $p=\pi m$，所以模数螺纹的导程为 $S_m=zp=z\pi m$，这里 z 为螺纹的线数。

模数 m 的标准值也是按分段等差数列的规律排列的。与米制螺纹不同的是，在模数螺纹导程 $S_m=z\pi m$ 中含有特殊因子 π。为此，车削模数螺纹时，挂轮需换为$\frac{64}{100}\times\frac{100}{97}$。其余部分的传动路线与车削米制螺纹时完全相同。运动平衡式为

$$S_m = \frac{58}{58} \times \frac{33}{33} \times \frac{64}{100} \times \frac{100}{97} \times \frac{25}{36} \times i_{基} \times \frac{25}{36} \times \frac{36}{25} \times i_{倍} \times 12 \quad (\text{mm})$$

式中，$\frac{64}{100}\times\frac{100}{97}\times\frac{25}{36}\approx\frac{7\pi}{48}$。代入化简后得

$$S_m = \frac{7\pi}{4} i_{基}\ i_{倍} \tag{3-3}$$

因为 $S_m=z\pi m$，从而得

$$m = \frac{7}{4z} i_{基}\ i_{倍} = \frac{1}{4z} S_j i_{倍} \tag{3-4}$$

改变 $i_{基}$ 和 $i_{倍}$，就可以车削出各种标准模数螺纹。如应用扩大螺纹导程机构，也可以车削出大导程的模数螺纹。

(3) 英制螺纹

英制螺纹在采用英制的国家(如英、美、加拿大等)中应用广泛。我国的部分管螺纹目前也采用英制螺纹。

英制螺纹以每英寸长度上的螺纹扣数 a(扣/in)表示,因此英制螺纹的导程 $S_a=\frac{1}{a}$。由于 CA6140 车床的丝杠是米制螺纹,被加工的英制螺纹也应换算成以毫米为单位的相应导程值,即

$$S_a=\frac{1}{a}(\text{in})=\frac{25.4}{a}\quad(\text{mm})\tag{3-5}$$

a 的标准值也是按分段等差数列的规律排列的,所以英制螺纹导程的分母为分段等差级数。此外,还有特殊因子 25.4。车削英制螺纹时,应对传动路线作如下两点变动:①将基本组两轴(轴ⅩⅤ和ⅩⅣ)的主、被动关系对调,使轴ⅩⅤ变为主动轴,轴ⅩⅣ变为被动轴,就可使分母为等差级数;②在传动链中实现特殊因子 25.4。

为此,将进给箱中的离合器 M_3 和 M_5 接合,M_4 脱开,轴ⅩⅥ左端的滑移齿轮 25 移至左面位置,与固定在轴ⅩⅣ上的齿轮 36 相啮合。运动由轴ⅩⅢ经 M_3 先传到轴ⅩⅤ,然后传至轴ⅩⅣ,再经齿轮副$\frac{36}{25}$传至轴ⅩⅥ。其余部分的传动路线与车削米制螺纹时相同。车削英制螺纹时传动路线表达式读者可自行写出,其运动平衡式为

$$S_a=\frac{58}{58}\times\frac{33}{33}\times\frac{63}{100}\times\frac{100}{75}\times\frac{1}{i_{基}}\times\frac{36}{25}\times i_{倍}\times 12\quad(\text{mm})$$

其中,

$$\frac{63}{100}\times\frac{100}{75}\times\frac{36}{25}=\frac{63}{75}\times\frac{36}{25}\approx\frac{25.4}{21}$$

$$S_a\approx\frac{25.4}{21}\times\frac{1}{i_{基}}\times i_{倍}\times 12\text{ mm}=\frac{4}{7}\times 25.4\times\frac{i_{倍}}{i_{基}}\quad(\text{mm})\tag{3-6}$$

$$S_a=\frac{25.4}{a},\quad \frac{25.4}{a}=\frac{4}{7}\times 25.4\times\frac{i_{倍}}{i_{基}}$$

故

$$a=\frac{7}{4}\times\frac{i_{基}}{i_{倍}}\quad(\text{扣/in})\tag{3-7}$$

改变 $i_{基}$ 和 $i_{倍}$,就可以车削出各种标准的英制螺纹。

(4) 径节螺纹

径节螺纹主要是英制蜗杆。它是用径节 DP 来表示的。径节 $\text{DP}=\frac{z}{D}$(z 为齿轮齿数;D 为分度圆直径,in),即蜗轮或齿轮折算到每英寸分度圆直径上的齿数。英制蜗杆的轴向齿距即径节螺纹的导程为

$$S_{\text{DP}}=\frac{\pi}{\text{DP}}(\text{in})=\frac{25.4\pi}{\text{DP}}\quad(\text{mm})\tag{3-8}$$

径节 DP 也是按分段等差数列的规律排列的。径节螺纹导程排列的规律与英制螺纹相同,只是含有特殊因子 25.4π。车削径节螺纹时,传动路线与车削英制螺纹时完全相同,但挂轮需换为$\frac{64}{100}\times\frac{100}{97}$,它和移换机构轴ⅩⅣ～ⅩⅥ间的齿轮副$\frac{36}{25}$组合,得到传动比值:

$$\frac{64}{100}\times\frac{100}{97}\times\frac{36}{25}\approx\frac{25.4\pi}{84}$$

综上所述：

① 车削米制和模数螺纹时，使轴XIV主动，轴XV被动；车削英制和径节螺纹时，使轴XV主动，轴XIV被动。主动轴与被动轴的对调是通过轴XIII左端齿轮25（向左与轴XIV上的齿轮36啮合，向右则与轴XV左端的M_3形成内、外齿轮离合器）和轴XVI左端齿轮25的移动（分别与轴XIV右端的两个齿轮36啮合）来实现的。这两个齿轮由同一个操纵机构控制，使它们反向联动，以保证其中一个在左面位置时，另一个在右面位置。轴XIII～XIV间的齿轮副25/36、离合器M_3、轴XV—XIV—XVI间的齿轮25—36—25（这个齿轮36是空套在轴XIV上的）和轴XIV～XVI间的36/25（这个齿轮36是固定在轴XIV上的）称为移换机构。

② 车削米制和英制螺纹时，挂轮架齿轮为63—100—75；车削模数和径节螺纹（米制和英制蜗杆）时，挂轮架齿轮为64—100—97。

(5) 非标准螺纹

车削非标准螺纹时，不能用进给变速机构。这时，可将离合器M_3，M_4和M_5全部啮合，把轴XIII，XV，XVIII和丝杠连成一体，使运动由挂轮直接传动丝杠。被加工螺纹的导程S依靠调整挂轮架的传动比$i_{挂}$来实现。

为了综合分析和比较车削上述各种螺纹时的传动路线，把CA6140型车床进给传动链中加工螺纹时的传动路线表达式归纳总结如下：

$$\underset{主轴}{\text{VI}}\left\{\begin{array}{c} -\frac{58}{58}- \\ (\text{正常导程}) \\ \frac{58}{26}-\text{V}-\frac{80}{20}-\text{IV}-\left\{\begin{array}{c}\frac{50}{50}\\ \frac{80}{20}\end{array}\right\}-\text{III}-\frac{44}{44}-\text{VIII}-\frac{26}{58} \\ (\text{扩大导程})\end{array}\right\}-\text{IX}-\left\{\begin{array}{c}\frac{33}{33}\\ (\text{右螺纹})\\ \frac{33}{25}-\text{XI}-\frac{25}{33}\\ (\text{左螺纹})\end{array}\right\}-$$

$$\text{X}-\left\{\begin{array}{c}\left\{\begin{array}{c}\frac{63}{100}-\text{XII}-\frac{100}{75}\\ (\text{米、英制螺纹})\\ \frac{64}{100}-\text{XII}-\frac{100}{97}\\ (\text{模数、径节螺纹})\end{array}\right\}-\text{XIII}-\left\{\begin{array}{c}\frac{25}{36}-\text{XIV}-i_{基}-\text{XV}-\frac{25}{36}-\frac{36}{25}\\ (\text{公制及模数螺纹})\\ M_3\text{合}-\text{XV}-\frac{1}{i_{基}}-\text{XIV}-\frac{36}{25}\\ (\text{英制及径节螺纹})\end{array}\right\}-\text{XVI}-i_{倍}\\ -\frac{a}{b}-\frac{c}{d}-\text{XIII}-M_3\text{合}-\text{XV}-M_4\text{合}(\text{非标准螺纹})\end{array}\right\}-$$

$$\text{XVIII}-M_5\text{合}-\text{XIX}$$

2) 车削圆柱面和端面

(1) 传动路线

为了减少丝杠的磨损和便于操纵，机动进给是由光杠经溜板箱传动的。这时，将进给箱中的离合器M_5脱开，使轴XVIII的齿轮28与轴XX左端的56相啮合。运动由进给箱传至光杠XX，再经溜板箱中的齿轮副(36/32)×(32/56)、超越离合器及安全离合器M_8、轴XXII、蜗杆蜗轮副4/29传至轴XXIII。运动由轴XXIII经齿轮副40/48或(40/30)×(30/48)、双向离合器M_6、轴XXIV、齿轮副28/80、轴XXV传至小齿轮12。小齿轮12与固定在床身上的齿条相啮合。小齿轮转动时，就使刀架作纵向机动进给以车削圆柱面。若运动由轴XXIII经齿轮副40/48或40/30×30/48、双向离合器 M_7、轴XXVIII及齿轮副 48/48×59/18 传至横向进给丝杠XXX，就使横刀架作横向机动进给以车削端面。其传动路线表达式如下：

$$
\begin{array}{l}
\cdots \mathrm{XVIII}-\dfrac{28}{56}-\mathrm{XX}-\dfrac{36}{32}-\mathrm{XXI}-\dfrac{32}{56}-\mathrm{XXII}-\dfrac{4}{29}-\mathrm{XXIII}- \\
\qquad \text{快速移动电机}(370\ \mathrm{W}, 2600\ \mathrm{r/min})-\dfrac{13}{29}\ (\text{至}\ \mathrm{XXII})
\end{array}
$$

$$
-\left[\begin{array}{l}
-\left[\begin{array}{l} M_6\uparrow\ \dfrac{40}{48} \\ M_6\downarrow\ \dfrac{40}{30}\times\dfrac{30}{48} \end{array}\right]-\mathrm{XXIV}-\dfrac{28}{80}-\mathrm{XXV}-Z_{12}/\text{齿条} \\
-\left[\begin{array}{l} M_7\uparrow\ \dfrac{40}{48} \\ M_7\downarrow\ \dfrac{40}{30}\times\dfrac{30}{48} \end{array}\right]-\mathrm{XXVIII}-\dfrac{48}{48}-\mathrm{XXIX}-\dfrac{59}{18}-\text{横向丝杠}\ \mathrm{XXX}
\end{array}\right.
$$

(2) 纵向机动进给量

CA6140 型车床纵向机动进给量有 64 种。当运动由主轴经正常导程的米制螺纹传动路线时，可获得正常进给量。这时的运动平衡式为

$$
\begin{aligned}
f_{\text{纵}}=&\frac{58}{58}\times\frac{33}{33}\times\frac{63}{100}\times\frac{100}{75}\times\frac{25}{36}\times i_{\text{基}}\times\frac{25}{36}\times\frac{36}{25}\times i_{\text{倍}}\times\frac{28}{56} \\
&\times\frac{36}{32}\times\frac{32}{56}\times\frac{4}{29}\times\frac{40}{30}\times\frac{30}{48}\times\frac{28}{80}\times\pi\times2.5\times12\quad(\mathrm{mm/r})
\end{aligned}
$$

化简后可得

$$f_{\text{纵}}=0.711 i_{\text{基}}\, i_{\text{倍}} \tag{3-9}$$

改变 $i_{\text{基}}$ 和 $i_{\text{倍}}$ 可得到从 0.08～1.22 mm/r 的 32 种正常进给量。其余 32 种进给量可分别通过英制螺纹传动路线和扩大螺纹导程机构得到。

(3) 横向机动进给量

通过传动计算可知，横向机动进给量是纵向的一半。

3）刀架的快速移动

为了减轻工人劳动强度和缩短辅助时间，刀架可以实现纵向和横向机动快速移动。按下快速移动按钮，快速移动电动机（370 W，2600 r/min）经齿轮副 13/29 使轴XXII高速转动，再经蜗杆副 4/29、溜板箱内的转换机构，使刀架实现纵向或横向的快速移动。快移方向仍由溜板箱中双向离合器 M_6 和 M_7 控制。

刀架快速移动时，不必脱开进给传动链。为了避免仍在转动的光杠和快速电动机同时传动轴XXII，在齿轮 56 与轴XXII之间装有超越离合器 M_8。

3.2.3 CA6140 型车床的主要操纵机构

1. 双向多片摩擦离合器、制动器及其操纵机构

双向多片摩擦离合器装在轴Ⅰ上。结构原理见图 3-8。

摩擦离合器由内摩擦片 3、外摩擦片 2、止推片 10 及 11、压块 8 及空套齿轮 1 等组成。

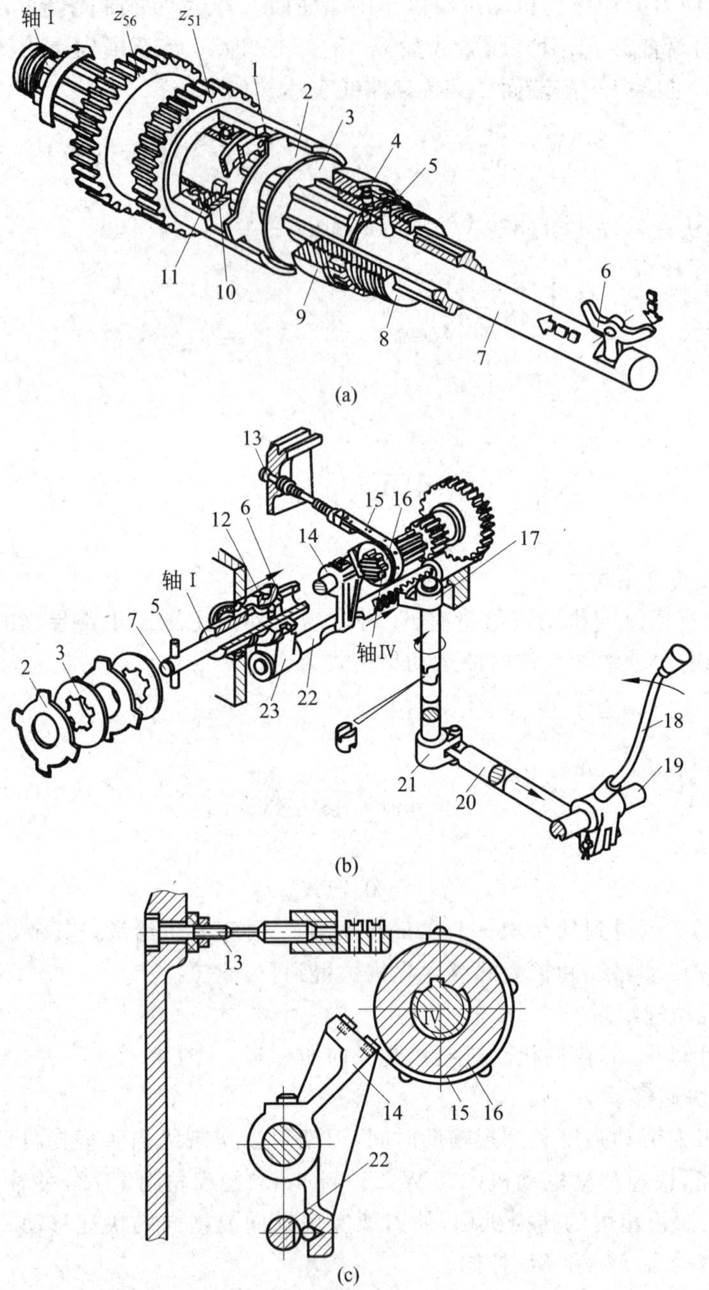

图 3-8　摩擦离合器、制动器及其操纵机构

1—空套齿轮；2—外摩擦片；3—内摩擦片；4—弹簧销；5—销；6—元宝销；7,20—杆；8—压块；9—螺母；10,11—止推片；12—滑套；13—调节螺钉；14—杠杆；15—制动带；16—制动盘；17—齿扇；18—手柄；19—操纵杆；21—曲柄；22—齿条；23—拨叉

离合器左、右两部分结构是相同的。左离合器用来传动主轴正转，用于切削加工。需传递的转矩较大，所以片数较多。右离合器传动主轴反转，主要用于退回，片数较少。

图 3-8(a)表示的是左离合器。内摩擦片 3 的孔是花键孔，装在轴Ⅰ的花键上，随轴

旋转，外摩擦片 2 的孔是圆孔，直径略大于花键外径。外圆上有 4 个凸起，嵌在空套齿轮 1 的缺口中。内、外摩擦片相间安装。当杆 7 通过销 5 向左推动压块 8 时，将内片与外片互相压紧，轴Ⅰ的转矩便通过摩擦片间的摩擦力矩传给齿轮 1，使主轴正转。同理，当压块 8 向右时，使主轴反转。压块 8 处于中间位置时，左、右离合器都脱开，轴Ⅱ及以后的各轴停转。

离合器的位置，由手柄 18 操纵(图 3-8(b))。向上扳，杆 20 向外，使曲柄 21 和齿扇 17 作顺时针转动。齿条 22 向右移动。齿条左端有拨叉 23，它卡在滑套 12 的环槽内，使滑套 12 也向右移动。滑套 12 内孔的两端为锥孔，中间为圆柱孔。当滑套 12 向右移动时，就将元宝销(杠杆)6 的右端向下压。元宝销 6 的回转中心轴装在轴Ⅰ上。元宝销 6 作顺时针方向转动时，下端的凸缘便推动装在轴Ⅰ内孔中的拉杆 7 向左移动(图 3-8(a)右端)，并通过销 5 带动压块 8 向左压紧，主轴正转。同理，将手柄 18 扳至下端位置时，右离合器压紧，主轴反转。当手柄 18 处于中间位置时，离合器脱开，主轴停止转动。为了操纵方便，在操纵杆 19 上装有两个操纵手柄 18，分别位于进给箱右侧及溜板箱右侧。

摩擦离合器还能起过载保护的作用。当机床过载时，摩擦片打滑，就可避免损坏机床。摩擦片间的压紧力是根据离合器应传递的额定转矩确定的。摩擦片磨损后，压紧力减小，可用一字头旋具将弹簧销 4 按下，同时拧动压块 8 上的螺母 9，直到螺母压紧离合器的摩擦片。调整好位置后，使弹簧销 4 重新卡入螺母 9 的缺口中，防止螺母松动。

制动器装在轴Ⅳ上，在离合器脱开时制动主轴，以缩短辅助时间。制动器的结构见图 3-8(b)和(c)。制动盘 16 是一个钢制圆盘，与轴Ⅳ花键连接。周边围着制动带 15。制动带是一条钢带，内侧有一层酚醛石棉以增加摩擦。制动带的一端与杠杆 14 连接，另一端通过调节螺钉 13 等与箱体相连。为了操纵方便并避免出错，制动器和摩擦离合器共用一套操纵机构，也由手柄 18 操纵。当离合器脱开时，齿条 22 处于中间位置。这时齿条轴 22 上的凸起正处于与杠杆 14 下端相接触的位置，使杠杆 14 逆时针摆动，将制动带拉紧。齿条轴 22 凸起的左、右边都是凹槽。左、右离合器中任一个接合时，杠杆 14 都按顺时针方向摆动，使制动带放松。制动带的拉紧程度由调节螺钉 13 调整。调整后应检查在压紧离合器时制动带是否松开。

2. 变速操纵机构

轴Ⅱ上的双联滑移齿轮和轴Ⅲ上的三联滑移齿轮用一个手柄操纵。图 3-9 是其操纵机构。变速手柄每转 1 转，变换全部 6 种转速，故手柄共有均布的 6 个位置。

变速手柄装在主轴箱的前壁上，通过链转动轴 4。轴 4 上装有盘形凸轮 3 和曲柄 2。凸轮 3 上有一条封闭的曲线槽，由两段不同半径的圆弧和直线组成。凸轮上有①～⑥共 6 个变速位置，如图 3-9 所示。位置①，②，③，杠杆 5 上端的滚子处于凸轮槽曲线的大半径圆弧处。杠杆 5 经拨叉 6 将轴Ⅱ上的双联滑移齿轮移向左端位置。位置④，⑤，⑥则将双联滑移齿轮移向右端位置。

曲柄 2 随轴 4 转动，带动拨叉 1 拨动轴Ⅲ上的三联齿轮，使它处于左、中、右 3 个位置，顺次地转动手柄，就可使两个滑移齿轮的位置实现 6 种组合，使轴Ⅲ得到 6 种转速。

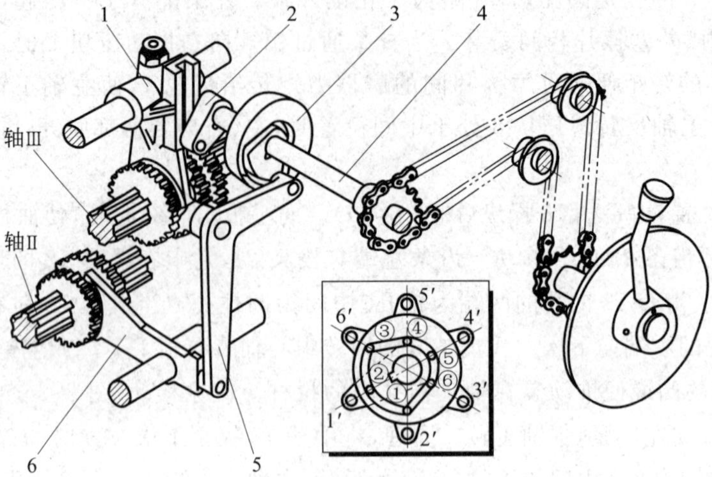

图 3-9　变速操纵机构

1,6—拨叉；2—曲柄；3—盘形凸轮；4—传动轴；5—杠杆

3.2.4　车刀

1. 整体车刀

主要是高速钢车刀，截面为正方形或矩形，俗称白钢刀，使用时可根据不同用途进行修磨。

2. 焊接车刀

在普通碳钢刀杆上镶焊(钎焊)硬质合金刀片，经过刃磨而成(图 3-10)。其优点是结构简单，制造方便，并且可以根据需要进行刃磨，硬质合金的利用也较充分，故目前在车刀中仍占相当比重。

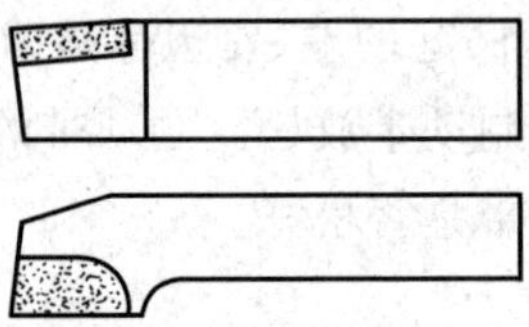

图 3-10　焊接车刀

硬质合金焊接车刀的缺点是其切削性能主要取决于工人刃磨的技术水平，与现代化生产不相适应；此外，刀杆不能重复使用，当刀片用完以后，刀杆也随之报废。在制造工艺上，由于硬质合金和刀杆材料(一般是中碳钢)的线膨胀系数不同，当焊接工艺不够合理时易产生热应力，严重时会导致硬质合金出现裂纹，因此在焊接硬质合金刀片时，应尽可能采用熔化温度较低的焊料，对刀片应缓慢加热和缓慢冷却，对于 YT30 等易产生裂纹的硬质合金，应在焊缝中放一层应力补偿片。

焊接车刀应根据刀片的形状和尺寸开出刀槽。刀槽形式有通槽、半通槽和封闭槽，如图 3-11 所示。通槽用于矩形刀片等，易加工；半通槽用于带圆弧的刀片；封闭槽焊接面积大、强度好，但焊接应力大，适用于底面面积相对较小的刀片。切断刀片宽度很小，如采用 V 形底面的加强半通槽，可获得较好的焊接强度。

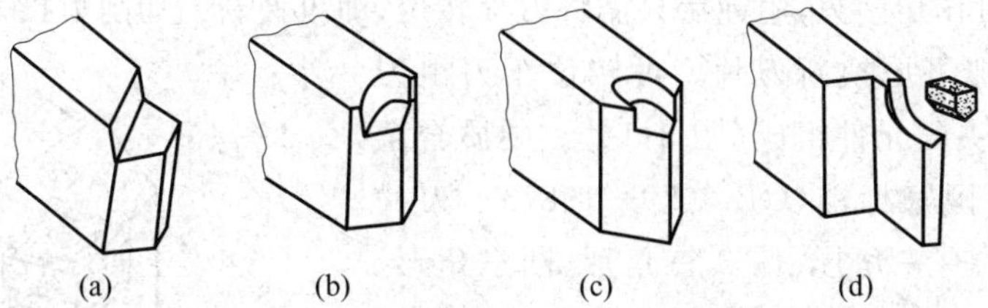

图 3-11　刀槽形式

(a) 通槽；(b) 半通槽；(c) 封闭槽；(d) 加强半通槽

3. 焊接装配式车刀

将硬质合金刀片钎焊在小刀块上，再将小刀块装配到刀杆上，这种结构多用于重型车刀。重型车刀体积和质量较大，刃磨整体车刀，劳动强度大，采用焊接装配式结构以后，只需装配小刀块，刃磨省力，刀杆也可重复使用，图 3-12 所示为焊接装配式重型车刀的一种结构。

4. 机夹车刀

将硬质合金刀片用机械夹固的方法安装在刀杆上的车刀(图 3-13)。机夹车刀只有一主切削刃，用钝后必须修磨，而且可修磨多次。其优点是刀杆可以重复使用，刀具管理简便；刀杆也可进行热处理，提高硬质合金刀片支承面的硬度和强度，这就相当于提高了刀片的强度，减少了打刀的危险性，从而可提高刀具的使用寿命；此外，刀片不经高温焊接，排除了产生焊接裂纹的可能性。

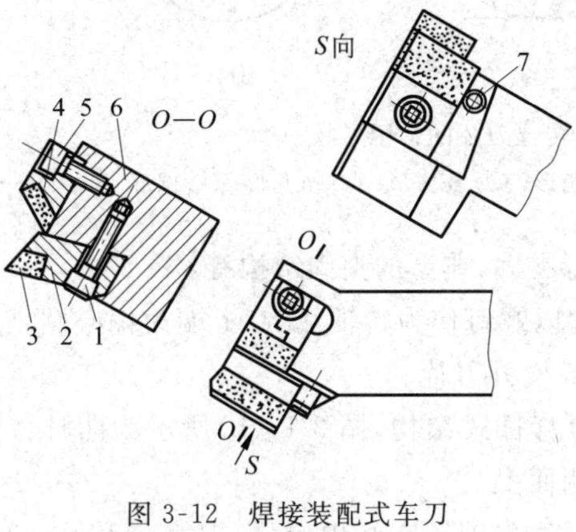

图 3-12　焊接装配式车刀

1,5—螺钉；2—小刀块；3—刀片；4—断屑器；6—刀杆；7—支承销

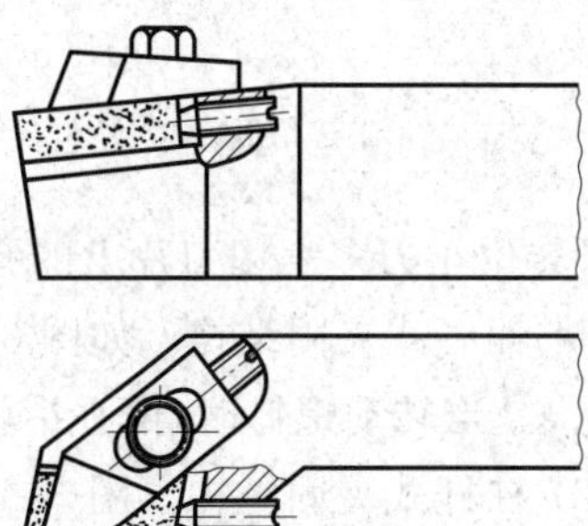

图 3-13　机夹车刀

机夹车刀在结构上要保证刀片夹固可靠，结构简单，刀片在重磨后能够调整尺寸，有时还要考虑断屑的要求。

5. 可转位车刀

可转位车刀是使用可转位刀片的机夹车刀，它与普通机夹车刀的不同点在于刀片为多边形，每一边都可作切削刃，用钝后只需将刀片转位，即可使新的切削刃投入工作，当几个切削刃都用钝后，即可更换新刀片。可转位车刀由刀杆、刀片、刀垫和夹固元件组成(图 3-14)。硬质合金可转位刀片已有国家标准(GB 2079—1987)。刀片形状很多，常用的有三角形、偏 8°三角形、凸三角形、正方形、五角形、圆形等，如图 3-15 所示。刀片大多不带后角($\alpha_{bb}=0°$)，但在每个切削刃上做有断屑槽并形成刀片的前角。有少数车刀刀片做成带后角而不带前角的，多用于内孔车刀。刀具的实际角度由刀片和刀槽的角度组合确定。

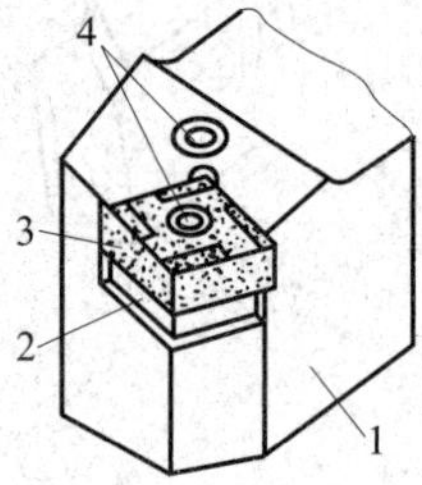

图 3-14　可转位车刀的组成

1—刀杆；2—刀垫；3—刀片；4—夹固元件

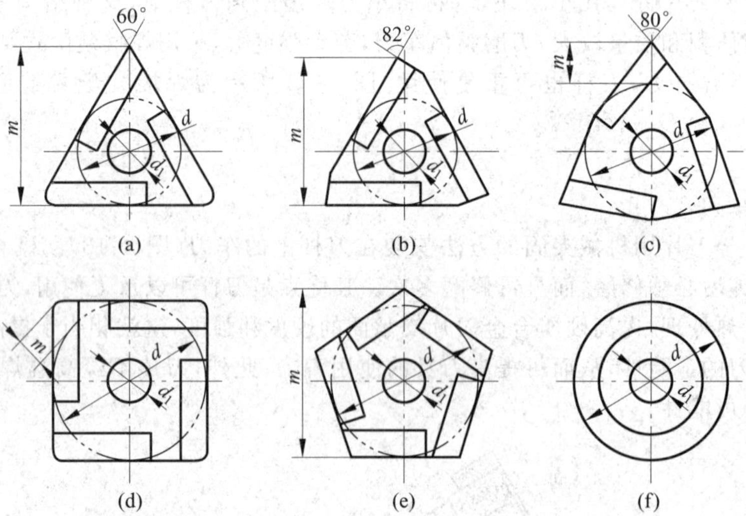

图 3-15　硬质合金可转位刀片的常用形状

(a) 三角形；(b) 偏 8°三角形；(c) 凸三角形；(d) 正方形；(e) 五角形；(f) 圆形

可转位车刀多利用刀片上的孔对刀片进行夹固，典型的夹固结构有：

(1) 偏心式夹固结构。如图 3-16 所示，它以螺钉作为转轴，螺钉上端为偏心圆柱销，偏心量为 e。当转动螺钉时，偏心销就可以夹紧或松开刀片。

(2) 杠杆式夹固结构。图 3-17(a)所示为直杆式结构，图 3-17(b)所示为曲杆式结构，利用螺钉带动杠杆转动而将刀片夹固在定位侧面上。

(3) 楔销式夹固结构。如图 3-18 所示，刀片由销子在孔中定位，楔块向下运动时将刀片夹固在内孔的销子上，松开螺钉时，弹簧垫圈自动抬起楔块。

(4) 上压式夹固结构。如图 3-19 所示，它仅用于夹固不带孔的刀片。其结构应力求小巧，夹固元件的位置应避开切屑的流出方向，以免阻塞流屑。

6. 成形车刀

成形车刀是加工回转体成形表面的专用工具，它的切削刃形状是根据工件的廓形设计的。用成形车刀加工，只要一次切削行程就能切出成形表面，操作简单，生产率较高，成形表

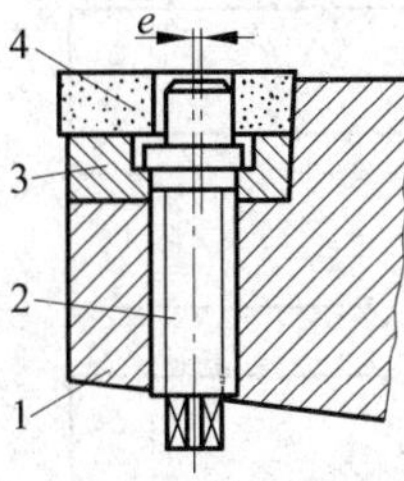

图 3-16　偏心式夹固结构

1—刀杆；2—偏心螺钉销；

3—刀垫；4—刀片

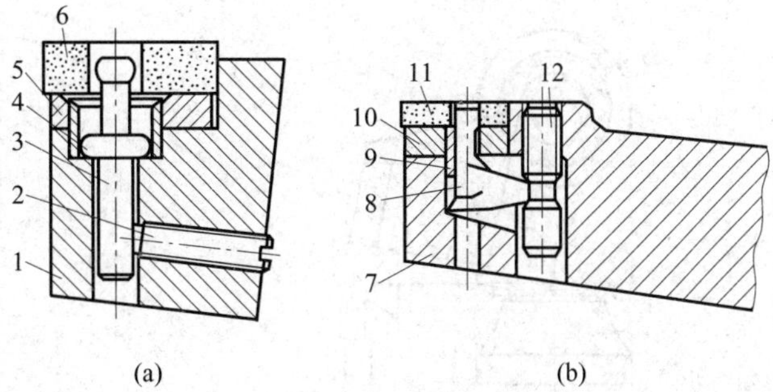

图 3-17　杠杆式夹固结构

(a) 直杆式；(b) 曲杆式

1,7—刀杆；2,12—螺钉；3—杠杆；4—弹簧套；

5,10—刀垫；6,11—刀片；8—曲杆；9—半圆弹簧片

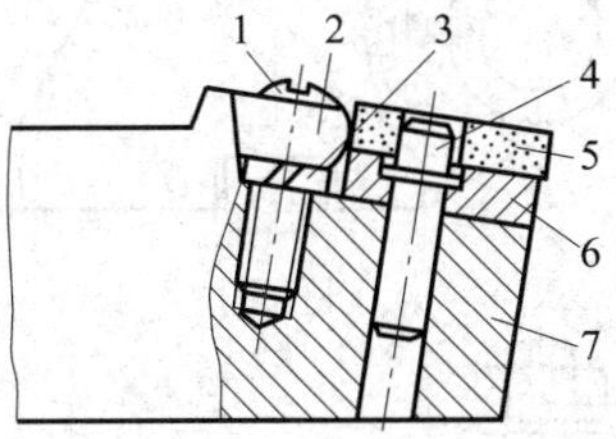

图 3-18　楔销式夹固结构

1—压紧螺钉；2—楔块；3—弹簧垫圈；

4—柱销；5—刀片；6—刀垫；7—刀杆

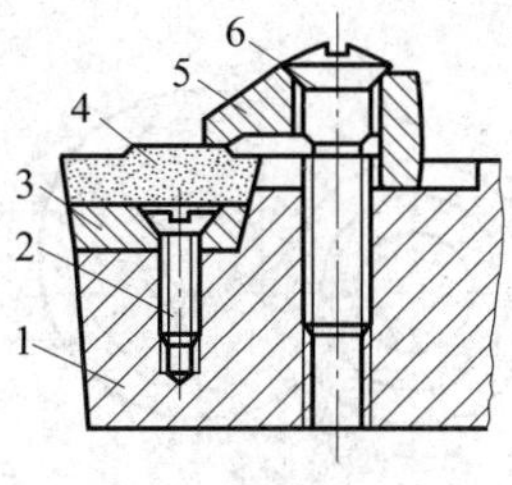

图 3-19　上压式夹固结构

1—刀杆；2,6—螺钉；3—刀垫；

4—刀片；5—压板

面的精度与工人技术水平无关，主要取决于刀具切削刃的制造精度。它可以保证被加工工件表面形状和尺寸精度的一致性和互换性，加工精度可达 IT9～IT10，表面粗糙度 $Ra6.3$～$Ra3.2$。成形车刀的可重磨次数多，使用寿命较长，但是刀具的设计和制造较复杂，成本较高，故主要用在小型零件的大批量生产中。由于成形车刀的刀刃形状复杂，用硬质合金作为刀具材料时制造比较困难，因此多用高速钢作为刀具材料。

1) 平体成形车刀

如图 3-20 所示，它的外形呈平条状，和普通车刀的外形相似，但其切削刃是成形的。螺纹车刀及铲齿车刀就是属于这类成形车刀。

2) 棱体成形车刀

如图 3-21 所示，它的外形是棱柱体，可重磨次数比平体成形车刀多，只能用来加工外成形表面。一般用专用刀夹夹住车刀的燕尾部分，安装在普通车床或自动车床刀架上(图 3-22)。

3) 圆体成形车刀

如图 3-23 所示，它的外形是回转体。由于刀体是圆柱状，重磨时磨前刀面，因此可重磨次数更多，而且可以加工内、外成形表面。圆体成形车刀以圆柱孔作为定位基准套装在刀夹上进行安装(图 3-24)。

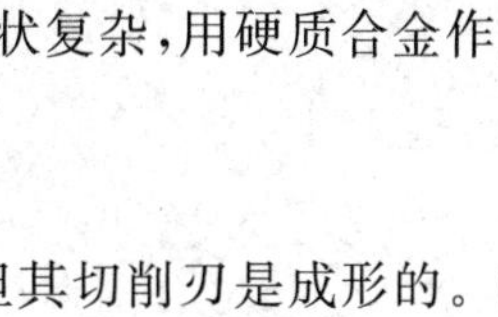

图 3-20　平体成形车刀

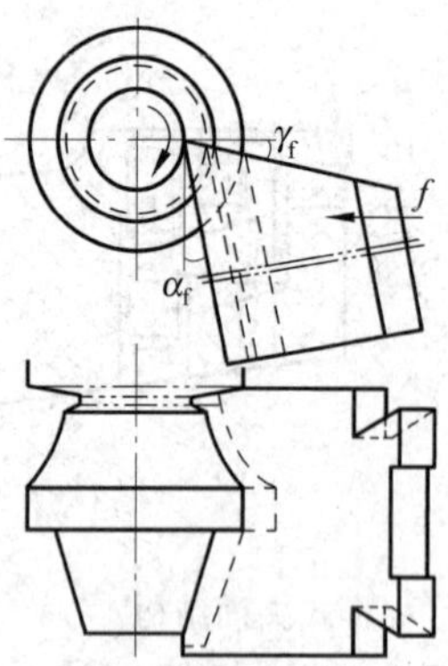

图 3-21　棱体成形车刀

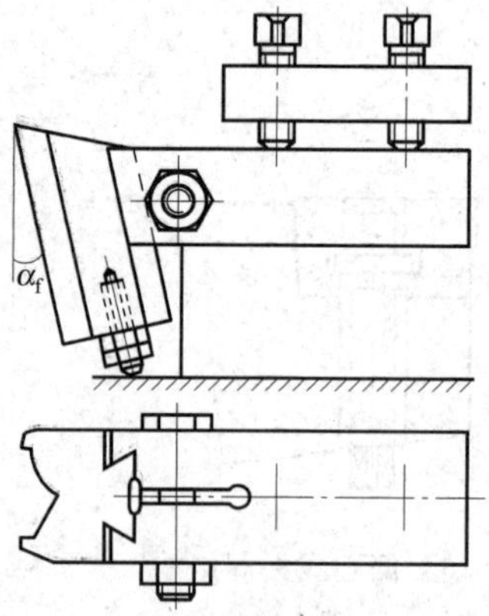

图 3-22　棱体成形车刀的装夹

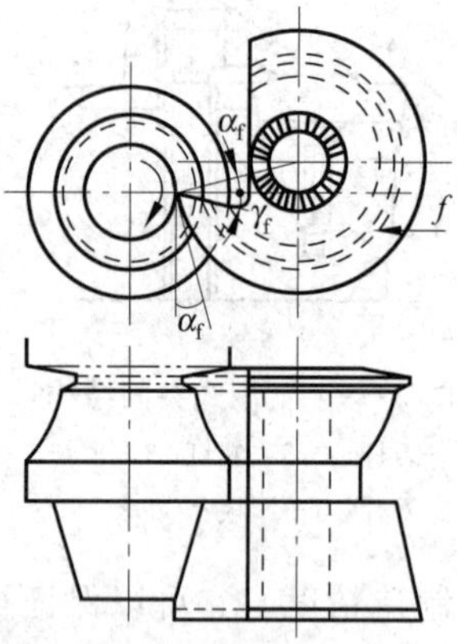

图 3-23　圆体成形车刀

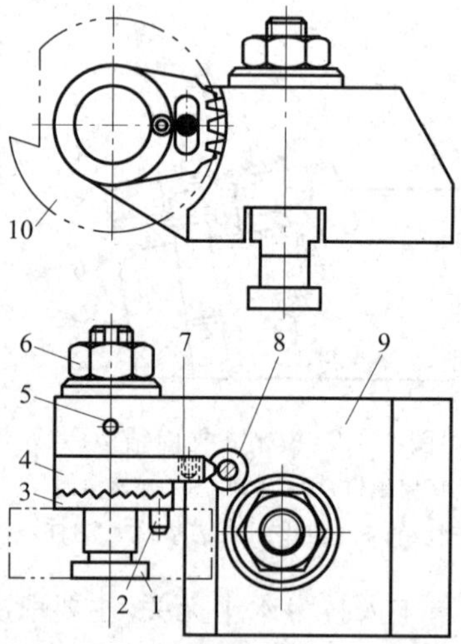

图 3-24　圆体成形车刀的装夹

1—螺杆；2,5,7—销子；3—齿环；4—扇形板；6—螺母；8—蜗杆；9—刀夹；10—车刀

3.3　钻床和麻花钻

3.3.1　钻床的加工范围与分类

钻床是孔加工用机床，主要用来加工外形较复杂，没有对称回转轴线的工件上的孔（这些孔不适合在车床上以工件旋转的方式加工），如箱体、机架等零件上的各种孔。在钻床上加工时，工件不动，刀具作旋转主运动，同时沿轴向移动，作进给运动。钻床可完成钻孔、扩孔、铰孔、钻埋头孔、锪平面以及攻螺纹等工作。使用的孔加工工具主要有麻花钻、中心钻、深孔钻、扩孔钻、铰刀、丝锥、锪钻等。钻床的加工方法及所需的运动如图 3-25 所示。

钻床可分为立式钻床、台式钻床、摇臂钻床以及深孔钻床等。

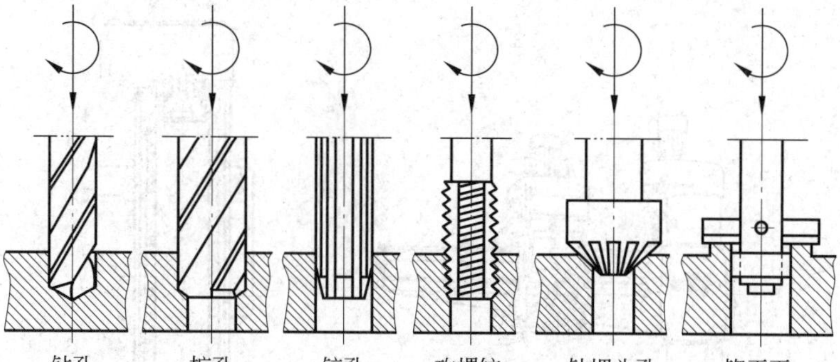

图 3-25　钻床的加工方法

1. 立式钻床

图 3-26 是立式钻床的外形。变速箱 4 固定在立柱 5 的顶部，内装主电动机和变速机构及其操纵机构。进给箱 3 内有主轴 2 和进给变速机构及操纵机构。进给箱 3 右侧的手柄用于使主轴升降。工件放在工作台 1 上。工作台 1 和进给箱 3 都可沿立柱 5 调整其上下位置，以适应不同高度的工件。立式钻床还有其他一些形式。例如，有的立式钻床变速箱和进给箱合为一个箱；有的立式钻床立柱截面是圆的。

立式钻床上用移动工件的办法来对准孔中心与主轴，因而操作不便，生产率不高，常用于单件、小批生产中加工中、小型工件。

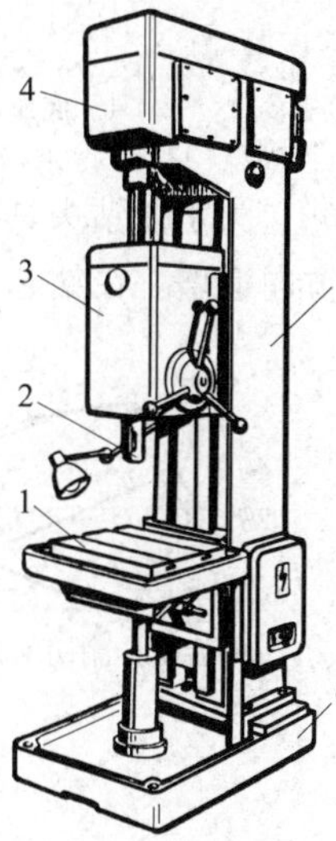

图 3-26　立式钻床

1—工作台；2—主轴；3—进给箱；4—变速箱；5—立柱；6—底座

2. 摇臂钻床

在大型零件上钻孔，希望工件不动，钻床主轴能任意调整其位置。这就是摇臂钻床。图 3-27(a)是摇臂钻床的外形。底座 1 上装立柱。立柱分为两层：内层 2 固定在底座 1 上，外层 3 由滚动轴承支承，可绕内层转动，如图 3-27(b)所示。摇臂 4 可沿外立柱 3 升降。主轴箱 5 可沿摇臂的导轨作水平移动。这样，就可很方便地调整主轴 6 的位置。工件可以安装在工作台上。如果工件较大，也可移走工作台，直接装在底座上。摇臂钻床广泛地用于大、中型零件的加工。

3.3.2　麻花钻

1. 麻花钻的结构与几何参数

麻花钻刀体结构如图 3-28 所示。麻花钻有两条主切削刃和两条副切削刃。两条螺旋槽钻沟形成前刀面，主后刀面在钻头端面上。钻头外缘上两小段窄棱边形成的刃带是副后刀面，钻孔时刃带起着导向作用，为减小与孔壁的摩擦，向柄部方向有减小的倒锥量，从而形成

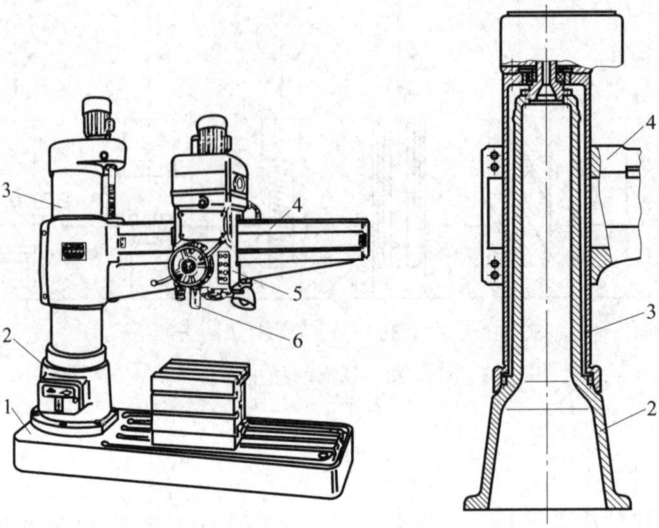

(a) (b)

图 3-27　摇臂钻床

1—底座；2—立柱内层；3—立柱外层；4—摇臂；5—主轴箱；6—主轴

副偏角 κ_r'。为了使钻头具有足够的强度，麻花钻的中心有一定的厚度，形成钻芯，钻芯直径 d_c 向柄部方向递增。在钻芯上的切削刃叫横刃，两条主切削刃通过横刃相连接。

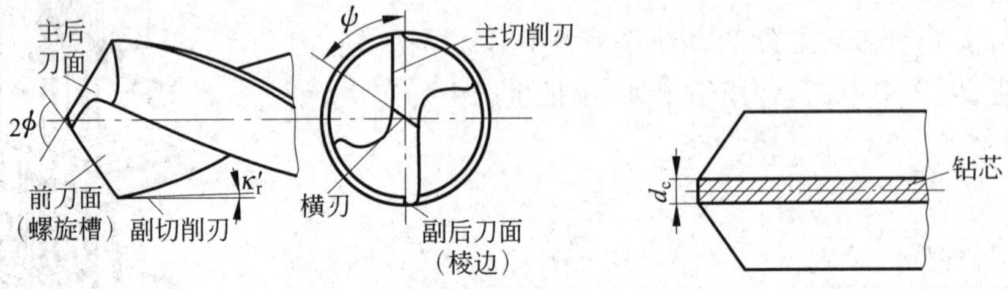

(a) (b)

图 3-28　高速钢麻花钻

表示麻花钻切削部分结构的几何参数主要有以下几个。

1）基面 P_r 与切削平面 P_s

主切削刃上各点因其切削速度方向不同，切削平面位置也不同，同理，基面位置也不同（图 3-29(a)），但基面总是包含钻头轴线的平面。图 3-29(b)表示了切削刃最外缘 A 点的基面和切削平面。

2）螺旋角 β

麻花钻螺旋槽上各点的导程 P 相等，因而在主切削刃上半径不同的点的螺旋角不相等。图 3-30(a)为钻头螺旋槽的展开图。由图可知，切削刃上最外缘点的螺旋角 β(称为钻头的螺旋角)可由下式求出：

$$\tan\beta=\frac{2\pi R}{P} \tag{3-10}$$

切削刃上任一点 y 的螺旋角 β_y 可由下式求出：

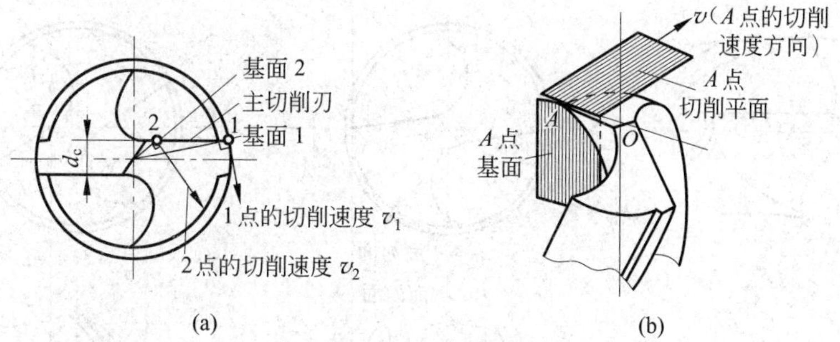

图 3-29 麻花钻的基面与切削平面

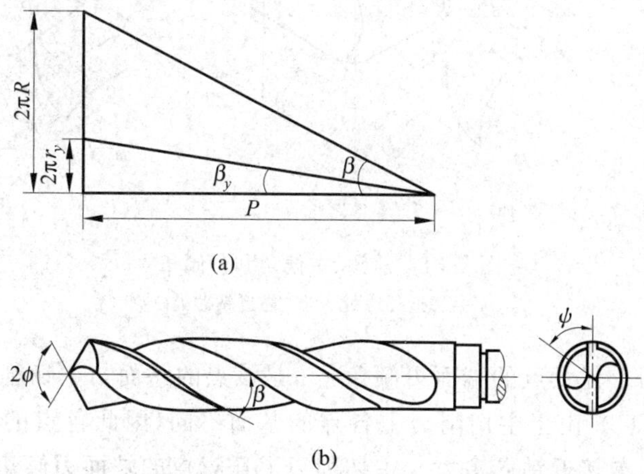

图 3-30 麻花钻的螺旋角

$$\tan\beta_y = \frac{2\pi r_y}{P} = \frac{r_y}{R}\tan\beta \tag{3-11}$$

式中：R 为钻头半径；r_y 为主切削刃上任一点 y 的半径。

由式(3-10)、式(3-11)可知，钻头外缘处的螺旋角最大，越靠近钻头中心，其螺旋角越小。螺旋角实际上就是钻头的进给前角 γ_f，因此，螺旋角越大，钻头的进给前角越大，钻头越锋利。但是螺旋角过大，会削弱钻头强度，散热条件也差。标准麻花钻的螺旋角一般在 18°～30°范围内，大直径钻头取大值(见表 3-4)。

表 3-4 麻花钻的螺旋角

钻头直径 d_0/mm	0.25～0.35	0.4～0.45	0.5～0.7	0.75～0.95	1.0～1.9	2.0～2.9	3.0～3.4	3.5～4.4	4.5～6.4	6.5～8.4	8.5～9.9	10～80
螺旋角 β/(°)	18	19	20	21	22	23	24	25	26	27	28	30

3）刃倾角 λ_s 与端面刃倾角 λ_t

由于麻花钻的主切削刃不通过钻头轴线，从而形成刃倾角 λ_s，它是在切削平面内主切削刃与基面之间的夹角。因为主切削刃上各点基面与切削平面位置不同，因此刃倾角也是变化的。图 3-31 的 P_s 向视图中表示出主切削刃上最外缘处的刃倾角。

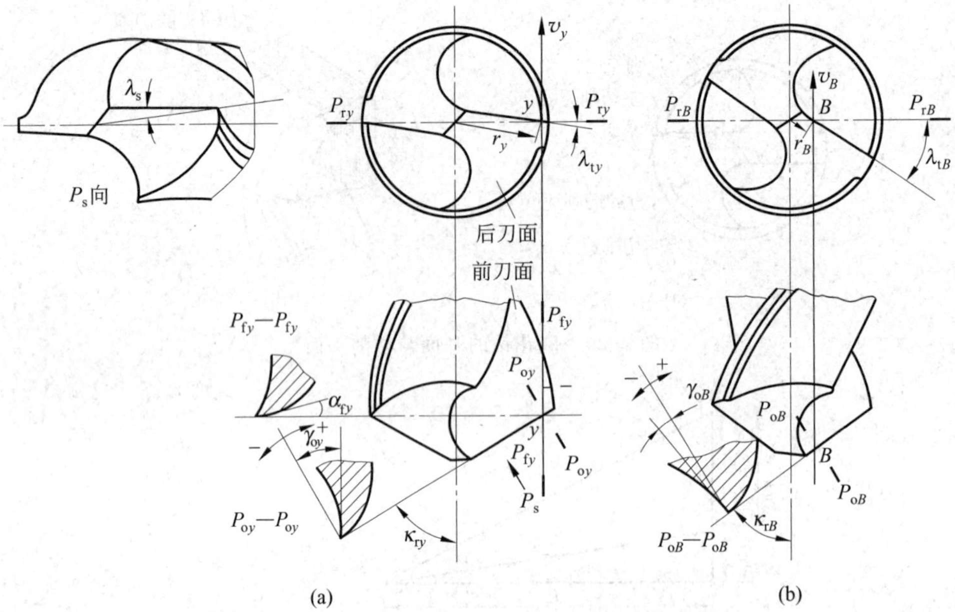

图 3-31 前角、主偏角和刃倾角

(a) 靠近外缘处；(b) 靠近钻芯处

麻花钻主切削刃上任意点的端面刃倾角 λ_{ty}，是该点的基面与主切削刃在端面投影中的夹角，为负值(图 3-31)。由于主切削刃上各点的基面不同，因此各点的端面刃倾角也不相等，外缘处其值最小，愈接近钻芯愈大。主切削刃上任意点的端面刃倾角可按下式计算：

$$\sin\lambda_{ty} = -\frac{d_c}{2r_y} \tag{3-12}$$

式中：d_c 为钻芯直径，mm；r_y 为主切削刃上任意点的半径，mm。

麻花钻主切削刃上任意点的刃倾角与端面刃倾角的关系为

$$\sin\lambda_{sy} = \sin\lambda_{ty}\sin\phi \tag{3-13}$$

式中：ϕ 为标准麻花钻顶角的一半。

4) 顶角 2ϕ 与主偏角 κ_r

钻头的顶角 2ϕ 是两个主切削刃在与其平行的平面上投影的夹角(参见图 3-30(b))。标准麻花钻取顶角 $2\phi=118°$。

钻头的主偏角 κ_r 是主切削刃在基面上的投影与进给方向的夹角(图 3-31)。由于主切削刃上各点基面位置不同，因此主切削刃上各点的主偏角也是变化的。

主切削刃上任意点的主偏角 κ_{ry} 可按下式计算：

$$\tan\kappa_{ry} = \tan\phi\cos\lambda_{ty} \tag{3-14}$$

由式(3-14)可见，愈接近钻芯，主偏角愈小。

5) 副偏角 κ_r'

为了减小导向部分与孔壁的摩擦，除了在国家标准中规定直径大于 0.75 mm 的麻花钻在导向部分上制有两条窄的棱边，还规定直径大于 1 mm 的麻花钻有向柄部方向减小的直径倒锥量(每 100 mm 长度上减小 0.03～0.12 mm)，从而形成副偏角 κ_r'

(图 3-28(a))。

6) 前角 γ_o

麻花钻主切削刃上任意点的前角 γ_{oy} 是在主剖面(图 3-31 中 $P_{oy}—P_{oy}$ 剖面)测量的前刀面与基面之间的夹角,前角 γ_{oy} 可用下式计算:

$$\tan\gamma_{oy} = \frac{\tan\beta_y}{\sin\kappa_{ry}} + \tan\lambda_{ty}\cos\kappa_{ry} \tag{3-15}$$

式中:β_y 为任意点的螺旋角;κ_{ry} 为任意点的主偏角;λ_{ty} 为任意点的端面刃倾角。

由式(3-15)可知,麻花钻主切削刃各点前角变化很大,从外缘到钻芯,前角由 30°减到 −30°,如图 3-32 所示。

7) 后角 α_f

麻花钻主切削刃上任意点的后角 α_{fy} 是在以钻芯为轴心线的圆柱面的切平面上测量的,如图 3-33 所示。这是由于主切削刃在进行切削时作圆周运动,进给后角比较能够反映钻头后刀面与加工表面之间的摩擦关系,同时测量也方便。

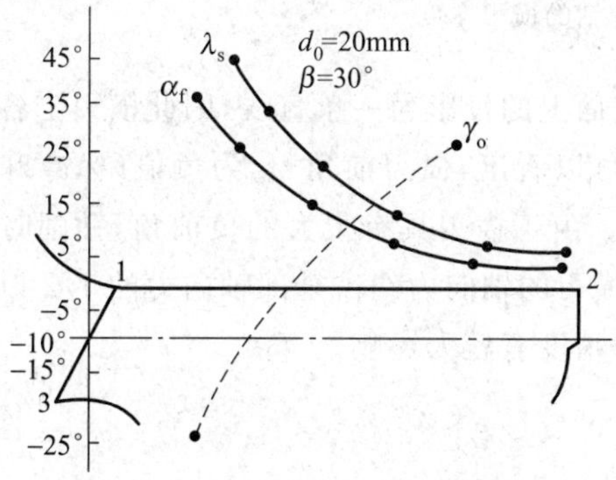

图 3-32　主切削刃上各点角度变化

1-2—主切削刃位置;1-3—横刃位置

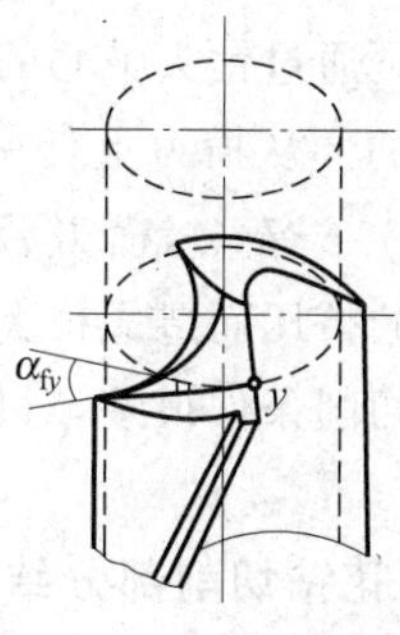

图 3-33　麻花钻的后角

刃磨后角时,应沿主切削刃使后角从外缘到中心逐渐增大(图 3-32),这是因为:

(1) 钻削时,除了回转运动外,还有直线进给运动,切削刃上任意点的运动轨迹是螺旋线,展开后如图 3-34 所示为一条倾斜 μ 角的斜线。此时切削刃上该点的工作后角 α_e 为

$$\alpha_e = \alpha_{fy} - \mu \tag{3-16}$$

式中:α_{fy} 为主切削刃上任一点的后角;

μ 为切削平面所改变的角度,$\mu = \arctan(f/\pi d_y)$,d_y 为钻头上任一点 y 处的直径,mm;f 为进给量,mm/r。

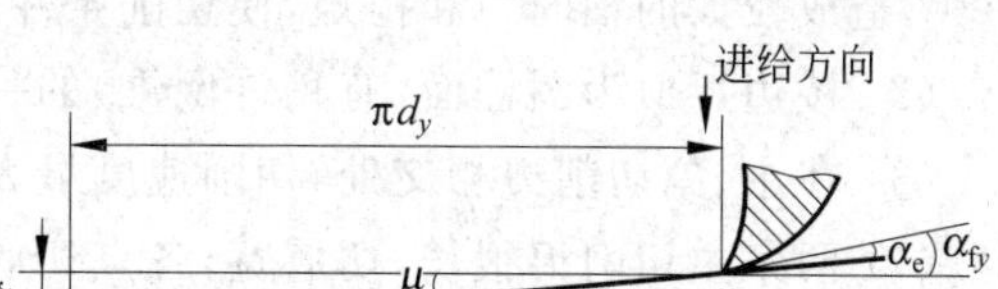

图 3-34　钻头的工作后角

μ 随 d_y 的减小而增大,故越靠近钻芯,工作后角 α_e 越小。这样就要求在刃磨后角时,越靠近钻芯处后角刃磨得越大,以弥补 μ 的影响。

(2) 与前角变化相适应,使主切削刃上各点的楔角保持一定数值,不致相差太大。

(3) 中心处的后角加大后,可改善横刃处的切削条件。

麻花钻的副后角等于 0°。

8）横刃角度

横刃是两个主后刀面的相交线(图 3-35)。b_ψ 为横刃长度；在端面投影上，横刃与主切削刃之间的夹角为横刃斜角 ψ，标准麻花钻的横刃斜角 $\psi=50°\sim55°$。当后角磨得偏大时，横刃斜角减小，横刃长度增大。因此，在刃磨麻花钻时，可以通过观察 ψ 角的大小来判断后角是否磨得合适。

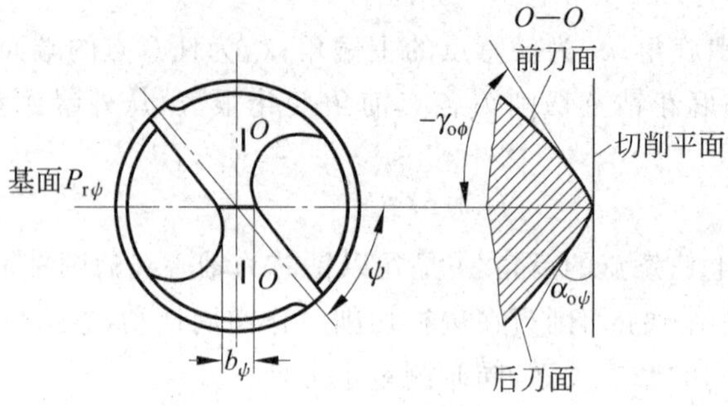

图 3-35　麻花钻的横刃宽度

横刃是通过钻头中心的，并且它在钻头端面上的投影为一条直线，因此横刃上各点的基面是相同的。从横刃上任一点的主剖面 P_o 可以看出，横刃前角 $\gamma_{o\psi}$ 为负值(标准麻花钻的 $\gamma_{o\psi}=-60°\sim-54°$)，横刃后角 $\alpha_{o\psi}=30°\sim36°$。由于横刃具有很大的负前角，钻削时横刃处发生严重的挤压而造成很大的轴向力。通常横刃的轴向力约占全部轴向力的 1/2 以上。由于横刃处切削条件很差，对加工工件孔的尺寸精度有较大影响。

2. 麻花钻切削部分结构的分析与改进

1）标准高速钢麻花钻存在的问题

标准麻花钻虽经多年使用，结构不断改进，但在切削部分几何形状上仍存在如下一些问题：

(1) 沿主切削刃各点前角值差别很大(由＋30°至－30°)，横刃上的前角竟达－54°～－60°，造成较大的轴向力和扭矩，使切削条件恶化。

(2) 棱边近似为圆柱面(有稍许倒锥)的一部分，副后角为 0°，摩擦严重。

(3) 在主、副切削刃相交处，切削速度最大，散热条件最差，因此磨损很快。

(4) 两条主切削刃很长，切屑宽，各点切屑流出速度相差很大，切屑呈宽螺卷状，排屑不畅，切削液难以注入切削区。

(5) 横刃较长，其前、后角与主切削刃后角不能分别控制。

2）标准高速钢麻花钻切削部分的修磨与改进

针对上述麻花钻存在的问题，使用时对钻头切削部分加以修磨改进，则可显著改善钻头切削性能，提高钻削生产率，一般常采用以下措施：

(1) 修磨横刃。可采用将整个横刃磨去(图 3-36(a))、磨短横刃(图 3-36(b))、加大横刃前角(图 3-36(c))、磨短横刃同时加大前角(图 3-36(d))等修磨形式改善麻花钻横刃的切削性能。

(2) 修磨前刀面。加工较硬材料时，可将主切削刃外缘处的前刀面磨去一部分，适当减

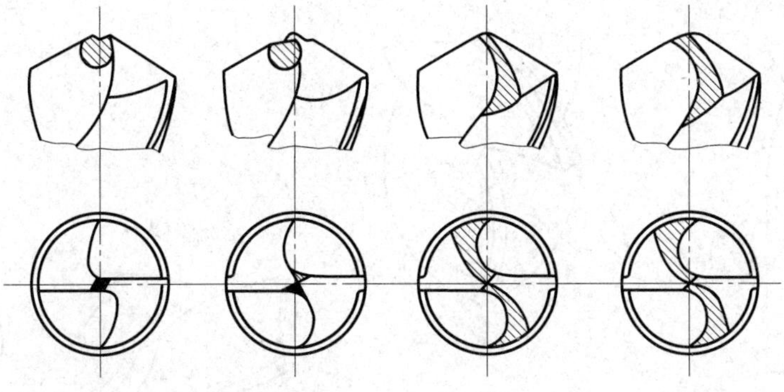

图 3-36　横刃修磨形式

小该处前角，以保证足够强度(图 3-37(a))；当加工较软材料时，在前刀面上磨出卷屑槽，加大前角，减小切屑变形，降低切削温度，改善工件表面加工质量(图 3-37(b))。

(3) 修磨棱边。标准高速钢麻花钻的副后角为 0°，在加工无硬皮的工件时，为了减少棱边与工件孔壁的摩擦，减少钻头磨损，对于直径大于 12 mm 的钻头，可按图 3-38 所示的方法磨出副后角 $\alpha_1=6°\sim8°$，并留下宽度为 0.1～0.2 mm 的窄棱边。实践证明，经修磨后的钻头，其耐用度可提高 1 倍左右。

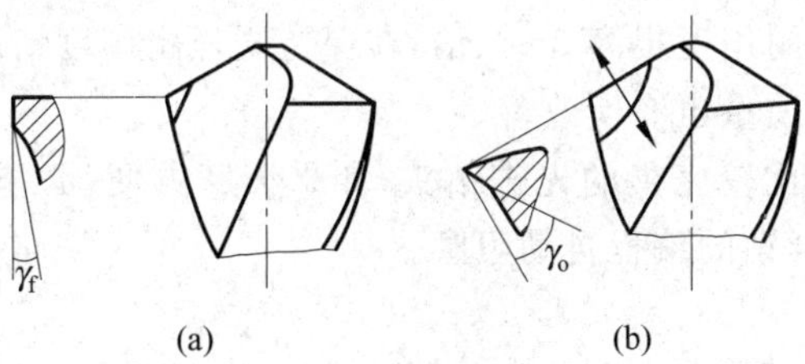

图 3-37　修磨前刀面

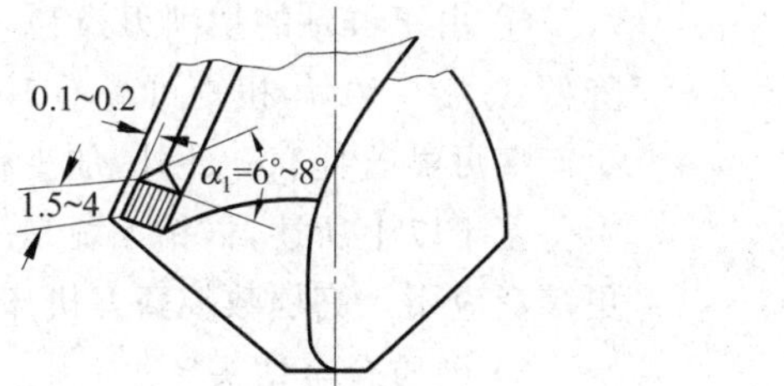

图 3-38　修磨棱边

(4) 修磨切削刃。为了改善散热条件，减小主副切削刃相交处的磨损，在主、副切削刃交接处磨出过渡刃，形成双重顶角(图 3-39(a))或三重顶角，后者用于大直径钻头。普遍采用的一种圆弧刃钻头(图 3-39(b))，就是将标准麻花钻的主切削刃外缘段修磨成圆弧。该段切削刃上各点顶角由里向外逐渐变小，从而增长了切削刃，减轻了切削刃单位长度上的负荷，而且还改善了转角处的散热条件，提高了耐用度。采用圆弧刃钻头钻孔还可获得较高的加工表面质量和精度。

(5) 磨出分屑槽。在钻头后刀面上磨出分屑槽(图 3-40)有利于排屑及切削液的注入，大大改善了切削条件，特别适用于在韧性材料上加工较深的孔。为了避免在孔壁表面上留下凸起部分，两条主切削刃上的分屑槽位置必须互相错开。

(6) 综合应用上述措施的群钻。群钻是综合应用了上述措施，用标准高速钢麻花钻修磨而成的。图 3-41 所示为 $d_0>15\sim40$ mm 的标准群钻，先磨出两条外刃(AB)，然后再在两个后刀面上分别磨出月牙形圆弧槽(BC)，最后修磨横刃，使之缩短、变尖、变低，以形成两条内刃(CD)，留下一条窄横刃 b，此外，在外刃上还磨出分屑槽。群钻切削部分的特殊结构获得了下列效果：

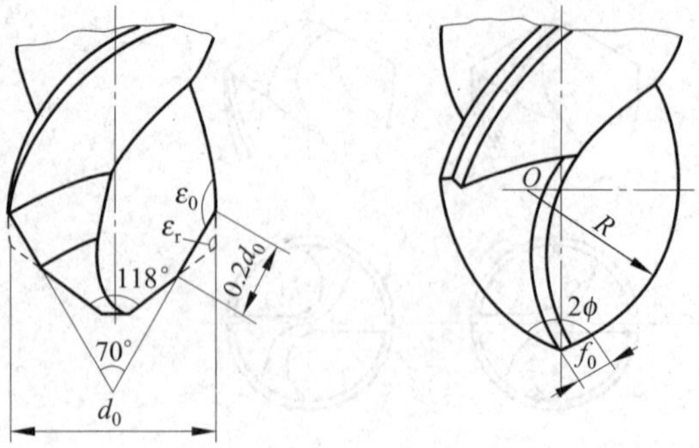

(a)　　　　(b)

图 3-39　修磨切削刃

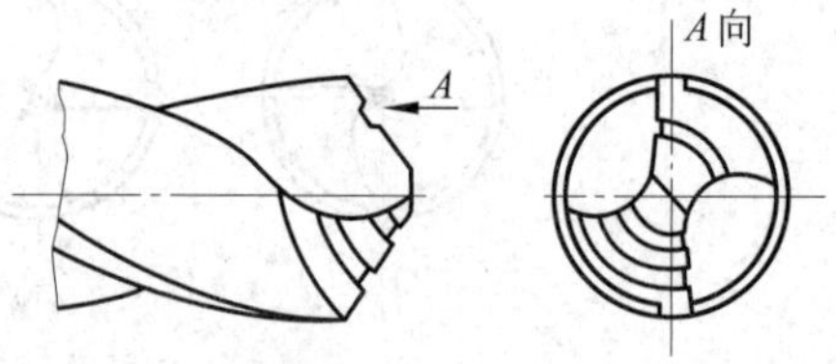

图 3-40　磨出分屑槽

① 横刃及其附近的主切削刃上各段前角都有不同程度的增大，圆弧刃(BC)平均增大10°；内刃(CD)平均增大25°，横刃增大4°～6°，大大改善了切削条件。

② 圆弧刃(BC)不仅能起到良好的分屑作用，由于它在工件上切出一个凸形环圈，切削时能够很好定心，钻头不易偏摆，增加了钻削过程的稳定性。

③ 横刃缩短，前角增大，显著减少了其不利影响，可大大提高进给量。为保证横刃处一定的强度，应尽可能降低钻尖高度 h，适当增大内刃顶角。

④ 由于群钻的切削刃锋利，切屑变形小，加工钢件时，与标准麻花钻相比，其轴向力可降低35%～50%，扭矩可减小10%～30%，耐用度提高3～5倍，在保持同样耐用度情况下，生产率可显著提高。此外，加工精度与表面质量也有所改善。

基于以上所述，群钻无疑是一种修磨得比较完善的先进钻头，如果刃磨方便，必能获得更广泛应用。高档数控磨刀机床可以完成群钻的编程自动刃磨。

3）硬质合金钻头

近年来，硬质合金钻头已逐渐得到广泛应用，特别是对加工铸铁等脆性材料，其耐用度和生产率比高速钢钻头有显著提高(图3-42)。

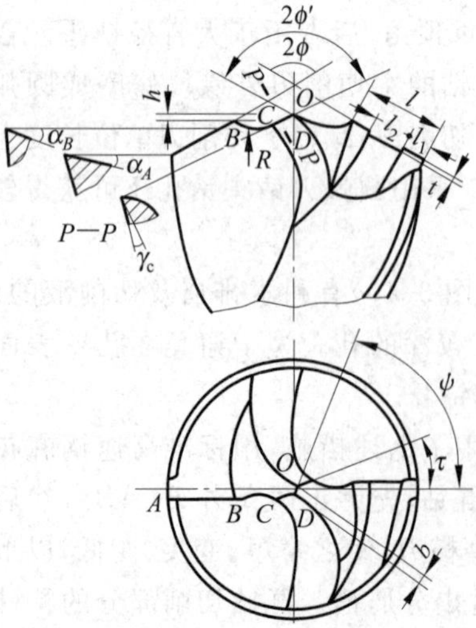

图 3-41　中型标准群钻

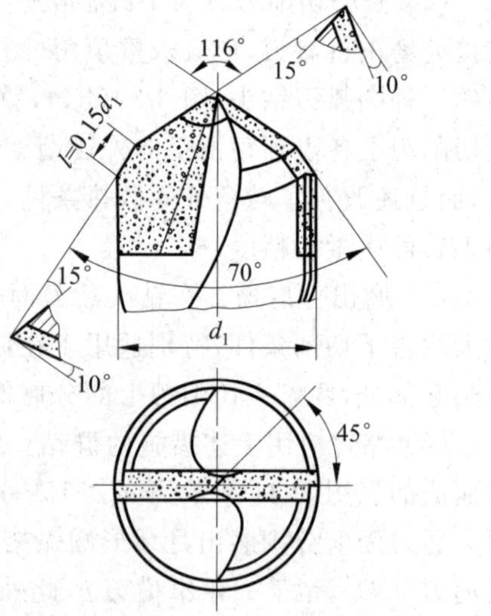

图 3-42　钻铸铁孔用硬质合金钻头

3.4 铣床和铣刀

3.4.1 铣床的功用和类型

铣床用多刃的铣刀以连续进给方式进行切削，生产率比刨床高，加工表面质量也较高。铣床的工艺范围很广，主要用来加工平面，也可加工沟槽、螺旋面等。装上分度头还可进行分度加工，如铣削齿轮。在机器制造业中，铣床的应用较广。

铣床的主要类型有升降台式铣床、床身铣床、龙门铣床、工具铣床以及仿形铣床等和各种专门化铣床。

1. 升降台式铣床

升降台式铣床是铣床中的主要品种，有卧式升降台铣床、万能升降台铣床和立式升降台铣床三大类，适用于单件、小批及成批生产中加工小型零件。

卧式升降台铣床的主轴是水平的，简称卧铣。图 3-43 为卧式铣床的外形。床身 1 固定在底座 8 上，内装主电动机、主运动变速机构及其操纵机构和主轴。床身顶部的导轨上装有悬梁 2，可以沿水平方向调整其位置。铣刀杆 3 上装铣刀，一端插入主轴，另一端由悬梁上的挂架 6 支承。升降台 7 可沿床身的竖导轨升降，以适应工件不同的厚度。滑座 5 可以在升降台上作横向运动，工作台 4 可在滑座上作纵向运动。升降台内装有进给电动机和进给变速、传动和操纵机构，使工作台、滑座和升降台分别作纵向、横向和升降的进给和快速移动。工件固定在工作台顶面上。

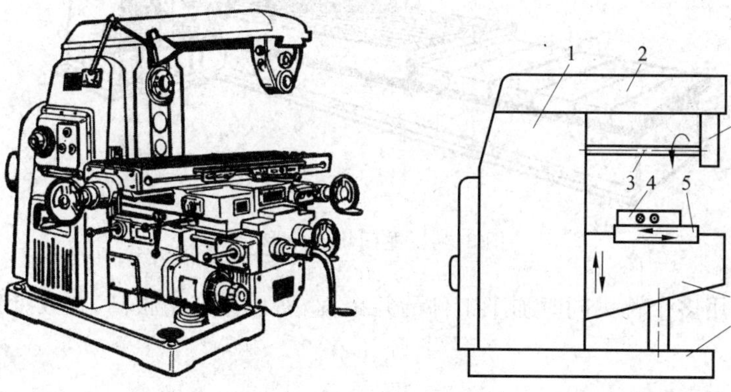

(a) (b)

图 3-43 卧式升降台铣床

万能铣床与卧式升降台铣床的差别，仅在于滑座 5 之上有回转盘，工作台 4 在回转盘的导轨上移动。回转盘可绕竖轴在±45°范围内转动。因此，工作台的运动方向就不一定与横向垂直，而是可以与横向成±45°内的任意角度，以便铣削各种角度的螺旋槽。

立式升降台铣床的主轴是竖直的，简称立铣。立铣床可以加工平面、斜面、沟槽、台阶、齿轮、凸轮以及封闭轮廓表面等。

2. 床身铣床

床身铣床的工作台不作升降运动，故又称工作台不升降铣床。机床的竖直运动由安装在立柱上的主轴箱完成。这样做可以提高机床的刚度，以便采用较大的切削用量。这类机床常用以加工中等尺寸的零件。

这类铣床的工作台有圆形和矩形两类。

3. 龙门铣床

龙门铣床是一种大型高效通用铣床，主要用于加工各类大型工件上的平面、沟槽等。图 3-44是龙门铣床的外形，机床呈框架式。横梁 5 可以在立柱 4 上升降，以适应工件的高度。横梁上装两个立式铣削主轴箱(立铣头)3 和 6。两根立柱上分别装两个卧铣头 2 和 8。每个铣头都是一个独立的部件，内装主运动变速机构、主轴和操纵机构。工作台 9 上装工件。工作台可在床身 1 上作水平的纵向运动。立铣头可在横梁上作水平的横向运动。卧铣头可在立柱上升降。这些运动都可以是进给运动，也都可以是调整铣头与工件间相对位置的快速调位(辅助)运动。主轴装在主轴套筒内，可以手摇伸缩，以调整切深。

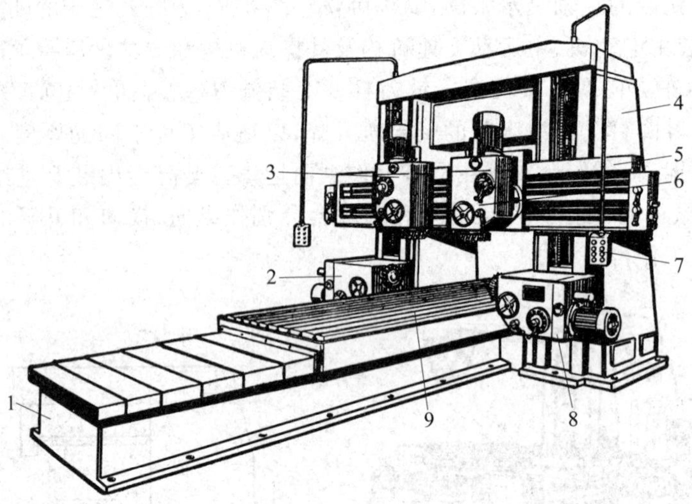

图 3-44　龙门铣床外形

龙门铣床可用多个铣头同时加工工件的几个面，所以生产率很高，在成批和大量生产中得到广泛的应用。

3.4.2 铣刀

1. 铣刀的种类

铣刀的种类很多，一般按用途分类，也可按齿背形式分类。

1) 按用途分类

(1) 圆柱铣刀。如图 3-45(a)所示，它用于卧式铣床上加工平面。主要用高速钢制造，也可以镶焊螺旋形的硬质合金刀片。圆柱铣刀采用螺旋形刀齿以提高切削工作的平稳性。

圆柱铣刀仅在圆柱表面上有切削刃，没有副切削刃。

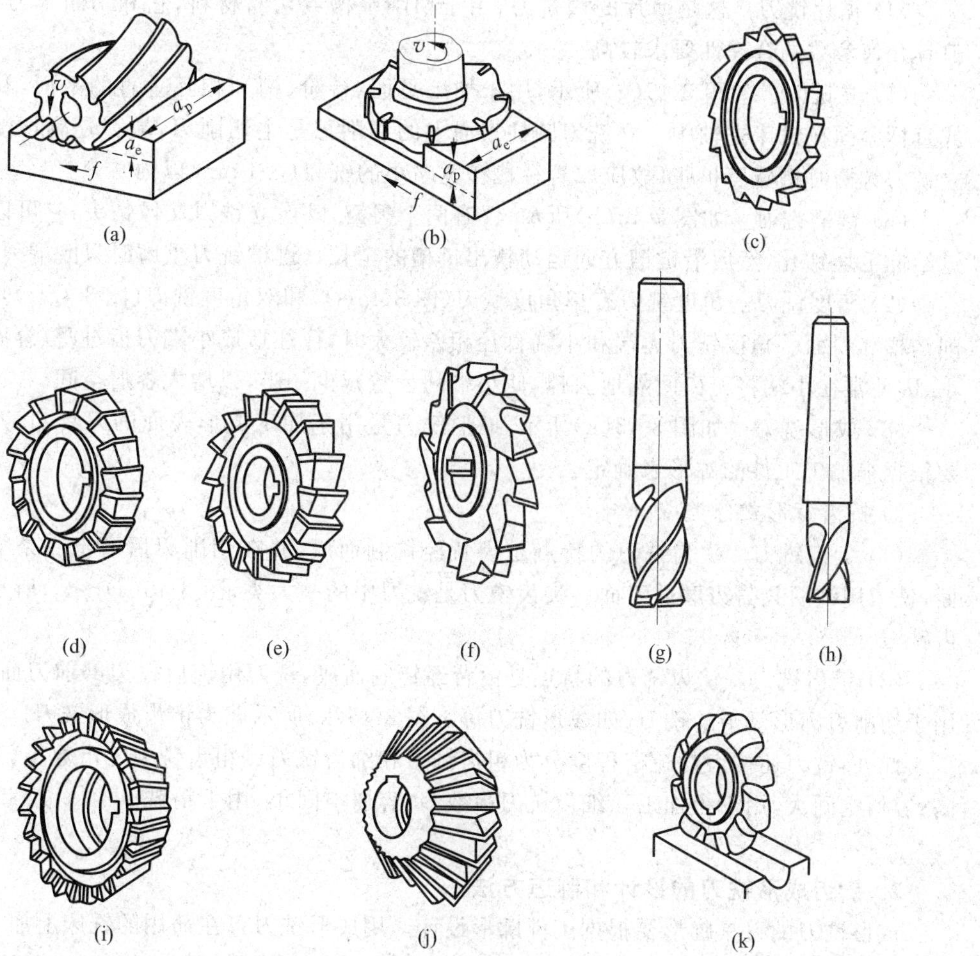

图 3-45　铣刀的类型

(a) 圆柱铣刀；(b) 端铣刀；(c) 槽铣刀；(d) 两面刃铣刀；(e) 三面刃铣刀；(f) 错齿三面刃铣刀；(g) 立铣刀；(h) 键槽铣刀；(i) 单角度铣刀；(j) 双角度铣刀；(k) 成形铣刀

(2) 端铣刀。如图 3-45(b)所示，它用在立式铣床上加工平面，轴线垂直于被加工表面，端铣刀的主切削刃分布在圆锥表面或圆柱表面上，端部切削刃为副切削刃。端铣刀主要采用硬质合金刀齿，故有较高的生产率。

(3) 盘形铣刀。盘形铣刀分槽铣刀、两面刃铣刀、三面刃铣刀和错齿三面刃铣刀。槽铣刀(图 3-45(c))仅在圆柱表面上有刀齿，但两侧端面也参加一部分切削，相当于副切削刃，为了减少两侧端面与槽壁的摩擦，两侧各做有 $\kappa_r'=0°30'$ 的副偏角，这样两端面实际已不是平面，而是一个内凹的锥面(锥角为 179°)。槽铣刀一般用于加工浅槽。两面刃铣刀(图 3-45(d))除圆柱表面有刀齿外，在一侧端面上也有刀齿，当圆柱面上的刀齿为直齿时，端部切削刃(副切削刃)的前角为零。为了改善端部切削刃的工作条件，可以采用斜齿的结构。两面刃铣刀用于加工台阶面。三面刃铣刀(图 3-45(e))是在两侧端面上都有切削刃，为了改善这种铣刀端部切削刃的工作条件，可采用错齿的结构，即刀齿交错地左斜或右斜。错齿三面刃铣刀如图 3-45(f)所示。三面刃铣刀用于切槽和台阶面。

(4) 锯片铣刀。这是薄片的槽铣刀，用于切削窄槽或切断材料，它和切断车刀类似，对刀具几何参数的合理性要求较高。

(5) 立铣刀。如图 3-45(g)所示，用于加工平面、台阶、槽和相互垂直的平面，利用锥柄或直柄紧固在机床主轴中。立铣刀圆柱表面上的切削刃是主切削刃，端刃是副切削刃。用立铣刀铣槽时槽宽有扩张，故应取直径比槽宽略小的铣刀(0.1 mm 以内)。

(6) 键槽铣刀。如图 3-45(h)所示，仅有两个刃瓣，既像立铣刀又像钻头，它可以用轴向进给向毛坯钻孔，然后沿键槽方向运动铣出键槽的全长。键槽铣刀重磨时只磨端刃。

(7) 角度铣刀。角度铣刀有单角度铣刀(图 3-45(i))和双角度铣刀(图 3-45(j))，用于铣削沟槽和斜面。角度铣刀大端和小端直径相差较大时，往往造成小端刀齿过密，容屑空间过小，因此常在小端将刀齿间隔地去掉，使小端的齿数减少一半，以增大容屑空间。

(8) 成形铣刀。如图 3-45(k)所示，成形铣刀是用于加工成形表面的刀具，其刀齿廓形要根据被加工工件的廓形来确定。

2) 按齿背形式分类

(1) 尖齿铣刀。尖齿铣刀的特点是齿背经铣制而成，并在切削刃后磨出一条窄的后刀面，铣刀用钝后只需刃磨后刀面。尖齿铣刀是铣刀中的一大类，图 3-45(a)～(j)所示皆为尖齿铣刀。

(2) 铲齿铣刀。铲齿铣刀的特点是齿背经铲制而成，铣刀用钝后仅刃磨前刀面，因此适用于切削刃廓形复杂的铣刀，如成形铣刀等。图 3-45(k)所示即为铲齿成形铣刀。

此外，铣刀还按齿数疏密程度分为粗齿铣刀和细齿铣刀。粗齿铣刀刀齿数少、刀齿强度高、容屑空间大，用于粗加工。细齿铣刀齿数多、容屑空间小，用于精铣。

2. 铲齿成形铣刀的设计和制造方法

成形铣刀的刀具廓形要根据工件廓形设计。用成形铣刀可在通用的铣床上加工复杂形状的表面，并获得较高的精度和表面质量，生产率也较高。成形铣刀常用于加工成形直沟和成形螺旋沟。标准成形铣刀有：凸半圆铣刀、凹半圆铣刀，它们分别用于加工廓形为半圆的沟槽和凸起面。凸半圆铣刀的工作情况如图 3-45(k)所示。

成形铣刀轴线相对于被加工表面的位置可以不同，但加工成形柱面(直槽)时，总是将铣刀轴线放在垂直于进给方向的平面中。在某些情况下，成形铣刀轴线可以是工件廓形的对称轴，这种铣刀称为指形铣刀。

1) 铲齿的基本概念

铲齿成形铣刀的前刀面多取为轴向平面，即端剖面前角 $\gamma_f=0°$，轴截面刃倾角 $\lambda_p=0°$。这种前刀面为轴向平面的成形铣刀，设计、制造、检验都比较简单，并可保证铣刀重磨后廓形保持不变，而 $\gamma_f\neq0°$ 或 $\lambda_p\neq0°$ 的成形铣刀则没有这种优点。

$\gamma_f=0°$，$\lambda_p=0°$ 的铲齿成形铣刀在重磨时，一定要保持前刀面通过铣刀轴线，只有这样，重磨后切削刃形状才能保持不变，即图 3-46 所示 *A*—*A*，*B*—*B*……各轴向剖面中的廓形相同。但 *A*—*A*，

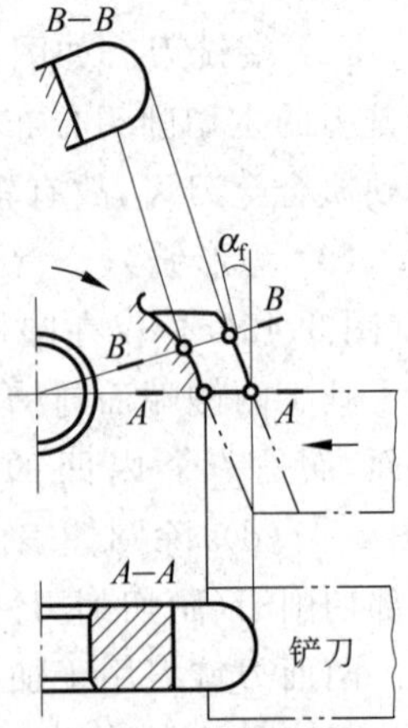

图 3-46　铲齿成形铣刀

$B—B$……各剖面中廓形应逐渐向铣刀轴线靠近，以形成铣刀的后角。为达到这个要求，铣刀的后刀面应该是切削刃绕轴线回转，又同时沿轴向平面向铣刀轴线移动所形成的表面。只要能得到这样的齿背表面，就能保证铣刀在重磨后的切削刃形状不变。实现这种运动的加工方法叫做铲齿，是用铲刀在铲齿车床(简称铲床)上进行的。

铲刀就是平体成形车刀，一般皆取前角为0°。使用时将铲刀前刀面(水平平面)安装在毛坯(铣刀)中心高平面中。铲刀切削刃形状与铣刀廓形相同，但凹凸相反(图3-46)，铲齿时铣刀毛坯回转，铲刀向铣刀轴线作直线运动，切去毛坯上的金属，形成铣刀齿的后刀面。这种铲刀运动方向垂直于铣刀轴线的铲齿方法，称为径向铲齿。

2) 齿背曲线

径向铲齿时，通过铣刀切削刃上任意点作端剖面，端剖面与齿背表面的交线称为齿背曲线。齿背曲线与圆弧之间的夹角即为后角 α_f。很显然，齿背曲线的形状影响刀齿后角 α_f 的大小，而对刀齿后刀面廓形没有影响。生产上广泛采用阿基米德螺线作为成形铣刀的齿背曲线。阿基米德螺线上各点的向量半径 ρ 值，随向径转角 θ 值的增减而等比例地增减。因此，等速回转运动与沿半径方向的等速直线运动合起来，就得到阿基米德螺线，很容易实现。

图3-47所示为成形铣刀的径向铲齿过程，铲刀的纵向前角为0°，其前刀面应准确地安装在铲床的中心平面内，铣刀以铲床主轴轴线为旋转轴线作等速转动，当铣刀的前刀面转到铲床的中心高平面时，铲刀就在凸轮控制下向铣刀轴线等速推进，当铣刀转过 δ_0 角时，凸轮转过 φ_0 角，铲刀铲出一个刀齿的齿背(包括齿顶12及齿侧面1—2—6—5)，而当铣刀继续转过 δ_1 角时，凸轮转过 φ_1 角，此时铲刀迅速退回到原来位置。这样，铣刀转过一个齿间角 ε，凸轮转过一整转，而铲刀则完成一个往复行程。随后重复上述过程，进行下一个刀齿的铲削。由此可见，由于铲刀的前刀面始终通过铣刀的中心，所以铣刀在任意轴向剖面的刃形必然和铲刀的刃形完全一致，铣刀重磨时，只要保证前刀面为轴向平面，就能使切削刃形状保持不变。如果在铲齿时铲刀不快速退回，而是沿着齿背曲线1—2—3—8一直铲下去，则铣刀每转过一个齿间角 $\varepsilon\left(\varepsilon=\dfrac{2\pi}{z}, z\text{ 是铣刀齿数}\right)$，铲刀前进的距离 $\overline{48}$ 称为铲削量 K，与此相适应，凸轮旋转1周的升高量(半径差)也应该等于铲削量 K。一般在凸轮上都标注该凸轮的 K 值。

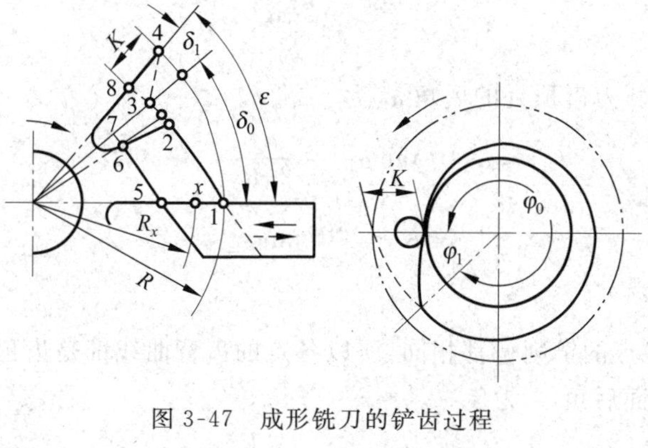

图3-47 成形铣刀的铲齿过程

由上述运动关系可知，凸轮上的曲线也是阿基米德螺线。故凸轮容易制造。此外凸轮的尺寸仅决定于铲削量 K，而与铣刀直径、齿数及后角无关。故铲削量 K 相等，而直径、齿数、后角不等的铲齿成形铣刀，可用同一阿基米德螺线的凸轮加工，这就是采用阿基米德螺线作为成形铣刀齿背曲线的优点。

3）成形铣刀的后角及铲削量

为了便于分析，取这样的极坐标来表示阿基米德螺线（图 3-48），即当 $\theta=0$ 时，$\rho=R_0$，而当 $\theta>0$ 时，$\rho<R_0$（R_0 为铣刀半径），因此齿背曲线方程为

$$\rho=R_0-C\theta \tag{3-17}$$

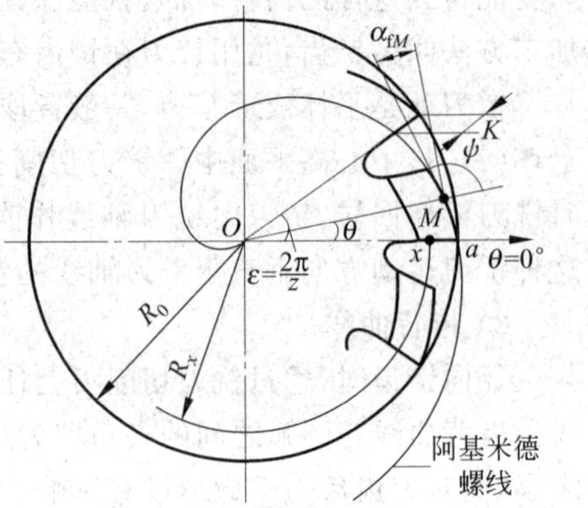

图 3-48　成形铣刀的后角

式中：C 为常数。

当 $\theta=\frac{2\pi}{z}$时，$\rho=R_0-K$，则

$$R_0-K=R_0-C\frac{2\pi}{z}$$

故

$$C=\frac{Kz}{2\pi} \tag{3-18}$$

由微分几何学可知，曲线上任意点 M 的切线和该点向径之间的夹角 ψ 为

$$\tan\psi=\rho/\frac{d\rho}{d\theta}$$

将式(3-17)代入上式，得到

$$\tan\psi=\frac{R_0-C\theta}{-C}=\theta-\frac{R_0}{C}$$

设铣刀刀齿在 M 点的后角为 α_{fM}，因 $\alpha_{fM}=\psi-90°$，故

$$\tan\alpha_{fM}=\tan(\psi-90°)=-\frac{1}{\tan\psi}=\frac{1}{\frac{R_0}{C}-\theta}$$

将 C 值代入，得

$$\tan\alpha_{fM}=\frac{1}{\frac{2\pi R_0}{Kz}-\theta} \tag{3-19}$$

新铣刀 $\theta=0$，故新刀齿顶处的后角 α_{fa} 为

$$\tan\alpha_{fa}=\frac{Kz}{2\pi R_0} \tag{3-20}$$

或

$$K=\frac{\pi d_0}{z}\tan\alpha_{fa} \tag{3-21}$$

式中：d_0 为铣刀直径。

铣刀切削刃上各点的铲削量都相同，所以各点的齿背曲线都是齿顶齿背曲线的等距线，半径为 R_x 的点的端面后角 α_{fx} 为

$$\tan\alpha_{fx}=\frac{Kz}{2\pi R_x}=\frac{R_0}{R_x}\tan\alpha_{fa} \tag{3-22}$$

由式(3-19)、式(3-20)、式(3-22)可知：

(1) $\alpha_{fM} > \alpha_{fa}$。若铣刀重磨次数愈多,则 θ 角愈大,α_f 也愈大,因此以阿基米德螺线作为齿背曲线的铣刀,重磨后后角增大,但变化值很小。如 $d_0=80$ mm,$z=10$,$K=5$ mm 的铣刀,新刀 $\alpha_{fa}=11°15'$,在刀齿磨到最后时(磨掉 1/2 齿距),$\alpha_f=11°59'$,相差仅 $44'$。

(2) 铣刀切削刃上愈靠近轴线的点,R_x 愈小,α_{fx} 愈大。如 $d_0=80$ mm 的凸半圆铣刀,新刀时切削刃上半径最小的点的后角为 $\alpha_{fx}=14°24'$。因此,成形铣刀名义后角规定在新刀齿顶处,并取较小数值 $\alpha_{fa}=10°\sim12°$。

4) 成形铣刀的主剖面后角

图 3-49 示出了成形铣刀切削刃上任意点 x 的主剖面后角 α_{ox} 与进给剖面后角 α_{fx} 的关系。设 x 点的主偏角为 κ_{rx},由式(1-17)可得

$$\tan\alpha_{ox} = \tan\alpha_{fx}\sin\kappa_{rx} \tag{3-23}$$

当成形铣刀径向铲齿时,切削刃上任意点的 κ_{rx} 愈小,该点的主剖面后角 α_{ox} 也愈小,当 $\kappa_{rx}=0°$时,$\alpha_{ox}=0°$。为了保证铣刀的工作条件,应使切削刃上最小的主剖面后角不小于 $2°\sim3°$,如不能满足时,可采用诸如增大齿顶后角 α_{fa}、修改铣刀刃形增大 κ_r、改变工件安装位置或采用斜向铲齿等方法加以改善。

3. 加工螺旋槽的成形铣刀廓形设计

加工螺旋槽的成形铣刀广泛用于铣削各种刀具的螺旋容屑槽、蜗杆及螺纹等。铣削要在螺旋进给运动下进行,螺旋进给运动的轴线和参数与被加工螺旋面的轴线和参数相同,铣刀轴线可处于不同位置。生产上多采用这样的方案,即铣刀轴线在平行于工件轴线的平面中,与工件轴线的交错角为

$$\Sigma = 90° - \beta - (1° \sim 4°) \tag{3-24}$$

工作台转角为 $90°-\Sigma$。工作时铣刀旋转,工件作螺旋进给,当移动 1 个导程时,旋转 1 周(图 3-50)。

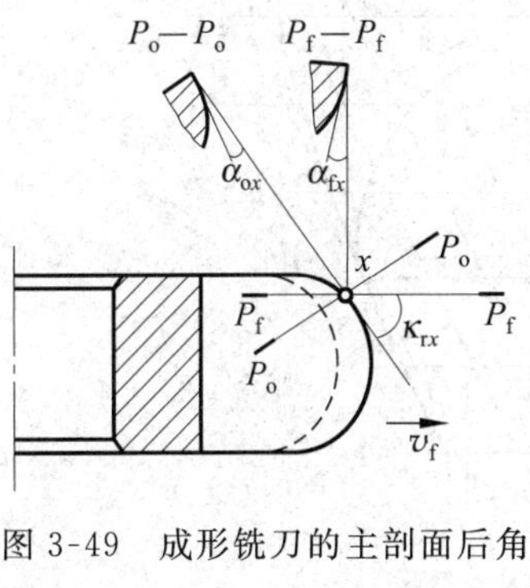

图 3-49 成形铣刀的主剖面后角

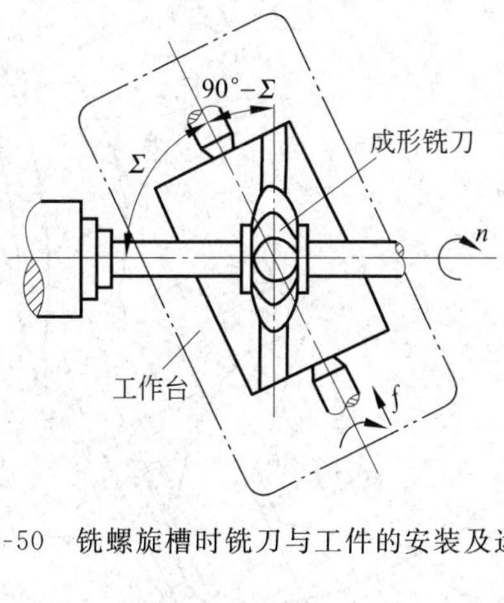

图 3-50 铣螺旋槽时铣刀与工件的安装及运动

廓形设计的任务是确定加工螺旋槽的铣刀形状和尺寸。廓形设计时的已知条件应有:工件的外径 d_w、螺旋角 β、螺旋槽在端剖面中的廓形及尺寸、铣刀直径 d_0。设计时首先选定铣刀轴线与工件轴线的交错角 Σ(式 3-24)。可采用图解设计法。

螺旋槽铣刀廓形设计的方法来源于对螺旋槽表面形成过程的分析。在加工过程中,铣

刀切削刃绕轴线旋转所形成的回转表面切除和它接触的全部金属，形成一个与该回转表面相切的螺旋槽表面，将铣刀按加工位置放在已加工好的螺旋槽内。铣刀回转表面与螺旋槽仍保持相切的关系。在垂直于铣刀轴线的平面中，回转表面与螺旋槽表面必然相切(在没有干涉时)，即该平面与铣刀回转表面的交线为圆，与螺旋槽表面的交线为曲线，圆和曲线相切。作一系列垂直于铣刀轴线的平面，可得到一系列的切点，这些切点相连是一条空间曲线，称为接触线。求出各切点(即接触线)到铣刀轴线的半径，即可得到铣刀回转表面的廓形，即铣刀轴向剖面廓形。这就是图解法的原理。

由此可见，铣刀轴向剖面的廓形并不是铣刀与螺旋槽表面的接触线。换句话说，铣刀廓形与螺旋槽法剖面廓形并不相同。螺旋槽表面是铣刀回转表面连续位置的包络面。这种形成螺旋槽表面的方法，叫做无瞬心包络法。

根据上述原理，图解法的步骤如下。

1）作螺旋槽与外圆柱面交线的投影线

在图 3-51 的投影 V 中画出工件外圆及端面廓形，在投影 H 中作一系列垂直于工件轴线的平面Ⅰ，Ⅱ，Ⅲ，…它们的轴向距离为 l。平面Ⅰ，Ⅱ，…中的廓形在投影 V 中相互错开 ε 角，ε 和 l 关系如下：

$$\varepsilon = 360^\circ \frac{l}{P_z} \tag{3-25}$$

式中：P_z 为螺旋槽的导程。

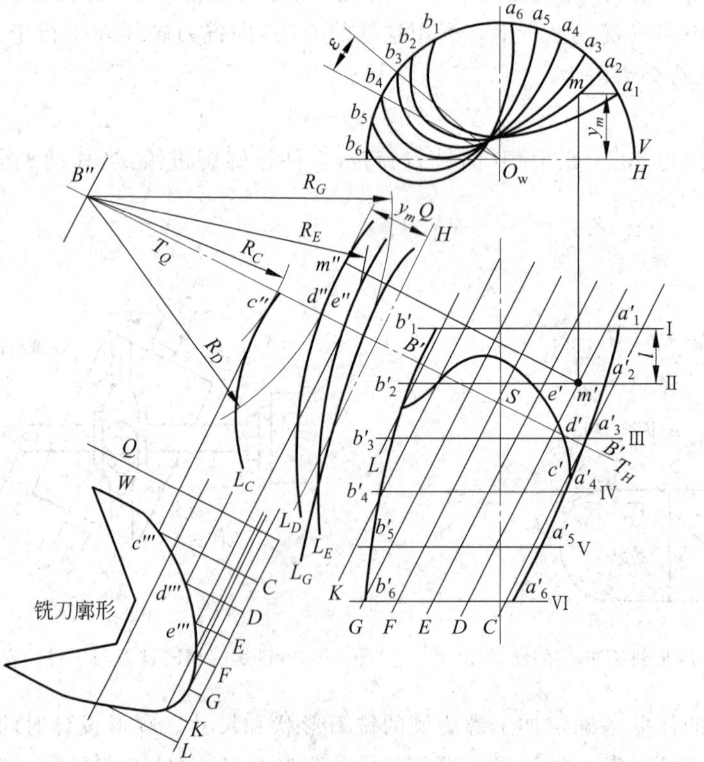

图 3-51　加工螺旋槽铣刀廓形设计的图解法

将投影 V 中各廓形与外圆的交点 $a_1,b_1,a_2,b_2,\cdots$ 投影到 H 图中相应的平面Ⅰ，Ⅱ，Ⅲ，…上，得 $a_1'b_1',a_2'b_2',\cdots$，连接之，得外圆柱面与螺旋槽交线的投影，即外圆柱面上的两条螺旋线。

2）作铣刀各端剖面内的螺旋槽交线

首先应确定铣刀轴线的位置，因为不同的铣刀轴线位置将得到不同的铣刀廓形。为了使铣刀廓形两侧刃有较均等的 κ_r 角（以保证两侧刃具有大致相同的主剖面后角），铣刀轴线与工件轴线交叉点 S 的位置应在与两条螺旋线距离大致相等的地方，在图 3-51 中，S 点位于Ⅱ，Ⅲ两端剖面之间。通过 S 点作直线 $B'—B'$ 与工件轴线成 Σ 角，$B'—B'$ 即为铣刀轴线的 H 面投影。

垂直于铣刀轴线 $B'—B'$ 作平面 $C,D,E,F,\cdots$ 它们与螺旋槽表面相交分别得到交线 $L_C,L_D,L_E,\cdots$（图 3-51 的投影 Q）。这些交线的作法如下：

平面 C,D,E 等与工件端剖面Ⅰ，Ⅱ，Ⅲ等相交。例如，平面 D 与Ⅱ面相交于 m' 点，m' 点的 V 面投影 m 应在 $a_2—b_2$ 轮廓线上。m 点到工件轴线的高度与投影 Q 中 m'' 点到工件轴线的高度相同，皆为 y_m。平面 D 与其他各端剖面的交点按同法求出，在投影 Q 中将这些点相连，即得铣刀端剖面 D 中的螺旋槽交线 L_D，同法可求得 C,E 等剖面中的螺旋槽交线 L_C,L_E 等。

3）求铣刀在各端剖面中的半径

先在投影 Q 中确定铣刀轴线位置 B''。方法是以铣刀半径 $R_0=\dfrac{d_0}{2}$ 为半径，圆心在 $B'—B'$ 的延长线上试凑，使圆弧与螺旋交线中最低的一条相切，此时圆心在 $B'—B'$ 延长线上位置即为铣刀轴线 B''。然后以 B'' 为圆心，作圆分别与其他交线 L_C,L_D 等相切，得切点 $c'',d'',\cdots$，这些切点到铣刀轴线 B'' 的距离 R_C,R_D 等即为铣刀各端剖面中的半径。

由图可知，在这些圆弧与交线的切点 $c'',d'',\cdots$ 中，有许多是不在中心平面内的，说明这些切点的连线（即铣刀回转表面与螺旋槽表面的接触线）是一条空间曲线。此空间接触线在投影 H 中就是曲线 $c'd'e'\cdots$。

4）作铣刀的轴向廓形

取轴向平面的投影面 W，廓形在平面 W 上的投影 $c''',d''',\cdots$ 就是廓形设计所求的铣刀轴向廓形的真实形状。

3.4.3 铣削方式

1. 圆周铣削时铣刀刀齿的运动轨迹

用铣刀圆周上的切削刃铣削工件的平面，称为圆周铣削。铣削时通常是铣刀旋转、工件移动，为了分析方便，现将工件看作不动的，而铣刀又旋转又移动。铣刀的运动可以看作是以半径为 $r_b=\dfrac{f_z z}{2\pi}$ 的基圆柱在某一平面上作纯滚动，基圆柱上一点的轨迹是摆线，切削刃上一点的轨迹是延长摆线，如图 3-52 所示。切削刃的运动轨迹为

$$\left.\begin{aligned} x &= r_b\varphi + R\sin\varphi \\ y &= R(1-\cos\varphi) \end{aligned}\right\} \tag{3-26}$$

式中：R 为铣刀半径；r_b 为基圆半径，$r_b=\dfrac{f_z z}{2\pi}$；φ 为转角；f_z 为铣刀每齿进给量。

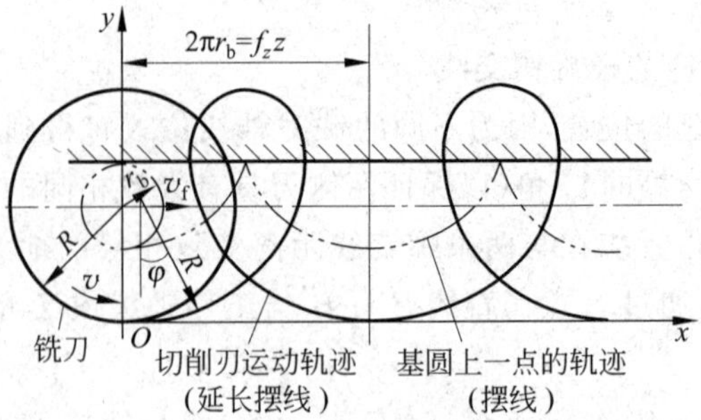

图 3-52　铣刀切削刃运动轨迹

2. 圆周铣削的铣削方式

圆周铣削有以下两种铣削方式：

(1) 逆铣(图 3-53(a))。铣刀刀齿切削速度 v 在进给方向上的速度分量与工件进给速度 v_f 方向相反时，称为逆铣。

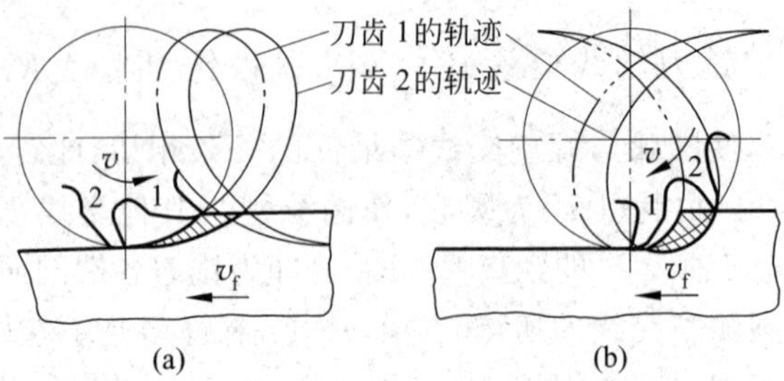

图 3-53　逆铣与顺铣

(a) 逆铣；(b) 顺铣

(2) 顺铣(图 3-53(b))。铣刀刀齿切削速度 v 在进给方向上的速度分量与工件进给速度 v_f 方向相同时，称为顺铣。

逆铣和顺铣时，由于切入工件时的切削厚度不同，刀齿与工件的接触长度不同(图 3-53)，故铣刀磨损程度不同。由式(3-26)可求得逆铣和顺铣时铣刀刀齿切削层的截面形状。如图 3-53(a)，(b)所示。逆铣时，刀齿有一个从零切削厚度开始切入工件的过程，与已加工表面的加工硬化层挤压和摩擦，刀具易磨损。而顺铣时，切入工件的切削厚度最大，然后逐渐减小到零切出，从而避免了在已加工表面的冷硬层上挤压和滑擦。实践表明：顺铣时的铣刀使用寿命可比逆铣时提高 2～3 倍，表面粗糙度也可降低。但顺铣不宜用于铣削带硬皮的工件。

逆铣时，工件受到的纵向分力 F_l 与进给运动 v_f 的方向相反(图 3-54(a))，铣床工作台丝杠与螺母始终接触。而顺铣时工件所受纵向分力 F_l 与进给方向相同，本来是螺母螺纹表面推动丝杠(工作台)前进的运动形式，可能变成由铣刀带动工作台前进的运动形式。由于丝杠、螺母之间有螺纹间隙，就会造成工作台窜动，使铣削进给量不匀，甚至还会打刀。因此顺铣时，必须消除进给丝杠与螺母之间的间隙。这可在具备消除间隙装置的铣床上进行。而在没有消除螺纹间隙装置的铣床上，只能采用逆铣，而无法采用顺铣。

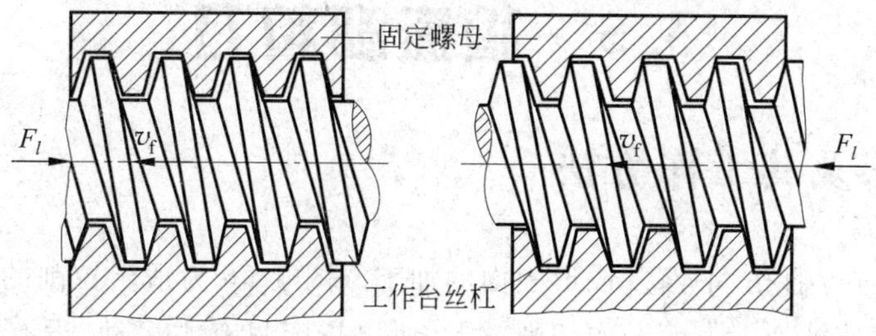

图 3-54　铣削时丝杠和螺母的间隙

(a) 逆铣；(b) 顺铣

3. 端铣刀铣削的铣削方式

(1) 对称铣削。如图 3-55(a)所示，端铣刀相对于工件以对称位置铣削平面，处在逆铣状态的切入段与处在顺铣状态的切出段长度相等，两段沿进给方向的切削力方向相反，进给方向合力较小，刀齿切入时的切削厚度与切出时的切削厚度相等。

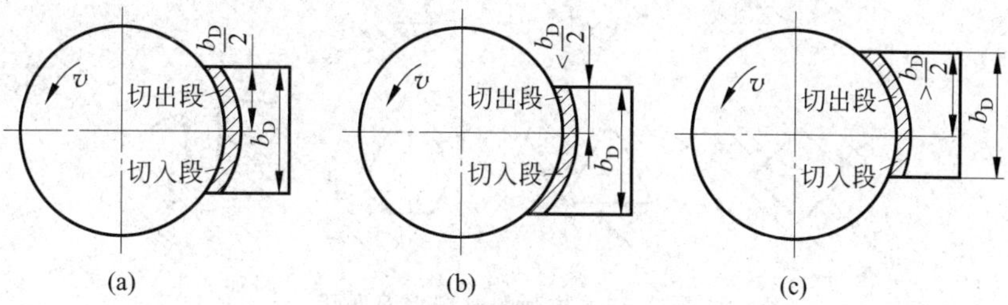

图 3-55　端铣的 3 种铣削方式

(a) 对称铣削；(b) 不对称逆铣；(c) 不对称顺铣

(2) 不对称逆铣。如图 3-55(b)所示，端铣刀相对于工件以不对称位置铣削平面，处在逆铣状态的切入段长度大于处在顺铣状态的切出段，进给方向切削合力与工件进给方向相反，综合状态为逆铣，刀齿切入时的切削厚度较小，切出时的切削厚度较大。

(3) 不对称顺铣。如图 3-55(c)所示，端铣刀相对于工件以不对称位置铣削平面，处在逆铣状态的切入段长度小于处在顺铣状态的切出段，进给方向切削合力与工件进给方向相同，综合状态为顺铣，刀齿切入时的切削厚度较大，切出时的切削厚度较小。

通过切削力的分析表明，不对称逆铣切削比较平稳，切入时切削厚度小，减小了冲击，当铣削 9Cr2 低合金钢和高强度低合金钢时，铣刀使用寿命可提高 1 倍左右；但在铣削 2Cr13、1Cr18Ni9Ti 及 4Cr14Ni14W2Mo 等不锈钢与耐热钢时，则应尽量减小切出时的切削厚度，因为切出时切屑与被切削层分离，一部分金属受压而成为毛刺，这对切削刃来说是受到一次冲击力。实验结果表明，在端铣不锈钢与耐热钢时，采用不对称顺铣可使刀具使用寿命提高

3倍甚至更高；当铣削淬硬钢(53HRC)时，采用对称端铣，刀具使用寿命比其他铣削方式可提高1倍以上。所以说，这3种端铣方式均要根据具体情况使用。

3.5 拉床和拉刀

3.5.1 拉床及其工作方法

拉床用拉刀进行通孔、平面及成形表面的加工。图3-56为适于拉削的一些典型表面形状。拉削时，拉刀使被加工表面一次切削成形，所以拉床只有主运动，没有进给运动。切削时，拉刀作平稳的低速直线运动。拉刀承受的切削力很大，通常是由液压驱动的。安装拉刀的滑座通常由液压缸的活塞杆带动。

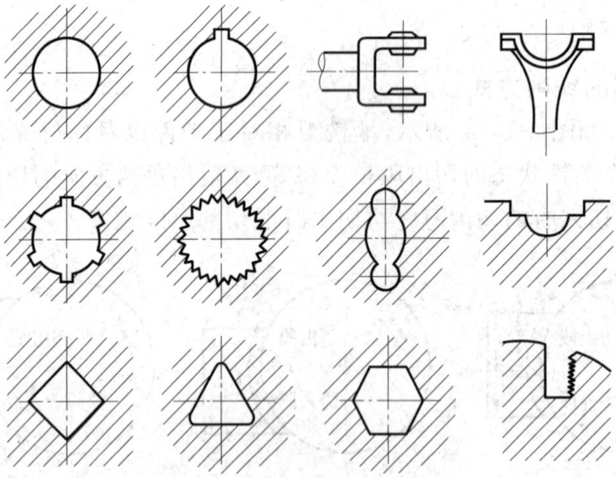

图3-56 拉削的典型表面形状

拉削加工，切屑薄，切削运动平稳，因而有较高的加工精度(平面的位置准确度可控制在0.02～0.06 mm范围内)和较低的表面粗糙度(小于$Ra0.62\ \mu m$)。拉床工作时，粗、精加工可在拉刀通过工件加工表面的一次行程中完成，因此生产率较高，是铣削的3～8倍。但拉刀结构复杂，成本较高，因此仅适用于大批大量生产。

拉床的主参数是额定拉力，常见为50～400 kN。

拉床有内(表面)拉床和外(表面)拉床两类，有卧式的，也有立式的。图3-57是几种常见拉床的示意图。图3-57(a)为卧式内拉床，是拉床中最常用的，用以拉花键孔、键槽和精加工孔。图3-57(b)是立式内拉床，常用于在齿轮淬火后校正花键孔的变形。这时切削量不大，拉刀较短，故为立式。拉削时常从拉刀的上部向下推。图3-57(c)是立式外拉床，用于汽车、拖拉机行业加工汽缸体等零件的平面。图3-57(d)为连续式外拉床，毛坯从拉床左端装入夹具，连续地向右运动。经过拉刀下方时拉削顶面，到达右端时加工完毕，从机床上卸下。它用于大量生产中加工小型零件。

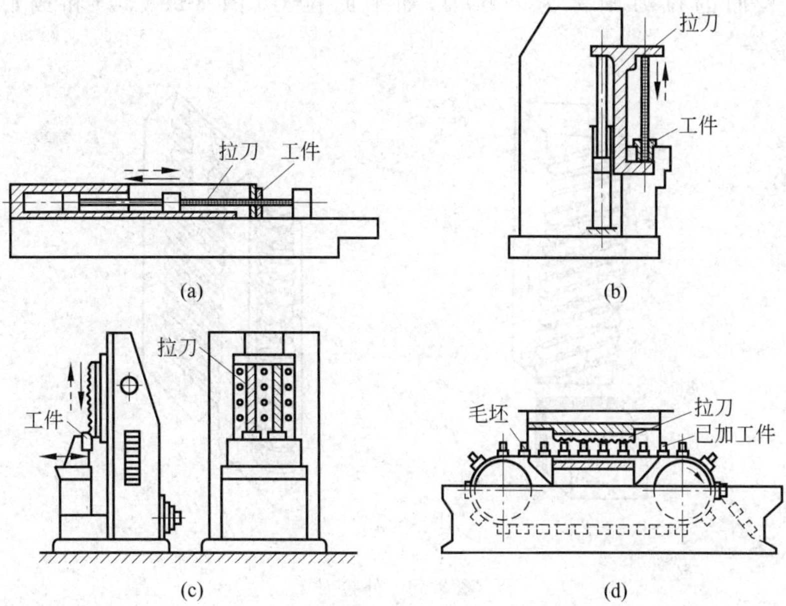

图 3-57　拉床

(a) 卧式内拉床；(b) 立式内拉床；(c) 立式外拉床；(d) 连续式外拉床

3.5.2　拉刀

1. 拉刀的类型及其应用

由于拉削加工方法应用广泛，拉刀的种类也很多。按加工工件表面的不同，可分为内拉刀和外拉刀两类。

内拉刀是用于加工工件内表面的。常见的有圆孔拉刀（见图 3-61）、键槽拉刀（见图 3-58(a)）及花键孔拉刀（见图 3-58(b)）等。

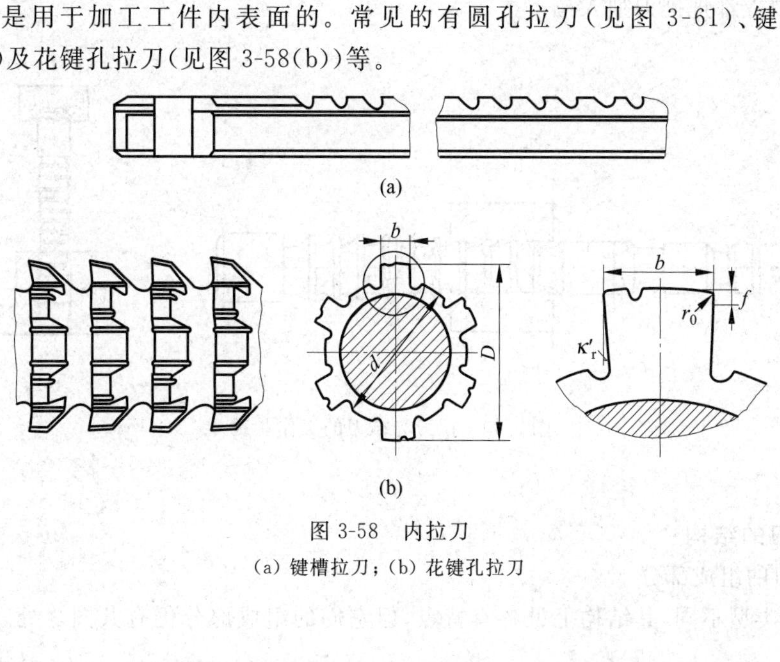

图 3-58　内拉刀

(a) 键槽拉刀；(b) 花键孔拉刀

加工外表面的拉刀则称为外拉刀，如平面拉刀(图 3-59(a))和成形表面拉刀(图 3-59(b))等。

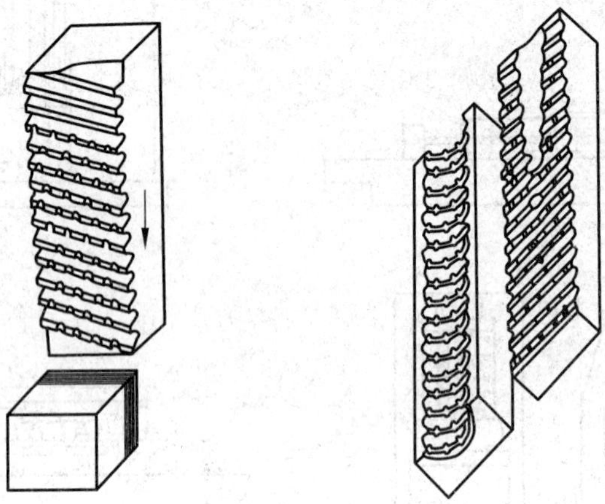

(a)　　　　(b)

图 3-59　外拉刀

(a) 平面拉刀；(b) 成形表面拉刀

按拉刀构造不同，可分为整体式与组合式两类。整体式主要用于中、小型尺寸的高速钢拉刀；组合式主要用于大尺寸和硬质合金拉刀，这样不仅可以节省贵重的刀具材料，而且当拉刀刀齿磨损或破损后，能够更换，延长整个拉刀的使用寿命。

拉刀一般是在拉伸状态下工作的(图 3-60(a))，如在压缩状态下工作的，则称为推刀(图 3-60(b))。推刀为避免在工作中弯曲，因此做得比较短(其长度与直径之比一般不超过12～15)，只用于加工余量较小的各种形状的内表面及修整热处理后(硬度小于 45HRC)的变形量，应用范围远不如拉刀广泛。由于推刀的外形与拉刀相似，它们的切削过程有许多共性，因此习惯上都把推刀列入拉刀类。

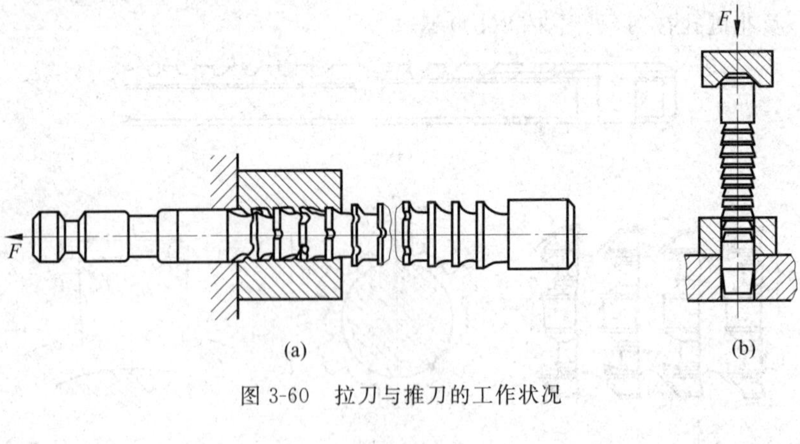

(a)　　　　(b)

图 3-60　拉刀与推刀的工作状况

2. 拉刀的结构

1) 拉刀的组成部分

拉刀的类型不同，其结构上虽各有特点，但它们的组成部分仍有共同之处。图 3-61 所示为圆孔拉刀的组成部分。

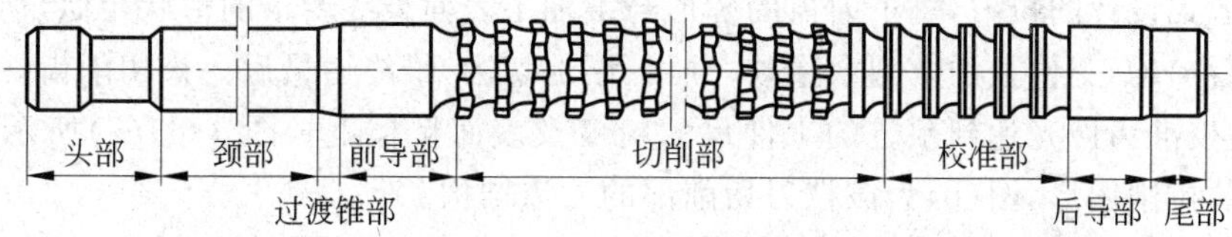

图 3-61　圆孔拉刀的组成部分

圆孔拉刀由头部、颈部、过渡锥部、前导部、切削部、校准部、后导部及尾部组成，其各部分功用如下：

头部——拉刀的夹持部分，用于传递拉力。

颈部——头部与过渡锥部之间的连接部分，并便于头部穿过拉床挡壁，也是打标记的地方。

过渡锥部——使拉刀前导部易于进入工件孔中，起对准中心的作用。

前导部——起引导作用，防止拉刀进入工件孔后发生歪斜，并可检查拉前孔径是否符合要求。

切削部——担负切削工作，切除工件上所有余量，它由粗切齿、过渡齿与精切齿 3 部分组成。

校准部——切削很少，只切去工件弹性恢复量，起提高工件加工精度和表面质量的作用，也作为精切齿的后备齿。

后导部——用于保证拉刀工作即将结束而离开工件时的正确位置，防止工件下垂而损坏已加工表面与刀齿。

尾部——只有当拉刀又长又重时才需要，用于支承拉刀、防止拉刀下垂。

2）拉刀切削部分几何参数

拉刀切削部分的主要几何参数如图 3-62 所示。其中，

a_f——齿升量，即切削部前、后刀齿（或组）高度之差；

p——齿距，即两相邻刀齿之间的轴向距离；

b_{a1}——刃带，用于在制造拉刀时控制刀齿直径，也为了增加拉刀校准齿前刀面的可重磨次数，提高拉刀使用寿命，有了刃带，还可提高拉削过程稳定性；

γ_o——拉刀前角；

α_o——拉刀后角。

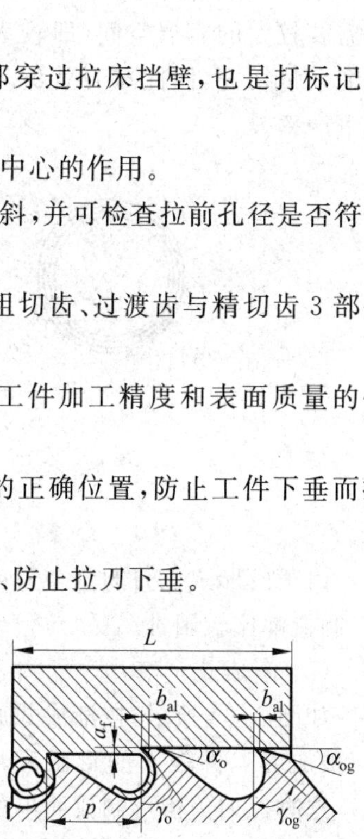

图 3-62　拉刀切削部分几何参数

3. 拉削图形

拉刀从工件上把拉削余量切下来的顺序，通常都用图形来表达，这种图形即所谓的拉削图形。拉削图形选择得合理与否，直接影响到刀齿负荷的分配、拉刀的长度、拉削力的大小、拉刀的磨损和耐用度、工件表面质量、生产率和制造成本等。

拉削图形可分为分层式、分块式及综合式 3 大类。

1）分层式拉削

分层式拉削可分为成形式及渐成式两种。

(1) 成形式

按成形式设计的拉刀，每个刀齿的廓形与被加工表面最终要求的形状相似，切削部的刀齿高度向后递增，工件上的拉削余量被一层一层地切去，最终由最后一个切削齿切出所要求的尺寸，经校准齿修光达到预定的工件尺寸精度及表面粗糙度。图 3-63(a)所示为成形式圆孔拉刀的拉削图形，图(b)为该拉刀切削部的刀齿结构。

采用成形式拉刀，可获得较低的工件表面粗糙度。但是，为了避免出现环状切屑，便于容屑，成形式拉刀相邻刀齿的切削刃上磨有交错排列的狭窄分屑槽，分屑槽与切削刃交接处的尖角上散热条件最差，加剧了拉刀的磨损，降低了拉刀耐用度。此外，由于刀齿上的分屑槽造成切屑上有一条加强筋(图 3-63(c))，切屑卷曲困难，其半径增大，为了能容纳切屑，就需要较大的容屑空间(即较大齿距和齿深)，加上切屑很薄，需要足够多的刀齿才能把切削余量切完，因此拉刀就比较长，不仅浪费刀具材料，造成制造上的困难，还降低了拉削生产率。

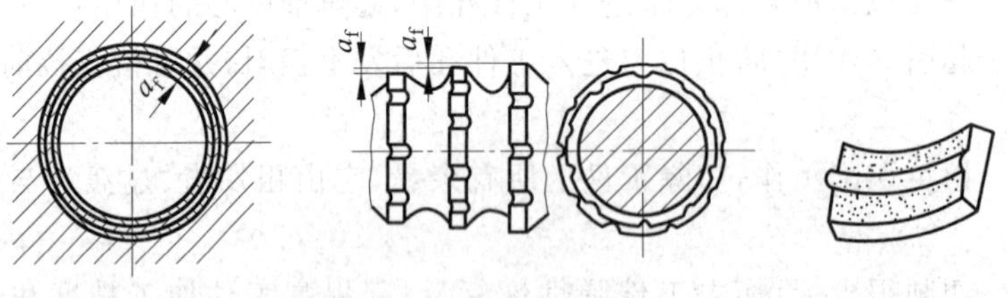

(a) (b) (c)

图 3-63 成形式拉削图形

(a) 拉削图形；(b) 切削部齿形；(c) 切屑

由于成形式拉刀的每个刀齿形状都与被加工工件最终表面形状相似，因此除圆孔拉刀外，制造都比较困难。

(2) 渐成式

如图 3-64 所示，按渐成式原理设计的拉刀，刀齿的廓形与被加工工件最终表面形状不同，被加工工件表面的形状和尺寸由各刀齿的副切削刃所形成。这时拉刀刀齿可制成简单的直线形或弧形，对于加工复杂成形表面的工件，拉刀的制造要比成形式简单；缺点是在工件已加工表面上可能出现副切削刃的交接痕迹，因此加工出的工件表面质量较差。

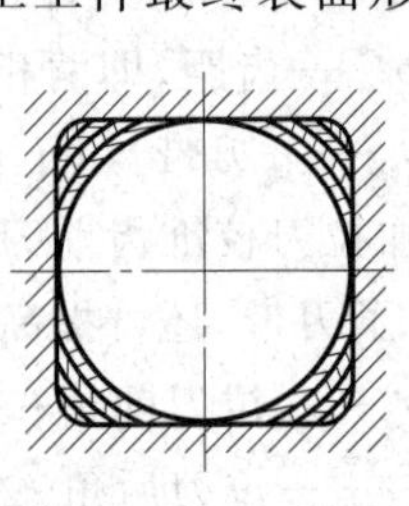

图 3-64 渐成式拉削图形

2) 分块式拉削

分块拉削方式与分层拉削方式的区别，在于工件上的每层金属是由一组尺寸基本相同的刀齿切去，每个刀齿仅切去一层金属的一部分，图 3-65 所示为 3 个刀齿一组的圆孔拉刀及其拉削图形，第一齿与第二齿的直径相同，但切削刃位置互相错开，各切除工件上同一层金属中的几段材料，剩下的残留金属，由同一组的第三个刀齿切除，该刀齿不再制有圆弧分屑槽，为避免切削刃与前两个刀齿切成的工件表面摩擦及切下整圈金属，其直径应较同组其他两个刀齿的直径小 0.02～0.05 mm。

上述按分块拉削方式设计的拉刀称为轮切式拉刀。有制成两齿一组、三齿一组及四齿一组的，原理相同。

分块拉削方式与分层拉削方式相比较，虽然工件上的每层金属由一组(2～4 个)刀齿切除，但由于每个刀齿参加工作的切削刃的长度较小，在保持相同的拉削力的情况下，允许较大的切削厚度(即齿升量)。因此，在相同的拉削余量下，轮切式拉刀所需的刀齿总数要少很多，加上不存在切屑加强筋，切屑卷曲顺利，拉刀长度可以缩短，不仅节省了贵重的刀具材料，生产率也有提高。采用这种拉刀拉削带有硬皮的铸锻件，不会损坏刀齿。但由于切削厚度(即齿升量)大，拉后工件表面质量不如成形式拉刀的好。

3) 综合式拉削

按综合拉削方式设计的拉刀，称为综合式拉刀，它集中了成形式拉刀与轮切式拉刀的优点即粗切齿制成轮切式结构，精切齿则采用成形式结构。这样，既缩短了拉刀长度，保持较高的生产率，又能获得较好的工件表面质量。我国生产的圆孔拉刀较多地采取这种结构。图 3-66 所示为综合式拉刀结构及其切削图形，粗切齿采取不分组的轮切式拉刀结构即第一个刀齿切去一层金属的一半左右，第二个刀齿比第一个刀齿高出一个齿升量，除了切去第二层金属的一半左右外，还切去第一个刀齿留下的第一层金属的一半左右，后面的刀齿都以同样顺序交错切削，直到把粗切余量切完为止。精切齿则采取成形式结构。

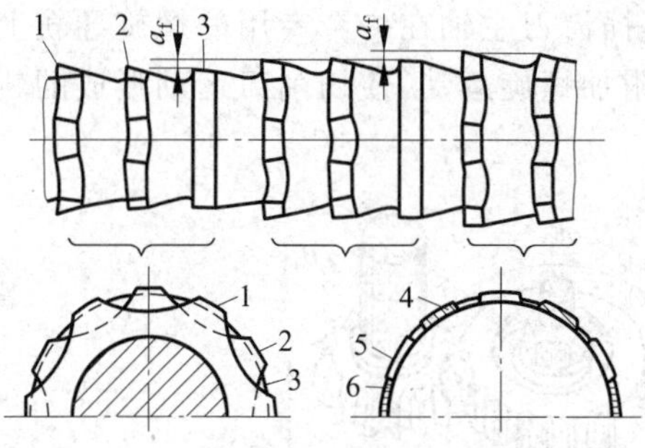

图 3-65　轮切式拉刀截形及拉削图形

1—第一齿；2—第二齿；3—第三齿；
4—被第一齿切的金属层；5—被第二齿切的金属层；
6—被第三齿切的金属层

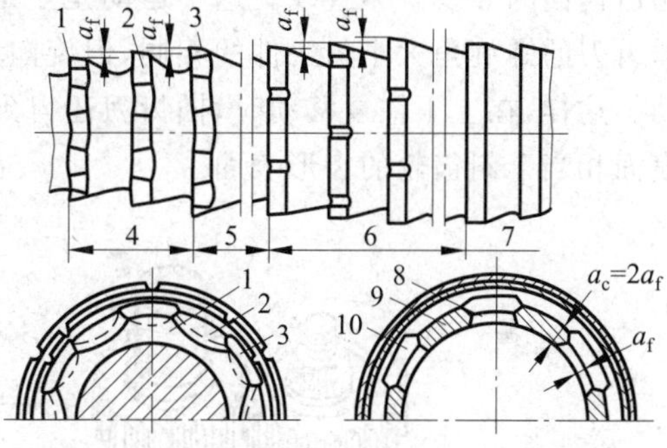

图 3-66　综合式拉刀结构及切削图形

1—第一齿；2—第二齿；3—第三齿；4—粗切齿；
5—过渡齿；6—精切齿；7—校准齿；
8— 被第一齿切的金属层；9—被第二齿切的金属层；
10—被第三齿切的金属层

3.6　齿轮加工机床和齿轮加工刀具

齿轮的切削加工，按其形成齿形的原理，可分为两大类，即成形法和展成法。用成形法加工齿轮时，刀具的齿形应与被加工齿轮的齿间(齿槽)形状相同。这时采用的刀具是盘状模数铣刀和指状模数铣刀，可以利用分度头在一般铣床上或用夹具在刨床上进行加工。用成形法进行齿轮加工，所需的运动简单，不需要专门的机床，但生产率低，加工精度也低，故适用于单件小批生产。在工业生产中广泛采用的是展成法加工，齿轮表面的渐开线用展成法形成。展成法具有较高的生产率和加工精度。本节重点介绍用展成法加工的有代表性的齿轮加工机床及刀具。

圆柱齿轮加工方法主要有滚齿、插齿等;锥齿轮的加工方法有加工直齿锥齿轮的刨齿、铣齿、拉齿和加工弧齿轮的铣齿。

精加工齿轮齿面方法有研齿、剃齿、磨齿。

3.6.1 插齿原理、插齿机床和插齿刀

1. 插齿机床及其插齿原理

插齿机用来加工内、外啮合的圆柱齿轮,尤其适合于加工内齿轮和多联齿轮,这是滚齿机无法加工的。装上附件,插齿机还能加工齿条,但插齿机不能加工蜗轮。

1) 插齿原理及所需的运动

插齿机加工原理为一对圆柱齿轮的啮合。其中一个是工件,另一个是齿轮形刀具——插齿刀。它的模数和压力角与被加工齿轮相同。插齿机是按展成法加工圆柱齿轮的。

图 3-67 表示插直齿的原理及加工时所需的成形运动。展成运动——插齿刀和工件的相对转动是一个复合运动,用以形成渐开线齿廓。展成运动可以被分解成两部分:插齿刀的旋转 B_{11} 和工件的旋转 B_{12}。插齿刀的上下往复运动 A_2 是一个简单的成形运动,用以形成轮齿齿面的导线——直线。这个运动是主运动。插斜齿时(图 3-68),应该用斜齿插齿刀,插齿刀的螺旋角大小与工件的相同,但旋向相反。插齿刀主轴在一个专用的螺旋导轨上移动。这样,在上下往复移动时,插齿刀还得到一个附加螺旋运动,使切削刃运动形成的轨迹表面相当于斜齿轮的齿形表面。

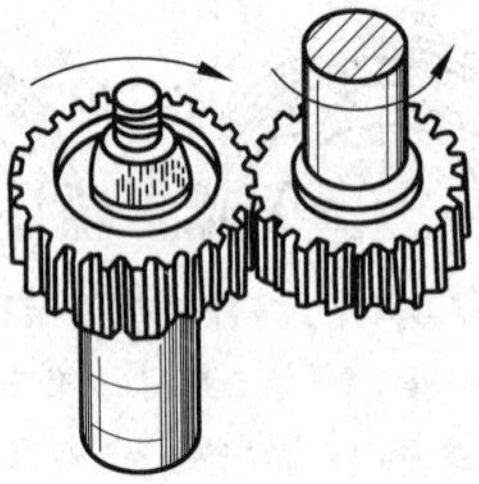

(a)

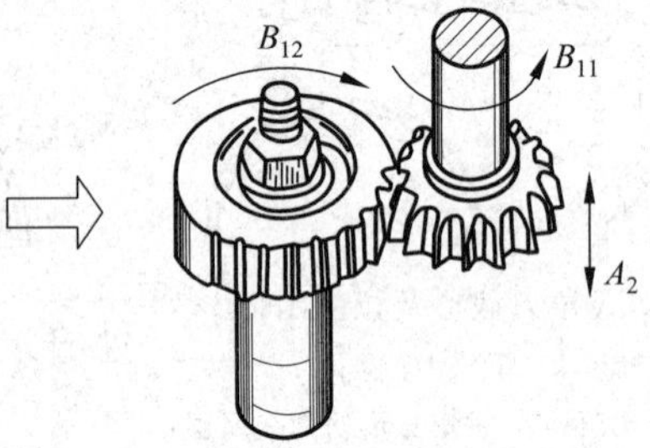

(b)

图 3-67 插齿原理及加工时所需的运动

插齿开始时,插齿刀和工件除作展成运动外,还要作相对的径向切入运动,直到全齿深为止;然后,工件再转过一圈,全部轮齿就切削完毕;插齿刀与工件分开,机床停止。插齿刀在往复运动的回程时不切削,为了减少刀刃的磨损,还需要有让刀运动,即刀具在回程时径向退离工件,切削时复原。

2) 插齿机的传动原理

用齿轮形插齿刀插削直齿圆柱齿轮时,机床的传动原理图如图 3-69 所示。B_{11} 和 B_{12} 是一个复合运动,需要一条内联系传动链和一条外联系传动链。图中点 8 到点 11 之间的传动链是内联系传动链——展成链。圆周进给以插齿刀每往复一次,插齿刀所转过的分度圆弧长计。因此,外联系传动链以驱动插齿刀往复的偏心轮为间接动源来联系插齿刀旋转,图中为点 4 到点 8。

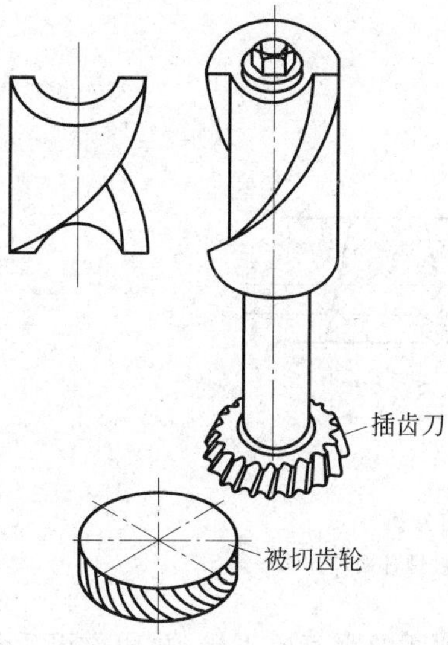

图 3-68　斜齿插齿刀及螺旋导轨

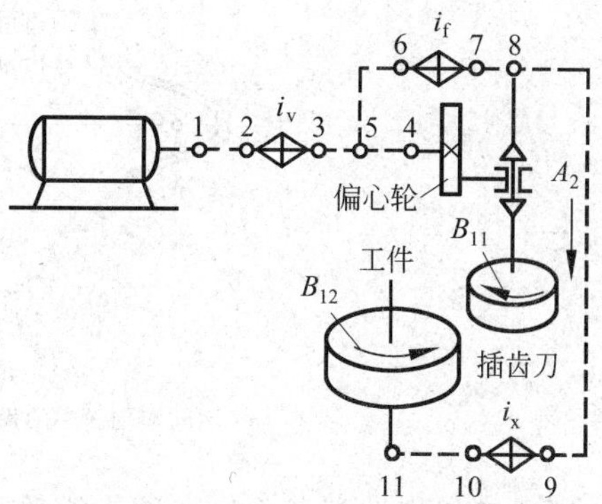

图 3-69　插齿机的传动原理图

插齿刀的往复运动 A_2 是一个简单运动，它只有一个外联系传动链，即由电动机轴处的点 1 至曲柄偏心轮处的点 4。这条传动链是主运动链。

2. 插齿刀

1）插齿刀的齿面形状

插齿刀有顶刃后角 α_p 和侧刃后角 α_c。为得到顶刃后角 α_p，插齿刀顶刃后刀面磨成圆锥面；为得到侧刃后角 α_c，直齿插齿刀的两侧齿面磨成螺旋角数值相等方向相反的螺旋面。因此插齿刀刃磨后齿顶圆直径和分度圆齿厚将相应减小。

插齿刀刀刃运动轨迹形成一个齿轮，称为产形齿轮。直齿插齿刀刀刃在端面的投影就是产形齿轮的端面齿形。要加工出正确的齿轮渐开线齿形，和它共轭的产形齿轮齿形必须是渐开线，故插齿刀切削刃在端面的投影必须是渐开线。如不考虑前角的影响，则插齿刀端剖面的齿形就是产形齿轮的齿形。

刃磨后的插齿刀，齿顶圆直径和分度圆齿厚都已变小，若仍要求加工出的齿轮有正确的渐开线齿形（即能与被加工齿轮正确啮合），则只能是插齿刀的不同端剖面相当于不同变位量的变位齿轮（图 3-70(a)）。新插齿刀变位量最大，重磨后变位量逐渐减小。变位量为零的剖面 $O—O$ 称为原始剖面，在此剖面中插齿刀为标准齿形，齿高和齿厚都是标准值。原始剖面前的各端剖面，变位系数为正值；原始剖面后的各端剖面，变位系数为负值。

根据变位齿轮原理，不同变位量的齿轮齿形仍是同一基圆的渐开线，故插齿刀重磨后必须保持齿形不变，仍为同一基圆的渐开线。这就要求插齿刀刀齿的两个侧表面，是两侧切削刃分别绕刀具轴线做螺旋运动而形成的螺旋面。该螺旋面的端截形是渐开线，因此插齿刀的侧齿面是渐开螺旋面。渐开螺旋面就是斜齿齿轮的齿面，可以用磨斜齿齿轮的办法磨削，即可以用平磨轮按展成原理磨出理论上正确的插齿刀齿形，不仅制造容易、精度高，并且检测方便。

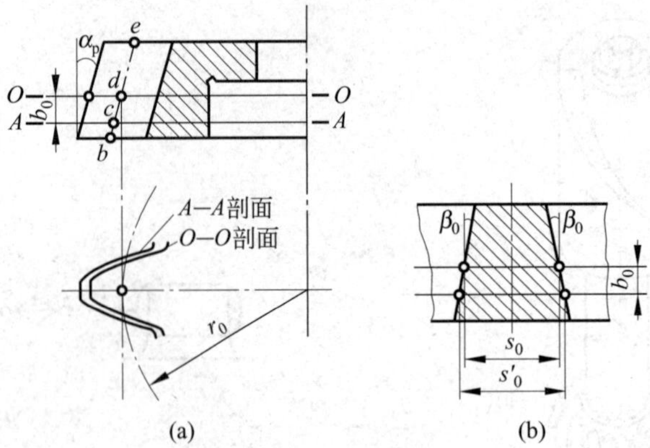

图 3-70　插齿刀齿形表面的分析

(a) 不同端剖面中的齿形；(b) 刀齿的分度圆柱面展开图

插齿刀任意端剖面中的变位系数和该剖面到原始剖面的距离成正比,并和顶刃后角 α_p 有关。如任意剖面 $A—A$ 离原始剖面的距离为 b_0,则此剖面中的变位系数 x_0 为

$$x_0 = \frac{b_0}{m}\tan\alpha_p \tag{3-27}$$

知道变位系数后,该剖面中的各尺寸参数均可算出:

齿顶高
$$h_{a0} = (h_{a0}^* + x_0)m \tag{3-28}$$

齿根高
$$h_{f0} = (h_{f0}^* - x_0)m \tag{3-29}$$

齿顶圆半径
$$r_{a0} = \left(\frac{z_0}{2} + h_{a0}^* + x_0\right)m \tag{3-30}$$

齿根圆半径
$$r_{f0} = \left(\frac{z_0}{2} - h_{f0}^* + x_0\right)m \tag{3-31}$$

用插齿刀的分度圆柱面去截刀齿的侧齿面,可得两条旋向相反的螺旋线。将此分度圆柱面展开,得一梯形,如图 3-70(b)所示,从图可看到

$$s'_0 = s_0 + 2b_0\tan\beta_0$$

根据变位齿轮原理及式(3-27),有

$$s'_0 = s_0 + 2x_0 m\tan\alpha = s_0 + 2b_0\tan\alpha_p\tan\alpha$$

式中:α 为分度圆齿形角。

从上面两式可得到插齿刀齿形表面的分度圆螺旋角 β_0:

$$\tan\beta_0 = \tan\alpha\tan\alpha_p \tag{3-32}$$

根据螺旋面的规律,任意半径 r_y 处的螺旋角 β_y 为

$$\tan\beta_y = \frac{r_y}{r}\tan\alpha\tan\alpha_p \tag{3-33}$$

插齿刀的基圆螺旋角 β_b 为

$$\tan\beta_b = \sin\alpha\tan\alpha_p \tag{3-34}$$

2) 插齿刀的后角

标准直齿插齿刀采用顶刃后角 $\alpha_p = 6°$。

插齿刀的侧刃后角 α_c 在侧刃主剖面中测量(图 3-71)。插齿刀的齿形表面为渐开螺旋面,主剖面 P_o 和它的基圆相切。在侧刃上任意点 y 在 $M—M$ 剖面中的后角即是该点侧齿面的螺旋角 β_y,根据式(3-33)已知

$$\tan\beta_y=\frac{r_y}{r}\tan\alpha\tan\alpha_p$$

现主剖面 P_o 和 $M—M$ 剖面相交成 α_y 角 $\left(\cos\alpha_y=\frac{r_b}{r_y}\right)$,故 y 点的侧刃后角 α_{cy} 为

$$\tan\alpha_{cy}=\tan\beta_y\cos\alpha_y=\frac{r_y}{r}\tan\alpha\tan\alpha_p\frac{r_b}{r_y}=\sin\alpha\tan\alpha_p$$

从上式可以看出,侧刃后角 α_c 在切削刃各点均相等(和 r_y 无关),根据式(3-34),其值等于基圆螺旋角 β_b,即

$$\tan\alpha_c=\tan\beta_b=\sin\alpha\tan\alpha_p \tag{3-35}$$

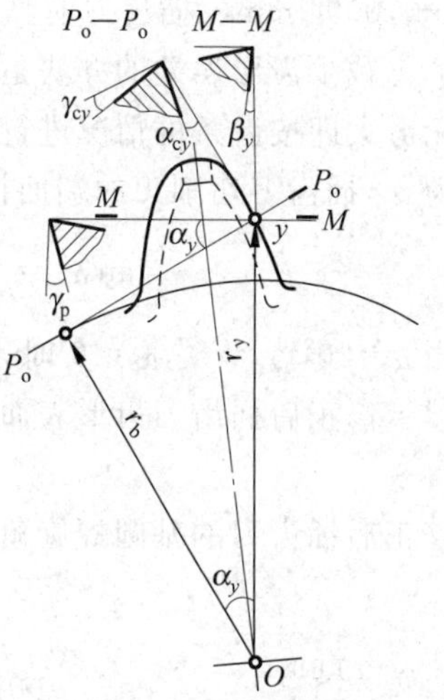

图 3-71 插齿刀的后角和前角

齿形角 $\alpha=20°$、顶刃后角 $\alpha_p=6°$ 的插齿刀,其侧刃后角 $\alpha_c\approx2°$。实验证明,适当增大后角可提高插齿刀的使用寿命。例如,将顶刃后角 α_p 增加到 9°,约可提高使用寿命 1 倍。但顶刃后角不宜增加过多,否则将使插齿刀可重磨次数显著减少,这样反而不经济。

对齿形角 $\alpha=14°30'$ 和 15° 的插齿刀,采用 $\alpha_p=7°30'$,这时侧刃后角为 $\alpha_c=1°54'$ 和 $1°57'$。

3) 插齿刀的前角

标准直齿插齿刀采用顶刃前角 $\gamma_p=5°$。

插齿刀的侧刃前角 γ_c 在主剖面 P_o 中测量,主剖面 P_o 和基圆相切。侧刃上任意点 y 处的前角 γ_{cy} 可用下式计算:

$$\tan\gamma_{cy}=\tan\gamma_p\sin\alpha_y \tag{3-36}$$

式中,$\cos\alpha_y=\frac{r_b}{r_y}$。

从上式可以看出,侧刃各点处的前角是不等的,接近齿顶处前角较大,接近齿根处前角较小。例如,$m=2.5$,$z_0=30$,$\gamma_p=5°$的插齿刀,齿顶处 $\gamma_c=2°36'$,齿根处 $\gamma_c=0°13'$,很显然侧刃前角过小。但增大前角将增加齿形误差,故仅在粗加工时允许增大前角。

当插齿刀前角 $\gamma_p=0°$时,前刀面是端平面,前刀面与齿侧表面(渐开螺旋面)的交线(侧切削刃)必然是渐开线,刃磨后侧切削刃齿形不变。现在 $\gamma_p>0°$,插齿刀的前刀面是圆锥面,该圆锥面和齿侧表面(渐开螺旋面)的交线(侧切削刃)不在同一端剖面中,侧切削刃的投影已不是渐开线。

若插齿刀有前角,则齿顶圆、分度圆和齿根圆不在同一端剖面中。如图 3-72 所示,分度圆在Ⅱ—Ⅱ剖面中,设此剖面中的齿形Ⅱ是标准齿形。齿顶圆在Ⅰ—Ⅰ剖面中,此剖面中的齿形Ⅰ相当于标准齿形Ⅱ逆时针转过 φ 角,齿顶宽度加大 Δe。齿根圆在Ⅲ—Ⅲ剖面中,此剖面中的齿形Ⅲ相当于标准齿形Ⅱ顺时针转过一个角度,齿根宽度减小 Δf。这就相当于插齿刀切削刃在端面的投影(产形齿轮)的齿形角减小,造成较大的齿形误差。例如,$m=5$,$\alpha=20°$,$z_0=20$,$\gamma_p=5°$,$\alpha_p=6°$ 的插齿刀,齿顶处的误差达 0.0269 mm,齿根处的误差达

−0.0094 mm。插齿刀前、后角愈大，齿形误差也愈大。

减少齿形误差的办法是修正插齿刀的齿形角。为易于修正计算，假设插齿刀的齿数为无穷大即按齿条的情况进行计算。如图 3-73 所示，插齿刀的前角为 γ_p，后角为 α_p，齿形角为 α'，插齿刀切削刃的端面投影(产形齿轮)的齿形角应等于被切齿轮的齿形角 α，故

$$\tan\alpha' = \frac{e}{h'} = \frac{e}{h(1-\tan\alpha_p\tan\gamma_p)} = \frac{\tan\alpha}{1-\tan\alpha_p\tan\gamma_p} \tag{3-37}$$

当 $\alpha=20°$，$\gamma_p=5°$，$\alpha_p=6°$时，$\alpha'=20°10'14.5''$。

修正后插齿刀齿形表面的基圆直径 $(d_b)_e$ 为

$$(d_b)_e = mz_0\cos\alpha' \tag{3-38}$$

修正后插齿刀的基圆螺旋角 $(\beta_b)_e$ 为

$$\tan(\beta_b)_e = \sin\alpha'\tan\alpha_p \tag{3-39}$$

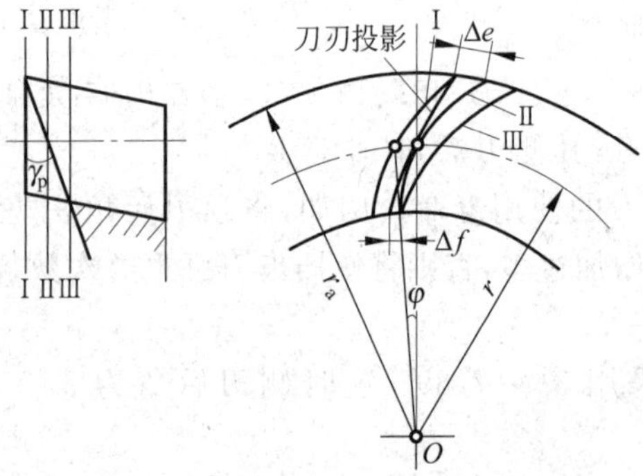

图 3-72 插齿刀前角引起的齿形误差

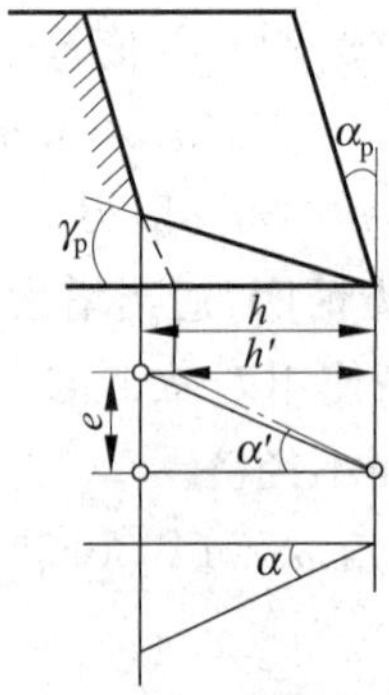

图 3-73 插齿刀齿形角的修正

插齿刀修正齿形角后，切削刃投影(产形齿轮)的齿形虽非渐开线，但误差很小。在分度圆处的齿形和理论渐开线相切，故加工齿轮可得标准分度圆压力角；但在齿顶和齿根处的齿形均较理论宽度大一些。当插齿刀的模数愈大或齿数愈少时，该误差值也愈大。例如，在不利条件下误差的数值，如 $m=8$，$z_0=13$，$\gamma_p=5°$，$\alpha_p=6°$时，齿顶处的齿形误差 +0.011 mm，齿根处的齿形误差 +0.0079 mm，都在允许的公差范围内。这个齿形误差将使齿轮得到微量的顶切和根切，在顶切和根切量都很小时不影响齿轮的正常啮合。

插齿刀齿形角修正后，切削刃在端面的投影(产形齿轮)齿形角为 α。加工时是产形齿轮和被加工齿轮啮合，因此在校验插齿刀和齿轮的啮合关系时，插齿刀的齿形角仍用 α 计算。修正后的齿形角 α' 仅在制造和检验插齿刀齿形时使用。

插齿刀刃磨时，要保持原来的顶刃前角不变，否则将增加被切齿轮的齿形误差。

3.6.2 滚齿原理、滚刀与滚齿机床

1. 滚齿原理

齿轮滚刀是按展成法加工齿轮的刀具，在齿轮制造中应用很广泛，可以用来加工外啮合的直齿轮、斜齿轮、标准齿轮和变位齿轮。加工齿轮的范围很大，从模数大于 0.1 到小于 40 的齿轮，均可用滚刀加工。加工齿轮的精度一般达 7～9 级，在使用超高精度滚刀和严格的工艺条件下也可以加工 5～6 级精度的齿轮。用一把滚刀可以加工模数相同的任意齿数的齿轮。

用齿轮滚刀加工齿轮的过程，相当于一对螺旋齿轮啮合滚动的过程(图 3-74(a))。将其中的一个齿数减少到 1 个或几个，轮齿的螺旋角很大(图 3-74(b))，开槽并铲背后，就成了齿轮滚刀(图 3-74(c))。当机床使滚刀和工件严格地按一对螺旋齿轮的传动关系作相对旋转运动时，就可在工件上连续不断地切出齿来。

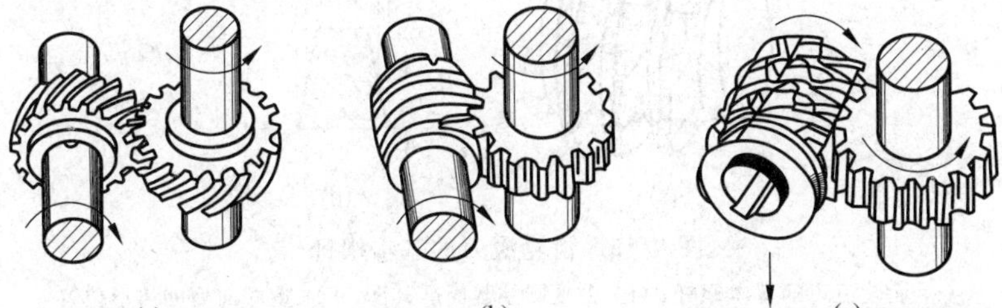

图 3-74　滚齿原理

图 3-75 是用齿轮滚刀加工齿轮的情况。滚刀轴线与工件端面倾斜一个角度 δ，以使滚刀的刀齿方向与被切齿轮的齿槽方向一致。滚刀的旋转运动为主运动。加工直齿齿轮时，滚刀每转 1 转，工件转过 1 个齿(当滚刀为单头时)或数个齿(当滚刀为多头时)，以形成展成运动即圆周进给运动。为了要在齿轮的全齿宽上切出牙齿，滚刀还需有沿齿轮轴线方向的进给运动。切斜齿轮时，除上述运动外，还需给工件一个附加的转动。

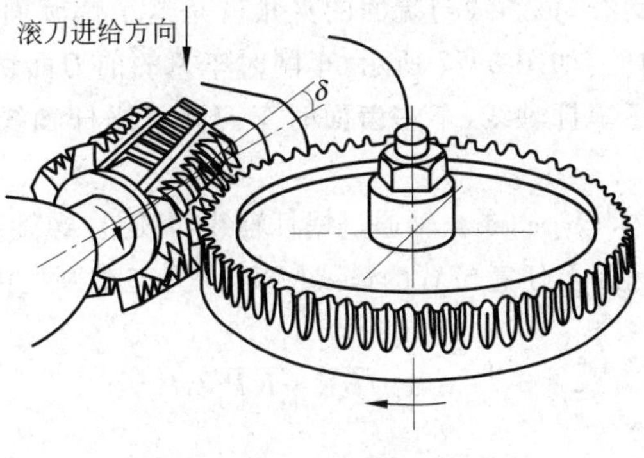

图 3-75　滚齿

2. 齿轮滚刀

1) 常用蜗杆的造形

图 3-76 所示是齿轮滚刀和蜗杆的关系。由图可以看出，滚刀虽有了容屑槽和后角，但侧切削刃仍保持在蜗杆的螺旋面上。这个蜗杆就是滚刀的产形蜗杆，也称为齿轮滚刀的基本蜗杆。

齿轮滚刀理论上正确的基本蜗杆是渐开线蜗杆，采用这种基本蜗杆的齿轮滚刀称为渐开线齿轮滚刀。但是，渐开线齿轮滚刀无论做成直槽还是螺旋槽，其轴向齿形和法向齿形都不是直线，使检查滚刀齿形十分困难。因此生产中采用近似的基本蜗杆去代替它，称为齿轮滚刀的近似造形。

近似造形可以采用不同的基本蜗杆，目前生产中采用的有阿基米德与法向直廓基本蜗杆，相应的齿轮滚刀称为阿基米德齿轮滚刀与法向直廓齿轮滚刀。法向直廓齿轮滚刀侧后

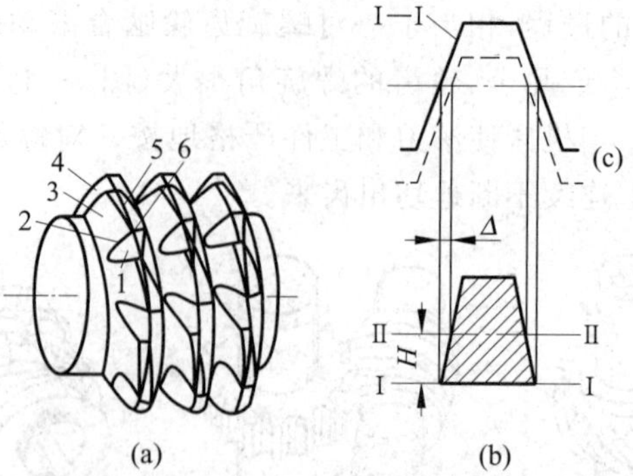

图 3-76　齿轮滚刀的基本蜗杆

(a) 齿轮滚刀的基本蜗杆；(b) 分度圆柱截面展开图；(c) 重磨前后的齿形位置

1—滚刀前刀面；2—侧切削刃；3—侧刃的后刀面；4—蜗杆表面；5—齿顶刃的后刀面；6—齿顶刃

刀面形状复杂，难以保证制造精度，造形误差亦较阿基米德齿轮滚刀稍大，因而目前生产中用得较少。而阿基米德齿轮滚刀齿形简单，检查齿形容易，能采用径向铲齿法，因而生产中主要采用阿基米德齿轮滚刀。目前我国工具厂供应的标准齿轮滚刀都是阿基米德齿轮滚刀。

(1) 渐开线蜗杆

渐开线蜗杆的齿面是渐开螺旋面。根据形成原理，渐开螺旋面的发生母线是在与基圆柱相切的平面中的一条斜线，该斜线与端面的夹角就是这个螺旋面的基圆螺旋升角 λ_b。可用此原理车削渐开线蜗杆。如图 3-77 所示，车削时车刀的前刀面切于直径为 d_b 的基圆柱，车蜗杆右齿面时车刀低于蜗杆轴线，车左齿面时车刀高于蜗杆轴线，车刀取前角 $\gamma_f=0°$，齿形角为 λ_b。

图 3-78 中取蜗杆坐标 $Oxyz$，令 x 轴通过蜗杆轴线，基圆柱螺旋线通过 y 轴上的 L 点，螺旋齿面的导程为 p_x。左齿面上任意位置的母线 $\overline{MN}$(M 为与基圆柱的切点)上的任意点 P 的坐标为

$$x=\overline{BK}+\overline{KP}$$

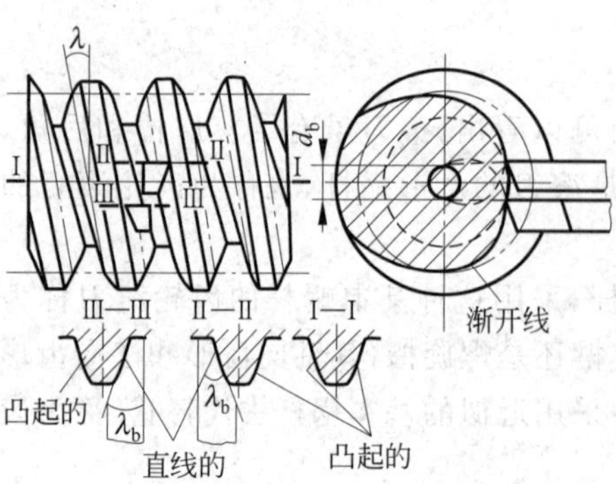

图 3-77　渐开线蜗杆齿面的形成

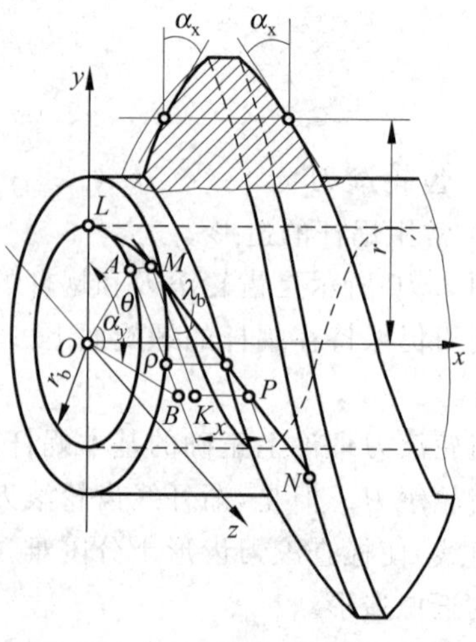

图 3-78　渐开线蜗杆齿面的计算

由图 3-78 可知，

$$\overline{BK}=AM=\frac{p_x}{2\pi}(\theta-\alpha_y)$$

$$\overline{KP}=\overline{MK}\tan\lambda_b=\overline{AB}\tan\lambda_b=r_b\tan\alpha_y\tan\lambda_b=\frac{p_x}{2\pi}\tan\alpha_y$$

故右旋渐开线蜗杆左齿面的方程式为

$$\left.\begin{aligned}&x=\frac{p_x}{2\pi}(\theta+\tan\alpha_y-\alpha_y)=\frac{p_x}{2\pi}(\theta+\mathrm{inv}\alpha_y)\\&\cos\alpha_y=\frac{r_b}{\rho}\end{aligned}\right\}\tag{3-40}$$

同理可得右旋渐开线蜗杆右齿面的方程式：

$$x=\frac{p_x}{2\pi}(\theta-\mathrm{inv}\alpha_y)\tag{3-41}$$

对于左旋渐开线蜗杆，式(3-40)、式(3-41)中的 θ 角改为负号即可。

令式(3-40)、式(3-41)中的 $x=0$，可求得渐开线蜗杆的端截形的方程式：

$$\left.\begin{aligned}&\theta=\mp\mathrm{inv}\alpha_y\\&\cos\alpha_y=\frac{r_b}{\rho}\end{aligned}\right\}\tag{3-42}$$

这证明渐开线蜗杆齿面的端截形是渐开线。公式中上边的符号用于左齿面，下边的符号用于右齿面，后面的公式也这样表示。

令式(3-40)、式(3-41)中的 $\theta=0$，并考虑轴向截面中 $\rho=y$，可求得蜗杆的轴向截形方程式：

$$\left.\begin{aligned}&x=\pm\frac{p_x}{2\pi}\mathrm{inv}\alpha_y\\&\cos\alpha_y=\frac{r_b}{y}\end{aligned}\right\}\tag{3-43}$$

这个公式说明渐开线蜗杆齿面的轴向截形是曲线。计算证明，当螺旋升角 λ_b 较小时，该曲线在分度圆柱附近很近似于直线。

(2) 阿基米德蜗杆

阿基米德蜗杆的齿面是阿基米德螺旋面，它的齿面形成如图 3-79 所示，是由切削刃安置在蜗杆的轴向平面内的车刀车削而成的。车刀为直线切削刃，齿形角 α_x，故蜗杆表面是由直母线(刀刃)做螺旋运动而形成的。

图 3-80 所示为右旋蜗杆。取坐标系 $Oxyz$，令 x 轴通过蜗杆的轴线。$\overline{MN}$为左齿面的母线，它与蜗杆端面的夹角 α_x 称为轴向齿形角；螺旋齿面的导程为 p_x。原始位置时，母线$\overline{OA}$通过原点 O，母线任意位置$\overline{MN}$上任意点 P 的坐标为

$$x=\overline{OM}+\overline{MB}=\frac{p_x}{2\pi}\theta+\rho\tan\alpha_x\tag{3-44}$$

式中：ρ 为母线上任意点 P 至 x 轴的距离。

同理，右旋阿基米德蜗杆右齿面的方程式为

$$x=\frac{p_x}{2\pi}\theta-\rho\tan\alpha_x\tag{3-45}$$

对于左旋阿基米德蜗杆齿面的方程式，将式(3-44)、式(3-45)中的 θ 角改成负号即可。

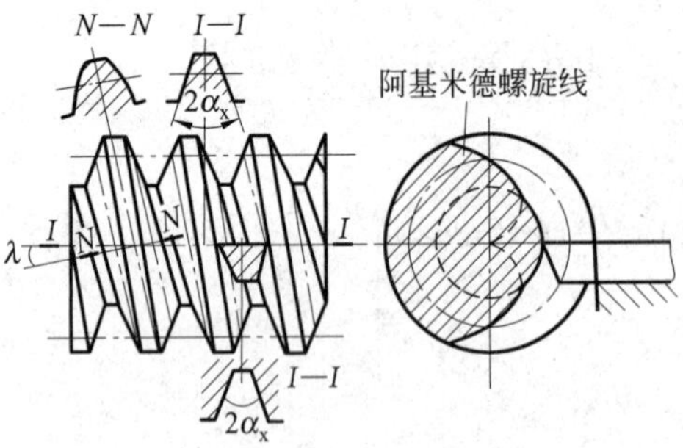

图 3-79　阿基米德蜗杆齿面的形成

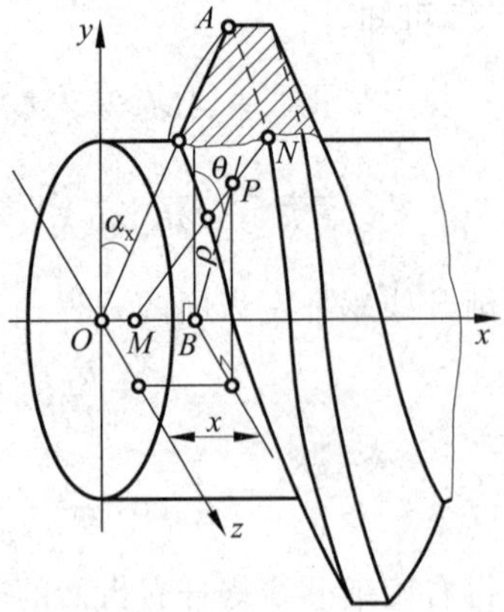

图 3-80　阿基米德蜗杆齿面的计算

令式(3-44)、式(3-45)中的 $x=0$，得右旋蜗杆的端截形方程为

$$\theta=\mp\frac{2\pi}{p_x}\rho\tan\alpha_x \tag{3-46}$$

式(3-46)是一条阿基米德蜗线的方程式，所以这种蜗杆称为阿基米德蜗杆。

令式(3-44)、式(3-45)中的 $\theta=0°$，得右旋蜗杆齿面轴向截形的方程式为

$$x=\pm\rho\tan\alpha_x$$

在轴向截面中 $\rho=y$，故

$$x=\pm y\tan\alpha_x \tag{3-47}$$

这是直线方程，此直线与 y 轴的夹角为 α_x。

(3) 法向直廓蜗杆

法向直廓蜗杆的齿面，是由一个位于法剖面内的直母线绕蜗杆轴线做螺旋运动而形成的螺旋面。直母线在法剖面中的斜角即为这种蜗杆的法向齿形角 α_n。因直母线所在的法剖面不同，这类蜗杆又分为两种。

① 齿槽法向直廓蜗杆。如图 3-81(a)所示，其发生线的法剖面(车刀前刀面)通过蜗杆齿槽的中点并和分度圆柱螺旋线相垂直。车刀切削刃的延长线切于半径为 r_H 的某一圆柱，该圆柱称为导圆柱。

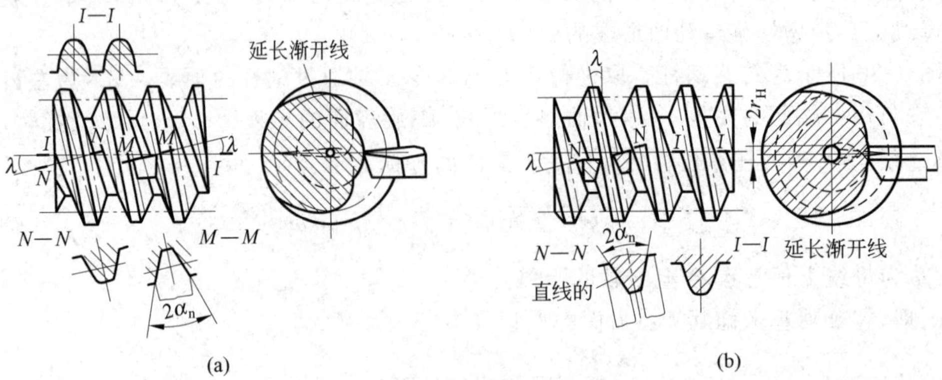

(a)　　(b)

图 3-81　法向直廓蜗杆齿面的形成

(a) 齿槽法向直廓蜗杆；(b) 齿纹法向直廓蜗杆

② 齿纹法向直廓蜗杆。如图 3-81(b)所示，其发生线所在的法剖面(车刀前刀面)通过蜗杆齿纹中点并和分度圆柱螺旋线相垂直。车刀切削刃的延长线也切于导圆柱，但导圆柱的半径较齿槽法向直廓蜗杆为大。

法向直廓蜗杆的齿面在端剖面中的截形为延长渐开线。

2) 齿轮滚刀的容屑槽与前刀面

图 3-82 为整体齿轮滚刀的结构。

滚刀容屑槽的一侧构成前刀面，前刀面在滚刀端剖面中的截形为直线，使制造与重磨都简单(见图 3-83)。滚刀前角为 0°时，此直线通过滚刀中心。在这种情况下，滚刀的切削刃形较简单，因此生产中多取滚刀前角为 0°。但为改善滚刀的切削性能，也可采用正前角。近年发展起来的滚切硬齿面齿轮的硬质合金精切滚刀，则采用很大的负前角(如－30°)。

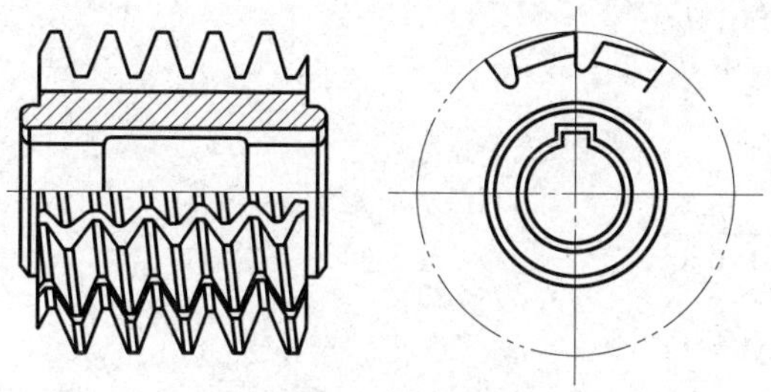

图 3-82　整体滚刀的结构

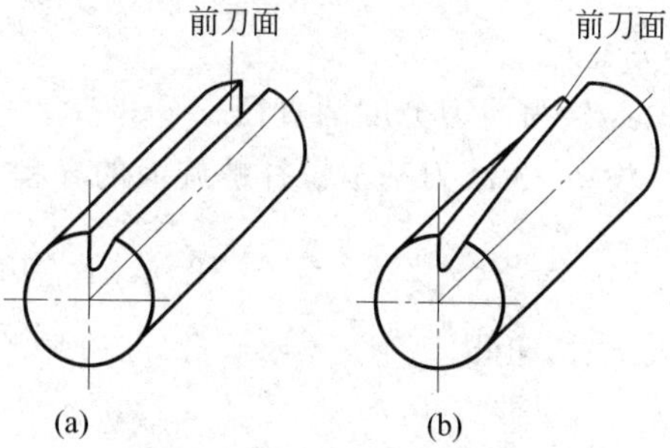

图 3-83　滚刀的容屑槽

(a) 直槽；(b) 螺旋槽

容屑槽有直槽和螺旋槽两种，如图 3-83(a)，(b)所示。直槽制造方便，重磨和检查滚刀齿形也方便，目前工厂中大多采用此种槽形。但滚刀做成直槽后，左右两侧刃的前角不相等。图 3-84(a)所示为 0°前角的直槽滚刀分度圆柱剖面刀齿展开图。刀齿前刀面平行于滚刀轴线。切直齿轮时滚刀轴线与齿轮端面倾斜 λ_0 角(λ_0 为滚刀分度圆螺旋升角)，所以前刀面也与齿轮端面倾斜 λ_0。滚齿时，合成速度的方向为滚刀的螺旋线方向，如图 3-84中的 v 所示，切削刃上垂直于速度方向的是基面，图中基面与前刀面之间的夹角是滚刀侧刃的横向

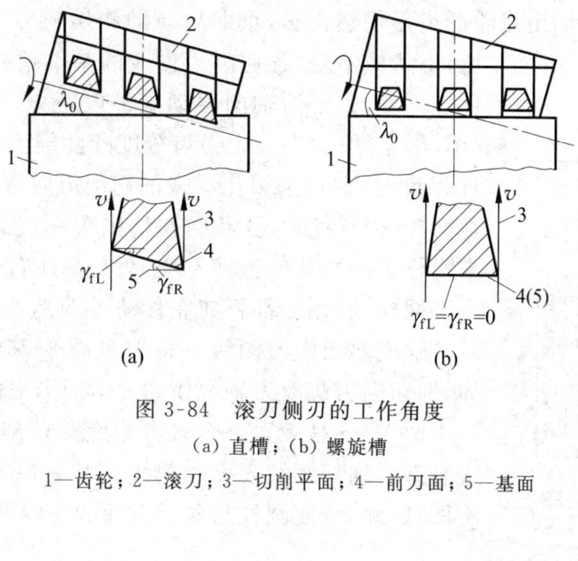

图 3-84　滚刀侧刃的工作角度

(a) 直槽；(b) 螺旋槽

1—齿轮；2—滚刀；3—切削平面；4—前刀面；5—基面

前角 γ_f。由图可以看出，右侧刃 $\gamma_{fR}>0°$，左侧刃 $\gamma_{fL}<0°$。当滚刀的螺旋升角 λ_0 不大时，γ_{fL} 负值很小，对滚刀的切削性能、使用寿命和加工精度都没有多大影响。但当 $\lambda_0>5°$ 时，就不宜采用直槽了，而应采用螺旋槽。

当滚刀做成螺旋槽时，为使左、右切削刃的切削条件相同，一般令此螺旋槽垂直于滚刀的螺纹，即 $\beta_k=-\lambda_0$，其中 β_k 为容屑槽在滚刀分度圆柱上的螺旋角。当滚刀为右旋时，容屑槽为左旋，这时，$\gamma_{fL}=\gamma_{fR}=0°$，如图 3-84(b)所示。图 3-85 为这种滚刀分度圆柱与前刀面交线的展开图。由图可求出容屑槽的导程为

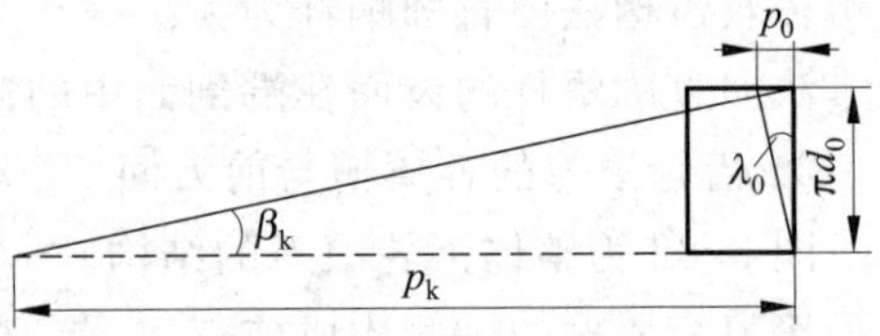

图 3-85　滚刀分度圆柱与前刀面交线展开图

$$p_k=\frac{\pi d_0}{\tan\beta_k} \tag{3-48}$$

式中：d_0 为滚刀分度圆直径。

设 p_0 为滚刀基本螺杆螺旋面的导程，则

$$\pi d_0=\frac{p_0}{\tan\lambda_0}$$

代入上式，可得

$$p_k=\frac{p_0}{\tan\lambda_0\tan\beta_k}=-\frac{p_0}{\tan^2\lambda_0} \tag{3-49}$$

3）齿轮滚刀的侧后刀面及其铲齿

（1）对侧后刀面的要求

作为切削刀具，滚刀必须有后角，使侧刃后刀面与顶刃的后刀面都缩入基本蜗杆螺旋面之内。

滚刀用钝后，需沿前刀面重磨。重磨后，就产生了新的切削刃，图 3-76(c)中虚线所示即为滚刀用钝重磨后的新切削刃。可以看出，滚刀重磨后，分度圆齿厚减小了，齿顶高也减小了，加工齿轮时，为使所切齿轮分度圆齿厚不变，应减少滚刀与齿轮的中心距，这相当于减少了齿轮滚刀的变位量。齿轮滚刀实际上相当于变位齿轮。

为使滚刀重磨后切出齿轮的齿形仍然正确，重磨后新的侧切削刃与原来的侧切削刃相比，形状应不变，各切削刃创成的基本蜗杆螺旋面的几何特性也应不变，只是沿轴向移动了一段距离。例如，图 3-76(b)中(图(b)是图(a)中一个刀齿分度圆柱剖面的展开图)，当重磨掉 H 厚度时，左切削刃比原来的切削刃向右移动了 Δ。所有刀齿都磨掉 H 厚度时，各新的左切削刃创成的基本蜗杆表面与原来蜗杆表面的几何特性不变，只是都向右移动了 Δ 距离。

同样，右侧刃都将向左移动 Δ 距离。

这就要求滚刀侧后刀面 3(见图 3-76(a))是一个圆柱螺旋面，即切削刃绕滚刀轴线作螺旋运动形成的螺旋面。

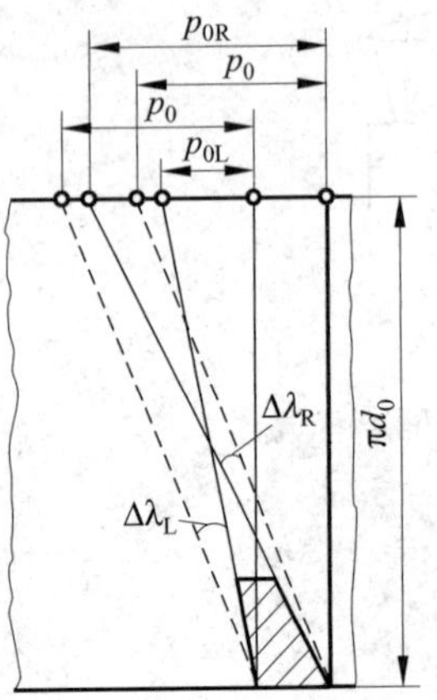

图 3-86　滚刀分度圆柱展开图

图 3-86 是滚刀一个刀齿分度圆柱剖面的展开图，其中虚线是基本蜗杆螺纹表面的截线。因左、右侧后刀面都是圆柱螺旋面，因此，分度圆柱与侧后刀面的交线展开后应是直线，右侧

后刀面的导程 p_{0R} 大于基本蜗杆螺旋面的导程 p_0，左侧后刀面的导程 p_{0L} 小于 p_0。

(2) 侧后刀面的形成方法

为保证侧后刀面是导程为 p_{0R} 与 p_{0L} 的螺旋面，而各切削刃又需在导程为 p_0 的螺旋面上，需用铲齿方法加工。铲齿又可分为轴向铲齿与径向铲齿两种方法。

① 轴向铲齿。如图 3-87(a)所示，铲齿时，滚刀旋转，铲床大拖板带动铲刀以滚刀基本蜗杆的导程 p_0 作轴向进给 S_0，使铲刀沿滚刀基本蜗杆螺旋面前进。与此同时，凸轮带动机床小拖板作轴向铲齿运动，滚刀每转过一个刀齿，轴向铲齿一次。铲削量为 K_x。这样加工出的滚刀侧后刀面无疑是圆柱螺旋面，符合对齿轮滚刀侧后刀面的要求。但由于滚刀刀齿在轴向没有足够的铲刀退刀的空间，实现这种铲齿方法比较困难，因此在生产上很少采用。

② 径向铲齿。这种铲齿方法铲刀作径向铲齿运动，如图 3-87(b)所示。径向铲削量为 K。目前生产中主要采用这种铲齿方法。

当滚刀刀齿侧后刀面轴向剖面的齿形是直线时，径向铲齿与轴向铲齿得到的后刀面的性质是相同的。以刀齿右齿面的铲齿为例(图 3-88(a))，当滚刀转过一个刀齿时，若为轴向铲齿，铲刀则移动到位置Ⅱ，若为径向铲齿，铲刀则移动到位置Ⅰ，而Ⅰ与Ⅱ重合于同一直线上。因此，径向铲齿与轴向铲齿的结果相同，铲出的侧后刀面都是圆柱螺旋面。

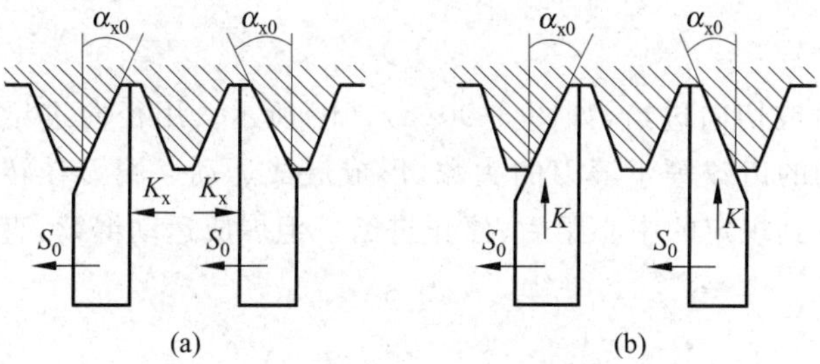

图 3-87　轴向铲齿与径向铲齿

(a) 轴向铲齿；(b) 径向铲齿

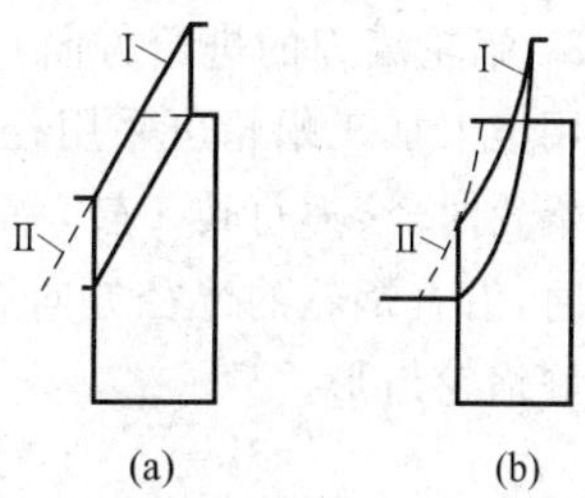

图 3-88　轴向铲齿与径向铲齿的侧后刀面性质

(a) 直线齿形；(b) 曲线齿形

当滚刀侧后刀面的轴向齿形是曲线时(图 3-88(b))，滚刀转过一个刀齿，轴向铲齿时，铲刀移动到位置Ⅱ，径向铲齿时，铲刀移动到位置Ⅰ，二者不重合。轴向铲齿得到的侧后刀面是圆柱螺旋面，而径向铲齿得到的已不是圆柱螺旋面。图 3-88(b)中的齿形曲线Ⅰ虽然形状未改变，但它对于滚刀轴线在半径方向的相对位置改变了，这样得出的侧铲面是圆锥螺旋面，不符合对滚刀侧后刀面的要求。

因此，若滚刀侧后刀面轴向剖面的齿形是直线时，将使滚刀的铲齿方便。

3. 蜗轮滚刀

1) 蜗轮滚刀的工作原理及其特点

蜗轮滚刀是加工蜗轮最常用的刀具。

蜗轮滚刀加工蜗轮的过程是模拟蜗杆与蜗轮啮合的过程，如图 3-89 所示。蜗轮滚刀相当于原蜗杆，只是在上面做出切削刃，这些切削刃都在原蜗杆的螺旋面上。这个蜗杆亦称为蜗

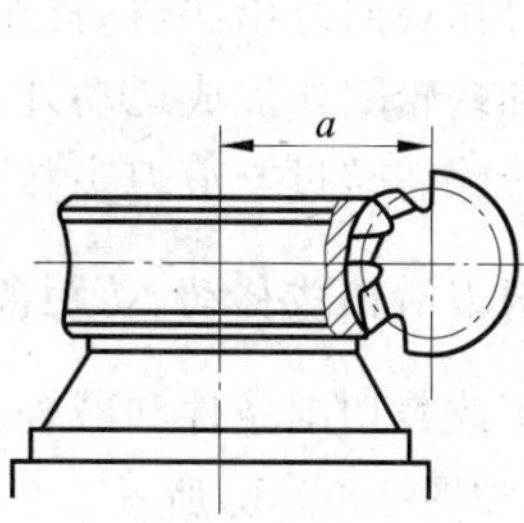

图 3-89　蜗轮的滚切

轮滚刀的基本蜗杆。因此，与齿轮滚刀一样，蜗轮滚刀也应用基本蜗杆的概念。

根据上述原理，蜗轮滚刀的基本参数，如模数、齿形角、螺旋升角、螺旋方向、螺纹头数、齿距、分度圆直径等，都应与原蜗杆相同。蜗轮滚刀与蜗轮的轴交角及中心距亦应等于原蜗杆与蜗轮的轴交角及中心距；滚刀与蜗轮的传动比亦应和原蜗轮副的传动比相同。

蜗轮滚刀的外形很像齿轮滚刀，但它们的设计原理又有所不同。齿轮滚刀的基本蜗杆相当于螺旋齿轮副中的一个齿轮，其分度圆直径与螺旋角都没有一定限制，可以由设计者决定；一把滚刀可加工齿数不同、螺旋角不同的齿轮；滚刀基本蜗杆的类型理论上应是渐开线蜗杆，近似造形时采用哪种蜗杆类型亦可以由设计者自行决定。蜗轮滚刀则不然，它的基本蜗杆的类型和基本参数都必须与原蜗杆相同，加工每一规格的蜗轮需用专用的滚刀。

生产上应用的普通圆柱蜗杆有阿基米德蜗杆、法向直廓蜗杆和渐开线蜗杆。由于阿基米德蜗杆和相应的滚刀齿形容易检查，生产中这种蜗轮副和相应的蜗轮滚刀用得最多。其次是法向直廓蜗杆，它比较容易磨削，用得也比较多。渐开线蜗杆的制造和检查都比较困难，生产中用得很少。

由于蜗轮滚刀是专用刀具，在生产中常遇到设计、制造蜗轮滚刀的任务，因此应掌握它的设计方法。

2）蜗轮滚刀的进给方向

用滚刀加工蜗轮可采用径向进给或切向进给，如图 3-90(a)、(b)所示。用径向进给法加工蜗轮时，滚刀每转 1 转，蜗轮转动的齿数等于滚刀的头数，形成展成运动。滚刀在转动的同时，沿着蜗轮的半径方向进给，达到规定的中心距后，停止进给。但展成运动继续，直到包络好蜗轮齿形。

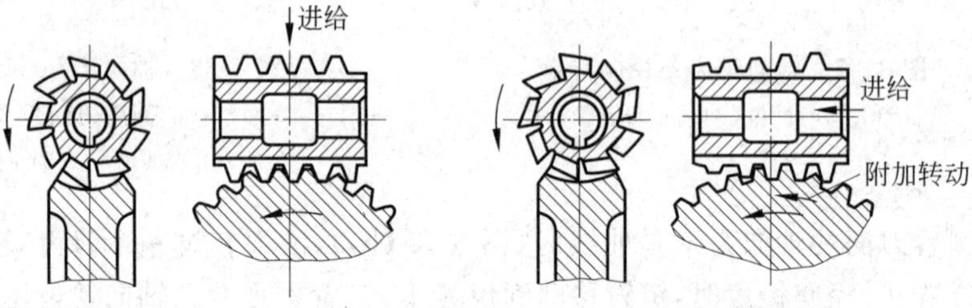

图 3-90　蜗轮滚刀的进给方式

(a) 径向进给；(b) 切向进给

用切向进给法时，首先把滚刀和蜗轮的中心距调整到等于原蜗杆与蜗轮的中心距。滚刀和蜗轮除作展成运动外，滚刀还沿本身的轴线方向进给切入蜗轮。因此，滚刀每转 1 转，蜗轮除需转过与滚刀头数相等的齿数外，由于滚刀有切向运动，蜗轮还需要有附加的转动。当滚刀沿轴线移动 Δl 距离时，蜗轮的附加转角为 $\Delta\theta=\dfrac{\Delta l}{r_2}$，式中 r_2 是蜗轮的分度圆半径。为了改善切削条件和减轻第一个切入刀齿的负荷，切向进给的滚刀必须在前端做有切削锥部，如图 3-90(b)所示。

由于蜗轮滚刀的切削刃数有限，所以包络蜗轮齿形的切削刃数也有限。在采用径向进给法时，当蜗轮的模数较大，齿数较少，滚刀的直径小，头数多以及蜗轮齿数与滚刀头数有公因数时，包络齿形的切削刃数很少。

用切向进给法时，可以提高加工齿面的质量。如图3-91所示，蜗轮转过一圈后，若切削刃的位置Ⅰ′，Ⅱ′与前一圈刀刃切削的位置Ⅰ，Ⅱ重合，则在蜗轮齿面上得到的棱度为Δ，如图3-91(a)所示；若切削刃的位置Ⅰ′与前一圈的刀刃切削位置Ⅰ不重合，而是错过了一个位置，如图3-91(b)所示，则棱度Δ可比前一种情况大为减少。用切向进给法加工蜗轮时，滚刀本身有轴向移动，当蜗轮转过一圈后再被Ⅰ′，Ⅱ′刃齿切削时，刀刃的切削位置不与前一转重合，这使蜗轮齿廓由较多的刀刃包络形成，故切向进给法加工齿面的质量比径向进给法高。同时滚刀和蜗轮的中心距容易调整准确，故在蜗轮质量要求较高时宜用切向进给法。但切向进给法加工蜗轮时切入长度较长，因此生产率不如径向进给法高。用切向进给法时，机床上必须加上切向进给机构，这将使机床传动链增长，从而导致蜗轮的齿距误差增大，故对齿距精度要求很高的蜗轮，宜用径向进给法加工。

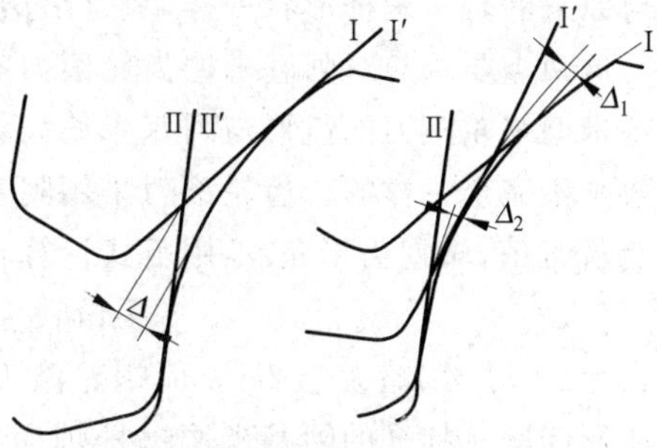

图3-91　齿面的包络

加工蜗轮能否采用切向进给方法，除要看滚齿机有无切向进给机构外，还要考虑蜗轮蜗杆的装配条件。当蜗杆的头数较多，螺旋升角较大时，用切向进给法加工的蜗轮，其蜗杆有时不能从半径方向装配，而只能从切向方向旋进去。当蜗轮副的机构不允许切向装配时，就不能采用切向进给法加工。

对于阿基米德蜗轮副，可采用下面的不等式校验允许径向装配的条件，不等式成立，就表明用切向进给法切出的蜗轮可以从半径方向和蜗杆装配。

$$\tan\alpha_{x1} \geqslant \tan\lambda_1 \frac{\sqrt{r_{a1}^2 - r_1^2}}{r_{a1}} \tag{3-50}$$

式中：r_{a1}为蜗杆的顶圆半径；λ_1为蜗杆的分度圆螺旋升角；r_1为蜗杆的分度圆半径；α_{x1}为蜗杆轴向剖面中的齿形角。

对于法向直廓蜗杆，当满足下式时，用切向进给法切出的蜗轮可以允许蜗杆从径向装配：

$$\tan\alpha \geqslant \tan\lambda_1 \frac{\sqrt{r_{a1}^2 - r_1^2} \cdot \sqrt{r_{a1}^2 - r_H^2} - r_H r_1}{r_{a1}^2} \tag{3-51}$$

式中：α为法向直廓蜗杆直母线与端截面的夹角；r_H为法向直廓蜗杆导圆柱半径。

渐开线蜗轮副没有任何限制，不论用什么进给方法切出的蜗轮，都可以与蜗杆沿径向装配。

当用切向进给法切制的蜗轮因不能从半径方向装配而改用径向进给法加工时，滚刀在径向切入过程中，已将蜗轮上干涉的部分切去，故径向装配已不再发生困难。但是由于蜗轮齿面已发生了过切，因而使啮合时的接触面积减少，降低了蜗轮副的传动性能。

3）零度前角螺旋槽阿基米德蜗轮滚刀的齿形设计

对阿基米德蜗轮滚刀几何形状的要求是：

(1) 阿基米德蜗轮滚刀的切削刃应在阿基米德基本蜗杆的表面上。

(2) 滚刀用钝重磨后将形成新的切削刃,此新切削刃应形状不变,它创成的基本蜗杆亦应与原来的基本蜗杆形状一样,只是沿滚刀轴向移动了一个距离。

这两点要求与对阿基米德齿轮滚刀的一样。由此可见,若二者的基本蜗杆参数相同,则阿基米德蜗轮滚刀的齿形与阿基米德齿轮滚刀的齿形应相同。但实际上,两者基本蜗杆的参数是不完全一样的。齿轮滚刀采用阿基米德基本蜗杆只是一种近似造形,其法向齿形角 α_n 为标准值,轴向齿形角 α_{x0} 用下式计算:

$$\tan\alpha_{x0} = \tan\alpha_n/\cos\lambda_0$$

当 $\alpha_n=20°$时,α_{x0}略大于 20°。而蜗轮滚刀基本蜗杆的型式必须和原工作蜗杆相同,没有近似造形问题。标准的阿基米德蜗杆轴向齿形角是 20°,所以蜗轮滚刀基本蜗杆的轴向齿形角也是 20°。

这样,零度前角直槽阿基米德蜗轮滚刀前刀面的齿形角以及其侧后刀面轴向剖面的齿形角都应取

$$\alpha_{x0} = \alpha_{x1} \tag{3-52}$$

式中:α_{x1}为原蜗杆的轴向齿形角。

但生产上经常使用螺旋槽蜗轮滚刀。这是因为,蜗轮滚刀的螺旋升角必须等于原蜗杆的螺旋升角,而后者的螺旋升角有时很大,这时,为使左、右切削刃的切削条件相同(见图 3-84),蜗轮滚刀就需要做成螺旋槽的。

下面研究零度前角螺旋槽阿基米德蜗轮滚刀的齿形设计。齿形设计的任务就是要找出侧后刀面的几何形状,使切削刃创成的基本蜗杆是要求的阿基米德蜗杆。

滚刀的齿形可按下述步骤设计:建立阿基米德基本蜗杆螺旋面的方程;建立前刀面的方程;联立解这两个方程即得切削刃方程;令切削刃按左、右侧后刀面的导程做螺旋运动即可求得侧后刀面的方程;最后求出侧后刀面轴向剖面的齿形作为制造和检查的齿形。

(1) 建立阿基米德基本蜗杆螺旋面的方程

以右旋滚刀的右侧面为例,如式(3-45)所示(令 $r_y=\rho$):

$$x = \frac{p_0}{2\pi}\theta - r_y\tan\alpha_{x0} \tag{3-53}$$

(2) 建立前刀面方程

零度前角螺旋槽滚刀的前刀面也是阿基米德螺旋面,但它的母线垂直于滚刀轴线,即 $\alpha_{x0}=0$。其旋向对于右旋滚刀应为左旋,导程为 $-p_k$。所以用 $\alpha_{x0}=0$,且导程 p_0 改为 $-p_k$ 代入式(3-53)即可求出右旋滚刀的前刀面方程:

$$x = -\frac{p_k}{2\pi}\theta \tag{3-54}$$

(3) 求侧切削刃方程

前刀面和基本蜗杆的交线就是侧切削刃。联立解式(3-53)和式(3-54)即得切削刃方程:

$$\left.\begin{aligned}\theta &= \frac{2\pi}{p_0+p_k}r_y\tan\alpha_{x0}\\ x &= -\frac{p_k}{2\pi}\theta\end{aligned}\right\} \tag{3-55}$$

(4) 求侧后刀面方程

如前所述，为保证滚刀重磨后仍能切出齿形正确的蜗轮，侧后刀面必须是圆柱螺旋面。对于右侧刃，其导程应为 p_{0R}。可用一般的螺旋面方程来表示侧后刀面的方程式：

$$x = \frac{p_{0R}}{2\pi}\theta + X \tag{3-56}$$

式中：X 为当 $\theta=0$ 时 x 的初值，它和螺旋面的性质有关。已知侧后刀面必须通过切削刃，因此，将式(3-55)所表示的切削刃方程代入式(3-56)可求出 X：

$$X = -\frac{p_{0R} + p_k}{p_0 + p_k} r_y \tan\alpha_{x0} \tag{3-57}$$

再将式(3-57)代入式(3-56)，则得侧后刀面的方程：

$$x = \frac{p_{0R}}{2\pi}\theta - \frac{p_{0R} + p_k}{p_0 + p_k} r_y \tan\alpha_{x0} \tag{3-58}$$

用同样的方法可求得左侧后刀面的方程：

$$x = \frac{p_{0L}}{2\pi}\theta + \frac{p_{0L} + p_k}{p_0 + p_k} r_y \tan\alpha_{x0} \tag{3-59}$$

(5) 求轴向齿形

侧后刀面的形状通常要用其上一个剖面的齿形来表示，以便用它作为制造和检查的齿形。此处求其轴向截形比较方便。为此，令式(3-58)中 $\theta=0°$，此时 $r_y=y$，则得右侧后刀面的轴向截形：

$$x = -\frac{p_{0R} + p_k}{p_0 + p_k} y\tan\alpha_{x0} \tag{3-60}$$

同理，得左侧后刀面的轴向截形：

$$x = \frac{p_{0L} + p_k}{p_0 + p_k} y\tan\alpha_{x0} \tag{3-61}$$

对于某一滚刀来说，式(3-60)与式(3-61)中的 p_0，p_k，p_{0R}，p_{0L}，α_{x0} 都是常数，则该两式是直线方程，说明零度前角阿基米德螺旋槽滚刀的侧后刀面轴向截形是直线，因此，它的侧后刀面也是阿基米德螺旋面，只是此螺旋面的导程与发生线的齿形角不同于其阿基米德基本蜗杆的导程与齿形角。

令右侧和左侧后刀面轴向截形的齿形角分别为 α_{0R} 和 α_{0L}，则有

$$\tan\alpha_{0R} = \frac{-x}{y} \tag{3-62}$$

$$\tan\alpha_{0L} = \frac{x}{y} \tag{3-63}$$

将式(3-60)与式(3-61)代入式(3-62)和式(3-63)得

$$\left.\begin{aligned} \tan\alpha_{0R} &= \frac{p_{0R} + p_k}{p_0 + p_k}\tan\alpha_{x0} \\ \tan\alpha_{0L} &= \frac{p_{0L} + p_k}{p_0 + p_k}\tan\alpha_{x0} \end{aligned}\right\} \tag{3-64}$$

式(3-64)就是右侧和左侧后刀面轴向剖面齿形角的计算公式。若右侧和左侧后刀面的导程 p_{0R} 与 p_{0L} 给定(其他已知)，则可求出右侧和左侧齿形角。当滚刀侧后刀面按此齿形制造时，它将是一个由式(3-55)所表示的切削刃创成的圆柱螺旋面。而此切削刃又正是阿

基米德基本蜗杆与前刀面的交线。因此，这时滚刀刀刃创成的基本蜗杆就是要求的阿基米德蜗杆，而且滚刀重磨后刀刃的形状不变，亦将创成同样的基本蜗杆，只是它沿滚刀的轴线移动了一个距离。

(6) 径向铲齿时侧后刀面的导程、齿形角和铲削量的关系

按式(3-64)计算蜗轮滚刀齿形必须首先已知滚刀侧后刀面的导程，而在径向铲齿时需要给定的工艺参数为铲削每一个齿的径向铲削量 K。下面研究侧后刀面导程、轴向截形齿形角和铲削量 K 之间的计算关系。

① 铲削当量。设想在铲齿时，铲刀铲完一个齿后不退回而继续铲下去，则滚刀转 1 圈时铲刀在径向前进 K_v，如图 3-92 所示，一般称 K_v 为铲削当量，则

$$K_v = NK \tag{3-65}$$

式中：K 为铲一个齿的径向铲削量；N 为滚刀转 1 圈的铲削次数。对于直槽滚刀，$N=z_k$；对于螺旋槽滚刀，N 可按图 3-93 求出。图 3-93 中某一个刀齿的 A 点正在水平中心线$\overline{OO}$上，表示正开始铲这个刀齿。铲刀在 A 点铲入后，由于螺旋容屑槽的关系，滚刀转不到一圈就要在 C 点铲入，此时铲刀已往复了 z_k 次，或者说滚刀在($\pi d_0-\widehat{EC}$)周长上已使铲刀往复了 z_k 次。那么，滚刀转 1 圈(或转过 πd_0 弧长)时，铲刀往复次数 N 必大于 z_k，有

$$\frac{\pi d_0}{N} = \frac{\pi d_0 - \widehat{EC}}{z_k}$$

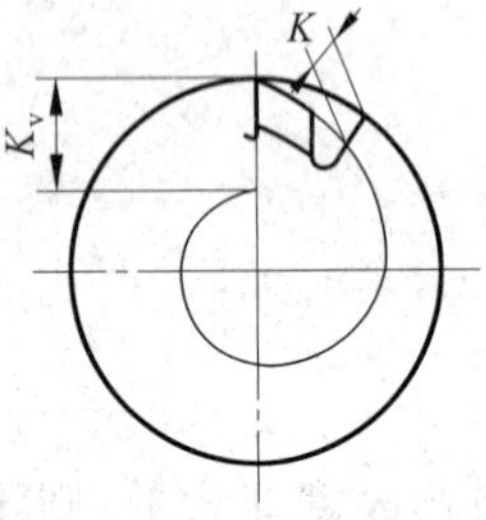

图 3-92 铲削当量

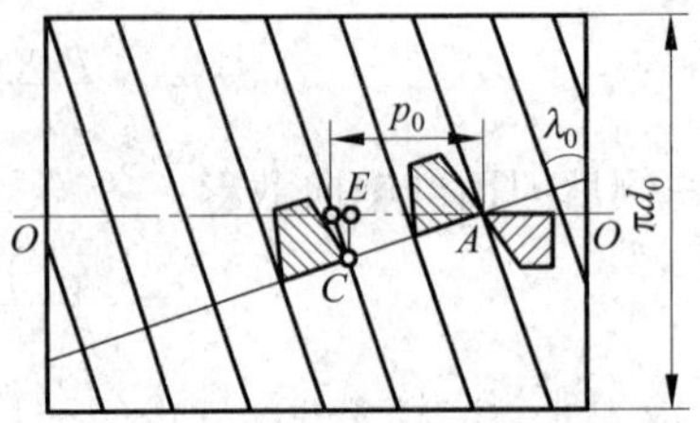

图 3-93 螺旋槽滚刀铲齿时沿分度圆柱的展开图

由上式得

$$N = \frac{z_k}{1 - \dfrac{\widehat{EC}}{\pi d_0}} \tag{3-66}$$

由图 3-93 可知

$$\widehat{EC} = p_0 \cos\lambda_0 \sin\lambda_0$$

$$\frac{\widehat{EC}}{\pi d_0} = \frac{p_0 \cos\lambda_0 \sin\lambda_0}{\pi d_0} = \tan\lambda_0 \cos\lambda_0 \sin\lambda_0 = \sin^2\lambda_0 \tag{3-67}$$

将式(3-67)代入式(3-66)后得

$$N = \frac{z_k}{\cos^2\lambda_0} \tag{3-68}$$

而

$$\cos^2\lambda_0 = \frac{1}{1+\tan^2\lambda_0} = \frac{1}{1+\left(\dfrac{\pi d_0}{p_k}\right)\left(\dfrac{p_0}{\pi d_0}\right)} = \frac{p_k}{p_k + p_0} \tag{3-69}$$

将式(3-69)代入式(3-68)后得

$$N = \frac{p_k + p_0}{p_k} z_k \tag{3-70}$$

此时，铲削当量 K_v 为

$$K_v = NK = \frac{p_k + p_0}{p_k} K z_k \tag{3-71}$$

② 导程与铲削当量、每齿铲削量的关系。在图 3-94 中，设位置 1 是铲刀的起始位置，当滚刀转 1 圈后，如果铲刀仅有大拖板的轴向进给运动，则铲刀沿滚刀轴线方向移动距离 p_0 而达到虚线位置 2，现铲刀又有由小拖板带动的铲齿运动，在滚刀半径方向移动了距离 K_v，因而达到位置 3，如图中左边的实线位置。假设滚刀右侧后刀面的齿形角为 α_{0R}，则由于径向铲齿而引起的铲刀切削刃的轴向移动量为

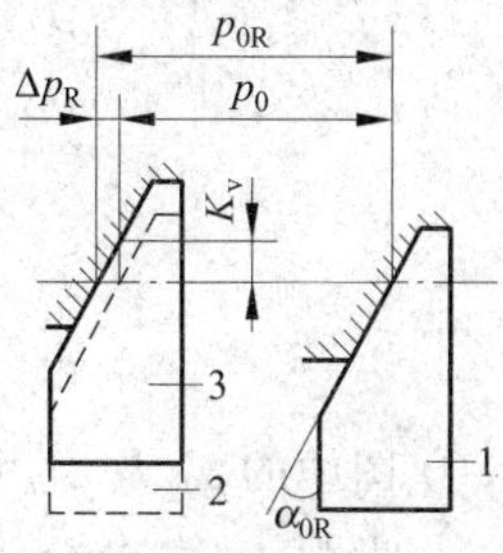

图 3-94　滚刀径向铲齿时侧后刀面的导程

$$\Delta p_R = K_v \tan \alpha_{0R}$$

同理可求出左侧的相应移动量为

$$\Delta p_L = K_v \tan \alpha_{0L}$$

则右侧和左侧后刀面的导程分别为

$$\left.\begin{aligned} p_{0R} &= p_0 + \Delta p_R = p_0 + K_v \tan \alpha_{0R} \\ p_{0L} &= p_0 - \Delta p_L = p_0 - K_v \tan \alpha_{0L} \end{aligned}\right\} \tag{3-72}$$

将式(3-71)代入式(3-72)，则径向铲齿后，右侧和左侧后刀面的导程分别为

$$\left.\begin{aligned} p_{0R} &= p_0 + K_v \tan \alpha_{0R} = P_0 + \frac{p_k + p_0}{p_k} K \cdot z_k \tan \alpha_{0R} \\ p_{0L} &= p_0 - K_v \tan \alpha_{0L} = P_0 - \frac{p_k + p_0}{p_k} K \cdot z_k \tan \alpha_{0L} \end{aligned}\right\} \tag{3-73}$$

式(3-73)表示当用径向铲齿法获得侧后刀面时，右侧和左侧后刀面的导程和铲齿量 K 的关系。

③ 齿形角和铲削量的关系。将式(3-73)代入式(3-64)，则右旋阿基米德蜗轮滚刀侧后刀面轴向齿形的右侧和左侧齿形角分别为

$$\left.\begin{aligned} \cot \alpha_{0R} &= \cot \alpha_{x0} - \frac{K z_k}{p_k} \\ \cot \alpha_{0L} &= \cot \alpha_{x0} + \frac{K z_k}{p_k} \end{aligned}\right\} \tag{3-74}$$

对于左旋阿基米德滚刀，该齿形角分别为

$$\left.\begin{aligned} \cot \alpha_{0R} &= \cot \alpha_{x0} + \frac{K z_k}{p_k} \\ \cot \alpha_{0L} &= \cot \alpha_{x0} - \frac{K z_k}{p_k} \end{aligned}\right\} \tag{3-75}$$

由于生产中蜗轮滚刀大多采用径向铲齿法加工，因此，多是用式(3-74)、式(3-75)计算轴向齿形。

(7) 齿形图中其他尺寸的确定

在螺旋槽蜗轮滚刀的工作图中应给出侧后刀面轴向剖面的齿形图，作为检验滚刀齿形

的依据。有时也同时给出法向齿形图，在其上标注滚刀的齿厚、齿顶圆弧、齿根圆弧等，因为这些尺寸在法向剖面中测量比较方便。图 3-95 就是阿基米德蜗轮滚刀的轴向齿形与法向齿形图，其主要尺寸计算如下：

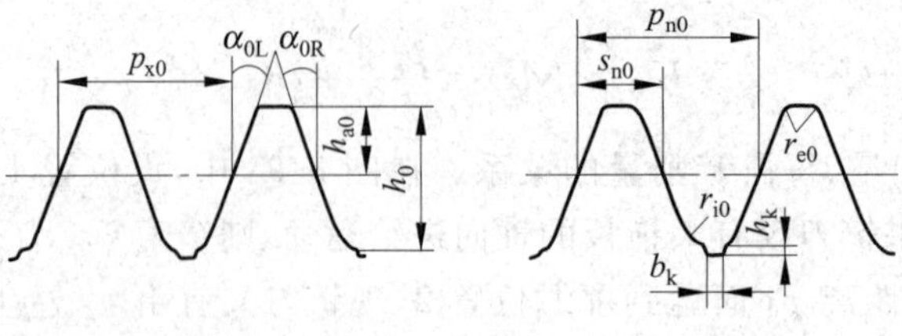

图 3-95 阿基米德滚刀的轴向和法向齿形

(a) 轴向齿形；(b) 法向齿形

① 图中的 α_{0R} 及 α_{0L} 可用式(3-74)与式(3-75)计算。

② 齿距 $p_{x0}=\pi m$(m 为轴向模数)。

③ 法向齿厚 s_{n0} 的计算要考虑滚刀重磨后刀齿减薄的补偿问题，这与齿轮滚刀不同。齿轮滚刀计算齿厚时，一般不考虑滚刀重磨后刀齿齿厚的减薄问题。因为齿轮滚刀重磨后刀齿齿厚减薄时，只要减少滚刀和被切齿轮的中心距即可切出齿厚合乎要求的齿轮。而蜗轮滚刀则不同，它与被切蜗轮的中心距应等于此蜗轮与原工作蜗杆的中心距，不能随便改动。因此设计蜗轮滚刀时，必须考虑重磨后刀齿减薄的补偿问题，新蜗轮滚刀应将齿厚做厚些。因此 s_{n0} 可按下式计算：

$$s_{n0}=\frac{\pi m}{2}\cos\lambda_0+\Delta s_n \tag{3-76}$$

式中：m 为蜗杆和蜗轮滚刀的模数，以轴向模数计算；Δs_n 为法向齿厚加厚量，可取 $\Delta s_n=\frac{\Delta_m s}{2}$，$\Delta_m s$ 为按蜗轮精度标准的保证间隙所采用的蜗杆螺纹厚度的最小减薄量，其数值可在《机械零件设计手册》中查到。生产中有时取 $\Delta s_n=0$。

④ 齿顶高度 h_{a0}

$$h_{a0}=\frac{d_{a0}-d_0}{2} \tag{3-77}$$

式中：d_{a0} 为蜗轮滚刀的外径；d_0 为蜗轮滚刀的分度圆直径。

⑤ 全齿高 h_0

$$h_0=\frac{d_{a0}-d_{f0}}{2} \tag{3-78}$$

式中：d_{f0} 为蜗轮滚刀的齿根圆直径，一般等于工作蜗杆的齿根圆直径 d_{f1}。

⑥ 齿顶圆弧半径 r_{e0} 和齿根圆弧半径 r_{i0}。蜗轮滚刀刃磨后滚刀外径会减小，如果滚刀齿顶圆角半径太大，则可能使滚刀经几次重磨后，切出的蜗轮有效齿形部分长度过小，故一般取 $r_{e0}=0.2m$。齿根圆弧半径可取大些，以减少淬火中可能出现的裂纹。一般可取 $r_{i0}=0.3m$。

⑦ $m>4$ 的铲磨滚刀齿底应做出铲磨砂轮的退刀槽。退刀槽深 h_k 可取为 0.5～1.5 mm，槽宽 b_k 可较齿底宽度稍小。

4. 滚齿机床

滚齿机主要用于滚切直齿和斜齿圆柱齿轮和蜗轮。与滚齿机加工原理相同的,还有花键轴铣齿机。

1) 滚切直齿圆柱齿轮

(1) 机床的运动和传动原理图

用滚刀加工直齿圆柱齿轮必须具有以下两个运动:形成渐开线(母线)所需的展成运动(B_{11},B_{12})和形成导线所需的滚刀沿工件轴线的移动(A_2),如图 3-96 所示。

① 展成运动。展成运动是滚刀与工件之间的啮合运动,是一个复合的表面成形运动。这个运动可以分解为两个部分:滚刀的旋转运动 B_{11} 和工件的旋转运动 B_{12}。复合运动的两部分 B_{11} 和 B_{12} 之间需要有一个内联系传动链,用以保持 B_{11} 和 B_{12} 之间的相对运动关系。设滚刀的头数为 K,工件齿数为 z,则滚刀每转 $1/K$ 转,工件应转 $1/z$ 转。在图 3-97 中,这条传动链是:滚刀—4—5—i_x—6—7—工件。

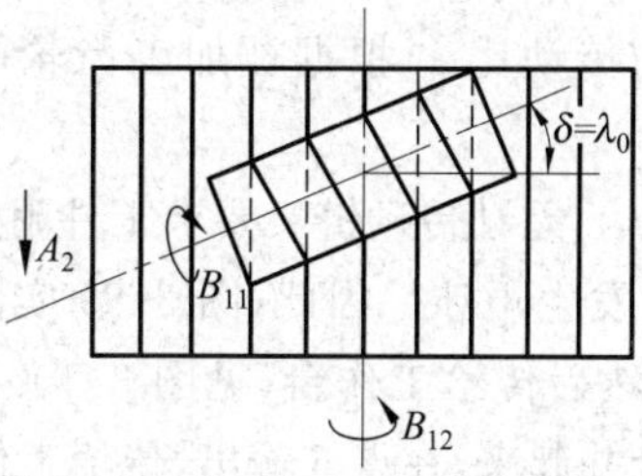

图 3-96　滚切直齿圆柱齿轮所需运动

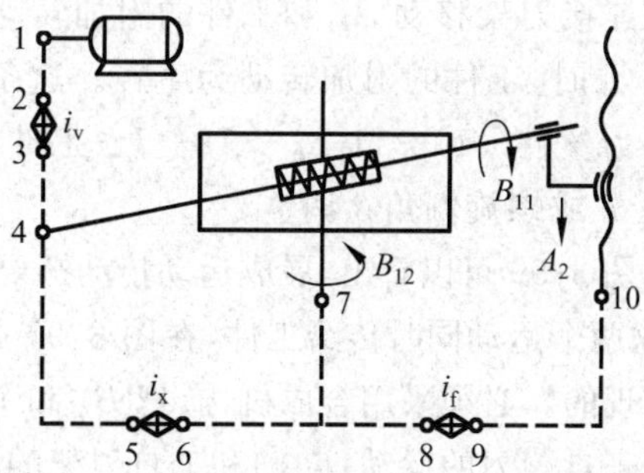

图 3-97　滚切直齿圆柱齿轮的传动原理图

② 主运动。展成运动还应有一条外联系传动链与动力源相联系。这条传动链为:电动机—1—2—i_v—3—4—滚刀。从切削的角度分析,滚刀的旋转是主运动。这条传动链称为主运动链。

③ 竖直进给运动。为了形成直齿齿面,滚刀还需作轴向的直线运动 A_2。这个运动是维持切削得以连续的运动,是进给运动。

A_2 是一个简单运动,可以使用独立的动力源驱动。但是,工件转速和刀架移动速度之间的相对关系,会影响到齿面加工的表面粗糙度。因此,滚齿机的进给以工件每转时滚刀架的轴向移动量计,单位为 mm/r。计算时,可以把工作台作为间接动力源。在图 3-97 中,这条传动链为:工件—7—8—i_f—9—10—刀架升降丝杠。这是一条外联系传动链,称为进给传动链。

(2) 滚刀的安装

滚刀刀齿是沿螺旋线分布的,螺旋升角为 λ_0。加工直齿圆柱齿轮时,为了使滚刀刀齿方向与被切齿轮的齿槽方向一致,滚刀轴线与被切齿轮端面之间应倾斜一个角度 δ,称为滚刀的安装角,它在数量上等于滚刀的螺旋升角 λ_0。用右旋滚刀加工直齿齿轮的安装角如图 3-96 所示,用左旋滚刀时倾斜方向相反。图中虚线表示滚刀与齿坯接触一侧的滚刀螺旋线方向。

2）滚切斜齿圆柱齿轮

（1）机床的运动和传动原理图

斜齿圆柱齿轮与直齿圆柱齿轮的区别在于齿长方向不是直线，而是螺旋线。因此，加工斜齿圆柱齿轮时，进给运动是螺旋运动，是一个复合运动，如图 3-98 所示。这个运动可分解为两部分，滚刀架的直线运动 A_{21} 和工作台的旋转运动 B_{22}。工作台要同时完成 B_{12} 和 B_{22} 两种旋转运动，故 B_{22} 常称为附加转动。

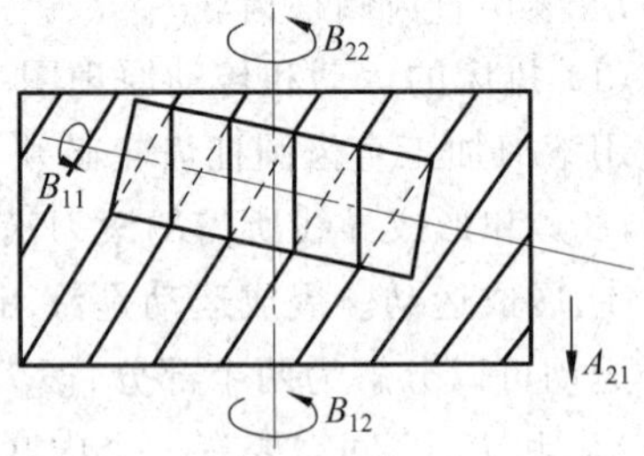

图 3-98　滚切斜齿圆柱齿轮所需的运动

滚切斜齿圆柱齿轮时的两个成形运动都各需一条内联系传动链和一条外联系传动链，如图 3-99 所示。展成运动的传动链与滚切直齿时完全相同。产生螺旋运动的外联系传动——进给链，也与切削直齿圆柱齿轮时相同。但是，这时的进给运动是复合运动，还需一条产生螺旋线的内联系传动链。它连接刀架移动 A_{21} 和工件的附加转动 B_{22}，以保证当刀架直线移动距离为螺旋线的 1 个导程 T 时，工件的附加转动为 1 转。这条内联系传动链习惯上称为差动链。图 3-99 中，差动链为丝杠—10—11—i_y—12—7—工件。换置机构的传动比 i_y 根据被加工齿轮的螺旋线导程 T 或螺旋倾角 β 调整。

由图 3-99 可以看出，展成运动传动链要求工件转动 B_{12}，差动传动链又要求工件附加转动 B_{22}。这两个运动同时传给工件，在图 3-99 中的点 7 必然发生干涉。因此，图 3-99 实际上是不能实现的。必须采用合成机构，把 B_{12} 和 B_{22} 合并起来，然后传给工作台，见图 3-100。合成机构把来自滚刀的运动（点 5）和来自刀架的运动（点 15）合并起来，在点 6 输出，传给工件。

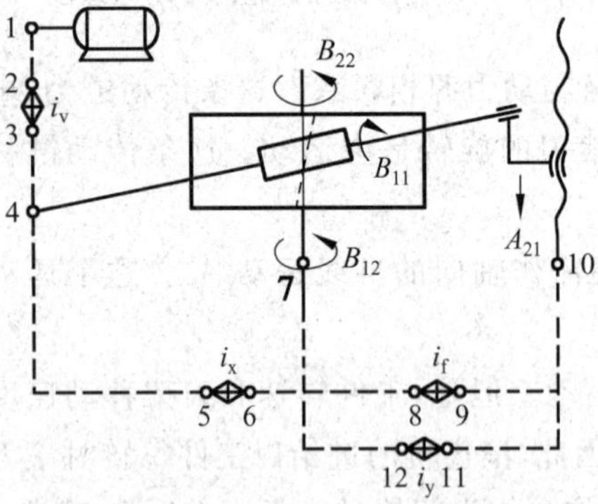

图 3-99　滚切斜齿圆柱齿轮的传动链

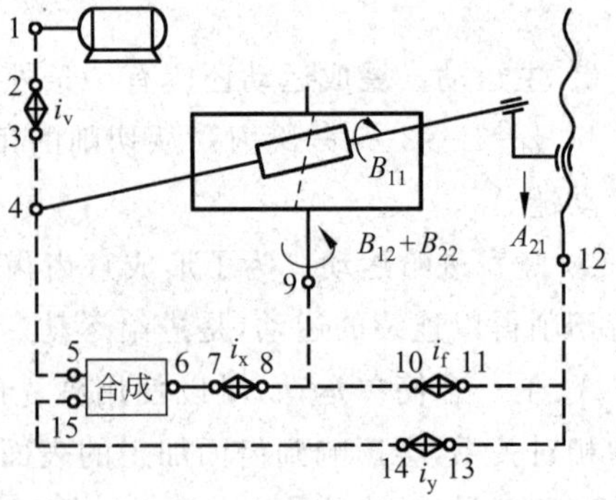

图 3-100　滚切斜齿圆柱齿轮的传动原理图

滚齿机既可用来加工直齿，又可用来加工斜齿圆柱齿轮。因此，滚齿机是根据滚切斜齿圆柱齿轮的传动原理图设计的。当滚切直齿圆柱齿轮时，就将差动传动链断开（换置机构不挂挂轮），并把合成机构通过固定连接结构固定成为一个如同联轴器的传动件。

（2）滚刀的安装

滚切斜齿圆柱齿轮时，滚刀的安装角 δ 不仅与滚刀的螺旋线方向及螺旋升角 λ_0 有关，而且还与被加工齿轮的螺旋线方向及螺旋角 β 有关。当滚刀与齿轮的螺旋线方向相同时，滚刀的安装角 $\delta=\beta-\lambda_0$。图 3-101(a)表示用右旋滚刀加工右旋齿轮的情况。当滚刀与齿轮的螺旋线方向相反时，滚刀的安装角 $\delta=\beta+\lambda_0$。图 3-101(b)表示用右旋滚刀加工左旋齿轮的情况。

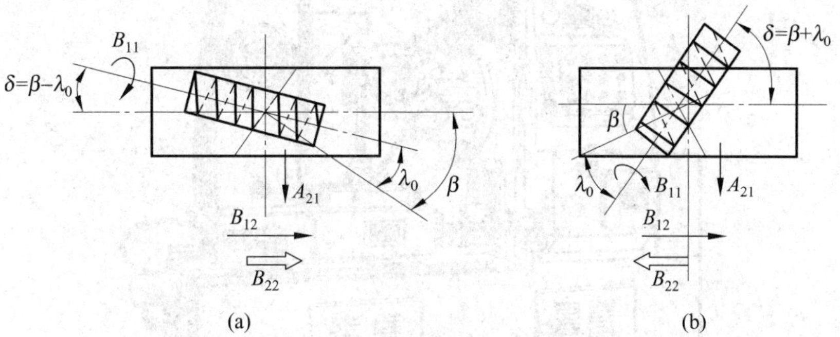

图 3-101　滚切斜齿圆柱齿轮时滚刀的安装角

(a) 右旋滚刀加工右旋齿轮；(b) 右旋滚刀加工左旋齿轮

(3) 工件附加转动的方向

工件附加转动 B_{22} 的方向见图 3-102。图中 ac' 是斜齿圆柱齿轮的齿线。滚刀在位置Ⅰ时，切削点在 a 点。滚刀下降 Δf 到达位置Ⅱ时，需要切削的是 b' 点而不是 b 点。如果用右旋滚刀切削右旋齿轮，则工件应比切直齿时多转一些(图 3-102(a))，切左旋齿轮，则应少转一些(图 3-102(b))。用右旋滚刀时，刀架向下移动螺旋线导程 T，工件应多转(右旋齿轮)或少转(左旋齿轮)1 转。

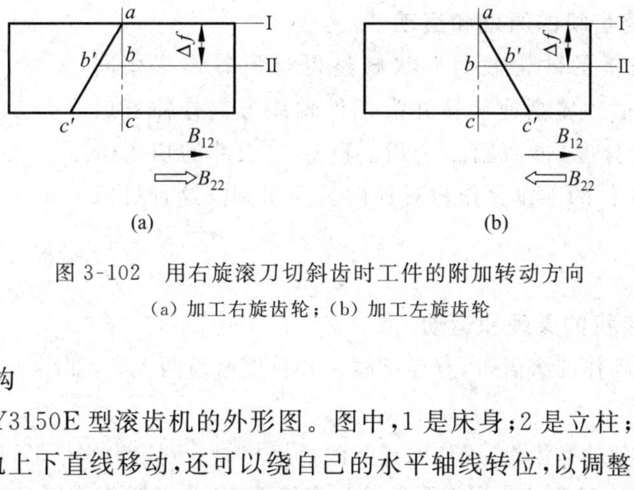

图 3-102　用右旋滚刀切斜齿时工件的附加转动方向

(a) 加工右旋齿轮；(b) 加工左旋齿轮

3) 滚齿机结构

图 3-103 是 Y3150E 型滚齿机的外形图。图中，1 是床身；2 是立柱；3 是刀架。刀架可以沿立柱上的导轨上下直线移动，还可以绕自己的水平轴线转位，以调整滚刀和工件间的相对位置，使它们相当于一对轴线交叉的螺旋齿轮啮合；4 是滚刀主轴，滚刀装在滚刀主轴上作旋转运动；5 是小立柱，装有可沿垂直导轨上下调位的工件心轴上支承座，小立柱可以连同工作台一起作水平方向移动，以适应不同直径的工件及在用径向进给法切削蜗轮时作进给运动；6 是工件心轴，工件装在工件心轴上随工作台一起旋转；7 是工作台。

3.6.3　磨齿机床

磨齿机多用于对淬硬的齿轮进行齿廓的精加工。有的磨齿机也能用来直接在齿坯上磨

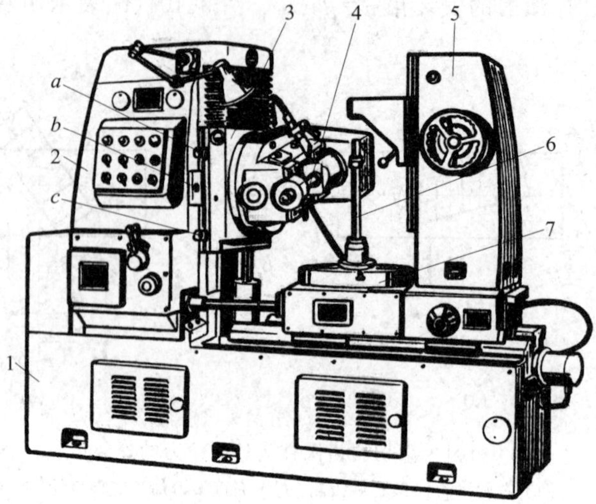

图 3-103　Y3150E 型滚齿机

出模数不大的轮齿。磨齿机能消除齿轮淬火后的变形，加工精度较高。磨齿后，精度最低为 6 级。有的磨齿机可磨 3 级或 4 级齿轮。

磨齿机有两大类，即用成形砂轮磨齿和用展成法磨齿。成形砂轮磨齿机应用较少，多数磨齿机用展成法。

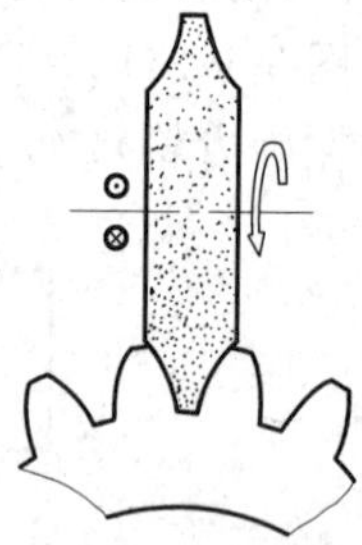

图 3-104　成形砂轮磨齿的工作原理图

1. 成形砂轮磨齿机的原理和运动

成形砂轮磨齿机的砂轮截面形状修整得与齿谷形状相同(图 3-104)。磨齿时，砂轮高速旋转并沿工件轴线方向作往复运动。一个齿磨完后分度，再磨第二个齿。砂轮对工件的切入运动，由砂轮与安装工件的工作台作相对径向运动得到。这种机床的运动比较简单。

2. 展成法磨齿机的原理和运动

用展成法原理工作的磨齿机，有连续磨齿和分度磨齿两大类，如图 3-105 所示。

1) 连续磨齿

展成法连续磨削的磨齿机，工作原理与滚齿机相似。砂轮为蜗杆形，称为蜗杆砂轮磨齿机。工作原理见图 3-105(a)。蜗杆形砂轮相当于滚刀，相对工件作展成运动，磨出渐开线。工件作轴向直线往复运动，以磨削直齿圆柱齿轮的轮齿。如果作倾斜运动，就可磨削斜齿圆柱齿轮。砂轮的转速很高，展成链不能用机械的方式联系砂轮和工件。目前常用的办法有两种：一种用两个同步电动机分别拖动砂轮主轴和工件主轴，用挂轮换置；另一种用数控的方法，即在砂轮主轴上装脉冲发生器，发出与主轴旋转成正比的脉冲(每转若干个脉冲)，脉冲由数控系统调制后经伺服系统和伺服电动机拖动工件主轴，在工件主轴上装反馈信号发生器，数控系统起展成换置机构的作用。在各类磨齿机中，这类机床的生产率最高，但修整砂轮麻烦，因此常用于成批生产。

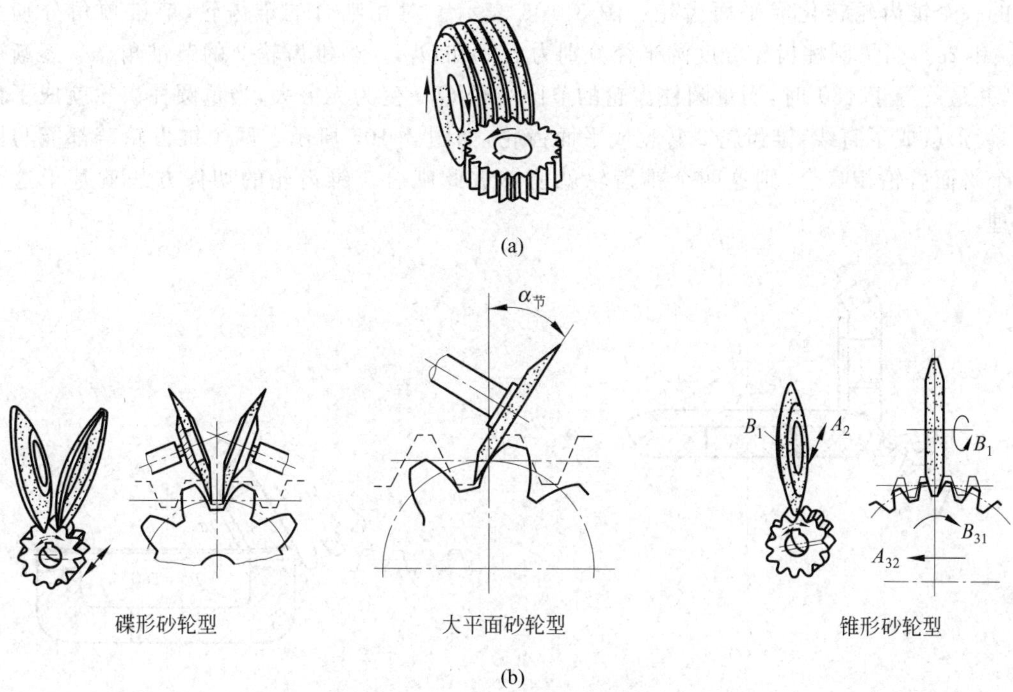

图 3-105　展成法磨齿机的工作原理图

(a) 连续磨齿；(b) 分度磨齿

2）分度磨齿

这类磨齿机根据砂轮形状又可分为碟形砂轮型、大平面砂轮型和锥形砂轮型 3 种（见图 3-105(b)）。它们的基本工作原理相同，都是利用齿条和齿轮的啮合原理，用砂轮代替齿条来磨削齿轮。齿条的齿廓是直线，形状简单，易于保证砂轮的修整精度。加工时，被切齿轮在想象中的齿条上滚动。每往复滚动一次，完成一个或两个齿面的磨削。因此需多次分度，才能磨完全部齿面。

碟形砂轮型磨齿机用两个碟形砂轮代替齿条的两个齿侧面。大平面砂轮型磨齿机用大平面砂轮的端面代替齿条的一个齿侧面。锥形砂轮型磨齿机用锥形砂轮的侧面代替齿条的一个齿。但砂轮比齿条的一个齿略窄。一个方向滚动时磨削一个齿面；另一方向滚动时，齿轮略作水平移动，以磨削另一个齿面。

3.6.4　锥齿轮的加工方法

锥齿轮分为直齿锥齿轮和弧齿锥齿轮两大类。

制造锥齿轮的主要方法有两种，即成形法和展成法。成形法通常是利用单片铣刀或指状铣刀在铣床上加工。锥齿轮沿齿线方向的基圆直径是变化的，也就是说沿齿线方向，不同位置的法向齿形是变化的。但是，成形刀具的形状是固定的。因此，难以达到要求的齿形精度。成形法仅用于粗加工或精度要求不高的场合。

锥齿轮加工中普遍采用展成法。这种方法的加工原理，相当于一对啮合的锥齿轮，将其中的一个锥齿轮转化成平面齿轮。图 3-106 表示一对相啮合的锥齿轮，节锥顶角分别为 $2\varphi_1$ 和 $2\varphi_2$，当量圆柱齿轮分度圆半径分别为 O_1a 和 O_2a。当锥齿轮 2 的节锥角 $2\varphi_2$ 逐渐变大，并最终等于 180°时，当量圆柱齿轮的节圆半径 O_2a 变为无穷大，当量圆柱齿轮就成了齿条，齿形就成了直线，锥齿轮 2 转化成平面齿轮，如图 3-107 所示。两个锥齿轮若都能与同一个平面齿轮相啮合，则这两个锥齿轮就能够彼此啮合。锥齿轮的切齿方法就基于这个原理。

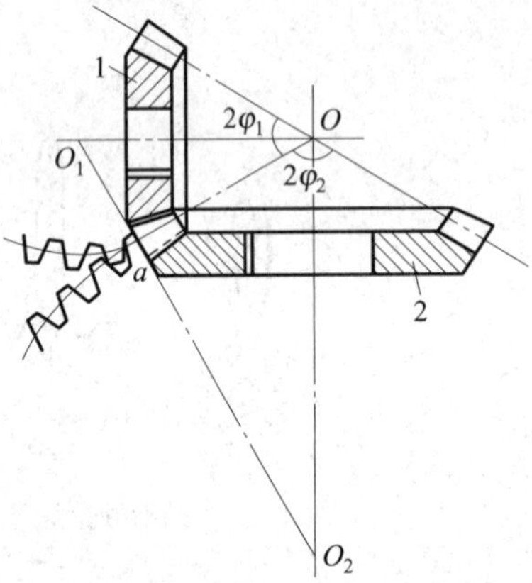

图 3-106　一对锥齿轮的啮合及其当量圆柱齿轮齿廓

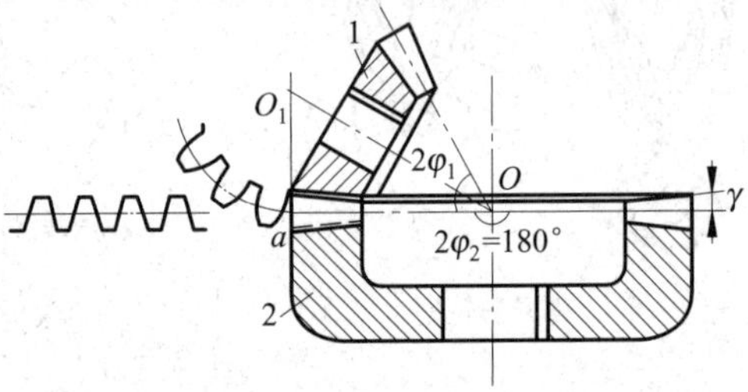

图 3-107　一对锥齿轮中的一个转变为平面齿轮

图 3-108 所示是在直齿锥齿轮刨齿机上加工锥齿轮时刀具与工件的运动情况。用一个摇盘代替假想的平面齿轮 2，用两把直线形切削刃的刨刀 3 代替假想的平面齿轮 2 上一个齿槽的两个齿侧面，刨刀在摇盘上作往复直线切齿运动 A，相当于平面齿轮 2 的齿槽与被加工直齿锥齿轮 1 的一个齿在作啮合运动，摇盘摆动 B_{21} 和工件作强制啮合传动的旋转运动 B_{22} 是形成渐开线齿廓的展成运动。由于假想平面齿轮上只有一个“齿槽”，所以每切削加工一个齿，摇盘应摆动一次，一个齿切削加工完毕，工件作分度运动，摇盘摆动退回，再加工下一个齿。

图 3-109 所示是弧齿锥齿轮铣齿机的工作原理。图中 2 是机床的摇台，上装切齿刀盘 3，用以代替假想的平面弧齿齿轮。刀盘上装有内、外切刀头，其刃形都是直线形。切齿刀盘作旋转切齿运行 B_1 时，刀刃的运动轨迹就构成假想平面齿轮上一个齿槽的两个齿侧面，相

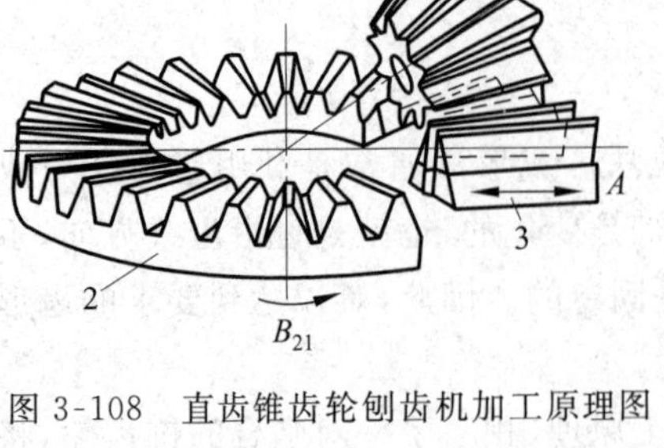

图 3-108　直齿锥齿轮刨齿机加工原理图

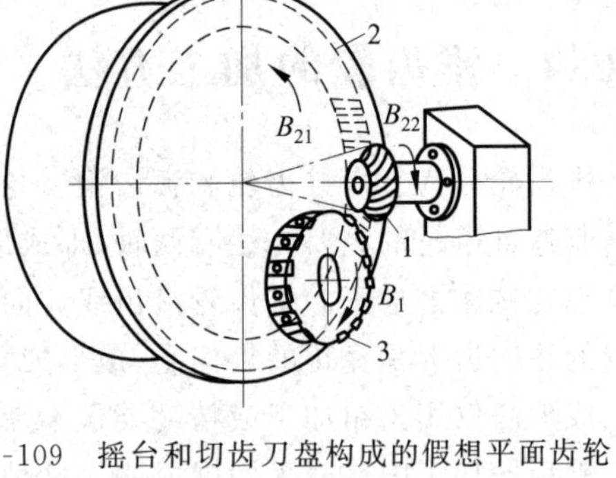

图 3-109　摇台和切齿刀盘构成的假想平面齿轮

当于平面弧齿齿轮 2 上的一个齿槽与被加工弧齿锥齿轮 1 的一个齿在作啮合运动。摇台摆动 B_{21} 和工件作强制啮合传动的转动 B_{22} 是形成渐开线齿廓的展成运动。每切削加工一个齿，摇台摆动一次。一个齿加工完毕，工件分度，摇盘摆动退回，再加工下一个齿。

由于目前锥齿轮应用以弧齿较多，所以锥齿轮加工机床常以弧齿锥齿轮铣齿机为基础，而以刨齿机为其变形。

3.7 磨床和砂轮

3.7.1 磨床的种类和应用范围

用磨料或磨具(砂轮、砂带、油石或研磨料等)作为工具对工件表面进行切削加工的机床，统称为磨床。它们是因精加工和硬表面加工的需要而发展起来的。目前不少高效磨床也用于粗加工。

磨床可用于磨削内、外圆柱面和圆锥面、平面、螺旋面、齿面以及各种成形面等，还可以刃磨刀具，应用范围非常广泛。

磨床的种类很多，主要类型有外圆磨床和万能磨床、内圆磨床、平面磨床、无心磨床、各种工具磨床、各种刀具刃磨床和专门化磨床，如齿轮磨床、曲轴磨床、凸轮轴磨床及导轨磨床等，还有珩磨机、研磨机和超精加工机床等。

1. 外圆磨床和万能磨床

普通精度级的外圆磨床和万能磨床，主要用于磨削 IT6～IT7 级精度的圆柱形或圆锥形的内、外表面。所获得的加工表面粗糙度为 $Ra1.25$～$Ra0.08\ \mu m$。图 3-110(a)和(b)是外圆磨床常用的加工方法。图 3-110(a)为磨削外圆柱面，成形方法为相切-轨迹法，需要 3 个成形运动。主运动为砂轮主轴的旋转 $n_{砂}$。进给运动有两个：一个是工件的旋转——周向进给 $f_{周}$；一个是工作台的纵向往复运动——纵向进给 $f_{纵}$。此外，还需一个切入运动：砂轮在工作台的两端作横向间歇切入运动，这个运动习惯上称为横向进给 $f_{横}$。磨削圆柱面时，工件的轴线与工作台纵向运动方向平行。图 3-110(b)为磨削锥度不大的长圆锥面。这时，把工作台的上层倾斜 α 角。α 是工件的锥顶半角。所需运动与图 3-110(a)相同。图 3-110(a)和(b)所示为纵向磨削法。

万能磨床除图 3-110(a)和(b)外，还能进行图 3-110(c)、(d)和(e)所示的加工方式。图 3-110(c)和(d)为磨削锥度较大，但较短的圆锥面。这时，把砂轮架(砂轮主轴箱)或工件头架倾斜 α 角。图 3-110(c)所示砂轮比工件宽，故不用纵向进给，成形方法为成形-相切法，只需两个成形运动，由砂轮架的横向进给 $f_{横}$ 作切入磨削，称为切入磨削法。图 3-110(e)是用内磨砂轮架(习惯上称内圆磨头)磨圆柱内孔。如果磨锥孔，则应使工件头架转 α 角，所需运动与图 3-110(a)相同。

2. 内圆磨床

内圆磨床的主要类型有普通内圆磨床、无心内圆磨床和行星运动内圆磨床。普通内圆

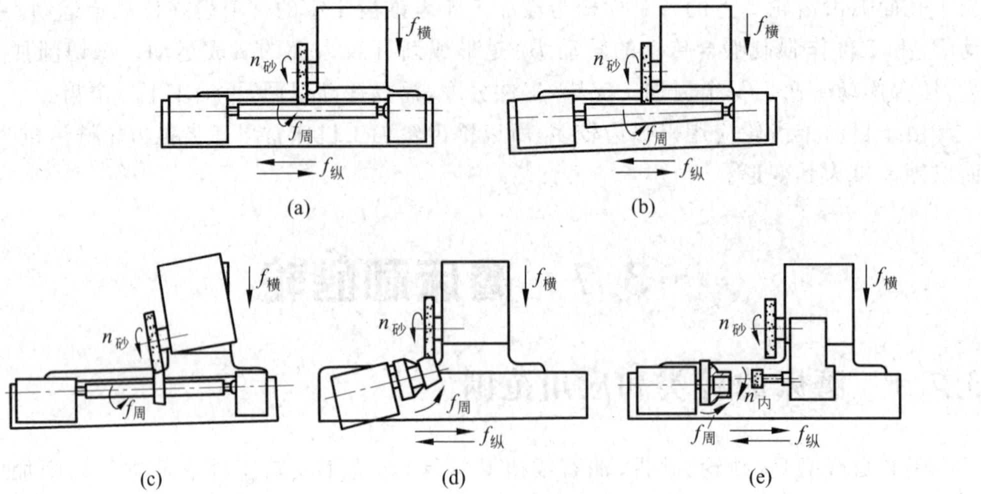

图 3-110　外圆磨床和万能磨床加工示意图

磨床是生产中应用最广的一种。

内圆磨床可以磨削圆柱形或圆锥形的通孔、盲孔和阶梯孔。图 3-111(a)是用纵磨法磨孔，图 3-111(b)是用切入法磨孔。图 3-111(a)、(b)的 $f_{横}$ 是切入运动。有的内圆磨床还附有磨削端面的磨头，可以在一次装夹下磨削端面和内孔，如图 3-111(c)、(d)所示，以保证端面垂直于孔中心线。图 3-111(c)、(d)的 $f_{纵}$ 是切入运动。

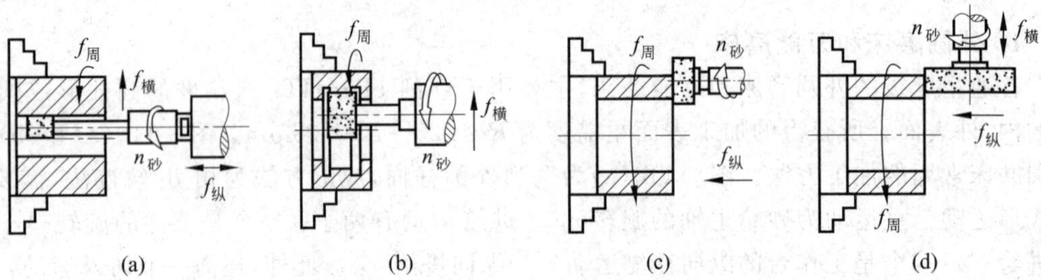

图 3-111　普通内圆磨床的磨削方法

3. 平面磨床

平面磨床的磨削方法见图 3-112。平面磨床有用砂轮的轮缘(圆周)磨削的，也有用砂轮的端面磨削的。前者砂轮主轴为水平(卧轴)，后者为竖直(立轴)。轮缘磨削精度较高，可得到表面粗糙度较低的加工表面，但生产率较低。工作台有矩形和圆形两种。前者适宜加工长工件，但工作台作往复运动，较易发生振动；后者适宜加工短工件或圆工件的端面，如磨轴承套圈的端面，工作台连续旋转，无往复冲击。平面磨床据此可分为 4 类：卧轴矩台式、立轴矩台式、立轴圆台式和卧轴圆台式，它们的加工方式分别见图 3-112(a)、(b)、(c)、(d)。图中，主运动为砂轮的旋转 $n_{砂}$，矩台的直线往复运动或圆台的回转 $f_{纵}$ 是进给运动。用轮缘磨削时(图 3-112(a)和(d))，砂轮宽度小于工件宽度，故卧轴磨床还有轴向进给运动 $f_{横}$。矩台的 $f_{横}$ 是间歇运动，在 $f_{纵}$ 的两端进行；圆台的 $f_{横}$ 是连续运动，$f_{切}$ 是周期的切入运动。

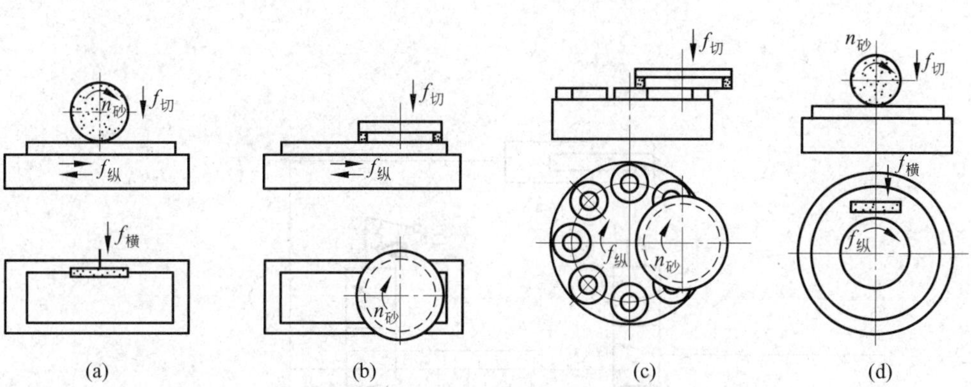

图 3-112　平面磨床加工示意图

(a) 卧轴矩台式；(b) 立轴矩台式；(c) 立轴圆台式；(d) 卧轴圆台式

4. 无心磨床(无心外圆磨床)

无心磨床的主参数是最大磨削工件外径。由于工件不用顶尖来定心和支承，而是由工件的被磨削外圆面作定位面。工件放在砂轮和导轮之间，由托板支承进行磨削，所以这种外圆磨床称为无心外圆磨床(简称无心磨床)。

图 3-113 是无心磨床磨削示意图。导轮 3 是用树脂或橡胶为结合剂制成的刚玉砂轮，它与工件 2 之间的摩擦系数较大，工件由导轮的摩擦力带动旋转。导轮的线速度一般在 10～50 m/min 左右，工件的线速度基本上等于导轮的线速度。磨削砂轮 1 就是一般的外圆磨削砂轮，它的线速度很高。所以，磨削砂轮与工件之间有很大的相对速度，这就是磨削工件的切削速度。

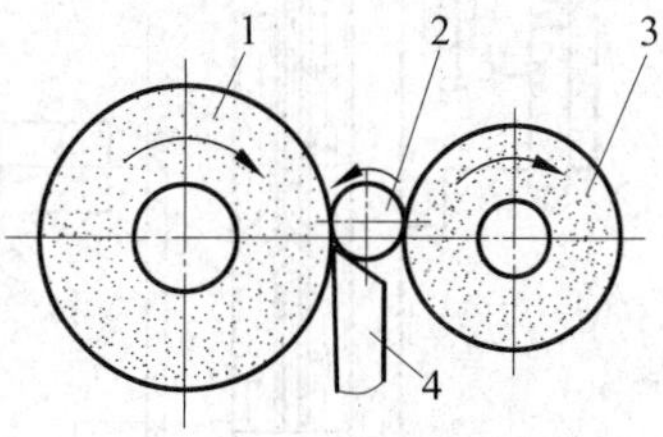

图 3-113　无心磨床磨削示意图

1—砂轮；2—工件；3—导轮；4—托板

为了避免磨削出棱圆形工件，工件的中心应高于磨削砂轮与导轮的连心线。因为这样就使工件和导轮及砂轮的接触，相当于在假想的 V 形槽中转动，工件的凸起部分和 V 形槽的两侧面不可能对称地接触，因此，就可使工件在多次转动中，逐步磨圆。工件中心高出的距离约为工件直径的 15%～25%。但是，由于高出的距离愈大，导轮对工件向上方向的垂直分力也随着增大，在磨削过程中，易引起工件跳动，影响加工表面质量，所以，高出的距离不宜过大。

3.7.2　磨床的液压控制系统

液压传动具有运动平稳、无级调速方便、换向频率可以较高等优点，所以在磨床的工作台驱动及横向快进等方面应用很广泛。图 3-114 是 M1432A 型万能外圆磨床的液压系统。

1. 工作台的纵向往复运动

图 3-114 中所表示的工作状态相当于工作台向左移动时的情况。这时，工作台纵向移动油路中油液的流动情况为(油液流动方向用箭头表示)：

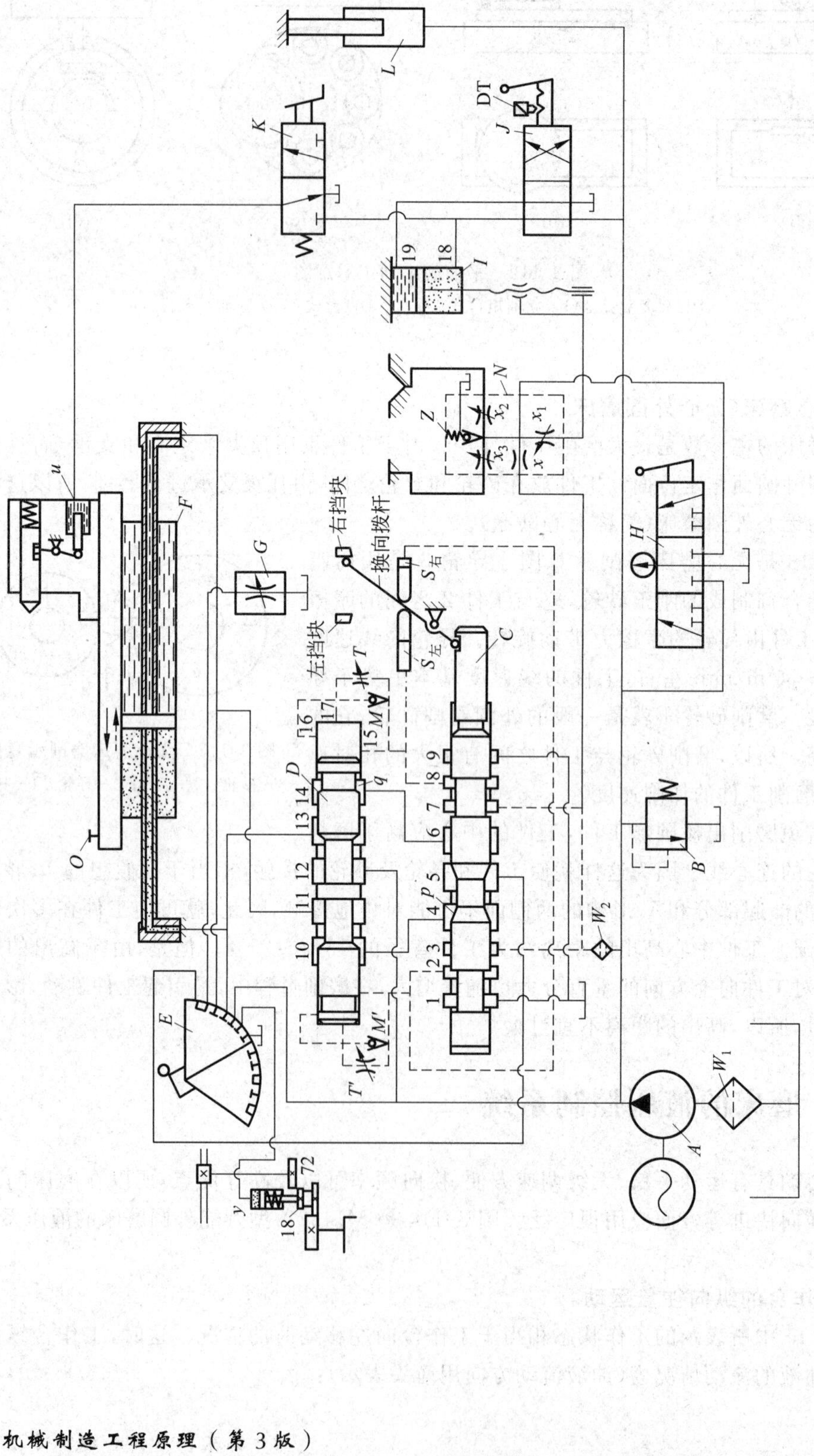

图 3-114　M1432A 型万能外圆磨床液压系统图

进油路 油箱→粗滤油器 W_1→液压泵 A→换向阀 D 的腔 12 及 13→液压缸 F 的左腔（注意：活塞杆中间有孔，油从活塞杆的中间孔进入油缸左腔）。

回油路 液压缸 F 右腔的油液→换向阀 D 的腔 11 及 10→先导阀 C 的腔 4 及 5→开停阀 E→节流阀 G→油箱。

辅助油路（图上用虚线表示）的情况为：

进油路 液压泵 A→精滤油器 W_2→先导阀 C 的腔 7 及 8→换向阀 D 的右腔。

回油路 换向阀 D 左腔的油液→先导阀 C 的腔 2 及 1→油箱。

这时，换向阀 D 的右腔是压力油，左腔与油箱连通，使换向阀 D 的阀芯处于左端位置。

当工作台向左移动到一定的位置时，固定在工作台上的右挡块便推动换向拨杆，带动先导阀 C 的阀芯向右移动，于是，使工作台换向。下面把换向过程分成 3 步来加以说明。

(1) 对工作台的移动实现制动及减速。当先导阀 C 的阀芯向右移动时，阀芯上的锥面 p 逐渐地关小回油通道，使回油流量逐渐减少，于是，工作台被制动及减速。

(2) 换向阀 D 的阀芯快速移至中间位置，使液压缸 F 的左、右腔都通入压力油，于是，工作台暂停。随着先导阀 C 的阀芯向右移动，腔 1 关闭，腔 2 和腔 3 接通；腔 7 关闭，腔 8 和腔 9 接通。这时，先导阀 C 的阀芯锥面 p 将腔 4 完全关闭，使辅助油路变换成：

进油路 液压泵 A→精滤油器 W_2→先导阀 C 的腔 3 及 2→换向阀 D 的左腔；

回油路 换向阀 D 的右腔中的油液→先导阀 C 的腔 8 及 9→油箱。

于是，使换向阀 D 的阀芯向右移动，当它移到中间位置时，腔 11 和腔 13 相通，因此，工作台停住。这时，换向阀 D 继续向右移动，关闭通道 15，回流油液由 17→节流阀 T→先导阀 C 的腔 8 及 9→油箱。因此，换向阀 D 的阀芯右移速度受节流阀 T 控制。调节 T 的开口大小，就可调节换向阀 D 的阀芯右移速度，也就是控制工作台停留时间的长短。

(3) 工作台换向。当换向阀 D 的阀芯继续右移，达到使通道 16 和阀芯上沉割槽 q 接通的位置时，换向阀 D 右端的回油经 17→16→q→15→先导阀 C 的 8 及 9 腔→油箱。这时，回油阻力减小，使换向阀 D 的阀芯快速右移（即所谓“快跳动作”），关闭了腔 12 与腔 13 间的通路，接通了腔 12 与腔 11 的通路。主油路变换成：

进油路 液压泵 A→换向阀 D 的腔 12 及 11→液压缸 F 的右腔；

回油路 液压缸 F 左腔的油液→换向阀 D 的腔 13 及 14→先导阀 C 的腔 6 及 5→开停阀 E→节流阀 G→油箱。于是，工作台换向，开始向右移动。

当工作台向右移动到预定位置，左挡块推动换向拨杆时，就又重复上述的换向动作。这样的动作不断循环，实现了工作台的纵向往复运动。

2. 砂轮架横向快速进退运动

为了缩短加工的辅助时间，砂轮架的横向空行程应能快速移动（快进和快退）。快进和快退是由液压传动来实现的。当二位四通换向阀 J 在图 3-114 所示位置时，压力油由泵 A 经换向阀 J 流到油缸 I 的前油腔 18，而油缸 I 后油腔 19 中的油液经换向阀 J 流回油箱，于是砂轮架快速退回。

如果将换向阀 J 的阀芯推至左端位置，使阀 J 按右部的工作状态接通，这时，油缸 I 的腔 19 进压力油，腔 18 与回油路接通，于是砂轮架便快速前进。

为了安全起见，当内圆磨具支架翻到内圆磨削工作位置时，砂轮架快速进退手柄就在原位置自动锁住，使砂轮架不能快速移动，其工作原理为：当内圆磨具支架翻到内圆磨削工作位置时，压下行程开关，使电磁铁 DT 通电，锁住了换向阀 J 的手柄。

3.7.3 砂轮的特性和选择

砂轮是由磨料加结合剂用制造陶瓷的工艺方法制成的。制造砂轮时，用不同的配方和不同的投料密度来控制砂轮的硬度和组织。

砂轮的特性由下列 5 个因素决定：磨料、粒度、结合剂、硬度和组织。

1. 磨料

常用的磨料有氧化物系、碳化物系、高硬磨料系 3 类。

氧化物系磨料的主要成分是 Al_2O_3，由于它的纯度不同和加入的金属元素不同，而分为不同的品种。碳化物系磨料主要以碳化硅、碳化硼等为基体，也是因材料的纯度不同而分为不同品种，高硬磨料系中主要有人造金刚石和立方氮化硼。

常用磨料的特性及适用范围见表 3-5。其中立方氮化硼是近年发展起来的新型磨料，虽然它的硬度比金刚石略低，但其耐热性（1400℃）比金刚石（800℃）高出许多，而且对铁元素的化学惰性高，所以特别适合于磨削既硬又韧的钢材。在加工高速钢、模具钢、耐热钢时，立方氮化硼的工作能力超过金刚石 5～10 倍。同时，立方氮化硼的磨粒切削刃锋利，在磨削时可减小加工表面材料的塑性变形。因此，磨出的表面粗糙度比用一般砂轮小。

表 3-5　常用磨料的特性和适用范围

系列	磨料名称	代号	显微硬度/HV	特　性	适用范围
氧化物系	棕刚玉	A (GZ)	2200～2280	棕褐色。硬度高，韧性大，价格便宜	磨削碳钢、合金钢、可锻铸铁、硬青铜
	白刚玉	WA (GB)	2200～2300	白色。硬度比棕刚玉高，韧性较棕刚玉低	磨削淬火钢、高速钢、高碳钢及薄壁零件
	铬刚玉	PA (GG)	2000～2200	玫瑰红或紫红色。韧性比白刚玉高，磨削粗糙度小	磨削淬火钢、高速钢、高碳钢及薄壁零件
	锆刚玉	(GA)	约 1965	黑褐色。强度和耐磨性都高	磨削耐热合金钢、钛合金和奥氏体不锈钢等
	单晶刚玉	SA (GD)	2200～2400	浅黄色或白色。硬度和韧性比白刚玉高	磨削不锈钢，高钒高速钢等强度高、韧性大的材料
	微晶刚玉	(GW)	2000～2200	颜色与棕刚玉相似。强度高、韧性和自锐性能良好	磨削不锈钢、轴承钢和特种球墨铸铁，也可用于高速和小粗糙度磨削
	镨钕刚玉	(GP)	2300～2450	淡白色。硬度和韧性比白刚玉高，自锐性能好	磨削球墨铸铁、高磷和铜锰铸铁，也可磨削不锈钢及超硬高速钢等
	单晶白刚玉			性能接近单晶刚玉或白刚玉	主要用于磨削工具钢等

续表

系列	磨料名称	代号	显微硬度/HV	特性	适用范围
碳化物系	黑碳化硅	C (TH)	2840～3320	黑色，有光泽。硬度比白刚玉高，性脆而锋利，导热性和导电性良好	磨削铸铁、黄铜、铝、耐火材料及非金属材料
	绿碳化硅	GC (TL)	3280～3400	绿色。硬度和脆性比黑碳化硅高，具有良好的导热性和导电性	磨削硬质合金、宝石、陶瓷、玉石、玻璃等材料
	碳化硼	BC (TP)	4400～5400	灰黑色。硬度比黑、绿碳化硅高，耐磨性好	主要研磨或抛光硬质合金、拉丝模、宝石和玉石等
	碳硅硼	(TCP)	5700～6200	灰黑色。硬度比黑、绿碳化硅高	磨削或研磨硬质合金、半导体、人造宝石、玉石和陶瓷等
	立方碳化硅	(TLP)		浅绿色。立方晶体结构，强度比黑碳化硅高，磨削力较强	磨削韧而黏的材料，如不锈钢等；磨削轴承沟道或对轴承进行超精加工等
高硬磨料系	人造金刚石	(JR)	10 000	无色透明或淡黄色、黄绿色、黑色。硬度高，比天然金刚石脆	磨硬脆材料、硬质合金、宝石、光学玻璃、半导体、切割石材等以及制造各种钻头（地质和石油钻头等）
	立方氮化硼	(JLD)	8000～9000	黑色或淡白色。立方晶体，硬度仅次于金刚石，耐磨性高，发热量小	磨削各种高温合金，高钼、高钒、高钴钢、不锈钢等。还可以做氮化硼车刀用

注：代号栏括号内的是旧标准代号，无括号的是新标准代号。

2. 粒度

粒度表示磨粒的大小程度。以磨粒刚能通过的那一号筛网的网号来表示磨粒的粒度。例如，60 粒度是指磨粒刚可通过每英寸长度上有 60 个孔眼的筛网。

直径小于 40 μm 的磨粒称为微粉。微粉的粒度以其尺寸大小来表示。如尺寸为28 μm 的微粉，其粒度号标为 W28。

磨粒粒度及其尺寸范围见表 3-6。

磨粒粒度对磨削生产率和加工表面粗糙度有很大影响。一般来说，粗磨用颗粒较粗的磨粒，精磨用颗粒较细的磨粒。当工件材料软、塑性大和磨削面积大时，为避免堵塞砂轮，也可采用较粗的磨粒。常用的砂轮粒度及其应用范围见表 3-7。

3. 结合剂

结合剂的作用是将磨粒黏合在一起，使砂轮具有必要的形状和强度。常用的砂轮结合剂有以下几种：

(1) 陶瓷结合剂(vitrified，代号 V)。它是由黏土、长石、滑石、硼玻璃和硅石等陶瓷材料配制而成的。特点是化学性质稳定，耐水、耐酸、耐热和成本低，但较脆。所以除切断砂轮外，大多数砂轮都是采用陶瓷结合剂。它所制成的砂轮线速度一般为 35 m/s。

表 3-6　磨料粒度号及其尺寸

组　别	粒度号数	基本磨粒尺寸范围/μm
磨粒	12	2000～1600
	14	1600～1250
	16	1250～1000
	20	1000～800
	24	800～630
	30	630～500
	36	500～400
	46	400～315
	60	315～250
	70	250～200
	80	200～160
	100	160～125
	120	125～100
	150	100～80
	180	80～63
	240	63～50
	280	50～40
微粉	W40	40～28
	W28	28～20
	W20	20～14
	W14	14～10
	W10	10～7
	W7	7～5
	W5	5～3.5
	W3.5	3.5～2.5
	W2.5	2.5～1.5
	W1.5	1.5～1.0
	W1	1.0～0.5
	W0.5	0.5～更细

表 3-7　常用的砂轮粒度及其应用范围

粒度号数	应用范围
12～16	粗磨、荒磨、打磨毛刺
20～36	磨钢锭、打磨铸件毛刺、切断钢坯、磨电瓷和耐火材料等
40～60	内圆、外圆、平面、无心磨、工具磨等
60～80	内圆、外圆、平面、无心磨、工具磨等半精磨或精磨
100～240	半精磨、精磨、珩磨、成形磨、工具刃磨等
240～W20	精磨、超精磨、珩磨、螺纹磨等
W20～更细	精磨、精细磨、超精磨、镜面磨等
W14～W10	精磨、精细磨、超精磨、镜面磨等
W7～更细	精磨、超精磨、镜面磨、制作研磨膏用于研磨和抛光等

(2) 树脂结合剂(bakelite,代号 B)。其成分主要为酚醛树脂,但也有采用环氧树脂的。树脂结合剂的强度高,弹性好,故多用于高速磨削、切断和开槽等工序,也用于制作荒磨砂轮、砂瓦等。但是,树脂结合剂的耐热性差,当磨削温度达 200～300℃时,它的结合能力便大大降低。利用它强度降低时磨粒易于脱落而露出锋利的新磨粒(自砺)的特点,在一些对磨削烧伤和磨削裂纹特别敏感的工序(如磨薄壁件、超精磨或刃磨硬质合金等)都可采用树脂结合剂。人造树脂与碱性物质会起化学作用,在采用树脂砂轮时,切削液的含碱量不宜超过1.5%。另外,树脂结合剂砂轮也不宜长期存放,存放太久可能会变质而使结合强度降低。

(3) 橡胶结合剂(rubber,代号 R)。多数采用人造橡胶。橡胶结合剂比树脂结合剂更富有弹性,可使砂轮具有良好的抛光作用,多用于制作无心磨床的导轮和切断、开槽及抛光砂轮，但不宜于用作粗加工砂轮。

(4) 金属结合剂(metal，代号 M)。常见的是青铜结合剂，主要用于制作金刚石砂轮。青铜结合剂金刚石砂轮的特点是型面的成形性好，强度高，有一定韧性，但自砺性较差。主要用于粗磨、半精磨硬质合金以及切断光学玻璃、陶瓷、半导体等。

4. 硬度

砂轮的硬度用来反映磨粒在磨削力的作用下，从砂轮表面上脱落的难易程度。砂轮硬，表示磨粒难以脱落；砂轮软，表示磨粒容易脱落。砂轮的软硬和磨粒的软硬是两个不同的概念，必须区分清楚。砂轮硬度等级见表 3-8。

表 3-8　砂轮的硬度等级名称及代号

名　称	超软	软 1	软 2	软 3	中软 1	中软 2	中 1
代　号	D、E、F (CR)	G (R_1)	H (R_2)	J (R_3)	K (ZR_1)	L (ZR_2)	M (Z_1)
名　称	中 2	中硬 1	中硬 2	中硬 3	硬 1	硬 2	超硬
代　号	N (Z_2)	P (ZY_1)	Q (ZY_2)	R (ZY_3)	S (Y_1)	T (Y_2)	Y (CY)

注：括号内为旧标准代号。

选用砂轮时，应注意硬度选择得是否适当。若砂轮选得太硬，会使磨钝了的磨粒不能及时脱落，因而产生大量磨削热，造成工件烧伤；若选得太软，会使磨粒脱落得太快而不能充分发挥其切削作用。

选择砂轮硬度时，可参照以下几条原则：

(1) 工件硬度。工件材料越硬，砂轮硬度应选得软些，使磨钝了的磨粒容易脱落，以便砂轮经常保持有锐利的磨粒在工作，从而避免工件因磨削温度过高而烧伤。工件材料越软，砂轮的硬度应选得硬些，使磨粒脱落得慢些，以便充分发挥磨粒的切削作用。

(2) 加工接触面。砂轮与工件的接触面大时，应选用软砂轮，使磨粒脱落快些，以免工件因磨屑堵塞砂轮表面而引起表面烧伤。内圆磨削和端面平磨时，砂轮硬度应比外圆磨削的砂轮硬度低。磨削薄壁零件及导热性差的工件时，砂轮硬度也应选得低些。

(3) 精磨和成形磨削。精磨和成形磨削时，应选用硬一些的砂轮，以保持砂轮必要的形状精度。

(4) 砂轮粒度大小。砂轮的粒度号越大时，其硬度应选低一些的，以避免砂轮表面组织被磨屑堵塞。

(5) 工件材料。磨削有色金属、橡胶、树脂等软材料时，应选用较软的砂轮，以免砂轮表面被磨屑堵塞。

在机械加工中，常用的砂轮硬度是软 2(H)至中 2(N)。荒磨钢锭及铸件时可用中硬 2(Q)的砂轮。

5. 组织

砂轮的组织反映了磨粒、结合剂、气孔三者之间的比例关系。磨粒在砂轮总体积中所占的比例越大，则砂轮的组织越紧密，气孔越小；反之，磨粒的比例越小，则组织越疏松，气孔越大。

砂轮组织的级别可分为紧密、中等、疏松3大类别(图3-115)，细分为13级，见表3-9。

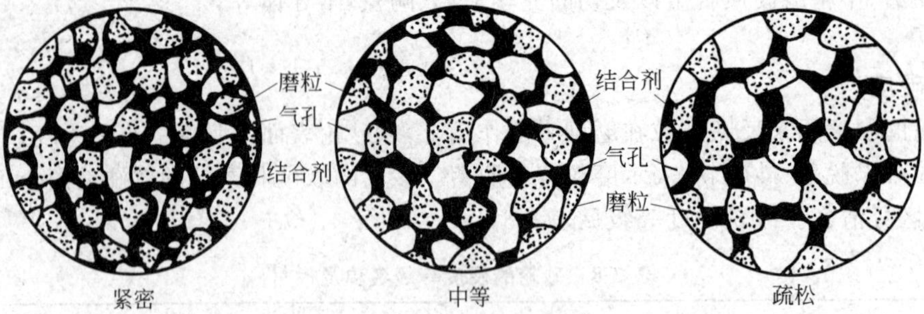

图3-115　砂轮的组织

表3-9　砂轮的组织号

类　别	紧	密			中	等			疏	松			
组织号	0	1	2	3	4	5	6	7	8	9	10	11	12
磨粒占砂轮的体积百分比/%	62	60	58	56	54	52	50	48	46	44	42	40	38

紧密组织的砂轮适用于重压力下的磨削。在成形磨削和精密磨削时，紧密组织的砂轮能保持砂轮的成形性，并可获得较小的粗糙度。

中等组织的砂轮适用于一般的磨削工作，如淬火钢的磨削及刀具刃磨等。

疏松组织的砂轮不易堵塞，适用于平面磨、内圆磨等磨削接触面积较大的工序以及磨削热敏性强的材料或薄工件。磨削软质材料最好采用组织号为10号以上的疏松组织，以免磨屑堵塞砂轮。大气孔砂轮的组织大约相当于10～14号的组织。这种砂轮的气孔尺寸可能要比磨粒尺寸大好几倍，适用于磨削热敏性材料(如磁钢、钨银合金等)、薄壁零件、软金属(如铝)等，也可用于磨削非金属软质材料。

一般砂轮若未标明组织号，即为中等组织。

6. 砂轮形状

常用砂轮的形状、代号及其用途见表3-10。

表3-10　常用砂轮形状、代号及其用途

砂轮名称	代号	断面简图	基本用途
平形砂轮	P	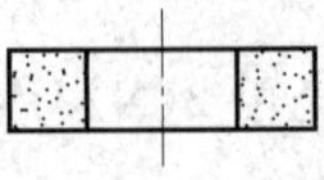	根据不同尺寸，分别用于外圆磨、内圆磨、平面磨、无心磨、工具磨、螺纹磨和砂轮机上
双斜边一号砂轮	PSX_1	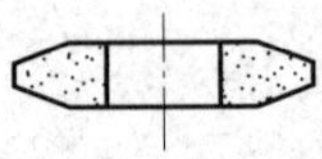	主要用于磨齿轮齿面和磨单线螺纹

续表

砂轮名称	代号	断面简图	基本用途
双面凹砂轮	PSA	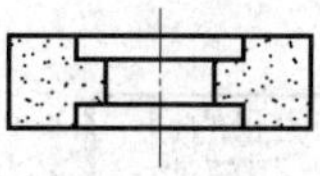	主要用于外圆磨削和刃磨刀具，还用作无心磨的磨轮和导轮
薄片砂轮	PB	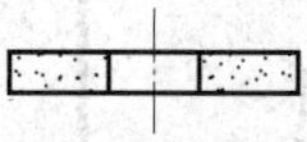	主要用于切断和开槽等
筒形砂轮	N	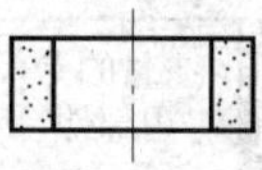	用于立式平面磨床上
杯形砂轮	B	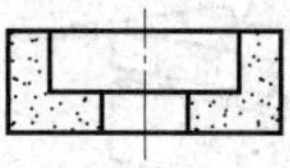	主要用其端面刃磨刀具，也可用其圆周磨平面和内孔
碗形砂轮	BW	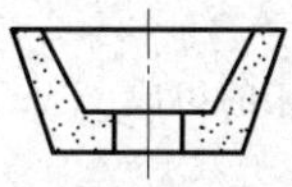	通常用于刃磨刀具，也可用于导轨磨上磨机床导轨
碟形一号砂轮	D_1	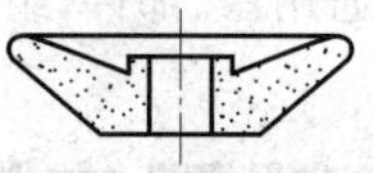	适于磨铣刀、铰刀、拉刀等，大尺寸的一般用于磨齿轮的齿

在砂轮的端面上一般都印有标志。例如，A60SV6P300×30×75 即代表该砂轮的磨料是棕刚玉，60 号粒度，硬度为硬 1，陶瓷结合剂，6 号组织，平型砂轮，外径为 300 mm，厚度为 30 mm，内径为 75 mm。

3.8 组合机床

组合机床是以系列化、标准化的通用部件为基础，配以少量的专用部件组成的专用机床。它适宜于在大批大量生产中对一种或几种类似零件的一道或几道工序进行加工。这种机床既具有专用机床的结构简单、生产率和自动化程度较高的特点，又具有一定的重新调整能力，以适应工件变化的需要。组合机床可以对工件进行多面、多主轴加工，一般是半自动的。图 3-116 是立卧复合式三面钻孔组合机床。用于同时钻工件的两侧面和顶面上的许多孔。机床由侧底座 1、立柱底座 2、立柱 3、动力箱 5、滑台 6 及中间底座 7 等通用部件及主轴箱 4、夹具 8 等主要专用部件组成。即使是专用部件，其中也有不少零件是通用件或标准件。因此，给设计、制造和调整带来很大方便。

组合机床与专用机床和通用机床相比，有如下特点：

(1) 组合机床中有 70%～90%的通用零、部件。这些零、部件是经过精心设计和长期生产实践考验的，所以工作稳定而且可靠。

(2) 设计组合机床时，通用零、部件可以选用，不必设计，所以机床的设计周期短。

(3) 这些通用零、部件可以成批生产，预先制造好。因此，机床的生产周期短，并可降低成本。

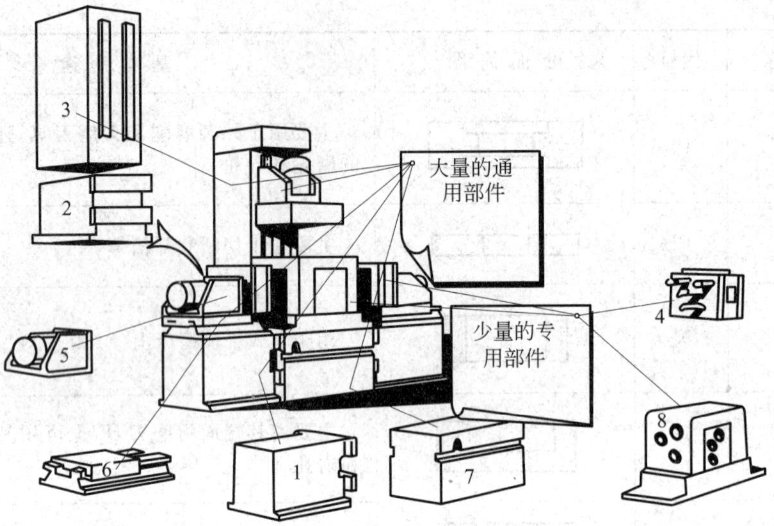

图 3-116　组合机床的组成

(4) 当被加工对象改变时，可以利用原有的通用零、部件，组成新的组合机床。

3.9　数控机床和加工中心机床

3.9.1　数控机床

1. 数控机床的工作原理

数控机床，也称数字程序控制机床，是一种以数字量作为指令信息形式，通过电子计算机或专用电子计算装置控制的机床。在数控机床上加工工件时，预先把加工过程所需要的全部信息(如各种操作、工艺步骤和加工尺寸等)用规定的数字、代码和程序格式表示出来，编成控制程序，输入数控装置。数控装置对输入的信息进行处理与运算，发出各种指令来控制机床的各个运动部件(如刀架、工作台等)，并控制其他动作(如变速、换刀、开停冷却液泵等)，使机床按照给定的程序，自动加工出符合图样要求的工件。

数控机床加工零件的过程如图 3-117 所示。图中的数控装置是数控机床的中枢。由它接收和处理数控程序，生成控制指令，并将其输送到伺服系统去执行。数控装置如用专用计算机实现，称为(普通)数控(numerical control，NC)。随着计算机技术的发展，数控装置采用了小型通用计算机，称为计算机数控(computer numerical control，CNC)。现在已普遍采用微型计算机，称为微机数控(microcomputer numerical control，MNC)，但习惯上仍称 CNC。无论采用专用的或通用的计算机，数控加工的过程都是围绕信息的交换进行的，从零件图到加工出工件需经过信息的输入、信息的处理、信息的输出和对机床的控制等几个主要环节，所有这些工作都由计算机进行合理的组织，使整个系统有条不紊地工作。

2. 数控机床的分类

数控机床的品种、规格繁多。按伺服系统的类型，可分为开环伺服系统、闭环伺服系统

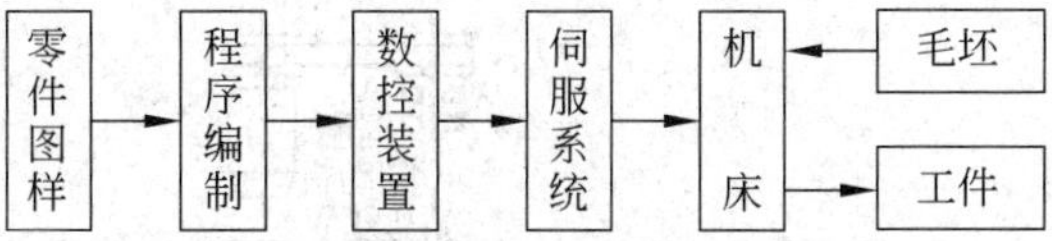

图 3-117　数控机床加工零件过程

和半闭环伺服系统 3 类。按刀具(或工件)进给运动轨迹,可分为点位控制、直线控制和轮廓控制 3 类。按可同时控制的坐标轴数,可分为两坐标、两轴半、三坐标及多坐标数控机床。

点位控制(图 3-118(a))系统只要求获得准确的加工坐标点位置,从这个位置到另一个位置的运动过程并不进行加工,所以运动轨迹不需要严格控制。例如,数控的钻床、坐标镗床和冲、压床都是采用点位控制系统。直线控制系统除了要求位移起、终点的准确位置外,还要求控制两个坐标点之间的位移轨迹是一条直线,并以给定的进给速度进行切削。例如,数控铣床铣削平面,车床车削台阶轴(图 3-118(b))等。轮廓控制系统也称连续控制系统,它能够对两个或两个以上坐标方向的运动同时进行连续控制。例如,在铣床上加工凸轮槽(图 3-118(c))就要求这种控制。

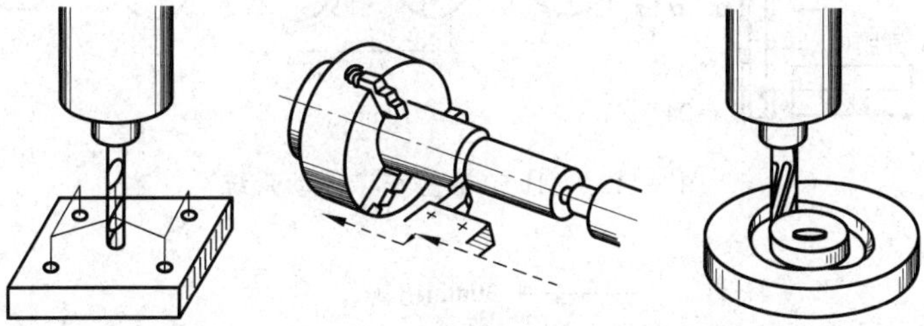

(a)　(b)　(c)

图 3-118　点位控制、直线控制和轮廓控制系统示意图

(a) 点位控制；(b) 直线控制；(c) 轮廓控制

一般数控机床和通用机床一样,有数控车、铣、钻、镗、磨等类机床,其中每类又有很多品种,例如数控铣床中有立铣、卧铣、工具铣、龙门铣等。

3. 数控机床传动系统

数控机床传动系统示例：MJ-50 数控车床传动系统,如图 3-119 所示。

1) 主运动传动系统

由功率为 11kW/15kW 的 AC 伺服电动机驱动,经一级 1∶1 的带传动带动主轴旋转,使主轴在 35～3500r/min 的转速范围内实现无级调速。主轴前后装有双列向心短圆柱滚子轴承,轴承内环为 1∶12 的标准锥度,与主轴的锥形轴颈相配合,轴向移动内环,可以把内环胀大,以消除间隙和预紧,所以承载能力和刚度都较高。

主轴传递的功率或转矩与转速之间的关系依据于 AC 伺服电动机的功率转矩特性得到,如图 3-120 所示。当机床处在连续运转状态下时,主轴的转速在 437～3500r/min 范围内,主轴应能传递电动机的全部功率 11kW,为主轴的恒功率区段Ⅱ(实线),在这个区段内,主轴的最大输出转矩应随着主轴转速的增高由 437r/min 时的 245N·m 逐渐变小;主轴转速在 35～437r/min 范围内的各级转速时最大输出转矩不变,称为恒转矩区段Ⅰ(实线),在

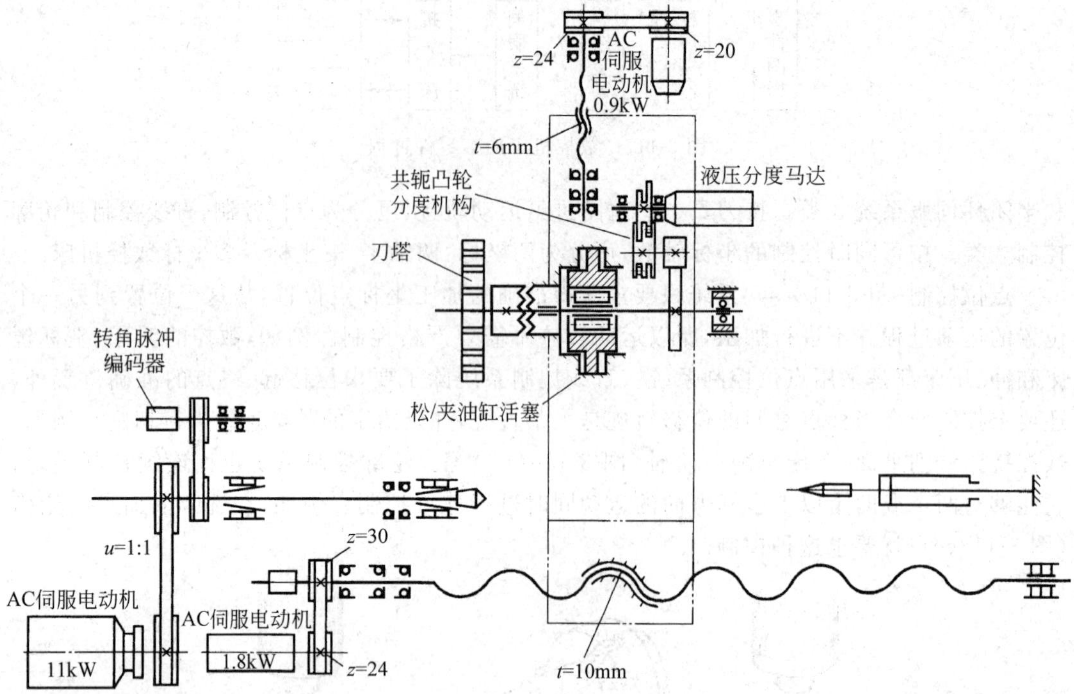

图 3-119　MJ-50 数控车床传动系统

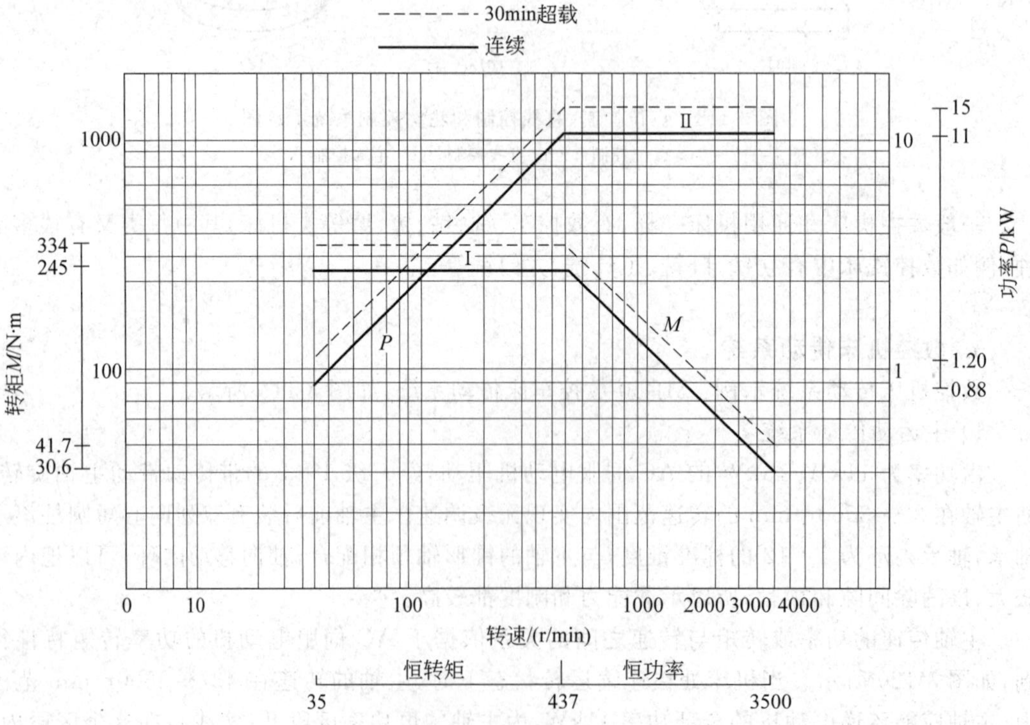

图 3-120　主轴功率转矩特性

这个区段内，主轴所能传递的功率随着主轴转速的降低而变小。图中虚线所示为电动机超载(允许超载 30min)时，恒功率区段和恒转矩区段，超载功率为 15kW，超载的最大输出转矩为 334N·m。

主轴的运动经同步齿形带传动带动脉冲编码器，使其与主轴同速运转，利用主轴脉冲编码器检测主轴的转角位置和转速信号，一方面可实现主轴调速的数字反馈，另一方面可用于进给运动的控制，如车螺纹时使进给运动保持与主轴转角位置的联动关系。

2) 进给运动传动系统

由功率 1.8kW 的 AC 伺服电动机通过 24 齿∶30 齿的同步齿形带传动 $t=10$mm 的滚珠丝杠带动刀架纵向滑板实现纵向进给运动控制。

由功率 0.9kW 的 AC 伺服电动机通过 20 齿∶24 齿的同步齿形带传动 $t=6$mm 的滚珠丝杠带动刀架横向滑板实现横向进给运动控制。

根据工件形面，通过编程控制两 AC 伺服电动机纵向和横向联动运动，形成要求的刀位运动轨迹，实现数控车削。

3) 液压转位刀架

为了能够安装各类刀具，增加刀具安装数量，提高换刀速度，采用油缸松/夹、共轭凸轮分度、齿牙盘定位的液压回转刀架，结构和工作原理见图 3-121。

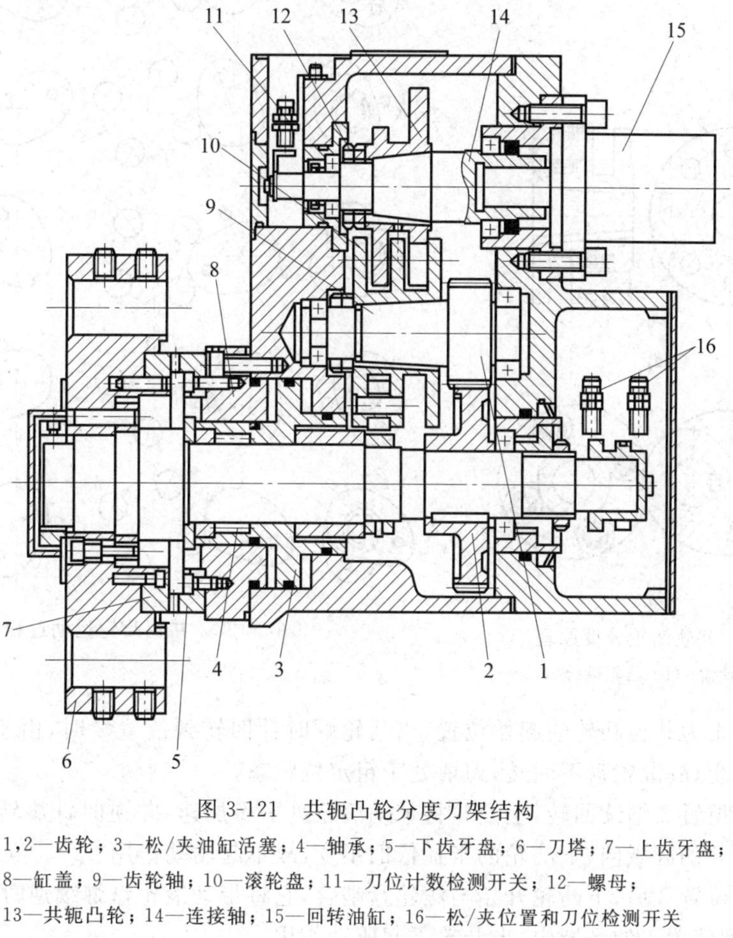

图 3-121　共轭凸轮分度刀架结构

1,2—齿轮；3—松/夹油缸活塞；4—轴承；5—下齿牙盘；6—刀塔；7—上齿牙盘；8—缸盖；9—齿轮轴；10—滚轮盘；11—刀位计数检测开关；12—螺母；13—共轭凸轮；14—连接轴；15—回转油缸；16—松/夹位置和刀位检测开关刀架的松/夹和定位由液压控制。当松/夹油缸的右腔进油时，活塞 3 将向左移动，刀塔 6 抬起，上、下齿牙盘 7 和 5 脱开，刀塔便可在齿轮 2 和 1 的带动下回转选刀；当油缸的左腔进油时，活塞 3 将向右移动，刀塔 6 落下，上、下齿牙盘 7 和 5 啮合，刀塔便可精确定位。

刀塔的回转分度由回转油缸 15 驱动。当齿牙盘松开时，油缸的旋转可通过连接轴 14 带动共轭凸轮 13 回转，通过滚轮盘 10，使得齿轮轴 9 进行间歇分度回转运动，便可通过齿轮 1、2(传动比为 1∶2)带动刀塔进行回转分度。间歇分度运动具有粗定位的功能。

共轭凸轮分度的原理如图 3-122 所示。图 3-122(a)为滚轮盘结构。滚轮盘分上、下两层，滚子错位布置，上、下层滚子可分别与共轭凸轮的上、下凸轮交替啮合，以实现启动和停止平稳的间歇分度运动，共轭凸轮转动 1 周(360°)，滚轮盘将转过 1 个分度角。

图 3-122(b)表示驱动啮合状态。驱动滚轮盘的共轭凸轮同样分为上、下两个凸轮，两凸轮交错 45°。当共轭凸轮转动时，上、下凸轮可以交替与滚轮盘的上、下层滚子啮合，并实现平稳加减速和间歇分度运动。

共轭凸轮的分度运动过程如图 3-123 所示。

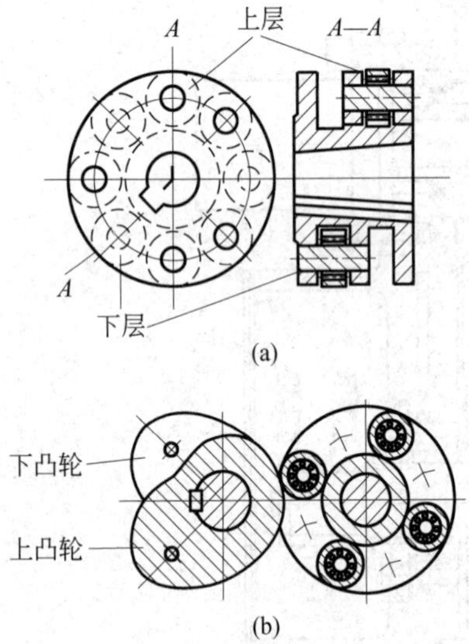

图 3-122 共轨凸轮分度原理

(a) 滚轮盘；(b) 凸轮啮合

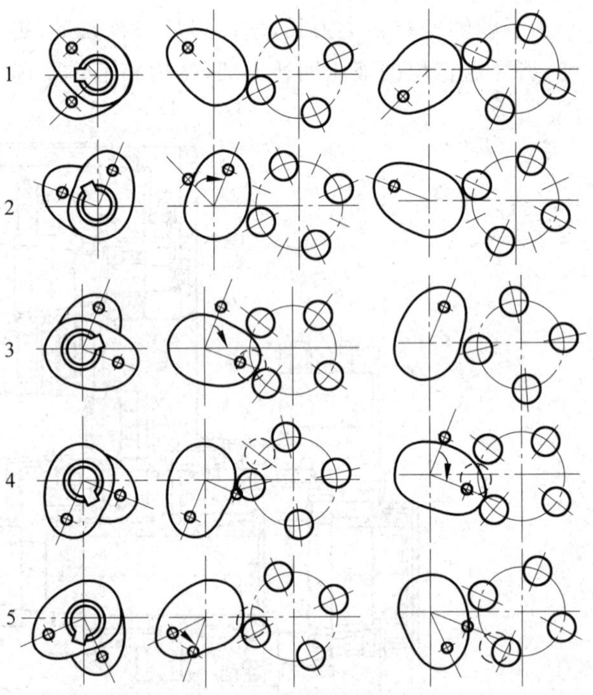

图 3-123 共轭凸轮运动过程

假设位置 1 为共轭凸轮的起始位置，当凸轮顺时针回转到位置 2 时，由于上、下凸轮的半径均保持不变，故滚轮盘不回转，刀塔处于粗定位状态。

若凸轮从位置 2 继续回转，上凸轮将带动滚轮盘平稳加速，并逆时针旋转到位置 3。在位置 2 到位置 3 的区域内，下凸轮的半径依旧不变，故不起驱动作用。

凸轮到达位置 3 后，下凸轮开始与滚轮盘啮合，它将带动滚轮盘继续逆时针旋转到位置 4。在位置 3 到位置 4 的区域内，上凸轮不起驱动作用。

凸轮到达位置 4 后，上凸轮再次与滚轮盘啮合，带动滚轮盘继续逆时针旋转到位置 5。在位置 4 到位置 5 的区域内，下凸轮不起驱动作用。

凸轮到达位置 5 后，从位置 5 到位置 2 的整个区域，上、下凸轮的半径均保持不变，刀塔停止回转并粗定位。

共轭凸轮分度机构可以通过凸轮曲线的合理设计，保证刀塔回转的平稳加减速转位。

图 3-122 的滚轮盘两层共有 8 个滚子，根据图 3-121 的传动关系，共轭凸轮转过 8 周分度 8 次，刀塔旋转 1 周，对应刀塔 1 周上有 8 个刀位。改变滚轮盘的尺寸和滚子数量，可以改变分度数。

4. 数控机床的特点和用途

数控机床与一般机床相比，大致有以下几方面的特点。

1）具有较强的适应性和通用性

数控机床的加工对象改变时，只需重新编制相应的程序，输入计算机就可以自动地加工新的工件。同类工件系列中不同尺寸、不同精度的工件，只需局部修改或增删零件程序的相应部分。随着数控技术的迅速发展，数控机床的柔性也在不断地扩展，逐步向多工序集中加工方向发展。

2）获得更高的加工精度和稳定的加工质量

数控机床是按以数字形式给出的指令脉冲进行加工的。目前增量值（数控装置每输出一个指令数字单位，机床移动部件的位移量）普遍达到了 0.001 mm。进给传动链的反向间隙与丝杠导程误差等均可由数控装置进行补偿，所以可获得较高的加工精度。

当加工轨迹是曲线时，数控机床可以做到使进给量保持恒定。这样，加工精度和表面质量可以不受零件形状复杂程度的影响。

工件的加工尺寸是按预先编好的程序由数控机床自动保证的，可以避免操作误差，使得同一批加工零件的尺寸一致，重复精度高，加工质量稳定。

3）具有较高的生产率

数控机床不需人工操作，四面都有防护罩，不用担心切屑飞溅伤人，可以充分发挥刀具的切削性能。因此，数控机床的功率和刚度都比普通机床高，允许进行大切削用量的强力切削。主轴和进给都采用无级变速，可以达到切削用量的最佳值。这就有效地缩短了切削时间。

数控机床在程序指令的控制下可以自动换刀，自动变换切削用量，快速进退等，因而大大缩短了辅助时间。在数控加工过程中，由于可以自动控制工件的加工尺寸和精度，一般只需作首件检验或工序间关键尺寸的抽样检验，因而可以减少停机检验的时间。

4）改善劳动条件，提高劳动生产率

应用数控机床时，工人不需直接操作机床，而是编好程序调整好机床后由数控系统来控制机床，免除了繁重的手工操作。一人能管理几台机床，提高了劳动生产率。当然，对工人的文化技术要求也提高了。数控机床的操作者，既是体力劳动者，也是脑力劳动者。

5）便于现代化的生产管理

用计算机管理生产是实现管理现代化的重要手段。数控机床的切削条件、切削时间等都是由预先编好的程序决定的，都能实现数据化。这就便于准确地编制生产计划，为计算机管理生产创造了有利条件。数控机床适宜于与计算机联机，目前已成为计算机辅助设计、辅助制造和计算机管理一体化的基础。

3.9.2 加工中心机床

在机械零件中，箱体类零件(例如变速箱、汽缸体、汽缸盖等)往往质量较大，形状复杂，加工的工序多。如果能在一台机床上，一次装卡，自动地完成箱体类零件多种表面的加工，主要是铣端面和钻孔、攻螺纹、镗孔等孔加工，那么这样的机床就集中了钻床、铣床和镗床的功能，具有下列特点：

(1) 工序集中，即集中了铣削和不同直径的孔加工工序。

(2) 自动换刀，即按预定加工程序，自动地把各种刀具换到主轴上去，把用过的刀具换下来。为此，要有刀库、换刀机械手等。

(3) 精度高，即各孔的中心距全靠各坐标的定位精度保证，不用钻、镗模。

(4) 有的机床，还有自动转位工作台，用来保证各面各孔间的角度。镗孔时，还可先镗这个壁上的孔，然后工作台转 180°，再镗对面壁上的孔(称为掉头镗)。两孔要保证达到一定的同轴度。这种机床称为镗铣加工中心。

镗铣加工中心有立式(竖直主轴)和卧式(水平主轴)两种。此外，还有钻削加工中心和复合加工中心。钻削加工中心主要进行钻孔，也可进行小面积的端铣。机床多为小型、立式。工件不太复杂，所用的刀具不多，故常用转塔来代替刀库。转塔常为圆形，径向有多根主轴，内装各种刀具。使用时依次转位。复合加工中心的主轴头可绕 45°轴自动回转。主轴可转成水平，也可转成竖直。当主轴为水平时，配合转位工作台，可进行 4 个侧面和侧面上孔的加工；主轴转为竖直时，可加工顶面及顶面上的孔，故也称为五面加工复合加工中心。

继镗铣加工中心之后，又研制出了车削加工中心，以加工轴类零件。它除了能完成车削加工外，还集中了铣(如铣扁、铣六角、铣槽等)、钻(钻横向孔等)等加工功能。此外，还出现了各种其他类型的加工中心。

习题与思考题

3-1 试分析图 3-124 所示的几种车削加工螺纹的机床传动原理图各有何优缺点。

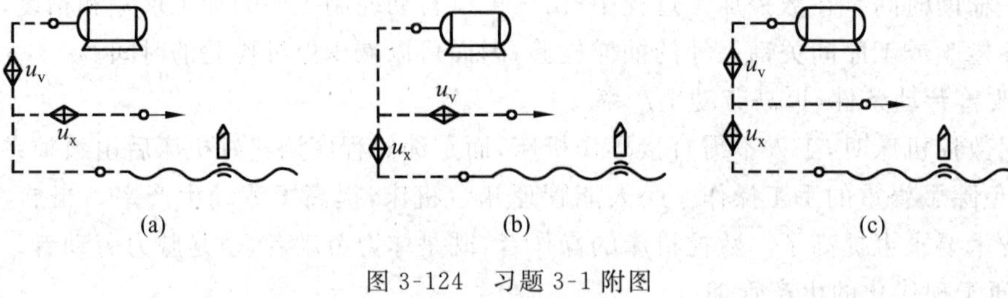

图 3-124 习题 3-1 附图

3-2 CA6140 型主传动链(见图 3-6)中，能否用双向牙嵌式离合器或双向齿轮式离合器代替双向多片式摩擦离合器，实现主轴的开停及换向？在进给传动链中，能否用单向摩擦离合器代替齿轮式离合器 M_3，M_4，M_5？为什么？

3-3　已知有如图 3-125(a)所示的普通车床的传动系统图。齿轮齿数、带轮直径以及布置情况如图所示。离合器 M_1 右侧的 $Z=40$ 齿轮为反向齿轮，在本题中不考虑，齿轮 28 可与齿轮 56 啮合。主轴转速为标准的等比数列。

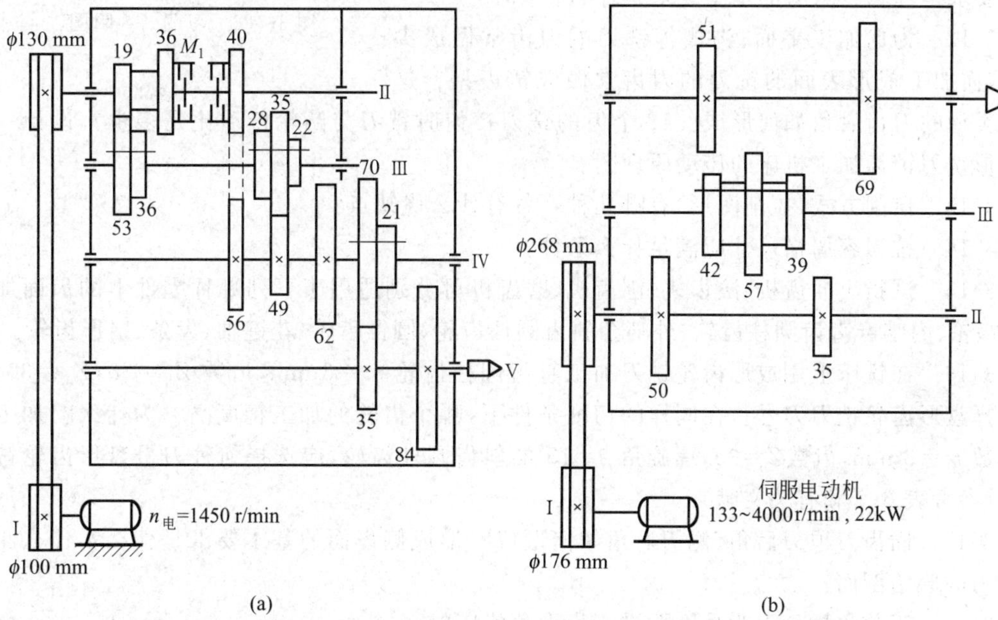

图 3-125　习题 3-3 附图

试完成下列内容：

(1) 写出传动路线表达式。

(2) 分析主轴的转速级数。

(3) 计算主轴的最高、最低转速。

(4) 画出对应于该传动系统的转速图；标出相应的轴号、电动机转速、主轴各级转速及各齿轮齿数等。

(5) 求出主轴转速公比 φ 和主轴的变速范围(最高转速与最低转速的比值)。

数控机床采用伺服电机作变速驱动，但考虑伺服电机的转矩—速度特性，只设定电机在一定的速度范围内工作，因此在数控机床上，为适应机床的工作速度范围，也要设计齿轮变速箱作变速传动。图 3-125(b)是某车削加工中心的主轴传动系统图，传动箱有高速和低速两个挡位，伺服电机工作速度范围 133～4000 r/min，功率 22 kW，试参照上面的分析方法进行该数控车削加工中心主轴传动机构和转速性能设计的分析。

3-4　进给传动中常采用丝杠螺母和行星机构等，而主传动中却基本不用，说明其理由。

3-5　在 CA6140 车床上车削左旋螺纹时为什么不采取工件反转、车刀自右向左进给移动的方式？

3-6　成形车刀重磨时刃磨哪个刀面？要求是什么？

3-7　钻头横刃切削条件如何？为什么在切削时会产生较大的轴向力？

3-8　绘图表示图 3-126 所示的端铣刀几何角度。

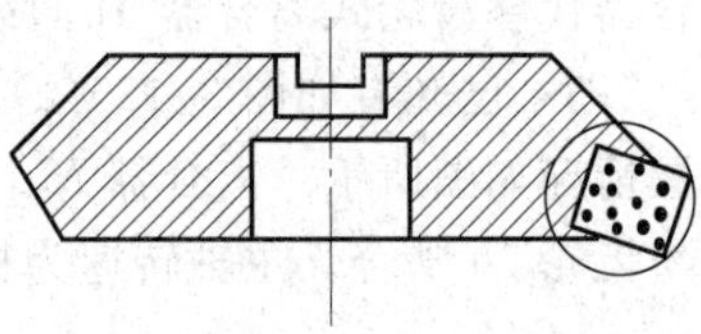

图 3-126　习题 3-8 附图

3-9　什么是逆铣和顺铣？顺铣有哪些特点？对机床进给机构有什么要求？

3-10　圆柱铣刀采用螺旋形刀齿设计有什么作用？

3-11　$\gamma_f=0,\lambda_p=0$ 的铲齿成形铣刀形成后刀面的基本要求是什么？重磨的基本要求是什么？

3-12　为何加工平面、沟槽等铣刀的刀齿常做成尖齿型，而加工成形表面的铣刀的刀齿常做成铲齿型？这两种类型的刀齿后角如何形成？12 个齿的铣刀铲齿时铣刀与凸轮传动比是多少？设计一个成形铣刀铲齿加工机床的传动原理图。

3-13　拉削方式(拉削图形)有哪几种？各有什么优缺点？

3-14　拉刀容屑槽尺寸应满足什么条件？

3-15　试指出插齿机、滚齿机、刨齿机、磨齿机可分别适用于下列哪种零件上的齿面加工：蜗轮、内啮合直齿圆柱齿轮、外啮合斜齿圆柱齿轮、圆锥齿轮、花键轴、齿条、扇形齿轮。

3-16　在铣床上用成形齿轮铣刀加工直齿圆柱齿轮 $m=3$ mm，齿数 $Z_1=20$，$Z_2=30$，试选择盘形齿轮铣刀刀号。在同样的切削条件下，哪个齿轮的加工精度高？为什么？加工一模数 $m=3$ mm，齿数 $Z=30$，螺旋角 $\beta=15°$的斜齿圆柱齿轮，应选择何种刀号盘形齿轮铣刀？(参考表 6-1 和有关文献)

3-17　插齿刀顶刃后角、侧刃后角如何形成？形成侧齿面的基本要求是什么？什么叫插齿刀的原始剖面？

3-18　正前角插齿刀为什么要进行齿形角修正？

3-19　滚刀常用的基本蜗杆造形有哪几种？制造方法是什么？

3-20　直容屑槽滚刀和螺旋容屑槽滚刀各有什么特点？

3-21　蜗轮滚刀与齿轮滚刀设计方法上有什么不同？

3-22　蜗轮滚刀的进给方向有哪两种？切向进给法有什么优点？受哪些条件限制？

3-23　滚齿机切削工件时，在其他条件不变而只改变下列某一条件的情况下，滚齿机上应做哪些调整？

(1) 由加工直齿齿轮改为加工斜齿齿轮；

(2) 由滚切右旋齿轮改为滚切左旋齿轮；

(3) 由使用右旋滚刀改为使用左旋滚刀；

(4) 由逆铣滚齿改为顺铣滚齿。

3-24　在 Y3150E 型滚齿机上加工斜齿轮时：

(1) 如果进给挂轮的传动比有误差，是否会导致斜齿圆柱齿轮的螺旋角 β 产生误差？为什么？

(2) 如果滚刀主轴的安装角度有误差，是否会导致斜齿圆柱齿轮的螺旋角 β 产生误差？为什么？

3-25　内圆磨头主轴转速较高，可达每分钟几万转，为什么内圆磨削需要高转速？

3-26　什么叫砂轮的硬度？如何选择砂轮的硬度？

工件的定位夹紧与夹具设计

4.1 夹具的基本概念

4.1.1 机床夹具的定义及组成

从广义上来说，为使工艺过程的任何工序保证质量、提高生产率、减轻工人劳动强度及工作安全等的一切附加装置都称为夹具。

机床夹具是将工件进行定位、夹紧，将刀具进行导向或对刀，以保证工件和刀具间的相对位置关系的附加装置，简称夹具。将刀具在机床上进行定位、夹紧的装置，称为辅助工具。

图 4-1 为一个加工拨叉零件的铣床夹具，图 4-2 为一个加工拨叉零件的钻床夹具。从这两个夹具可以看出，一般的夹具是由下列几部分组成的：

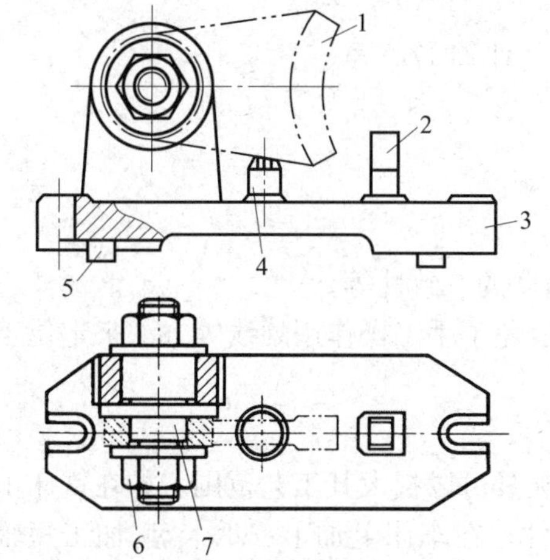

图 4-1 铣床夹具

1—拨叉；2—对刀装置；3—夹具体；4—定位元件(固定支承)；5—连接元件(定位键)；6—夹紧装置；7—定位元件(平面及短销)

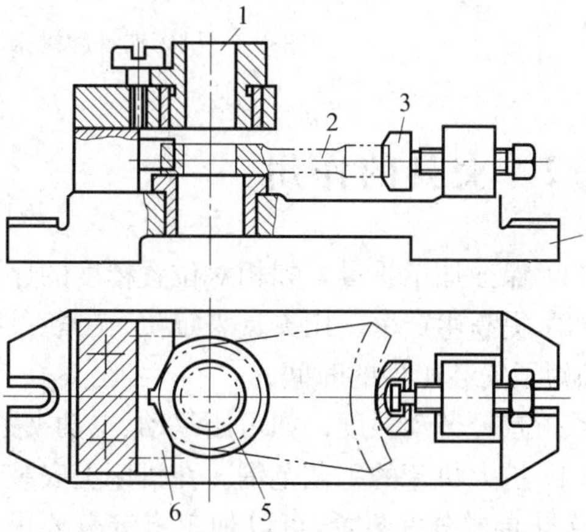

图 4-2 钻床夹具

1—导向元件(快换钻套)；2—拨叉；3—夹紧装置；4—夹具体；5—定位元件(大平面)；6—定位元件(短 V 形块)

(1) 定位元件，起定位作用，保证工件相对于夹具的位置，可用六点定位原理来分析其所限制的自由度。

(2) 夹紧装置，将工件夹紧，以保证在加工时保持所限制的自由度。根据动力源的不同，可分为手动、气动、液动和电动等夹紧方式。

(3) 导向元件和对刀装置，用来保证刀具相对于夹具的位置，对于钻头、扩孔钻、铰刀、镗刀等孔加工刀具用导向元件，对于铣刀、刨刀等用对刀装置。

(4) 连接元件，用来保证夹具和机床工作台之间的相对位置。对于铣床夹具，有定位键与铣床工作台上的T形槽相配以进行定位，再用螺钉夹紧。对于钻床夹具，由于孔加工刀具加工时只是沿轴向进给就可完成，用导向元件就可以保证相对位置，因此在将夹具装在工作台上时，用导向元件直接对刀具进行定位，不必再用连接元件定位了，所以一般的钻床夹具没有连接元件。

(5) 夹具体，是夹具的关键零件。定位元件、夹紧装置、导向元件、对刀装置、连接元件等都装在它上面，因此夹具体一般都比较复杂，它保证了各元件之间的相对位置。对于加工精度来说，主要是控制刀具相对于工件的位置，工件在夹具上进行加工时，这个相对位置关系是由定位元件、导向元件或对刀装置并通过夹具体来保证的，所以夹具体的精度要求一般也比较高。

(6) 其他元件及装置，如动力装置的操作系统等。

机床夹具和机床、刀具、工件之间的关系如图 4-3 所示。

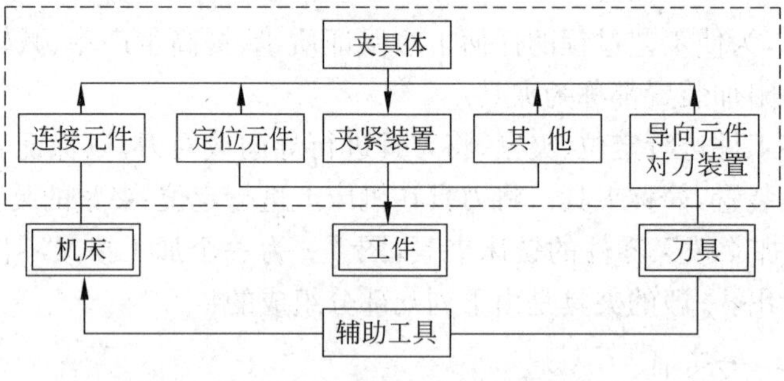

图 4-3 机床夹具和机床、刀具、工件之间的关系

4.1.2 夹具的作用

(1) 保证加工质量。如相对位置精度的保证，精度的一致性等。

(2) 提高生产率。用夹具来定位、夹紧工件，就避免了手工操作用划线等方法来定位工件，缩短了安装工件的时间。

(3) 减轻劳动强度。如可用气动、电动夹紧。

(4) 扩大机床的工艺范围。在机床上安装一些夹具可以扩大其工艺范围。如在铣床上加一个转台或分度装置，可以加工有等分要求的零件。在车床上加上三爪卡盘，加工短轴类、套筒类零件等要方便得多。有些夹具对保证发挥机床基本性能的作用是很大的，如在牛头刨床上没有虎钳是很难进行加工的。

4.1.3 夹具的分类

机床夹具可以按不同的方式进行分类。

1）按通用化程度分类

（1）通用夹具。与通用机床配套，作为通用机床的附件，如三爪卡盘、四爪卡盘、虎钳、分度头和转台等。

（2）专用夹具。根据零件工艺过程中某工序的要求专门设计的夹具，此夹具只为该零件用，一般都是成批和大量生产中所需，零件数量较大。

（3）成组夹具。适用于一组零件的夹具，一般都是同类零件，经过调整（如更换、增加一些元件）可用来定位、夹紧一组零件。

（4）组合夹具。由许多标准件组合而成，可根据零件加工工序的需要拼装，用完后再拆卸，可用于单件、小批生产。

（5）随行夹具。用于自动线上，工件安装在随行夹具上，随行夹具由运输装置送往各机床，并在机床夹具或机床工作台上进行定位夹紧。

2）按使用机床的类型分类

可分为车床夹具、磨床夹具、钻床夹具（又称钻模）、镗床夹具（又称镗模）、铣床夹具等。

3）按用途分类

可分为机床夹具、装配夹具和检验夹具等。

4）按动力来源分类

可分为手动夹具、气动夹具、液压夹具、气液夹具、电动夹具、电磁夹具、真空夹具、自紧夹具（靠切削力本身夹紧）等。

4.1.4 工件在夹具中加工时加工误差的组成

1. 工件在夹具中加工时的加工误差

图4-4表示了工件在夹具中加工时的加工误差，由3部分组成。

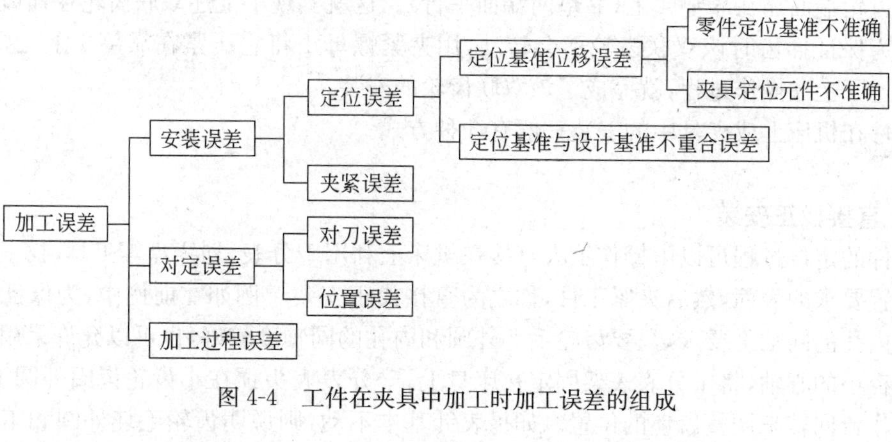

图4-4 工件在夹具中加工时加工误差的组成

1）安装误差

工件在夹具中的定位和夹紧误差。

2）对定误差

（1）刀具的导向或对刀误差，即夹具与刀具的相对位置误差。

（2）夹具在机床上的定位和夹紧误差，即夹具与机床的相对位置误差。

3）加工过程误差

如加工方法的原理误差，工艺系统的受力变形、工艺系统的受热变形、工艺系统各组成部分（如机床、刀具、量具等）的精度和磨损等。

2. 误差值的估算

一般夹具的制造精度，其误差值为该零件尺寸公差值的1/3～1/5。

上述误差中，安装误差和对定误差都是和夹具有关的误差，一般约占整个加工误差的1/3。

4.2 工件在夹具上的定位

4.2.1 工件的安装

在设计机械加工工艺规程时，要考虑的最重要的问题之一是怎样将工件安装（又称装夹）在机床上或夹具中。这里的安装有两个含义，即定位和夹紧。

工件在机床上加工时，首先要把工件安放在机床工作台上或夹具中，使它和刀具之间有相对正确的位置，这个过程称为定位。工件定位后，应将工件固定，使其在加工过程中保持定位位置不变，这个过程称为夹紧。工件从定位到夹紧的整个过程称为安装。正确的安装是保证工件加工精度的重要条件。

图4-5是双联齿轮2在插齿机工作台上的安装情况。为了保证该齿轮的齿圈与内孔同轴（即为保证轮齿均匀地分布在圆周上，无偏心），可以将双联齿轮2的内孔套在心轴3上（心轴3与插齿机回转工作台同轴）。另外，为保证切出的轮齿不歪斜（与大齿轮端面垂直），需将大齿轮端面靠在靠垫4上（靠垫两端面平行）。这就实现了上述双联齿轮在插齿机上的定位。为保证插齿时该双联齿轮不会转动，用夹紧螺母1将它压紧在靠垫4上，这就是夹紧。经过了上述操作过程，就完成了该双联齿轮的安装。

工件在机床上或夹具中的安装一般有3种方式。

1. 直接找正安装

工件的定位过程可以由操作工人直接在机床上利用千分表、划线盘等工具，找正某些有相互位置要求的表面，然后夹紧工件，称之为直接找正安装。例如在前例中，为保证小齿轮齿圈和内孔的同轴度要求，只要齿轮毛坯外圆和内孔的同轴度较好，也可以允许采用外径比齿坯孔径小的心轴，将千分表表架固定在床身上，千分表表头顶在小齿轮齿圈外圆上，使插齿机工作台回转来调整齿坯的位置。如果表针基本不动，则说明齿轮毛坯外圆和工作台的回转中心是同轴的，这样就保证了小齿轮齿圈和其内孔的同轴度（图4-6）。

直接找正安装生产效率低，一般用于单件小批量生产。如果用精密量具来找正，而且被找正的工件表面加工精度又很高，则可以达到很高的定位精度，因此在精度要求特别高的生产中往往用直接找正安装。

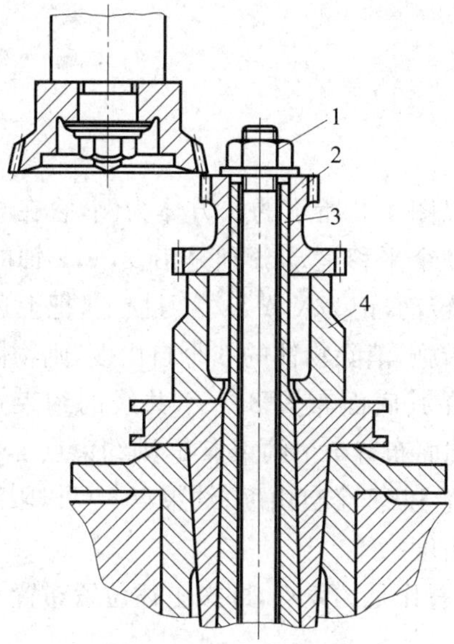

图 4-5　工件的安装

1—夹紧螺母；2—双联齿轮(工件)；3—定位心轴；4—靠垫

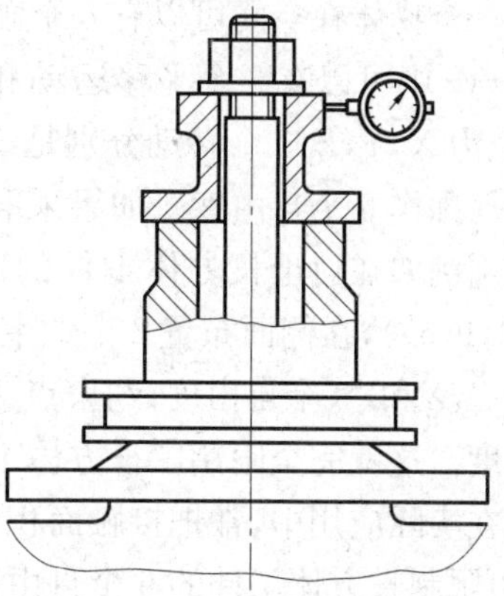

图 4-6　直接找正安装

2. 划线找正安装

这种安装方法是按图纸要求在工件表面上划出位置线以及加工线和找正线。安装工件时,先在机床上按找正线找正工件的位置,然后夹紧工件。例如,要在长方形工件上镗孔(图 4-7),可先在划线平台上划出孔的十字中心线,再划出加工线和找正线(找正线和加工线之间的距离一般为 5 mm)。然后将工件安放在四爪单动卡盘上轻轻夹住,转动四爪单动卡盘,用划针检查找正线,找正后夹紧工件。

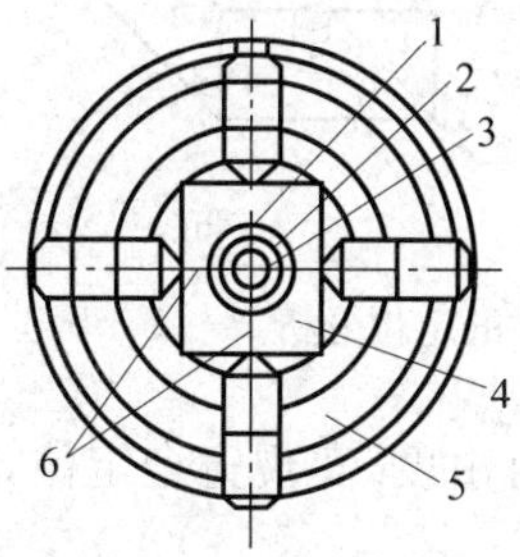

图 4-7　按划线找正安装

1—找正线；2—加工线；3—毛坯孔；4—工件；5—四爪卡盘；6—孔中心线

划线安装不需要其他专门设备,通用性好,但生产效率低,精度不高(一般划线找正的对线精度为 0.1 mm 左右),适用于单件、中小批生产中的复杂铸件或铸件精度较低的粗加工工序。

3. 夹具安装

为保证加工精度要求和提高生产率,通常多采用夹具安装,用夹具安装工件,不再需要划线和找正,直接由夹具来保证工件在机床上的正确位置,并在夹具上直接夹紧工件。一般情况下操作比较简单,也比较容易保证加工精度要求,在各种生产类型中都有应用,特别是成批和大量生产中。

上述 3 种安装方法,都遇到工件应该怎样定位的问题,下面从定位原理开始介绍什么是工件的定位和怎样实现工件的定位。

4.2.2 定位原理

1. 六点定位原理

一个物体在空间可以有6个独立的运动。以图4-8所示的长方体为例，它在直角坐标系$Oxyz$中可以有3个平移运动和3个转动。3个平移运动分别是沿x,y,z轴的平移运动，记为$\vec{X},\vec{Y},\vec{Z}$；3个转动分别是绕x,y,z轴的转动，记为$\overset{\curvearrowright}{X},\overset{\curvearrowright}{Y},\overset{\curvearrowright}{Z}$。习惯上，把上述6个独立运动称作6个自由度。如果采取一定的约束措施，消除物体的6个自由度，则物体被完全定位。例如在讨论长方体工件的定位时，可以在其底面布置3个不共线的约束点1,2,3（图4-9(a)），在侧面布置2个约束点4,5，并在端面布置1个约束点6，则约束点1,2,3可以限制$\vec{Z},\overset{\curvearrowright}{X}$和$\overset{\curvearrowright}{Y}$3个自由度；约束点4,5可以限制$\vec{Y}$和$\overset{\curvearrowright}{Z}$2个自由度；约束点6可以限制$\vec{X}$1个自由度。这就完全限制了长方体工件的6个自由度。

在实际应用中，常把接触面积很小的支承钉看作是约束点，即按上述位置布置6个支承钉，可限制长方体工件的6个自由度(图4-9(b))。

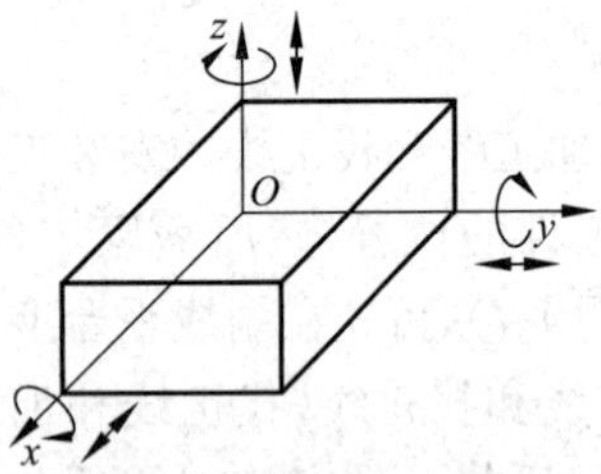

图4-8　自由度示意图

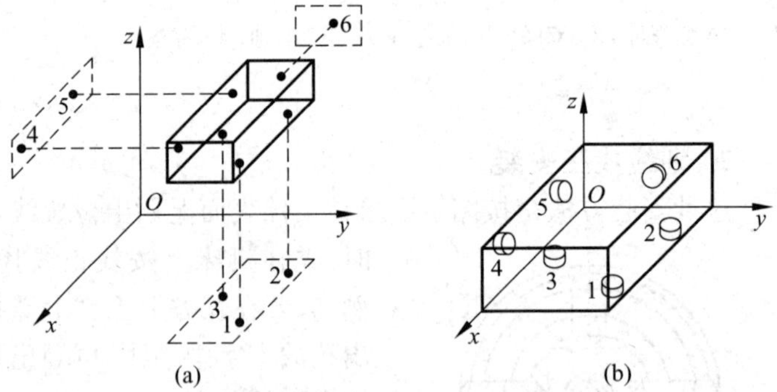

图4-9　长方体工件的定位分析

采用6个按一定规则布置的约束点，可以限制工件的6个自由度，实现完全定位，称为六点定位原理。

2. 典型定位元件及限制的自由度

由于工件的形状各有不同，因此，用于代替约束点的定位元件的种类也很多，除了支承钉以外，常用的还有支承板、长销、短销、长V形块、短V形块、长定位套、短定位套、固定锥销、浮动锥销等。直接分析这些定位元件可以限制哪几个自由度以及分析它们的组合限制自由度的情况，对研究定位问题有更实际的意义。这里把分析的结果归纳在表4-1中，供分析研究工件的定位时参考。从表中可以看出，研究定位元件及其组合能限制哪些自由度不如研究它们不能限制哪些自由度更方便。例如，表中分析了长圆柱销可以限制4个自由度即可以限制$\vec{X},\vec{Z},\overset{\curvearrowright}{X},\overset{\curvearrowright}{Z}$。若进一步分析长圆柱销不能限制的自由度，就会发现长圆柱销不能限制$\vec{Y}$和$\overset{\curvearrowright}{Y}$更为直观和明了。再如，表中的长销小平面组合以及短销大平面组合，它们均不能限制绕y轴转动的自由度是显而易见的。当然对于初学者来说，反复研究定位元件能限制的自由度，无论从掌握定位原理还是从更深入地研究定位问题来说都是很有必要的。

3. 完全定位和不完全定位

根据工件加工面的位置度(包括位置尺寸)要求,有时需要限制 6 个自由度,有时仅需要限制 1 个或几个(少于 6 个)自由度。前者称作完全定位,后者称作不完全定位。完全定位和不完全定位在实际中都有应用。在图 4-10 中列举了(a),(b),(c),(d),(e),(f)6 种情况,其中,图(a)要求在球体上铣平面,由于是球体,所以 3 个转动自由度不必限制,此外该平面在 x 方向和 y 方向均无位置尺寸要求,因此这两个方向的移动自由度也不必限制。因为 z 方向有位置尺寸要求,所以必须限制 z 方向的移动自由度($\vec{Z}$),即球体铣平面(通铣)只需限制 1 个自由度。仿照同样的分析,图(b)要求在球体上钻通孔,只需要限制 2 个自由度($\vec{X}$ 和 $\vec{Y}$);图(c)要求在长方体上通铣上平面,只需限制 3 个自由度($\vec{Z}$,$\overset{\frown}{X}$和$\overset{\frown}{Y}$);图(d)要求在圆轴上通铣键槽,只需限制 4 个自由度(除 $\vec{X}$ 和$\overset{\frown}{X}$外);图(e)要求在长方体上通铣槽,只需限制 5 个自由度(除 $\vec{X}$ 外);图(f)要求在长方体上铣不通槽,则需限制 6 个自由度。

表 4-1 典型定位元件的定位分析

工件的定位面	夹具的定位元件				
平面	支承钉	定位情况	1 个支承钉	2 个支承钉	3 个支承钉
		图示	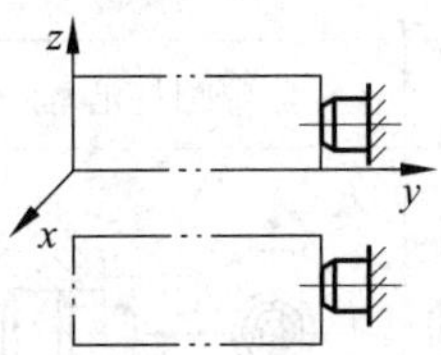	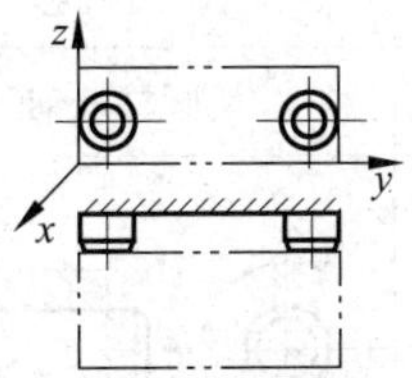	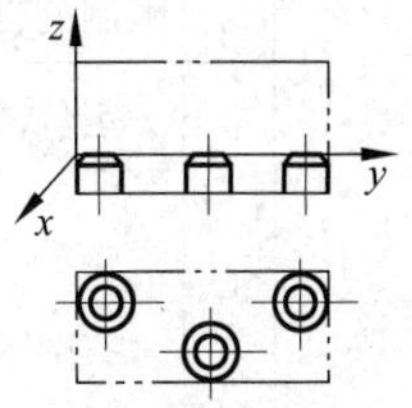
		限制的自由度	$\vec{Y}$	$\vec{X}$ $\overset{\frown}{Z}$	$\vec{Z}$ $\overset{\frown}{X}$ $\overset{\frown}{Y}$
	支承板	定位情况	一块条形支承板	二块条形支承板	一块矩形支承板
		图示	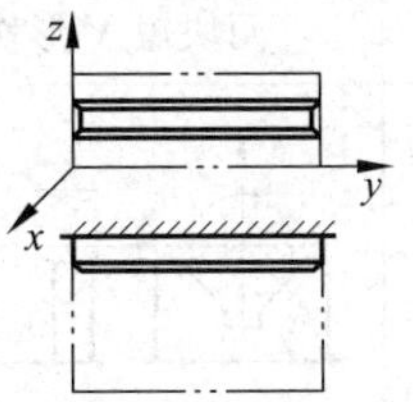	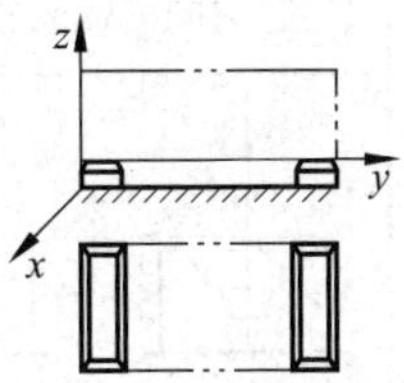	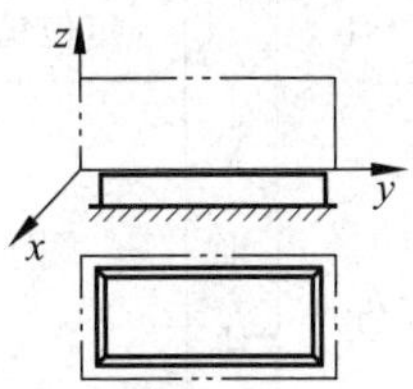
		限制的自由度	$\vec{X}$ $\overset{\frown}{Z}$	$\vec{Z}$ $\overset{\frown}{X}$ $\overset{\frown}{Y}$	$\vec{Z}$ $\overset{\frown}{X}$ $\overset{\frown}{Y}$
圆孔	圆柱销	定位情况	短圆柱销	长圆柱销	两段短圆柱销
		图示	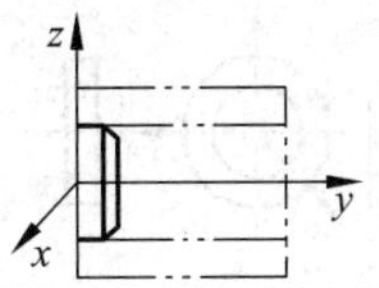	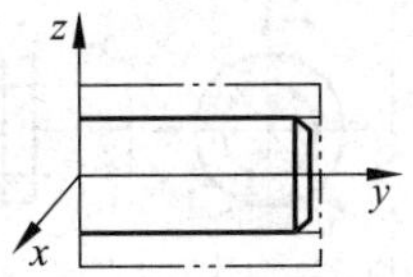	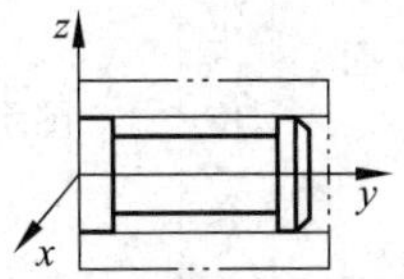
		限制的自由度	$\vec{X}$ $\vec{Z}$	$\vec{X}$ $\vec{Z}$ $\overset{\frown}{X}$ $\overset{\frown}{Z}$	$\vec{X}$ $\vec{Z}$ $\overset{\frown}{X}$ $\overset{\frown}{Z}$

续表

工件的定位面	夹具的定位元件				
圆孔	圆柱销	定位情况	菱形销	长销小平面组合	短销大平面组合
		图示	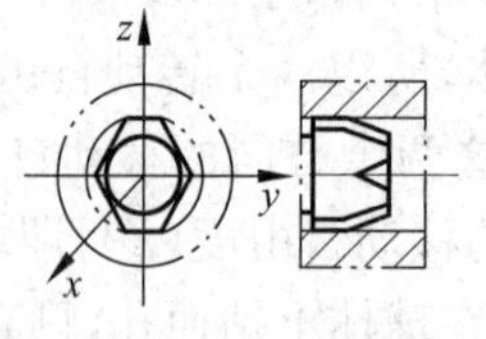	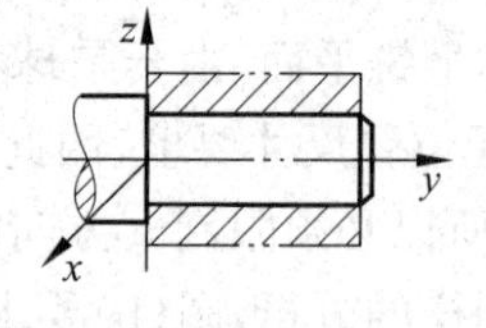	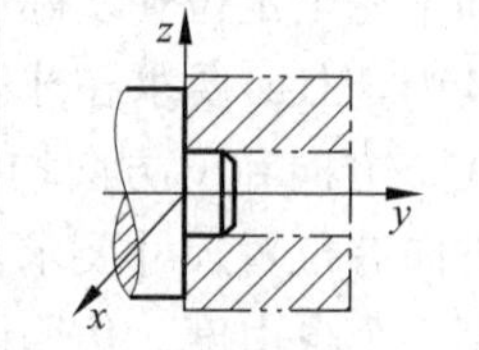
		限制的自由度	$\vec{Z}$	$\vec{X}\vec{Y}\vec{Z}\overset{\frown}{X}\overset{\frown}{Z}$	$\vec{X}\vec{Y}\vec{Z}\overset{\frown}{X}\overset{\frown}{Z}$
	圆锥销	定位情况	固定锥销	浮动锥销	固定锥销与浮动锥销组合
		图示	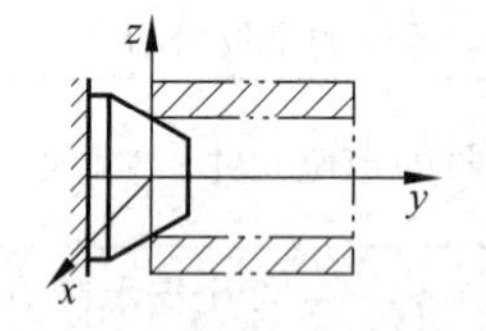	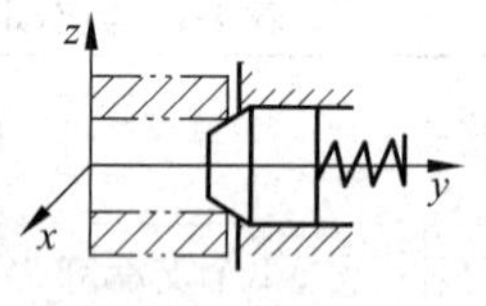	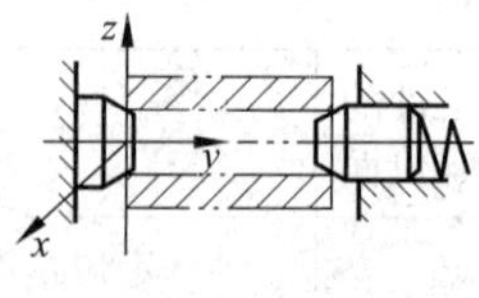
		限制的自由度	$\vec{X}$ $\vec{Y}$ $\vec{Z}$	$\vec{X}$ $\vec{Z}$	$\vec{X}$ $\vec{Y}$ $\vec{Z}$ $\overset{\frown}{X}$ $\overset{\frown}{Z}$
	心轴	定位情况	长圆柱心轴	短圆柱心轴	小锥度心轴
		图示	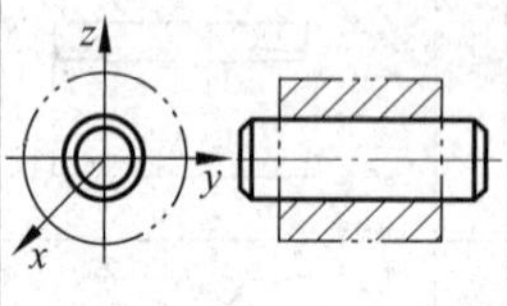	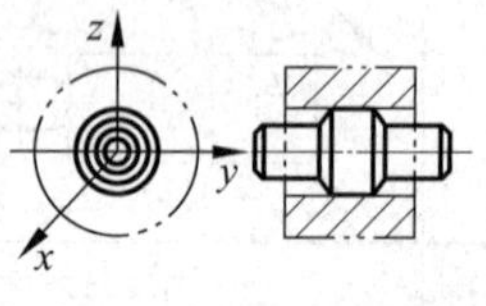	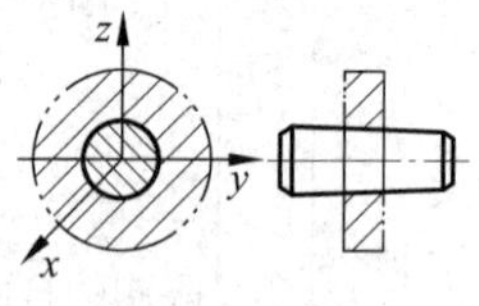
		限制的自由度	$\vec{Y}$ $\vec{Z}$ $\overset{\frown}{Y}$ $\overset{\frown}{Z}$	$\vec{Y}$ $\vec{Z}$	$\vec{Y}$ $\vec{Z}$
外圆柱面	V形块	定位情况	一块短V形块	两块短V形块	一块长V形块
		图示	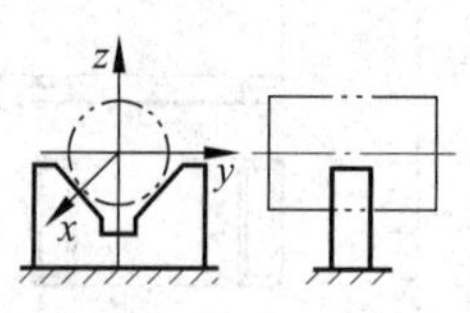	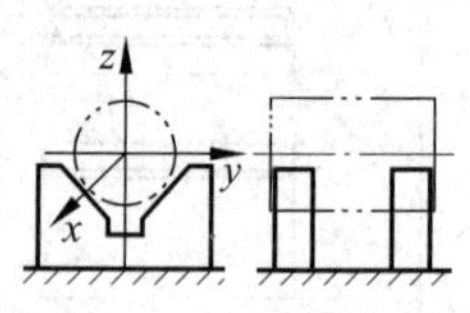	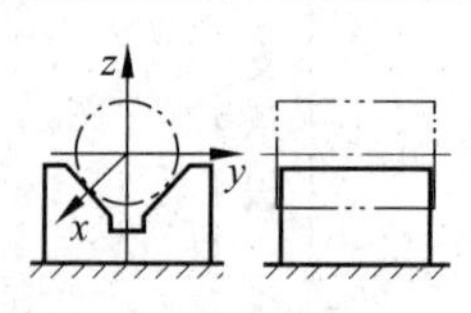
		限制的自由度	$\vec{Y}$ $\vec{Z}$	$\vec{Y}$ $\vec{Z}$ $\overset{\frown}{Y}$ $\overset{\frown}{Z}$	$\vec{Y}$ $\vec{Z}$ $\overset{\frown}{Y}$ $\overset{\frown}{Z}$
	定位套	定位情况	一个短定位套	两个短定位套	一个长定位套
		图示	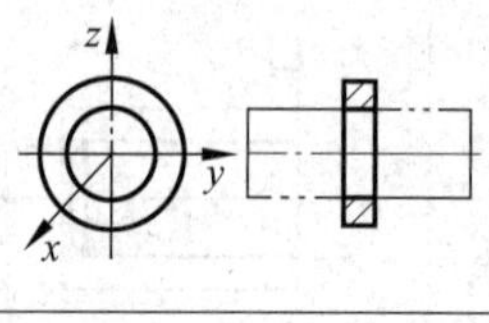	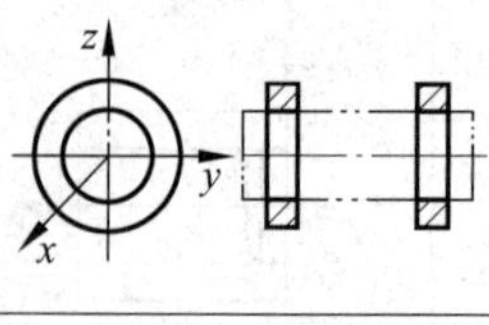	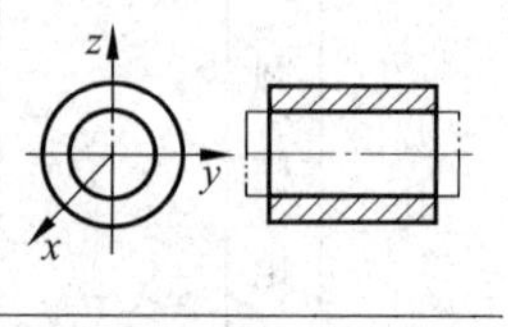
		限制的自由度	$\vec{Y}$ $\vec{Z}$	$\vec{Y}$ $\vec{Z}$ $\overset{\frown}{Y}$ $\overset{\frown}{Z}$	$\vec{Y}$ $\vec{Z}$ $\overset{\frown}{Y}$ $\overset{\frown}{Z}$

续表

<table>
<tr><td>工件的定位面</td><td colspan="5">夹具的定位元件</td></tr>
<tr><td rowspan="3">圆锥孔</td><td rowspan="3">锥顶尖和锥度心轴</td><td>定位情况</td><td>固定顶尖</td><td>浮动顶尖</td><td>锥度心轴</td></tr>
<tr><td>图示</td><td>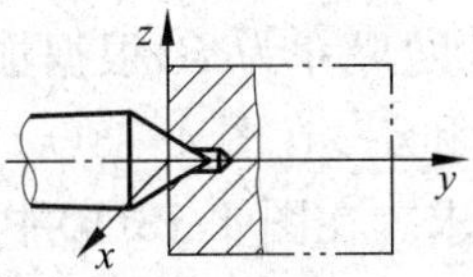</td><td>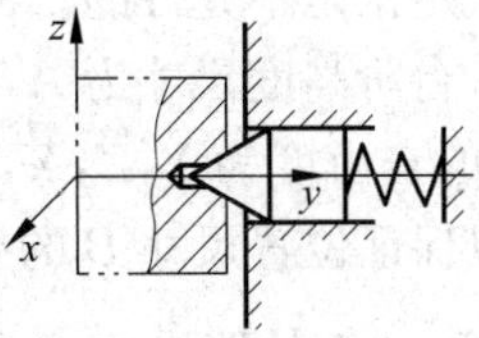</td><td>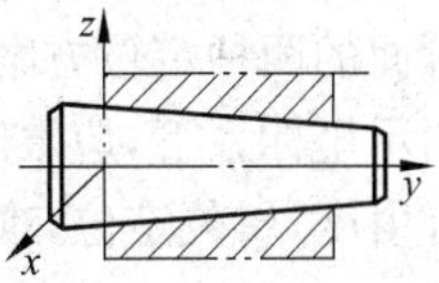</td></tr>
<tr><td>限制的自由度</td><td>$\vec{X}$ $\vec{Y}$ $\vec{Z}$</td><td>$\vec{X}$ $\vec{Z}$</td><td>$\vec{X}$ $\vec{Y}$ $\vec{Z}$ $\overset{\frown}{X}$ $\overset{\frown}{Z}$</td></tr>
</table>

这里必须强调指出，有时为了使定位元件帮助承受切削力、夹紧力或为了保证一批工件的进给长度一致，常常对无位置尺寸要求的自由度也加以限制。例如在图 4-10(a)中，虽然从定位分析上看，球体上通铣平面只需限制 1 个自由度，但是在决定定位方案的时候，往往会考虑要限制 2 个自由度(图 4-11)或限制 3 个自由度(图 4-12)。

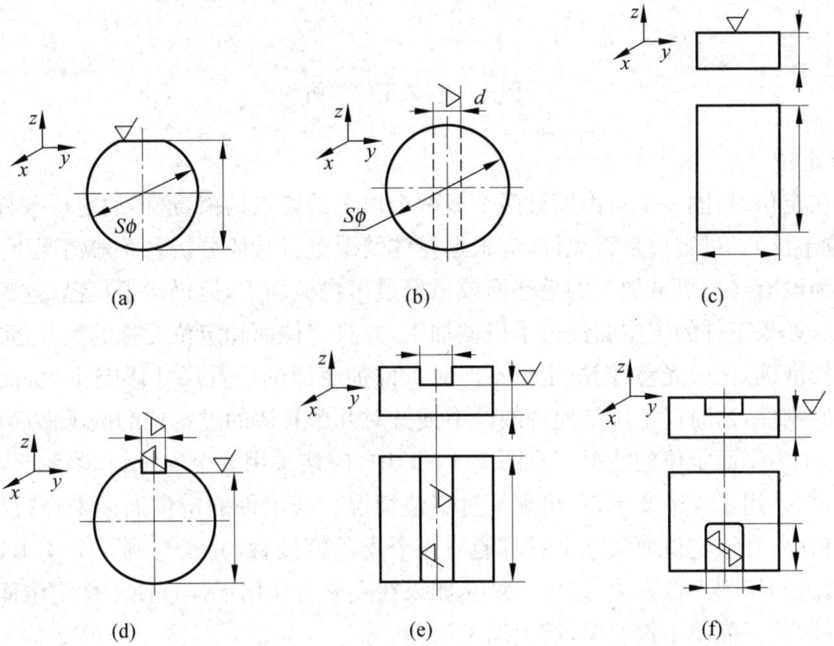

图 4-10　完全定位和不完全定位举例

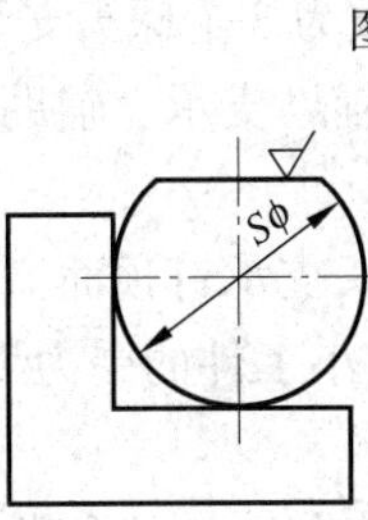

图 4-11　球体上通铣平面限制 2 个自由度

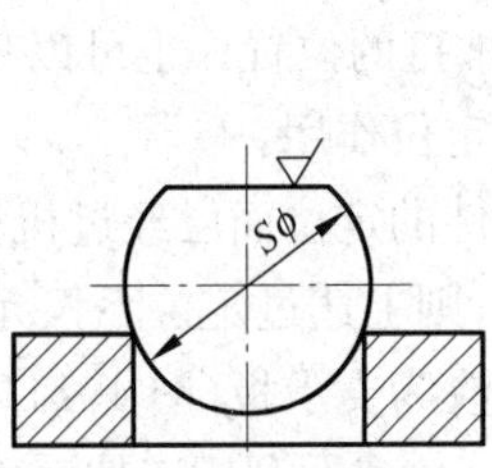

图 4-12　球体上通铣平面限制 3 个自由度

4. 欠定位和过定位

1）欠定位

根据工件加工面位置尺寸要求必须限制的自由度没有得到全部限制，约束点不足，这样的定位称为欠定位。欠定位是不允许的。例如，图 4-13 所示为在铣床上加工长方体工件台阶面的两种定位方案。台阶高度尺寸为 A，宽度尺寸为 B，根据加工面的位置尺寸要求，在图示坐标系下，应限制的自由度为 $\vec{Y}$，$\vec{Z}$，$\overset{\frown}{X}$，$\overset{\frown}{Y}$和$\overset{\frown}{Z}$。在图 4-13(a)中，只限制了 $\vec{Z}$，$\overset{\frown}{X}$，$\overset{\frown}{Y}$ 3 个自由度，属欠定位，难以保证位置尺寸 B 的要求。在图 4-13(b)中，加进一块支承板后，补充限制了$\vec{Y}$和$\overset{\frown}{Z}$ 2 个自由度，才使位置尺寸 A 和 B 都得到了保证。

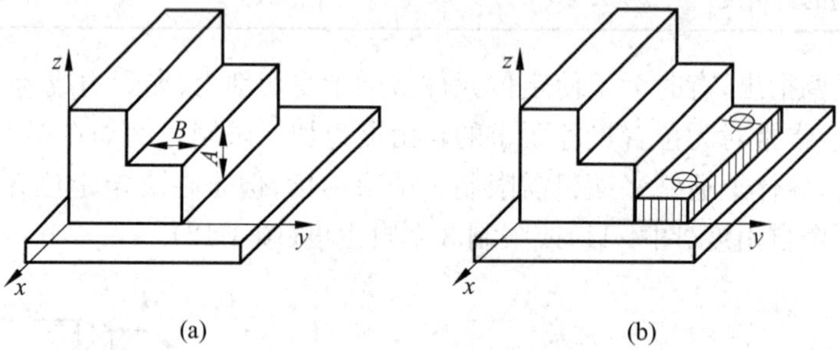

图 4-13　欠定位举例

2）过定位

工件在定位时，同一个自由度被两个或两个以上约束点约束，这样的定位被称为过定位（或称定位干涉）。过定位是否允许，应根据具体情况进行具体分析。一般情况下，如果工件的定位面为没有经过机械加工的毛坯面或虽经过了机械加工，但仍然很粗糙，这时过定位是不允许的。如果工件的定位面经过了机械加工，并且定位面和定位元件的尺寸、形状和位置都做得比较准确，比较光整，则过定位不但对工件加工面的位置尺寸影响不大，反而可以增加加工时的刚性，这时过定位是允许的。下面针对几个具体的过定位的例子做简要分析。

图 4-14 为平面定位的情况。在图 4-14(a)中，应该采用 3 个支承钉，限制 $\vec{Z}$，$\overset{\frown}{X}$，$\overset{\frown}{Y}$ 3 个自由度，但却采用了 4 个支承钉，出现了过定位情况。若工件的定位面尚未经过机械加工，表面仍然粗糙，则该定位面实际上只可能与 3 个支承钉接触，究竟与哪 3 个支承钉接触，与重力、夹紧力和切削力都有关，定位不稳。如果在夹紧力作用下强行使工件定位面与 4 个支承钉都接触，就只能使工件变形，产生加工误差。

为了避免上述定位情况的发生，可以将 4 个平头支承钉改为 3 个球头支承钉，重新布置 3 个球头支承钉的位置。也可以将 4 个球头支承钉之一改为辅助支承。辅助支承只起支承作用而不起定位作用。

如果工件的定位面已经过机械加工，并且很平整，4 个平头支承钉顶面又准确地位于同一个平面内，则上述过定位不仅允许而且能增强支承刚度，减小工件的受力变形，这时还可以将支承钉改为支承板（图 4-14(b)）。

图 4-15(a)表示利用工件底面及两销孔定位，采用的定位元件是一个平面和两个短圆柱销。平面限制 $\vec{Z}$，$\overset{\frown}{X}$，$\overset{\frown}{Y}$ 3 个自由度，短圆柱销 1 限制 $\vec{X}$ 和 $\vec{Y}$ 2 个自由度，短圆柱销 2 限制

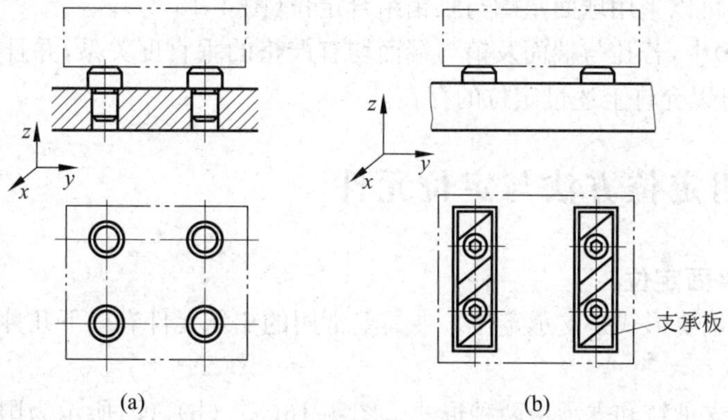

图 4-14 平面定位的过定位举例

$\vec{Y}$和$\widehat{Z}$ 2 个自由度，于是 y 方向的移动自由度被重复限制，产生了过定位。在这种情况下，会因为工件的孔心距误差以及两定位销之间的中心距误差使得两定位销无法同时进入工件孔内。为了解决这一过定位问题，通常是将两圆柱销之一在定位干涉方向，即 y 方向削边，做成菱形销(图 4-15(b))，使它不限制 y 方向的移动自由度，从而消除 y 方向的定位干涉问题。

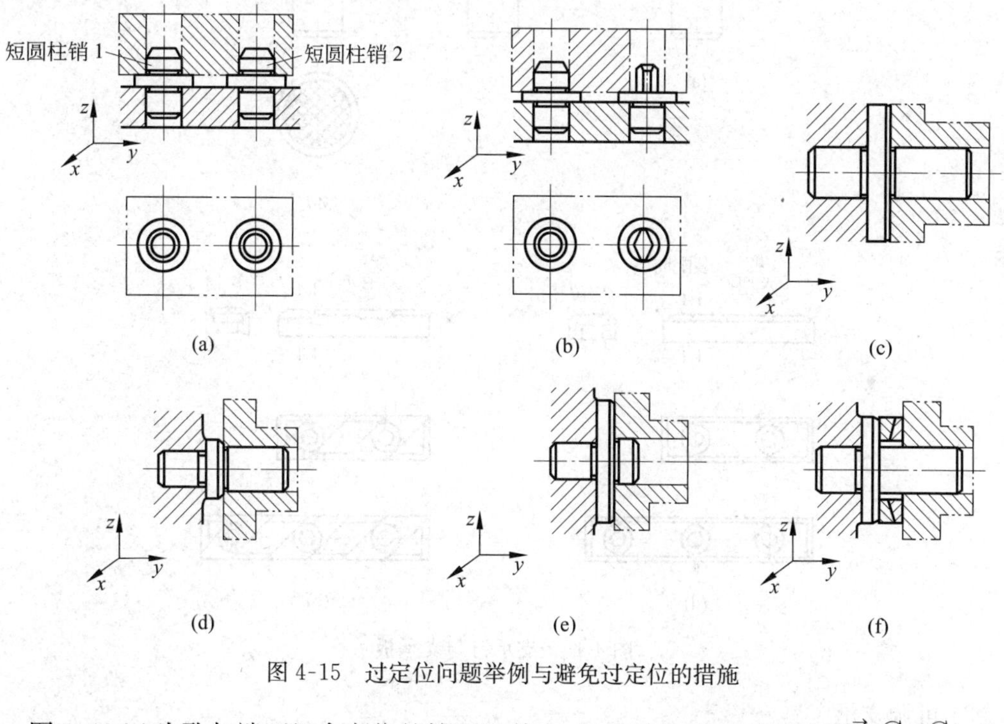

图 4-15 过定位问题举例与避免过定位的措施

图 4-15(c)为孔与端面组合定位的情况。其中，长销的大端面可以限制$\vec{Y}$，$\widehat{X}$和$\widehat{Z}$ 3 个自由度，长销可限制$\vec{Z}$，$\vec{X}$，$\widehat{Z}$和$\widehat{X}$ 4 个自由度。显然，$\widehat{X}$和$\widehat{Z}$自由度被重复限制，出现了两个自由度过定位。在这种情况下，若工件端面和孔的轴线不垂直，或销的轴线与销的大端面有垂直度误差，则在轴向夹紧力作用下，将使工件或长销产生变形，这当然是应该想办法避免的。为此，可以采用小平面与长销组合定位(图 4-15(d))，也可以采用大平面与短销组合定位

(图 4-15(e)),还可以采用球面垫圈与长销组合定位(图 4-15(f))。

在图 4-15(c)中,若孔与端面及销与端面均有严格的垂直度关系,并且销和孔有较松的动配合性质,则可以允许上述过定位的存在。

4.2.3 常用定位方法与定位元件

1. 工件以平面定位

平面定位的主要形式是支承定位。夹具上常用的支承元件有以下几种。

1) 固定支承

固定支承有支承钉和支承板两种形式。图 4-16(a)、(b)、(c)所示为国家标准规定的 3 种支承钉,其中 A 型多用于精基准面的定位,B 型多用于粗基准面的定位,C 型多用于工件侧面的定位。图 4-16(d)、(e)所示为国家标准规定的两种支承板,其中 B 型用得较多,A 型由于不利于清除切屑,故常用于侧面定位。

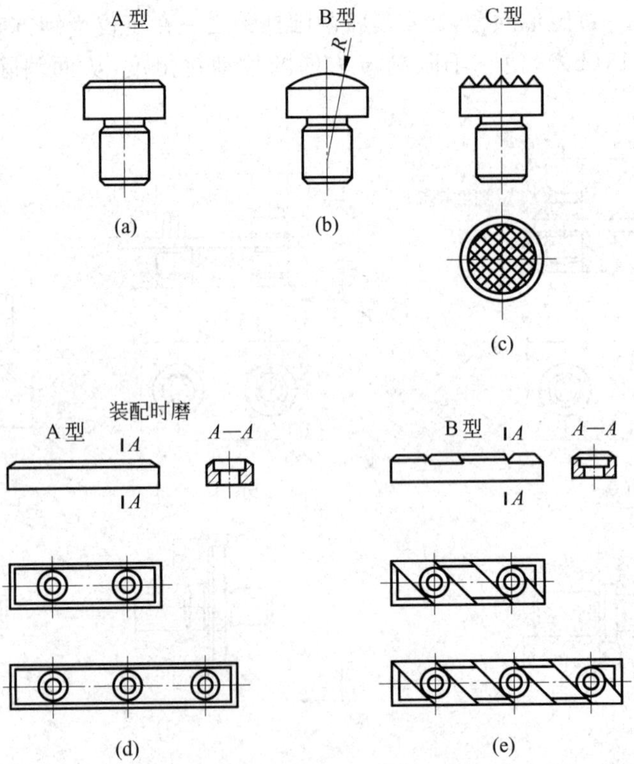

图 4-16　支承钉与支承板

2) 可调支承

支承点位置可以调整的支承称为可调支承。图 4-17 所示为几种常见的可调支承。可调支承用于未加工过的平面,以调节补偿各批毛坯尺寸的误差。一般不是对每一个加工工件进行一次调整,而是一批毛坯调整一次。所有的可调支承其高度调整好后都必须锁紧,以防止加工中松动。有时,可调支承也可用作成组夹具的调整元件。

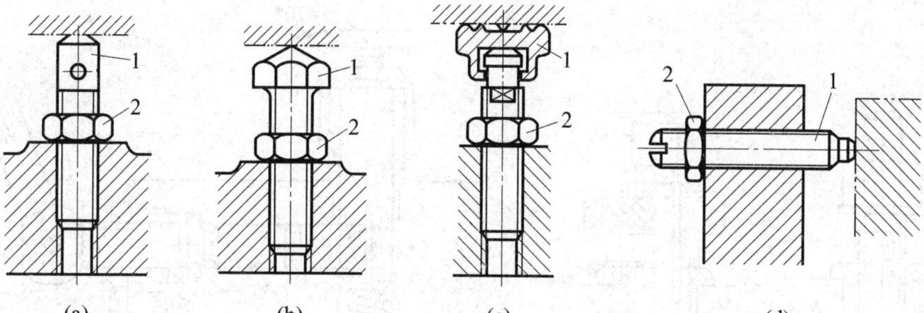

图 4-17　可调支承示例
1—调节支钉；2—锁紧螺母

3）自位支承

自位支承在定位过程中，支承本身可以随工件定位基准面的变化而自动调整并与之相适应。图 4-18 所示为几种常见的自位支承形式。自位支承一般只起限制一个自由度的定位作用，即一点定位，通过增加接触点以减小压力强度，达到增强工件刚度的目的，但又不影响定位所限制的自由度。自位支承常用于毛坯表面、断续表面、阶梯表面的定位以及有角度误差的平面定位。

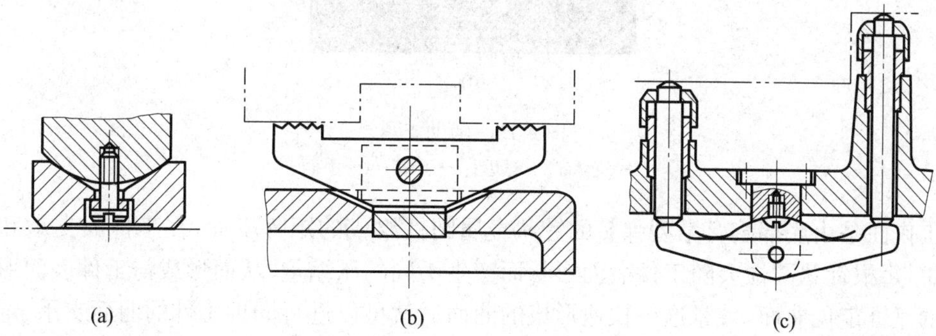

图 4-18　自定位支承

4）辅助支承

辅助支承是在工件定位后才参与支承的元件，其高度是由工件确定的，因此它不起定位作用，但辅助支承锁紧后就成为固定支承，能承受切削力。辅助支承的结构形式很多，图 4-19(a)、(b)、(c)是其中的 3 种。其中(a)的结构最简单，但在转动支承 1 时，可能因摩擦力而带动工件。图(b)的结构避免了上述缺点，调整螺母 2，支承 1 只作上下移动。这两种结构动作较慢，且用力不当会破坏工件已定好的位置。图 4-19(c)为自动调节支承，靠弹簧 3 的弹力使支承 1 与工件接触，转动手柄 4 将支承 1 锁紧。因弹簧力可以调整，所以作用力适当而稳定，从而避免了操作失误而将工件顶起。为防止锁紧时将支承 1 顶出，α 角不应太大，以保证有一定自锁性，一般取 7°～10°。辅助支承主要用来在加工过程中加强被加工部位的刚度和提高加工的稳定性，通过增加一些接触点防止工件在加工中变形，但又不影响原来的定位。

图 4-19(d)是德国 MATRIX 研发的模块化的曲面随形支承定位组合夹具。其基本模

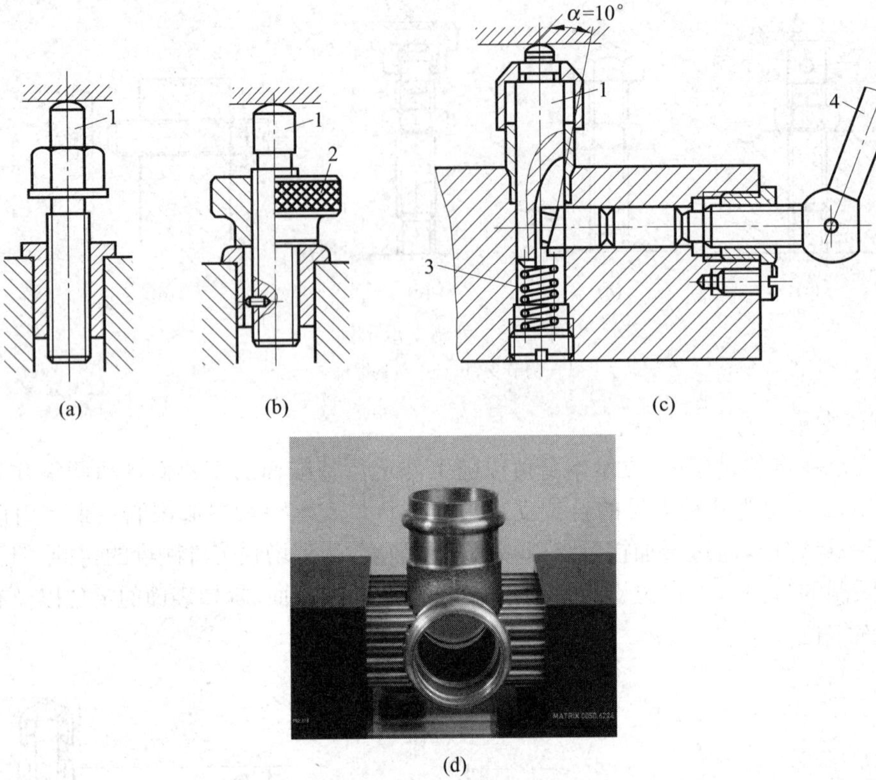

图 4-19　辅助支承

1—支承；2—螺母；3—弹簧；4—手柄

块的工作面是由底部装有微型弹簧的针状金属圆柱组成的矩阵平面，在工件的支承和夹紧过程中，每根针状圆柱会随工件表面形状而产生不同的压缩量，从而形成与工件表面形状相吻合的三维定位曲面，锁紧这一快速形成的曲面后就可以进行同批工件的曲面支承、定位及夹紧。由于能够形成随形多点支承，适用于复杂形面工件和薄壁易变形工件的定位夹紧以提高定位精度和刚度，减少工件装夹变形。

2. 工件以圆柱孔定位

工件以圆柱孔定位大都属于定心定位（定位基准为孔的轴线），夹具上相应的定位元件是心轴和定位销。

1）心轴

心轴结构形式很多，图 4-20 为几种常见的刚性心轴，其中图（a）为过盈配合心轴，图（b）为间隙配合心轴，图（c）为小锥度心轴，小锥度心轴的锥度为 1∶5000～1∶1000。工件安装时轻轻敲入或压入，通过孔和心轴接触表面的弹性变形来夹紧工件。使用小锥度心轴定位可获得较高的定位精度。

除了刚性心轴以外，在生产中还经常采用弹性心轴、液塑心轴、自动定心心轴等。这些心轴在工件定位的同时将工件夹紧，使用起来很方便。

工件在心轴上的定位通常限制了工件除绕自身轴线转动和沿自身轴线移动以外的 4 个

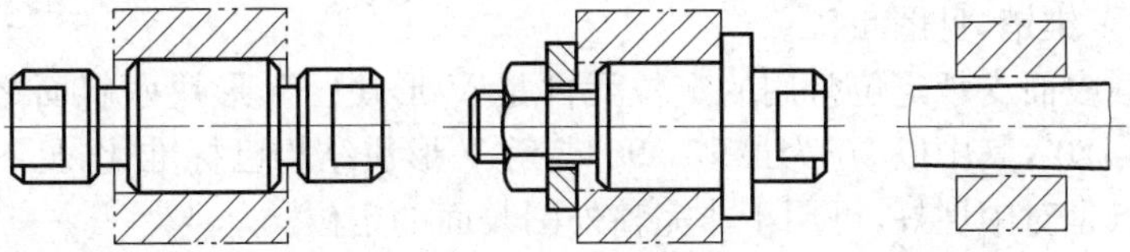

图 4-20　刚性心轴

自由度，是四点定位。

2）定位销

图 4-21 所示为国家标准规定的圆柱定位销，其工作部分直径 d 通常根据加工要求和考虑便于安装，按 g5，g6，f6 或 f7 制造。定位销与夹具体的连接可采用过盈配合（图(a)、(b)、(c)所示），也可以采用间隙配合（图(d)）。圆柱定位销通常限制工件的 2 个移动自由度。

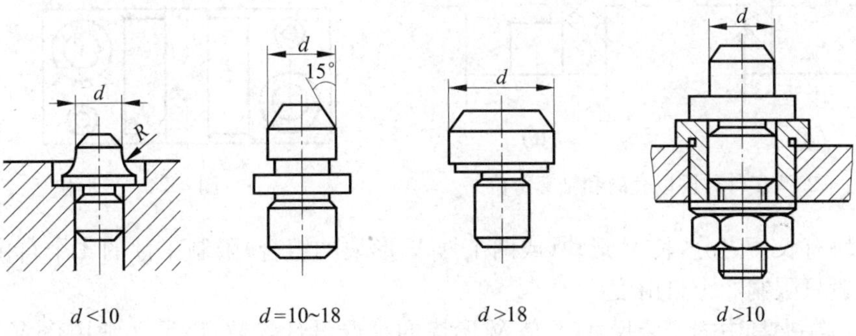

图 4-21　圆柱定位销

当要求孔销配合只在一个方向上限制工件自由度时，可用菱形销，如图 4-22(a)所示。

工件也可以用圆锥销定位，如图 4-22(b)、(c)所示。其中图(b)多用于毛坯孔定位，图(c)多用于光孔定位。图示圆锥销定位限制了工件的 3 个移动自由度。

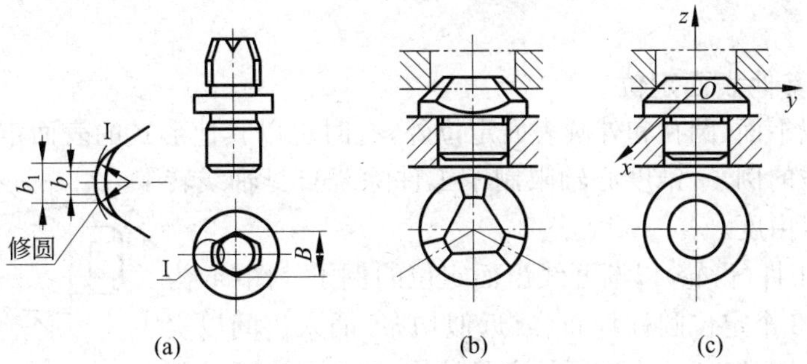

图 4-22　菱形销与圆锥销

3. 工件以外圆表面定位

工件以外圆表面定位有两种形式：一种是定心定位；另一种是支承定位。工件以外圆表面定心定位的情况与工件以圆柱孔定位的情况相仿，只是用套筒或卡盘代替了心轴或柱销，以锥套代替了锥销，见图 4-23。

工件以外圆表面支承定位常用的定位元件是 V 形块。V 形块两斜面之间的夹角 α 一般取 60°，90°和 120°，其中以 90°为最多。90°夹角 V 形块结构已标准化，见图 4-24。使用 V 形块定位的特点是对中性好，可用于非完整外圆表面的定位。

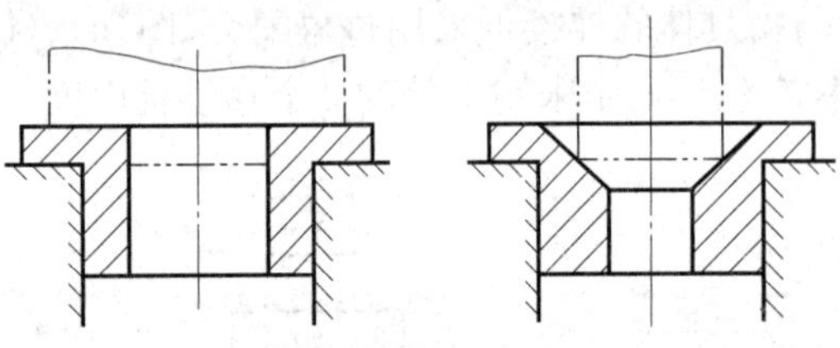

(a) (b)

图 4-23 工件外圆以套筒和锥套定位

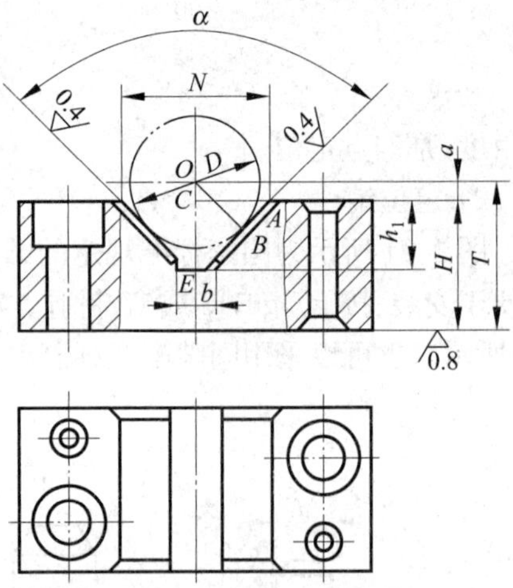

图 4-24 V 形块

V 形块有长短之分，长 V 形块（或两个短 V 形块的组合）限制工件的 4 个自由度，而短 V 形块一般只限制 2 个自由度。

V 形块在夹具中的安装尺寸 T 是 V 形块的主要设计参数，该尺寸常用作 V 形块检验和调整的依据。由图 4-24 可以求出

$$T = H + \frac{1}{2}\left(\frac{D}{\sin\frac{\alpha}{2}} - \frac{N}{\tan\frac{\alpha}{2}}\right) \tag{4-1}$$

式中：D 为工件或检验心轴直径的平均尺寸。当 α 为 90°时，有

$$T = H + 0.707D - 0.5N \tag{4-2}$$

4. 工件以其他表面定位

工件除了以平面、圆孔和外圆表面定位外，有时也以其他形式的表面定位。图 4-25 为工件以锥孔定位的例子，锥度心轴限制了工件除绕自身轴线转动之外的 5 个自由度。

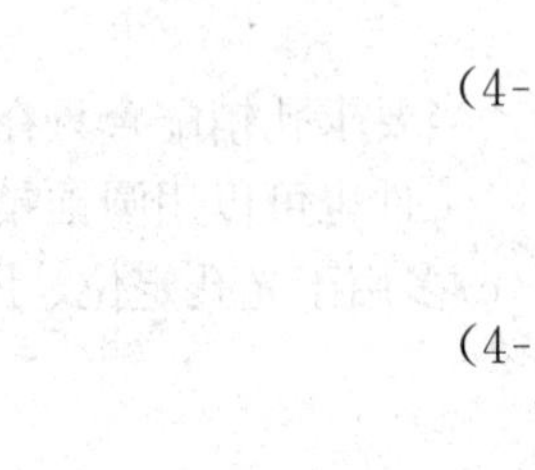

图 4-25 工件在锥度心轴上定位

图 4-26 为工件（齿轮）以渐开线齿面定位的例子。图(a)为示意图，显示了 3 个定位圆柱均布（或近似均布）插入齿间以实现分度圆定位。图(b)所示为实际的夹具结构，该夹具广泛应用于齿轮热处理后的磨孔工序中，可保证齿轮孔与齿面之间获得较高的同轴度。

5. 定位表面的组合

实际生产中经常遇到的不是单一表面定位，而是几个定位表面的组合。常见的定位表

面组合有平面与平面的组合、平面与圆孔的组合、平面与外圆表面的组合、平面与其他表面的组合、锥面与锥面的组合等。

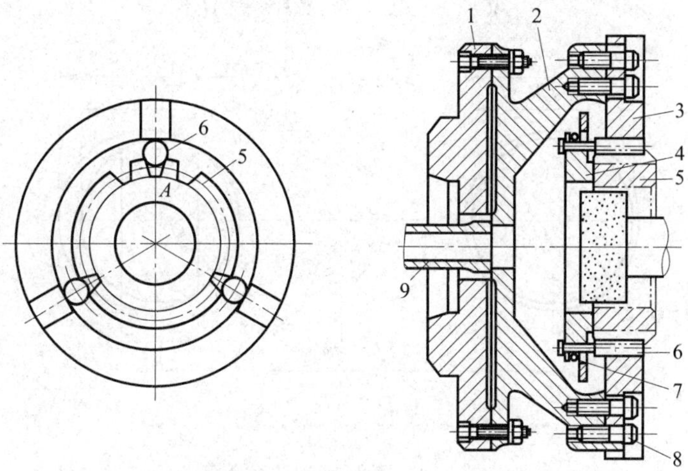

(a)　　　　(b)

图 4-26　工件以渐开线齿面定位

1—夹具体；2—弹性薄膜盘；3—卡爪；4—保持架；5—工件(齿轮)；6—定心圆柱；7—弹簧；8—螺钉；9—推杠

在多个表面同时参与定位的情况下，各表面在定位中所起的作用有主次之分。一般称定位点数最多的定位表面为第一定位基准面或主要定位面或支承面，定位点数次多的定位表面称为第二定位基准面或导向面，定位点数为 1 的定位表面称为第三定位基准面或止动面。

在分析多个表面定位情况下各表面所限制的自由度时，分清主次定位面是很有必要的。例如，图 4-27 所示的轴类零件在机床前后顶尖上定位的情况，应首先确定前顶尖所限制的自由度，它们是 $\vec{X}$，$\vec{Y}$ 和 $\vec{Z}$，然后再分析后顶尖所限制的自由度。孤立地看，由于后顶尖在 Z 方向上可移动，因此只限制 $\vec{X}$ 和 $\vec{Y}$ 2 个自由度。但若与前顶尖一起考虑，则后顶尖实际限制的是工件$\overset{\frown}{X}$和$\overset{\frown}{Y}$ 2 个自由度。

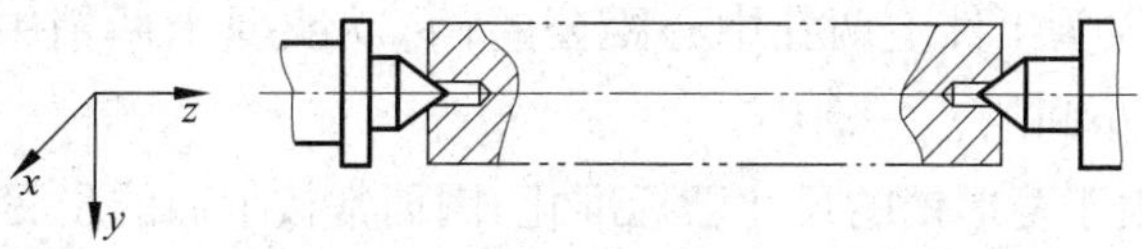

图 4-27　工件在两顶尖上的定位

在加工箱体类零件时经常采用一面两孔组合(一个大平面及与该平面相垂直的两个圆孔组合)定位，夹具上相应的定位元件是一面两销。为了避免由于过定位而引起的工件安装时的干涉，两销中一个应采用菱形销。菱形销的宽度可以通过简单的几何关系导出。参考图 4-28，考虑最不利的情况：孔心距为最大$\left(L+\frac{1}{2}T_{lk}\right)$，两销中心距为最小$\left(L-\frac{1}{2}T_{lx}\right)$，两孔直径均为最小(分别为 D_1 和 D_2)，两销直径均为最大(分别为 $d_1=D_1-\Delta_{1\min}$，$d_2=D_2-$

$\Delta_{2\min}$)。其中，T_{lk}和T_{lx}分别为两孔中心距和两销中心距的公差，$\Delta_{1\min}$和$\Delta_{2\min}$分别为孔1、孔2与销1、销2之间的最小间隙。由图中$\triangle AO_2B$和$\triangle AO_2'C$可得到

$$\overline{AO_2'}^2-\overline{AC}^2=\overline{AO_2}^2-\overline{AB}^2$$

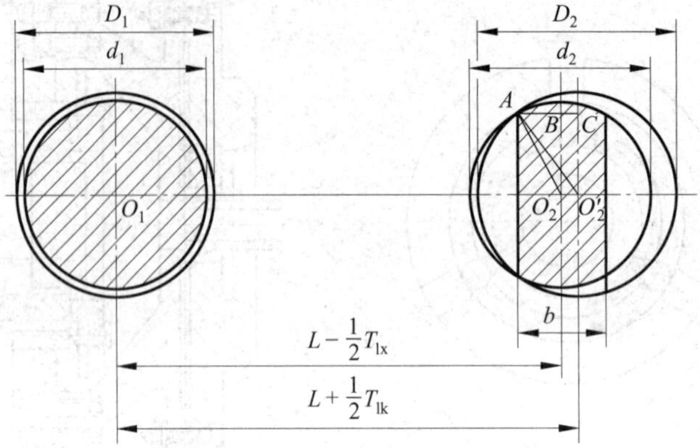

图 4-28　菱形销的宽度计算

即

$$\left(\frac{D_2}{2}\right)^2-\left[\frac{b}{2}+\frac{1}{2}(T_{lk}+T_{lx})\right]^2=\left(\frac{D_2-\Delta_{2\min}}{2}\right)^2-\left(\frac{b}{2}\right)^2$$

展开并整理后有

$$\frac{1}{2}b(T_{lk}+T_{lx})+\frac{1}{4}(T_{lk}+T_{lx})^2=\frac{D_2\Delta_{2\min}}{2}-\left(\frac{\Delta_{2\min}}{2}\right)^2$$

误差及间隙量与基本尺寸相比可视为无穷小量，去掉上式中的高阶无穷小量可得到

$$b=\frac{D_2\Delta_{2\min}}{T_{lk}+T_{lx}}$$

考虑到孔1与销1之间的间隙补偿作用，上式变为

$$b=\frac{D_2\Delta_{2\min}}{T_{lk}+T_{lx}-\Delta_{1\min}} \tag{4-3}$$

式中：b为菱形销的宽度；D_2为工件上与菱形销配合孔的最小直径；$\Delta_{2\min}$为菱形销与其配合孔之间的最小间隙；T_{lk}为工件上两孔中心距公差；T_{lx}为夹具上两销中心距公差；$\Delta_{1\min}$为圆柱销与其配合孔的最小间隙。

在实际生产中，由于菱形销的尺寸已标准化，因而常按下面的步骤设计菱形销：

(1) 确定两销中心距尺寸及其公差。取工件上两孔中心距的基本尺寸为两定位销中心距的基本尺寸，其公差取工件孔中心距公差的$\frac{1}{5}\sim\frac{1}{3}$，即令$T_{lx}=\left(\frac{1}{5}\sim\frac{1}{3}\right)T_{lk}$。

(2) 确定圆柱销直径及其公差。取相应孔的最小直径作为圆柱销直径的基本尺寸，其公差一般取g6或f7。

(3) 确定菱形销宽度、直径及其公差。首先按有关标准(参考表4-2)选取菱形销的宽度b；然后按式(4-3)计算出菱形销与其配合孔的最小间隙$\Delta_{2\min}$；再计算菱形销直径的基本尺寸$d_2=D_2-\Delta_{2\min}$；最后按h6或h7选取菱形销直径的公差。

表 4-2 菱形销尺寸

mm

d	>3～6	>6～8	>8～20	>20～25	>25～32	>32～40	>40～50
B	$d-0.5$	$d-1$	$d-2$	$d-3$	$d-4$	$d-5$	$d-5$
b	1	2	3	3	3	4	5
b_1	2	3	4	5	5	6	8

注：d,B,b,b_1 的含义参考图 4-22(a)。

4.2.4 定位误差的分析与计算

定位误差 ε_D 包括定位基准与设计基准不重合误差 ε_C 和定位基准位移误差，前者简称基准不重合误差，后者简称基准位移误差。

基准位移误差又可分为是由于工件定位表面不准确所引起的和由于夹具定位元件不准确所引起的两部分。工件定位表面不准确所引起的基准位移误差 ε_W，对一批零件来说就有一个尺寸分布带，其中有系统误差和随机误差；而夹具定位元件不准确所引起的基准位移误差 ε_r，对于一个夹具来说是系统误差，但如果有几个夹具同时在使用，则和随机误差在一起出现多峰状的尺寸分布曲线。

下面分析计算常见定位形式的定位误差。

1. 用支承或平面作定位元件

1）用平面定位平面

如图 4-29 所示情况，加工一个缺口，如果要求的尺寸为 A_1，则定位误差 $\varepsilon_{DA_1}=\delta A_2$，是由于基准不重合造成的。

2）用支承定位平面

如图 4-30 所示情况，加工一个缺口，纵向用一个支承定位，如果要求的尺寸为 A_3，则定位误差 $\varepsilon_{DA_3}=2(H-h)\tan\Delta\alpha(\alpha=90°)$。这种情况基准是重合的，定位误差是由于工件定位面不准确所造成的，工件的两个定位面不垂直，有角度误差 $\pm\Delta\alpha$，因此产生基准位移误差。这个误差的大小不仅和 $\Delta\alpha$ 的角度值有关，同时和支承在高度上的位置有关，由于左端面上部与缺口 B 相对的区段是确定 A_3 尺寸的关联区段（例如用游标卡尺测量 A_3 尺寸的情况），因此 $(H-h)$ 值等于缺口深度的 1/2 较好。

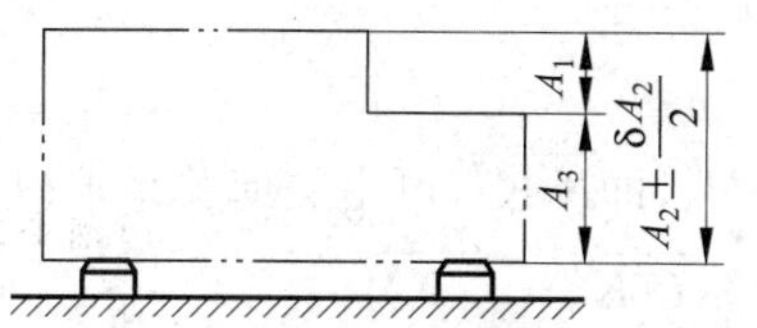

图 4-29 平面定位时的基准不重合误差

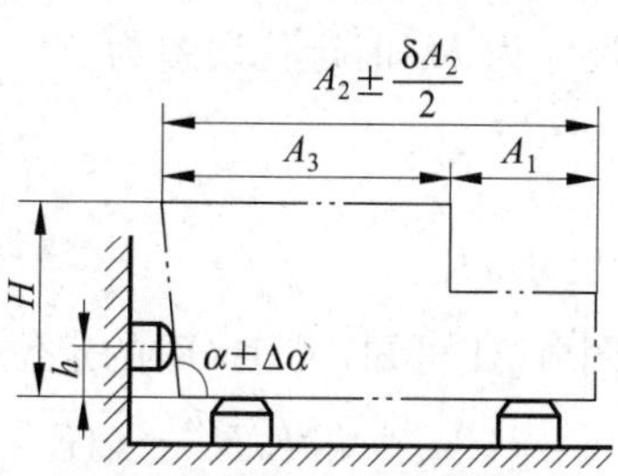

图 4-30 支承定位时的基准位移误差

对于尺寸 A_1，则不仅有基准不重合误差 δA_2，同时还有由于定位不准确所造成的基准位移误差 $2(H-h)\tan\Delta\alpha$（$\alpha=90°$），其定位误差 $\varepsilon_{DA_1}=\delta A_2+2(H-h)\tan\Delta\alpha$。

2. 用V形块定位

当工件的外圆在V形块上定位时，如果将工件的上部铣去一块或铣键槽，铣去尺寸的标注方法有 H_1，H_2，H_3 3种（图4-31），现在分别求算这3个尺寸的定位误差。不考虑定位元件的制造误差。

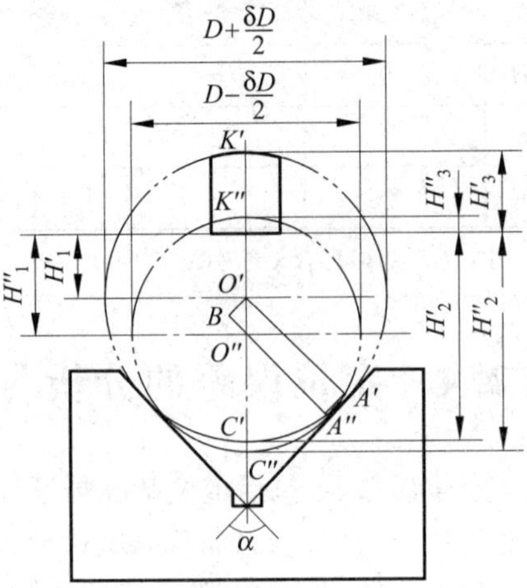

图4-31　加工外圆顶面或铣键槽槽底时的尺寸关系图

1）尺寸 H_1

可用作图法画出工件的最大直径 $D+\dfrac{\delta D}{2}$ 和最小直径 $D-\dfrac{\delta D}{2}$，则对尺寸 H_1，其定位误差的大小就等于 $H''_1-H'_1$，即 $\overline{O'O''}$。作 $O'B$ 线与 $A'A''$ 平行交 $O''A''$ 的延长线于 B。

由 $\triangle O'BO''$ 得

$$\overline{BO''}=\frac{D+\dfrac{\delta D}{2}}{2}-\frac{D-\dfrac{\delta D}{2}}{2}=\frac{\delta D}{2},\quad \angle BO'O''=\frac{\alpha}{2}$$

$$\sin(\alpha/2)=\frac{\overline{BO''}}{\overline{O'O''}},\quad \overline{O'O''}=\frac{\dfrac{\delta D}{2}}{\sin(\alpha/2)}=\frac{\delta D}{2\sin(\alpha/2)}$$

故标注尺寸为 H_1 时的定位误差为

$$\varepsilon_{DH_1}=\frac{\delta D}{2\sin(\alpha/2)} \tag{4-4}$$

2）尺寸 H_2

从图4-31可知，尺寸 H_2 的定位误差等于 $H''_2-H'_2$，即 $\overline{C'C''}$，由几何关系可求得。

$$\overline{C'C''}=\overline{O'C''}-\overline{O'C'}=\overline{O'O''}+\overline{O''C''}-\overline{O'C'}$$

$$=\frac{\delta D}{2\sin(\alpha/2)}+\frac{D-\dfrac{\delta D}{2}}{2}-\frac{D+\dfrac{\delta D}{2}}{2}=\frac{\delta D}{2\sin(\alpha/2)}-\frac{\delta D}{2}$$

故标注尺寸为 H_2 时定位误差为

$$\varepsilon_{DH_2}=\frac{\delta D}{2}\left[\frac{1}{\sin(\alpha/2)}-1\right] \tag{4-5}$$

3）尺寸 H_3

从图4-31可知，尺寸 H_3 的定位误差等于 $H'_3-H''_3$，即 $\overline{K'K''}$，可由几何关系求得。

$$\overline{K'K''}=\overline{O''K'}-\overline{O'K''}=\overline{O''O'}+\overline{O'K'}-\overline{O''K''}$$

$$=\frac{\delta D}{2\sin(\alpha/2)}+\frac{D+\dfrac{\delta D}{2}}{2}-\frac{D-\dfrac{\delta D}{2}}{2}$$

$$=\frac{\delta D}{2\sin(\alpha/2)}+\frac{\delta D}{2}$$

故标注尺寸为 H_3 时的定位误差为

$$\varepsilon_{DH_3}=\frac{\delta D}{2}\left[\frac{1}{\sin(\alpha/2)}+1\right] \tag{4-6}$$

4.3 工件在夹具中的夹紧

4.3.1 对夹紧装置的要求

夹紧装置是夹具的重要组成部分。在设计夹紧装置时,应满足以下基本要求:

(1) 在夹紧过程中应能保持工件定位时所获得的正确位置。

(2) 夹紧应可靠和适当。夹紧机构一般要有自锁作用,保证在加工过程中不会产生松动或振动。夹紧工件时,不允许工件产生不适当的变形和表面损伤。

(3) 夹紧装置应操作方便、省力、安全。

(4) 夹紧装置的复杂程度和自动化程度应与工件的生产批量和生产方式相适应。结构设计应力求简单、紧凑,并尽可能采用标准化元件。

4.3.2 夹紧力的确定

夹紧力包括力的大小、方向和作用点 3 个要素,它们的确定是夹紧机构设计中首先要解决的问题。

1. 夹紧力方向的选择

(1) 夹紧力的作用方向应有利于工件的准确定位,而不能破坏定位。为此,一般要求主要夹紧力应垂直指向主要定位面。如图4-32所示,在直角支座零件上镗孔,要求保证孔与端面的垂直度,则应以端面 A 为第一定位基准面,此时夹紧力的作用方向应如图中 F_{j1} 所示。若要求保证被加工孔轴线与支座底面平行,应以底面 B 为第一定位基准面,此时夹紧力方向应如图中 F_{j2} 所示。否则,由于 A 面与 B 面的垂直度误差,将会引起被加工孔轴线相对于 A 面(或 B 面)的位置误差。实际上,在这种情况下,由于夹紧力作用不当,将会使工件的主要定位基准面发生转换,从而产生定位误差。

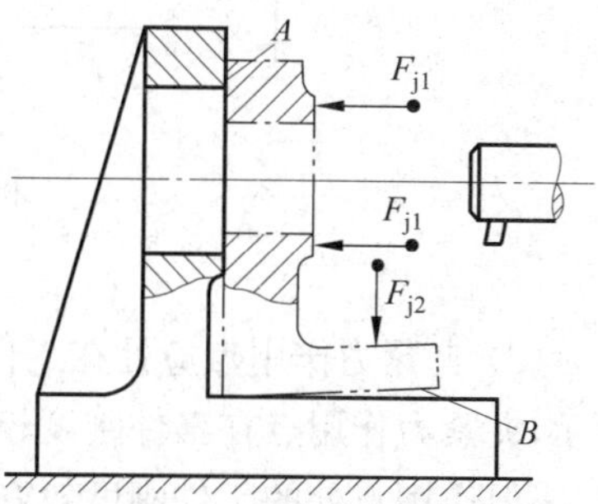

图 4-32 夹紧力方向的选择

(2) 夹紧力的作用方向应尽量与工件刚度最大的方向相一致,以减小工件变形。例如图 4-33 所示的薄壁套筒工件,它的轴向刚度比径向刚度大。若如图(a)所示,用三爪自定心卡盘径向夹紧套筒，将使工件产生较大变形。若改成图(b)的形式，用螺母轴向夹紧工件，则不易产生变形。

(3) 夹紧力的作用方向应尽可能与切削力、工件重力方向一致，以减小所需夹紧力。如图 4-34(a)所示，夹紧力 F_{j1} 与主切削力方向一致，切削力由夹具的固定支承承受，所需夹紧力较小。若如图(b)所示，则夹紧力至少要大于切削力。

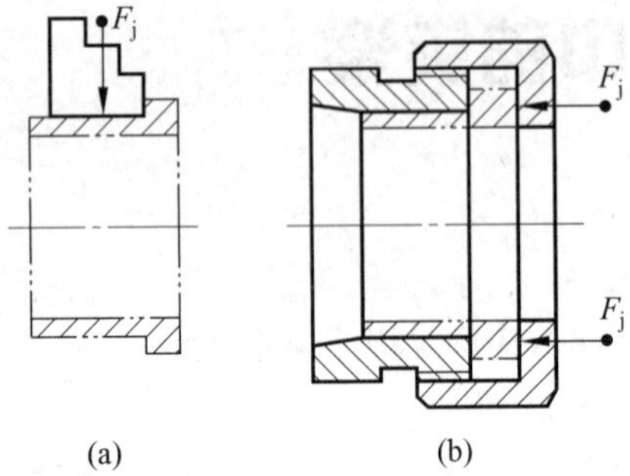

图 4-33 薄壁套筒的夹紧

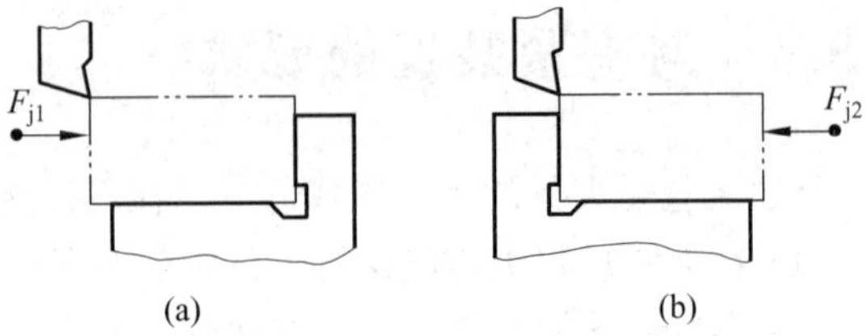

图 4-34 夹紧力与切削力方向

2. 夹紧力作用点的选择

夹紧力作用点的选择指在夹紧力作用方向已定的情况下，确定夹紧元件与工件接触点的位置和接触点的数目。一般应注意以下几点：

(1) 夹紧力作用点应正对支承元件或位于支承元件所形成的支承面内，以保证工件已获得的定位不变。如图 4-35 所示，夹紧力作用点不正对支承元件，产生了使工件翻转的力矩，破坏了工件的定位。夹紧力作用点的正确位置应如图中双点画线箭头所示。

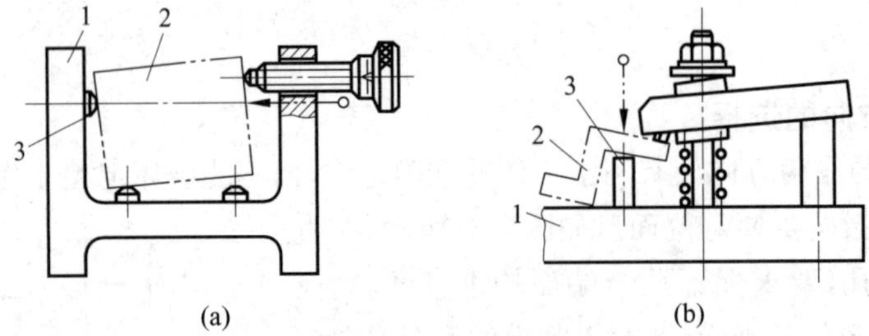

图 4-35 夹紧力作用点的位置

1—夹具体；2—工件；3—定位支承元件

(2) 夹紧力作用点应处在工件刚性较好的部位，以减小工件的夹紧变形。如图 4-36(a)所示，夹紧力作用点在工件刚度较差的部位，易使工件发生变形。如改为图 4-36(b)所示情况，不但作用点处的工件刚度较好，而且夹紧力均匀分布在环形接触面上，可使工件整体及局部变形都最小。对于薄壁零件，增加均布作用点的数目常常是减小工件夹紧变形的有效方法，如图 4-36(c)所示，夹紧力通过一厚度较大的锥面垫圈作用在工件的薄壁上，使夹紧力均匀分布，防止了工件的局部压陷。

(3) 夹紧力作用点应尽可能靠近被加工表面，以便减小切削力对工件造成的翻转力矩，必要时应在工件刚度差的部位增加辅助支承并施加夹紧力，以减小切削过程中的振动和变

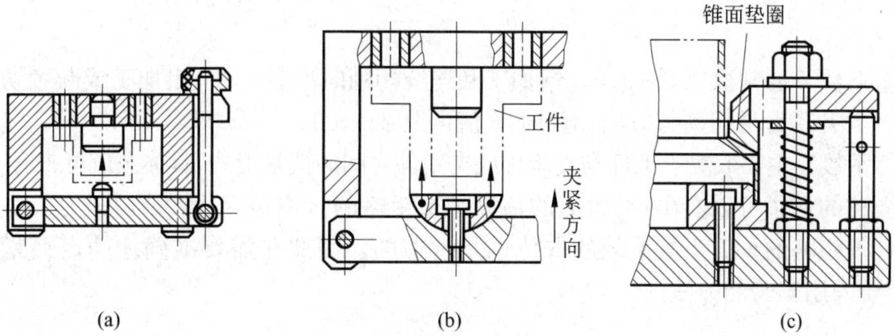

图 4-36　夹紧力作用点与工件变形

形。如图 4-37 所示零件，其加工部位刚度较差，在靠近切削部位处增加辅助支承并施加附加夹紧力，可有效地防止切削过程中的振动和变形。

3. 夹紧力大小的估算

在夹紧力方向和作用点位置确定以后，还需合理地确定夹紧力的大小。夹紧力不足，会使工件在切削过程中产生位移并容易引起振动；夹紧力过大又会造成工件或夹具不应有的变形或表面损伤。因此，应对所需的夹紧力进行估算。

夹紧力的大小可根据作用在工件上的各种力——切削力、工件重力的大小和相互位置方向来具体计算，确定保持工件平衡所需的最小夹紧力。为安全起见，将此最小夹紧力乘以一适当的安全系数 k 即可得到所需要的夹紧力。因此夹具设计时，其夹紧力一般比理论值大2～3 倍。

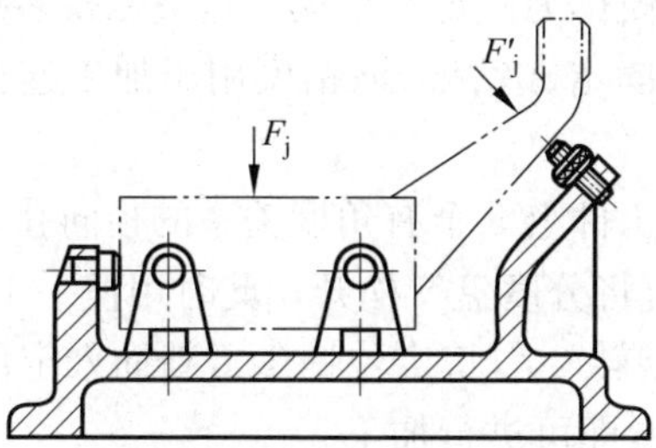

图 4-37　辅助支承与辅助夹紧

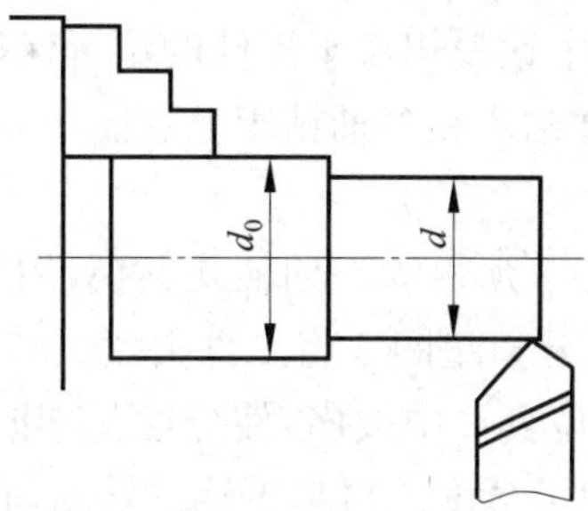

图 4-38　车削时夹紧力的估算

图 4-38 所示为在车床上用三爪自定心卡盘安装工件加工外圆表面的情况。加工部位的直径为 d，定位和夹紧部分的直径为 d_0。取工件为分离体，忽略次要因素，只考虑主切削力 F_c 所产生的力矩与卡爪夹紧力 F_j 所产生的摩擦力矩相平衡，可列出如下关系式：

$$F_c \frac{d}{2} = 3F_{j\min}\mu \frac{d_0}{2} \tag{4-7}$$

式中：μ 为卡爪与工件之间的摩擦系数；$F_{j\min}$为所需最小夹紧力。由上式可得到

$$F_{j\min} = \frac{F_c d}{3d_0\mu} \tag{4-8}$$

将最小夹紧力乘以安全系数 k，得到所需的夹紧力为

$$F_j = k\frac{F_c d}{3d_0\mu} \tag{4-9}$$

安全系数 k 通常取 1.5～2.5。精加工和连续切削时取较小值；粗加工或断续切削时取较大值。当夹紧力与切削力方向相反时，k 值可取 2.5～3。

摩擦系数 μ 主要取决于工件与支承件或夹紧件之间的接触形式，具体数值可查有关手册。

由上述的例子可以看出，夹紧力的估算是很粗略的。这是因为：①切削力大小的估算本身就是很粗略的；②摩擦系数的取值也是近似的。因此在需要准确地确定夹紧力大小时，通常要采用实验的方法。

4.4 各类机床夹具举例

本节将简要介绍钻床、镗床、铣床和车床等机床使用的夹具，并结合各类机床夹具对夹具中有关元件(或装置)进行简要说明。

4.4.1 钻床夹具

钻床夹具因大都具有刀具导向装置，习惯上又称为钻模。

1. 钻模的类型

钻模根据其结构特点可分为固定式钻模、回转式钻模、翻转式钻模、盖板式钻模和滑柱式钻模等。

加工中钻模相对于工件的位置保持不变的钻模称为固定式钻模。这类钻模多用于立式钻床、摇臂钻床和多轴钻床上。图 4-39 所示为一固定式钻模，该钻模用于加工连杆零件上的锁紧孔。

图 4-40 所示为一回转式钻模，用来加工扇形工件上 3 个有角度关系的径向孔。拧紧螺母 4，通过开口垫圈 3 将工件夹紧。转动手柄 9，可将分度盘 8 松开。此时用捏手 11 将定位销 1 从定位套 2 中拔出，使分度盘连同工件一起回转 20°，将定位销 1 重新插入定位套 2′或 2″，即实现了分度。再将手柄 9 转回，将分度盘锁紧即可进行加工。

回转式钻模的结构特点是夹具具有分度装置，而某些分度装置已标准化，在设计回转式钻模时可以充分利用这些装置。

盖板式钻模的特点是没有夹具体。图 4-41 所示为加工车床溜板箱上多个小孔所用的盖板式钻模，它用圆柱销 1 和菱形销 3 在工件两孔中定位，并通过 3 个支承钉 4 安放在工件上。盖板式钻模的优点是结构简单，多用于加工大型工件上的小孔。

滑柱式钻模是一种具有升降模板的通用可调整钻模。图 4-42 为手动滑柱式钻模结构，它由钻模板、滑柱、夹具体、传动和锁紧机构组成，这些结构已标准化并形成系列。使用时，只需根据工件的形状、尺寸和定位夹紧要求，设计制造与之相配的专用定位、夹紧装置和钻套，并将其安装在夹具基体上即可。图 4-43 为一应用实例。滑柱式钻模当钻模板上升到一定高度时或压紧工件后应能自锁。在手动滑柱式钻模中多采用锥面锁紧机构。如图 4-42

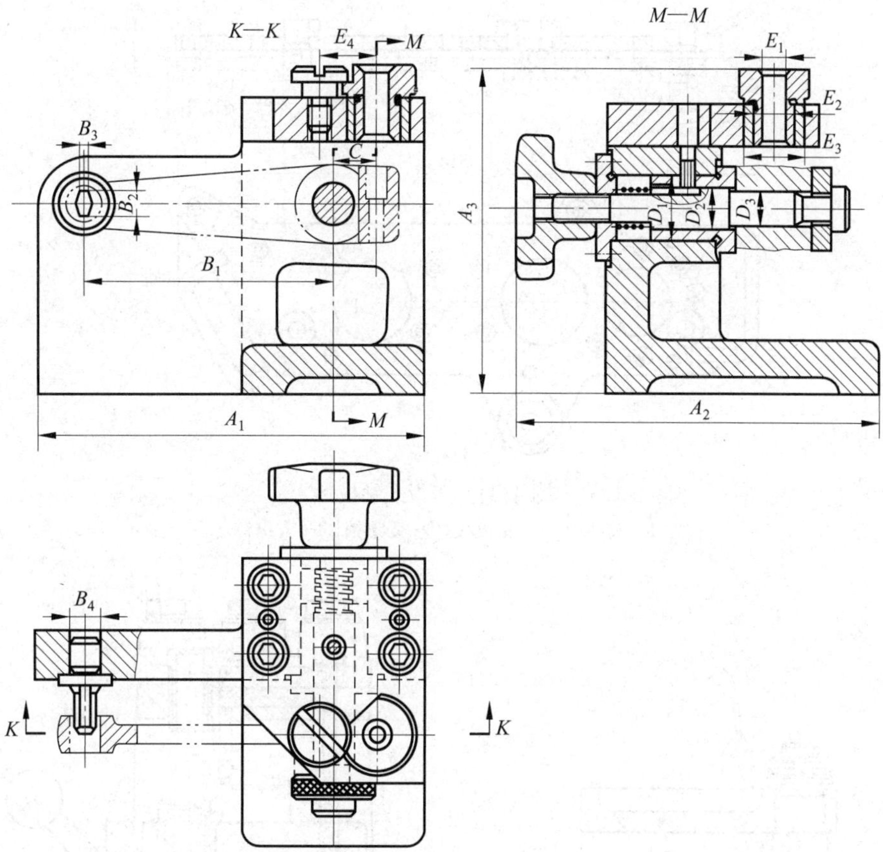

图 4-39　固定式钻模

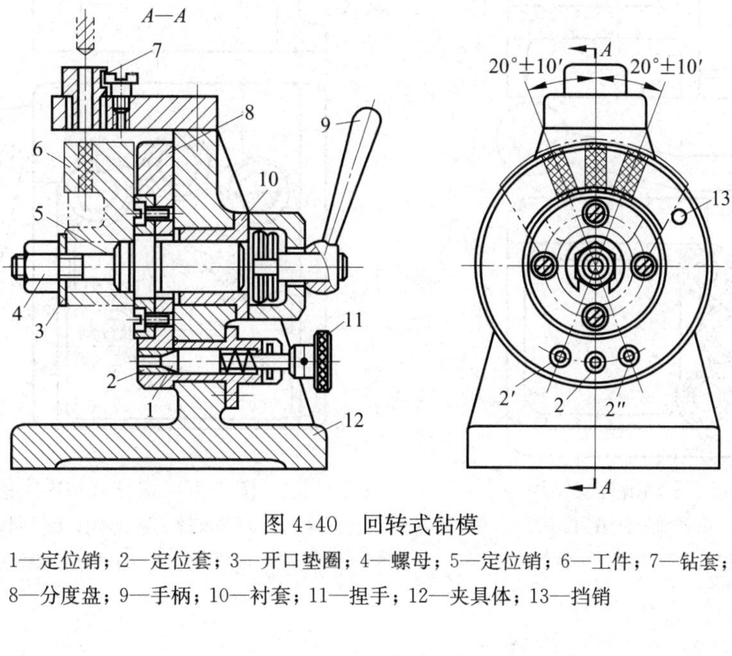

图 4-40　回转式钻模

1—定位销；2—定位套；3—开口垫圈；4—螺母；5—定位销；6—工件；7—钻套；8—分度盘；9—手柄；10—衬套；11—捏手；12—夹具体；13—挡销

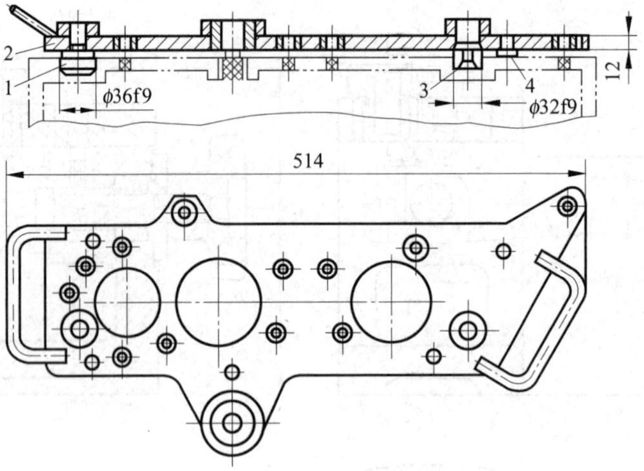

图 4-41　盖板式钻模

1—圆柱销；2—钻模板；3—菱形销；4—支撑钉

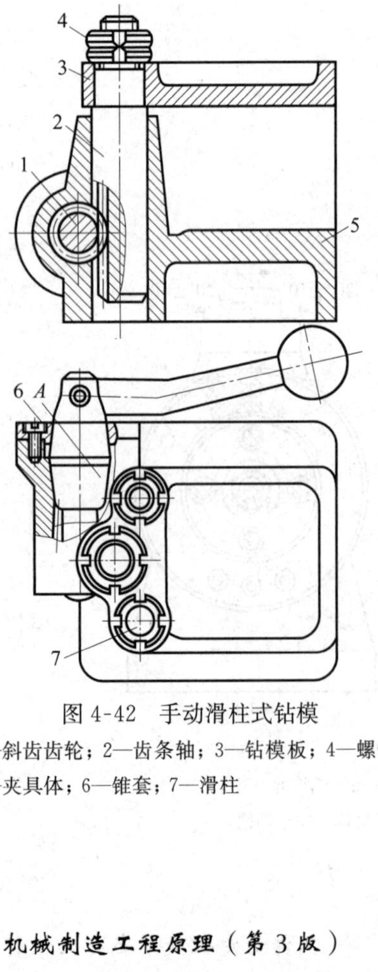

图 4-42　手动滑柱式钻模

1—斜齿齿轮；2—齿条轴；3—钻模板；4—螺母；5—夹具体；6—锥套；7—滑柱

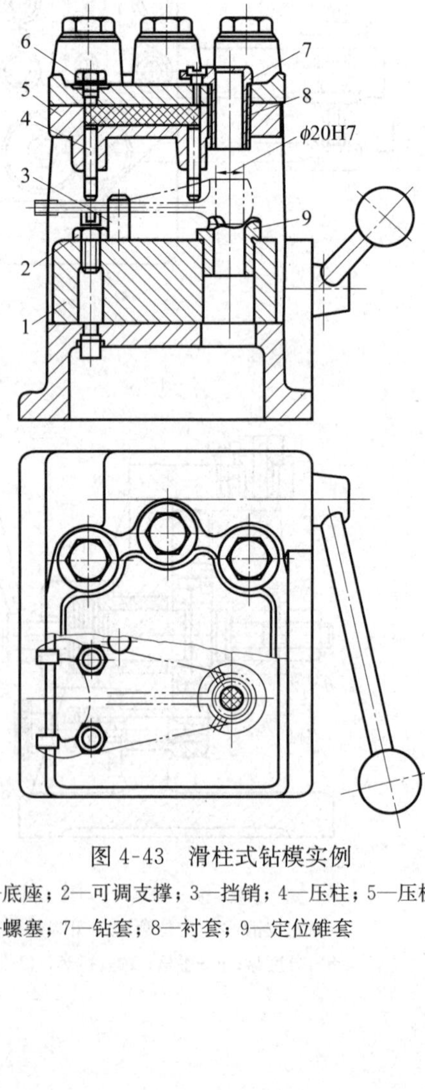

图 4-43　滑柱式钻模实例

1—底座；2—可调支撑；3—挡销；4—压柱；5—压柱体；6—螺塞；7—钻套；8—衬套；9—定位锥套

所示，当转动手柄带动钻模板 3 向下压紧工件后，作用在斜齿轮上的反作用力在齿轮轴上引起轴向力，使锥体 A 在夹具体的内锥面中楔紧，从而锁紧钻模板。当加工完毕后，反向转动手柄升起钻模板到一定高度，此时钻模板自重的作用使齿轮轴产生反向轴向力，使锥体与锥套 6 的锥孔楔紧，从而钻模板也被锁紧，不会由于自重而下落，以便装卸工件。

2. 钻模设计要点

1）钻套

钻套是引导刀具的元件，用以保证孔的加工位置，并防止加工过程中刀具的偏斜。

钻套按其结构特点可分为 4 种类型，即固定钻套、可换钻套、快换钻套和特殊钻套。固定钻套(图 4-44(a))直接压入钻模板或夹具体的孔中，位置精度较高，但磨损后不易拆卸，故多用于中、小批量生产。可换钻套(图 4-44(b))以间隙配合安装在衬套中，而衬套则压入钻模板或夹具体的孔中。为防止钻套在衬套中转动，加一固定螺钉。可换钻套在磨损后可以更换，故多用于大批量生产。快换钻套(图 4-44(c))具有快速更换的特点，更换时不需拧动螺钉，而只要将钻套逆时针方向转动一个角度，使螺钉头部对准钻套缺口即可取下钻套。快换钻套多用于同一孔需经多个工步(如钻、扩、铰等)加工的情况。上述 3 种钻套均已标准化，其规格可查阅有关手册。特殊钻套(图 4-45)用于特殊加工的场合，例如在斜面上钻孔、在工件凹陷处钻孔、钻多个小间距孔等。此时不宜使用标准钻套，可根据特殊要求设计专用钻套。

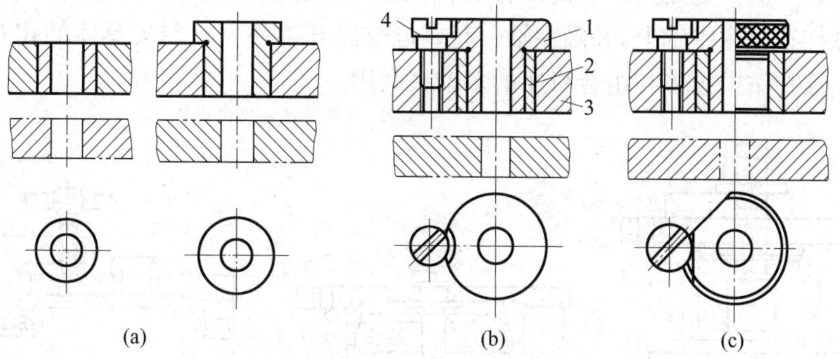

图 4-44　钻套

(a) 固定钻套；(b) 可换钻套；(c) 快换钻套

1—钻套；2—衬套；3—钻模板；4—螺钉

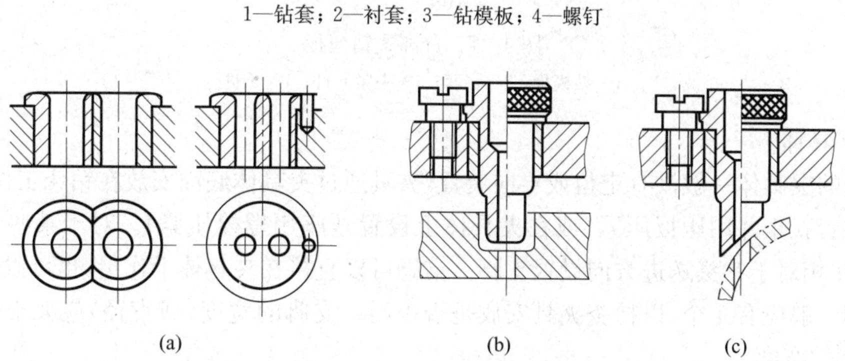

图 4-45　特殊钻套

钻套中引导孔 d 的尺寸及其偏差应根据所引导的刀具尺寸来确定(见图 4-46)。通常取刀具的最大极限尺寸为引导孔的基本尺寸,孔径公差依加工精度要求来确定。钻孔和扩孔时可取 F7,粗铰时取 G7,精铰时取 G6。若钻套引导的不是刀具的切削部分,而是刀具的导向部分,常取配合为 H7/f7,H7/g6,H6/g5。

钻套的高度 H(见图 4-46)直接影响钻套的导向性,同时影响刀具与钻套之间的摩擦情况,通常取 $H=(1\sim2.5)d$。对于精度要求较高的孔、直径较小的孔和刀具刚性较差时应取较大值。

钻套与工件之间一般应留有排屑间隙,此间隙不宜过大,以免影响导向作用,一般可取 $h=(0.3\sim1.2)d$。加工铸铁和黄铜等脆性材料时,可取较小值;加工钢等韧性材料时,应取较大值。当孔的位置精度要求很高时,也可以取 $h=0$。

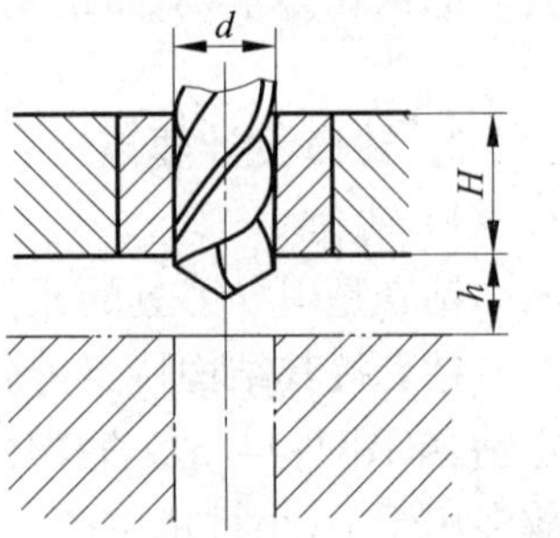

图 4-46　钻套高度与容屑间隙

2) 钻模板

钻模板用于安装钻套。钻模板与夹具体的连接方式有固定式、铰链式、分离式和悬挂式等几种。

图 4-39 所示钻模采用的是固定式钻模板。这种钻模板直接固定在夹具体上,结构简单,精度较高。图 4-47 所示为分离式钻模板,这种钻模板是可拆卸的,工件每装卸一次,钻模板也要装卸一次。它是为了装卸工件方便而设计的。图 4-48 所示为悬挂式钻模板。这种钻模板悬挂在机床主轴上,并随主轴一起靠近或离开工件。它与夹具体的相对位置由滑柱来保证。这种钻模板多与组合机床的多轴头联用。

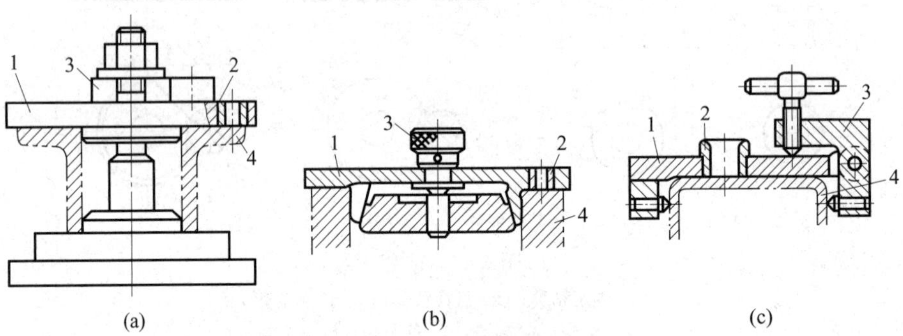

图 4-47　分离式钻模板

1—钻模板;2—钻套;3—夹紧元件;4—工件

3) 夹具体

钻模的夹具体一般没有定位或导向装置,夹具通过夹具体底面安放在钻床工作台上,可直接用钻套找正并用压板压紧(或在夹具体上设置耳座用螺栓压紧)。对于某些类型的钻模,要求在相对于钻头送进方向设置支脚。支脚可以直接在夹具体上作出,也可以做成装配式。支脚一般应有 4 个,以检查夹具安放是否歪斜。支脚的宽度(或直径)应大于机床工作台 T 形槽的宽度。

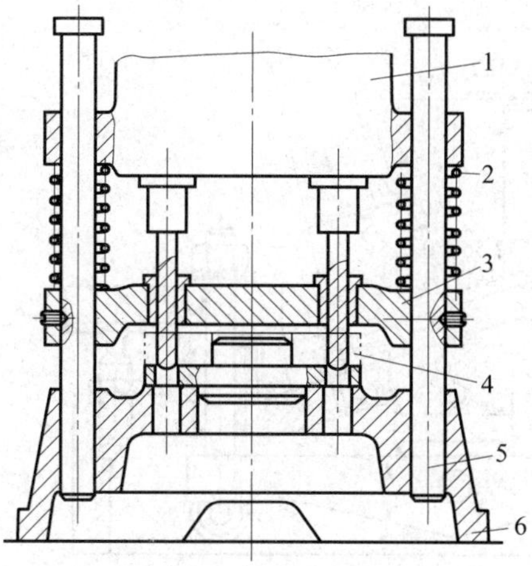

图 4-48　悬挂式钻模板

1—横梁；2—弹簧；3—钻模板；4—工件；5—滑柱；6—夹具体

4.4.2　铣床夹具

铣床夹具主要用于加工零件上的平面、键槽、缺口及成形表面等。

1. 铣床夹具的类型

由于铣削过程中，夹具大都与工作台一起作进给运动，而铣床夹具的整体结构又常常取决于铣削加工的进给方式。因此常按不同的进给方式将铣床夹具分为直线进给式、圆周进给式和仿形进给式 3 种类型。

直线进给式铣床夹具用得最多。根据夹具上同时安装工件的数量，又可分为单件铣夹具和多件铣夹具。图 4-49(a)所示为铣工件上斜面的单件铣夹具。工件以一面两孔定位，为保证夹紧力作用方向指向主要定位面，两个压板的前端做成球面。此外，为了确定对刀块的位置，在夹具上设置了工艺孔 O。图 4-49(b)是设计计算夹具上 O 点位置的尺寸关系图。

圆周式进给铣床夹具通常用在具有回转工作台的铣床上，一般均采用连续进给，有较高的生产率。图 4-50 所示为一圆周进给式铣夹具的简图。回转工作台 2 带动工件 4(拨叉)作圆周连续进给运动，将工件依次送入切削区，两个定间距组合安装的铣刀盘 3 同时铣削加工拨叉叉口的上、下两端面，当工件离开切削区后即被加工好。在非切削区内，可将加工好的工件卸下，并装上待加工的工件。这种加工方法使机动时间与辅助时间相重合，从而提高了机床利用率。

2. 铣床夹具设计要点

1）夹具总体结构

铣削加工的切削力较大，又是断续切削，加工中易引起振动，因此铣床夹具的受力元件要有足够的强度和刚度。夹紧机构所提供的夹紧力应足够大，且要求有较好的自锁性能。

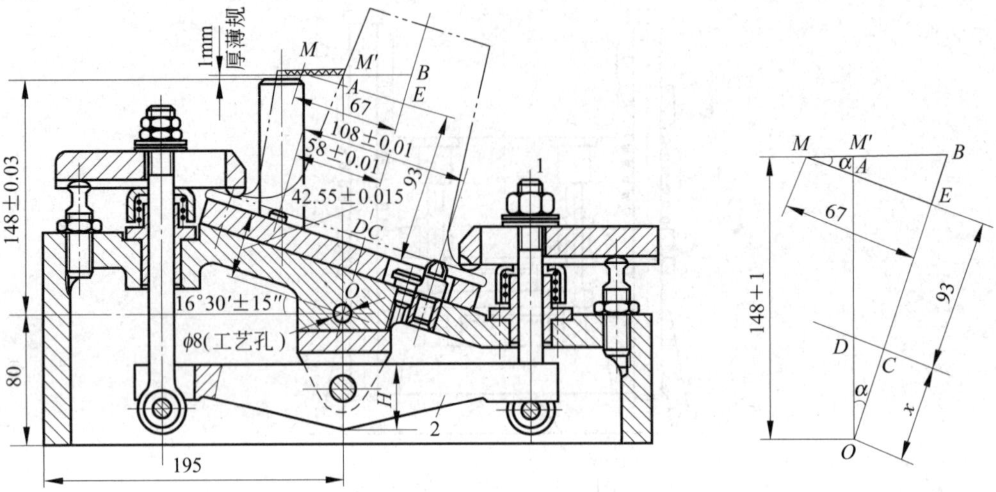

(a) (b)

图 4-49 铣斜面夹具

(a) 夹具结构图；(b) 工艺尺寸计算简图

1—螺母；2—杠杆

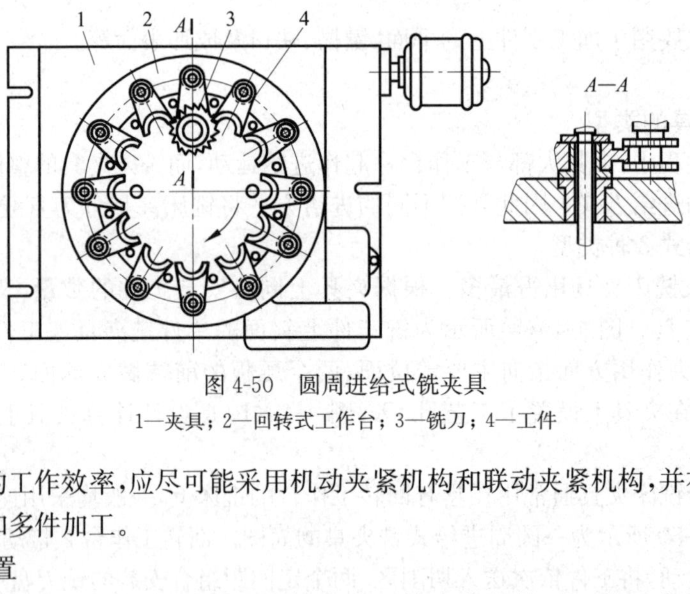

图 4-50 圆周进给式铣夹具

1—夹具；2—回转式工作台；3—铣刀；4—工件

为了提高夹具的工作效率，应尽可能采用机动夹紧机构和联动夹紧机构，并在可能的情况下采用多件夹紧和多件加工。

2）对刀装置

对刀装置用以确定夹具相对于刀具的位置。铣床夹具的对刀装置主要由对刀块和塞尺构成。图 4-51 为几种常用的对刀块。其中，图(a)为高度对刀块，用于加工平面时对刀；图(b)为直角对刀块，用于加工键槽或台阶面时对刀；图(c)和图(d)为成形对刀块，用于加工成形表面时对刀。塞尺用于检查刀具与对刀块之间的间隙，以避免刀具与对刀块直接接触。

3）夹具体

铣床夹具的夹具体要承受较大的切削力，因此要有足够的强度、刚度和稳定性。通常在夹具体上要适当地布置筋板，夹具体的安装面应足够大，且尽可能做成周边接触的形式。铣

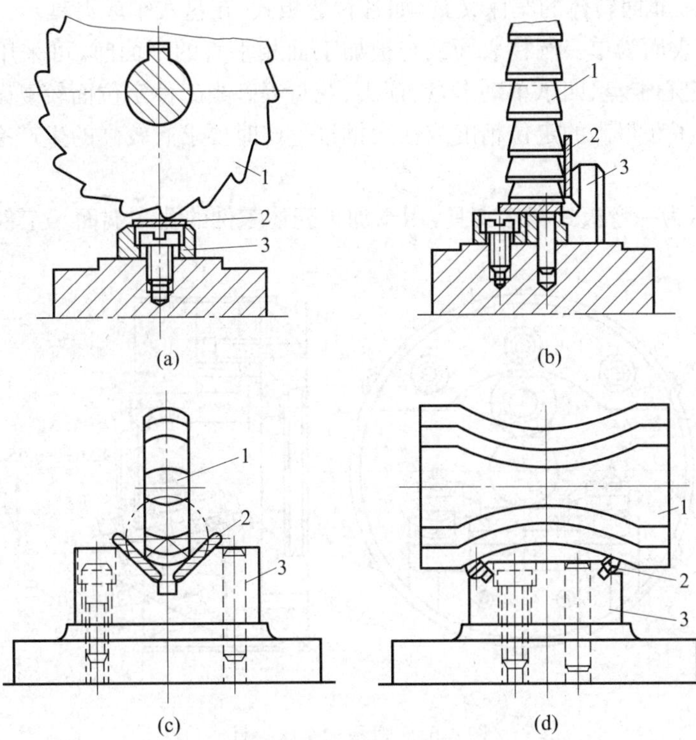

图 4-51 对刀块

1—铣刀；2—塞尺；3—对刀块

床夹具通常通过定位键与铣床工作台 T 形槽的配合来确定夹具在机床上的方位。图 4-52 为定位键结构及应用情况。定位键与夹具体配合多采用 H7/h6。为了提高夹具的安装精度，定位键的下部（与工作台 T 形槽配合部分）可留有余量进行修配，或在安装夹具时使定位键一侧与工作台 T 形槽靠紧，以消除间隙的影响。

铣床夹具的设计要点同样适用于刨床夹具，其中主要方面也适用于平面磨床夹具。

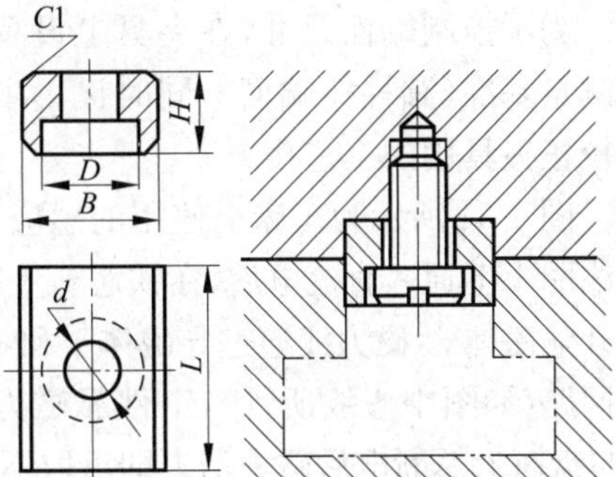

图 4-52 定位键

4.4.3 车床夹具

车床夹具主要用于加工零件的内外圆柱面、圆锥面、回转成形面、螺纹及端平面等。

1. 车床夹具的类型

根据工件的定位基准和夹具本身的结构特点，车床夹具可分为以下 4 类：

(1) 以工件外圆定位的车床夹具，如各类夹盘和夹头。

(2) 以工件内孔定位的车床夹具，如各种心轴。

(3) 以工件顶尖孔定位的车床夹具，如顶尖、拨盘等。

（4）用于加工非回转体的车床夹具，如各种弯板式、花盘式车床夹具。

当工件定位表面为单一圆柱表面或与被加工面相垂直的平面时，可采用各种通用车床夹具，如三爪自定心卡盘、四爪单动卡盘、顶尖、花盘等。当工件定位面较复杂或有其他特殊要求时（例如，为了获得高的定位精度或在大批量生产时要求有较高的生产率），应设计专用车床夹具。

图 4-53 所示为一弯板式车床夹具，用于加工壳体零件的孔和端面。工件以底面及两孔

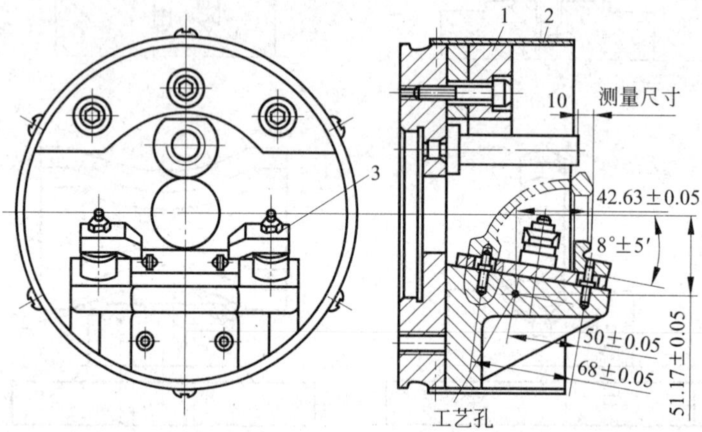

图 4-53 弯板式车床夹具

1—平衡块；2—防护罩；3—钩形压板

定位，并用两个钩形压板夹紧。镗孔中心线与零件底面之间的 8°夹角由弯板的角度来保证。为了控制端面尺寸，在夹具上设置了供测量用的测量基准（圆柱棒端面），同时设置了一个供检验和校正夹具用的工艺孔。

图 4-54 所示为车床上使用的感应式电磁卡盘。当线圈 1 上通入直流电后，在铁芯 4 上产生磁力线，避开隔磁体 3，磁力线通过导磁体 5 和工件 6 形成闭合回路（如图中虚线所示），工件靠磁力吸附在吸盘 2 的盘面上。断电后磁力消失即可取下工件。

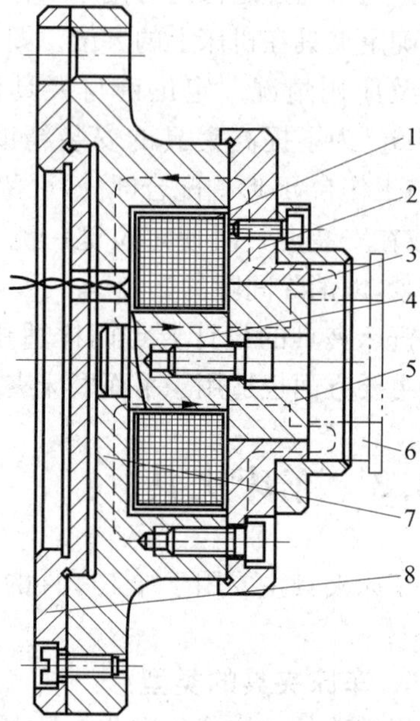

图 4-54 电磁卡盘

1—线圈；2—吸盘；3—隔磁体；4—铁芯；5—导磁体；6—工件；7—夹具体；8—过渡盘

2. 车床夹具设计要点

1）车床夹具总体结构

车床夹具大都安装在机床主轴上，并与主轴一起作回转运动。为保证夹具工作平稳，夹具的结构应尽量紧凑，重心应尽量靠近主轴端，一般要求夹具悬伸不大于夹具轮廓外径。对于弯板式车床夹具和偏重的车床夹具，应很好地进行平衡。通常可采用加平衡块（配重）的方法进行平衡（参考图 4-53 中的件 1）。为保证工作安全，夹具上所有元件或机构不

应超出夹具体的外廓，必要时应加防护罩（如图 4-53 中的件 2）。此外要求车床夹具的夹紧机构要能提供足够的夹紧力，且有较好的自锁性，以确保工件在切削过程中不会松动。

2）夹具与机床主轴的连接

车床夹具与机床主轴的连接方式取决于机床主轴轴端的结构以及夹具的体积和精度要求。图 4-55 所示为几种常见的连接方式。在图(a)中，夹具体以长锥柄安装在主轴锥孔内，这种方式定位精度高，但刚性较差，多用于小型车床夹具与主轴的连接。图(b)所示夹具以端面 A 和圆孔 D 在主轴上定位，孔与主轴轴颈的配合一般取 H7/h6，这种连接方法制造容易，但定位精度不很高。图(c)所示夹具以端面 T 和短锥面 K 定位，这种安装方式不但定心精度高，而且刚性也好。需注意的是，这种定位方法是过定位，因此要求制造精度很高，一般要对夹具体上的端面和锥孔进行配磨加工。

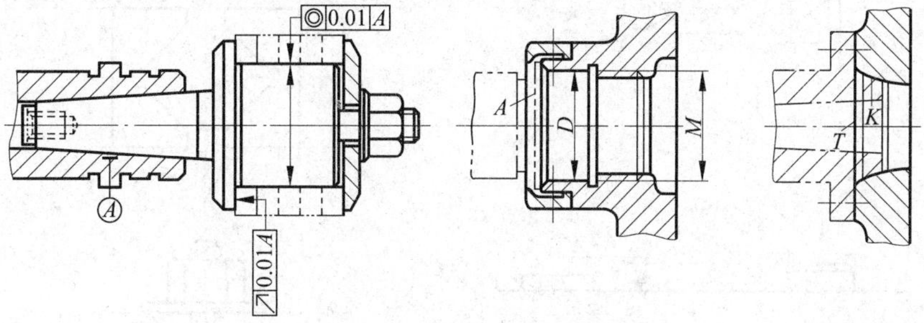

图 4-55　夹具在机床主轴上的安装

车床夹具还经常使用过渡盘与机床主轴相连接。图 4-54 中的件 8 即为一种常用的过渡盘。过渡盘与机床的连接与上面介绍的夹具与主轴的连接方法相同。过渡盘与夹具的连接大都采用止口（一大平面加一短圆柱面）连接方式（参考图 4-54）。当车床上所用夹具需要经常更换时或同一套夹具需要在不同机床上使用时，采用过渡盘连接是很方便的。为减少由于增加过渡盘而造成的夹具安装误差，可在安装夹具时对夹具的定位面（或在夹具上专门做出的找正环面）进行找正。

车床夹具的设计要点同样适合于内圆磨床和外圆磨床所用的夹具。

习题与思考题

4-1　分析图 4-56 所列定位方案。指出各定位元件所限制的自由度；判断有无欠定位或过定位；对不合理的定位方案提出改进意见。

图(a)　过三通管中心 O 打一孔，使孔轴线与管轴线 Ox，Oz 垂直相交，用 3 个短 V 形块定位；

图(b)　车外圆，保证外圆与内孔同轴；

图(c)　车阶梯轴外圆；

图(d)　在圆盘零件上钻孔，保证孔与外圆同轴；

图(e)　钻铰链杆零件小头孔，保证小头孔与大头孔之间的距离及两孔平行度。

图(f)　加工齿轮齿形，齿坯工件在心轴上定位。

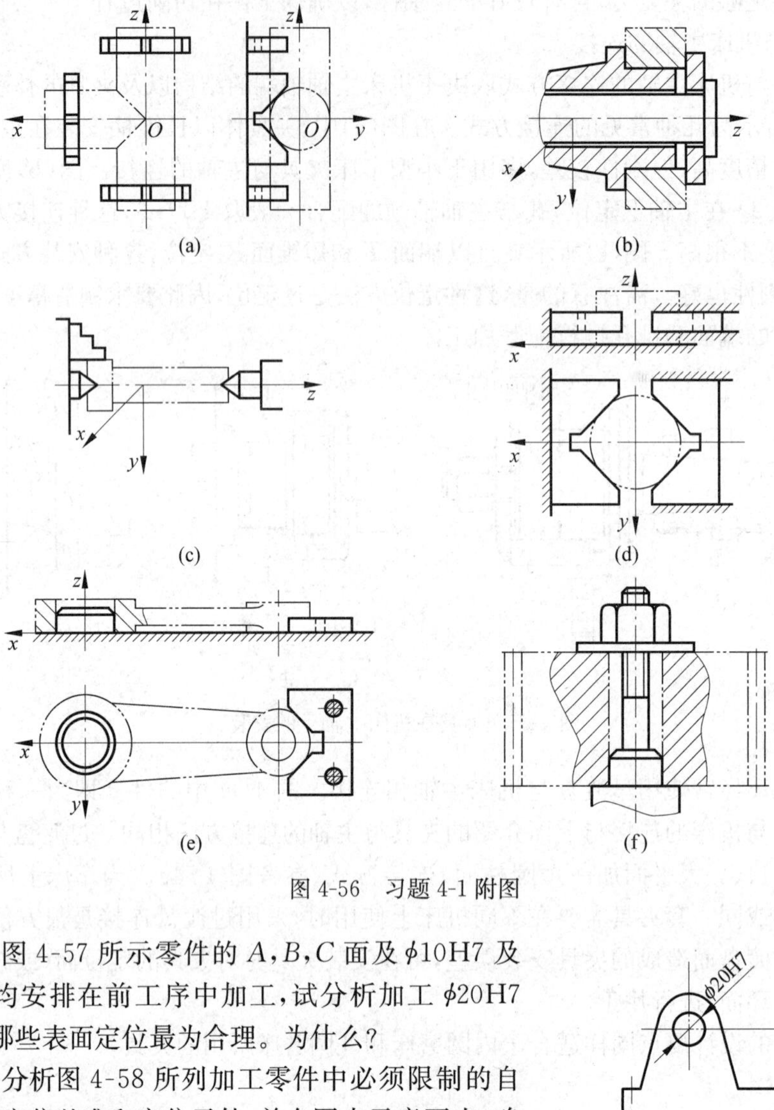

图 4-56　习题 4-1 附图

4-2　图 4-57 所示零件的 A,B,C 面及 ϕ10H7 及 ϕ30H7 孔均安排在前工序中加工，试分析加工 ϕ20H7 孔时选用哪些表面定位最为合理。为什么？

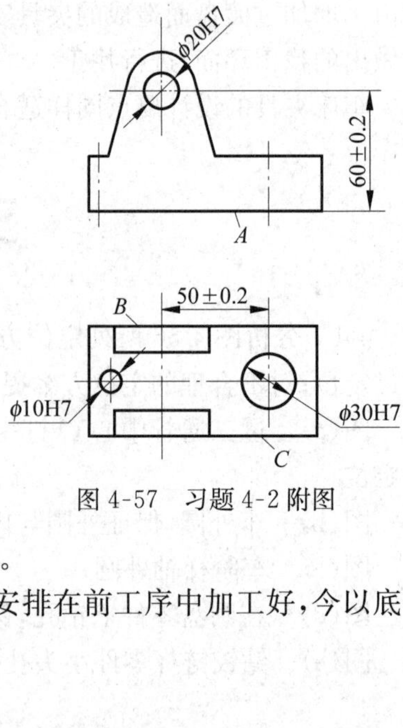

图 4-57　习题 4-2 附图

4-3　分析图 4-58 所列加工零件中必须限制的自由度，选择定位基准和定位元件，并在图中示意画出；确定夹紧力作用点的位置和作用方向，并用规定的符号在图中标出。

图(a)　过球心打一孔；

图(b)　加工齿轮坯两端面，要求保证尺寸 A 及两端面与内孔的垂直度；

图(c)　在小轴上铣槽，保证尺寸 H 和 L；

图(d)　过轴心打通孔，保证尺寸 L；

图(e)　在支座零件上加工两通孔，保证尺寸 A 和 H。

4-4　批量生产图 4-59 所示零件，设 A,B 两尺寸已安排在前工序中加工好，今以底面定位镗 D 孔，求此工序基准不重合误差。

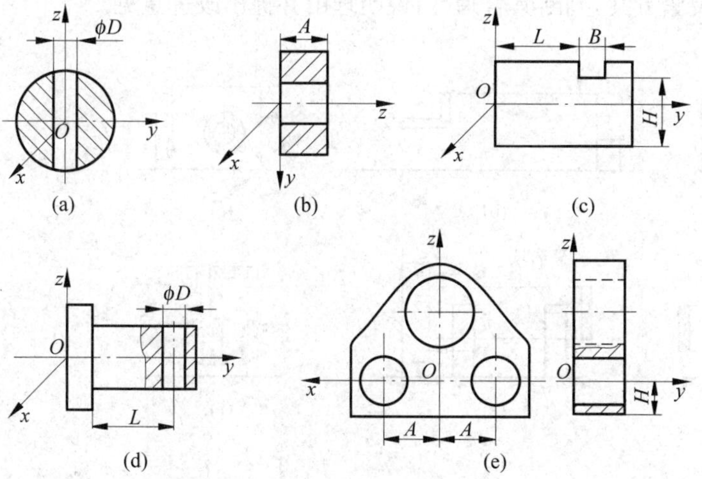

图 4-58　习题 4-3 附图

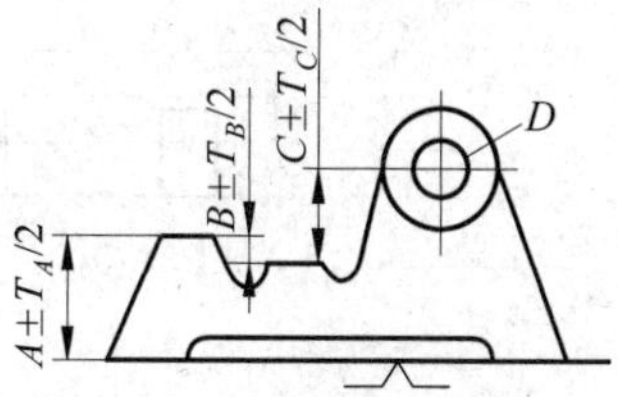

图 4-59　习题 4-4 附图

4-5　在图 4-60(a)所示零件上铣键槽，要求保证尺寸 $54_{-0.20}^{\ 0}$ mm 及对称度。现有 3 种定位方案，分别如图 4-60(b)，(c)和(d)所示。已知内、外圆同轴度误差为 0.02 mm，其余参数见图示。试计算 3 种方案的定位误差，并从中选出最优方案。

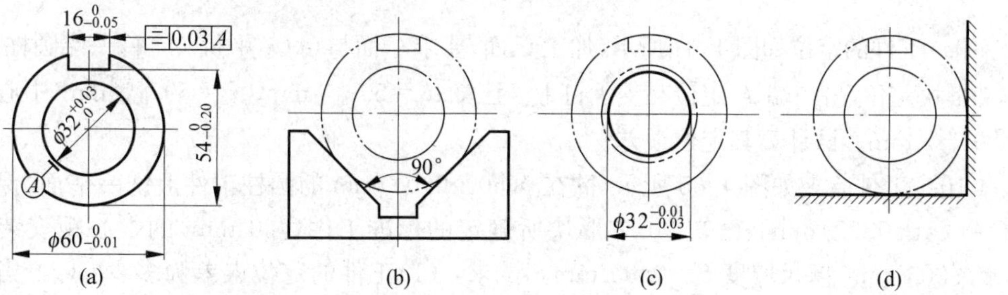

图 4-60　习题 4-5 附图

4-6　凸轮轴导块铣槽工序如图 4-61 所示，试设计定位方案，保证定位误差为 0。

4-7　工件定位如图 4-62 所示，欲钻孔 O 并且保证尺寸 A，试分析计算此种定位方案的定位误差。

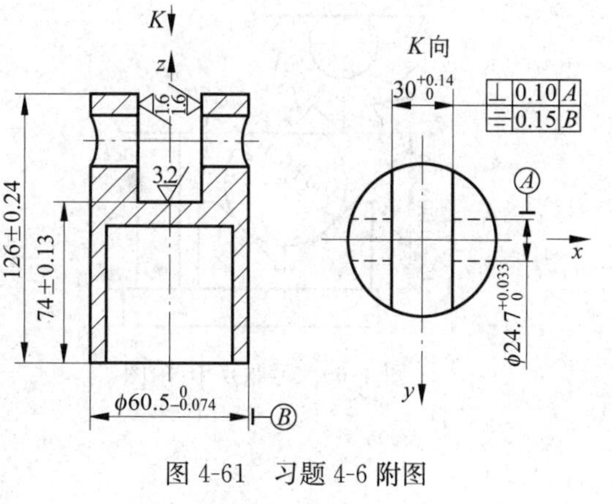

图 4-61　习题 4-6 附图

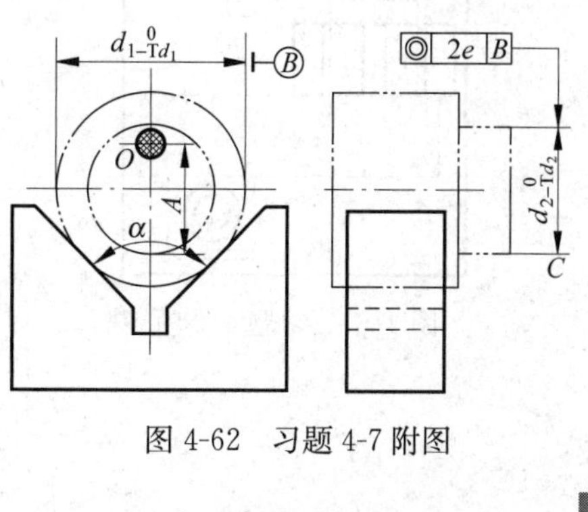

图 4-62　习题 4-7 附图

4-8 分析图 4-63 所示各夹紧方案，判断其合理性，说明理由并提出改进意见。

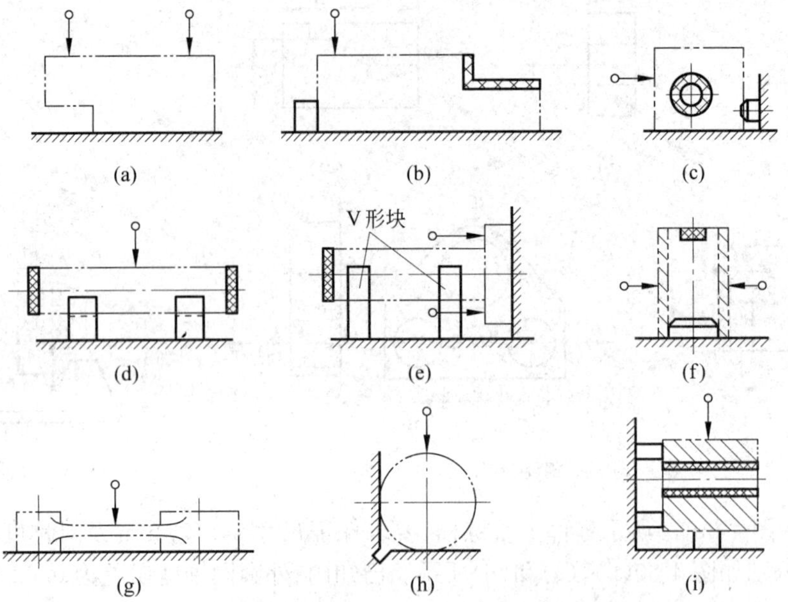

图 4-63 习题 4-8 附图

4-9 工件的定位如图 4-64 所示，加工 C 面，要求 C 面与 O_1O_2 平行。工件一端圆柱 d_1 用 120°V 形块定位，另一端 d_2 定位在支承钉上。已知 $d_1=50_{-0.15}^{\ 0}$ mm，$d_2=50_{-0.20}^{\ 0}$ mm，中心距为 $L=80_{\ 0}^{+0.15}$ mm。试计算其定位误差。

4-10 工件装夹如图 4-65 所示，欲在 $\phi(60\pm0.01)$mm 的圆柱工件上铣一平面，保证尺寸 $h=(25\pm0.05)$mm。已知 90°V 形块所确定的标准工件（ϕ60 mm）的中心距安装面为 (45±0.003)mm，塞尺厚度 $S=0.05$ mm。试求：(1) 工件的定位误差为多少？(2) 当保证对刀误差为 h 公差（0.1 mm）的 1/3 时，夹具上安装对刀块的高度 H 应为多少？

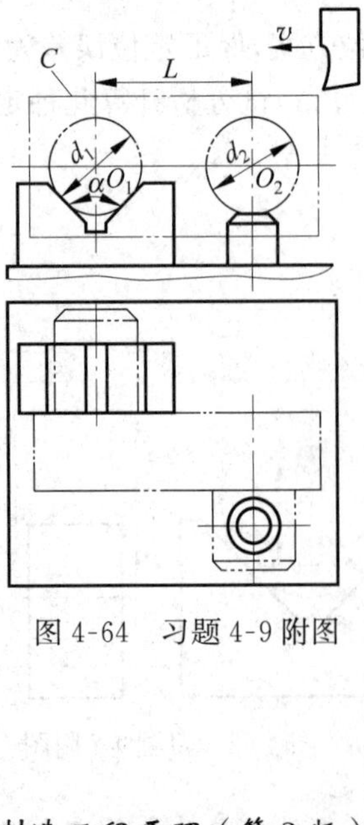

图 4-64 习题 4-9 附图

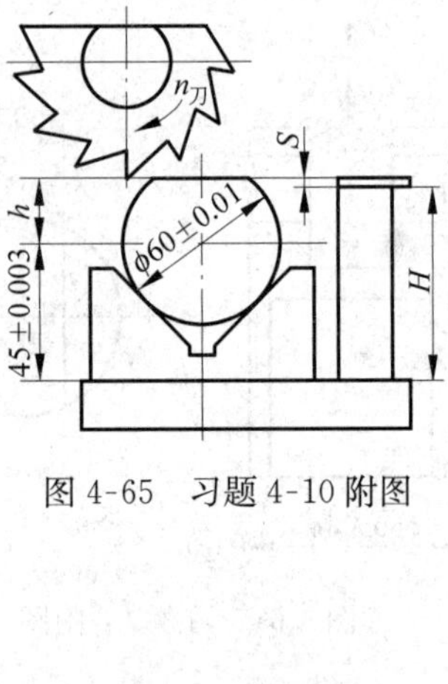

图 4-65 习题 4-10 附图

4-11　夹紧装置如图 4-66 所示。如夹紧时加在手柄两端的手力 $Q=150$ N，$L=150$ mm，螺杆为 M12×1.75，$D=40$ mm，$d_1=10$ mm，$l_1=l_2=100$ mm，斜楔楔角 $\alpha=30°$，各处摩擦系数为 $\mu=0.1$，轴 d 处的摩擦损耗按效率 $\eta=0.95$ 计算。试计算夹紧力 W。

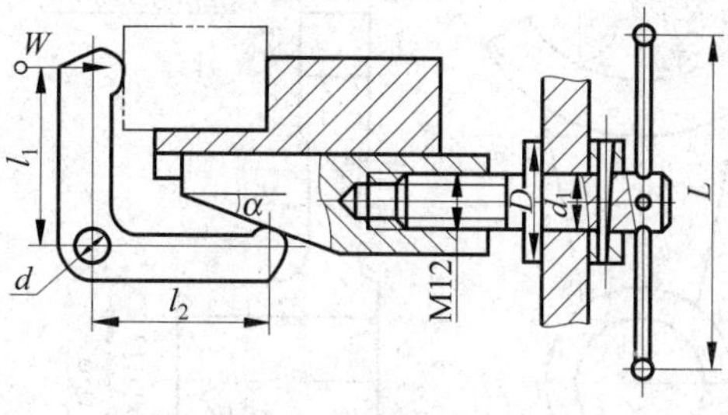

图 4-66　习题 4-11 附图

有关数据如下：M12 螺纹的中径 $d_0=10.86$ mm，螺纹升角 $\alpha=2°56'$，三角螺纹摩擦角 $\varphi_1'=6°34'$，D 的右端面与支承板间的当量摩擦半径 $r=14$ mm。

4-12　图 4-67(b)所示钻模用于加工图(a)所示工件的两个 $\phi8^{+0.036}_{0}$ mm 孔。试指出该钻模设计中的不当之处，并提出改进意见。

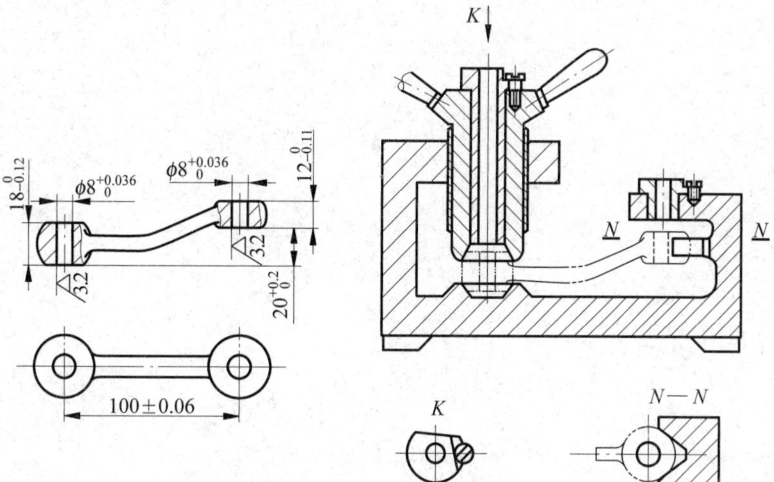

图 4-67　习题 4-12 附图

4-13　图 4-68 所示拨叉零件，材料为 QT40-17，毛坯为精铸件，生产批量为 2000 件。工件上 ϕ24H7 孔及其两端面已安排在前工序中加工好，接着要卧铣叉口两侧面，钻 M8-6H 螺纹底孔。任选其中一道工序，试设计该工序的夹具。

4-14　试根据图 4-19(d)所示的曲面随形定位组合夹具原理，进行夹具结构设计。

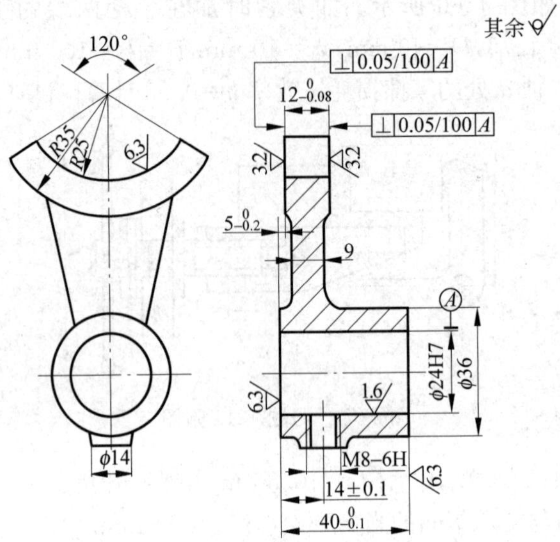

图 4-68　习题 4-13 附图

机械加工表面质量

5

5.1 机械加工表面质量的概念

5.1.1 机械加工表面质量的含义

机械加工表面质量是指经过机械加工后，在零件已加工表面上几微米至几百微米表面层所产生的物理机械性能的变化以及表面层微观几何形状误差。

1. 表面层几何形状误差

表面层几何形状误差主要由表面粗糙度和波度两个部分组成。表面粗糙度是指表面的微观几何形状误差，它是切削运动后，刀刃在被加工表面上形成的峰谷不平的痕迹。波度是介于加工精度（宏观几何形状误差）和表面粗糙度之间的周期性几何形状误差，它主要是由加工过程中工艺系统的振动所引起的。

2. 表面层物理机械性能

表面层的金属材料在切削加工时会产生物理、机械以及化学性质的变化，主要有：

(1) 表面层硬化深度和程度。工件在机械加工过程中，表面层金属产生强烈的塑性变形，使表面层的硬度提高，这种现象称表面冷作硬化。

(2) 表面层内残余应力的大小、方向及分布情况。在切削或磨削加工过程中，由于切削变形和切削热的影响，加工表面层会产生残余应力，其应力状态（拉应力或压应力）和大小对零件使用性能有很大影响。

(3) 表面层金相组织的改变。这种改变包括晶粒大小和形状、析出物和再结晶等的变化。例如磨削淬火零件时，由于磨削烧伤引起的表面层金相组织由马氏体转变为屈氏体、索氏体，表面层硬度降低。

(4) 表面层内其他物理机械性能的变化。这种变化包括极限强度、疲劳强度、导热性和磁性等的变化。

5.1.2 表面质量对使用性能的影响

表面质量对零件使用性能,如耐磨性、耐疲劳性、耐腐蚀性、配合质量等都有一定程度的影响。

1. 耐磨性

零件的耐磨性主要与摩擦副的材料、热处理情况和润滑条件有关,在这些条件已确定的情况下,零件的表面质量就起决定性作用。

(1) 表面粗糙度对初期磨损量的影响曲线如图 5-1 所示。在一定条件下,摩擦副表面有一最佳粗糙度,过大或过小的粗糙度都会使起始磨损量增大。

(2) 表面粗糙度的纹路方向对零件耐磨性的影响。轻载时,摩擦副的两个表面纹路方向与相对运动方向一致时磨损较小,如图 5-2 所示。重载时,由于压强、分子亲和力和储润滑油等因素的变化,摩擦副的两个表面纹路相垂直,且运动方向平行于下表面的纹路方向时磨损较小,而两个表面纹路方向均与相对运动方向一致时容易发生咬合,故磨损量反而较大。

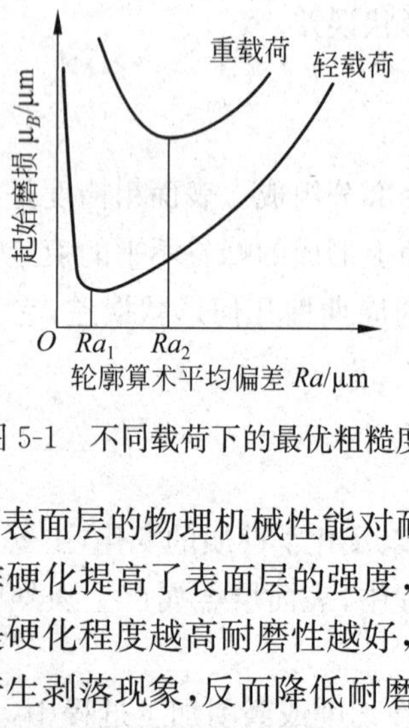

图 5-1 不同载荷下的最优粗糙度

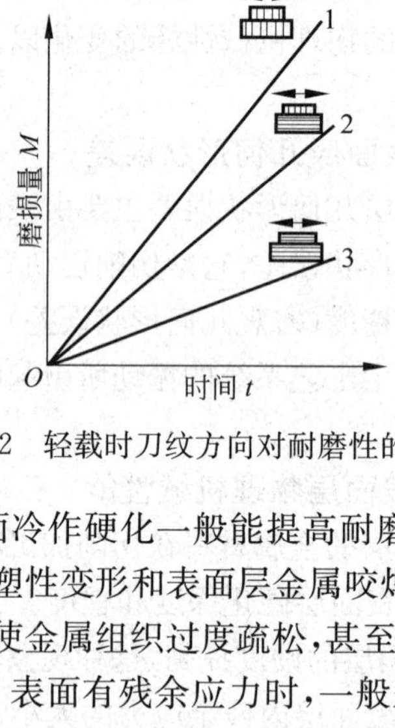

图 5-2 轻载时刀纹方向对耐磨性的影响

(3) 表面层的物理机械性能对耐磨性的影响。表面冷作硬化一般能提高耐磨性,这是因为冷作硬化提高了表面层的强度,减少了表面进一步塑性变形和表面层金属咬焊的可能。但也不是硬化程度越高耐磨性越好,过度的冷作硬化会使金属组织过度疏松,甚至出现疲劳裂纹和产生剥落现象,反而降低耐磨性,如图 5-3 所示。表面有残余应力时,一般来说压应力使得组织紧密,耐磨性提高。

2. 耐疲劳性

在交变载荷作用下,零件上的应力集中区最容易产生和发展成疲劳裂纹,导致疲劳损坏。

(1) 表面粗糙度参数值大(特别是在零件上应力集中区的粗糙度参数值大)将大大降低零件的耐疲劳强度。图 5-4 所示为表面粗糙度对疲劳强度的影响。可以看出,当 Ra 从 0.63 μm 减小到 0.04 μm 时,其耐疲劳强度提高约 25%。另外,刀纹方向与受力方向一致时耐疲劳性较好。

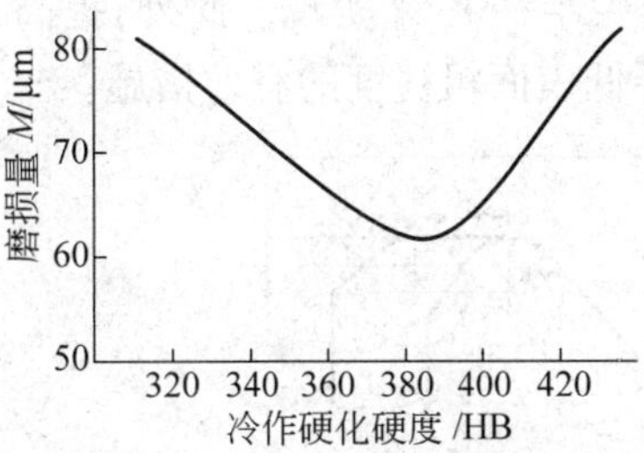

图 5-3 冷作硬化对耐磨性的影响

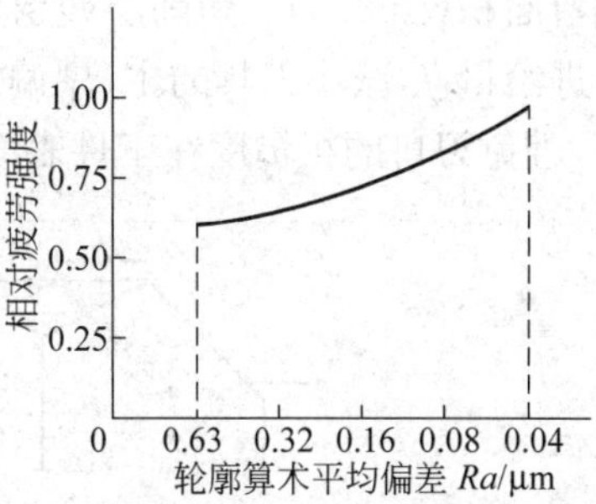

图 5-4 表面粗糙度对耐疲劳性的影响

(2) 表面残余应力对疲劳强度的影响极大。因为疲劳损坏是由拉应力产生的疲劳裂纹引起的，并且是从表面开始的。因此，表面如具有残余压应力，将抵消一部分交变载荷引起的拉应力，从而提高零件的耐疲劳强度。反之，表面残余拉应力将导致耐疲劳强度显著下降。

(3) 适当的冷硬使表面层金属强化，可减小交变载荷引起的交变变形幅值，阻止疲劳裂纹的扩展，因此能提高零件的耐疲劳强度。钢材中的含碳量愈高，冷作硬化提高耐疲劳强度也愈大，而钢比铸铁、铜、铝等材料提高耐疲劳强度的程度更大，但冷作硬化过度将出现疲劳裂纹，会降低零件的耐疲劳强度。

3. 耐腐蚀性

零件在潮湿的空气中或在腐蚀性介质中工作时，会发生化学腐蚀或电化学腐蚀。

(1) 由于粗糙表面的凹谷处容易积聚腐蚀性介质而发生化学腐蚀，或在粗糙表面的凸峰间容易产生电化学作用而引起电化学腐蚀，因此，减小表面粗糙度参数值就可提高零件的耐腐蚀性。

(2) 零件在应力状态下工作时会产生应力腐蚀，从而加速腐蚀作用。如果表面存在裂纹，则更增加了应力腐蚀的敏感性。因此，表面残余应力一般都会降低零件的耐腐蚀性。表面冷硬或金相组织变化时，往往都会引起表面残余应力，从而降低零件的耐腐蚀性。

4. 配合质量

对于动配合表面，如果粗糙度参数值太大，起始磨损就较严重，从而使配合间隙增大，配合精度降低(降低动配合的稳定性，增加对中性的误差，引起间隙密封部分的泄漏等)。对于静配合表面，装配时表面粗糙度部分的凸峰会被挤平，使实际的配合过盈减少，从而降低配合表面的结合强度。

5.2 表面粗糙度及其影响因素

影响表面粗糙度的因素主要有几何因素和物理因素。

1. 切削加工后的表面粗糙度

影响表面粗糙度的几何因素是刀具相对工件作进给运动时，在加工表面遗留下来的切削层残留面积(图 5-5)。切削层残留面积愈大,粗糙度就愈高。减小切削层残留面积可通过减小进给量 f,减小刀具的主、副偏角 κ_r、κ_r',增大刀尖半径 r_ε 来实现。此外,提高刀具刃磨质量,避免刃口的粗糙度在工件表面"复映",也是降低表面粗糙度的有效措施。

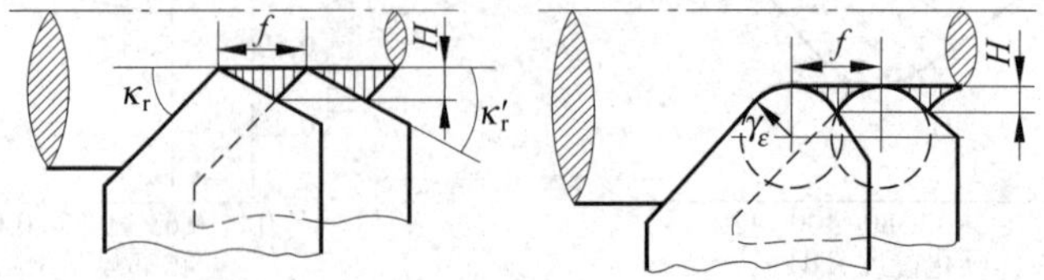

图 5-5　切削层残留面积

切削加工后表面粗糙度的实际轮廓形状一般都与纯几何因素所形成的刀刃复映轮廓有较大的差别,这是由于存在着与被加工材料的性质及切削机理有关的物理因素的缘故。在切削过程中刀具刃口圆角及刀具后刀面的挤压与摩擦使金属材料发生塑性变形,使刀刃复映残留面积挤歪或沟纹加深,因而增加了表面粗糙度。图 5-6 所示为垂直于切削速度方向的粗糙度,称为横向粗糙度。图中的实际轮廓为几何因素和物理因素的综合。在切削方向的粗糙度称为纵向粗糙度,它主要由物理因素所造成。

图 5-6　加工后表面的刀刃复映轮廓和实际轮廓

在低切削速度下加工塑性材料(如低碳钢、铬钢、不锈钢、高温合金、铝合金等)时,常容易出现积屑瘤与鳞刺,使加工表面粗糙度严重恶化,这已成为切削加工的主要问题。

切削过程中出现的积屑瘤是不稳定的,它不断地形成、长大,然后黏附在切屑上被带走或留在工件上,图 5-7 说明了这种情况。由于积屑瘤有时会伸出切削刃之外,其轮廓也很不规则,因而使加工表面上出现深浅和宽窄都不断变化的刀痕,从而增加了表面粗糙度。同时,由于部分积屑瘤碎屑嵌在工件表面上,因此会在工件表面上形成硬质点。

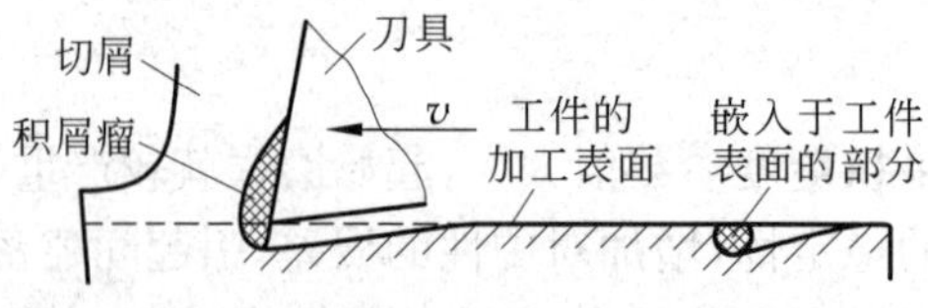

图 5-7　积屑瘤对工件表面质量的影响

鳞刺是已加工表面上的鳞片状毛刺。在较低的切削速度下,用高速钢、硬质合金或陶瓷刀具切削一些常用的塑性金属,如低碳钢、中碳钢、不锈钢、铝合金、紫铜等,在车、刨、插、钻、拉、滚齿、螺纹车削、板牙铰螺纹等工序中,都可能出现鳞刺。鳞刺对表面粗糙度有严重的影响,是切削加工中获得较低粗糙度的一大障碍。

1）鳞刺的形成

鳞刺的形成过程可分为以下 4 个阶段：

(1) 抹拭阶段。前一鳞刺已经形成,新鳞刺还未出现,而切屑沿着前刀面流出,切屑以刚切离的新鲜表面抹拭刀-屑摩擦面,将摩擦面上有润滑作用的吸附膜逐渐拭净,以致摩擦系数逐渐增大，并使刀具和切屑实际接触面积增大，这为两相摩擦材料的冷焊创造了条件，如图 5-8(a)所示。

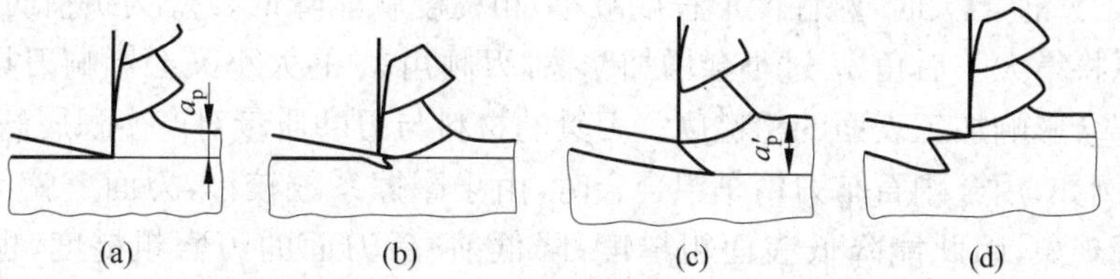

图 5-8　鳞刺形成过程

(2) 导裂阶段。由于在第一阶段里，切屑将前刀面上的摩擦面抹拭干净，而前刀面与切屑之间又有巨大的压力作用着，于是切屑与刀具就发生冷焊现象，切屑便停留在前刀面上，暂时不再沿前刀面流出。这时切屑代替前刀面进行挤压，刀具只起支持切屑的作用。其特点是在切削刃前下方，切屑与加工表面之间出现一裂口，如图 5-8(b)所示。

(3) 层积阶段。由于切削运动的连续性，切屑一旦停留在前刀面上，便代替刀具继续挤压切削层，使切削层中受到挤压的金属转变为切屑。而这部分新成为切屑的金属，只好逐层地积聚在起挤压作用的那部分切屑的下方。这些金属一旦积聚并转化为切屑，便立即参与挤压切削层的工作。同时，随着层积过程的发展，切削厚度将逐渐增大，切削力也随之增大，如图 5-8(c)所示。

(4) 刮成阶段。由于切削厚度逐渐增大，切削抗力也随之增大，推动切屑沿前刀面流出的分力 F_y 也增大。当层积金属达到一定厚度后，F_y 力便也随之增大到能够推动切屑重新流出的程度，于是切屑又重新开始沿前刀面流出，同时切削刃便刮出鳞刺的顶部，如图 5-8(d)所示。至此，一个鳞刺的形成过程便告结束。紧接着，又开始另一个新鳞刺的形成过程。如此周而复始，在工件加工表面上便不断地生成一系列鳞刺。

在导裂与层积阶段，切屑是停留在刀具前刀面上的；在抹拭和刮成阶段里，切屑是沿着前刀面流出的。切屑的流出和停留是交替进行的，而且交替的频率很高。

2) 影响表面粗糙度的因素

从物理因素看，要降低表面粗糙度主要应采取措施减少加工时的塑性变形，避免产生积屑瘤和鳞刺。对此起主要作用的影响因素有切削速度、被加工材料的性质及刀具的几何形状、材料和刃磨质量。

(1) 切削速度的影响。从实验知道，切削速度愈高，切削过程中切屑和加工表面的塑性变形程度就愈轻，因而粗糙度也就愈低。积屑瘤和鳞刺都在较低的速度范围产生，此速度范围随不同的工件材料、刀具材料、刀具前角等变化。采用较高的切削速度常能防止积屑瘤、鳞刺的产生。图 5-9 所示为不同速度对表面粗糙度的关系曲线，实线表示只受塑性变形影响的情况，虚线表示受积屑瘤影响时的情况。

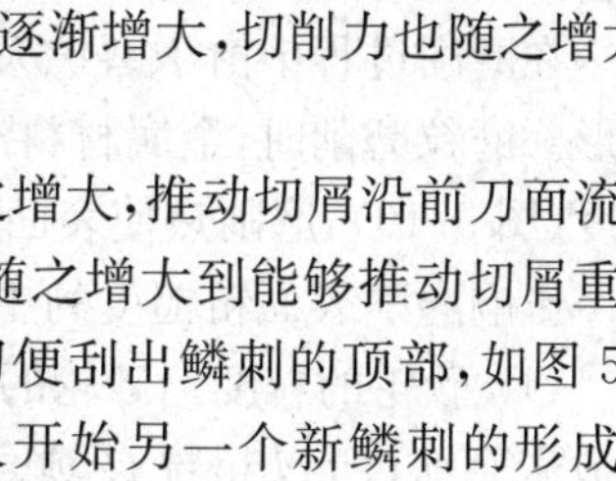

图 5-9　切削速度对表面粗糙度的影响

(2) 被加工材料性质的影响。一般来说，韧性愈大的塑性材料，加工后粗糙度愈差。对于同样的材料，晶粒组织愈粗大，加工后的粗糙度也愈差。因此为了减小加工后的表面粗糙度，常在切削加工前进行调质处理，以得到均匀细密的晶粒组织和适当的硬度。

(3) 刀具的几何形状、材料、刃磨质量的影响。刀具的前角 γ_o 对切削过程的塑性变形有很大影响。γ_o 值增大时，塑性变形程度减小，粗糙度就能降低。γ_o 为负值时，塑性变形增大，粗糙度也将增大。后角 α_o 过小会增加摩擦，刃倾角 λ_s 的大小又会影响刀具的实际工作前角，因此都会影响加工表面的粗糙度。刀具的材料与刃磨质量对产生积屑瘤、鳞刺等现象影响甚大。例如，用金刚石车刀精车铝合金时，由于摩擦系数较小，刀面上就不会产生切屑的黏附、冷焊现象，因此能降低表面粗糙度；降低前、后刀面的刃磨粗糙度，也能起到同样作用。

此外，合理选择冷却润滑液，提高冷却润滑效果，常能抑制积屑瘤、鳞刺的生成，减少切削时的塑性变形，有利于降低表面粗糙度。

2. 磨削加工后的表面粗糙度

磨削加工与切削加工有许多不同处。从几何因素看，砂轮上的磨削刃形状和分布很不均匀、很不规则，且随着砂轮的修整、磨粒的磨耗状态的变化而不断改变。

磨削加工表面是由砂轮上大量的磨粒划出的无数极细的沟槽形成的。每单位面积上刻痕愈多，即通过每单位面积的磨粒数愈多，以及刻痕的等高性愈好，则粗糙度也就愈低。

在磨削过程中由于磨粒大多具有很大的负前角，所以产生了比切削加工大得多的塑性变形。磨粒磨削时，金属材料沿着磨粒侧面流动，形成沟槽的隆起现象，因而增大了表面粗糙度(图 5-10)，磨削热使表面金属易于塑性变形，也进一步增大了表面粗糙度。

影响磨削表面粗糙度的主要因素是：

(1) 砂轮的粒度。砂轮的粒度愈细，则砂轮单位面积上的磨粒数愈多，在工件上的刻痕也愈密而细，所以粗糙度愈低。但是粗粒度砂轮如果经过细修整，在磨粒上形成微刃(图 5-11)后也能加工出低粗糙度表面。

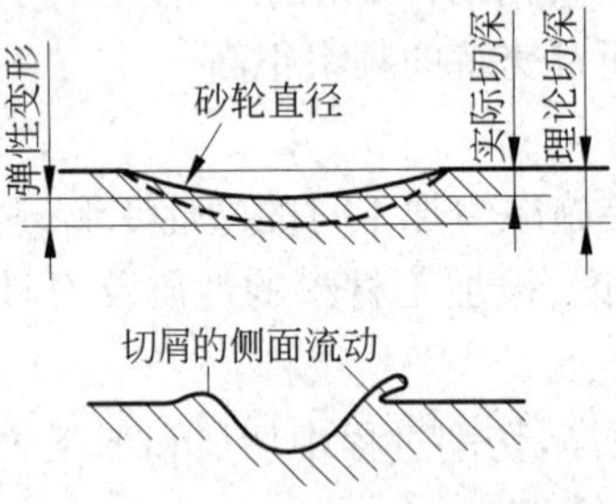

图 5-10　磨粒在工件上的刻痕

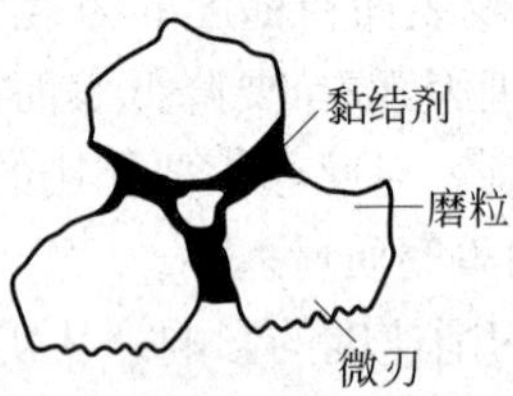

图 5-11　磨粒上的微刃

(2) 砂轮的修整。用金刚石笔修整砂轮相当于在砂轮上形成一道螺纹，修整导程和切深愈小，修出的砂轮就愈光滑，磨削刃的等高性也愈好，因而磨出的工件表面粗糙度也就愈低。修整用的金刚石笔是否锋利影响也很大。

(3) 砂轮速度。提高砂轮速度可以增加在工件单位面积上的刻痕，同时塑性变形造成的隆起量随着速度的增大而下降，这是因为高速度下塑性变形的传播速度小于磨削速度，材料来不及变形所致，粗糙度可以显著降低。

(4) 磨削切深与工件速度。增大磨削切深和工件速度将增加塑性变形的程度，从而增大粗糙度。通常在磨削过程中，开始采用较大的磨削切深，以提高生产率，而在最后采用小切深或“无火花”磨削，以降低粗糙度。

其他如材料的硬度、冷却润滑液的选择与净化、轴向进给速度等都是不容忽视的重要因素。

5.3 机械加工后表面物理机械性能的变化

工件在加工过程中由于受到切削力和切削热的作用，其表面层的物理机械性能会产生很大的变化，导致表面层与基体材料性能有很大不同，最主要的变化是表面层的金相组织变化、显微硬度变化和在表面层中产生残余应力。

已加工表面的显微硬度是加工时塑性变形引起的冷作硬化和切削热产生的金相组织变化引起的硬度变化综合作用的结果。表面层的残余应力也是塑性变形引起的残余应力、切削热产生的热塑性变形和金相组织变化引起的残余应力的综合。许多实验研究结果认为，磨削过程中由于磨削速度高，大部分磨削刃带有很大的负前角，磨粒除了切削作用外，很大程度是在刮擦、挤压工件表面，因而产生比切削大得多的塑性变形和磨削热。加之磨削时约有70%以上的热量瞬时进入工件，只有小部分通过切屑、砂轮、冷却液、大气带走，而切削时只有约10%的热量进入工件，大部分则通过切屑带走。所以在磨削时磨削区的瞬时温度可达到800～1200℃，当磨削条件不适当时，甚至达到2000℃。因此磨削后表面层的金相组织、显微硬度都会产生很大变化，并会产生有害的残余拉应力。下面分别对加工后的表面冷作硬化、磨削后的表面金相组织变化和残余应力加以阐述。

5.3.1 加工表面的冷作硬化

切削(磨削)过程中表面层产生的塑性变形使金属晶体内产生剪切滑移，晶格严重扭曲，并产生晶粒的拉长、破碎和纤维化，引起材料的强化，这时金属的强度和硬度都提高了，这就是冷作硬化现象，如图5-12所示。

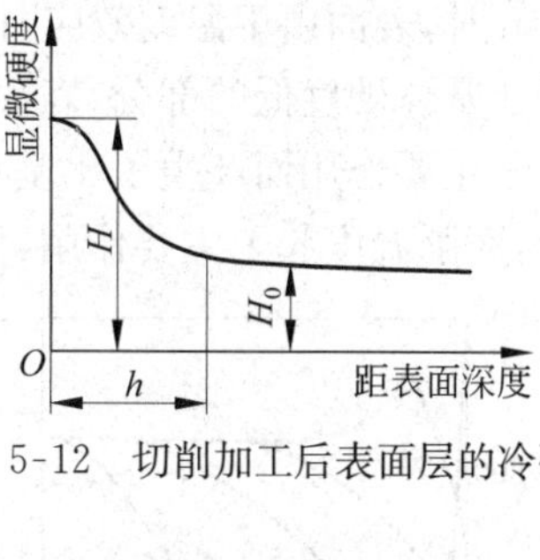

图5-12 切削加工后表面层的冷硬

表面层的硬化程度主要以冷硬层的深度 h、表面层的显微硬度 H 以及硬化程度 N 表示，其中，

$$N=\frac{H-H_0}{H_0} \tag{5-1}$$

式中：H_0 为原材料的硬度。

表面层的硬化程度决定于产生塑性变形的力、变形速度以及变形时的温度。力愈大，塑性变形愈大，因而硬化程度愈大。变形速度愈大，塑性变形愈不充分，硬化程度也就减小。变形时的温度 t 不仅影响塑性变形程度，还会影响变形后金相组织的恢复，若温度在 $(0.25\sim0.3)t_{熔}$ 范围内，会产生恢复现象，也就是会部分地消除冷作硬化。

影响冷作硬化的主要因素有：

(1) 刀具的影响。刀具刃口圆角和刀具后刀面的磨损量对于冷硬层有很大的影响，刃口圆角及后刀面的磨损量增大时，冷硬层深度和硬度也随之增大。

(2) 切削用量的影响。影响较大的是切削速度 v 和进给量 f。如图 5-13 所示，切削速度增大，硬化层深度和硬度都有所减小，这是由于一方面切削速度会使温度增高，有助于冷硬的回复，另一方面由于切削速度大，刀具与工件接触时间短，塑性变形程度减小。进给量 f 增大时，切削力增大，塑性变形程度也增大，因此硬化现象增大。但在进给量 f 较小时，由于刀具的刃口圆角在加工表面单位长度上的挤压次数增多，因此硬化现象也会增大。

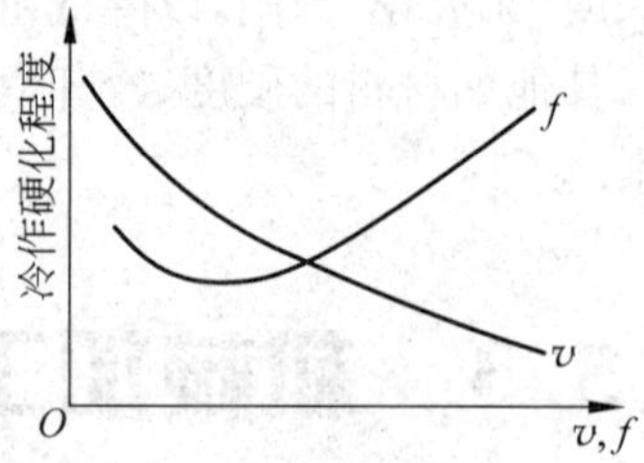

图 5-13　切削速度与进给量对冷作硬化的影响

(3) 被加工材料的影响。硬度愈小，塑性愈大的材料切削后的冷硬现象愈严重。

5.3.2　加工表面的金相组织变化——磨削烧伤

工件表面层在磨削时，常会由于磨削热超过了相变的临界点而产生金相组织变化，此时表面层的显微硬度也相应发生变化。影响金相组织变化程度的因素有：工件材料、磨削温度、温度梯度及冷却速度。各种材料的金相组织及其相变特性很不一样，以下只讨论淬火钢问题。磨削淬火钢时影响金相组织变化程度的主要因素是温度，如果磨削区温度超过马氏体转变温度（中碳钢为 250～300℃）而未超过其相变临界温度 A_{c3}（碳钢约为 720℃），则工件表面原来的马氏体组织将产生回火现象，转化成硬度较低的回火组织（索氏体或屈氏体），一般称之为回火烧伤。如果磨削区温度超过相变温度，又由于冷却液的急冷作用，表面的最外层会出现二次淬火马氏体组织，硬度较原来的回火马氏体高，在它的下层因为冷却较慢，将出现硬度较低的回火组织，一般称之为淬火烧伤。如果不用冷却液进行干磨时超过了相变温度，因工件冷却缓慢，磨削后的表面硬度会急剧下降，则会产生退火烧伤。

图 5-14 所示为高碳淬火钢在不同磨削条件下出现的 3 种硬度分布情况，当磨削切深为 10 μm 时，表面由于温度效应，回火马氏体有弱化现象，与塑性变形产生的冷硬现象综合产生了比基体硬度低的部分，表面层与基体材料交界处（以下简称里层）由于磨削中的冷作硬化起了主要作用而产生了比基体硬度高的部分。当切深为20～30 μm时，冷作硬化的影响减少，磨削温度起了主要作用，但磨削温度低于相变温度，表面层中会产生比基体硬度低的回火组织。当磨削深度增大至 50 μm 时，磨削区最高温度超过了相变温度，表面层由于急冷效果产生二次淬火组织，硬度高于基体，里层冷却较慢，产生硬度低的回火组织，再往深处，硬度又逐渐上升直至未受磨削热影响的基体组织。

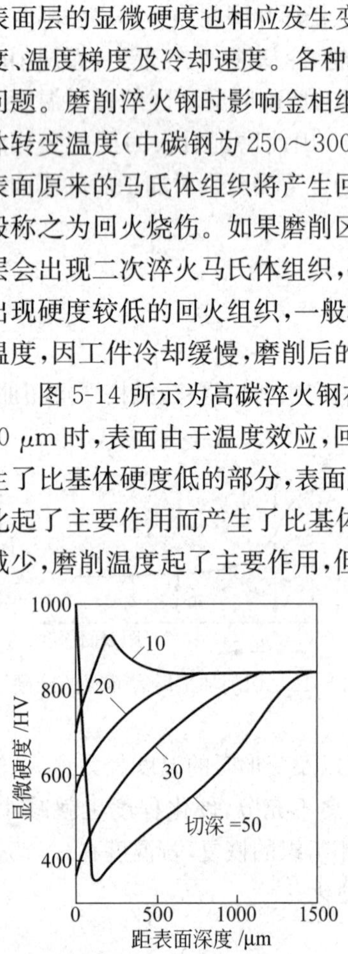

图 5-14　磨削加工表面的硬度分布

磨削时表面出现的黄、褐、紫、青等烧伤色是工件表面在瞬时高温下产生的氧化膜颜色，相当于钢在回火时的颜色。不同的烧伤色表示表面所受到的不同温度与不同的烧伤深度，所以烧伤色能起到显示的作用，它表明工件的表面层已发生了热损伤。但表面没有烧伤色并不等于表面层未受热损伤。如果在磨削过程中采用了过大的磨削用量，造成很深的烧伤层，以后的无进给磨削仅磨去了表面的烧伤色，但却未能去掉烧伤层，留在工件上就会成为使用中的隐患。

避免烧伤的途径是减少热量的产生和加速热量的传出。具体措施与消除裂纹的措施相同，将在后面叙述。

5.3.3 加工表面层的残余应力

当切削过程中表面层组织发生形状变化和组织变化时，在表面层及里层就会产生互相平衡的弹性应力，称之为表面的残余应力。

1. 表面层残余应力的产生原因

1）冷塑性变化的影响

在切削力的作用下，已加工表面受到强烈的塑性变形，表面层金属体积发生变化，此时里层金属受到切削力的影响，处于弹性变形状态。切削力去除后，里层金属趋向复原，但受到已产生塑性变形的表面层的限制，回复不到原状，因而在表面层产生残余应力。一般说来，表面层在切削时受刀具后刀面的挤压和摩擦影响较大，其作用使表面层产生伸长塑性变形，表面积趋向增大，但受到里层的限制，会产生残余压应力，里层则会产生残余拉应力与其相平衡。

2）热塑性变形的影响

表面层在切削热的作用下产生热膨胀，此时基体温度较低，因此表面层热膨胀受基体的限制产生热压缩应力。当表面层的温度超过材料的弹性变形范围时，就会产生热塑性变形（在压应力作用下材料相对缩短）。当切削过程结束，温度下降至与基体温度一致时，因为表面层已产生热塑性变形，但受到基体的限制产生了残余拉应力，里层则会产生残余压应力。进一步可用图 5-15 来分析。当切削区温度升高时，表面层受热膨胀产生热压缩应力 σ，该应力随着温度的升高而线性地增大（沿 OA），其值大致为

$$\sigma_{热} = \alpha E \Delta t \tag{5-2}$$

式中：α 为线膨胀系数；E 为弹性模量；Δt 为温升，℃。

当切削温度继续升高至 T_A 时，热应力达到材料的屈服强度值（A 点处）；温度再升高（$T_A \to T_B$），表面层产生了热塑性变形，热应力值将停留在材料不同温度时的屈服强度值处（沿 AB）；切削完毕，表面层温度下降，热应力按原斜率下降（沿 BC），直到与基体温度一致时，表面层产生拉应力，其值大致为

$$\sigma_{残} = OC = BF = \sigma_F - \sigma_B$$

式中：σ_F 为当不产生热塑性变形时，表面层在温度 T_B 时的热应力值；σ_B 为材料在温度 T_B 时的屈服强度。

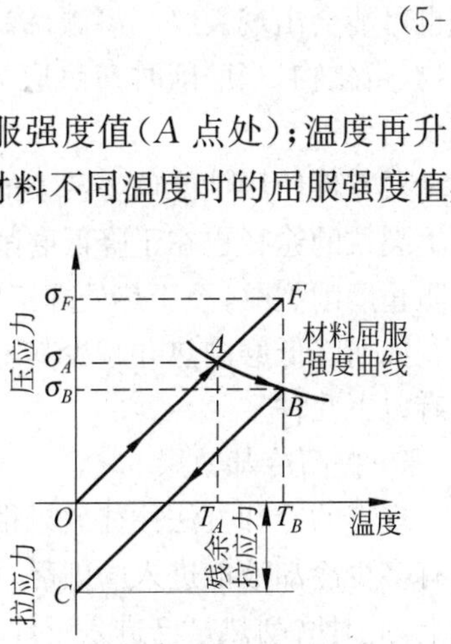

图 5-15 热塑性变形产生的残余应力

从图 5-15 可以看出，若切削温度低于 T_A，应力沿 OA 增大，因未达到材料的屈服强度 σ_A，不产生热塑性变形，所以冷却时仍沿 AO 返回至 O 点，表面层不产生

残余拉伸应力。若切削温度超过 T_A，表面层产生热塑性变形，就会产生残余拉应力。磨削温度愈高，热塑性变形愈剧烈，残余拉应力也愈大，同时表面层的残余拉应力值与材料的性能也有着直接的关系。

3）金相组织变化的影响

切削时产生的高温会引起表面层的相变。由于不同的金相组织有不同的密度，表面层金相组织变化的结果造成了体积的变化。表面层体积膨胀时，因为受到基体的限制，产生了压应力；反之，表面层体积缩小，则产生拉应力。各种金相组织中马氏体密度最小，奥氏体密度最大。磨削淬火钢时若表面层产生回火现象，则马氏体转化成索氏体或屈氏体（这两种组织均为扩散度很高的珠光体），因体积缩小，表面层产生残余拉应力，里层产生残余压应力。若表面层产生二次淬火现象，则表面层产生二次淬火马氏体，其体积比里层的回火组织大，因而表层产生压应力，里层产生拉应力。

实际机械加工后的表面层残余应力是上述 3 方面原因产生残余应力的综合结果。在一定条件下，其中某一种或两种原因可能起到主导作用。例如在切削加工中，如果切削热不高，表面层中没有产生热塑性变形，而是以冷塑性变形为主，则表面层中将产生残余压应力。切削热较高以致在表面层中产生热塑性变形时，由热塑性变形产生的拉应力将与冷塑性变形产生的压应力相互抵消一部分。当冷塑性变形占主导地位时，表面层产生残余压应力；当热塑性变形占主导地位时，表面层产生残余拉应力。磨削时一般因磨削热较高，常以相变和热塑性变形产生的拉应力为主，所以表面层常带有残余拉应力。

2. 磨削裂纹及避免产生裂纹的措施

当残余应力超过材料的强度极限时，零件表面就会产生裂纹，有的磨削裂纹也可能不在工件的外表面，而是在表面层下成为肉眼难以发现的缺陷。裂纹的方向常与磨削方向垂直或呈网状，裂纹的产生常与烧伤同时出现。

磨削裂纹的产生也与材料及热处理工序有很大关系。磨削硬质合金时，由于其脆性大、抗拉强度低以及导热性差，所以特别容易产生裂纹。磨削含碳量高的淬火钢时，由于其晶界脆弱，也容易产生磨削裂纹。工件在淬火后如果存在残余应力，则即使在正常的磨削条件下也可能会出现裂纹。渗碳、渗氮时如果工艺不当，就会在表面层的晶界面上析出脆性碳化物、氮化物，当磨削时在热应力作用下就容易沿着这些组织发生脆性破坏，而出现网状裂纹。

对零件使用性能危害甚大的残余拉应力、磨削裂纹、烧伤等均起因于磨削热，因此避免产生裂纹的途径也在于降低磨削热与改善其散热条件。在磨削前进行去除应力工序能有效地防止磨削裂纹，至于热处理工序引起的磨削裂纹就必须从热处理工艺着手采取措施去解决。如何降低磨削热并减少其影响一直是生产上的一项重要问题。解决这一问题的措施主要有以下几种。

1）提高冷却效果

现有的冷却方法往往效果很差，这是由于旋转的砂轮表面上会产生强大的气流层，以致没有多少冷却液能进入磨削区，而常常是冷却液大量地喷注在已经离开磨削区的已加工表面上，此时磨削热量已进入工件表面造成热损伤，因此，改进冷却方法、提高冷却效果是非常必要的。具体改进措施有：

(1) 采用高压大流量冷却。这样不但能增强冷却作用，而且还可对砂轮表面进行冲洗，使其空隙不易被切屑堵塞。例如，有的磨床使用的冷却液流量为 200 L/min，压力为 0.8～1.2 MPa。有的机床带有防护罩，以防止冷却液飞溅。

(2) 为减轻高速旋转的砂轮表面上高压附着气流的作用，可以加装空气挡板（图 5-16），以使冷却液能顺利地喷注到磨削区，这对于高速磨削更为必要。

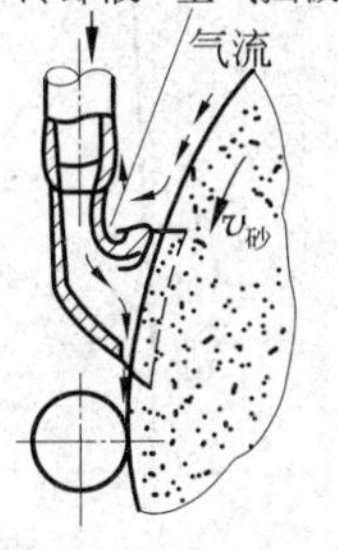

图 5-16　带空气挡板的冷却喷嘴

(3) 采用内冷却。砂轮是多孔隙能渗水的，冷却液引到砂轮中心孔后靠离心力的作用甩出，从而使冷却液可以直接冷却磨削区，起到有效的冷却作用。由于冷却时有大量喷雾，机床应加防护罩。冷却液必须仔细过滤，以防止堵塞砂轮孔隙。这一方法的缺点是操作者看不到磨削区的火花，在精密磨削时不能判断试切时的吃刀量，很不方便。

2) 选择合理的磨削用量

提高工件速度和采用小的切深能够有效地减小残余拉应力和消除烧伤、裂纹等磨削缺陷。工件速度对残余应力的影响见图 5-17。当切深减小至一定程度时，得到所要求的低残余应力值（见图 5-18）。降低砂轮速度也能得到残余压应力（见图 5-19），但是会影响生产效率，故一般不常采用。若在提高砂轮速度的同时相应提高工件速度，则可以避免烧伤。图 5-20 所示为磨削 18CrNiWA 钢时工件速度和砂轮速度无烧伤的临界比值曲线。曲线下右方是容易出现烧伤的危险区（Ⅰ区），曲线上左方是安全区（Ⅱ区）。

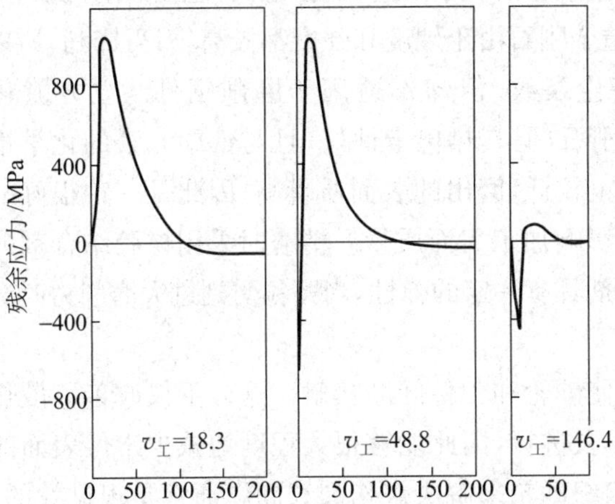

图 5-17　工件速度 $v_工$(m/min)对残余应力的影响

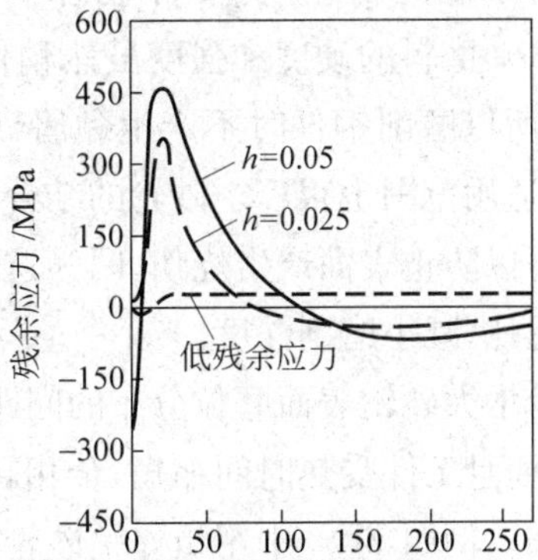

图 5-18　磨削切深 h(mm/行程)对残余应力的影响

在磨削高强度合金钢时，因其导热系数低，表面很容易产生磨削烧伤、裂纹。所以对于使用要求较高的高强度钢零件，应推广采用低应力磨削技术，其特点是采用较软的砂轮、较低的砂轮速度（12～15 m/s）及较小的切入进给量（0.05 mm/行程）。在去除最后 0.06 mm 的余量时，应采用连续的切除量（0.013 mm/行程→0.01 mm/行程→0.005 mm/行程→0.002 mm/行程，各 2 次），目的是能在每一次磨削行程中去掉前一次磨削行程所产生的表面损伤层，最后得到应力带小而浅的残余压应力值的表面层。

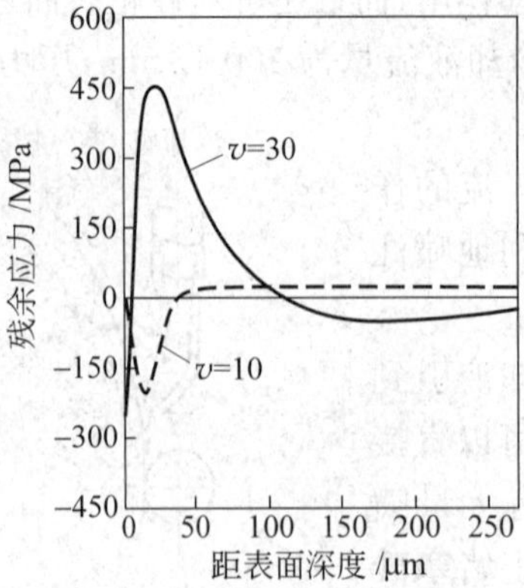

图 5-19　砂轮速度 v(m/s)对残余应力的影响

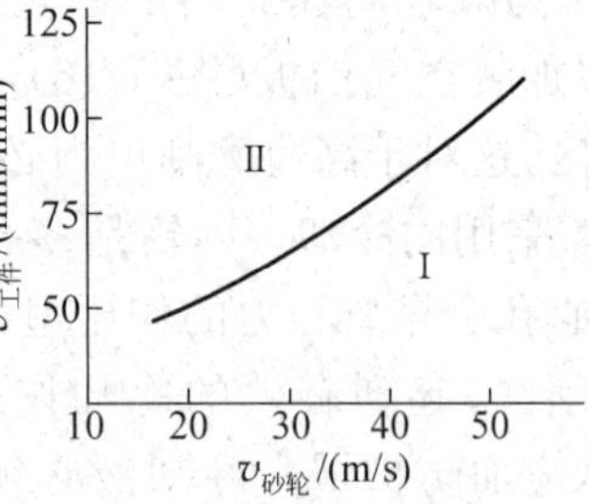

图 5-20　工件和砂轮速度的无烧伤临界比值曲线

3）改善砂轮的磨削性能

砂轮选择得不适当或使用钝的砂轮会产生很大的磨削力和磨削热，从而引起表面层的烧伤和残余拉应力。一般选择的砂轮应使在磨削过程中具有自锐能力（即砂轮磨钝后自动破碎产生新的锋利的切削刃或自动从砂轮结合剂处脱落的能力），使砂粒不致因磨损而出现小平面，同时磨削时砂轮不致产生粘屑堵塞现象。不同的磨料在磨削不同材料的工件时有它一定的适应范围。例如，氧化铝砂轮磨削低合金钢、镍钢时不产生化学反应，磨损也较小，而用碳化硅砂轮磨削这些材料时，则会产生较大的化学反应，磨损也大，但在磨削铸铁时，相对来说碳化硅的耐磨性优于氧化铝。人造金刚石由于硬度和强度都极高，刀刃锋利，所以磨削力小，用于磨削硬质合金时不容易产生裂纹，但却不适用于磨削钢件。立方氮化硼(CBN)磨料的硬度和强度虽然稍低于金刚石，但其热稳定性好，且与铁族元素的化学惰性高，所以磨削钢件时不产生黏屑，磨削热也较低，磨出的表面质量高，因此是一种很好的磨料，适用范围也很广。砂轮的结合剂也会影响加工表面质量。精磨时采用橡胶结合剂的砂轮可以防止表面产生烧伤，因为这种结合剂具有一定的弹性，当磨粒受到过大磨削力时会自动退让，减小磨削深度。

增大砂轮表面磨粒分布的间距，可以使砂轮和工件间断接触。这样不仅改善了散热条件，而且工件受热时间缩短，金相转变来不及进行，因此能够很大程度地减少工件表面的热损伤。例如，生产中用粗修整砂轮、疏松组织砂轮来解决烧伤裂纹问题通常是很见效的，开槽砂轮的效果则更好。开槽砂轮就是在砂轮的工作部位上开有一定宽度、一定深度和一定数量的沟槽。沟槽参数见图 5-21。槽可以等距开（如 A 型），也可以变距开（如 B 型）。磨削时以通常的操作方法进行。砂轮开槽后提高了自锐性，因而整个磨削过程中都有锋利的磨粒在磨削，从而提高了砂轮的磨削能力，降低了磨削热量。

另外，可以采取在磨床上直接用带螺旋线的滚轮在砂轮上滚挤出螺旋槽的办法。挤出的沟槽浅而窄，宽度为 1.5～2 mm，槽与砂轮轴线约成 60°角。用这种砂轮磨削零件并不影响表面粗糙度，表面无烧伤，并且磨削力和能量消耗能减少约 30%，砂轮的使用寿命提高 10 倍以上。

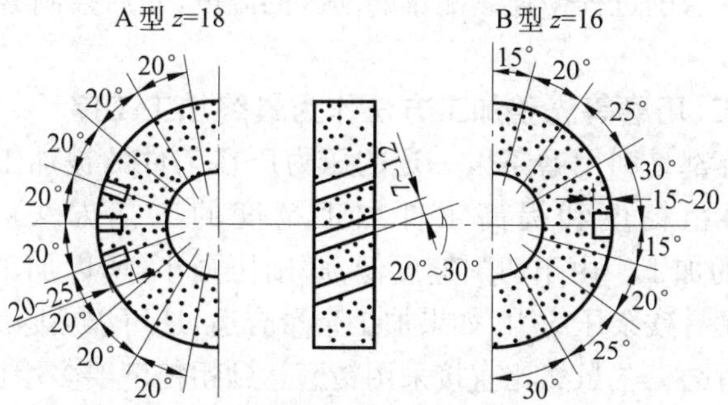

图 5-21　开槽砂轮

5.4　控制加工表面质量的途径

在加工过程中影响表面质量的因素是非常复杂的。为了获得要求的表面质量,就必须对加工方法、切削参数进行适当的控制。控制表面质量常会增加加工成本,影响加工效率,所以对于一般零件宜用正常的加工工艺保证表面质量,不必提出过高要求。而对于一些直接影响产品性能、寿命和安全工作的重要零件的重要表面就有必要加以控制。例如,承受较高应力交变载荷的零件需要控制受力表面不产生裂纹与残余拉应力;为了提高轴承沟道的接触疲劳强度,必须控制表面不产生磨削烧伤和微观裂纹;测量块规则主要应保证其尺寸精度及稳定性,故必须严格控制表面粗糙度和残余应力等。类似这样的零件表面,就必须选用合适的加工工艺,严格控制表面质量,并进行必要的检查。

1. 控制磨削参数

磨削是一种影响因素众多、对产品表面质量有很大影响的工艺方法。因此对于直接影响产品性能、寿命、安全的重要零件,在采用磨削工序加工时必须很好地控制磨削用量。

上面讨论过磨削用量分别对磨削表面质量的影响,现在综合起来看,有的参数的选用与表面质量是相互矛盾的。例如,修整砂轮,从降低粗糙度考虑砂轮应修整得细些,但是却常因此引起表面的烧伤;为了避免工件烧伤,工件速度常选得较大,但又会增大表面粗糙度,容易引起颤振;采用小磨削用量却又会降低生产效率;而且不同的材料,其磨削性能也不一样。所以,光凭经验或靠手册常不能全面地保证加工质量。生产中比较可行的办法是通过实验来确定磨削用量。可以先按初步选定的磨削用量磨削试件,然后通过检查试件的金相组织变化和测定表面层的微观硬度变化,就可以知道磨削表面层热损伤情况,据此调整磨削用量,直至最后确定下来。

近年来,国内外对磨削用量的最优化进行了不少理论研究工作,对如何实现高表面质量(包括无烧伤、无裂纹,达到要求的表面粗糙度和表面残余应力)、动态稳定性、低成本、高切除率等进行了探讨,分析了磨削用量、磨削力、磨削热与表面质量之间的相互关系,并用图表来表示各项参数的最优组合。有人研究在磨削过程中加入过程指令,并通过计算机进行控制磨削。

另外,还有靠控制磨削温度来保证工件质量的方法。办法是利用在砂轮间的铜或铝箔作为热电偶的一极,在磨削过程中连续测量磨削区的温度,然后控制磨削用量。

2. 采用超精加工、珩磨等光整加工方法作为最终加工工序

超精加工、珩磨等都是利用磨条以一定的压力压在工件的被加工表面上,并作相对运动,以降低工件表面粗糙度和提高工件加工精度的工艺方法,一般用于粗糙度为 $Ra0.1\ \mu m$ 以下表面的加工。由于切削速度低,磨削压强小,所以加工时产生的热量很少,不会产生热损伤,并具有残余压应力,如果加工余量合适,还可以去除磨削加工变质层。

采用超精加工、珩磨工艺虽然比直接采用精磨达到粗糙度要多增加一道工序,但由于这些加工方法都是靠加工表面自身定位进行加工的,因而机床结构简单,精度要求不高,而且大多设计成多工位机床,并能进行多机床操作,所以生产效率较高,加工成本较低。由于上述优点,在大批大量生产中应用得比较广泛。例如,在轴承制造中为了提高轴承的接触疲劳强度和寿命,愈来愈普遍地采用超精加工来加工套圈与滚子的滚动表面。

3. 采用喷丸、滚压、碾光等强化工艺

对于承受高应力、交变载荷的零件,可以采用喷丸、滚压、碾光等强化工艺使表面层产生残余压应力和冷作硬化并降低表面粗糙度,同时消除磨削等工序的残余拉应力,从而大大提高耐疲劳强度及抗应力腐蚀性能。借助强化工艺还可以用次等材料代替优质材料,以节约贵重材料。但是采用强化工艺时应注意不要造成过度硬化,过度硬化的结果会使表面层完全失去塑性甚至引起显微裂纹和材料剥落,带来不良的后果。因此,采用强化工艺时必须很好地控制工艺参数以获得要求的强化表面。

5.5 振动对表面质量的影响及其控制

5.5.1 振动对表面质量的影响

机械加工中产生的振动,一般说来是一种破坏正常切削过程的有害现象。各种切削和磨削过程都可能发生振动,当速度高、切削金属量大时常会产生较强烈的振动。

切削过程中的振动,会影响加工质量和生产率,严重时甚至会使切削不能继续进行,因此通常都是对切削加工不利的,主要表现在以下几个方面。

(1) 影响加工的表面粗糙度。振动频率低时会产生波度,频率高时会产生微观不平度。

(2) 影响生产率。加工中产生振动,会限制切削用量的进一步提高,严重时甚至会使切削不能继续进行。

(3) 影响刀具寿命。切削过程中的振动可能使刀尖刀刃崩碎,特别是韧性差的刀具材料,如硬质合金、陶瓷等,要注意消振问题。

(4) 对机床、夹具等不利。振动使机床、夹具等的零件连接部分松动,间隙增大,刚度和精度降低,同时使用寿命缩短。

振动对机械加工有不利的一面,但又可以利用振动来更好地切削,如振动磨削、振动研抛、超声波加工等都是利用振动来提高表面质量或生产率的。

机械加工中产生的振动，根据其产生的原因，大体可分为自由振动、强迫振动和自激振动 3 大类，如图 5-22 所示。

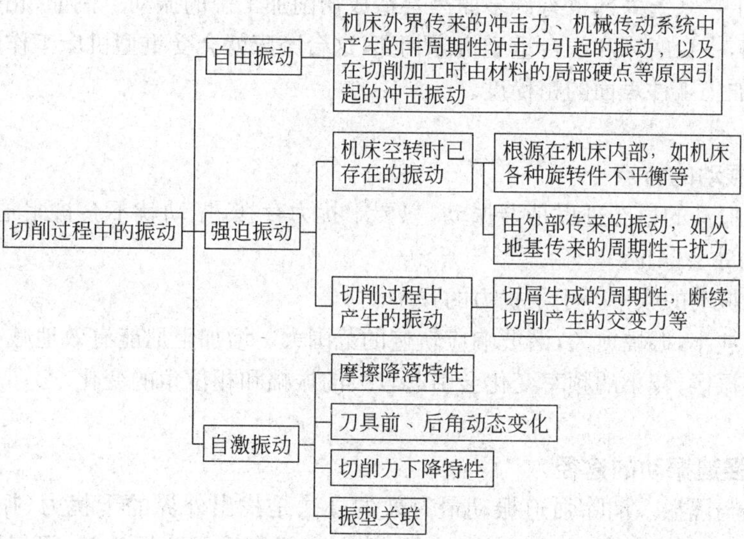

图 5-22　切削加工中振动的类型

5.5.2　自由振动

自由振动是当系统所受的外界干扰力去除后系统本身的衰减振动。由于工艺系统受一些偶然因素的作用(如外界传来的冲击力、机床传动系统中产生的非周期性冲击力、加工材料的局部硬点等引起的冲击力等)，系统的平衡被破坏，只靠其弹性恢复力来维持的振动属于自由振动。振动的频率就是系统的固有频率。由于工艺系统的阻尼作用，这类振动会很快衰减。

5.5.3　强迫振动

强迫振动是由外界周期性的干扰力所支持的不衰减振动。

1. 切削加工中产生强迫振动的原因

切削加工中产生的强迫振动，其原因可从机床、刀具和工件 3 方面来分析。

机床中某些零件的制造精度不高，会使机床产生不均匀运动而引起振动。例如，齿轮的周节误差和周节累积误差，会使齿轮传动的运动不均匀，从而使整个部件产生振动。主轴与轴承之间的间隙过大、主轴轴颈的椭圆度、轴承制造精度不够，都会引起主轴箱以及整个机床的振动。另外，皮带接头太粗而使皮带传动的转速不均匀，也会产生振动。至于某些零件的缺陷，使机床产生振动则更是明显。

在刀具方面，多刃、多齿刀具切削时，由于刃口高度的误差，容易产生振动，如铣刀等。断续切削的刀具，如铣刀、拉刀和滚刀，切削时也很容易引起振动。

被切削的工件表面上有断续表面或表面余量不均、硬度不一等，都会在加工中产生振动。例如，车削或磨削有键槽的外圆表面就会产生强迫振动。

当然，在工艺系统外部也有许多原因会造成切削加工中的振动。例如，相邻机床之间就会有相互影响，一台磨床和一台重型机床相邻，这台磨床就会受重型机床工作的影响而产生振动，影响其加工工件表面的粗糙度。

2. 强迫振动的特点

(1) 强迫振动的稳态过程是谐振动，只要干扰力存在，振动就不会被阻尼衰减掉，去除干扰力后振动才会停止。

(2) 强迫振动的频率等于干扰力的频率。

(3) 阻尼愈小，振幅愈大，谐波响应轨迹的范围大。增加阻尼能有效地减小振幅。

(4) 在共振区，较小的频率变化会引起较大的振幅和相位角的变化。

3. 消除强迫振动的途径

(1) 消振与隔振。消除强迫振动最有效的办法是找出外界的干扰力(振源)并将其去除。如果不能去除，则可以采用隔绝的方法。例如，机床采用防振地基，可以隔绝相邻机床的振动影响。精密机械、仪器采用空气垫等也是很有效的隔振措施。

(2) 消除回转零件的不平衡。机床和其他机械的振动，大多数是由于回转零件的不平衡所引起的，因此对于高速回转的零件要注意其平衡问题，在可能的条件下能做动平衡最好。

(3) 提高传动件的制造精度。传动件的制造精度会影响传动的平衡性，引起振动。

(4) 提高系统刚度，增加阻尼。提高机床、工件、刀具的刚度都会增加系统的抗振性。增加阻尼是一种减小振动的有效办法，在结构设计上应该考虑到，也可以采用附加高阻尼板材的方法以达到减小振动的效果。

5.5.4 自激振动

机械加工过程中，还常常出现一种与强迫振动完全不同形式的强烈振动。这种振动是由振动过程本身引起某种切削力的周期性变化，又由这个周期性变化的切削力反过来加强和维持振动，使振动系统补充了由阻尼作用消耗的能量，这种类型的振动被称为自激振动。切削过程中产生的自激振动是频率较高的强烈振动，通常又称为颤振，常常是影响加工表面质量和限制机床生产率提高的主要障碍。磨削过程中，砂轮磨钝以后产生的振动也往往是自激振动。

1. 自激振动的原理

金属切削过程中自激振动的原理如图 5-23 所示。它具有两个基本部分：切削过程产生交变力 ΔP，激励工艺系统；工艺系统产生振动位移 ΔY，再反馈给切削过程。维持振动的能量来源于机床的能源。

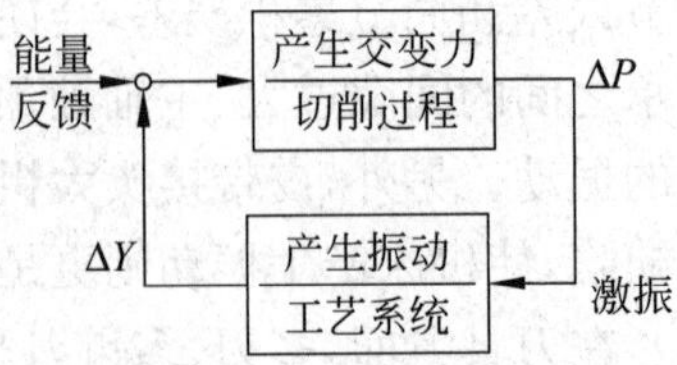

图 5-23　机床自激振动系统

2. 自激振动的特点

(1) 自激振动是一种不衰减的振动。振动过程本身能引起某种力周期地变化,振动系统能通过这种力的变化,从不具备交变特性的能源中周期性地获得能量补充,从而维持这个振动。外部的干扰有可能在最初触发振动时起作用,但它不是产生这种振动的直接原因。

(2) 自激振动的频率等于或接近于系统的固有频率,也就是说,由振动系统本身的参数所决定,这是与强迫振动的显著差别。

(3) 自激振动能否产生以及振幅的大小,决定于每一振动周期内系统所获得的能量与所消耗的能量的对比情况。若振幅为某一数值时,如果所获得的能量大于所消耗的能量,则振幅将不断增大;相反,如果所获得的能量小于所消耗的能量,则振幅将不断减小,振幅一直增加或减小到所获得的能量等于所消耗的能量时为止。若振幅在任何数值时获得的能量都小于消耗的能量,则自激振动根本就不可能产生。如图 5-24 所示,E^+ 为获得的能量,E^- 为消耗的能量,可见只有当 E^+ 和 E^- 的值相等时,振幅达到 A_0,系统才处于稳定状态。所谓稳定,就是指一个系统受到干扰而离开原来的状态后仍能自动恢复到原来状态的现象。

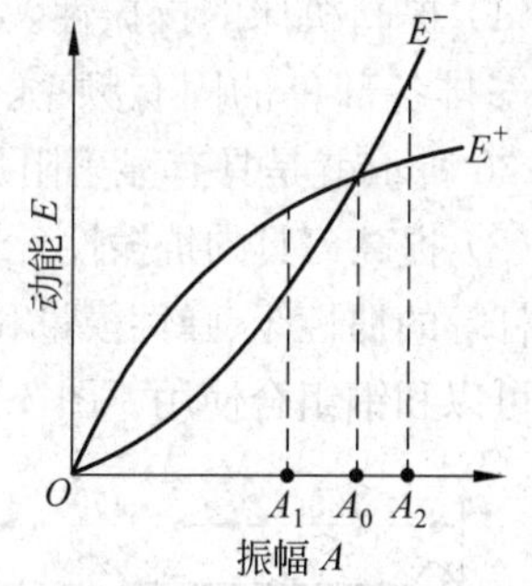

图 5-24　自激振动系统的能量关系

(4) 自激振动的形成和持续,是由于过程本身产生的激振和反馈作用,所以若停止切削(或磨削)过程,即使机床仍继续空运转,自激振动也就停止了,这也是与强迫振动的区别之处。

3. 消除自激振动的途径

1) 合理选择与切削过程有关的参数

根据图 5-23,自激振动的形成是与切削过程本身密切相关的,所以可以通过合理地选择切削用量、刀具几何角度和工件材料的可切削性等途径来抑制自激振动。

(1) 合理选择切削用量。在车削过程中,切削速度 v 在 20～60 m/min 范围时,自激振动振幅增加很快,而当 v 超过此范围以后,振动又会逐渐减弱。通常切削速度 v 在 50～60 m/min 左右稳定性最低,最容易产生自激振动,所以可以选择高速或低速切削以避免自激振动。关于进给量 f,通常当 f 较小时振幅较大,随着 f 的增大,振幅反会减小,所以可以在加工粗糙度要求的许可条件下选取较大的进给量以避免自激振动。切削深度 a_p 愈大,切削力愈大,愈易产生振动。

(2) 合理选择刀具的几何参数。适当地增大前角 γ_o 和主偏角 κ_r,能减小切削力而减小振动。后角 α_o 可尽量取小,但精加工中由于切深 a_p 较小,刀刃不容易切入工件,而且 α_o 过小时,刀具后刀面与加工表面间的摩擦可能过大,这样反容易引起自激振动。通常在刀具的主后刀面下磨出一段 α_o 角为负的窄棱面。图 5-25 所示就是一种很好的防振车刀。另外,实际生产中用油石使新刃磨的刃口稍稍钝化,也很有效。关于刀尖圆弧半径,它本来就和加工表面粗糙度有关,对加工中的振动而言,一般不要取得太大。如果车削中刀尖圆弧半径与切深近似相等,切削力就会很大,容易振动。车削时装刀位置过低或镗孔时装刀位置过高,都易于产生自激振动。

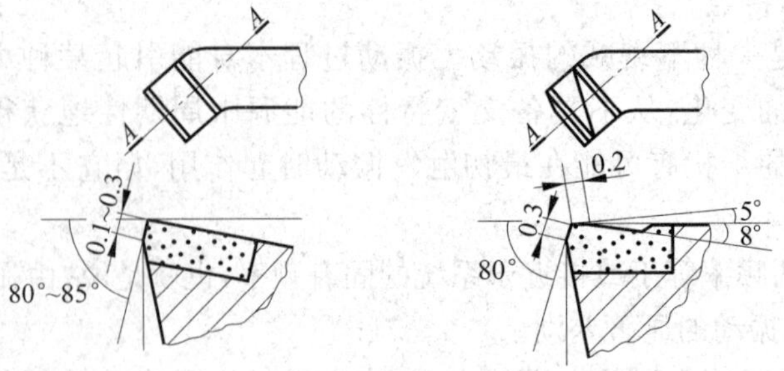

图 5-25　防振车刀

使用“油”性非常高的润滑剂也是加工中经常使用的一种防振办法。

2) 提高工艺系统本身的抗振性

(1) 提高机床的抗振性。机床的抗振性能往往是占主导地位的，可以从改善机床刚性、合理安排各部件的固有频率、增大其阻尼以及提高加工和装配的质量等来提高其抗振性。图 5-26 所示就是具有显著阻尼特性的薄壁封砂结构床身。

(2) 提高刀具的抗振性。希望刀具具有高的弯曲与扭转刚度、高的阻尼系数，因此要求改善刀杆等的惯性矩、弹性模量和阻尼系数。例如，硬质合金虽有高弹性模量，但阻尼性能较差，所以可以和钢组合使用。图 5-27 所示的组合刀杆就能发挥钢和硬质合金两者的优点。

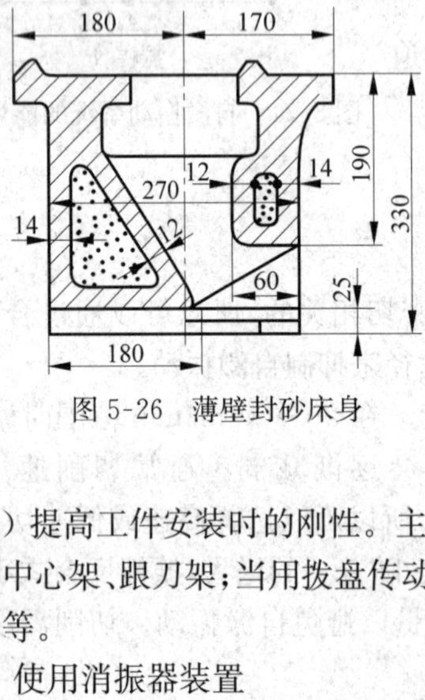

图 5-26　薄壁封砂床身

图 5-27　钢-硬质合金的组合刀杆

1—环氧结合剂；2—硬质合金；3—钢

(3) 提高工件安装时的刚性。主要是提高工件的弯曲刚性。例如，细长轴的车削中，可以使用中心架、跟刀架；当用拨盘传动销拨动夹头传动时，要保持切削中传动销和夹头不发生脱离等。

3) 使用消振器装置

图 5-28 所示为车床上使用的冲击消振器。螺钉 1 上套有质量块 4、弹簧 3 和套 2，当车刀发生强烈振动时，质量块 4 就在消振器座 5 和螺钉 1 的头部之间做往复运动，产生冲击，吸收能量。

图 5-29 所示为镗孔用的冲击消振器。冲击块 4 安置在镗杆 2 的空腔中，它与空腔间保持有 0.05～0.10 mm 的间隙。当镗杆 2 发生振动时，冲击块 4 将不断撞击镗杆 2 吸收振动能量，因此能消除振动。这些消振装置经生产使用证明，都具有相当好的抑振效果，并且可以在一定范围内调整，所以使用上也较方便。

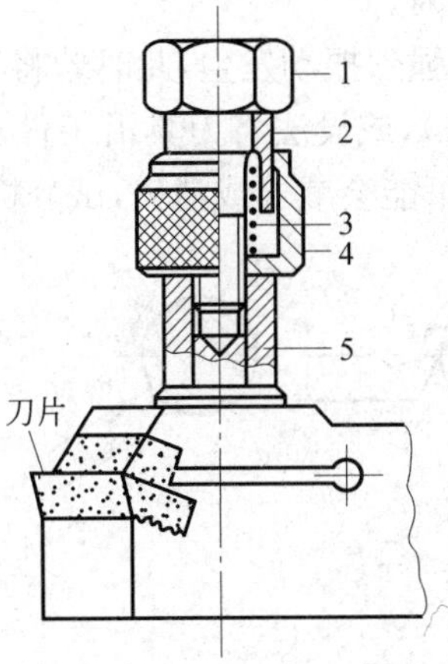

图 5-28 车床上所用冲击消振器

1—螺钉；2—套；3—弹簧；4—质量块；5—消振器座

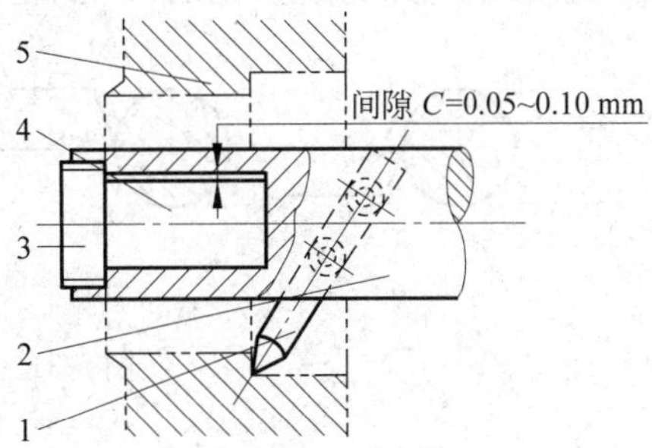

图 5-29 镗杆上用的冲击消振器

1—镗刀；2—镗杆；3—塞盖；4—冲击块(消振质量)；5—工件

习题与思考题

5-1 高速精镗一钢件内孔时，车刀主偏角 $\kappa_r=45°$，副偏角 $\kappa_r'=20°$，当加工表面粗糙度要求为 Ra 3.2～Ra 6.3 μm 时：

(1) 当不考虑工件材料塑性变形对表面粗糙度的影响时，计算应采用的进给量 f 为多少？

(2) 分析实际加工的表面粗糙度与计算求得的是否相同。为什么？

(3) 是否进给量愈小，加工表面的粗糙度就愈低？

5-2 外圆磨削影响磨削表面粗糙度的因素有哪些？试分析和说明下列加工结果产生的原因：

(1) 当砂轮的线速度由 30 m/s 提高到 60 m/s 时，表面粗糙度 Ra 由 1 μm 降低到 0.2 μm。

(2) 当工件线速度由 0.5 m/s 提高到 1 m/s 时，表面粗糙度 Ra 由 0.5 μm 上升到 1 μm。

(3) 当轴向进给量 f_a/B(B 为砂轮宽度)由 0.3 增至 0.6 时，Ra 由 0.3 μm 增至 0.6 μm。

(4) 当磨削深度 a_p 由 0.01 mm 增至 0.03 mm 时，Ra 由 0.27 μm 增至 0.55 μm。

(5) 用粒度号为 $36^{\#}$ 砂轮磨削后 Ra 为 1.6 μm，改用粒度 $60^{\#}$ 砂轮磨削，可使 Ra 降低为 0.2 μm。

5-3 为什么在切削加工中一般都会产生冷作硬化现象？

5-4 为什么磨削加工时容易产生烧伤？什么是回火烧伤？什么是淬火烧伤？什么是退火烧伤？

5-5 在外圆磨床上磨削汽车转向节零件的大端直径、端面及圆角时(如图 5-30 所示)，常采用砂轮轴旋转一个角度 θ 的方式进行磨削，而不是采用砂轮轴与工件轴平行的方式进行磨削，说明原因。

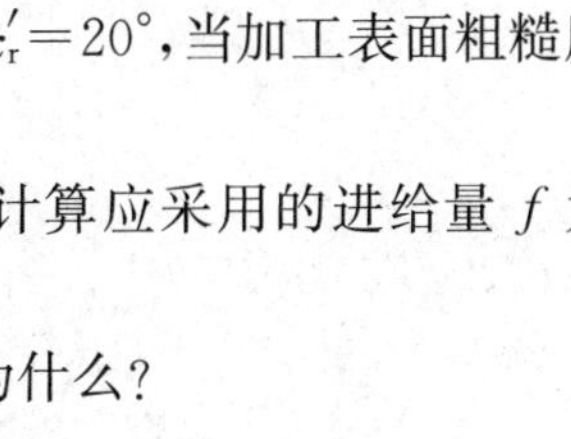

图 5-30 习题 5-5 附图

5-6　试述机械加工中工件表面层产生残余应力的原因。

5-7　假设车刀按图5-31(a)所示方式安装，加工时有强烈振动发生，此时若将刀具反装(见图5-31(b))，或采用前后刀架同时车削(见图5-31(c))，或设法将刀具沿工件旋转方向转过某一角度装夹在刀架上(见图(d))，加工中的振动就可能会减弱或消失，试分析其原因。

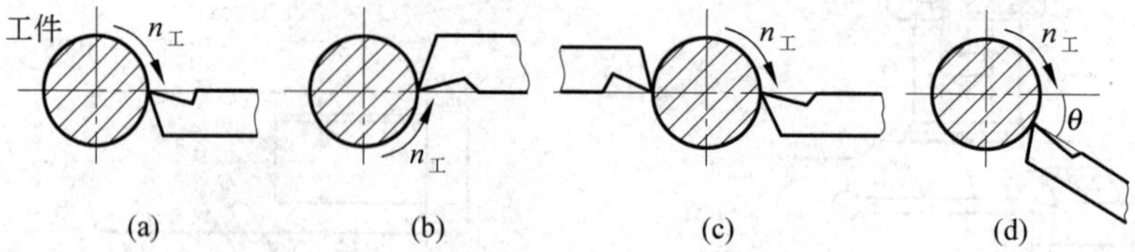

图5-31　习题5-7附图

机械加工精度

6.1 机械加工精度的概念

6.1.1 机械加工精度的含义及内容

加工精度是指零件经过加工后的尺寸、几何形状以及各表面相互位置等参数的实际值与理想值相符合的程度，而它们之间的偏离程度则称为加工误差。加工精度在数值上通过加工误差的大小来表示，精度和误差是对同一问题的两种不同的说法，两者的概念是相互关联的，即误差愈小，精度愈高；反之，误差愈大，精度就愈低。

零件的几何参数包括几何形状、尺寸和相互位置3个方面，故加工精度包括：

(1) 尺寸精度。限制加工表面与其基准间尺寸误差不超过一定的范围。

(2) 几何形状精度。限制加工表面宏观几何形状误差，如圆度、圆柱度、平面度、直线度等。

(3) 相互位置精度。限制加工表面与其基准间的相互位置误差，如平行度、垂直度、同轴度、位置度等。

零件各表面本身和相互位置的尺寸精度在设计时是以公差(公差代号或数值)来表示的，公差的数值具体地说明了这些尺寸的加工精度要求和允许的加工误差大小。几何形状精度和相互位置精度用专门的符号规定或在零件图纸的技术要求中用文字来说明。

机械加工精度是加工质量的重要组成部分，无论是大批大量生产还是单件小批生产，分析加工精度对保证质量、提高生产率和降低成本都有重大意义。特别是对大批大量生产，一旦产生质量问题，所造成的损失是十分惊人的；对于单件小批生产中的贵重零件加工，分析其加工精度以保证质量也有很大的经济效益。

在相同的生产条件下所加工出来的一批零件，由于加工中各种因素的影响，其尺寸、形状和表面相互位置不会绝对准确和完全一致，总是存在着一定的加工误差。同时，从满足产品的工作要求和使用性能出发，零件也并不要求加工得绝对准确，在达到所要求的公差范围的前提下，要采取合理的经济加工方法，以提高机械加工的生产率和经济性。因此要研究精度规律，分析影响精度的各个工艺因素，从而控制加工精度。

6.1.2 机械加工误差分类

1. 系统误差与随机误差

具有确定性规律的误差称为系统误差。系统误差又可以分为常值系统误差和变值系统误差。常值系统误差的数值是不变的。例如，由于采用近似加工方法所带来的加工理论误差，机床、夹具、刀具和量具的制造误差等都是常值系统误差。如果用直径 $\phi 20$ mm 的铰刀铰孔，铰刀本身直径偏大 0.01 mm，则整批零件被铰的孔都将偏大 0.01 mm，这时的常值系统误差为+0.01 mm。变值系统误差是误差的大小和方向按一定规律变化。例如，刀具在正常磨损时，其磨损值与时间呈线性正比关系，它是线性变值系统误差；而刀具受热伸长，其伸长量和时间是指数曲线关系，它是非线性变值系统误差。

具有统计分布规律的误差称为随机误差。例如，由于内应力的重新分布所引起的工件变形，零件毛坯由于材质不匀所引起的变形等都是随机误差。

2. 静态误差与切削状态误差

工艺系统在不切削状态下所出现的误差，通常称为静态误差，例如，机床的几何精度和传动精度等。工艺系统在切削状态下所出现的误差，通常称为切削状态误差，如机床在切削时的受力变形和受热变形等。

6.2 获得加工精度的方法

1. 试切法

试切法是指操作工人在每一工步或走刀前进行对刀，然后切出一小段，测量其尺寸是否合适，如不合适，将刀具的位置调整一下，再试切一小段，直至达到尺寸要求后才加工这一尺寸的全部表面。图 6-1 所示是一个车削的试切法例子。试切法的生产率低，要求工人的技术水平较高，否则质量不易保证，因此多用于单件、小批量生产。

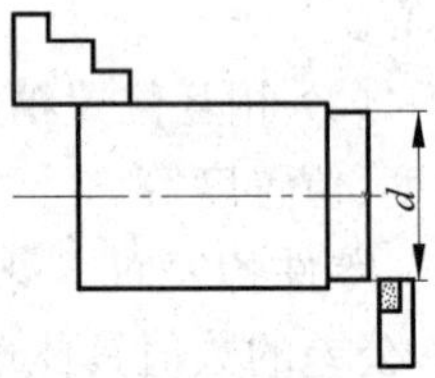

图 6-1 试切法

2. 调整法

调整法是指先按规定尺寸调整好机床、夹具、刀具和工件的相对位置及进给行程，从而保证在加工时自动获得尺寸。这种方法在加工时不再进行试切，生产率大大提高，但精度低些，主要决定于机床、夹具的精度和调整误差。

调整法可以分为静调整法和动调整法两类。

(1) 静调整法。静调整法又称样件法，它是在不切削的情况下，用对刀块或样件来调整刀具的位置。例如，在组合机床上或镗床上用对刀块来调整镗刀的位置，以保证镗孔的直径尺寸(图 6-2)。又如，在铣床上用对刀块来调整刀具的位置，以保证工件的高度尺寸，为了避免刀具与对刀块相撞，可控制两者接触的轻重。若用厚薄规来调整就更为准确(图 6-3)。在六角车床、组合机床、自动车床及铣床上，有时用行程挡块来调整尺寸。这也是一种静调整法，一般来说其调整精度较低。

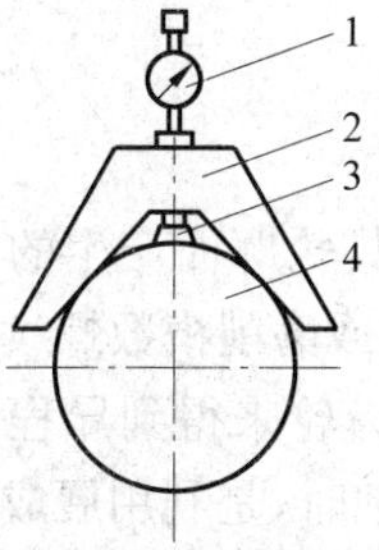

图 6-2　镗孔时的静调整法对刀

1—千分表；2—V 形块；3—镗刀；4—镗刀杆

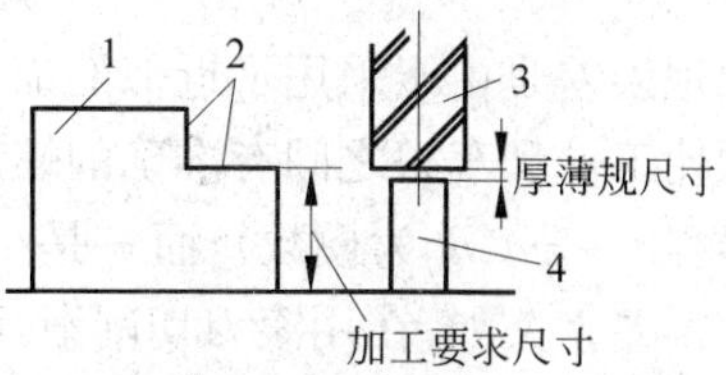

图 6-3　铣削时的静调整法对刀

1—工件；2—加工面；3—铣刀；4—对刀块

(2) 动调整法。动调整法又称尺寸调整法，它是按试切零件进行调整，直接测量试切零件的尺寸，可以试切一件或一组零件(2～15 件)，所有试切零件合格，即调整完毕，可以进行加工。这种方法多用于大批和大量生产。动调整法由于考虑了加工过程中的影响因素，因此其精度比静调整法高。

3. 定尺寸刀具法

定尺寸刀具法大多利用定尺寸的孔加工刀具，如钻头、镗刀块、拉刀及铰刀等来加工孔。有些孔加工刀具可以获得非常高的精度，生产率也非常高。由于刀具有磨损，磨损后尺寸就不能保证，因此成本较高，多用于大批大量生产中。另外，用成形刀具加工也属于这一类。

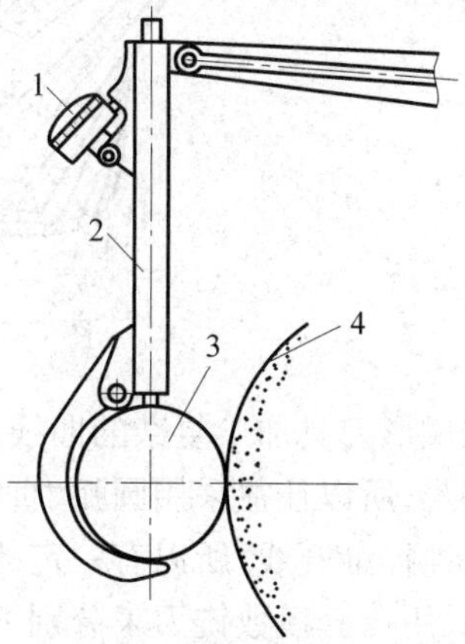

图 6-4　主动测量法

1—千分表；2—支架；3—工件；4—砂轮

4. 主动测量法

在加工过程中，边加工边测量加工尺寸，达到要求时就立即停止加工，这就是主动测量法。图 6-4 表示了在外圆磨床上进行主动测量的情况。随着机械制造工业和电子工业的发展，主动测量中的数值可以用数字显示，到达尺寸时可自动停车。这种方法精度高，质量稳定，生产率也高。由于要用一定型号规格的测量装置，故多用于大批量生产中。同时，对前一工序的加工精度有一定的要求。

6.3　影响加工精度的因素

在研究影响加工精度的因素时，应当对机械加工的全过程进行分析，包括采用的加工方法、工艺系统(机床、夹具、刀具及工件组成的系统)本身误差、切削过程可能产生的问题、工作环境、零件检验等。分析表明，影响机械加工精度的主要因素为原理误差、工艺系统的制造精度和磨损、工艺系统的受力变形和零件内应力、工艺系统的受热变形、工艺系统调整误差、工件安装夹紧误差和度量误差等 7 个方面的内容。其中，工件安装夹紧误差在第 4 章已作详细讨论，本节对其他 6 个方面进行讨论。

6.3.1 原理误差

原理误差是由于采用了近似的加工运动或者近似的刀具轮廓而产生的。例如，车削螺纹必须使工件和车刀之间有准确的螺旋运动联系，但在车削或磨削模数螺纹时，由于模数螺纹的导程 $t=\pi m$（m 为模数），而 π 是一个无限小数，用配换齿轮来得到导程值时，就可能引入原理误差。又如，在用滚刀切削渐开线齿轮、渐开线花键轴时，是利用展成法原理，为了得到切削刃口，在滚刀上形成了刀齿，这些刀齿是有限的，因此滚刀只能断续切削，切出的齿形是由各个刀齿轨迹的包络线形成的，是一条近似的折线，如图 6-5 所示，增加滚刀的刀齿数和减少滚刀的头数可以减小这种原理误差。

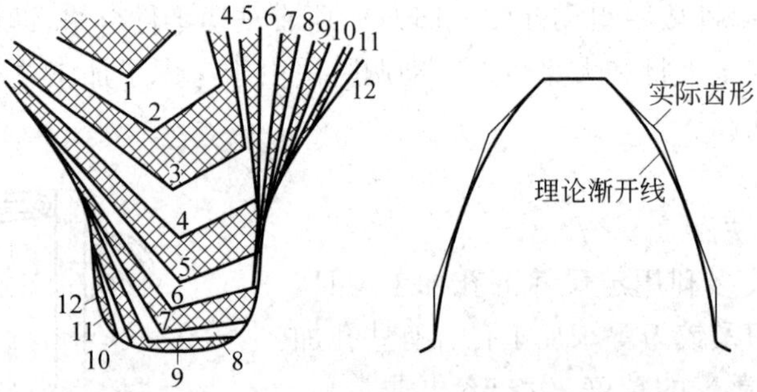

图 6-5 用展成法切削齿轮时的齿形误差

用成形刀具加工复杂的曲线表面时，要使刀具刃口做出完全符合理论曲线的轮廓，有时非常困难，所以往往采用圆弧、直线等简单、近似的线型。例如，齿轮模数铣刀的成形面轮廓就不是纯粹渐开线，所以有一定的原理误差。此外，对于每种模数，为了避免模数铣刀数量过多，只用一套模数铣刀来分别加工在一定齿数范围内的所有齿轮（表 6-1）。每一模数有 8 把铣刀，分别用来加工某一齿数范围的齿轮。为了避免齿轮啮合时的干涉，每一刀号的模数铣刀都是按最少齿数的齿形进行设计的，因此在加工其他齿数齿轮时就会产生齿形误差，这也是一种原理误差。误差的大小可以从有关刀具设计的资料中查得。

表 6-1 模数铣刀加工齿数范围

刀号	1	2	3	4	5	6	7	8
加工齿数范围	12～13	14～16	17～20	21～25	26～34	35～54	55～134	135 以上及齿条
齿形								

6.3.2 工艺系统的制造精度和磨损对加工精度的影响

工艺系统中机床、刀具、夹具本身的制造精度及磨损会对工件的加工精度有不同程度的影响。

1. 机床的制造精度和磨损

1) 导轨误差

导轨是机床中确定主要部件相对位置的基准,也是运动的基准,它的各项误差直接影响被加工工件的精度。例如,车床的床身导轨在水平面内有了弯曲以后,在纵向切削过程中,刀尖的运动轨迹相对于工件轴心线之间就不能保持平行,当导轨向前凸出时,工件上就产生鞍形加工误差,而当导轨向后凸出时,就产生鼓形加工误差。

导轨在垂直平面内的弯曲对加工精度的影响就大不一样,小到可以忽略不计的程度,可以通过图 6-6 来说明这一点。图 6-6(a)表示由于导轨在垂直面内的弯曲而使刀尖在垂直面内产生位移量 δz,从而引起工件上的半径误差 δR,有

$$(R+\delta R)^2=(\delta z)^2+R^2$$

忽略 δR^2 项,得

$$\delta R \approx \frac{(\delta z)^2}{2R}$$

即工件上的直径误差为

$$\delta D \approx \frac{(\delta z)^2}{R} \tag{6-1}$$

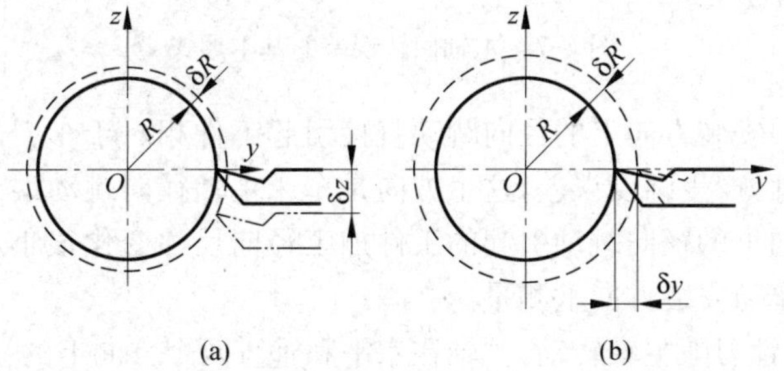

图 6-6 刀具在不同方向上的位移量对工件直径的影响

图 6-6(b)表示导轨在水平面内的弯曲使刀尖在水平面内产生位移 δy,从而引起工件在半径上的误差 $\delta R'$。因 $\delta R'=\delta y$,所以在工件直径上的加工误差将为 $\delta D=2\delta y$。

现假设 $\delta y=\delta z=0.1$ mm,$D=40$ mm,则

$$\delta R=\frac{0.1^2}{40}=0.00\,025\ \text{mm}$$

$$\delta R'=0.1\ \text{mm}=400\delta R$$

可见 $\delta R'$ 比 δR 大 400 倍。这就是说,在垂直面内导轨的弯曲对加工精度的影响很小,可以忽略不计;而在水平面内同样大小的导轨弯曲就不能忽视。因此,在分析机床的运动误差时,常将对加工精度影响最大的方向称为误差敏感方向,这个方向上的误差影响因素应受到重视。

机床导轨的精度不仅与制造精度、安装调整有关,机床在使用过程中导轨的不均匀磨损也是影响精度的一个重要因素。机床制造厂对导轨精度及其保持性一直是非常重视的,它们经常通过在导轨材料和结构上采用耐磨合金铸铁、镶钢导轨、耐磨塑料导轨以及滚动导轨等措施来提高导轨的耐磨性,在工艺上采用高精度的龙门刨床、导轨磨床以及组合磨床加工

等措施来提高加工精度。

2）主轴误差

机床主轴是工件或刀具的位置基准和运动基准，它的误差直接影响着工件的加工精度。对于主轴的要求，集中到一点，就是在运转的情况下能保持轴心线的位置稳定不变，这就是所谓的回转精度。主轴的回转精度不但和主轴部件的制造精度（包括加工精度和装配精度）有关，而且还和受力后主轴的变形有关，并且随着主轴转速的增加，还需要解决主轴轴承的散热问题。

在主轴部件中，由于存在着主轴轴颈的圆度误差、轴颈的同轴度误差、轴承本身的各种误差、轴承之间的同轴度误差、主轴的挠度和支承端面对轴颈轴心线的垂直度误差等原因，主轴在每一瞬时回转轴心线的空间位置都是变动的，即存在着回转误差。

主轴的回转误差可以分为 4 种基本形式：纯径向跳动、纯角度摆动、纯轴向窜动和轴心漂移（图 6-7）。不同形式的主轴回转误差对加工精度的影响不同；同一形式的回转误差在不同的加工方式（如车削和镗削）中对加工精度的影响也不一样。

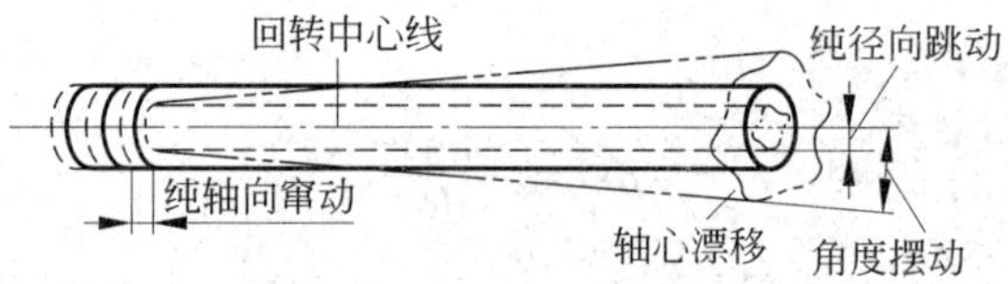

图 6-7　主轴回转误差的基本形式

车床主轴在车刀安装方向上的径向跳动直接引起工件相对于车刀的位置误差，影响被加工工件的径向尺寸，产生圆度误差，这个方向是车床主轴径向跳动误差的敏感方向，而在垂直于刀具安装方向上的径向跳动引起的工件加工径向尺寸变化很小，因此车床主轴的径向跳动误差主要在车刀安装方向上测量。

在镗床情况下，镗刀随主轴转动，主轴在水平和垂直两个方向上的径向跳动均引起镗刀相对于工件的位置误差，影响被加工孔的径向尺寸，产生圆度误差，因此镗床主轴的径向跳动误差要在水平和垂直两个方向上测量。

主轴的轴向窜动对于孔加工和外圆加工并没有影响，但在加工端面时，会造成端面与内外圆不垂直，主轴每转 1 周，就要沿轴向窜动 1 次，向前窜动的半周中形成了右螺旋面，向后窜动的半周中形成了左螺旋面，最后切出了如同端面凸轮一般的形状误差，而在端面中心附近出现一个凸台。在这种情况下车削螺纹，也必然会产生单个螺距内的周期误差。

当主轴具有角度摆动时，车削加工仍然能够得到一个圆的工件，但工件有锥度，而在镗削加工时，镗出的孔则将呈椭圆形误差。

2. 刀具的制造精度和尺寸磨损

尺寸刀具，如钻头、扩孔钻、铰刀、镗刀块和圆孔拉刀等，其制造精度将直接影响加工尺寸精度，这些刀具磨损后加工尺寸就会产生变化，而且其中某些刀具难以修复或补偿，使用一段时间后便只能改为较小尺寸的刀具。

一般的刀具，如车刀、立铣刀、镗刀等，其制造精度不会影响加工尺寸，主要靠刀具位置的调整(即对刀)来保证。但是这些刀具的尺寸磨损将对加工精度产生影响。如图 6-8 所示,车削刀具的尺寸磨损值为 NB。

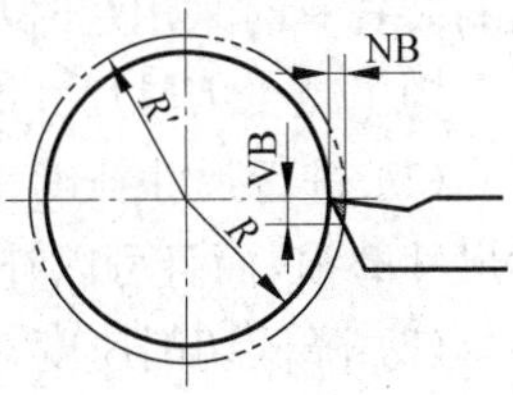

图 6-8　刀具的尺寸磨损

刀具的磨损过程及磨损曲线已在第 2 章进行了讨论(见图 2-56),刀具的尺寸磨损也分为起始磨损、正常磨损和剧烈磨损 3 个阶段。用一般刀具精车时,起始磨损的切削行程长度为 L_1(1000 m);正常磨损的切削行程长度为 L_2(8000～30 000 m)。可以用式(6-2)和式(6-3)分别计算起始磨损和正常磨损两个阶段刀具尺寸的磨损值。

当切削行程长度 L 小于或等于 L_1(1000 m)时,刀具处于起始磨损阶段,将起始磨损阶段的非线性关系近似地用线性关系处理,可以得到

$$\mathrm{NB}=\frac{L}{L_1}\mu_{\mathrm{B}} \tag{6-2}$$

式中: μ_{B} 为起始磨损值,μm。

当切削行程长度大于 L_1(1000 m)且小于等于 L_2(8000～30 000 m)时,刀具处于正常磨损阶段,有

$$\mathrm{NB}=\mu_{\mathrm{B}}+\frac{L-L_1}{1000}\mu_0 \tag{6-3}$$

式中: μ_0 为单位磨损值,μm/km,为切削行程长度 1000 m 的正常磨损。

表 6-2 给出了一般刀具在精车时的起始磨损值 μ_{B} 和单位磨损值 μ_0。粗加工时由于尺寸精度要求不高,一般着重于提高刀具耐用度,对刀具的尺寸磨损要求不高。

表 6-2　刀具精车时的起始磨损值 μ_{B} 和单位磨损值 μ_0

被加工材料	刀具材料	切削用量			起始磨损值 μ_{B}/μm	单位磨损值 μ_0/(μm/km)
		切削深度 a_{p}/mm	进给量 f/(mm/r)	切削速度 v/(m/min)		
45 钢	YT60,YT30	0.3	0.1	465～485	3～4	2.5～2.8
	YT15	<2	<0.3	100～200	4～12	8
灰铸铁 187HB	YG4	0.5	0.2	90	3	8.5
	YG6				5	13
	YG8				5	19
	YG8		0.1	100	4	13
				120	5	18
				140	6	35
合金钢 σ_{b}=920 MPa	YT60,YT30	0.5	0.2	135	2	2.0～3.5
	YT15				4	8.5
	YG3				5	9.5
	YG4				6	30

砂轮的磨损比一般金属切削刀具要大得多,其磨损量与其硬度有关。在外圆磨床上,由于砂轮直径一般都比较大,砂轮的磨损对工件尺寸精度、形状精度影响较小,而对于内圆磨床,由于砂轮直径较小,砂轮磨损对工件精度的影响就比较大,因此在精密外圆磨床、精密内圆磨床、齿轮磨床及花键磨床上多有砂轮补偿机构,砂轮修整后及时进行尺寸补偿。修整砂

轮的装置有时采用定时自动修整并及时补偿的联合结构。

为了减少刀具尺寸磨损对加工精度的影响,可以采取如下措施:

(1) 进行尺寸补偿。在数控机床上可以比较方便地进行刀具尺寸补偿,它不仅可以补偿尺寸磨损,而且可以补偿刀具刃磨后的尺寸变化,如棒铣刀、圆盘铣刀等。

(2) 降低切削速度,增长刀具寿命。

(3) 选用耐磨性较高的刀具材料,如复合氮化硅、立方氮化硼等,或通过在高速钢上进行多元合金共渗、在硬质合金上进行镀膜等措施来提高刀具的耐用度。

3. 夹具的制造精度和磨损

对于IT5～IT7级精度的零件,夹具精度一般是零件精度的1/3～1/2。对于IT8级精度以下的零件,夹具精度可为零件精度的1/10～1/5。

夹具的制造精度主要表现在定位元件、对刀装置和导向元件等本身的精度以及它们之间的相对位置精度。定位元件确定了工件与夹具之间的相对位置,对刀装置和导向元件确定了刀具与夹具之间的相对位置,通过夹具就间接确定了工件和刀具之间的相对位置,从而保证了加工精度。

如图6-9(a)所示是一个钻床夹具即钻模,工件为一套筒,要在距端面$a\pm\delta a$处并通过中心钻一个孔,这时夹具上的钻模套(即导向元件)中心与工件端面的定位面之间距离的公差可取$\pm\delta a/3$。

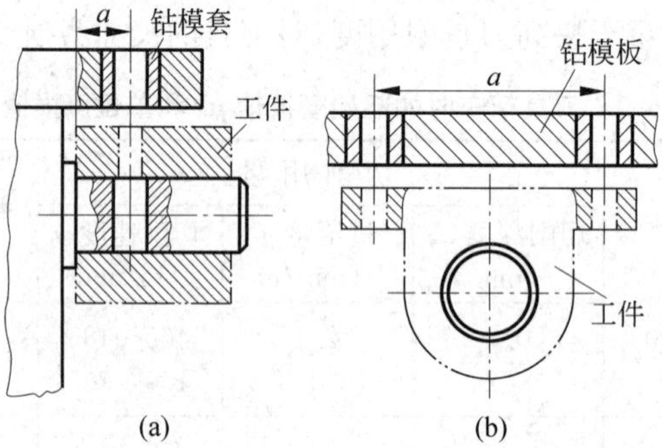

图6-9 夹具精度与零件精度之间的关系

又如图6-9(b)所示,在一个轴承座零件上钻两个通孔,孔间距为$a\pm\delta a$,钻模板上两个钻模套之间的孔间距可取$a\pm\frac{\delta a}{3}$。

夹具中定位元件、对刀装置和导向元件的磨损会直接影响加工精度。

6.3.3 工艺系统受力变形和零件内应力对加工精度的影响

1. 刚度的概念

工艺系统中机床、刀具、夹具及工件等在受到切削力、传动力、惯性力、重力、夹紧力等作用时会产生弹性变形,当超过弹性变形极限后会产生塑性变形。工艺系统的变形一般都属于弹性变形。

刚度是物体受力后抵抗外力的能力，也就是物体在受力方向上产生单位弹性变形所需要的力，其值为

$$K=\frac{F_y}{y} \tag{6-4}$$

式中：F_y 为 Y 方向的外力，N；y 为在受力方向上的变形，mm。

柔度是物体受单位力时在受力方向的变形，它是刚度的倒数，即

$$G=\frac{y}{F_y} \tag{6-5}$$

物体在受力后产生变形，力和变形之间的关系不一定是线性的，这时刚度值也是变化的。

$$k=\frac{\Delta F_y}{\Delta y} \tag{6-6}$$

在工艺系统中，往往一个方向的力同时产生几个方向的变形，如图 6-10 和图 6-11 所示。因此工艺系统的变形具有复合性。

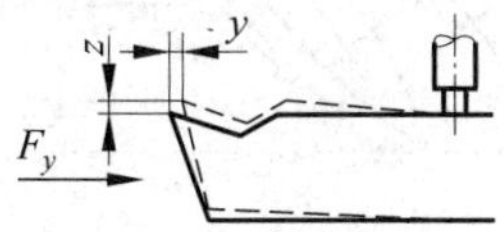

图 6-10　车刀受 F_y 力时同时在 y,z 方向产生变形

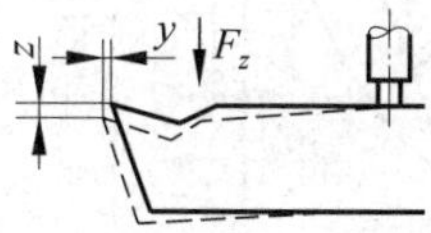

图 6-11　车刀受 F_z 力时同时在 y,z 方向产生变形

机床是由多个零件组成的，一台机床或部件的受力变形，除了零件本身的变形以外，还有零件之间接触面的变形。这就是接触刚度的概念。

2. 刚度曲线及影响刚度的因素

1）工艺系统的变形曲线

（1）加载变形曲线

图 6-12 表示了一台机器或一个部件的加载变形曲线，可以明显地看出，载荷和变形不呈线性关系，而呈曲线关系，这主要是由于接触变形的影响，也可能有刚度很差的零件存在。这种变形曲线又可以分为两类：一个是凹形曲线（图 6-12(a)），另一个是凸形曲线（图 6-12(b)）。凹形曲线的特点是开始变形很大，逐渐刚度变好；而凸形曲线的特点是开始刚度较好，随着载荷的加大，刚度愈来愈差。凹形曲线可能是在机器或部件中存在着刚度很差的零件，极易变形，一旦该零件变形变小，则整个刚度值将上升。凸形曲线则可能是由于结构中有预紧力，当载荷超过预紧力时，刚度急剧变差。

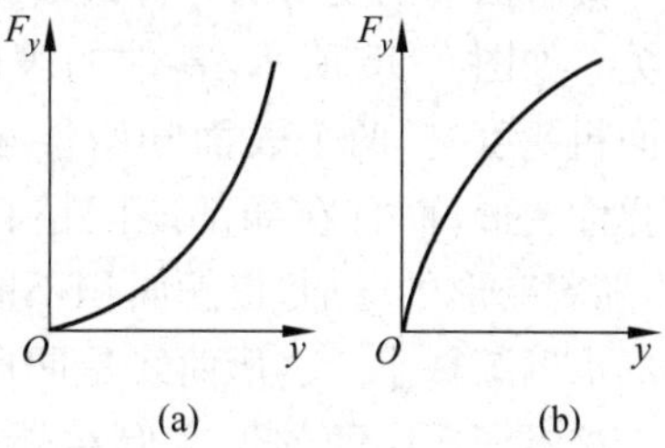

图 6-12　加载变形曲线

（2）正反向加卸载变形曲线

图 6-13 表示了某一结构正反向加卸载变形曲线。先在正方向加载，得加载变形曲线，然后卸载，得到卸载变形曲线，可见两条曲线不重合，产生类似“磁滞”现象，这主要是由于接触面上的塑性变形、零件位移时的摩擦力消耗以及间隙的影响。同理在反方向加载和卸载，

又可得到加载变形曲线和卸载变形曲线，两者也不重合。同时整个加卸载过程最后不回原点，最终最大间隙量为 y。图中正向加载曲线未从原点开始是考虑了结构间隙，这时加载很小，只要超过位移面间的摩擦力即可使零件产生位移。

(3) 多次重复加卸载变形曲线

图 6-14 表示某一结构的多次重复加卸载变形曲线，图中绘出了 3 次加卸载的情况，第一次加卸载，"磁滞"现象最严重，以后逐渐减小。因为结构经过第一次加卸载后，大部分间隙消除，接触面上变形由于接触面积增大而减小，经过若干次重复加卸载，卸载曲线逐渐接近加载曲线，加载曲线的起始点和卸载曲线的终点也逐渐重合。由于摩擦力消耗，接触面变形愈来愈小，使得加卸载曲线逐渐接近，这是指在相同外力的作用下而言。

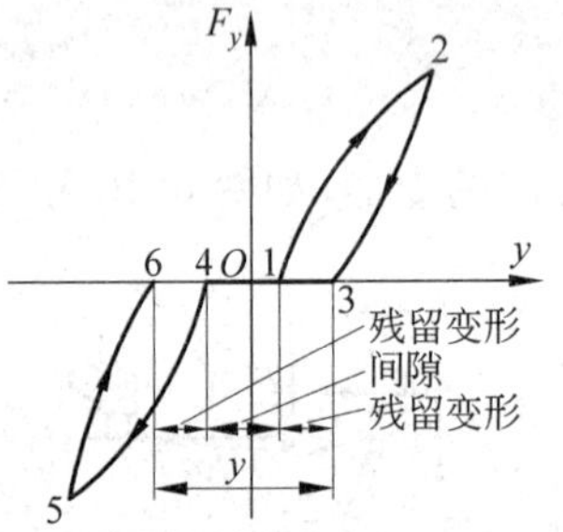

图 6-13 正反向加卸载变形曲线

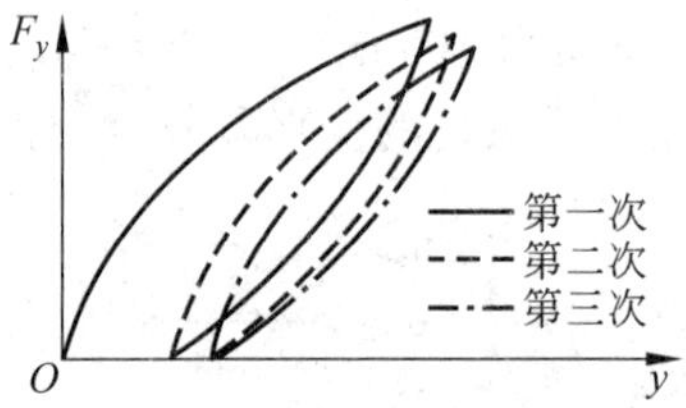

图 6-14 多次重复加卸载变形曲线

总结工艺系统的变形曲线，可以得到以下几点结论：

① 变形曲线是非线性的，有凸形和凹形两种。可根据曲线求某个特定加载条件下的刚度或某一加载变形范围内的平均刚度。

② 加载变形曲线与卸载变形曲线不重合，且不回到起始点。

③ 多次重复加卸载变形曲线不重合，随着重复次数的增加，变形曲线逐渐接近。

④ 单件零件的变形曲线与一个机器或部件的变形曲线相差很大。

2) 影响工艺系统刚度的因素

(1) 接触面的表面质量

接触面间的变形与零件的表面粗糙度、几何形状、接触面积大小及材料的物理机械性质有关。如图 6-15 所示，零件的表面有微观几何形状误差(即表面粗糙度)。两个表面开始接触时，接触面较小，因此不仅有弹性变形，而且在局部地区还有塑性变形。开始时变形较大，随着变形的增加，接触面积不断增大，变形应力不断减小，变形也逐渐减小。变形曲线是凹形曲线。

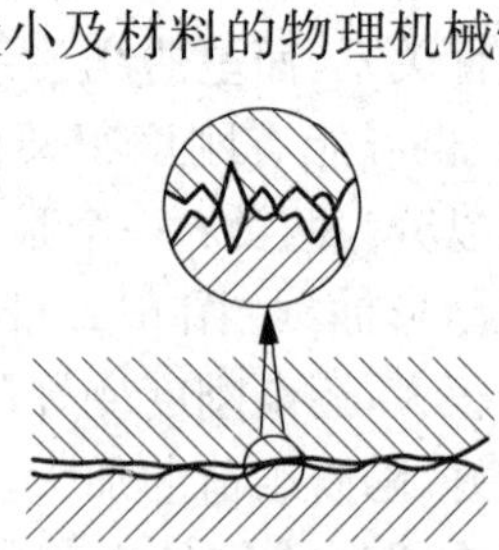
图 6-15 接触面表面质量对接触刚度的影响

接触变形中的弹性变形在外力去除后就会恢复，而塑性变形就会保留，这样就有能量的消耗和损失。这是造成加载与卸载曲线不重合的原因之一。

由于接触面上的塑性变形，造成零件之间的间隙变大，使得卸载曲线不回原点。

(2) 系统存在薄弱环节——刚度较差的零件

机器或部件中，经常采用镶条、键等连接零件。这些零件本身的刚度差，易变形，使整个系统刚度变差，变形曲线成凹形。图 6-16 为一燕尾导轨的镶条结构。镶条为一细长扁薄零件，在两个截面上均易变形(图右边为镶条变形情况)。因此在受力后，这个零件先变形，影响了整个机器或部件的刚度。又如图6-17是一个薄壁套筒零件，也是一个易变形的零件。

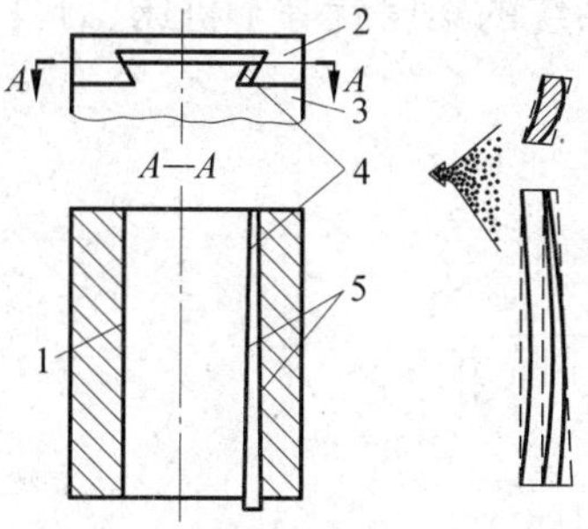

图6-16　刚度较差的零件——镶条

1—基准导轨；2—工作台；3—床鞍；4—镶条；5—镶条导轨

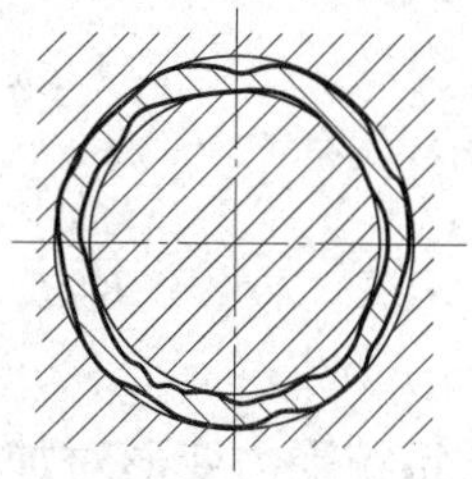

图6-17　刚度较差的零件——薄壁套筒

(3) 连接件夹紧力的影响

机器和部件中的许多零件多是用螺钉等连接起来的，当外加载荷方向与螺钉的夹紧力方向相反时，开始载荷小于螺钉所形成的夹紧力，这时变形较小，刚度较高；当载荷大于螺钉所形成的夹紧力时，螺钉将变形，因此变形较大，刚度较差，所以有连接件的一些结构中，多出现凸形变形曲线。

为了提高刚度和接触刚度，在一些结构中采用了加预紧力的措施，当载荷超过预紧力时就会有较大的变形，因此变形曲线也是凸形的。如滚动导轨结构，有摩擦小、轻便灵活等优点，但刚度和接触刚度较差，通常是采用加预紧力的办法来提高。当然这种情况预紧力不能过大。

(4) 摩擦力的影响

在加载时，外摩擦力阻碍零件的间隙位移，内摩擦力阻碍变形增加；在卸载时，外摩擦力阻碍零件的间隙恢复，内摩擦力阻止变形减小。但是摩擦力总是会造成能量的消耗，因此使得加载曲线与卸载曲线不重合。

如果在加载和卸载的过程中加以振动，这时零件的变形和位移是断续跳跃地进行的，因有时没有摩擦力的作用，所以“磁滞”较小，如图6-18所示。

(5) 间隙的影响

在机器或部件上进行正向加载，由于间隙的存在，当载荷大于零件间的摩擦力时，就会产生位移。反向加载时也是一样。因而造成正向加载曲线的起始点与反向卸载曲线的终结点不重合，可参考图6-13。由于接触变形会加大间隙量，使得间隙对刚度的影响更为严重，这种变形主要是塑性残留变形造成的。在结构上应考虑减小间隙。对于某些精密机器可进行一定时间的空运转预热，减小间隙，加大刚度。

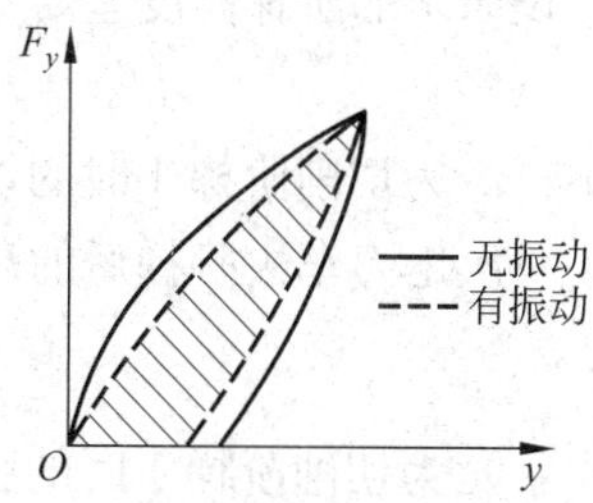

图6-18　振动对变形曲线的影响

由于刚度包括零件本身的变形和零件之间接触面上的接触变形，因此在分析影响工艺系统刚度的因素中，把接触刚度作为整个刚度的一部分。有许多因素可影响接触刚度，如表面粗糙度、表面纹理方向、表面硬度、表面几何形状等。

3）工艺系统刚度及其组成

整个工艺系统的刚度决定于机床、刀具、工件及夹具的刚度，工艺系统的受力变形等于机床、刀具、工件及夹具的受力变形之和。因此，工艺系统的柔度就等于机床、刀具、工件及夹具的柔度之和，即

$$G_{系统} = G_{机床} + G_{刀具} + G_{工件} + G_{夹具} \tag{6-7}$$

用刚度来表示，就有

$$\frac{1}{K_{系统}} = \frac{1}{K_{机床}} + \frac{1}{K_{刀具}} + \frac{1}{K_{工件}} + \frac{1}{K_{夹具}} \tag{6-8}$$

3. 工艺系统受力变形对加工精度的影响

1）切削力对加工精度的影响

工艺系统受切削力的作用将产生变形，当切削力变化时造成变形量的变化，因此将会影响工件的尺寸精度、形状精度及位置精度。切削力的变化主要是由于加工余量不均匀、材料的硬度不均匀以及机床、夹具、刀具等在不同受力部位刚度不同而产生的。

在车床上安装一个阶梯轴试件(图 6-19)，试件上有 3 组阶梯，阶梯的差值相等，一次走刀将这 3 个部位的阶梯车去后，因系统有弹性变形，故阶梯的高度差将仍然存在，但数值大为减小，这种现象称为误差复映现象。

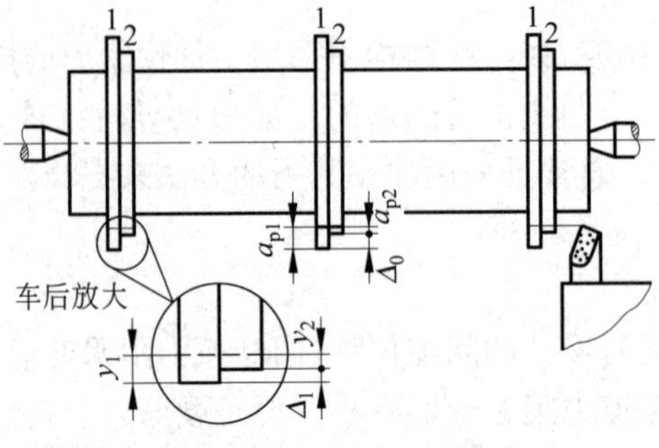

图 6-19　车床切削力对加工精度的影响

设原来的阶梯高度差为

$$\Delta_0 = a_{p1} - a_{p2}$$

式中：a_{p1}为切削阶梯 1 时的切深；a_{p2}为切削阶梯 2 时的切深。

一次走刀车去阶梯后的高度差为

$$\Delta_1 = y_1 - y_2$$

式中：y_1 为切削阶梯 1 时的弹性变形，$y_1 = \frac{F_{y1}}{K}$；y_2 为切削阶梯 2 时的弹性变形，$y_2 = \frac{F_{y2}}{K}$。

由式(2-29)知

$$F_y = ca_p$$

式中：c 为系数。可以得到

$$\varepsilon = \frac{\Delta_1}{\Delta_0} = \frac{y_1 - y_2}{a_{p1} - a_{p2}} = \frac{\frac{F_{y1}}{K} - \frac{F_{y2}}{K}}{a_{p1} - a_{p2}} = \frac{\frac{c(a_{p1} - a_{p2})}{K}}{a_{p1} - a_{p2}} = \frac{c}{K} \tag{6-9}$$

比值 $\varepsilon=\Delta_1/\Delta_0$ 称为误差复映系数，显然它是小于 1 的，误差复映系数 ε 愈小，则系统刚度值愈高。对于车削工艺系统来说，不同切削处的系统刚度值不同。因此在试件上有 3 组阶梯，左边的阶梯表示车床主轴处，右边的阶梯表示车床尾架处，中间的阶梯表示中间处，分别用“主”、“尾”、“中”表示，可以得到该系统中 3 个不同切削处的误差复映系数：

$$\varepsilon_{主}=\frac{c}{K_{主}},\quad \varepsilon_{尾}=\frac{c}{K_{尾}},\quad \varepsilon_{中}=\frac{c}{K_{中}}$$

由于车床在主轴、尾架、中间 3 处的刚度是不同的，因此其误差复映系数也不同，但当工件一次走刀后，径向截面的精度都有所提高，其提高的程度可由误差复映系数 ε 表示，其表明了切削力对轴类零件径向截面形状精度的影响，系数 c 是一个与切削力有关系的数值。以中间处阶梯为例：

当工件第一次走刀时，其误差复映系数 ε 用 $\varepsilon_{中1}$ 来表示，$\varepsilon_{中1}=\Delta_1/\Delta_0=c_1/K_{中1}$。

当工件第二次走刀时，其误差复映系数 ε 用 $\varepsilon_{中2}$ 来表示，$\varepsilon_{中2}=\Delta_2/\Delta_1=c_2/K_{中2}$，这是考虑了第二次走刀可能是另一工步，所用的刀具和切削用量与第一次走刀不同，故用系数 c_2 表示，同时工件由于第一次走刀被切削掉一部分，故工艺系统刚度也不同。

同理，当工件第三次走刀时，$\varepsilon_{中3}=\Delta_3/\Delta_2=c_3/K_{中3}$。

工件经过 3 次走刀后，其径向截面形状精度的变化可用总的误差复映系数来表示，即

$$\varepsilon_{中}=\frac{\Delta_3}{\Delta_0}=\frac{\Delta_1}{\Delta_0}\cdot\frac{\Delta_2}{\Delta_1}\cdot\frac{\Delta_3}{\Delta_2}=\varepsilon_{中1}\varepsilon_{中2}\varepsilon_{中3} \tag{6-10}$$

由于 $\varepsilon_{中i}$ 都是小于 1 的，故 $\varepsilon_{中}$ 小于 $\varepsilon_{中1}$、$\varepsilon_{中2}$、$\varepsilon_{中3}$。可见，工件经过 3 次走刀后，径向截面精度进一步提高。

因此，工件经过多次走刀，其总的误差复映系数 ε 等于各次走刀误差复映系数 ε_i 的乘积，即

$$\varepsilon=\varepsilon_1\varepsilon_2\varepsilon_3\cdots\varepsilon_n$$

式中：n 为走刀次数。

如果每次走刀所用刀具和切削用量等都相同，又忽略 $K_{系统}$ 的变化，则各次走刀的 ε_i 相等，即

$$\varepsilon=\varepsilon_i^n$$

综上所述，可知：

(1) 走刀次数(或工步次数)愈多，总的误差复映系数愈小，零件形状精度愈高，对于轴类零件则是径向截面的形状精度愈高。

(2) 系统刚度愈好，加工精度愈高。

(3) 切深 a_p 值的大小并不影响误差复映系数 ε 值，因为误差复映系数 ε 只与切深 a_p 的差值有关，因此切深 a_p 值的大小不影响横向截面的形状精度，但它会影响切削力的大小，使工件、机床等的变形产生变化，从而会影响工件的横向截面尺寸精度。所以工件进行多次走刀时，不论每次切深多少，也许第二次走刀的切深比第一次走刀的大，每次走刀后的横向截面形状精度总会提高，而尺寸精度却不同，切深愈大，工件横向截面尺寸精度愈差。

(4) 可以根据零件所要求的形状精度和毛坯的情况来选择工艺系统刚度及走刀次数，也可以根据现有工艺系统的刚度及走刀次数，来计算工件可能达到的形状精度。

2) 传动力对加工精度的影响

在车床、磨床上加工轴类零件时，往往用顶尖孔定位，通过装在主轴上的拨盘、传动销拨动

装在工件左端的夹头使工件回转,如图 6-20(a)所示。拨盘上的传动销拨动装在工件上的夹头,使工件回转的力称为传动力。在拨盘转动的过程中,传动力 F 与切削分力 F_y 有时同向,有时反向,有时成某一角度,因为传动力的方向是变化的。当传动力 F 与切削分力 F_y 方向相同时,切深将减小;两者方向相反时,切深将增加。由于切削力不等,变形各异,因而引起加工误差。

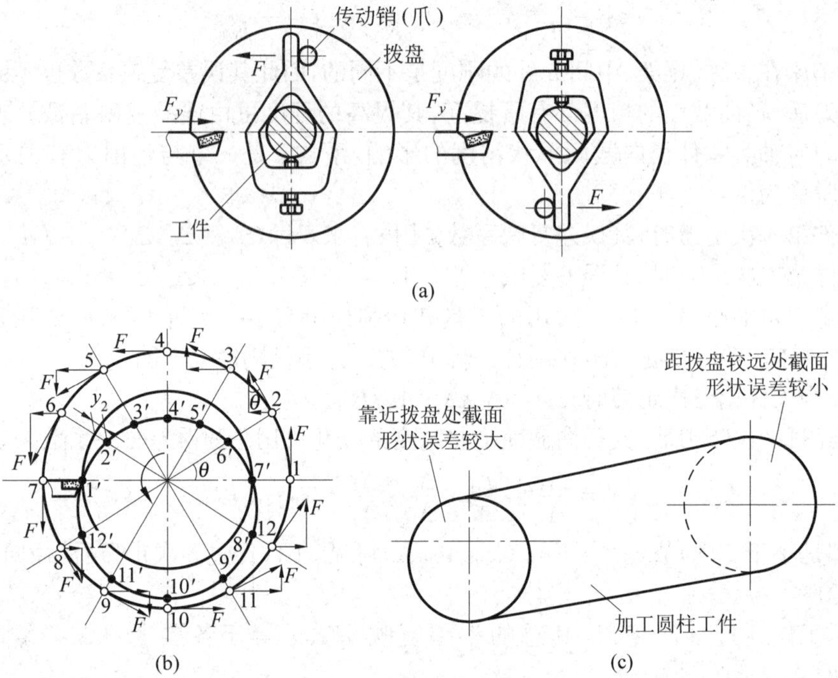

图 6-20 传动力对加工精度的影响

图 6-20(b)中表示了传动力对加工工件形状误差的影响。当传动销在位置 1 时,传动力 F 与切削分力 F_y 的方向垂直,它所引起工艺系统在尺寸敏感方向的变形 y_1 可以忽略。当传动销在位置 2 时,传动力 F 在尺寸敏感方向的分力为 $F\sin\theta$(θ 为位置 2 与水平轴的圆周夹角),它使工件在靠近刀具方向上产生的变形 $y_2=(F\sin\theta)G$,G 为柔度,这时工件的切削点在位置 $2'$,即工件多切了一些,依此推算可知

$$y_i=(F\sin\theta)G$$

式中:θ 为传动力所在位置与水平轴的圆周夹角,$\theta=0°\sim360°$;y_i 为传动力在各个位置时使工件在靠近刀具方向上产生的变形,当 $\theta=0°\sim180°$时,y_i 为正值,工件尺寸变小,当 $\theta=180°\sim360°$时,y_i 为负值,工件尺寸变大。

图 6-20(b)中表示出了工件的径向截面形状误差。

应该说明,传动力 F 与切削分力 F_y 不在同一作用线上,这将造成扭转变形,但对截面形状误差的影响很小。

另外,传动力对工件径向截面形状误差的影响在靠近拨盘处较大,距拨盘愈远处,由于 F 与 F_y 不在同一径向截面,影响很小,如图 6-20(c)所示。

在精加工时,为了避免单爪拨盘传动力的影响,采用了双爪拨盘传动结构(图 6-21)。这时有两个拨爪同时拨动,两个传动力大小相等、方向相反,可以避免传动力引起切深的变化。如在外圆磨床、花键磨床上都用双爪拨盘。

3）惯性力对加工精度的影响

高速回转零件的不平衡会产生离心力，离心力在零件回转过程中不断改变方向，有时与切削分力 F_y 同向，有时反向。同向时，减小了实际切深，反向时，增加了实际切深，由于工艺系统的受力变形，因此产生加工误差。

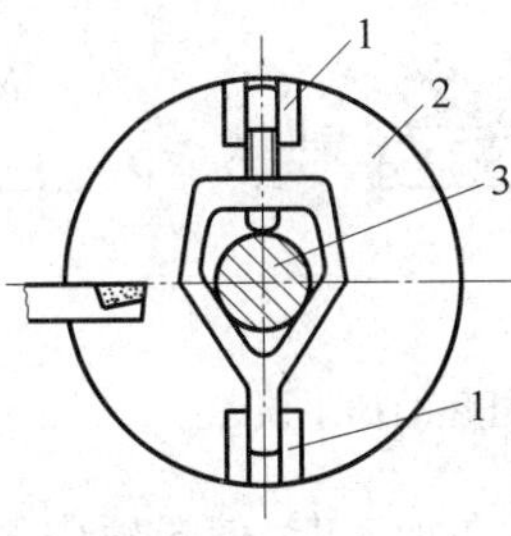

图 6-21　用双爪拨盘传动工件的结构示意图

1—拨爪；2—拨盘；3—工件

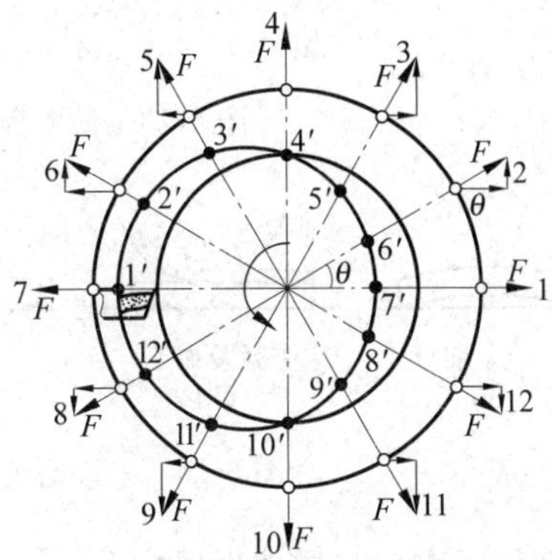

图 6-22　惯性力对加工精度的影响

图 6-22 表示在车削中由于工件本身不平衡，如安装偏心或工件本身不对称所引起的重心偏移等，产生离心力 F，在位置 1 时，离心力 F 与切削分力 F_y 同向，减小了实际切深，离心力 F 使工件在远离刀具方向上产生的变形 $y_1=FG$（G 为工艺系统柔度），这时相应的切削位置在 $1'$。离心力在位置 2 时，它在尺寸敏感方向的分力为 $F\cos\theta$（θ 为离心力与水平轴的圆周夹角），使工件在远离刀具方向上产生变形 $y_2=(F\cos\theta)G$，相应的切削位置在 $2'$ 处。离心力在位置 4 时，F 与 F_y 成 90°，在尺寸敏感方向上的变形 y_4 可以忽略。离心力 F 使工件在远离刀具方向上产生的工艺系统变形是变化的：

$$y_i=(F\cos\theta)G \tag{6-11}$$

从图中可以看出，由于惯性力所造成的工件在径向截面上的形状误差与传动力对加工精度的影响相似。

为了消除惯性力对加工精度的影响，常采用加配重来进行平衡的方法，在车削或磨削中可以遇到。

4）夹紧力对加工精度的影响

对于刚度比较差的零件，在加工时由于夹紧力安排不当使零件产生弹性变形。加工完后，卸下工件，这时弹性恢复，结果造成形状误差。典型的例子是在车床或内圆磨床上，用三爪卡盘夹紧薄壁套筒零件来加工其内孔。夹紧后，工件内孔变形成三棱形。内孔加工后成圆形，但是松开后因弹性恢复，该孔便呈三棱形（图 6-23(a)、(b)、(c)）。解决的方法是加大三爪的各自接触面以减小压强（图 6-23(d)），或用一开口垫套来加大夹紧力的接触面积，如图 6-23(e)所示。

在平面磨床上加工薄片零件，如薄垫圈、薄垫片等，由于零件本身原来有形状误差，当用电磁吸盘夹紧时，零件产生弹性变形。磨削后松开工件，弹性恢复，结果仍有形状误差，如图 6-24(a)，(b)，(c)所示。解决的办法是用导电磁填料垫平工件，使得工件在夹紧而不变形的状态下磨出一个平面，再以此平面定位夹紧，则可加工出不变形的平面（图 6-24(d)）。

在生产中，有时利用夹紧力使工件变形而达到所要求的精度。图 6-25 所示床身零件为

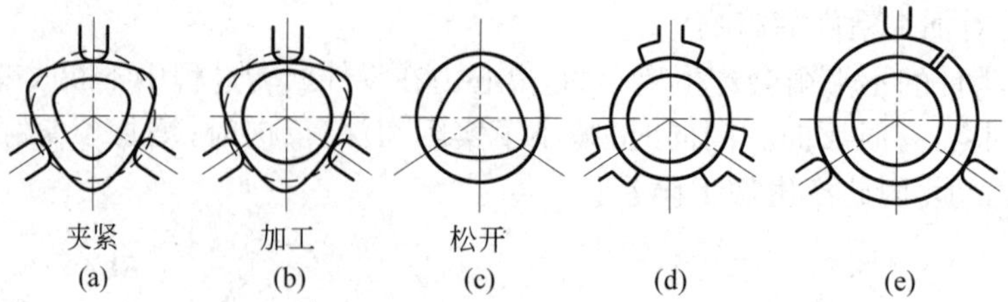

图 6-23　薄壁套筒零件由于夹紧力引起的加工误差

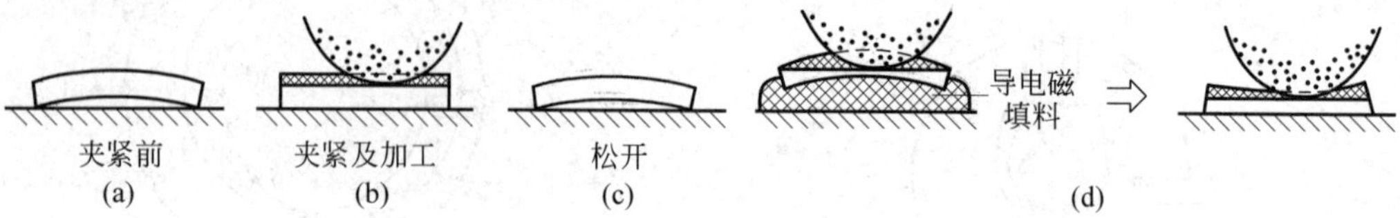

图 6-24　平面磨削薄片零件由于夹紧力引起的加工误差

了提高使用寿命将导轨做成中凸的。由于中凸量很小，就在加工时，使导轨中部受夹紧力产生微量变形。待加工完后松开时，由于弹性恢复而自然形成中凸形，只要夹紧力控制得当，就可以保证中凸量。

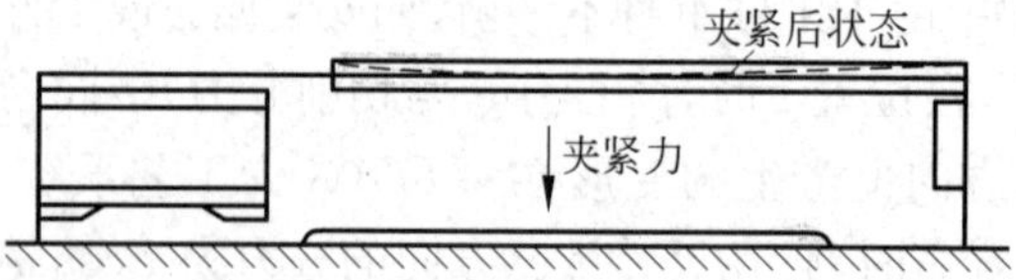

图 6-25　利用夹紧力使工件变形达到要求的精度

5）重力对加工精度的影响

在加工中，机床部件或工件产生移动时，其重力作用点的变化会使相应零件产生弹性变形。如大型立车、龙门铣床、龙门刨床等，其主轴箱或刀架在横梁上面移动时，由于主轴箱的重力使横梁的变形在不同位置是不同的，因而造成加工误差，这时工件表面将成中凹形(图 6-26)。为了减少这种影响，有时将横梁导轨面做成中凸形。当然，提高横梁本身的刚度是根本措施。

铣床的床鞍在升降台上横向移动时，由于工作台、回转盘和床鞍的自重使升降台产生变形而低头。这个变形量随床鞍在升降台上的位置而变化(图 6-27)。这种情况也可以通过将升降台的导轨面做成前高后低(即抬头)来抵消。

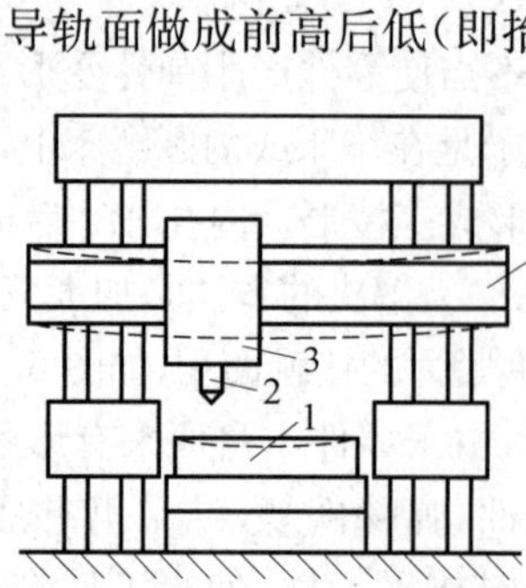

图 6-26　机床部件的重力所引起的加工误差

1—工件；2—刨刀；3—刀架；4—横梁

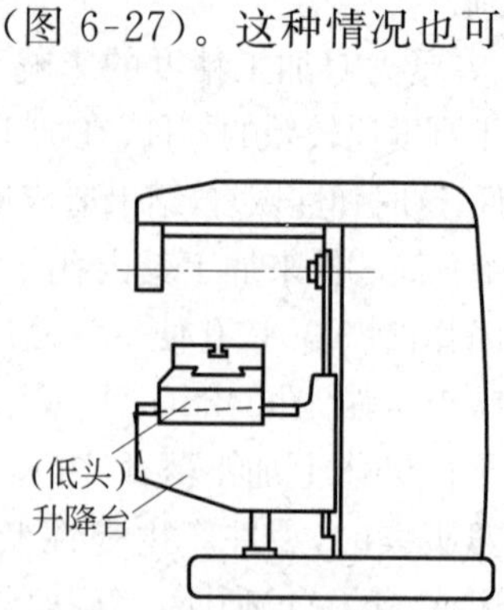

图 6-27　铣床床鞍等零件自重所引起的加工误差

4. 内应力对加工精度的影响

具有内应力的零件处于一种不稳定的状态，其内部的组织有强烈的倾向要恢复到一个稳定的没有内应力的状态，即使在常温下零件也不断地进行这种变化，直到内应力消失为止。在这种过程中，零件的形状逐渐变化，原有的加工精度逐渐丧失。若把具有内应力的重要零件装配成机器，它在机器的使用期中产生了变形，就可能破坏整台机器的质量，带来严重的后果。

下面就产生内应力的几种外部来源及其特点加以分析。

1）毛坯制造中产生的内应力

在铸、锻、焊、热处理等加工过程中，由于各部分冷热收缩不均匀以及金相组织转变引起的体积变化，使毛坯内部产生了相当大的内应力。毛坯的结构愈复杂，各部分的厚度愈不均匀，散热的条件相差愈大，则在毛坯内部产生的内应力也愈大。具有内应力的毛坯由于内应力暂时处于相对平衡的状态，在短时期内还看不出有什么变动，但在切削去除某些表面部分以后，就打破了这种平衡，内应力重新分布，零件就明显地出现了变形。通过图 6-28 的例子，可以说明上述现象。

图 6-28(a)表示一个内、外壁厚相差较大的铸件。在浇铸后，它的冷却过程大致如下：由于壁 1 和壁 2 比较薄，散热较易，所以冷却较快。壁 3 比较厚，所以冷却较慢。当壁 1 和壁 2 从塑性状态冷却到弹性状态时（在 620℃左右），壁 3 的温度还比较高，尚处于塑性状态。所以壁 1 和壁 2 收缩时壁 3 不起阻挡变形的作用，铸件内部不产生内应力。当壁 3 也冷却到弹性状态时，壁 1 和壁 2 的温度已经降低很多，收缩速度变得很慢。但这时壁 3 收缩较快，就受到了壁 1 和壁 2 的阻碍。因此，壁 3 受到了拉应力，壁 1 和壁 2 受到压应力，形成了相互平衡的状态。如果在这个铸件的壁 2 上开一个口，如图 6-28(b)所示，则壁 2 的压应力消失，铸件在壁 3 和壁 1 的内应力作用下，壁 3 收缩，壁 1 伸长，铸件就发生弯曲变形，直至内应力重新分布达到新的平衡为止。推广到一般情况，各种铸件都难免产生冷却不均匀而形成的内应力，铸件的外表面总比中心部分冷却得快。特别是有些铸件，如机床床身，为了提高导轨面的耐磨性，采用局部激冷的工艺使它冷却得更快一些，以获得较高的硬度，这样在铸件内部形成的内应力也就更大一些。若导轨表面经过精加工刨去一层，这就像在图 6-28(b)中的铸件壁 2 上开口一样，就会引起内应力的重新分布并产生弯曲变形（如图 6-29）。但这个新的平衡过程需要较长的一段时间才能完成，因此尽管导轨经过精加工去除了这个变形的大部分，但铸件内部还在继续转变，合格的导轨面渐渐地就丧失了原有的精度。为了克服这种内应力重新分布而引起的变形，特别是对大型和精度要求高的零件，一般在铸件粗加工后先进行时效处理，然后再精加工。

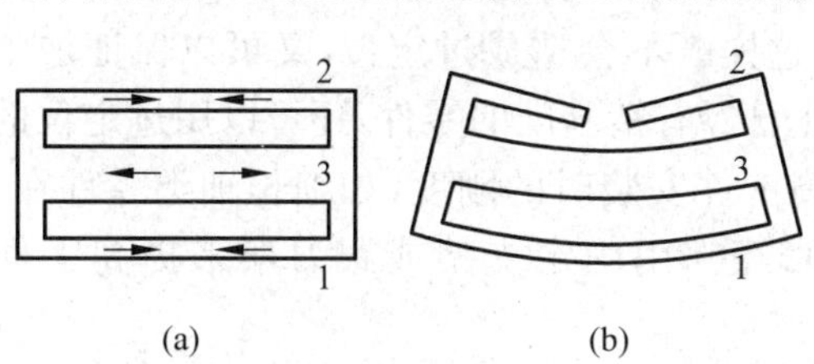

图 6-28 铸件因内应力而引起的变形

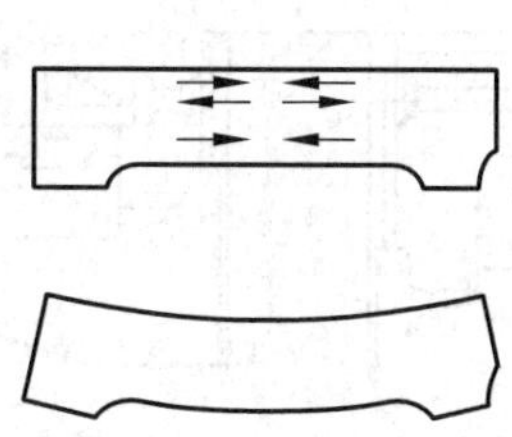

图 6-29 床身因内应力而引起的变形

2）冷校直带来的内应力

冷校直带来的内应力可以用图 6-30 来说明。丝杠一类的细长轴经过车削以后，棒料在轧制中产生的内应力要重新分布，产生弯曲，如图 6-30(a)所示。冷校直就是在原有变形的相反方向加力 P，使工件向反方向弯曲，产生塑性变形，以达到校直的目的。在力 P 的作用下，工件内部的应力分布如图 6-30(b)所示，即在轴心线以上的部分产生了压应力(用“－”号表示)，在轴心线以下的部分产生了拉应力(用“＋”表示)。在轴心线和上下两条虚线之间是弹性变形区域，应力分布成直线；在虚线以外是塑性变形区域，应力分布成曲线。当外力 P 去除以后，弹性变形部分本来可以完全消失，但因塑性变形部分恢复不了，内外层金属就起了互相牵制的作用，产生了新的内应力平衡状态，如图 6-30(c)所示。所以说，冷校直后的工件虽然减少了弯曲，但是依然处于不稳定状态，再加工一次后，又会产生新的弯曲变形。对要求较高的零件，就需要在高温时效后，进行低温时效的后续工序来克服这个不稳定的缺点。为了从根本上消除冷校直带来的不稳定的缺点，对于高精度的丝杠(6 级以上)，根本不允许像普通精度丝杠那样采用冷校直工序，而是采用加粗的棒料经过多次车削和时效处理来消除内应力。也可以用热校直来代替冷校直，这样不但提高了丝杠的质量，而且提高了生产率。这种热校直工艺是结合工件正火处理进行的。即工件在正火温度下(对 45 钢是 860～900℃)放到平台上用手动压力机进行校直。在批量比较大时，丝杠用三棍式校直机进行校直。

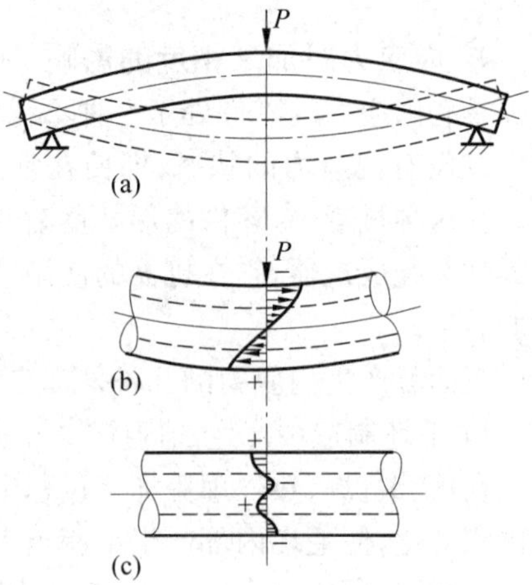

图 6-30　校直引起的内应力

5. 提高工艺系统刚度的措施

工艺系统刚度的提高可以从各部分元件本身的刚度和接触刚度这两方面着手。

1）机床构件自身刚度的提高

在机床设计时要注意支承件、传动件及主轴系统本身刚度的提高。

2）提高工件安装时的刚度

工件在安装时应考虑刚度问题。图 6-31 所示是要铣削一个支架类零件的端面，图 6-31(a)所示加工方案显然因工件悬伸太高而刚度较差，图 6-31(b)所示仍然是在卧式铣床上加工，但工件卧置，定位接触面大，悬伸短，因此刚度大大提高。

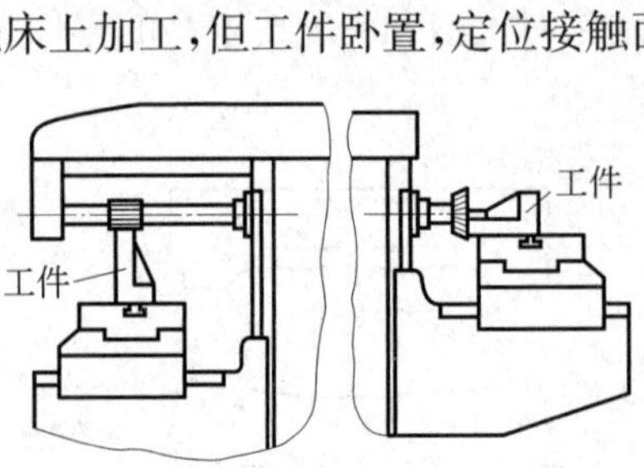

图 6-31　提高工件安装时的刚度

提高工件安装时的刚度可以采用增加辅助支承的方法，这样既不会造成过定位，又可以保证加工精度。对于已经有精基准的零件，还可以用过定位的方法来提高工件安装时的刚度，如细长轴类零件在车、铣加工时经常用固定支架或跟刀架来提高工件的刚度。

3）提高加工时刀具的刚度

在加工时刀具的悬伸应尽量短，刀杆应尽可能粗些，以提高自身的刚度。要特别注意多刀加工时，整个刀具系统的刚度。图 6-32 所示是在立轴转塔车床上加工的例子，图 6-32(a)是利用导向杆和支承座来提高刀具在加工时的刚度；图 6-32(b)是利用装在主轴内孔中的导向套来提高刀具在加工时的刚度。类似的方法在镗床、钻床上加工时运用得很多，如镗长孔时，镗杆就不能悬伸加工，而是用两个镗套来导向及支承。

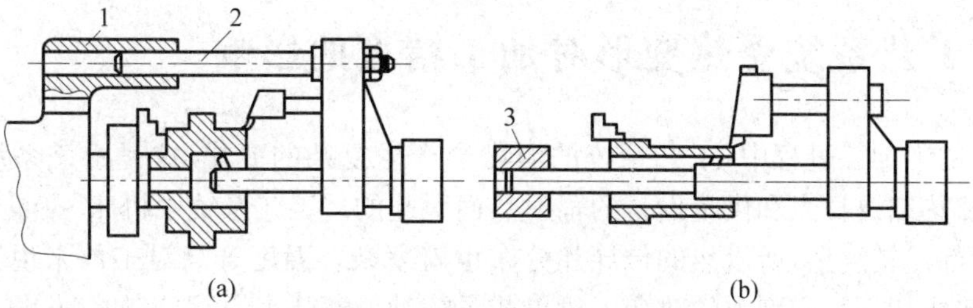

图 6-32　提高加工时刀具的刚度

1—支承座；2—导向杆；3—导向套

4）提高零件表面质量

接触刚度与零件的表面质量有密切关系，因此要注意接触表面的粗糙度、形状精度及物理机械性质等。

5）减少接触面

为了提高整个工艺系统的刚度，应在加工中尽量减少接触面以提高接触刚度。

在万能卧式镗床上加工时，接触面较多，会影响整个系统的刚度。如果在其上加工一个支架零件的孔系(图 6-33(a))，就有两个尺寸链共 9 个接触面(未算主轴箱内零件的接触

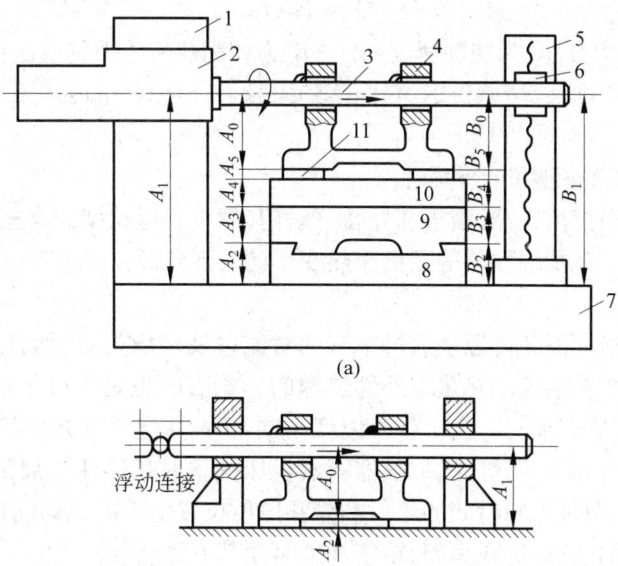

图 6-33　镗削加工中减少接触面的措施

1—立柱；2—主轴箱；3—镗杆；4—工件；5—尾座；6—滑块；

7—床身；8—床鞍；9—工作台；10—转台；11—定位板

面)，因此工艺系统刚度不好；如果利用专用机床、组合机床或用镗模来加工(图 6-33(b))，则可以减少接触面，提高接触刚度。

6) 加预紧力

加预紧力可以使接触面产生预变形，减小间隙，从而提高接触刚度。对于相互静止的结构，可加 150 MPa 的预紧压力；对于相互运动的结构(如滚动导轨等)，可加 10～20 MPa 的预紧压力。

6.3.4 工艺系统受热变形对加工精度的影响

在金属切削加工过程中，工艺系统的温度会产生复杂的变化，这是由该系统所受到的切削热、摩擦热以及日光和供暖设备的辐射热而引起的。工艺系统中机床、夹具、刀具、工件的结构一般都比较复杂，所以热的传导和分布也就复杂。温度升高对工件来说会引起体积的变化，并造成切深和切削力的改变。对工艺系统其他环节来说，温度的变化将导致工艺系统中各元件间正确的相互位置改变，使工件与刀具的相对位置和切削运动产生误差。例如，长的精密丝杠、薄的壳体类零件加工时，温度变形是造成加工误差的重要因素。

1. 工艺系统的热源

1) 切削热

切削过程中，切削层金属的弹塑性变形及刀具、工件与切屑间的摩擦所消耗的能量，绝大部分转化为切削热，这些热量将传到工件、刀具、切屑和周围介质中去。

切削热是工件和刀具热变形的主要热源。设忽略进给运动消耗的能量而把主切削运动所消耗的能量看作全部转化为切削热，则单位时间内传入工件或刀具的切削热 Q 可估算为

$$Q = F_C vK \tag{6-12}$$

式中：F_C 为主切削力，N；v 为切削速度，m/s；K 为切削热传给刀具或工件的百分比。

部分切削热由切削液、切屑带走，它们落到床身上，再把热量传到床身，对机床热变形产生影响。

2) 传动系统的摩擦热和能量损耗

轴承、齿轮副、摩擦离合器、溜板和导轨、丝杠和螺母等运动副的摩擦热以及动力源能量损耗，如电动机、液压系统的发热等是机床热变形的主要热源。

3) 外部热源

外部热源主要指周围环境温度通过空气的对流以及环境热源，如日光、照明灯具、加热器等通过辐射传到工艺系统的热量。外部热源的影响有时也是不可忽视的。例如，在加工大工件时，常要昼夜连续加工。由于昼夜温度不同，引起工艺系统的热变形也不一样，从而影响了加工精度。再如，照明灯光、加热器等对机床的辐射热往往是局部的，日光对机床的照射不仅是局部的，而且不同时间的辐射热量和照射位置也不同，都会引起机床各部分不同的温升而产生复杂的变形，这在大型、精密加工时尤其不能忽视。

2. 工件的热变形

在加工过程中传到工件上的热主要是切削热(或磨削热)。对于精密零件，周围环境温度和局部受到日光等外部热源的辐射热也往往不容忽视。工件受热后的变形情况决定于工

件本身的结构形状、所采用的加工方法以及连续走刀的次数等。工件在切削过程中受热有均匀和不均匀两种情况。

1) 工件比较均匀地受热

一些形状较简单的轴类、套类、盘类零件的内、外圆加工时，切削热比较均匀地传入工件，如不考虑工件温升后的散热，其温度沿工件全长和圆周的分布都是比较均匀的，热变形也较均匀，它只引起工件尺寸的变化，而几何形状则不受影响。宽砂轮磨短轴时亦可认为是接近这种状况。

工件直径方向的热膨胀为

$$\Delta D = \alpha D \Delta t \tag{6-13}$$

长度方向的热伸长为

$$\Delta L = \alpha L \Delta t \tag{6-14}$$

例如，磨削钢轴直径为 100 mm，工件温度均匀地由室温 20℃升到 60℃，直径方向的热膨胀为 0.048 mm，相当于 IT8 精度的公差值。又如，车削一个长度为 300 mm、内径为 100 mm、外径为 140 mm 的 45 号钢管，由于在刚开始切削时工件温升为零，随着切削的进行，工件温度逐渐增加，使得直径上的差值为 37 μm，长度伸长量为 80 μm，在工件直径上将形成 0.037∶300 的锥度。

2) 工件不均匀受热

在加工时工件的温升与传入其间的热量、工件的质量、工件材料的热容量等有关，而传入工件的切削热主要决定于切削用量，由于加工条件的复杂性和多样性，大多数情况是工件不均匀受热。铣、刨、磨平面时，工件只在单面受切削热作用，上、下表面的温差导致工件拱起，中间被多切去，加工完毕冷却后，加工表面就产生中凹的误差。

图 6-34 示意了磨削时工件受热，上、下层有温度差，拱起变形的计算模型。对于长度 L，厚度 h 的薄板工件，上、下层温度分别为 t_1、t_2 时，设其拱起挠度为 y_{max}。由于 φ 角很小，中性层的弦长可近似为原长 L，因此

$$y_{max} = \frac{L}{2}\sin\frac{\varphi}{4} = \frac{L\varphi}{8}$$

作 $DF /\!/ OE'$，EF 为热应力变形，其值为 $\alpha(t_1 - t_2)L$，$\varphi = \dfrac{EF}{ED} = \dfrac{\alpha(t_1 - t_2)L}{h}$，故

$$y_{max} = \frac{\alpha(t_1 - t_2)L^2}{8h} \tag{6-15}$$

对于大型平板类零件，如高 600 mm、长2000 mm的机床床身的磨削加工，工件的顶面与底面的温度差为 2.4℃，热变形可达 20 μm(中凸)，因此要采用充足的冷却液或者提高工件的进给速度以减少传给工件的热量。

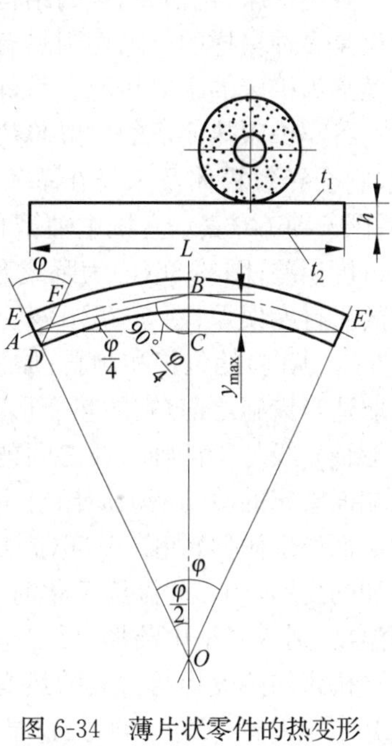

图 6-34　薄片状零件的热变形

3. 刀具的热变形

传给刀具的热主要是切削热，虽然仅占总热量的 3%～5%，但刀具质量小，热容量小，故仍会有很高的温升，例如，高速钢车刀的工作表面温度可达 700～800℃。

刀具受热伸长主要影响工件的尺寸精度，在加工大型零件时，如车削长轴的外圆，也会影响零件的几何形状精度。车刀受热时的伸长量与切削时间的关系可参考图 6-35 中"连续加工时"的曲线。刀具在断续加工时，初期切削时热伸长变形 $\xi_{机动}$ 大于停歇时的冷却收缩变形 $\xi_{停歇}$，随着断续加工的继续，切削时的热伸长变形 $\xi_{机动}$ 逐渐与停歇时的冷却收缩变形 $\xi_{停歇}$ 相等，刀具热变形达到相对稳定的状态。

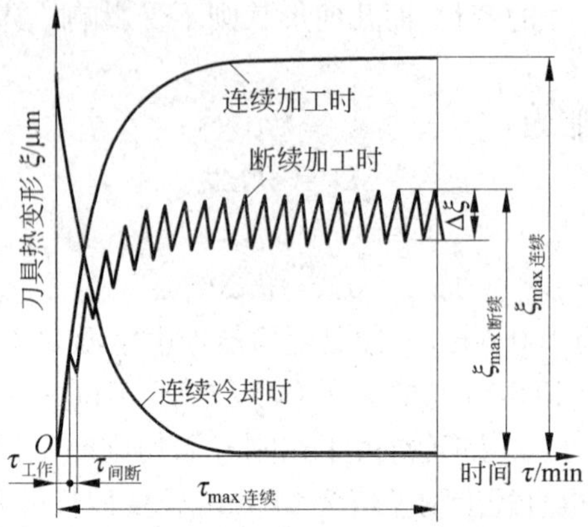

图 6-35　有节奏加工时车刀的温度变形规律

热伸长量 ξ 与时间 τ 的关系式为

$$\xi = \xi_{max}(1 - e^{-\tau/\tau_c}) \tag{6-16}$$

式中：τ_c 是与刀具质量 m、比热容 c、截面面积 A 及表面换热系数 α_s 有关的、量纲为时间的常数，根据实验 $\tau_c = 3 \sim 6$ min；ξ_{max} 则为达到热平衡后的最大伸长量。

4. 机床的热变形

各类机床（包括夹具）的结构和工件条件相差很大，故引起机床热变形的热源和变形特性也是多种多样的。除切削热有一小部分会传入机床外，传动系统、导轨等运动零件产生的摩擦热为机床的主要热源。另外，液压系统、冷却润滑液等也是机床的热源。

各类机床热变形的一般趋势见图 6-36。图 6-36(a)表示车床的主要热源为床头箱的发热，它会导致箱体及床身在垂直面内和水平面内的变形和翘曲，从而造成主轴的位移和倾斜；图 6-36(b)表示立铣主轴箱和主轴热变形的影响，它将使铣削后的平面与基面之间出现平行度误差；图 6-36(c)为卧式升降台铣床的热变形，横梁的热变形加大了主轴轴线对工作台的平行度误差；图 6-36(d)表示坐标镗床主轴变速箱的热变形使主轴在 x 方向（横向）和 y 方向（纵向）的位移和倾斜；加工中心机床（自动换刀数控镗铣床）内部有很大的热源，在未采取适当措施之前，它的热变形相当大，如图 6-36(e)所示；在热变形的影响下，外圆磨床的砂轮轴心线与工件轴心线之间的距离会发生变化，并可能产生平行度误差，见图 6-36(f)；双端面磨床的冷却液喷向床身中部的顶面，使其局部受热而产生中凸的变形，从而使两砂轮的端面产生倾斜，如图 6-36(g)所示；大型导轨磨床因床身较长，车间温度的变化也会引起附加的变形，当车间温度变化时，地面温度变化不大（因其热容量较大），若车间温度高于地面温度，则床身呈中凸形，反之呈中凹形，如图 6-36(h)所示。

机床的热变形与刀具的热变形的区别在于前者进行得比较缓慢，并且机床的部件一般温升不能很高（低于 60℃），这是由于它的质量和体积比刀具大得多的缘故。

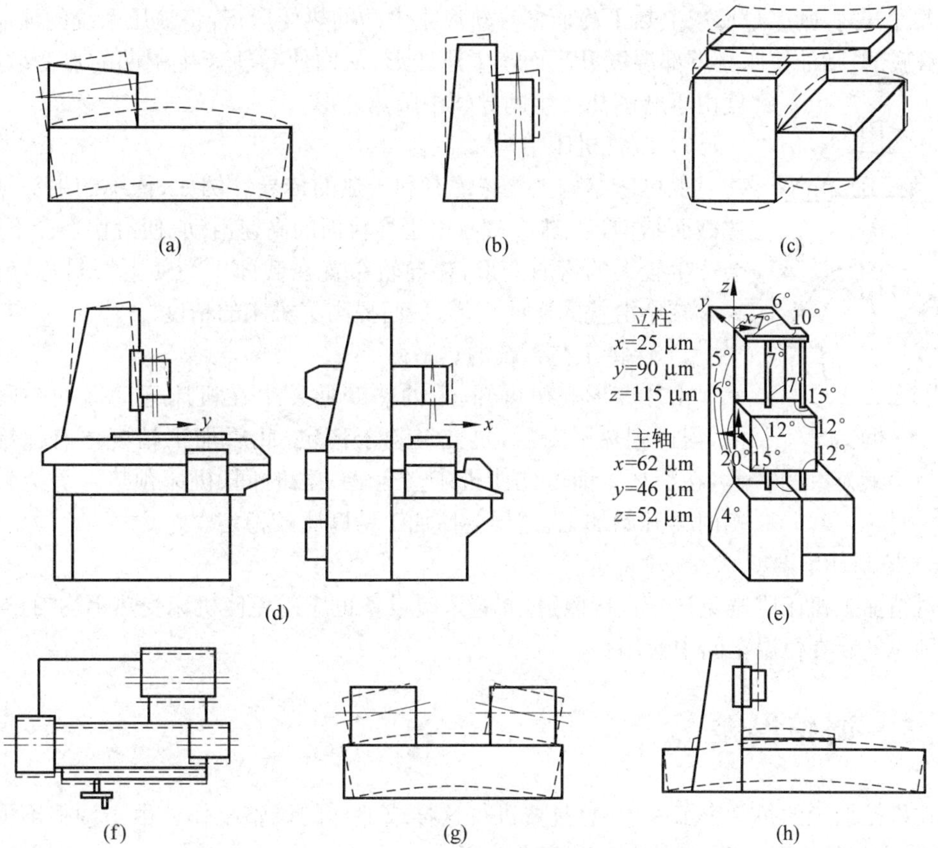

图 6-36　各类机床热变形的一般趋势

(a) 车床；(b) 立铣床；(c) 卧铣床；(d) 坐标镗床；(e) 加工中心机床；
(f) 外圆磨床；(g) 双端面磨床；(h) 大型导轨磨床

研究机床热变形对加工精度的影响时，主要考虑主轴位置的变化以及导轨的变形，因为它们都影响刀具相对于工件加工表面的位置。

5. 减小热变形对加工精度影响的措施

1）减少热源的能量

为了减小机床的热变形，凡是有可能从主机分离出去的热源，如电机、变速箱、液压装置的油箱等，尽可能放置在机床外部。对于不能与主机分离的热源，如主轴轴承、丝杠螺母副、高速运动的导轨副等，则可以从结构、润滑等方面改善其摩擦特性，以减少发热。例如，采用静压轴承、静压导轨、改用低黏度润滑油等。

如果热源不能从机床中分离出去，则可在发热部件与机床大件间用绝热材料隔开。对发热量大的热源，如既不能从机内移出，又不便隔热，则可采用有效冷却措施，如增加散热面积或使用强制式的风冷、水冷等。

2）用热补偿方法

单纯地减小温升往往不能收到满意的效果，此时可采用热补偿方法使机床的温度场比较均匀，从而使机床仅产生不影响加工精度的均匀变形。例如，平面磨床的磨削热使磨床床身的温度升高，则床身形成上热下冷而使导轨产生中凸的热变形；若将液压系统的油池设计在床身底部，则油使床身下部温度升高而产生热变形，从而使导轨产生中凹的热变形，以补偿由于磨削热产生的导轨中凸热变形。

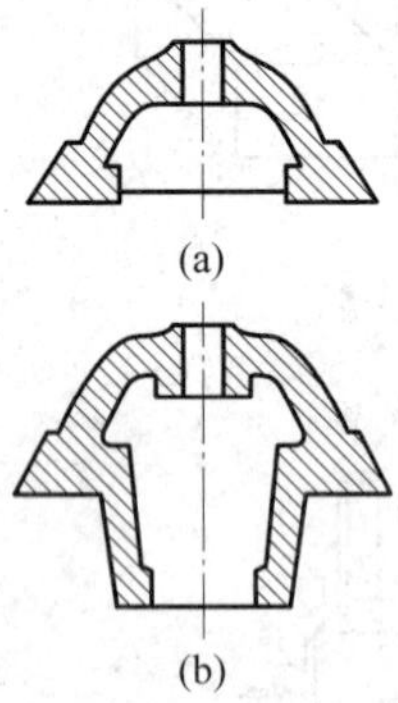

图 6-37　热对称结构

3）改善机床结构

从机床结构上要考虑有利于热的传导。例如，传统的牛头刨床滑枕截面结构（如图 6-37），由于导轨面的高速滑动，使滑枕上冷下热，就会产生较大的弯曲变形，将导轨布置在截面中间使上下对称，就可以大大减小滑枕的弯曲变形，从而提高了机床的精度。

4）保持工艺系统的热平衡

由热变形规律可知，大的热变形发生在机床开动后的一段时间内，当达到热平衡后，热变形趋于稳定，此后加工精度才有保证。因此，在精加工前可先使机床空运转一段时间（机床预热），等达到热平衡时再开始加工，这样会使加工精度比较稳定。

5）控制环境温度

对精加工机床应避免日光直接照射，布置采暖设备也应避免使机床受热不均匀，对精密机床则应安装在恒温车间中使用。

6.3.5　调整误差

在机械加工的每一个工序中，总是要进行这样或那样的调整工作。由于调整不可能绝对准确，也就带来了一项原始误差，即调整误差。

不同的调整方式，有不同的误差来源。

1）试切法调整

这种调整方式广泛用在单件、小批生产中。产生调整误差的来源有 3 个方面：

（1）度量误差。量具本身的误差和使用条件下的误差（如温度影响、使用者的细致程度）掺入测量所得的读数之中，无形中扩大了加工误差。

（2）加工余量的影响。在切削加工中，刀刃所能切掉的最小切屑厚度是有一定限度的，锐利的刀刃可达到 5 μm，已钝化的刀刃只能达到 20～50 μm，切屑厚度再小时，刀刃就切不进金属而打滑，只起挤压作用。在精加工场合下，试切的最后一刀总是很薄的，这时如果认为试切尺寸已经合格，就合上纵向走刀机构切削下去，则新切到部分的切深比已试切的部分要大，刀刃不打滑，就要多切下一点，因此最后所得的工件尺寸要比试切部分的尺寸小一些（镗孔时则相反）。粗加工试切时情况刚好相反。由于粗加工的余量比试切层大得多，受力变形也大得多，因此粗加工所得的尺寸要比试切部分的尺寸大一些（图 6-38）。

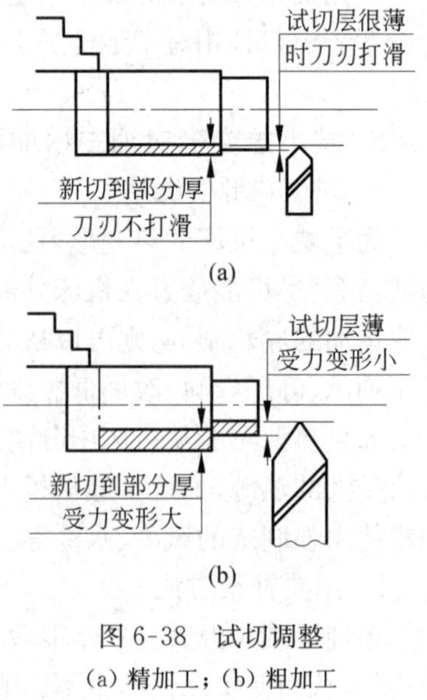

图 6-38　试切调整
(a) 精加工；(b) 粗加工

(3) 微进给误差。在试切最后一刀时，总是要微量调整一下车刀(或砂轮)的径向进给量。这时常会出现进给机构的“爬行”现象，结果刀具的实际径向移动比手轮上转动的刻度数要偏大或偏小，以致难以控制尺寸的精度，从而造成加工误差。爬行现象是在极低的进给速度下才产生的，因此常常采用两种措施：一种是在微量进给以前先退出刀具，然后再快速引进刀具到新的手轮刻度值，中间不加停顿，使进给机构滑动面间不产生静摩擦；另一种是轻轻敲击手轮，用振动消除静摩擦，这时候的调整误差取决于操作者的操作水平。

2) 按定程机构调整

在大批大量生产中广泛应用行程挡块、靠模、凸轮等机构保证加工精度。此时，这些机构的制造精度和调整以及与它们配合使用的离合器、电气开关、控制阀等器件的灵敏度就成为影响误差的主要因素。

3) 按样件或样板调整

在大批大量生产中用多刀加工时，常用专门样件来调整刀刃间的相对位置。例如，半精车和精车活塞槽就采用此种方法。

当工件形状复杂，尺寸和质量都比较大的时候，利用样件进行调整就太笨重了，而且不经济，这时可以采用样板对刀。例如，在龙门刨床上刨削床身导轨时，就可用一块轮廓和导轨横截面相同的样板来对刀。在一些铣床夹具上，也常装有对刀块，专门供铣刀对刀之用。这时候，样板本身的误差(包括制造误差和安装误差)和对刀误差就成了调整误差的主要因素。

6.3.6 度量误差

零件在加工时或加工后进行度量，总会产生度量误差，这就会影响加工精度。因此，一定的加工精度要求，应采用相应的度量方法和度量仪器。造成度量误差的因素有以下 4 个方面：

(1) 度量方法和度量仪器的选择。任何测量仪器都是有一定精度的。通常，测量仪器和测量方法的误差约占被测量零件的 10%～30%，对于高精度的零件可占 30%～50%。因此，测量仪器和测量方法的误差与被测零件的精度有关，应根据被测零件的公差等级来确定。在选择度量方法和度量仪器时，还应考虑到“阿贝原则”，即使零件上的被测线与测量仪器上的测量线重合或在测量线的延长线上，否则就会由于测量仪器本身的制造误差造成较大的度量误差。

(2) 测量力引起的变形误差。进行接触测量时，测量力会使测量仪器本身或被测零件因变形而造成度量误差，特别是在动态测量时影响更大，因此在精密测量时，测量力必须恒定。

(3) 度量环境的影响。测量时对环境的温度、洁净度都必须进行控制，精密测量应在恒温室及洁净间进行。

(4) 读数误差。测量者的视差和主观读数误差都将直接反映到度量误差上。

6.4 加工误差的分析与控制

在了解了误差的分类和分析了影响加工精度的各项工艺因素以后，就可以对加工中出现的精度问题进行分析研究了。

6.4.1 分布曲线法

1. 正态分布曲线

如果将一批铰孔的工件，根据铰孔后实际测量的孔径，按组距（即尺寸间隔）0.002 mm进行分组，然后在坐标纸上，以工件尺寸分组为横坐标，以各组的频数（该组尺寸范围的工件数）或频率（占总数的百分比）为纵坐标，便可得到该批工件的尺寸分布直方图，如图 6-39 所示。如果在图上再标注上设计要求的公差带及其中心、工件实际加工得到的尺寸分散范围及其算术平均值，就可以看出，用"算术平均值"及"尺寸分散范围"这两个参数便可大体上表达一批工件的加工情况。例如：

(1) 图中的尺寸分散范围小于公差带，$\frac{公差带}{分散范围}=\frac{0.022}{0.016}\approx1.38>1$，说明本工序的加工精度能满足公差要求。

(2) 图中出现了部分废品，其原因是由于尺寸分散中心（算术平均值）与公差带中心偏离太大所造成的，属常值系统误差，只要换一把直径加大 0.008 mm 的铰刀，就能使整个分布图在横坐标上平移到图中的"理想位置"，使整批工件尺寸全部落在公差带内。

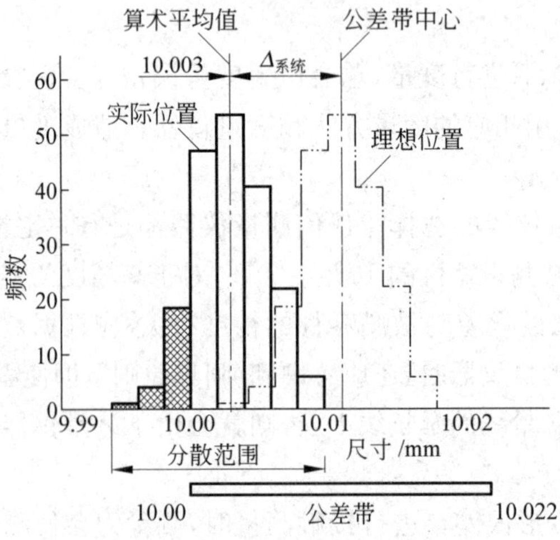

图 6-39 一批工件铰孔的尺寸分布直方图

图 6-39 的实际尺寸分布图表明了一批工件的尺寸分布情况，它在一定程度上代表了一个工序的加工精度，但对于一个工序所加工的全部工件来说，这一小批工件仍然是一个很小的局部，称为样本。如果一个工序的各种因素不发生太大变化，即工艺比较稳定，统计工作又比较充分时，可以用这种方法来估计整个工序的精度，这就是用样本的统计规律推断

总体。

将图 6-39 的纵坐标改为分布密度：

$$分布密度 = \frac{频数}{工件总数 \times 尺寸组距} = \frac{频率}{尺寸组距}$$

这样，直方图中每一矩形的面积等于该组距内的频率，而图中所有矩形面积的总和等于1，直方图将具有概率密度图的性质。随着样本中工件个数的增加和尺寸组距值的缩小，直方图将更接近于光滑曲线，其极限情况就是尺寸分布的概率密度图。

如果零件在正常的加工状态下进行，没有特殊或意外的因素影响，则其尺寸分布曲线将接近正态分布曲线，如图 6-40 所示。

正态分布曲线的数学关系式为

$$y = \frac{1}{\sigma\sqrt{2\pi}} \exp\left[-(x-\bar{x})^2/2\sigma^2\right] \tag{6-17}$$

式中：x 为零件的尺寸；$\bar{x}$ 为零件尺寸的算术平均值，表示加工尺寸的分布中心；y 为零件尺寸为 x 时所出现的概率密度；σ 为零件尺寸分布的均方差，6σ 表示这批零件加工尺寸的分布范围。

正态分布总体的算术平均值和均方差是求不出来的，因为工件的加工尚没有终结，所以一般通过其随机样本的算术平均值和均方差来估计：

$$\bar{x} = \frac{\sum_{i=1}^{n} x_i}{n} \tag{6-18}$$

$$\sigma = \sqrt{\frac{\sum_{i=1}^{n}(x_i-\bar{x})^2}{n}} \quad 或 \quad \sigma = \sqrt{\frac{\sum_{i=1}^{n}(x_i-\bar{x})^2}{n-1}} \quad (用于\ n\ 很小时) \tag{6-19}$$

式中：n 为样本零件的数量；x_i 为第 i 个工件的尺寸。

正态分布曲线的形状决定于均方差 σ，σ 愈大，表示分布曲线愈平坦，尺寸分布范围大，尺寸比较分散，加工方法的加工精度较低；σ 愈小，分布曲线愈陡而窄，表示尺寸分布比较集中，加工精度较高。例如，用车床及外圆磨床加工同一批零件，由于磨削精度比普通车削高，因此磨削后一批零件的 σ_2 值将小于车削后一批零件的 σ_1 值（图 6-41），所以，可以用 σ 值的大小来比较各种加工方法和加工设备的精度。

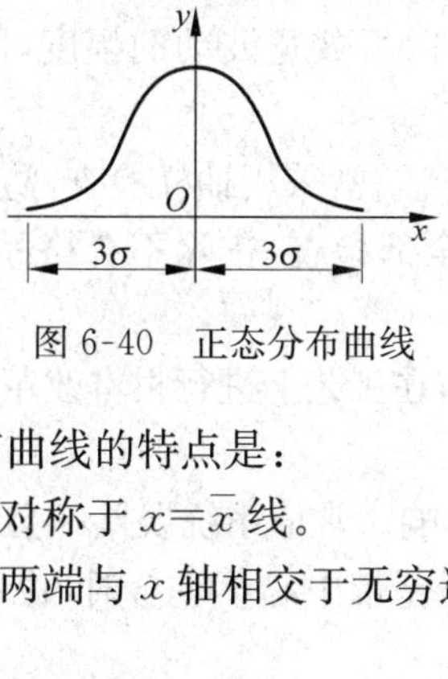

图 6-40　正态分布曲线

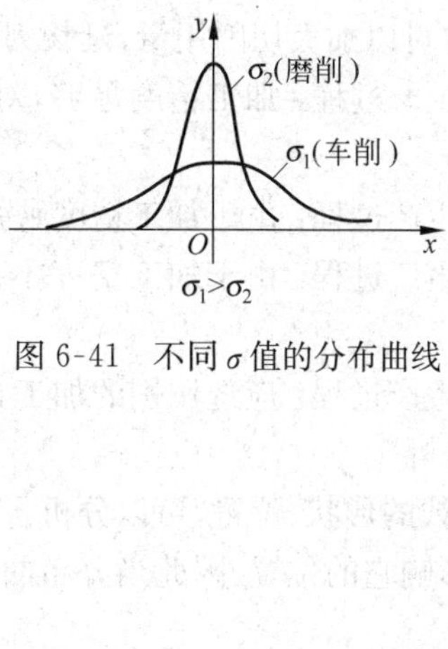

图 6-41　不同 σ 值的分布曲线

正态分布曲线的特点是：

(1) 曲线对称于 $x=\bar{x}$ 线。

(2) 曲线两端与 x 轴相交于无穷远。

(3) 曲线下与 x 轴之间所包含的面积是 1，在对称轴的 $\pm 3\sigma$ 范围内所包含的面积为 99.73%。曲线下与 x 轴之间所包含的面积表示了某一尺寸范围零件出现的概率。由于曲线两端与 x 轴相交于无穷远，因此要达到 100%的概率是不可能的，所以通常都以 $\pm 3\sigma$ 范围所出现的概率 99.73%代表全部零件，实际上有 0.27%未包含在内。

2. 利用分布曲线研究加工精度

1) 工艺验证——工艺能力系数

在生产中，选用某种加工方法或加工设备进行加工时，能否胜任零件精度的要求，可以利用正态分布曲线进行工艺验证。将零件加工尺寸的公差 T 和实际分布曲线的尺寸分布范围 6σ 联系起来，T 表示加工所要求达到的精度，6σ 则表示实际上所能达到的精度，两者的比值称为工艺能力系数，表示为

$$C_p = \frac{T}{6\sigma} \tag{6-20}$$

工艺能力系数表示了工艺能力的大小，表示某种加工方法和加工设备能否胜任零件所要求精度的程度。如果 $T>6\sigma$，则表示加工精度能够满足零件加工要求；但若 $T\gg 6\sigma$，则 σ 很小，表示所用加工方法精度过高，造成浪费。如果 $T=6\sigma$，表示加工能力有些勉强，遇有外来因素或随机因素影响，就会产生不合格品。如果 $T<6\sigma$，则加工能力不足，加工精度不能满足要求，一定要进行改进。利用工艺能力系数，可以把生产过程划分为 5 个等级，如表 6-3 所示。

表 6-3 生产过程等级

工艺能力系数 C_p	生产过程等级	特　点
$C_p>1.67$	特级	加工精度过高，可以作相应考虑，加工不经济
$1.67>C_p>1.33$	一级	加工精度足够，可以允许一定的外来波动
$1.33>C_p>1.00$	二级	加工精度勉强，必须密切注意
$1.00>C_p>0.67$	三级	加工精度不足，可能出少量不合格产品
$0.67>C_p$	四级	加工精度完全不行，必须加以改进才能生产

(1) 特级生产过程：加工精度过高，不必要，造成较大浪费，可以改用精度较低的加工方法或设备，也可以加大切削用量，延长刀具调整周期，允许有较大的波动。

(2) 一级生产过程：加工精度足够，对非关键零件，可放宽波动的幅度，同时可以简化产品检查工作。

(3) 二级生产过程：由于加工精度勉强，故要进行监视，采用抽样检查，防止外来波动。

(4) 三级生产过程：由于加工精度不足，应进行全部检查，排除不合格品，并考虑改进措施。

(5) 四级生产过程：应选用别的加工方法和设备，在工艺上进行根本改革。

2) 误差分析

从分布曲线的形状、位置，可以分析各种误差的影响。常值系统误差不会影响分布曲线的形状，只会影响它的位置，因此当分布曲线中心和公差带中心不重合时，说明加工中存在

常值系统误差。

(1) 等概率密度分布曲线(图 6-42(a))：其特点是有一段曲线概率密度相等，这是由线性变值系统误差形成的。例如，刀具在正常磨损阶段就是一种线性变值系统误差，其磨损量与刀具的切削长度呈线性正比关系。

(2) 不对称分布曲线(图 6-42(b))：当用试切法或调整法来获得加工尺寸时，为了避免出废品，轴的尺寸总是接近于公差上限，孔的尺寸总是接近于公差下限，因而造成不对称分布，这是由一种随机误差(主观误差)形成的。

(3) 多峰值分布曲线(图 6-42(c))：一般的分布曲线只有一个峰值，它表示尺寸分布中心。多峰值分布就是有几个分布中心，即存在着阶跃变值系统误差。例如，用调整法加工零件，将几次调整加工的零件合在一起画分布曲线就会出现多峰值分布。

图 6-42　非正态分布曲线

3. 运用分布曲线研究加工精度所存在的问题

分布曲线只能在一批零件加工完成后画出，因此利用分布曲线研究加工精度存在以下问题：

(1) 不能看出误差的发展趋势和变化规律，从而不能主动控制精度。同时，分布曲线主要用于表示各工艺因素对精度的综合影响，很难分辨各因素的分别作用。

(2) 对大批大量生产，将一直加工下去，因此母体的分布曲线就不能得到，这时可以采用抽样检查的方法得到样本，根据样本的分布曲线来分析母体加工情况，这是在分布曲线应用上的一个发展。因为样本和母体是有密切联系的，例如，根据样本分布曲线算出合格率的大小，可以估算母体的合格率，样本的零件数量愈大就愈准确。从理论上说，母体的算术平均值和均方差与样本的算术平均值和均方差是不等的，所以只能从样本来估算母体。

(3) 如果发现了问题，例如，出了废品，那么对本批零件就已无法采取措施，只能对下一批零件起作用。

6.4.2　点图法

在大批大量生产中，为控制加工质量，及时掌握加工过程中精度变化趋势，以及确定工艺系统下一次调整时间，经常采用定时抽检的办法。

图 6-43(a)所示为某个零件磨削外圆生产过程的统计分析点图。若每隔一定时间抽检 m 件零件(一般 $m=2\sim10$ 件)作为一组，将这 m 件零件进行尺寸检测后计算其算术平均值 $\overline{x}_i$(i 为组序)，依次标在 $\overline{X}$ 图上，同时把每一组的极差 R_i(最大值与最小值之差)依次标在 R 图上，用以显示尺寸分散的大小和变化情况，这样画出的点图，称为 $\overline{X}$-R 图。

点图实质上是按工件顺序分解了的分布图，从点图可以综合出该批工件的分布图。图 6-43(b)所示的直方图就是以工件尺寸分组为纵坐标，各组的频数为横坐标，将图 6-43(a)

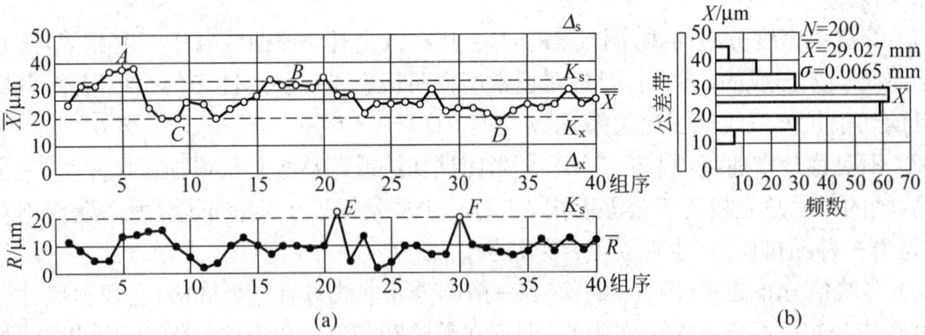

图 6-43　磨削外圆尺寸偏差的 $\overline{X}$-R 图

所示的点图转化而成的。

在 $\overline{X}$-R 图上加上中心线及上、下控制线，就可以通过 $\bar{x}_i$ 和 R_i 点值相对于这些控制线的位置变化判断生产过程是否正常。

$\overline{X}$-R 图的中心线及上、下控制线按 $\overline{X}$ 和 R 的统计分布规律确定。

根据概率论抽样分布理论，如果一批工件服从正态分布 $N(\mu,\sigma^2)$，则对于每次抽样 m 件的样本组，有 $\overline{X}\sim N\left(\mu,\dfrac{\sigma^2}{m}\right)$，因此得到 μ 的无偏估计为

$$\hat{\mu}=\overline{X}$$

为提高精度，当测得 j 组数据后，常用 $\overline{\overline{X}}=\dfrac{\sum\limits_{i=1}^{j}\bar{x}_i}{j}$ 作为 μ 的无偏估计，即

$$\hat{\mu}=\overline{\overline{X}} \tag{6-21}$$

若设 $Y_1,Y_2,\cdots,Y_m$ 为抽自标准正态总体 $N(0,1)$ 的随机样本，其极差为

$$r=\max_{1\leqslant i\leqslant m}Y_i-\min_{1\leqslant i\leqslant m}Y_i$$

显然，r 是非负随机变量。根据极差分布的基本公式，极差 r 的概率密度为

$$f(y)=m(m-1)\int_{-\infty}^{\infty}[\Phi(x+y)-\Phi(x)]^{m-2}\varphi(x+y)\varphi(x)\mathrm{d}x,\quad y\geqslant 0$$

其中，$\varphi(x)$ 与 $\Phi(x)$ 分别为 $N(0,1)$ 的概率密度和分布函数。

于是极差 r 的数学期望 d 和方差 ν 分别为

$$d=E(r)=\int_0^{\infty}yf(y)\mathrm{d}y$$

$$\nu=D(r)=\int_0^{\infty}(y-d)^2f(y)\mathrm{d}y$$

d 和 ν 无法用牛顿-莱布尼兹公式直接求出它的积分值，可以利用数值计算方法计算出 d 和 ν 并制成表以供查询。

若 $X_1,X_2,\cdots,X_m$ 为抽自 $N(\mu,\sigma^2)$ 的随机样本，令其极差为

$$R=\max_{1\leqslant i\leqslant m}X_i-\min_{1\leqslant i\leqslant m}X_i=\max_{1\leqslant i\leqslant m}(X_i-\mu)-\min_{1\leqslant i\leqslant m}(X_i-\mu)$$

注意到 $\dfrac{X_i-\mu}{\sigma}\sim N(0,1)$，故有

$$\frac{R}{\sigma}=\max_{1\leqslant i\leqslant m}\left(\frac{X_i-\mu}{\sigma}\right)-\min_{1\leqslant i\leqslant m}\left(\frac{X_i-\mu}{\sigma}\right)=r \tag{6-22}$$

对式(6-22)两边取数学期望便得

$$E\left(\frac{R}{\sigma}\right)=E(r)=d$$

即

$$E(R)=d\sigma \tag{6-23}$$

$$E\left(\frac{R}{d}\right)=\sigma \tag{6-24}$$

式(6-24)表明$\frac{R}{d}$是σ的一个无偏估计，所以有

$$\hat{\sigma}=\frac{R}{d}$$

为提高精度，当测得j组数据后，记$\overline{R}=\frac{\sum_{i=1}^{j}R_i}{j}$，则常用$\frac{\overline{R}}{d}$作为$\sigma$的无偏估计，即

$$\hat{\sigma}=\frac{\overline{R}}{d} \tag{6-25}$$

由于R只考查最大值和最小值的情况，所以m过大时会丢失较多的统计信息，影响估计的可靠性。因此，实际生产中，常把容量较大的样本随机地分为多个组。

如果对(6-22)两边取方差便得

$$D\left(\frac{R}{\sigma}\right)=D(r)=\nu$$

所以，

$$D(R)=\nu\sigma^2 \tag{6-26}$$

将R的分布近似视为正态分布，则由式(6-23)和式(6-26)可认为R近似服从正态分布$N(d\sigma,\nu\sigma^2)$。

将式(6-21)和式(6-25)代入到$\overline{X}$的数学期望μ和均方差$\frac{\sigma}{\sqrt{m}}$、R的数学期望$d\sigma$和均方差$\sqrt{\nu}\sigma$中，根据3σ法则便可得出如下结论：

$\overline{X}$图的中心线及上下控制线为

$$\overline{X}\text{图}\begin{cases}\text{上控制线}\quad K_s=\overline{\overline{X}}+3\left(\dfrac{\overline{R}}{d\sqrt{m}}\right)=\overline{\overline{X}}+A\overline{R}\\ \text{中心线}\quad Z=\overline{\overline{X}}\\ \text{下控制线}\quad K_x=\overline{\overline{X}}-3\left(\dfrac{\overline{R}}{d\sqrt{m}}\right)=\overline{\overline{X}}-A\overline{R}\end{cases} \tag{6-27}$$

R图的中心线及上下控制线为

$$R\text{图}\begin{cases}\text{上控制线}\quad K_s=\overline{R}+3\left(\sqrt{\nu}\dfrac{\overline{R}}{d}\right)=D_1\overline{R}\\ \text{中心线}\quad Z=\overline{R}\\ \text{下控制线}\quad K_x=\overline{R}-3\left(\sqrt{\nu}\dfrac{\overline{R}}{d}\right)=D_2\overline{R}\end{cases} \tag{6-28}$$

其中，$A=\frac{3}{d\sqrt{m}}$，$D_1=1+\frac{3\sqrt{\nu}}{d}$，$D_2=1-\frac{3\sqrt{\nu}}{d}$，可按表6-4选取。

需要说明的是，R 图的下控制线从其意义上而言无需存在，而且当 $m \leqslant 6$ 时，有 $D_2 < 0$，这与 R 不小于 0 相矛盾，因此通常取 R 的下控制线为 0。

表 6-4　系数 A，D_1 与 D_2 数值表

每组件数	A	D_1	D_2
2	1.880	3.268	—
3	1.023	2.574	—
4	0.729	2.282	—
5	0.557	2.114	—
6	0.483	2.004	—
7	0.419	1.924	0.076
8	0.373	1.864	0.136
9	0.337	1.816	0.184
10	0.308	1.777	0.223

点图上的点子总是有波动的，也就是说，任何一批产品的质量数据都是参差不齐的。但是要区别两种不同的情况：第一种情况是只有随机性的波动，这种波动的幅度一般不大，而引起这种随机性波动的原因往往很多，有的甚至无法知道，有的即使知道也无法或不值得去控制，这种情况属正常波动，并称该工艺是稳定的；第二种情况是除此以外还存在着某种占优势的误差因素，以致点图有明显的上升或下降倾向，或出现很大的波动。

在图 6-43(a)中，发现 $\overline{X}$ 图上的 A，B 两处共有 5 个点超出 K_s 线；C，D 两处共有 4 个点超出 K_x 线；在 B，C 及 D 三处各有连续 8 个点持续在 $\overline{\overline{X}}$ 线以上或以下；另外，在 D 处的连续 17 个点子中有 15 个在 $\overline{\overline{X}}$ 线以下；且在 R 图上也有 E，F 两点在 K_s 线以上。这些情况都说明本工序是不稳定的，尽管直方图上下对称，而且没有废品，也应对生产过程加强监测。

图 6-44 是半自动磨轴承内环孔的 $\overline{X}$-R 图。由于有热变形的影响，$\overline{X}$ 图上的点子有明显的上升倾向，工序是不稳定的。在零件加工尺寸接近零件公差带的要求时，要进行下一次工艺系统的调整。

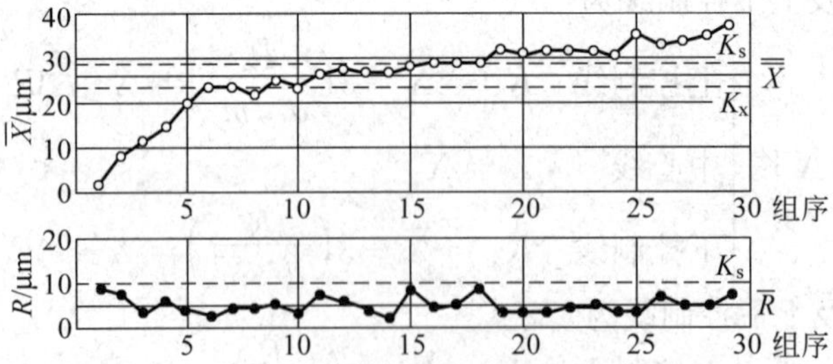

图 6-44　磨轴承内环孔尺寸偏差的 $\overline{X}$-R 图

由 $\overline{X} \sim N\left(\mu, \dfrac{\sigma^2}{m}\right)$ 还可得出，$\overline{x_i}$ 的分散范围 $6\sigma_{\overline{x}_i}$ 小于整批工件的分散范围 6σ，两者的关系是

$$6\sigma_{\bar{x}_i} = 6\frac{\sigma}{\sqrt{m}} \tag{6-29}$$

因此，在工艺系统的加工尺寸分布规律已掌握的情况下，也可根据尺寸分散范围 6σ 与公差带 T 之间的关系，由调整时试加工的抽检样本的 $\bar{x}_i$ 尺寸分布位置，确定分散范围 $6\sigma_{\bar{x}_i}$，进而确定抽检数量 m。例如，若 $\bar{x}_i$ 位于公差带 T 的中间，可设 $6\sigma_{\bar{x}_i}=T-6\sigma$，从而根据式(6-29)确定应选择的每组抽检数量 m，这是一种基本保证生产过程不出废品的调整试切方案。

6.4.3 相关分析法

1. 相关性

相关分析法主要是用来分析某些因素之间是否关联。例如，在磨削工件时，发现工件尺寸的随机误差与毛坯尺寸有着对应关系，毛坯尺寸大，工件尺寸也大，因此要保证工件尺寸就必须控制毛坯尺寸。这就是说，这两个变量有相关关系或有相关性。反之，两个变量之间没有关系就称为不相关或无相关性。

相关关系与函数关系是不同的。函数关系一般有函数表达式，知道其中一个变量值，就可以确切推出另一个变量值，如图 6-45(a)所示。相关关系是从总体上来看，两个变量之间是有关的，但有个别点可能无关甚至相反，因此它不像函数关系那样确切。相关性的程度可以分为相关性强(图 6-45(b))、相关性弱(图 6-45(c))。相关性愈强就愈接近于函数关系，相关性愈弱就愈接近于无相关性(图 6-45(d))。无相关性时，两个变量是相互独立的。

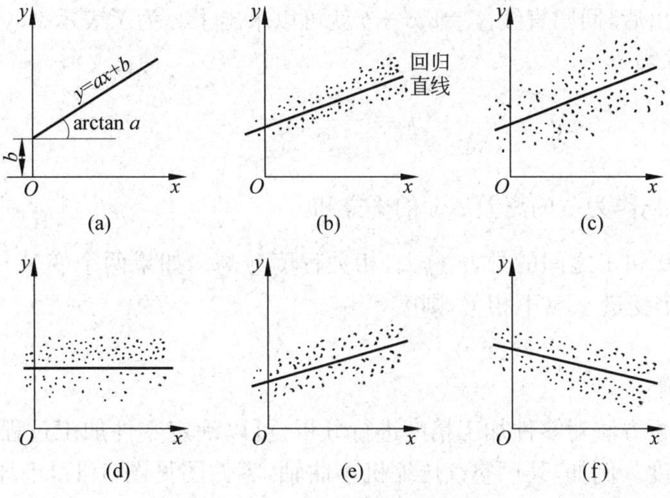

图 6-45 函数关系和相关关系

(a) 函数关系；(b) 相关性强；(c) 相关性弱；(d) 无相关性；(e) 正相关；(f) 负相关

相关性可以分为正相关和负相关。变量 y 随变量 x 的增加而增加为正相关(图 6-45(e))；变量 y 随变量 x 的增加而减少为负相关(图 6-45(f))。

2. 回归直线

如果两个变量之间有相关性，就可以具体表现在回归直线上。回归直线的方程式为

$y=ax+b$。两个变量之间的相关程度可用相关系数 r 来表示。回归直线可以用数理统计中的最小二乘法来求出。

如图 6-46 所示，设回归直线为 $y'=ax'+b$，所有的点在 x 坐标和 y 坐标的平均值分别为 $\bar{x}$ 和 $\bar{y}$。设某一点 $P(x_i, y_i)$ 对应于回归直线上为 $P'(x_i, y'_i)$，则误差 $e_i=y_i-y'_i=y_i-(ax_i+b)$，设误差的平方和为 E。

$$E=\sum_{i=1}^{n}e_i^2=\sum_{i=1}^{n}[y_i-(ax_i+b)]^2 \tag{6-30}$$

式中：n 为实测点的总数。

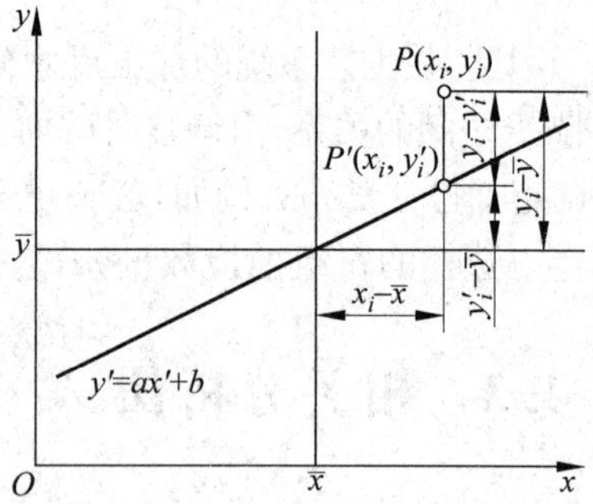

图 6-46 用最小二乘法求出回归曲线

将 E 分别对 a，b 求偏微分，并使之等于零，可求出 a，b 值：

$$\left.\begin{aligned}a&=\frac{\sum_{i=1}^{n}(\Delta x_i\Delta y_i)}{\sum_{i=1}^{n}\Delta x_i^2}=\frac{S_{xy}}{S_{xx}}\\b&=\bar{y}-a\bar{x}\end{aligned}\right\} \tag{6-31}$$

式中：$S_{xy}=\sum_{i=1}^{n}\Delta x_i\Delta y_i$，为 x 的离差 Δx_i 和 y 的离差 Δy_i 的乘积和，$\Delta x_i=x_i-\bar{x}$，$\Delta y_i=y_i-\bar{y}$；$S_{xx}=\sum_{i=1}^{n}\Delta x_i^2$，为 x 的离差 Δx_i 的平方和。

系数 a，b 求出后，回归直线 $y'=ax'+b$ 就可以求出了。为了表示 x，y 两个变量的相关性，可求出相关系数 r：

$$r=\frac{S_{xy}}{\sqrt{S_{xx}S_{yy}}} \tag{6-32}$$

式中：$S_{yy}=\sum_{i=1}^{n}\Delta y_i^2$，为 y 的离差 Δy_i 的平方和。

r 值是介于 0 和 1 之间的数，r 愈大，相关程度愈高。如果两个变量 x，y 成函数关系，则 $r=1$；如果两个变量 x，y 不相关，则 $r=0$。

3. 应用举例

采用相关分析方法对零件加工精度进行分析，可以确定零件加工过程中加工精度与某些因素的相关程度。例如，某厂空气压缩机小曲轴，零件图见图 6-47，毛坯为模锻件。第 1 工序铣大头端 B，得轴向尺寸 x；第三工序多刀车时，得轴向尺寸 y。共测量 34 个零件，发现尺寸 y 不能满足精度要求。用相关分析法求算 y 与 x 是否有相关关系。34 对测量值见表 6-5 所列。

表 6-5 34 个小曲轴零件测量尺寸 mm

零件号	1	2	3	4	5	6	7	8	9	10	11	12
x_i	165.8	166.0	166.1	166.2	166.4	166.5	166.6	165.9	166.0	166.2	166.2	166.4
y_i	164.95	165.01	165.01	165.09	165.15	165.08	165.08	165.04	164.99	164.96	165.11	165.03

续表

零件号	13	14	15	16	17	18	19	20	21	22	23	24
x_i	166.5	166.6	165.9	166.0	166.2	166.3	166.4	166.5	166.6	166.0	166.0	166.2
y_i	165.15	165.13	164.95	164.95	164.93	165.10	164.95	164.95	165.15	164.94	165.05	165.02
零件号	25	26	27	28	29	30	31	32	33	34		
x_i	166.3	166.4	166.5	166.7	166.0	166.1	166.2	166.3	166.4	166.5		
y_i	164.94	164.98	164.98	165.15	164.91	165.0	164.98	164.95	165.07	165.11		

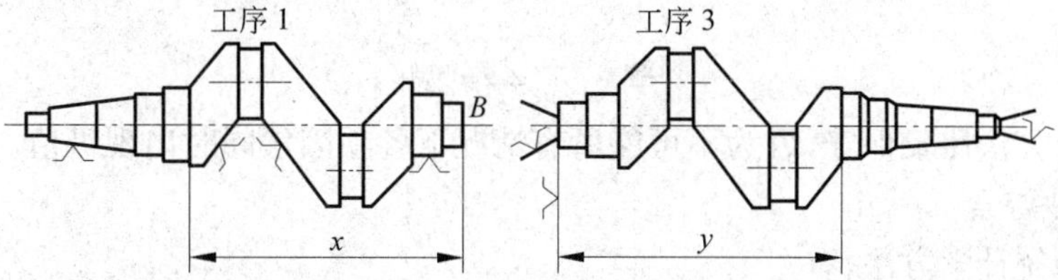

图 6-47　空气压缩机小曲轴加工尺寸

用最小二乘法求回归直线，由表 6-5 计算可得

$$\bar{x} = 166.2618 \text{ mm}, \quad \bar{y} = 165.0247 \text{ mm}$$

$$S_{xx} = \sum_{i=1}^{n} \Delta x_i^2 = 1.8800 \text{ mm}^2$$

$$S_{yy} = \sum_{i=1}^{n} \Delta y_i^2 = 0.1903 \text{ mm}^2$$

$$S_{xy} = \sum_{i=1}^{n} \Delta x_i \Delta y_i = 0.3533 \text{ mm}^2$$

从而可以计算

$$a = \frac{S_{xy}}{S_{xx}} = \frac{0.3533}{1.8800} = 0.1783$$

$$b = \bar{y} - a\bar{x} = 165.0247 - 0.1783 \times 166.2618 = 135.37$$

回归直线方程为

$$y' = 0.1783x' + 135.37$$

相关系数

$$r = \frac{S_{xy}}{\sqrt{S_{xx}S_{yy}}} = \frac{0.3533}{\sqrt{1.8800 \times 0.1903}} = \frac{0.3533}{0.598} = 0.56$$

可知这两道工序的尺寸 x 和 y 是相关的，即前面加工工序尺寸 x 的精度对后续加工工序尺寸 y 的精度有较大影响。

6.4.4　分析计算法

分析计算法是根据具体加工情况来定量分析影响加工精度的各项因素，其具体方法是：首先分析影响加工精度的主要因素，舍去次要因素；然后分项计算误差，并判断是系统误差还是随机误差；最后按代数和及数理统计学方法将各项误差综合起来，从而得到总的误差。

1. 系统误差的综合

由于系统误差是知道其大小和方向的，故可以用代数和综合，即

$$\Delta_{系统} = \Delta_{系统1} + (或-)\Delta_{系统2} + \cdots + (或-)\Delta_{系统n} \tag{6-33}$$

2. 随机误差的综合

随机误差表现为一个分布带，它是一个尺寸范围，可以用极值法和概率法来综合。

1）极值法综合

$$\Delta_{随机} = \sum_{i=1}^{n} \Delta_{随机i} \tag{6-34}$$

这种综合方法比较保守，因为不可能所有情况下各项因素同时出现极值。

2）概率法综合

根据数理统计学方法，有

$$\Delta_{随机} = \sqrt{\sum_{i=1}^{n} (k_i \Delta_{随机i})^2} \tag{6-35}$$

式中：k_i 为相对差异系数，表明随机误差分布曲线与正态分布曲线相差的程度。表 6-6 列出了一些尺寸分布曲线的相对差异系数 k 值。

表 6-6　一些尺寸分布曲线的相对差异系数 k 值

分布曲线状态	正态分布	三角分布	均匀分布	均匀分布与正态分布的组合	偏态分布	偏态分布与正态分布的组合
分布曲线简图	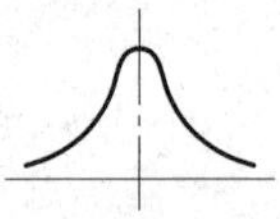	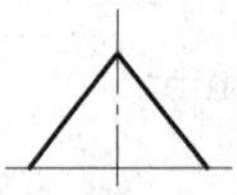	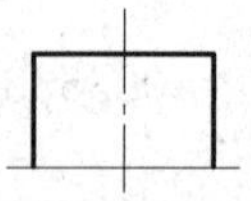	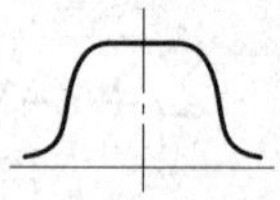	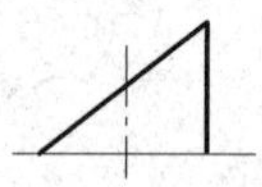	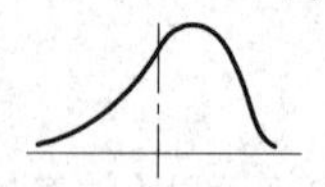
k	1	1.22	1.73	1.2～1.5	1.41	1.14～1.41

3. 系统误差与随机误差的综合

这种综合方法是用绝对值相加，比较方便，但也比较保守，可表示为

$$\Delta = \Delta_{系统} + \Delta_{随机} \tag{6-36}$$

4. 应用举例

车削一根直径为 ϕ150 mm，长度为 2000 mm 的光轴，材料为 45 号钢，横向切削力系数 c=337.64 N/mm，进给量 f=0.25 mm/r，已算出切削力 F_z=600 N，F_y=300 N，刀具为 YT15 硬质合金，刀杆截面积 A=20 mm×30 mm=600 mm^2，刀杆悬伸长 L_p=30 mm，车床主轴箱、尾架及刀架的刚度均为 K=50 000 N/mm，纵向导轨的磨损量已测出，如表 6-7 所示，表中 x 为测试点距工件右端的距离。采用分析计算方法，将工件分为 9 个测试计算点，如表 6-7 所示，按各测试计算点求算零件精度，最后得到零件加工后的精度。

影响加工精度的主要因素有：机床受力变形、工件受力变形、机床导轨磨损、刀具的尺寸磨损和刀具的受热变形等，另外还有度量误差和对刀误差（调整误差），下面逐项分析计算。

表 6-7　车床纵向导轨在垂直面上的磨损值 h　　mm

x	2000	1750	1500	1250	1000	750	500	250	0
h	1.28	1.73	1.94	2.03	1.84	1.50	1.22	0.86	0

1）机床的受力变形

机床柔度为

$$G_{机床}=\left(\frac{x}{L}\right)^2G_{主轴箱}+\left(\frac{L-x}{L}\right)^2G_{尾架}+G_{刀架}$$

设柔度

$$G_{主轴箱}=G_{尾架}=G_{刀架}=\frac{1}{K}\times1000=0.02\ (\mu m/N)$$

则变形

$$y_{主轴箱}=y_{尾架}=y_{刀架}=F_y\times G=300\times0.02=6\ (\mu m)$$

考虑到机床的受力变形对工件直径是 2 倍关系，且使工件直径变大，故应乘以 2，即

$$\begin{aligned}\Delta_{机床}&=2y_{机床}=2\left[\left(\frac{x}{L}\right)^2y_{主轴箱}+\left(\frac{L-x}{L}\right)^2y_{尾架}+y_{刀架}\right]\\&=12\left[\left(\frac{x}{2000}\right)^2+\left(\frac{2000-x}{2000}\right)^2+1\right]\end{aligned}$$

计算结果如表 6-8 所示。

表 6-8　车床受力变形对加工精度的影响

x/mm	2000	1750	1500	1250	1000	750	500	250	0
$\Delta_{机床}/\mu m$	24	21	19	18	18	18	19	21	24

2）工件纵截面的受力变形

工件在切削力 F_y 作用下的变形为

$$\Delta_{工件}=2y_{工件}=\frac{2}{3}F_y\frac{L^3}{EJ}\left(\frac{x}{L}\right)^2\left(\frac{L-x}{L}\right)^2=316.05\left(\frac{x}{2000}\right)^2\left(\frac{2000-x}{2000}\right)^2$$

式中：钢件的弹性模量 $E=2\times10^{11}$ Pa；圆截面材料横截面的惯性矩 $J=0.05D^4=0.05\times(150\ mm)^4$。计算结果见表 6-9。

表 6-9　工件受力变形对加工精度的影响

x/mm	2000	1750	1500	1250	1000	750	500	250	0
$\Delta_{工件}/\mu m$	0	4	11	18	20	18	11	4	0

3）机床导轨磨损

刀具由于机床纵向导轨磨损下移 h 值，设工件原来直径为 $2R$，这时将增大 δR（见图 6-6(a)）。

$$\Delta_{导磨}=2\delta R=\frac{h^2}{R}=\frac{h^2}{75}$$

计算结果见表 6-10。

表 6-10　机床导轨磨损对加工精度的影响

x/mm	2000	1750	1500	1250	1000	750	500	250	0
h/mm	1.28	1.73	1.94	2.03	1.84	1.50	1.22	0.86	0
$\Delta_{导磨}/\mu m$	22	40	50	55	45	30	20	10	0

4）刀具磨损

刀具起始磨损阶段有

$$\begin{cases} NB = \dfrac{L}{L_1}\mu_B \\ \mu_B = 10\ \mu m \\ L_1 = 1000\ m \end{cases}$$

刀具正常磨损阶段有

$$\begin{cases} NB = \mu_B + \dfrac{L - L_1}{1000}\mu_0, \quad \mu_0 = 8\ \mu m/km \\ L = \dfrac{\pi D x}{1000 f} = \dfrac{\pi \times 150}{1000} \cdot \dfrac{x}{0.25} = 1.885x \end{cases}$$

$$\Delta_{刀磨} = 2NB$$

分别用上述两组公式计算，计算结果见表 6-11。

表 6-11　刀具尺寸磨损对加工精度的影响

x/mm	2000	1750	1500	1250	1000	750	500	250	0
L/m	3700	3299	2828	2356	1885	1414	942	471	0
磨损阶段	正　常　磨　损						起　始　磨　损		
NB/μm	32.2	28.4	24.6	20.8	17.1	13.3	9.4	4.7	0
$\Delta_{刀磨}/\mu m$	64	57	49	42	34	27	19	9	0

5）刀具受热变形

这种加工为刀具连续工作情况，即

$$\xi = \xi_{max}(1 - e^{-\tau/\tau_c})$$

经计算得

$$\begin{cases} \xi_{max} = 73\ \mu m \\ \tau_c = 4\ min \end{cases}$$

刀具受热变形对加工精度的影响为

$$\Delta_{刀热} = 2\xi = 146(1 - e^{-\tau/4})$$

计算结果见表 6-12。

以上 5 项都是系统误差，将它们用代数和综合，可得到工件纵向截面精度 $\Delta_{系统纵向}$，如表 6-13 所示。

表 6-12　刀具受热变形对加工精度的影响

x/mm	2000	1750	1500	1250	1000	750	500	250	0
τ/min	19.2	16.8	14.4	12.0	9.6	7.2	4.8	2.4	0
$\Delta_{刀热}$/μm	−146	−146	−142	−139	−133	−122	−102	−66	0

表 6-13　工件纵向截面精度

x/mm	2000	1750	1500	1250	1000	750	500	250	0
$\Delta_{机床}$/μm	24	21	19	18	18	18	19	21	24
$\Delta_{工件}$/μm	0	4	11	18	20	18	11	4	0
$\Delta_{导磨}$/μm	22	40	50	55	45	30	20	10	0
$\Delta_{刀磨}$/μm	64	57	49	42	34	27	19	9	0
$\Delta_{刀热}$/μm	−146	−146	−142	−139	−133	−122	−102	−66	0
$\Delta_{系统纵向}$/μm	−36	−24	−13	−6	−16	−29	−33	−22	+24

图 6-48 表示了这几个因素对工件精度的影响和工件的纵截面形状。从图中可以看出，刀具热伸长、刀具的尺寸磨损和机床的导轨磨损影响较大。从表 6-13 可知，$\Delta_{系统纵向}=|-36|+24=60$ (μm)。

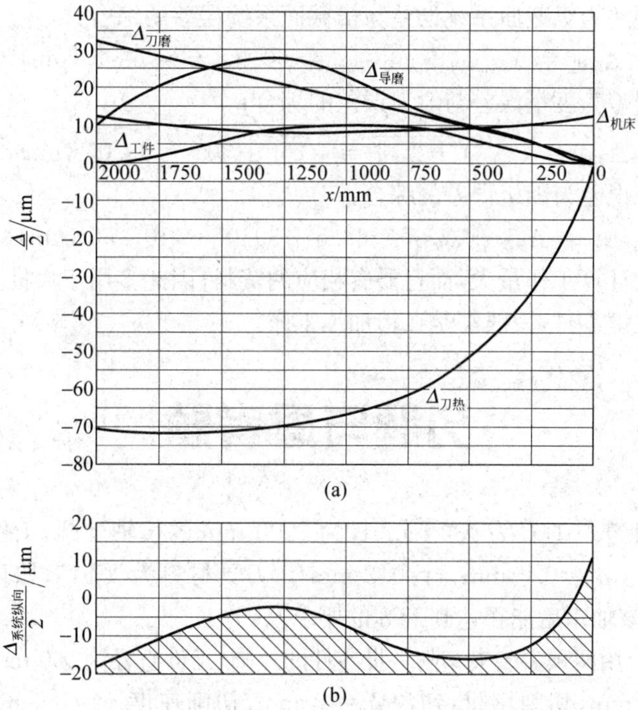

图 6-48　几个主要工艺因素对工件精度的影响和工件的纵截面形状

6）工件横截面的受力变形

设工件一次走刀，毛坯尺寸及误差原为 $\phi155^{+3}_{-5}$ mm，经过粗车，得尺寸 $\phi152^{\ 0}_{-0.63}$ mm，以车床的刚度代替工艺系统的刚度，即

$$K_{系统}=K_{车床}=\frac{1}{\left(\frac{x}{L}\right)^2\frac{1}{K_{主轴箱}}+\left(\frac{L-x}{L}\right)^2\frac{1}{K_{尾架}}+\frac{1}{K_{刀架}}}$$

当 $x=0$ 和 $x=2000$ mm 时车床的刚度较差，以此时刚度进行计算：

$$K_{系统}=25\ 000\ \text{N/mm}$$

$$\varepsilon=\frac{c}{K_{系统}}=\frac{337.64}{25\ 000}=0.0135$$

$$\Delta_0=630\ \mu\text{m}$$

$$\Delta_{系统横向}=\varepsilon\Delta_0=0.0135\times630=8.5\ (\mu\text{m})$$

7）度量误差

设工件在车床上的加工精度要求为 h8，查手册可知，IT8 精度的测量仪器和测量方法的误差为 0.016 mm，一级千分尺测量极限误差为 0.012 mm，考虑到其他因素（如读数误差），取 $\Delta_{度量}=0.025$ mm，这是一项随机误差。

8）对刀误差

设用车床上的刻度盘对刀，其刻度盘分度值为 0.05 mm，取对刀误差 $\Delta_{对刀}=0.03$ mm，这是一项随机误差。

将上述各项误差综合起来，可以得到总误差。

工件的系统误差为纵截面系统误差与横截面系统误差的综合：

$$\Delta_{系统}=\Delta_{系统纵向}+\Delta_{系统横向}=60+8.5=68.5\ (\mu\text{m})$$

工件的随机误差为度量误差与对刀误差的综合：

$$\Delta_{随机}=\sqrt{\Delta_{度量}^2+\Delta_{对刀}^2}=\sqrt{25^2+30^2}=39.05\ (\mu\text{m})$$

总误差为系统误差与随机误差的综合：

$$\Delta_{总}=\Delta_{系统}+\Delta_{随机}=68.5+39.05=107.55\ (\mu\text{m})$$

分析计算法的计算工作量大，而且要有相应的资料，因此多用于大批大量生产中或单件小批量生产中的关键零件，一般都是在精加工工序。

习题与思考题

6-1 在车床上车一直径为 $\phi80$ mm、长为 2000 mm 的长轴外圆，工件材料为 45 钢，切削用量为 $v=2$ m/s，$a_p=0.4$ mm、$f=0.2$ mm/r，刀具材料为 YT15，如只考虑刀具磨损引起的加工误差，问该轴车后能否达到 IT8 的要求？

6-2 在车床上用两顶尖装夹车削一批零件的外圆，工件直径为 $\phi60$ mm，长度为 120 mm，毛坯直径偏差±1 mm，切削用量：切深 $a_p=3$ mm，切削速度 $v=100$ m/min，进给量 $f=1$ mm/r，横向切削力 $F_p=C_{F_p}a_pf^{0.84}=1640a_pf^{0.84}$，机床系统刚度为 12 000 N/mm，问一次走刀后，零件圆度误差有多大？如分成两次走刀将如何？

6-3　已知某车床部件刚度为 $k_{主}=44\ 500$ N/mm，$k_{刀架}=13\ 330$ N/mm，$k_{尾}=30\ 000$ N/mm，$k_{刀具}$很大。

(1) 如果工件是一个刚度很大的光轴，装夹在两顶尖间加工，试求：刀具在床头处、尾座处、工件中点处、距床头为 2/3 工件长度处的工艺系统刚度，并画出加工后工件的大致形状。

(2) 如果 $F_y=500$ N，工艺系统在工件中点处的实际变形为 0.05 mm，求工件的刚度。

6-4　在卧式铣床上按图 6-49 所示装夹方式用铣刀 A 铣削键槽，经测量发现，工件两端处的深度大于中间的，且都比未铣键槽前的调整深度小。试分析产生这一现象的原因。

6-5　如果卧式车床刀架横向进给方向相对于主轴轴线存在垂直度误差，将会影响哪些加工工序的加工精度？产生什么样的加工误差？

6-6　试述细长轴车削加工的特点，为防止细长轴加工中弯曲变形，在工艺上要采取哪些措施？

6-7　在某车床上加工一根长为 1632 mm 的丝杠，要求加工成 8 级精度，其螺距累积误差的具体要求为：在 25 mm 长度上不大于 18 μm；在 100 mm 长度上不大于 25 μm；在 300 mm 长度上不大于 35 μm；在全长上不大于 80 μm。在精车螺纹时，若机床丝杠的温度比室温高 2℃，工件丝杠的温度比室温高 7℃，从工件热变形的角度分析，精车后丝杠能否满足预定的加工要求？

6-8　有一板状框架铸件，壁 3 薄，壁 1 和壁 2 厚，当采用宽度为 B 的铣刀铣断壁 3 后（见图 6-50），断口尺寸 B 将会因内应力重新分布产生什么样的变化？为什么？

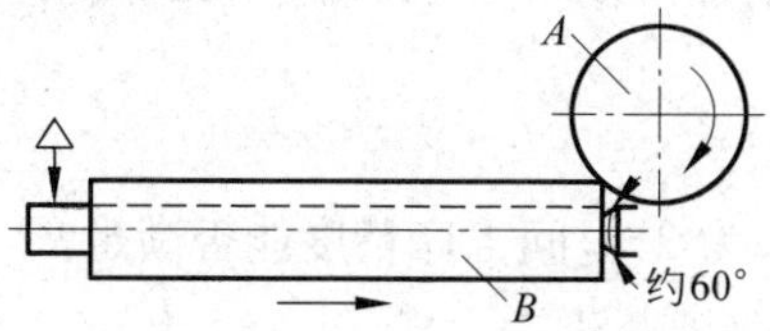

图 6-49　习题 6-4 附图

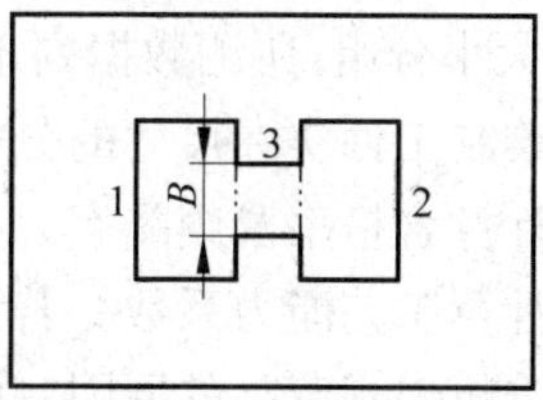

图 6-50　习题 6-8 附图

6-9　什么样性质的误差服从偏态分布？什么样性质的误差服从正态分布？请各举一例说明。

6-10　在卧式车床上加工一光轴，已知光轴长度 $L=800$ mm，加工直径 $D=80_{-0.06}^{\ 0}$ mm，如图 6-51 所示，当该车床前后顶尖连心线相对于导轨在水平面内的平行度为 0.015 mm/1000 mm，在垂直面内的平行度为 0.015 mm/1000 mm 时，试求所加工的工件几何形状的误差值，并绘出加工后光轴的形状。

6-11　习题 6-10 中若该车床因使用年限较久，前后导轨磨损不均，前棱形导轨磨损较大，且中间最明显，形成导轨扭曲（图 6-52），经测量前后导轨在垂直面内的平行度（扭曲值）为 0.015 mm/1000 mm，试求所加工的工件几何形状的误差值，并绘出加工后光轴的形状。

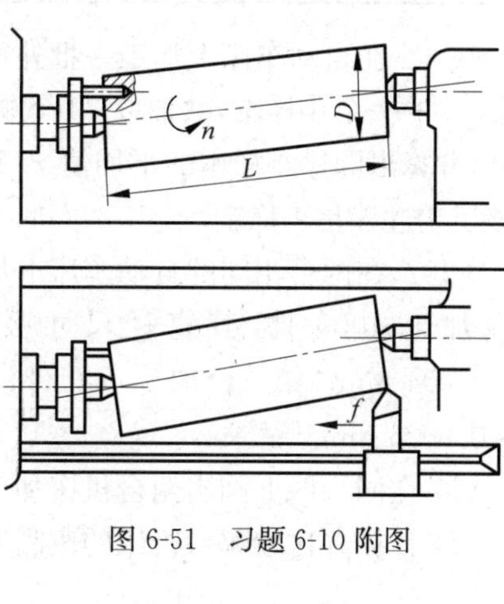

图 6-51　习题 6-10 附图

6-12　在平面磨床上用端面砂轮磨削平板工件。加工中为改善切削条件，减少砂轮与工件的接触面积，常将砂轮倾斜一个很小的角度(图 6-53)。若 $\alpha=2°$，试绘出磨削后平面的形状，并计算其平面度误差。

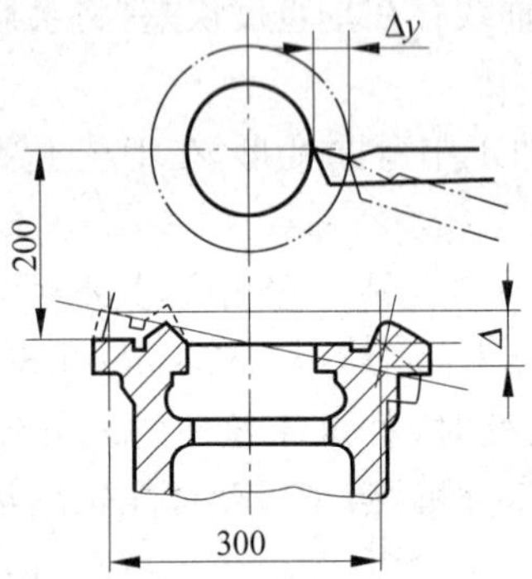

图 6-52　习题 6-11 附图

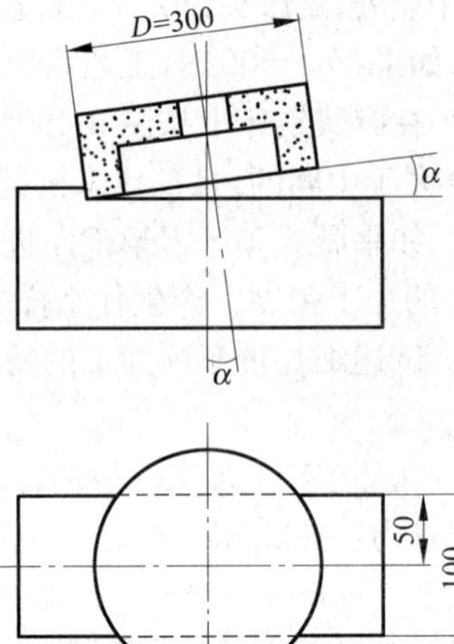

图 6-53　习题 6-12 附图

6-13　在自动车床上加工一批小轴，从中抽检 200 个，若以 0.01 mm 为组距将该批工件按尺寸大小分组，所测数据列于表 6-14，若图样的加工要求为 $\phi15^{+0.12}_{-0.04}$ mm，试求：

(1) 绘制工件实际尺寸的分布图。

(2) 计算合格率及废品率。

(3) 计算工艺能力系数。若该工序允许废品率为 3%，问工序精度能否满足？

(4) 分析出现废品的原因，并提出减少废品的改进办法。

表 6-14　测试数据表(习题 6-13 附表)

尺寸间隔/mm															
尺寸间隔/mm	自	15.01	15.02	15.03	15.04	15.05	15.06	15.07	15.08	15.09	15.10	15.11	15.12	15.13	15.14
	到	15.02	15.03	15.04	15.05	15.06	15.07	15.08	15.09	15.10	15.11	15.12	15.13	15.14	15.15
零件数 n_i		2	4	5	7	10	20	28	58	26	18	8	6	5	3

6-14　在自动车床上加工一批外径为(11±0.05) mm 的小轴。现每隔一定时间抽取容量 $n=5$ 的一个小样本，共抽取 20 个顺序小样本，逐一测量每个顺序小样本每个小轴的外径尺寸，并算出顺序小样本的平均值 $\bar{x}_i$ 和极差 R_i，其值列于表 6-15。试设计 $\bar{x}$-R 点图，并判断该工艺过程是否稳定。

6-15　在两台相同的自动车床上加工一批小轴外圆，要求保证直径(11±0.02) mm，第一台加工 1000 件，其直径尺寸服从正态分布，平均值 $\bar{x}_1=11.005$ mm，均方差 $\sigma_1=0.004$ mm。第二台加工 500 件，其直径尺寸也服从正态分布，且 $\bar{x}_2=11.015$ mm，$\sigma_2=0.0025$ mm。试求：

(1) 在同一图上画出两台机床加工的两批工件尺寸分布图，并指出哪台机床的精度高。

(2) 计算并比较哪台机床的废品率高，分析其产生的原因并提出改进方法。

表 6-15　顺序小样本数据表（习题 6-14 附表）　mm

样本号	均值 $\bar{x}_i$	极差 R_i	样本号	均值 $\bar{x}_i$	极差 R_i
1	10.986	0.09	11	11.020	0.09
2	10.994	0.08	12	10.976	0.08
3	10.994	0.11	13	11.006	0.05
4	10.998	0.05	14	11.008	0.05
5	11.002	0.10	15	10.970	0.03
6	11.002	0.07	16	11.020	0.11
7	11.018	0.10	17	11.996	0.04
8	10.998	0.09	18	10.990	0.02
9	10.980	0.05	19	10.996	0.06
10	10.994	0.05	20	11.028	0.10

6-16　在镗床上镗孔，镗刀直径为 d_L，镗床主轴与工作台面有平行度误差 α（见图 6-54），问当工作台做进给运动时，所加工的孔将产生何种误差？其值为多大？当主轴做进给运动时，该孔将产生何种误差？其值多大？

6-17　如图 6-55(a)所示套筒的材料为 20 钢，当其在外圆磨床上用心轴定位磨削外圆时，由于磨削区的高温，试分析外圆及内孔处残余应力的符号。若用锯片刀铣开此套筒，如图 6-55(b)所示，问铣开后的两个半圆环将产生怎样的变形？

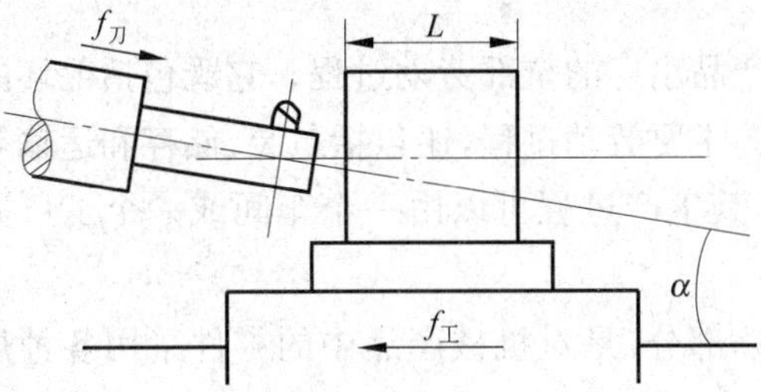

图 6-54　习题 6-16 附图

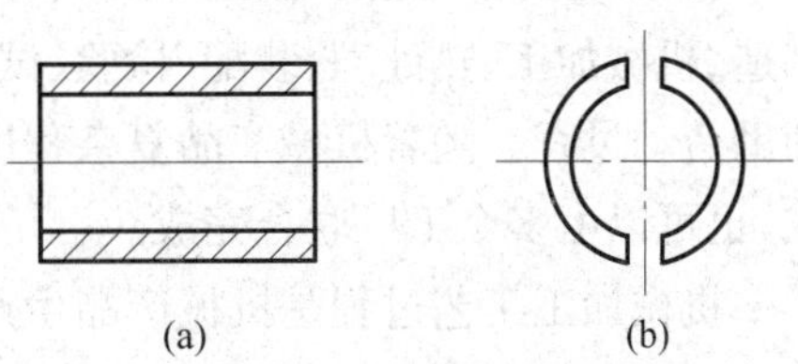

图 6-55　习题 6-17 附图

6-18　参考图 6-43(b)，设零件的尺寸公差带要求：$T=0.052$ mm，根据生产中的加工测量统计得到的尺寸均方差：$\sigma=0.0065$ mm，尺寸分散范围位于公差带的中间。若要基本保证生产过程不出废品，根据式(6-29)，设计点图抽样检验调整方案，应选择的每组抽检数量 m 为多少件？

7 机械加工工艺规程的制定

机械加工工艺规程是规定产品或零部件机械加工工艺过程和操作方法等的工艺文件。生产规模的大小、工艺水平的高低以及解决各种工艺问题的方法和手段都要通过机械加工工艺规程来体现。因此，机械加工工艺规程设计是一项重要而又严格的工作。它要求设计者必须具备丰富的生产实践经验和广博的机械制造工艺基础理论知识。

7.1 基本概念

7.1.1 机械产品生产过程与机械加工工艺过程

机械产品生产过程是指从原材料到该机械产品出厂的全部劳动过程。它既包括毛坯的制造、机械加工、热处理、装配、检验、试车、油漆等主要劳动过程，还包括包装、储存和运输等辅助劳动过程。随着机械产品复杂程度的不同，其生产过程可以由一个车间或一个工厂完成，也可以由多个工厂联合完成。

机械加工工艺过程是机械产品生产过程的一部分，是对机械产品中的零件采用各种加工方法(例如切削加工、磨削加工、电加工、超声加工、电子束及离子束加工等)直接改变毛坯的形状、尺寸、表面粗糙度以及力学物理性能，使之成为合格零件的全部劳动过程。

7.1.2 机械加工工艺过程的组成

为能具体确切地说明工艺过程，一般将机械加工工艺过程分为工序、安装、工位、工步和走刀。

1. 工序

机械加工工艺过程中的工序是指一个(或一组)工人在一个工作地点对一个(或同时对几个)工件连续完成的那一部分加工过程。根据这一定义，只要工人、工作地点、工作对象(工件)之一发生变化或不是连续完成，就应成为另一个工序。因此，同一个零件，同样的加工内容可以有不同的工序安排。例如，图 7-1 所示零件的加工内容是：①加工小端面；②对小端面钻中心孔；③加工大端面；④对大端面钻中心孔；⑤车大端外圆；⑥对大端倒角；⑦车小端外圆；⑧对小端倒角；⑨铣键槽；⑩ 去毛刺。这些加工内容可以安排在 2 个工序中完成(表 7-1)，也可以安排在 4 个工序中完成(表 7-2)，还可以有其他安排。工序安排和工序数目的确定与零件的技术要求、零件的数量和现有工艺条件等有关。工序的主要特征是工作地点和工人，由零件加工的工序数就可以知道工作面积的大小、工人人数和设备数量，因此，工序是非常重要的，是工厂设计中的重要资料。

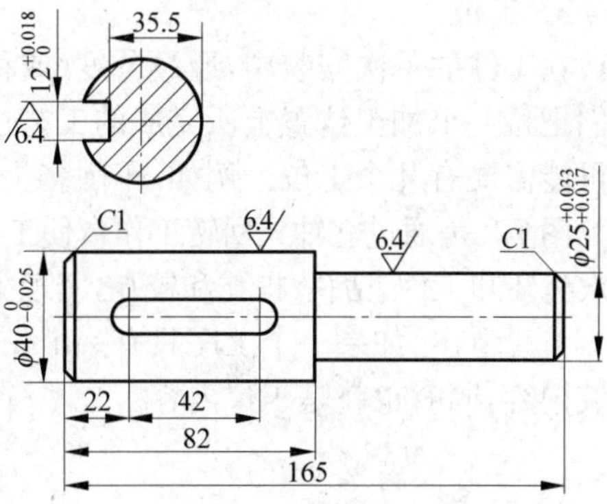

图 7-1　阶梯轴零件图

表 7-1　阶梯轴第一种工序安排方案

工 序 号	工　序　内　容	设　备
1	加工小端面，对小端面钻中心孔，粗车小端外圆，对小端倒角；加工大端面，对大端面钻中心孔，粗车大端外圆，对大端倒角；精车外圆	车床
2	铣键槽，手工去毛刺	铣床

表 7-2　阶梯轴第二种工序安排方案

工 序 号	工　序　内　容	设　备
1	加工小端面，对小端面钻中心孔，粗车小端外圆，对小端倒角	车床
2	加工大端面，对大端面钻中心孔，粗车大端外圆，对大端倒角	车床
3	精车外圆	车床
4	铣键槽，手工去毛刺	铣床

2. 安装

在同一个工序中，工件每定位和夹紧一次所完成的那部分加工称为一个安装。在一个工序中，工件可能只需要安装一次，也可能需要安装几次。例如，表 7-1 中的工序 1 需要 4 次定位和夹紧，才能完成全部工序内容，因此该工序共有 4 个安装；表 7-1 中工序 2 是在一次定位和夹紧下完成全部工序内容，故该工序只有 1 个安装(表 7-3)。

表 7-3　工序和安装

工序号	安装号	安　装　内　容	设　备
1	1	卡盘夹持左端。车小端面，钻小端面中心孔；粗车小端外圆，倒角	车床
	2	调头，卡盘夹持右端。车大端面，钻大端面中心孔；粗车大端外圆，倒角	
	3	两顶尖孔支承，鸡心夹头夹持左端传动。精车小端外圆	
	4	调头，两顶尖孔支承，鸡心夹头夹持右端传动。精车大端外圆	
2	1	铣键槽，手工去毛刺	铣床

3. 工位

在工件的一次安装中，通过分度(或移位)装置，使工件相对于机床床身变换加工位置，我们把每一个加工位置上所完成的工艺过程称为工位。在一个安装中，可能只有一个工位，也可能需要有几个工位。例如，车削多头螺纹，需要变换刀具与工件间的相对位置。

图 7-2 是通过立轴式回转工作台使工件变换加工位置的例子。在该例中，共有 4 个工位，依次为装卸工件、钻孔、扩孔和铰孔，实现了在一次安装中进行钻孔、扩孔和铰孔加工。

可以看出，如果一个工序只有一个安装，并且该安装中只有一个工位，则工序内容就是安装内容，同时也就是工位内容。

4. 工步

在一个工位中，加工表面、切削刀具、切削速度和进给量都不变的情况下所完成的加工，称为一个工步。

按照工步的定义，带回转刀架的机床(转塔车床、加工中心)其回转刀架的一次转位所完成的工位内容应属一个工步，因为刀具变化了，此时若有几把刀具同时参与切削，则该工步称为复合工步。图 7-3 是立轴转塔车床回转刀架示意图，图 7-4 是用该刀架加工齿轮内孔及外圆的一个复合工步。

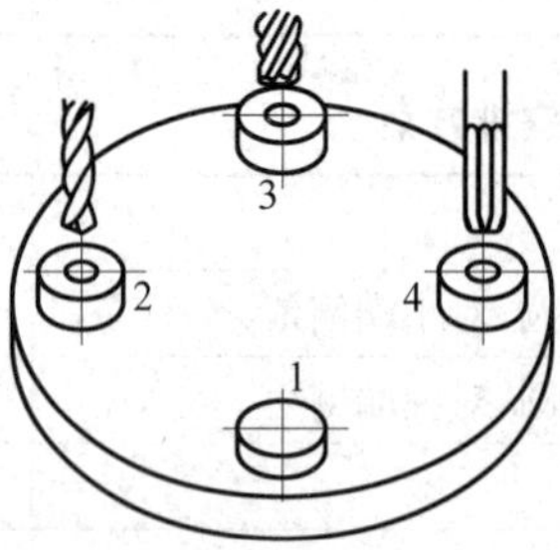

图 7-2　多工位安装

工位 1：装卸工件；工位 2：钻孔；工位 3：扩孔；工位 4：铰孔

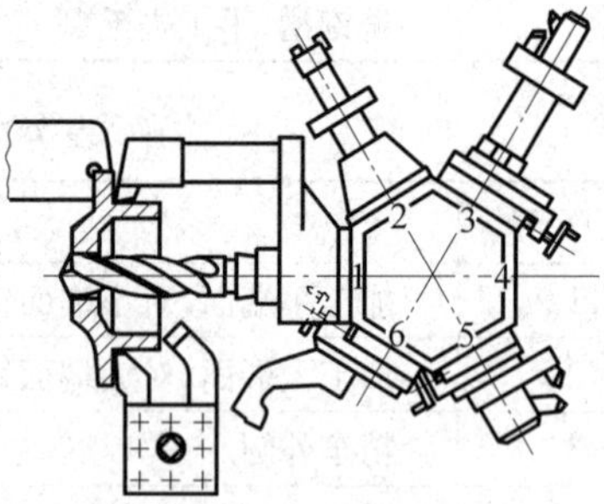

图 7-3　立轴转塔车床回转刀架

在工艺过程中，复合工步有广泛应用。例如，图 7-5 是在龙门刨床上，通过多刀刀架将 4 把刨刀安装在不同高度上进行刨削加工；图 7-6 是在钻床上，用复合钻头进行钻孔和扩孔加

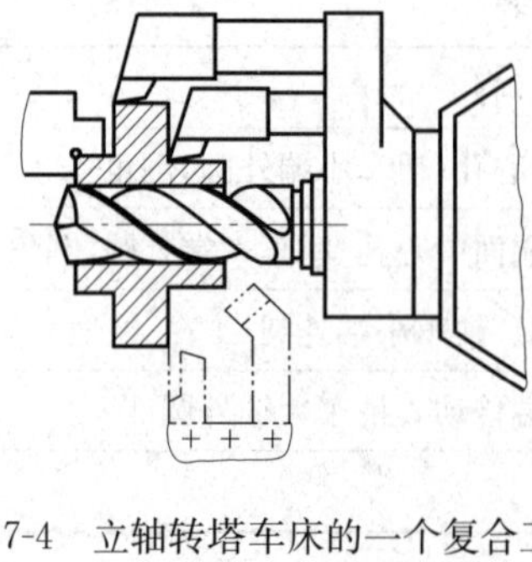

图 7-4　立轴转塔车床的一个复合工步

图 7-5　刨平面复合工步

工；图 7-7 是在铣床上，通过铣刀的组合，同时完成几个平面的铣削加工，等等。可以看出，应用复合工步主要是为了提高工作效率。

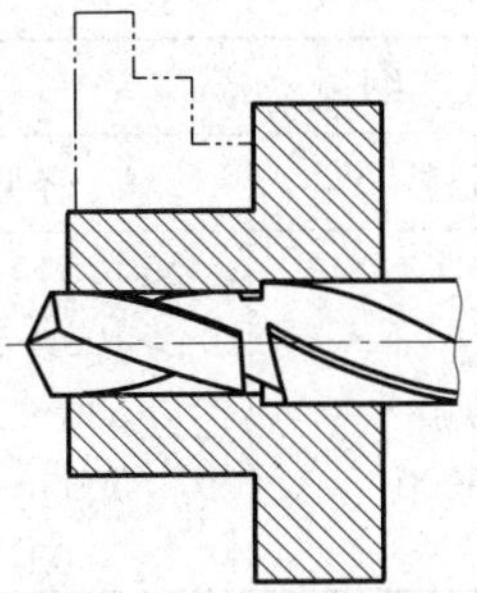

图 7-6 钻孔、扩孔复合工步

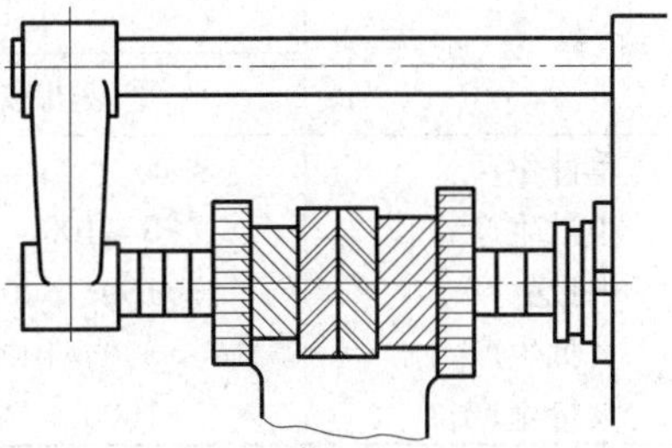

图 7-7 组合铣刀铣平面复合工步

5. 走刀

切削刀具在加工表面上切削一次所完成的工步内容，称为一次走刀。一个工步可包括一次或数次走刀。如果需要切去的金属层很厚，不能在一次走刀下切完，则需分几次走刀。走刀是构成工艺过程的最小单元。

7.1.3 生产类型与机械加工工艺规程

用工艺文件规定的机械加工工艺过程，称为机械加工工艺规程。机械加工工艺规程的详细程度与生产类型有关，不同的生产类型由产品的生产纲领即年产量来区别。

1. 生产纲领

产品的生产纲领就是年生产量。生产纲领及生产类型与工艺过程的关系十分密切，生产纲领不同，生产规模也不同，工艺过程的特点也相应而异。

零件的生产纲领通常按下式计算：

$$N = Qn(1+\alpha+\beta) \tag{7-1}$$

式中：N 为零件的生产纲领，件/年；Q 为产品的年产量，台/年；n 为每台产品中该零件的数量，件/台；α 为备品率；β 为废品率。

年生产纲领是设计或修改工艺规程的重要依据，是车间（或工段）设计的基本文件。

2. 生产类型

机械制造业的生产类型一般分为 3 类，即大量生产、成批生产和单件生产。其中，成批生产又可分为大批生产、中批生产和小批生产。显然，产量愈大，生产专业化程度应该愈高。表 7-4 按重型机械、中型机械和轻型机械的年生产量列出了不同生产类型的规范，可供编制工艺规程时参考。

从表 7-4 中可以看出，生产类型的划分一方面要考虑生产纲领即年生产量；另一方面还必须考虑产品本身的大小和结构的复杂性。例如，一台重型龙门铣床比一台台钻要复杂得多，制造工作量也大得多。生产 20 台台钻只能是单件生产，而生产 20 台重型龙门铣床则属于小批生产了。应该指出，表 7-4 只能作为参考资料。

表 7-4　各种生产类型的规范　　件/年

生产类型	零件的年生产纲领		
	重型机械	中型机械	轻型机械
单件生产	≤5	≤20	≤100
小批生产	>5～100	>20～200	>100～500
中批生产	>100～300	>200～500	>500～5000
大批生产	>300～1000	>500～5000	>5000～50 000
大量生产	>1000	>5000	>50 000

从工艺特点上看，单件生产的产品数量少，每年产品的种类、规格较多，是根据订货单位的要求确定的，多数产品只能单个生产，大多数工作地的加工对象是经常改变的，很少重复。成批生产的产品数量较多，每年产品的结构和规格可以预先确定，而且在某一段时间内是比较固定的，生产可以分批进行，大部分工作地的加工对象是周期轮换的。大量生产的产品数量很大，产品的结构和规格比较固定，产品生产可以连续进行，大部分工作地的加工对象是单一不变的。

按这 3 种生产类型归纳它们的工艺特点，见表 7-5。可以看出，生产类型不同，其工艺特点有很大差异。

表 7-5　各种生产类型的工艺特点

特　点	单件生产	成批生产	大量生产
加工对象	经常变换	周期性变换	固定不变
机床	通用机床	通用机床和专用机床	专用机床
机床布局	机群式布置	按零件分类的流水线布置	按流水线布置
夹具	通用夹具或组合夹具，必要时采用专用夹具	广泛使用专用夹具	广泛使用高效率的专用夹具
刀具	通用刀具	通用刀具和专用刀具	广泛使用高效率的专用刀具
量具	通用量具	通用量具和专用量具	广泛使用高效率的专用量具
毛坯制造方法	木模造型或自由锻(精度低)	金属模造型或模锻	金属模机器造型，压力铸造，特种铸造，模锻，特制型材(高精度)
安装方法	划线找正	划线找正和广泛使用夹具	不需划线，全部使用夹具
装配方法	零件不能互换，广泛采用修配法	普遍采用互换或选配	完全互换或分组互换
生产周期	没有一定	周期重复	长时间连续生产
生产率	低	一般	高
成本	高	一般	低
生产工人等级	高	一般	低，调整工人技术水平要求高
工艺文件	简单，一般为加工过程卡片	比较详细	详细编制

3. 机械加工工艺规程的作用

一般说来，大批大量生产类型要求有细致和严密的组织工作，因此要求有比较详细的机械加工工艺规程。单件小批生产由于分工比较粗，因此其机械加工工艺规程可以简单一些。但是，不论生产类型如何，都必须有章可循，即都必须有机械加工工艺规程。这是因为：

（1）生产的计划、调度，工人的操作、质量检查等都是以机械加工工艺规程为依据的，一切生产人员都不得随意违反机械加工工艺规程。

（2）生产准备工作（包括技术准备工作）离不开机械加工工艺规程。在产品投入生产以前，需要做大量的生产准备和技术准备工作，例如，技术关键的分析与研究，刀、夹、量具的设计、制造或采购，原材料、毛坯件的制造或采购，设备改装或新设备的购置或定做等。这些工作都必须根据机械加工工艺规程来展开，否则，生产将陷入盲目和混乱。

（3）除单件小批生产以外，在中批或大批大量生产中要新建或扩建车间（或工段），其原始依据也是机械加工工艺规程。根据机械加工工艺规程确定机床的种类和数量，确定机床的布置和动力配置，确定生产面积和工人的数量等。

机械加工工艺规程的修改与补充是一项严肃的工作，它必须经过认真讨论和严格的审批手续。不过，所有的机械加工工艺规程几乎都要经过不断的修改与补充才能得以完善，只有这样才能不断吸取先进经验，保持其合理性。

4. 机械加工工艺规程的格式

通常，机械加工工艺规程被填写成表格（卡片）的形式。在我国各机械制造厂使用的机械加工工艺规程表格的形式不尽一致，但是其基本内容是相同的。在单件小批生产中，一般只编写简单的机械加工工艺过程卡片（见表 7-6）；在中批生产中，多采用机械加工工艺卡片（见表 7-7）；在大批大量生产中，则要求有详细和完整的工艺文件，要求各工序都要有机械加工工序卡（见表 7-8）；对半自动及自动机床，则要求有机床调整卡；对检验工序则要求有检验工序卡等。

表 7-6 机械加工工艺过程卡片

<table>
<tr><td rowspan="4">（工厂名）</td><td rowspan="4">机械加工工艺过程卡片</td><td colspan="2">产品名称及型号</td><td></td><td colspan="2">零件名称</td><td></td><td>零件图号</td><td colspan="3"></td></tr>
<tr><td rowspan="3">材料</td><td>名称</td><td></td><td rowspan="2">毛坯</td><td>种类</td><td></td><td rowspan="2">零件质量/kg</td><td>毛</td><td></td><td>第 页</td></tr>
<tr><td>牌号</td><td></td><td>尺寸</td><td></td><td>净</td><td></td><td>共 页</td></tr>
<tr><td>性能</td><td></td><td colspan="2">每批坯料的件数</td><td></td><td>每台件数</td><td></td><td>每批件数</td><td></td></tr>
</table>

<table>
<tr><td rowspan="2">工序号</td><td rowspan="2">工 序 内 容</td><td rowspan="2">加工车间</td><td rowspan="2">设备名称及编号</td><td colspan="3">工艺装备名称及编号</td><td rowspan="2">技术等级</td><td colspan="2">时间定额/min</td></tr>
<tr><td>夹具</td><td>刀具</td><td>量具</td><td>单件</td><td>准备—终结</td></tr>
<tr><td></td><td></td><td></td><td></td><td></td><td></td><td></td><td></td><td></td><td></td></tr>
<tr><td rowspan="3">更改内容</td><td colspan="9"></td></tr>
<tr><td colspan="9"></td></tr>
<tr><td colspan="9"></td></tr>
<tr><td>编制</td><td></td><td>抄写</td><td></td><td>校对</td><td></td><td>审核</td><td></td><td>批准</td><td></td></tr>
</table>

如前所述，一般情况下单件小批生产的工艺文件简单一些，是用机械加工工艺过程卡片来指导生产的。但是，对于产品的关键零件或复杂零件，即使是单件小批生产也应制定较详细的机械加工工艺规程(包括填写工序卡和检验卡等)，以确保产品质量。

表 7-7　机械加工工艺卡片

<table>
<tr><td rowspan="4">(工厂名)</td><td rowspan="4">机械加工工艺过程卡片</td><td colspan="2">产品名称及型号</td><td></td><td colspan="2">零件名称</td><td></td><td colspan="2">零件图号</td><td colspan="2"></td></tr>
<tr><td rowspan="3">材料</td><td>名称</td><td></td><td rowspan="2">毛坯</td><td>种类</td><td></td><td rowspan="2">零件质量/kg</td><td>毛</td><td></td><td>第　页</td></tr>
<tr><td>牌号</td><td></td><td>尺寸</td><td></td><td>净</td><td></td><td>共　页</td></tr>
<tr><td>性能</td><td></td><td colspan="2">每批坯料的件数</td><td></td><td>每台件数</td><td></td><td>每批件数</td><td></td></tr>
</table>

<table>
<tr><td rowspan="2">工序</td><td rowspan="2">安装</td><td rowspan="2">工步</td><td rowspan="2">工序内容</td><td rowspan="2">同时加工零件数</td><td colspan="4">切削用量</td><td rowspan="2">设备名称及编号</td><td colspan="3">工艺装备名称及编号</td><td rowspan="2">技术等级</td><td colspan="2">工时定额/min</td></tr>
<tr><td>切削深度/mm</td><td>切削速度/(m/min)</td><td>转速/(r/min)或双行程数/min</td><td>进给量/(mm/r)或(mm/min)</td><td>夹具</td><td>刀具</td><td>量具</td><td>单件</td><td>准备—终结</td></tr>
<tr><td></td><td></td><td></td><td></td><td></td><td></td><td></td><td></td><td></td><td></td><td></td><td></td><td></td><td></td><td></td><td></td></tr>
<tr><td colspan="3">更改内容</td><td colspan="13"></td></tr>
<tr><td colspan="3">编制</td><td colspan="2"></td><td>抄写</td><td></td><td>校对</td><td></td><td></td><td>审核</td><td colspan="2"></td><td>批准</td><td colspan="2"></td></tr>
</table>

表 7-8　机械加工工序卡片

<table>
<tr><td rowspan="2">(工厂名)</td><td rowspan="2">机械加工工序卡片</td><td>产品名称及型号</td><td>零件名称</td><td>零件图号</td><td>工序名称</td><td>工序号</td><td>第　页</td></tr>
<tr><td></td><td></td><td></td><td></td><td></td><td>共　页</td></tr>
<tr><td colspan="3" rowspan="8">(画工序简图处)</td><td>车　间</td><td>工　段</td><td>材料名称</td><td>材料牌号</td><td>力学性能</td></tr>
<tr><td></td><td></td><td></td><td></td><td></td></tr>
<tr><td>同时加工件数</td><td>每批坯料的件数</td><td>技术等级</td><td>单件时间/min</td><td>准备时间终结时间/min</td></tr>
<tr><td></td><td></td><td></td><td></td><td></td></tr>
<tr><td>设备名称</td><td>设备编号</td><td>夹具名称</td><td>夹具编号</td><td>工作液</td></tr>
<tr><td></td><td></td><td></td><td></td><td></td></tr>
<tr><td>更改内容</td><td colspan="4"></td></tr>
</table>

续表

<table>
<tr><th rowspan="2">工步号</th><th rowspan="2">工步内容</th><th colspan="3">计算数据/mm</th><th rowspan="2">走刀次数</th><th colspan="4">切 削 用 量</th><th colspan="3">工时定额/min</th><th colspan="4">刀具量具及辅助工具</th></tr>
<tr><th>直径或长度</th><th>进给长度</th><th>单边余量</th><th>切削深度/mm</th><th>进给量/(mm/r)或(mm/min)</th><th>转速/(r/min)或双行程数/min</th><th>切削速度/(m/min)</th><th>基本时间</th><th>辅助时间</th><th>工作地点服务时间</th><th>名称</th><th>规格</th><th>编号</th><th>数量</th></tr>
<tr><td></td><td></td><td></td><td></td><td></td><td></td><td></td><td></td><td></td><td></td><td></td><td></td><td></td><td></td><td></td><td></td><td></td></tr>
<tr><td>编制</td><td colspan="3"></td><td colspan="2">抄写</td><td></td><td colspan="2">校对</td><td>审核</td><td colspan="3"></td><td colspan="2">批准</td><td colspan="2"></td></tr>
</table>

7.1.4 机械加工工艺规程的设计步骤和内容

制定机械加工工艺规程是工艺准备中最重要的一项工作，其主要内容和顺序包括以下几方面。

1. 制定机械加工工艺规程的原始资料

(1) 零件工作图，包括必要的装配图。

(2) 零件的生产纲领和生产类型。

(3) 毛坯的生产条件和供应条件。

(4) 本厂的生产条件，如设备的规格、性能和精度等级，刀具、夹具、量具的规格和使用情况，工人的技术水平，专用设备和工装的制造能力。

(5) 各有关手册、标准和指导性文件。

有了上述原始资料即可制定工艺规程。

2. 设计机械加工工艺规程的步骤和内容

1) 阅读装配图和零件图

了解产品的用途、性能和工作条件，熟悉零件在产品中的地位和作用。

2) 工艺审查

审查图纸上的尺寸、视图和技术要求是否完整、正确、统一；找出主要技术要求和分析关键的技术问题；审查零件的结构工艺性。所谓零件的结构工艺性是指在满足使用要求的前提下，制造该零件的可行性和经济性。功能相同的零件，其结构工艺性可以有很大差异。所谓结构工艺性好，是指在现有工艺条件下既能方便制造，又有较低的制造成本。如果在工艺审查中发现了问题，应同产品设计部门联系，共同研究解决办法。

目前，关于零件结构工艺性分析尚停留在定性分析阶段。

图 7-8 表示了几个使零件结构便于安装和加工的例子。其中，图 7-8(a)应考虑钻卡头的尺寸使钻头能够到达待加工表面；图 7-8(b)应留出插齿刀的空刀槽；图 7-8(c)和 (d)应使钻头在钻入和钻出时不产生钻头引偏或折断；图 7-8(e)应使零件加工面的面积尽量减小；图 7-8(f)应避免深孔加工；图 7-8(g)应尽可能统一加工尺寸以减少加工中的换刀操作；图 7-8(h)和(i)应尽量减少加工时的安装次数。

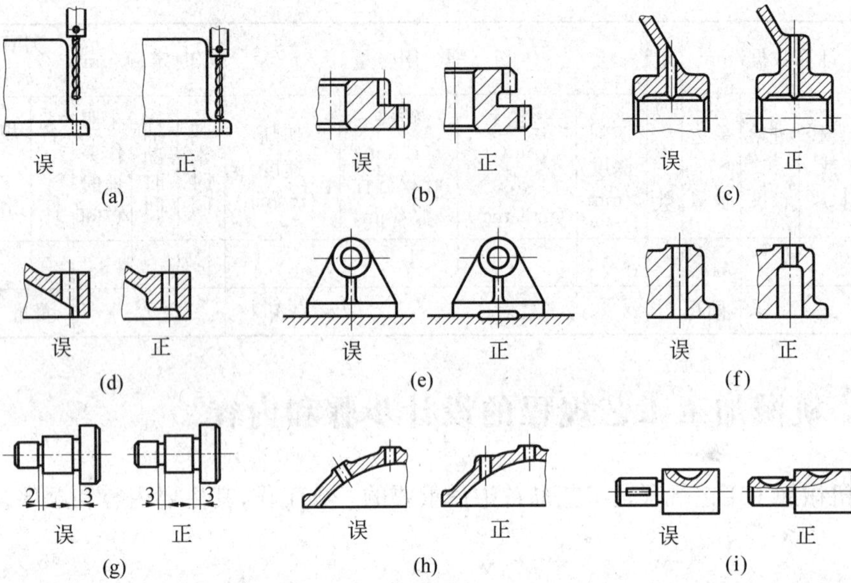

图 7-8　机械加工的结构工艺性

图 7-9 表示了应使零件结构适应于生产类型及具体的生产条件的例子。车床进给箱，在单件小批生产时同轴孔的直径设计成单向递减，如图 7-9(a)所示，以便能在镗床上一次安装加工完毕。但在大批生产中，用双面联动组合镗床加工时，这种结构就显得工艺性很差了，因为这时左面的镗杆要依次加工 3 个直径不同的孔，而右面的镗杆只能镗削最右面的一个孔。如果将结构改成图 7-9(b)所示的双向递减结构，则左右两镗杆的负担大体相同，其加工时间可以缩短。

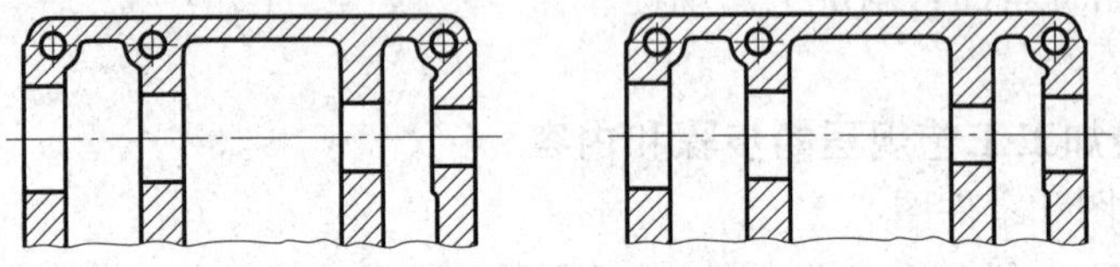

图 7-9　箱体零件的结构工艺性

3）熟悉或确定毛坯

确定毛坯的主要依据是零件在产品中的作用和生产纲领以及零件本身的结构。常用毛坯的种类有铸件、锻件、型材、焊接件、冲压件等。毛坯的选择通常是由产品设计者来完成的，工艺人员在设计机械加工工艺规程之前，首先要熟悉毛坯的特点。例如，对于铸件应了解其分型面、浇口和冒口的位置以及铸件公差和拨模斜度等，这些都是设计机械加工工艺规程时不可缺少的原始资料。毛坯的种类和质量与机械加工关系密切。例如，精密铸件、压铸件、精锻件等，毛坯质量好，精度高，它们对保证加工质量、提高劳动生产率和降低机械加工工艺成本有重要作用。当然，这里所说的降低机械加工工艺成本是以提高毛坯制作成本为代价的。在选择毛坯的时候。应从实际出发，除了要考虑零件的作用、生产纲领和零件的结构以外，还要充分考虑国情和厂情。

4）拟定机械加工工艺路线

这是制定机械加工工艺规程的核心。其主要内容有：选择定位基准、确定加工方法、安排加工顺序以及安排热处理、检验和其他工序等。机械加工工艺路线的最终确定，一般要通过一定范围的论证即通过对几条工艺路线的分析与比较，从中选出一条适合本厂条件的，确保加工质量、高效和低成本的最佳工艺路线。

5）确定满足各工序要求的工艺装备（包括机床、夹具、刀具和量具等），对需要改装或重新设计的专用工艺装备应提出具体设计任务书。

6）确定各主要工序的技术要求和检验方法。

7）确定各工序的加工余量、计算工序尺寸和公差。

8）确定切削用量

目前，在单件小批生产厂，切削用量多由操作者自行决定，机械加工工艺过程卡中一般不作明确规定。在中批，特别是在大批大量生产厂，为了保证生产的合理性和节奏均衡，则要求必须规定切削用量，并不得随意改动。

9）确定时间定额。

10）填写工艺文件。

7.2 定位基准及选择

7.2.1 基准

基准是机械制造中应用得十分广泛的概念，是用来确定生产对象上几何要素之间的几何关系所依据的点、线或面。机械产品从设计、制造到出厂经常要遇到基准问题——设计时零件尺寸的标注、制造时工件的定位、检查时尺寸的测量以及装配时零、部件的装配位置等都要用到基准的概念。

从设计和工艺两个方面看基准，可把基准分为两大类，即设计基准和工艺基准。

1. 设计基准

设计者在设计零件时，根据零件在装配结构中的装配关系以及零件本身结构要素之间的相互位置关系，确定标注尺寸（或角度）的起始位置。这些尺寸（或角度）的起始位置称作设计基准。简言之，设计图样上所采用的基准就是设计基准。设计基准可以是点，也可以是线或者面。例如，在图7-10中所示的阶梯轴，端面1是尺寸 a，b 的设计基准，中心线2是直径尺寸 ϕD 的设计基准。

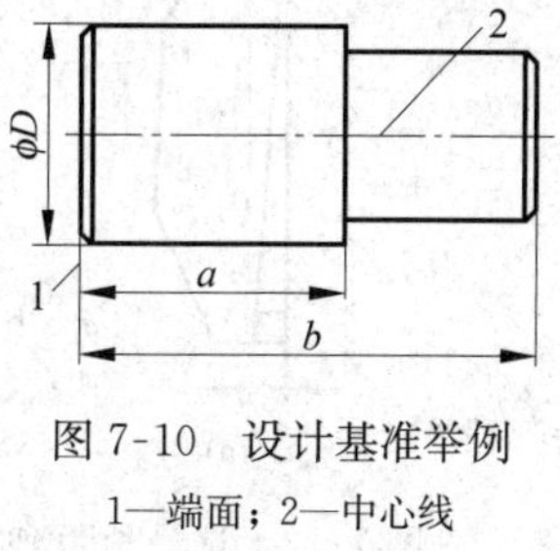

图7-10　设计基准举例

1—端面；2—中心线

2. 工艺基准

零件在加工、测量和装配过程中所采用的基准称为工艺基准。

1）定位基准

在加工时用于工件定位的基准称为定位基准。定位基准是获得零件尺寸的直接基准，占有很重要的地位。定位基准还可进一步分为粗基准和精基准，另外还有附加基准。

(1) 粗基准和精基准。未经机械加工的定位基准称为粗基准；经过机械加工的定位基准称为精基准。机械加工工艺规程中第一道机械加工工序所采用的定位基准都是粗基准。

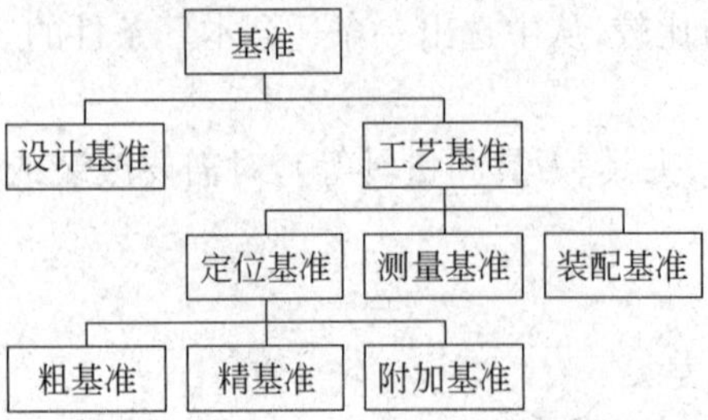

图 7-11　基准的分类

(2) 附加基准。零件上根据机械加工工艺需要而专门设计的定位基准称为附加基准。例如，轴类零件常用顶尖孔定位，顶尖孔就是专为机械加工工艺而设计的附加基准。

2) 测量基准

在加工中或加工后用来测量工件的形状、位置和尺寸误差所采用的基准称为测量基准。

3) 装配基准

在装配时，用来确定零件或部件在产品中的相对位置所采用的基准称为装配基准。

为了便于掌握上述关于基准的分类，可以用框图表示，如图 7-11 所示。

7.2.2　定位基准的选择

定位基准是在加工中获得零件尺寸的直接基准，根据不同的加工要求和定位安装条件，合理选择定位基准是工艺设计中一项重要工作内容。

1. 选择定位基准的基本方法

(1) 选最大尺寸的表面为安装面(限制 3 个自由度)，选最长距离的表面为导向面(限制 2 个自由度)，选最小尺寸的表面为支承面(限制 1 个自由度)。如图 7-12 所示的例子，如果要求所加工的孔与端面 M 垂直，显然用 N_1 面定位时加工精度高。

(2) 首先考虑保证空间位置精度，再考虑保证尺寸精度。因为在加工中，保证空间位置精度有时要比尺寸精度困难得多。如图 7-13 所示的主轴箱零件，其主轴孔要求与 M 面的距离为 z，与 N 面的距离为 x。由于主轴孔在箱体两壁上都有，并且要求与 M 面及 N 面平行，因此要以 M 面为安装面，限制 $\vec{Z}$, $\overset{\frown}{X}$, $\overset{\frown}{Y}$ 3 个自由度，以 N 面为导向面，限制 $\vec{X}$ 和 $\overset{\frown}{Z}$ 2 个自由度。要保证这些空间位置，M 面与 N 面必须有较高的加工精度。

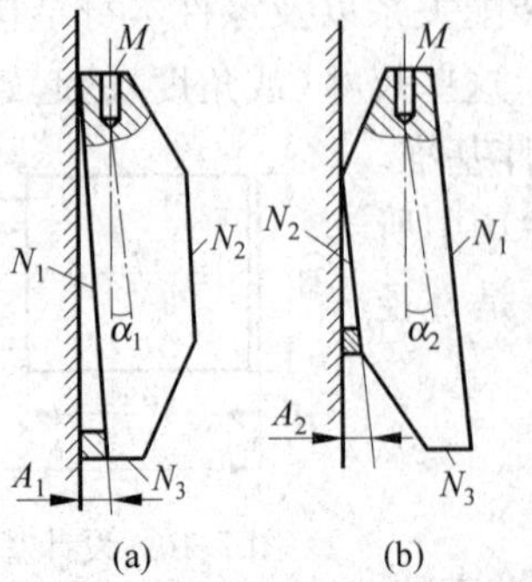

图 7-12　选最长距离的面为导向面

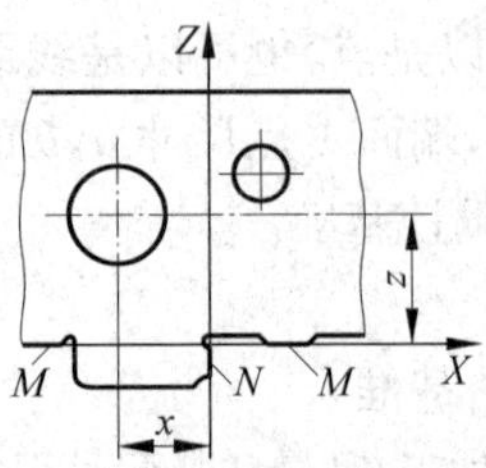

图 7-13　空间位置精度的保证

(3) 应尽量选择零件上有重要位置精度关联的主要表面为定位基准，因为这样的表面是决定该零件其他表面的基准，也就是主要设计基准。如图 7-13 所示的主轴箱零件，M 面和 N 面就是主要表面，许多表面的位置都是由这两个表面决定的。选主要表面为定位基准，可使定位基准与设计基准重合。

(4) 定位基准应有利于夹紧，在加工过程中稳定可靠。

2. 粗基准的选择方法

(1) 选加工余量小的、较准确的、表面质量较好的、面积较大的毛面作粗基准。因此，不应选有毛刺的分型面等作粗基准。

(2) 选重要表面为粗基准，因为重要表面一般都要求余量均匀。图 7-14 所示为一床身零件，图(a)是选床腿面为粗基准，可以看出，由于毛坯尺寸有误差，使床身导轨面的余量不均匀，一方面增加了整个的加工余量，同时加工后导轨面各处的硬度可能不均匀。如果选床身导轨面为粗基准，如图 7-14(b)所示，则以床腿面为精基准加工导轨面时，将使导轨面的余量均匀。

(3) 选不加工的表面作粗基准，这样可以保证加工表面和不加工表面之间的相对位置要求，同时可以在一次安装下加工更多的表面。如图 7-15所示的零件加工就是一个例子。

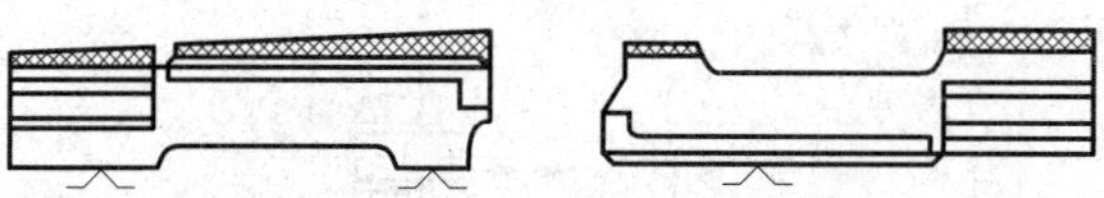

(a) (b)

图 7-14　床身零件加工时的粗基准选择

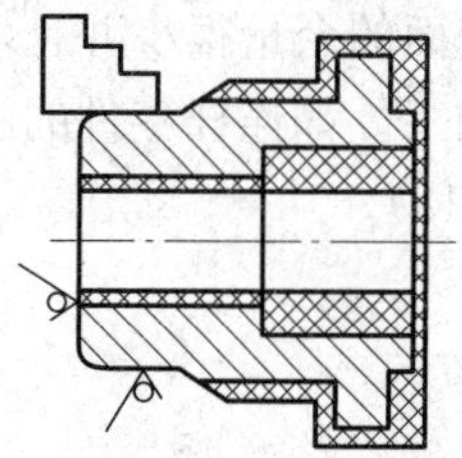

图 7-15　选不加工表面为粗基准

(4) 粗基准一般只能使用一次。因为粗基准为毛面，定位基准位移误差较大，如重复使用，将造成较大的定位误差，不能保证加工要求。因此，在制定工艺规程时，第一道工序、第二道工序一般都是为了加工出精基准。

3. 精基准的选择方法

(1) 基准重合。尽量选择设计基准为定位基准，这样就没有基准不重合误差。有时出于加工工艺的合理性要求，需要选择非设计基准作为定位基准。例如，图 7-16(a)所示为主轴箱零件，现在要加工主轴孔，考虑到主轴是 3 个支承，内墙上也有孔，为了保证 3 个孔同心，在夹具上设计了 3 个镗模板，其中一个置于箱体内，因此需要以箱盖面为定位基准，但是主轴位置孔尺寸 B_2 的设计基准为箱底面，这就造成了基准不重合。图 7-16(b)所示为一活塞零件，设计要求销孔与顶部间的距离为 C_1，加工销孔工序，如以顶部端面定位，设计基准与定位基准重合，但由于活塞在加工时常常用裙部的止口定位，因此也造成了基准不重合。定位基准与设计基准不重合时，将产生基准不重合定位误差，需分析定位误差，并根据尺寸链关系计算定位工艺尺寸，判断工艺条件是否能满足工艺尺寸的精度要求。

(2) 基准统一。为了减少夹具类型和数量，或为了进行自动化生产，在零件的加工过程

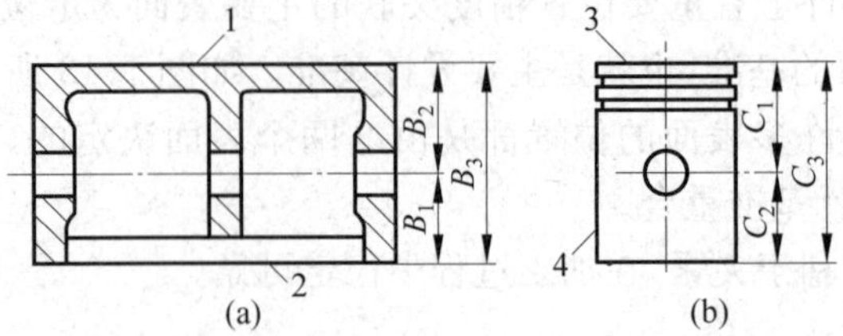

图 7-16　选择基准时的工艺尺寸链关系

1—箱底面；2—箱盖面；3—顶部；4—裙部

中，对于多个加工工序，选择统一的定位基准。图 7-16(b)所示的活塞零件，在自动化生产线上，加工顶部燃烧室、外圆、活塞环槽、活塞销孔等工序中统一采用裙部的止口作为定位基准。

(3) 互为基准。对某些空间位置精度要求很高的零件，通常采用互为基准、反复加工的方法。例如，车床主轴要求前后轴颈与前锥孔同心(图 7-17)，工艺上采用以前后轴颈定位，加工通孔、后锥孔和前锥孔，再以前锥孔及后锥孔(附加定位基准)定位加工前后轴颈。经过几次反复，由粗加工、半精加工至精加工，最后以前后轴颈定位，加工前锥孔，保证了较高的同轴度。

(4) 自为基准。对于某些精度要求很高的表面，在精密加工时，为了保证加工精度，要求加工表面的余量很小并且均匀，这时常以加工面本身定位，待到夹紧后将定位元件移去，再进行加工。如连杆零件的小头孔加工，其最后一道工序是金刚镗孔，就是以小头孔本身定位(图 7-18)。

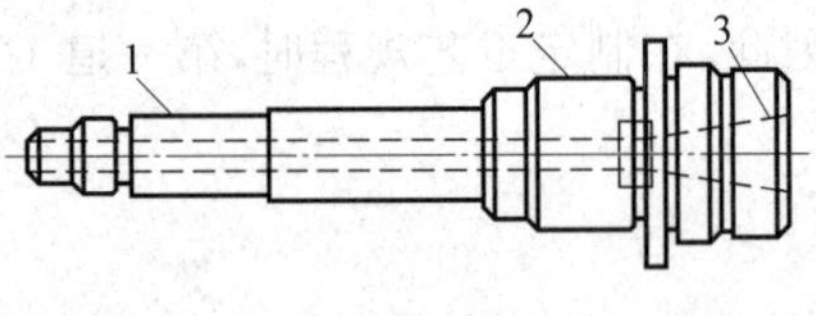

图 7-17　车床主轴加工时的互为基准

1—后轴颈；2—前轴颈；3—前锥孔

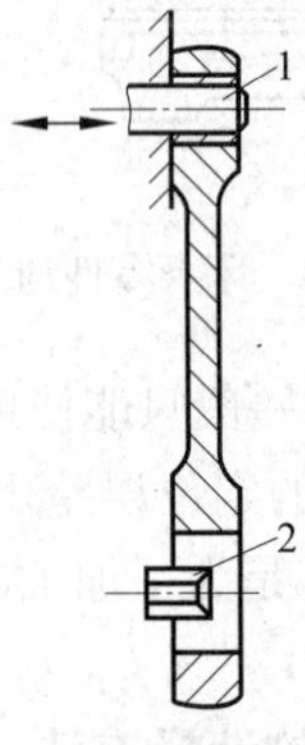

图 7-18　连杆孔加工时的自为基准

1—长销；2—削角销

以上论述了定位基准选择的方法，在实际运用中应根据具体情况，灵活掌握。

7.3　工艺路线的制定

7.3.1　加工经济精度与加工方法的选择

了解各种加工方法所能达到的经济精度及表面粗糙度，是拟定零件加工工艺路线的基础，为此要首先对经济精度和精度的相对性进行分析。

1. 加工经济精度

各种加工方法（车、铣、刨、磨、钻、镗、铰等）所能达到的加工精度和表面粗糙度，都是在一定范围内的。任何一种加工方法，只要精心操作、细心调整、选择合适的切削用量，其加工精度就可以得到提高，其加工表面粗糙度值就可以减小。但是，加工精度提得愈高，表面粗糙度值减小得愈小，则所耗费的时间与成本也会愈大。

生产上加工精度的高低是用其可以控制的加工误差的大小来表示的。加工误差小，则加工精度高；加工误差大，则加工精度低。统计资料表明，加工误差和加工成本之间成反比例关系，如图 7-19 所示，图中 δ 表示加工误差，S 表示加工成本。可以看出，对一种加工方法来说，加工误差小到一定程度（如曲线中 A 点的左侧），加工成本提高很多，加工误差却降低很少；加工误差大到一定程度后（如曲线中 B 点的右侧），即使加工误差增大很多，加工成本却降低很少。说明一种加工方法在 A 点的左侧或 B 点的右侧应用都是不经济的。例如，在表面粗糙度值 $Ra<0.4\ \mu m$ 的外圆加工中，通常多用磨削加工方法而不用车削加工方法，因为车削加工方法不经济。但是，对表面粗糙度为 $Ra=1.6\sim2.5\ \mu m$ 的外圆加工，则多用车削加工方法而不用磨削加工方法，因为这时车削加工方法又是经济的了。实际上，每种加工方法都有一个加工经济精度问题。

所谓加工经济精度是指在正常加工条件下（采用符合质量标准的设备、工艺装备和标准技术等级的工人，不延长加工时间）所能保证的加工精度和表面粗糙度。

应该指出，随着机械工业的不断发展，提高机械加工精度的研究工作一直在进行，加工精度也在不断提高。图 7-20 给出了加工精度随年代发展的统计结果，不难看出，20 世纪 40 年代的精密加工精度大约只相当于 80 年代的一般加工精度。因此，各种加工方法的加工经济精度的概念也在发展，其指标在不断提高。

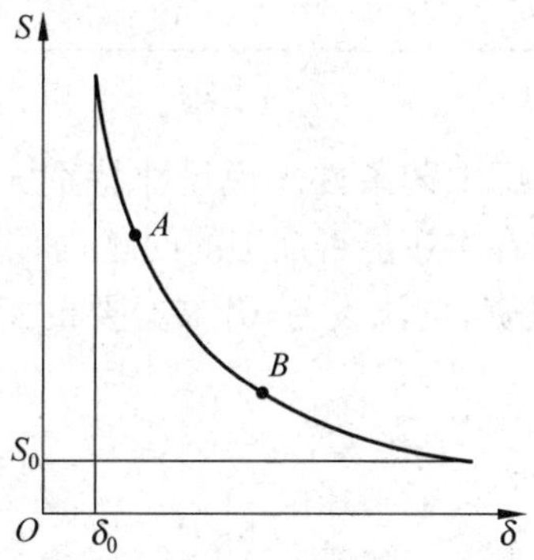

图 7-19　加工误差与加工成本的关系

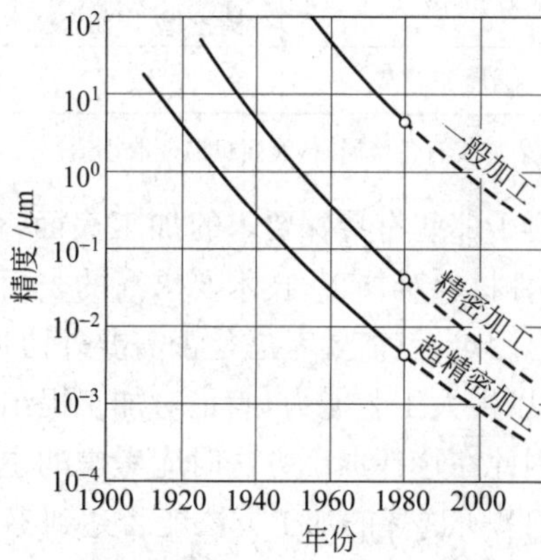

图 7-20　加工精度发展趋势

2. 加工方法的选择

一般情况下，根据零件的精度（包括尺寸精度、形状精度和位置精度以及表面粗糙度）要求，考虑本车间（或本厂）现有工艺条件，考虑加工经济精度的因素选择加工方法。

表 7-9 介绍了各种外圆加工方法中的加工经济精度和表面粗糙度，供选择加工方法时参考。其他加工方法的加工经济精度和表面粗糙度以及各种机床所能达到的几何形状精度与表面相互位置精度可参考有关的工艺人员手册。

表 7-9　外圆加工中各种加工方法的加工经济精度及表面粗糙度

加工方法	加工情况	加工经济精度 IT	表面粗糙度 $Ra/\mu m$
车	粗车	12～13	10～80
	半精车	10～11	2.5～10
	精车	7～8	1.25～5
	金刚石车(镜面车)	5～6	0.02～1.25
铣	粗铣	12～13	10～80
	半精铣	11～12	2.5～10
	精铣	8～9	1.25～2.5
车槽	一次走刀	11～12	10～20
	二次走刀	10～11	2.5～10
外磨	粗磨	8～9	1.25～10
	半精磨	7～8	0.63～2.5
	精磨	6～7	0.16～1.25
	精密磨(精修整砂轮)	5～6	0.08～0.32
	镜面磨	5	0.008～0.08
抛光			0.008～1.25
研磨	粗研	5～6	0.16～0.63
	精研	5	0.04～0.32
	精密研	5	0.008～0.08
超精加工	—	5	0.01～0.32
砂带磨	精磨	5～6	0.02～0.16
	精密磨	5	0.01～0.04
滚压		6～7	0.16～1.25

注：加工有色金属时，表面粗糙度取小值。

对于那些有特殊要求的加工表面，例如，相对于本厂工艺条件来说尺寸特别大或特别小、工件材料难加工、技术要求高的表面，则首先应考虑在本厂能否加工的问题，如果在本厂加工有困难，就需要考虑是否需要外协加工或者增加投资，增添设备，开展必要的工艺研究工作，以扩大工艺能力，满足对加工提出的精度要求。

因此在选择加工方法时应考虑的主要问题有：

(1) 所选择的加工方法能否达到零件精度的要求。

(2) 零件材料的可加工性能如何。例如，有色金属宜采用切削加工方法，不宜采用磨削加工方法，因为有色金属易堵塞砂轮工作面。

(3) 生产率对加工方法有无特殊要求。例如，为满足大批大量生产的需要，齿轮内孔通常多采用拉削加工方法加工。

(4) 本厂的工艺能力和现有加工设备的加工经济精度如何。技术人员必须熟悉本车间(或者本厂)现有加工设备的种类、数量、加工范围和精度水平以及工人的技术水平，以充分利用现有资源，不断地对原有设备、工艺装备进行技术改造，挖掘企业潜力，创造经济效益。

7.3.2 典型表面的加工路线

外圆、内孔和平面加工量大而面广，习惯上把机器零件的这些表面称作典型表面。根据这些表面的精度要求选择一个最终的加工方法，然后辅以先导工序的预加工方法，就组成该表面的一条加工路线。长期的生产实践考验了一些比较成熟的加工路线，熟悉这些加工路线对编制工艺规程有指导作用。

1. 外圆表面的加工路线

零件的外圆表面主要采用下列 5 条基本加工路线来加工，如图 7-21 所示。

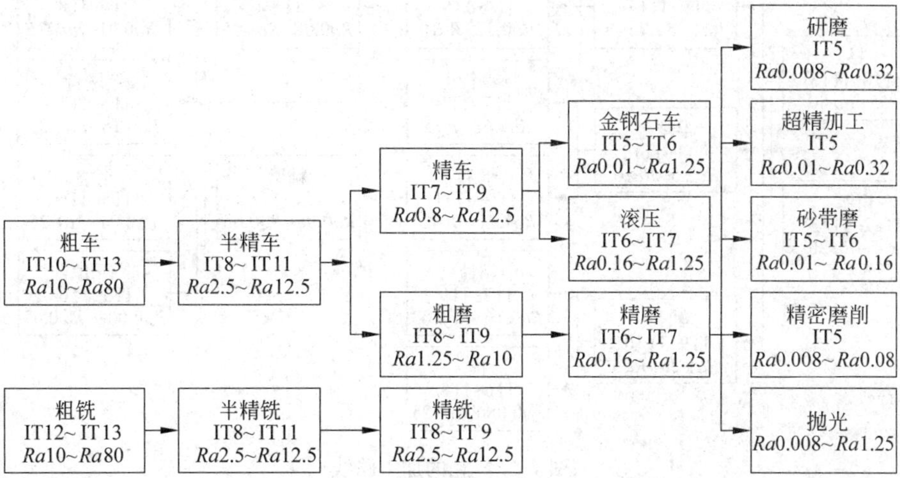

图 7-21 外圆表面的加工路线

1) 粗车—半精车—精车

这是应用最广的一条加工路线。只要工件材料可以切削加工，加工精度等于或低于 IT7，表面粗糙度 *Ra* 值等于或大于 0.8 μm 的外圆表面都可以用这条加工路线加工。如果加工精度要求较低，可以只取粗车，也可以只取粗车—半精车。

2) 粗车—半精车—粗磨—精磨

对于黑色金属材料，特别是对半精车后有淬火要求、加工精度等于或低于 IT6、表面粗糙度 *Ra* 值等于或大于 0.16 μm 的外圆表面，一般可安排用这条加工路线加工。

3) 粗车—半精车—精车—金刚石车

这条加工路线主要适用于工件材料为有色金属(如铜、铝)，不宜采用磨削加工方法加工的外圆表面。金刚石车是在精密车床上用金刚石车刀进行车削，精密车床的主运动系统多采用液体静压轴承或空气静压轴承，送进运动系统多采用液体静压导轨或空气静压导轨，因而主运动平稳，送进运动比较均匀，少爬行，可以有比较高的加工精度和比较小的表面粗糙度。这种加工方法用于尺寸精度为 0.1 μm 数量级和表面粗糙度为 0.01 μm 数量级的超精密加工。

4）粗车—半精车—粗磨—精磨—研磨、超精加工、砂带磨、镜面磨或抛光

这是在前面第二条加工路线的基础上又加进研磨、超精加工、砂带磨、镜面磨或抛光等精密、超精密加工或光整加工工序。这些加工方法多以减小表面粗糙度，提高尺寸精度、形状精度和位置精度为主要目的，有些加工方法，如抛光、砂带磨等则以减小表面粗糙度为主。

5）粗铣—半精铣—精铣

这条加工路线主要用于加工大直径的外圆，可用立铣刀或盘铣刀加工。加工时，工件慢速回转，铣刀回转做主切削运动并做送进运动。

2. 孔的加工路线

图7-22是常见的孔的加工路线框图，可分为下列4条基本的加工路线。

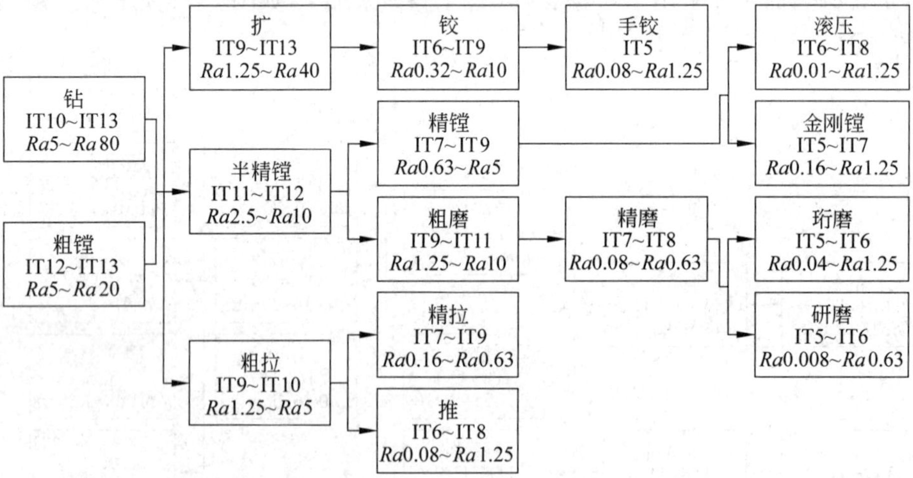

图7-22　孔的加工路线

1）钻（粗镗）—粗拉—精拉

这条加工路线多用于大批大量生产盘套类零件的圆孔、单键孔和花键孔加工，其加工质量稳定、生产效率高。当工件上没有铸出或锻出毛坯孔时，第一道工序需安排钻孔；当工件上已有毛坯孔时，则第一道工序需安排粗镗孔，以保证孔的位置精度。如果模锻孔的精度较好，也可以直接安排拉削加工。拉刀是定尺寸刀具，经拉削加工的孔一般为7级精度的基准孔（H7）。

2）钻—扩—铰—手铰

这是一条应用最为广泛的孔加工路线，在各种生产类型中都有应用，多用于中、小孔加工。其中，扩孔有纠正位置精度的能力，铰孔只能保证尺寸精度、形状精度和减小孔的表面粗糙度，不能纠正位置精度。当孔的尺寸精度、形状精度要求比较高，表面粗糙度要求比较小时，往往安排一次手铰加工。铰刀也是定尺寸刀具，所以经过铰孔加工的孔一般也是7级精度的基准孔（H7）。有时用孔定心的端面锪刀加工孔端面，用来校正孔端面与孔轴心线之间的垂直度误差。

3）钻（或粗镗）—半精镗—精镗—浮动镗或金刚镗

下列情况下的孔，多在这条加工路线中加工：

(1) 单件小批生产中的箱体孔系加工；

(2) 位置精度要求很高的孔系加工；

(3) 在各种生产类型中直径比较大的孔，例如 ϕ80 mm 以上、毛坯上已有位置精度比较低的铸孔或锻孔；

(4) 有色金属材料，需要由金刚镗来保证其尺寸、形状和位置精度及表面粗糙度要求。

在这条加工路线中，当工件毛坯上已有毛坯孔时，第一道工序安排粗镗，无毛坯孔时则第一道工序安排钻孔。后面的工序视零件的精度要求，可安排半精镗，亦可安排半精镗—精镗或安排半精镗—精镗—浮动镗、半精镗—精镗—金刚镗。

4) 钻(或粗镗)—粗磨—半精磨—精磨—研磨或珩磨

这条加工路线主要用于淬硬零件加工或精度要求高的孔加工。

对上述孔的加工路线作两点补充说明：①上述各条孔加工路线的终加工工序，其加工精度在很大程度上取决于操作者的操作水平(刀具刃磨、机床调整、对刀等)。②对孔径为微米的特小孔加工，需要采用特种加工方法，例如电火花打孔、激光打孔、电子束打孔等。

3. 平面的加工路线

图 7-23 是常见的平面的加工路线框图，可按如下 5 条基本的加工路线来加工。

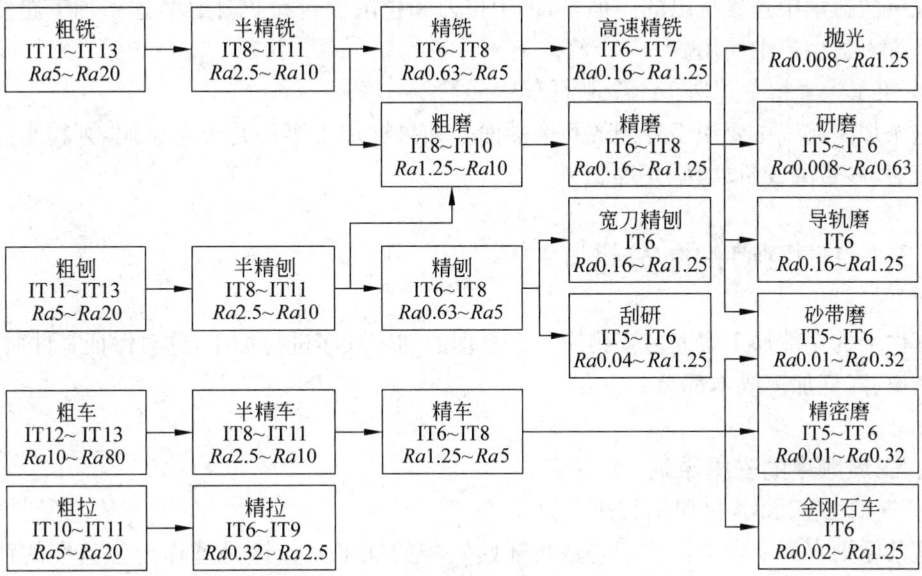

图 7-23 平面的加工路线

1) 粗铣—半精铣—精铣—高速铣

在平面加工中，铣削加工用得最多，这主要是因为铣削生产率高。近代发展起来的高速铣，其加工精度比较高(IT6～IT7)，表面粗糙度也比较小(Ra0.16～Ra1.25 μm)。在这条加工路线中，视被加工面的精度和表面粗糙度的技术要求，可以只安排粗铣或安排粗铣、半精铣，粗、半精和精铣以及粗铣、半精、精和高速铣。

2) 粗刨—半精刨—精刨—宽刀精刨、刮研或研磨

刨削加工也是应用比较广泛的一种平面加工方法。同铣削加工相比，生产率稍低，因

此，从发展趋势上看，不像铣削加工那样应用广泛。但是，对于窄长面的加工来说，刨削加工的生产率并不低。

宽刀精刨多用于大平面或机床床身导轨面加工，其加工精度和表面粗糙度都比较好，在单件、成批生产中被广泛应用。

刮研是获得精密平面的传统加工方法。例如，精密平面一直采用手工刮研的方法来保证平面度要求。由于这种加工方法劳动量大，生产率低，在大批量生产的一般平面加工中有被磨削取代的趋势。但在单件小批生产或修配工作中，仍有广泛应用。

同铣平面的加工路线一样，可根据平面精度和表面粗糙度要求，选定最终工序，截取前半部分作为加工路线。

3）粗铣（刨）—半精铣（刨）—粗磨—精磨—研磨—精密磨、砂带磨或抛光

如果被加工平面有淬火要求，则可在半精铣（刨）后安排淬火。淬火后需要安排磨削工序，视平面精度和表面粗糙度要求，可以只安排粗磨，亦可只安排粗磨—精磨，还可以在精磨后安排研磨或精密磨。

4）粗拉—精拉

这条加工路线主要在大批大量生产中采用，生产率高，尤其对有沟槽或台阶的表面，拉削加工的优点更加突出。例如，某些内燃机汽缸体的底平面、曲轴半圆孔以及分界面等就是全部在一次拉削中直接拉出的。但是，由于拉刀和拉削设备昂贵，因此，这条加工路线只适合在大批大量生产中使用。

5）粗车—半精车—精车—金刚石车

这条加工路线主要用于外圆或孔的端面。如果被加工零件是黑色金属，则精车后可安排精密磨、砂带磨或研磨、抛光等。

7.3.3 工序顺序的安排

零件上的全部加工表面应安排用一个合理的加工顺序进行加工，这对保证零件质量、提高生产率、降低加工成本都至关重要。

1. 工序顺序的安排原则

1）先加工基准面，再加工其他表面

这条原则有两个含义：①工艺路线开始安排的加工面应该是选作定位基准的精基准面，然后再以精基准定位，加工其他表面。②为保证一定的定位精度，当加工面的精度要求很高时，精加工前一般应先精修一下精基准。例如，精度要求较高的轴类零件（机床主轴、丝杠、汽车发动机曲轴等），其第一道机械加工工序就是铣端面，打中心孔，然后以顶尖孔定位加工其他表面。再如，箱体类零件（例如车床主轴箱、汽车发动机中的汽缸体、汽缸盖，变速箱壳体等）也都是先安排定位基准面的加工（多为一个大平面，两个销孔），再加工孔系和其他平面。

2）一般情况下，先加工平面，后加工孔

这条原则的含义是：①当零件上有较大的平面可作定位基准时，可先加工出来作定位面，以面定位加工孔，这样可以保证定位稳定、准确，安装工件往往也比较方便。②在毛坯面

上钻孔，容易使钻头引偏，若该平面需要加工，则应在钻孔之前先加工平面。

在特殊情况下（例如对某项精度有特殊要求）有例外。例如，加工车床主轴箱主轴孔止推面，为保证止推面与主轴轴线的垂直度要求，精镗主轴孔后，以孔定位手用端面锪刀修刮止推面就属于这种例外。

3）先加工主要表面，后加工次要表面

这里所说的主要表面是指设计基准面和主要工作面，而次要表面是指键槽、螺孔等其他表面。次要表面和主要表面之间往往有相互位置要求。因此，一般要在主要表面达到一定的精度之后，再以主要表面定位加工次要表面。

4）先安排粗加工工序，后安排精加工工序

对于精度和表面质量要求较高的零件，其粗精加工应该分开（详见 7.3.5 节）。

2. 热处理工序及表面处理工序的安排

为了改善切削性能而进行的热处理工序（如退火、正火等），应安排在切削加工之前。

为了消除内应力而进行的热处理工序（如人工时效、退火、正火等），最好安排在粗加工之后。有时为减少运输工作量，对精度要求不太高的零件，把去除内应力的人工时效或退火安排在切削加工之前（即在毛坯车间）进行。

为了改善材料的力学物理性质，半精加工之后、精加工之前常安排淬火、淬火—回火、渗碳淬火等热处理工序。对于整体淬火的零件，淬火前应将所有切削加工的表面加工完，因为淬硬后再切削就有困难了。对于那些变形小的热处理工序（例如高频感应加热淬火、渗氮），有时允许安排在精加工之后进行。

对于高精度精密零件（如量块、量规、铰刀、样板、精密丝杠、精密齿轮等），在淬火后安排冷处理（使零件在低温介质中继续冷却到零下 80℃）以稳定零件的尺寸。

为了提高零件表面耐磨性或耐腐蚀性而安排的热处理工序以及以装饰为目的而安排的热处理工序和表面处理工序（如镀铬、阳极氧化、镀锌、发蓝处理等），一般都放在工艺过程的最后。

3. 其他工序的安排

检查、检验工序、去毛刺、平衡、清洗工序等也是工艺规程的重要组成部分。

检查、检验工序是保证产品质量合格的关键工序之一。每个操作工人在操作过程中和操作结束以后都必须自检。在工艺规程中，下列情况下应安排检查工序：①零件加工完毕之后；②从一个车间转到另一个车间的前后；③工时较长或重要的关键工序的前后。

除了一般性的尺寸检查（包括形、位误差的检查）以外，X 射线检查、超声波探伤检查等多用于工件（毛坯）内部的质量检查，一般安排在工艺过程的开始。磁力探伤、荧光检验主要用于工件表面质量的检验，通常安排在精加工的前后进行。密封性检验、零件的平衡、零件的重量检验一般安排在工艺过程的最后阶段进行。

切削加工之后，应安排去毛刺处理。零件表层或内部的毛刺会影响装配操作和装配质量，以致会影响整机性能，因此应给予充分重视。

工件在进入装配之前，一般都应安排清洗。工件的内孔、箱体内腔易存留切屑，清洗时应给予特别注意。研磨、珩磨等光整加工工序之后，砂粒易附着在工件表面上，要认真清洗，否则会加剧零件在使用中的磨损。采用磁力夹紧工件的工序(如在平面磨床上用电磁吸盘夹紧工件),工件会被磁化,应安排去磁处理,并在去磁后进行清洗。

7.3.4 工序的集中与分散

同一个工件,同样的加工内容,可以安排两种不同形式的工艺规程: 一种是工序集中,另一种是工序分散。所谓工序集中,是使每个工序中包括尽可能多的工步内容,因而使总的工序数目减少,夹具的数目和工件的安装次数也相应减少。所谓工序分散,是将工艺路线中的工步内容分散在更多的工序中去完成,因而每道工序的工步少,工艺路线长。

工序集中和工序分散的特点都很突出。工序集中有利于保证各加工面间的相互位置精度要求,有利于采用高生产率机床,节省安装工件的时间,减少工件的搬动次数。工序分散可使每个工序使用的设备和夹具比较简单,调整、对刀也比较容易,对操作工人的技术水平要求较低。

由于工序集中和工序分散各有特点,所以生产上都有应用。

传统的流水线、自动线生产多采用工序分散的组织形式(个别工序亦有相对集中的形式,例如,对箱体类零件采用专用组合机床加工孔系)。这种组织形式可以实现高生产率生产,但是适应性较差,特别是那些工序相对集中、专用组合机床较多的生产线,转产比较困难。

采用高效自动化机床,以工序集中的形式组织生产(典型的例子是采用加工中心机床组织生产),除了具有上述工序集中的优点以外,生产适应性强,转产相对容易,因而虽然设备价格昂贵,但仍然受到愈来愈多的重视。

当零件的加工精度要求比较高时,常需要把工艺过程划分为不同的加工阶段,在这种情况下,工序必须比较分散。

7.3.5 加工阶段的划分

当零件的精度要求比较高时,若将某个加工面从毛坯面开始到最终的精加工或精密加工都集中在一个工序中连续完成,然后再安排其他表面的加工工序,则难以保证零件的精度要求或浪费人力、物力资源。这是因为:

(1) 其他表面粗加工时,切削层厚,切削热量大,无法消除因热变形带来的前面已加工好的表面产生新的加工误差,也无法消除因粗加工留在工件表层的残余应力产生的加工误差。

(2) 后续加工容易把已加工好的加工面划伤。

(3) 不利于及时发现毛坯的缺陷。若在加工最后一个表面时才发现毛坯有缺陷,则前面的加工就白白浪费了。

(4) 不利于合理地使用设备。把精密机床用于粗加工,会使精密机床过早地丧失精度。

(5) 不利于合理地使用技术工人。高技术工人完成粗加工任务是人力资源的一种浪费。

因此,通常可将高精零件的工艺过程划分为几个加工阶段。根据精度要求的不同,可以划分为：

(1) 粗加工阶段。在粗加工阶段，主要是去除各加工表面的余量，并作出精基准，因此这一阶段的关键问题是提高生产率。

(2) 半精加工阶段。在半精加工阶段是要减小粗加工中留下的误差，使加工面达到一定的精度，为精加工做好准备。

(3) 精加工阶段。在精加工阶段，应确保尺寸、形状和位置精度达到或基本达到(精密件)图纸规定的精度要求以及表面粗糙度要求。

(4) 精密、超精密加工、光整加工阶段。对那些精度要求很高的零件，在工艺过程的最后安排珩磨或研磨、精密磨、超精加工、金刚石车、金刚镗或其他特种加工方法加工，以达到零件最终的精度要求。

高精度零件的中间热处理工序，自然地把工艺过程划分为几个加工阶段。

零件在上述各加工阶段中加工，可以保证有充足的时间消除热变形和消除粗加工产生的残余应力，使后续加工精度提高。另外，在粗加工阶段发现毛坯有缺陷时，就不必进行下一加工阶段的加工，从而避免浪费。此外，还可以合理地使用设备，低精度机床用于粗加工，精密机床专门用于精加工，以保持精密机床的精度水平；合理地安排人力资源，高技术工人专门从事精密、超精密加工，这对保证产品质量，提高工艺水平来说都是十分重要的。

7.4 加工余量、工序尺寸及公差的确定

7.4.1 加工余量的概念

1. 加工总余量(毛坯余量)与工序余量

毛坯尺寸与零件设计尺寸之差称为加工总余量。加工总余量的大小取决于加工过程中各个工步切除金属层厚度的总和。每一工序所切除的金属层厚度称为工序余量。加工总余量和工序余量的关系可用下式表示：

$$Z_0 = Z_1 + Z_2 + Z_3 + \cdots + Z_n = \sum_{i=1}^{n} Z_i \tag{7-2}$$

式中：Z_0 为加工总余量；Z_i 为工序余量；n 为机械加工工序数目。

其中，Z_1 为第一道粗加工工序的加工余量，它与毛坯的制造精度有关，实际上是与生产类型和毛坯的制造方法有关。毛坯制造精度高(例如大批大量生产的模锻毛坯)，则第一道粗加工工序的加工余量小；若毛坯制造精度低(例如单件小批生产的自由锻毛坯)，则第一道粗加工工序的加工余量就大(具体数值可参阅有关的毛坯余量手册)。其他机械加工工序余量的大小将在本节中专门分析。

工序余量还可定义为相邻两道工序基本尺寸之差。按照这一定义，工序余量有单边余量和双边余量之分。零件非对称结构的非对称表面，其加工余量一般为单边余量(见图 7-24(a))，可表示为

$$Z_i = l_{i-1} - l_i \tag{7-3}$$

式中：Z_i 为本道工序的工序余量；l_i 为本道工序的基本尺寸；l_{i-1} 为上道工序的基本尺寸。

零件对称结构的对称表面，其加工余量为双边余量(见图 7-24(b))，可表示为

$$2Z_i = l_{i-1} - l_i \tag{7-4}$$

回转体表面(内、外圆柱面)的加工余量为双边余量，对于外圆表面(图 7-24(c))，有

$$2Z_i = d_{i-1} - d_i \tag{7-5}$$

对于内圆表面(图 7-24(d))，有

$$2Z_i = D_i - D_{i-1} \tag{7-6}$$

由于工序尺寸有公差，所以加工余量也必然在某一公差范围内变化，其公差大小等于本道工序尺寸公差与上道工序尺寸公差之和。因此，如图 7-25 所示，工序余量有标称余量(简称余量)、最大余量和最小余量的区别。从图中可以知道，被包容件的余量 Z_b 包含上道工序尺寸公差，余量公差可表示如下：

$$T_Z = Z_{max} - Z_{min} = T_a + T_b \tag{7-7}$$

式中：T_Z 为工序余量公差；Z_{max}为工序最大余量；Z_{min}为工序最小余量；T_b 为加工面在本道工序的工序尺寸公差；T_a 为加工面在上道工序的工序尺寸公差。

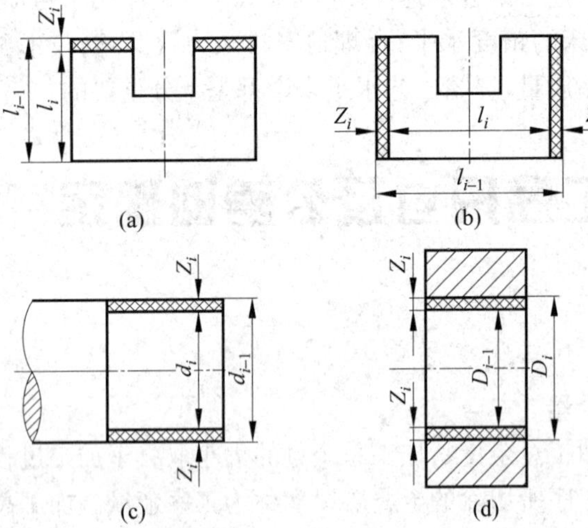

图 7-24　单边余量与双边余量

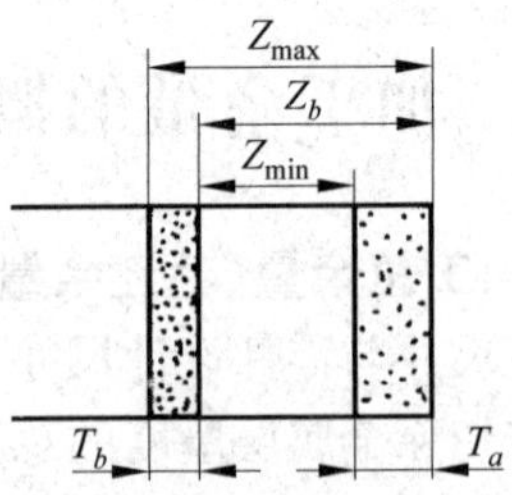

图 7-25　被包容件的加工余量及公差

一般情况下，工序尺寸的公差按“入体原则”标注。即对被包容尺寸(轴的外径，实体长、宽、高)，其最大加工尺寸就是基本尺寸，上偏差为零。对包容尺寸(孔的直径、槽的宽度)，其最小加工尺寸就是基本尺寸，下偏差为零。毛坯尺寸公差按双向对称偏差形式标注。图 7-26(a)、(b)分别表示了被包容件(轴)和包容件(孔)的工序尺寸、工序尺寸公差、工序余量和毛坯余量之间的关系。图中，加工面安排了粗加工、半精加工和精加工。$d_{坯}(D_{坯})$，$d_1(D_1)$，$d_2(D_2)$，$d_3(D_3)$分别为毛坯、粗、半精和精加工工序尺寸；$T_{坯}$，T_1，T_2 和 T_3 分别为毛坯、粗、半精和精加工工序尺寸公差；Z_1，Z_2，Z_3 分别为粗、半精、精加工工序标称余量，Z_0 为毛坯余量。

2. 工序余量的影响因素

工序余量的影响因素比较复杂，除前述第一道粗加工工序余量与毛坯制造精度有关以外，其他工序的工序余量主要有以下几个方面的影响因素。

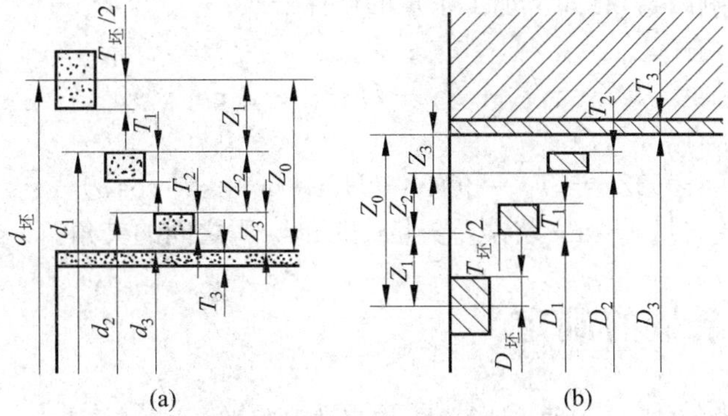

图 7-26　工序余量示意图

(a) 被包容件粗、半精、精加工的工序余量；(b) 包容件粗、半精、精加工的工序余量

(1) 上道工序的加工精度。对加工余量来说，上道工序的加工误差包括上道工序的加工尺寸公差 T_a 和上道工序的位置误差 e_a 两部分。上道工序的加工精度愈低，则本道工序的标称余量愈大。本道工序应切除上道工序加工误差中包含的各种可能产生的误差。

(2) 上道工序的表面质量。上道工序的表面质量包括上道工序产生的表面粗糙度 Ry（表面轮廓最大高度）和表面缺陷层深度 H_a（如图 7-27 所示），在本道工序加工时，应将它们切除掉。各种加工方法的 Ry 和 H_a 的数值大小可参考表 7-10 中的实验数据。

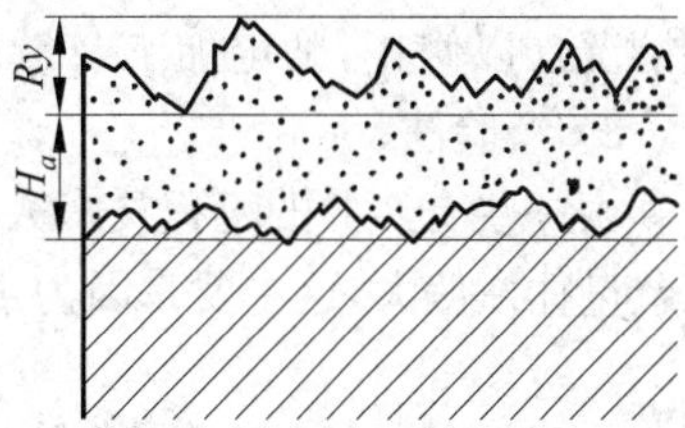

图 7-27　工件表层结构

(3) 本工序的安装误差。安装误差 ε_b 应包括定位误差和夹紧误差。由于这项误差会直接影响被加工表面与切削刀具的相对位置，所以加工余量中应包括这项误差。

由于位置误差 e_a 和安装误差 ε_b 都是有方向的，所以要采用矢量相加的方法进行余量计算。

表 7-10　各种加工方法的表面粗糙度 Ry 和表面缺陷层 H_a 的数值　　μm

加工方法	Ry	H_a	加工方法	Ry	H_a
粗车内、外圆	15～100	40～60	磨端面	1.7～15	15～35
精车内、外圆	5～40	30～40	磨平面	1.5～15	20～30
粗车端面	15～225	40～60	粗刨	15～100	40～50
精车端面	5～54	30～40	精刨	5～45	25～40
钻	45～225	40～60	粗插	25～100	50～60
粗扩孔	25～225	40～60	精插	5～45	35～50
精扩孔	25～100	30～40	粗铣	15～225	40～60
粗　铰	25～100	25～30	精铣	5～45	25～40
精　铰	8.5～25	10～20	拉	1.7～35	10～20
粗　镗	25～225	30～50	切断	45～225	60
精　镗	5～25	25～40	研磨	0～1.6	3～5
磨外圆	1.7～15	15～25	超精加工	0～0.8	0.2～0.3
磨内圆	1.7～15	20～30	抛光	0.06～1.6	2～5

综合上述各影响因素，有如下加工余量的计算公式：

对于单边余量，有

$$Z_b = T_a + Ry + H_a + |\boldsymbol{e}_a + \boldsymbol{\varepsilon}_b| \cos\alpha \tag{7-8}$$

对于双边余量，有

$$2Z_b = T_a + 2(Ry + H_a + |\boldsymbol{e}_a + \boldsymbol{\varepsilon}_b| \cos\alpha) \tag{7-9}$$

其中：α 为位置误差矢量 $\boldsymbol{e}_a$ 和安装误差矢量 $\boldsymbol{\varepsilon}_b$ 的和与 Z_b 之间的夹角。

7.4.2 加工余量的确定

确定加工余量的方法有 3 种：计算法、查表法和经验法。

1) 计算法

在影响因素清楚的情况下，计算法是比较准确的。要做到对余量影响因素清楚，必须具备一定的测量手段和掌握必要的统计分析资料。在掌握了各误差因素大小的条件下，才能进行余量的比较准确的计算。

在应用式(7-8)和式(7-9)时，要针对具体的加工方法进行简化。

2) 查表法

此法主要以工厂生产实践和实验研究积累的经验所制成的表格为基础，并结合实际加工情况加以修正，确定加工余量。这种方法方便、迅速，生产上应用广泛。

3) 经验法

由一些有经验的工程技术人员或工人根据经验确定加工余量的大小。由经验法确定的加工余量往往偏大，这主要是因为主观上怕出废品的缘故。这种方法多在单件小批生产中采用。

7.4.3 工序尺寸与公差的确定

在工艺基准和设计基准重合的情况下确定工序尺寸与公差的过程如下：

(1) 拟订该加工表面的工艺路线，制定工序及工步；

(2) 按各工序所采用加工方法的经济精度，确定工序尺寸公差和表面粗糙度(终加工工序按设计要求确定)；

(3) 按工序用分析计算法或查表法确定其加工余量；

(4) 从终加工工序开始，即从设计尺寸开始，逐次加上每个加工工序余量，可分别得到各工序基本尺寸(包括毛坯尺寸)，并按“入体原则”标注工序尺寸公差。

例如某轴直径为 ϕ50 mm，其尺寸精度要求为 IT5，表面粗糙度要求为 Ra0.04 μm，并要求高频淬火，毛坯为锻件。其工艺路线为：粗车—半精车—高频淬火—粗磨—精磨—研磨。下面计算各工序的工序尺寸及公差。

先确定各工序的加工经济精度和表面粗糙度。由工艺设计手册查得：研磨后精度 IT5，尺寸公差值为 0.011 mm，Ra0.04 μm(零件的设计要求)；精磨后选定精度 IT6，尺寸公差值为 0.016 mm，Ra0.16 μm；粗磨后选定精度 IT8，尺寸公差值为 0.039 mm，Ra1.25 μm；半精车后选定精度 IT11，尺寸公差值为 0.16 mm，Ra2.5 μm；粗车后选定精度 IT13，尺寸公差值为 0.39 mm，Ra16 μm；查工艺手册可得锻造毛坯公差为±2 mm。

用查表法确定加工余量。由工艺手册查得：研磨余量为 0.01 mm，但考虑到这个余量值应大于前工序精磨尺寸公差值 0.016 mm，并考虑工序余量的其他影响因素和保证合理的最小余量，确定研磨余量为 0.02 mm；精磨余量为 0.1 mm；粗磨余量为 0.3 mm；半精车余量为 1.1 mm；粗车余量为 4.5mm。由式(7-2)可得加工总余量为 6.02 mm，取加工总余量为 6 mm，把粗车余量修正为 4.48 mm。

计算各加工工序基本尺寸：

研磨后工序基本尺寸为 50mm(设计尺寸)

精磨　50 mm+0.02 mm=50.02 mm

粗磨　50.02 mm+0.1 mm=50.12 mm

半精车　50.12 mm+0.3 mm=50.42 mm

粗车　50.42 mm+1.1 mm=51.52 mm

毛坯　51.52 mm+4.48 mm=56 mm

再将各工序的公差数值按“入体原则”标注在工序基本尺寸上，得到各工序的加工尺寸。

为清楚起见，把上述计算和查表结果汇总于表 7-11 中。

表 7-11　工序尺寸、公差、表面粗糙度及毛坯尺寸的确定

工序名称	经济精度(公差值/mm)	表面粗糙度 $Ra/\mu m$	加工余量/mm	基本尺寸/mm	工序尺寸/mm
研磨	h5(0.011)	0.04	0.02	50	$\phi 50_{-0.011}^{0}$
精磨	h6(0.016)	0.16	0.1	50.02	$\phi 50.02_{-0.016}^{0}$
粗磨	h8(0.039)	1.25	0.3	50.12	$\phi 50.12_{-0.039}^{0}$
半精车	h11(0.16)	2.5	1.1	50.42	$\phi 50.42_{-0.16}^{0}$
粗车	h13(0.39)	16	4.48	51.52	$\phi 51.52_{-0.39}^{0}$
锻造	(±2)			56	$\phi 56 \pm 2$

在工艺基准无法同设计基准重合的情况下，确定了工序余量之后，需通过工艺尺寸链进行工序尺寸和公差的换算。具体换算方法将在 7.5 节中介绍。

7.5　工艺尺寸链

加工时，由同一零件上与工艺相关的尺寸所形成的尺寸链称为工艺尺寸链。工艺尺寸链的基础知识和基本计算公式与《互换性与测量技术基础》中介绍的尺寸链的基础知识和计算公式是一致的。

在工艺尺寸链中，直线尺寸链即全部组成环平行于封闭环的尺寸链用得最多，故本节主要介绍直线尺寸链在工艺过程中的应用和求解。

7.5.1　直线尺寸链的基本计算公式

1. 极值法计算公式

(1) 封闭环的基本尺寸等于各组成环基本尺寸的代数和，即

$$A_0 = \sum_{i=1}^{m} \vec{A}_i - \sum_{j=m+1}^{n-1} \overleftarrow{A}_j \tag{7-10}$$

式中：A_0 为封闭环的基本尺寸；$\vec{A}_i$ 为增环，A_i 为增环的基本尺寸；$\overleftarrow{A}_j$ 为减环，A_j 为减环的基本尺寸；n 为尺寸链的总环数；m 为增环数。

(2) 封闭环的公差等于各组成环的公差之和，即

$$T_0 = \sum_{i=1}^{n-1} T_i \tag{7-11}$$

式中：T_0 为封闭环的公差；T_i 为组成环的公差。

(3) 封闭环的上偏差等于所有增环的上偏差之和减去所有减环的下偏差之和，封闭环的下偏差等于所有增环的下偏差之和减去所有减环的上偏差之和，即

$$\left.\begin{aligned} ES_0 &= \sum_{i=1}^{m} ES_i - \sum_{j=m+1}^{n-1} EI_j \\ EI_0 &= \sum_{i=1}^{m} EI_i - \sum_{j=m+1}^{n-1} ES_j \end{aligned}\right\} \tag{7-12}$$

式中：ES_0 为封闭环的上偏差；ES_i 为增环的上偏差；EI_j 为减环的下偏差；EI_0 为封闭环的下偏差；EI_i 为增环的下偏差；ES_j 为减环的上偏差。

(4) 封闭环最大值等于各增环最大值之和减去各减环最小值之和，封闭环的最小值等于各增环最小值之和减去各减环最大值之和，即

$$\left.\begin{aligned} A_{0\max} &= \sum_{i=1}^{m} \vec{A}_{i\max} - \sum_{j=m+1}^{n-1} \overleftarrow{A}_{j\min} \\ A_{0\min} &= \sum_{i=1}^{m} \vec{A}_{i\min} - \sum_{j=m+1}^{n-1} \overleftarrow{A}_{j\max} \end{aligned}\right\} \tag{7-13}$$

2. 概率法计算公式

极值法解算尺寸链的特点是简便、可靠，但当封闭环公差较小，组成环数目又较多时，分摊到各组成环的公差可能过小，从而造成加工困难，制造成本增加。在此情况下，考虑到各组成环同时出现极值尺寸的可能性较小，实际尺寸分布服从统计规律，可采用概率法进行尺寸链的计算，其基本的尺寸公差关系式为 $T_0 = \sqrt{\sum_{i=1}^{n-1} T_i^2}$。用这种方法分配组成环公差，比极值法计算出的组成环公差会宽松一些。

7.5.2 直线尺寸链在工艺设计中的应用

1. 工艺基准和设计基准不重合时工艺尺寸的计算

图 7-28(a)表示了某零件高度方向的设计尺寸，生产上，按大批量生产采用调整法加工 A,B,C 面，其工艺安排是前面工序已将 A,B 面加工好(互为基准加工)，本工序以 A 面为定位基准加工 C 面，因为 C 面的设计基准是 B 面，定位基准与设计基准不重合，所以需进行尺寸换算。

所画尺寸链如图 7-28(b)所示。在这个尺寸链中，因为调整法加工可直接保证的尺寸是 A_2，所以 A_0 就只能间接保证了。A_0 是封闭环，A_1 为增环，A_2 为减环。在设计尺寸中，A_1 未注公差(精度等级低于 IT13，允许不标注公差)，A_2 需经计算才能得到。为了保证 A_0 的设计要

求，首先必须将 A_0 的公差分配给 A_1 和 A_2。这里按等公差法进行分配。令

$$T_1 = T_2 = \frac{T_0}{2} = 0.035\ \text{mm}$$

按入体原则标注 A_1 的公差，得

$$A_1 = 30_{-0.035}^{\ 0}\ \text{mm}$$

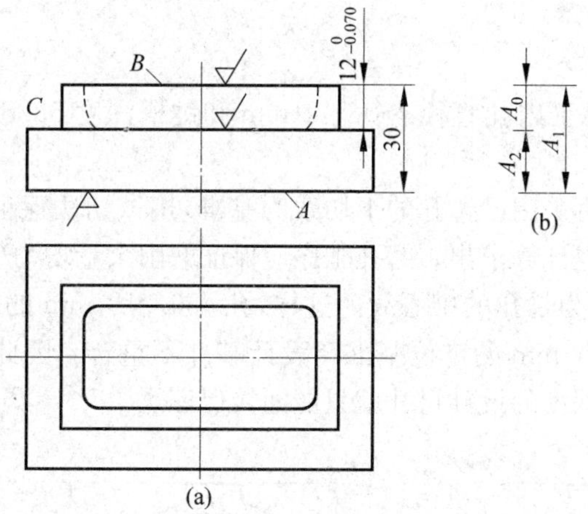

图 7-28　定位基准和设计基准不重合举例

按所确定的 A_1 的基本尺寸和偏差，由式(7-10)和式(7-12)计算 A_2 的尺寸和偏差，得 $A_2 = 18_{\ 0}^{+0.035}$ mm。

也可以把式(7-10)表示的基本尺寸算式称作 A_0 算式，把式(7-12)表示的上下偏差算式称作 ES_0 算式和 EI_0 算式，将算式改写成表 7-12 所示的竖式(又称竖式法)，每列组成环相应尺寸的代数和等于封闭环相应尺寸，并用方框表示待求的尺寸链环，同样可以求得 $A_2 = 18_{\ 0}^{+0.035}$ mm。

表 7-12　尺寸链的计算

mm

尺 寸 链 环	A_0 算式	ES_0 算式	EI_0 算式
增环 $\vec{A}_1$	30 (A_1)	0 (ES_1)	−0.035 (EI_1)
减环 $\boxed{\overleftarrow{A}_2}$	−18 ($-A_2$)	0 ($-EI_2$)	−0.035 ($-ES_2$)
封闭环 A_0	12 (A_0)	0 (ES_0)	−0.07 (EI_0)

竖式法可以用来计算封闭环的基本尺寸和上、下偏差，也可以用来计算某一组成环的基本尺寸和上、下偏差。这种方法使尺寸链的计算更为简明、方便。

加工时，只要保证了 A_1 和 A_2 的尺寸都在各自的公差范围之内，就一定能满足 $A_0 = 12_{-0.070}^{\ 0}$ mm 的设计要求。

从本例可以看出，A_1 和 A_2 本没有公差要求，但由于定位基准和设计基准不重合，就有了公差的限制，增加了加工的难度。封闭环公差愈小，增加的难度就愈大。本例若采用试切法，则 A_0 的尺寸可直接得到，不需要求解尺寸链。但同调整法相比，试切法生产率低。

2. 工序尺寸和公差的计算

一个带有键槽的内孔，其设计尺寸如图 7-29(a)所示。该内孔有淬火处理的要求，因此有如下工艺安排：

(1) 镗内孔到 $\phi 49.8^{+0.046}_{0}$ mm；

(2) 插键槽；

(3) 淬火处理；

(4) 磨内孔，同时保证内孔直径 $\phi 50^{+0.030}_{0}$ mm 和键槽深度 $53.8^{+0.30}_{0}$ mm 两个设计尺寸的要求。

显然，插键槽工序可采用已镗孔的下切线为基准，用试切法保证插键槽深度。这里，插键槽深度尚为未知，需经计算求出。磨孔工序应保证磨削余量均匀(可按已镗孔找正夹紧)，因此其定位基准可以认为是孔的中心线。这样，孔 $\phi 50^{+0.030}_{0}$ mm 的定位基准与设计基准重合，而键槽深度 $53.8^{+0.30}_{0}$ mm 的定位基准与设计基准不重合。因此，磨孔可直接保证孔的设计尺寸要求，而键槽深度的设计尺寸就只能间接保证了。

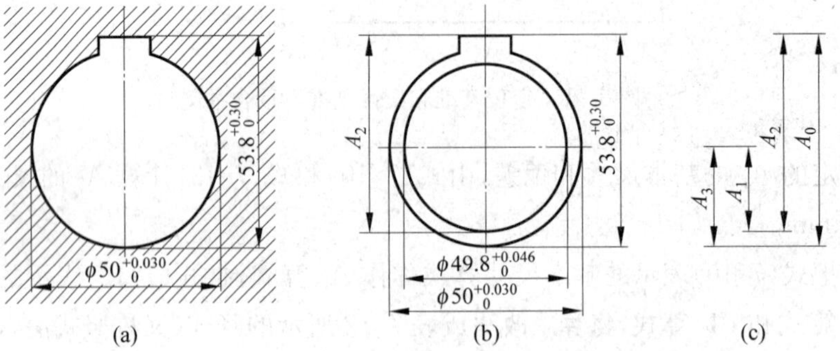

图 7-29　内孔插键槽工艺尺寸链

将有关工艺尺寸标注在图 7-29(b)中，按工艺顺序画出工艺尺寸链，如图 7-29(c)所示。在尺寸链图中，键槽深度的设计尺寸 A_0 为封闭环，A_2 和 A_3 为增环，A_1 为减环。画尺寸链图时，先从孔的中心线(定位基准)出发，画镗孔半径 A_1，再以镗孔下母线为基准画插键槽深度 A_2，以孔中心线为基准画磨孔半径 A_3，最后用键槽深度的设计尺寸 A_0 使尺寸链封闭。其中，

$$A_0 = 53.8^{+0.30}_{0}\ \text{mm},\quad A_1 = 24.9^{+0.023}_{0}\ \text{mm}$$

$$A_3 = 25^{+0.015}_{0}\text{mm},\quad A_2\ \text{为待求尺寸}$$

由竖式法(表 7-13)求解该尺寸链，得 $A_2 = 53.7^{+0.285}_{+0.023}$ mm。

表 7-13　尺寸链的计算　　mm

尺寸链环	A_0 算式	ES_0 算式	EI_0 算式
增环 $\vec{A}_3$	25	+0.015	0
减环 $\overleftarrow{A}_1$	−24.9	0	−0.023
增环 $\boxed{\vec{A}_2}$	53.7	+0.285	+0.023
封闭环 A_0	53.8	+0.30	0

从本例中可以看出：

(1) 把镗孔中心线看作是磨孔的定位基准是一种近似，因为磨孔和镗孔是在两次安装下完成的，存在同轴度误差。只是，当该同轴度误差很小时，例如同其他组成环的公差相比，小于一个数量级，才允许上述近似计算。若该同轴度误差不是很小，则应将同轴度也作为一个组成环画在尺寸链图中。

设本例中磨孔和镗孔同轴度公差为 0.05 mm(工序要求)，则在尺寸链中应注成 $A_4=(0\pm0.025)$ mm。此时的工艺尺寸链如图 7-30 所示，用竖式法求解此工艺尺寸链，得 $A_2=53.7^{+0.260}_{+0.048}$ mm(见表 7-14)。可以看出，正是由于尺寸链中多了一个同轴度组成环，使得插键槽工序的键槽深度 A_2 的公差减小，减小的数值正好等于该同轴度公差。

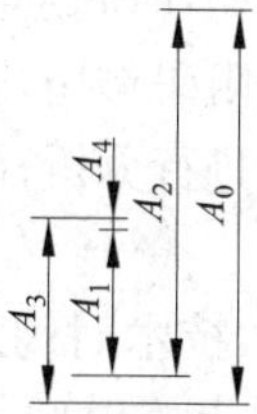

图 7-30 内孔插键槽含同轴度公差工艺尺寸链

此外，按设计要求，键槽深度的公差范围是0～0.30 mm，但是，插键槽工序却只允许按 0.023～0.285 mm(不含同轴度公差)或 0.048～0.260 mm(含同轴度公差)的公差范围来加工。究其原因，仍然是工艺基准与设计基准不重合。因此，在考虑工艺安排的时候，应尽量使工艺基准与设计基准重合，否则会增加制造难度。

表 7-14 含同轴度公差的尺寸链的计算

mm

尺寸链环	A_0 算式	ES_0 算式	EI_0 算式
减环 $\overleftarrow{A}_1$	−24.9	0	−0.023
增环 $\boxed{\overrightarrow{A}_2}$	53.7	+0.26	+0.048
增环 $\overrightarrow{A}_3$	25	+0.015	0
减环 $\overleftarrow{A}_4$	0	+0.025	−0.025
封闭环 A_0	53.8	0.30	0

(2) 正确地画出尺寸链图，并正确地判定封闭环是求解尺寸链的关键。画尺寸链图时，应按工艺顺序从第一个工艺尺寸的工艺基准出发，逐个画出全部组成环，最后用封闭环封闭尺寸链图。封闭环有如下特征：①封闭环一定是工艺过程中间接保证的尺寸；②封闭环的公差值最大，它等于各组成环公差之和。

7.6 时间定额和提高生产率的工艺途径

7.6.1 时间定额

1. 时间定额的概念

所谓时间定额是指在一定生产条件下，完成一道工序所需消耗的时间。它是安排作业计划、进行成本核算、确定设备数量和人员编制，以及规划生产面积的重要根据。因此，时间定额是工艺规程的重要组成部分。

时间定额订得过紧,容易诱发忽视产品质量的倾向,或者会影响工人的主动性、创造性和积极性。时间定额订得过松,则起不到指导生产和促进生产发展的积极作用。因此,合理地制定时间定额对保证产品质量、提高劳动生产率、降低生产成本都是十分重要的。

最初,时间定额是采用经验统计定额,不够准确,带有较大的主观性,有时还会对生产的发展起阻碍作用,因此便出现了技术时间定额。技术时间定额是根据科学的方法,把整个时间定额进行分析,研究它的组成及各部分时间所占的比例,从而挖掘生产潜力。

2. 技术时间定额的组成

1) 基本时间 $t_{基}$

直接改变生产对象的尺寸、形状、相对位置以及表面状态或材料性质等的工艺过程所消耗的时间,称为基本时间。

对于切削加工来说,基本时间是切去金属所消耗的机动时间。机动时间可通过计算的方法来确定。不同的加工面,不同的刀具或者不同的加工方式、方法,其计算公式不完全一样。但是计算公式中一般都包括切入、切削加工和切出时间。例如,图 7-31 所示车削加工的计算公式为

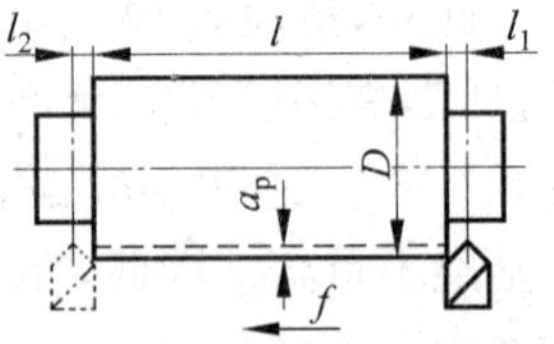

图 7-31 计算基本时间举例

$$t_{基} = \frac{l+l_1+l_2}{fn}i \tag{7-14}$$

式中: l 为加工长度,mm; l_1 为刀具的切入长度,mm; l_2 为刀具的切出长度,mm; i 为进给次数, $i=\frac{Z}{\alpha_p}$(Z 为加工余量; α_p 为切削深度); f 为进给量,mm/r; n 为机床主轴转速,r/min, $n=\frac{1000v}{\pi D}$(v 为切削速度,m/min, D 为加工直径,mm)。

各种不同情况下机动时间的计算公式可参考有关手册,针对具体情况予以确定。

2) 辅助时间 $t_{辅}$

为实现工艺过程而必须进行的各种辅助动作所消耗的时间,称为辅助时间。这里所说的辅助动作包括装卸工件、开动和停止机床、改变切削用量、测量工件尺寸以及进刀和退刀动作等。

确定辅助时间的方法主要有两种: ①在大批大量生产中,可先将各辅助动作分解,然后查表确定各分解动作所需消耗的时间,并进行累加。②在中小批生产中,可按基本时间的百分比进行估算,并在实际中修改百分比,使之趋于合理。

上述基本时间和辅助时间的总和称为操作时间,又称工序时间。

3) 布置工作地时间 $t_{布置}$

为使加工正常进行,工人照管工作地(如更换刀具、调整或润滑机床、清理切屑、收拾工具等)所消耗的时间,称为布置工作地时间,又称工作地点服务时间,一般按操作时间的2%~7%来计算。

4) 休息和自然需要时间 $t_{休}$

工人在工作班内,为保持体力和满足自然需要所消耗的时间,称为休息和自然需要时间,一般按操作时间的2%来计算。

5) 准备与终结时间 $t_{准终}$

工人为了生产一批产品和零、部件,进行准备和结束工作所消耗的时间称为准备与终结时间。这里所说的准备和结束工作包括:在加工进行前熟悉工艺文件、领取毛坯、安装刀具和夹具、调整机床和刀具等必须准备的工作;加工一批工件终了后需要拆下和归还工艺装备、发送成品等结束工作。如果一批工件的数量为 n,则每个零件所分摊的准备与终结时间为 $t_{准终}/n$。可以看出,n 很大时,$t_{准终}/n$ 可忽略不计。

3. 单件时间和单件工时定额计算公式

将上面所列的各项时间组合起来,就可以得到各种时间定额。

(1) 工序时间的计算公式:

$$t_{工序} = t_{基} + t_{辅} \tag{7-15}$$

(2) 单件时间的计算公式:

$$t_{单件} = t_{基} + t_{辅} + t_{布置} + t_{休} \tag{7-16}$$

(3) 单件工时定额的计算公式:

$$t_{定额} = t_{单件} + (t_{准终}/n) \tag{7-17}$$

在大量生产中,每个工作地点完成固定的一个工序,所以在单件工时定额中没有准备与终结时间,即

$$t_{定额} = t_{单件}$$

7.6.2 提高劳动生产率的工艺措施

劳动生产率是指工人在单位时间内制造合格产品的数量,或指用于制造单件产品所消耗的劳动时间。制定工艺规程时,必须在保证产品质量的同时提高劳动生产率和降低产品成本,用最低的消耗生产更多更好的产品。因而提高劳动生产率是一个综合性的问题,下面仅就工艺上的一些问题进行讨论。

1. 缩短单件时间定额

缩短单件时间定额可提高劳动生产率,首先应集中精力缩减占工时定额较大的部分。例如,在普通车床上小批量生产某一零件,基本时间仅占 26%,而辅助时间占 50%,这时应着重在缩减辅助时间上采取措施。如果生产批量较大,在多轴自动机床上加工,基本时间占 69.5%,而辅助时间仅占 21%,这时则应设法缩减基本时间。

1) 缩减基本时间

(1) 提高切削用量

提高切削速度、进给量和切削深度都可以缩减基本时间,减少单件时间。这是广为采用的提高劳动生产率的有效方法。

随着刀具材料的改进,刀具的切削性能已有很大提高。目前采用硬质合金刀具车削时的切削速度可达 200 m/min,而陶瓷刀具可达 500 m/min。近年出现的聚晶立方氮化硼刀具切削普通钢材时的切削速度可达 900 m/min,当加工 60HRC 以上的淬火钢、高镍合金钢时,在 980℃仍能保持其红硬性,切削速度可在 90 m/min 以上。

磨削的发展趋势是采用高速和强力磨削，提高金属切除率。高速磨削速度已达 60 m/s 以上。强力磨削是采用小进给量和大深度一次磨削成形的工艺方法，由铸、锻件毛坯或棒料直接磨出零件所要求的表面形状和尺寸，使粗、精加工一次完成，部分取代铣、刨等粗加工工序。由于磨削深度大(一次可达 6～12 mm)，金属切除率大，磨削工序的基本时间可以减少。

(2) 减少切削行程长度

减少切削行程长度也可以缩短基本时间。例如，用几把车刀同时加工同一个表面，或用宽砂轮作切入法磨削等，生产率均可大大提高。某厂用宽 300 mm、直径 600 mm 的砂轮用切入法磨削花键轴上长度为 200 mm 的表面，单件时间由原来的 4.5 min 减少到45 s。但是用切入法加工，要求工艺系统具有足够的刚性和抗振性，横向进给量要适当减小，以防止振动，同时主电机功率也要求增大。

(3) 合并工步

合并工步是指用几把刀具对一个零件的几个表面，或用一把复合刀具对同一个表面同时进行加工，由原来需要的若干工步集中为一个复合工步。由于工步的基本时间全部或部分重合，故可减少工序的基本时间，同时还可减少操作机床的辅助时间。又因减少了工位数和工件安装次数，因而有利于提高加工精度。例如，在龙门铣床上安装 3 把铣刀，同时加工主轴箱上有关平面，因而提高了生产率。图 7-32 所示为采用复合刀具对同一表面先后或同时进行加工，将几个工步合并在一起。但这种方法调整安装费时，刀具费用大，对工艺系统刚度的要求也较高，机床功率也要相应增加。

(4) 多件加工

多件加工有下列 3 种方式：

① 顺序多件加工，指工件按走刀方向依次安装，如图 7-33 所示。这种方法可以减少刀具切入和切出时间，也可减少分摊到每个工件上的辅助时间，在滚齿机、插齿机、龙门刨床、平面磨床、铣床和车床上都有应用。

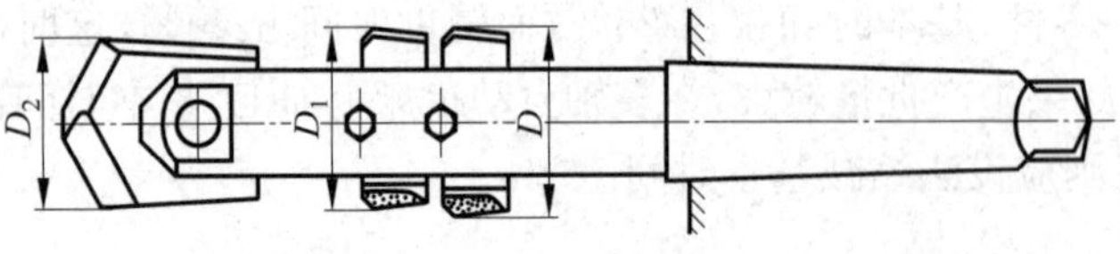

图 7-32　复合刀具加工

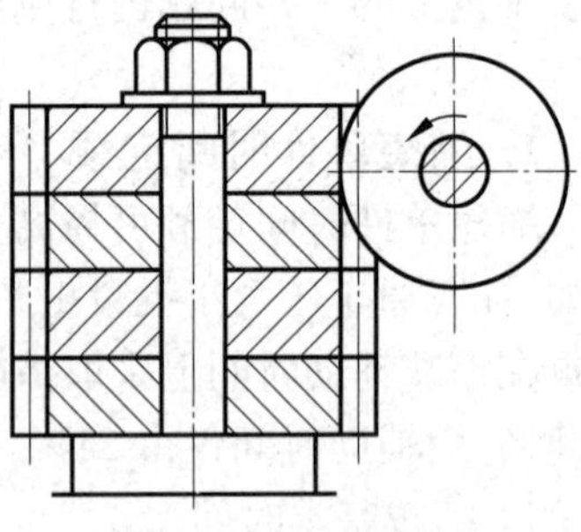

图 7-33　顺序加工

② 平行多件加工，指一次走刀可同时加工几个平行排列的工件，如图 7-34 所示。这时加工所需的基本时间和加工一个工件的基本时间相同，所以分摊到每个工件上的基本时间可大大减少。因此，用这种方法提高劳动生产率比顺序加工更为有利。但由于同时切削的表面增多，机床应有足够的刚度和较大的功率。此法常用于铣床、龙门刨床和平面磨床上的加工。

③ 平行顺序加工，是上述两种方法的综合应用，如图 7-35 所示。它适用于工件较小、

批量较大的情况。在立轴平磨和铣床上加工时，采用这种方法较多。

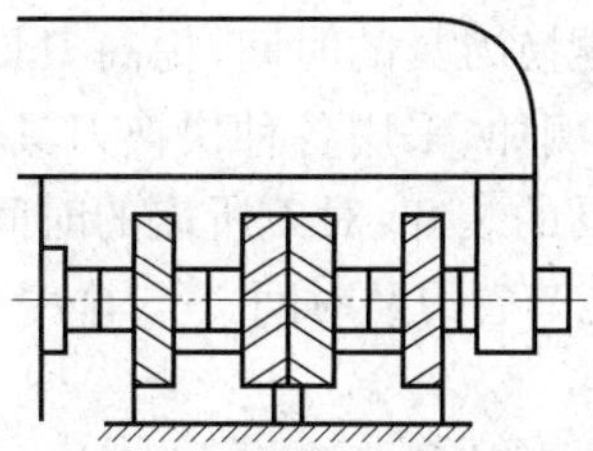

图 7-34　平行多件加工

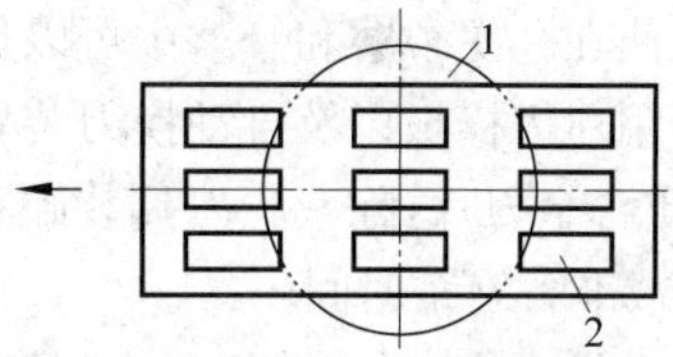

图 7-35　平行顺序加工
1—砂轮；2—工件

2）缩减辅助时间

若辅助时间在单件时间中占有很大比重，则提高切削用量，对提高生产率不会产生显著效果。因此，进一步提高生产率要从缩减辅助时间着手。

(1) 直接缩减辅助时间

直接缩减辅助时间是指尽可能使辅助动作机械化和自动化而减少辅助时间。采用先进夹具可减少工件的装卸时间。在大批大量生产中可采用气动、液压驱动的高效夹具。对单件小批生产可实行成组工艺，采用成组夹具或通用夹具。

采用主动检验或数字显示自动测量装置能在加工过程中测量工件的实际尺寸，并根据测量结果控制机床进行自动调整，因而减少了加工中的测量时间。目前在内、外圆磨床上应用已取得显著成效。此外，在各类机床上配备数字显示装置，它是以光栅、感应同步器等为检测元件，可连续显示刀具在加工过程中的位移量，使工人能直观地读出工件加工尺寸的变化，因此节省了停机测量的辅助时间。

(2) 间接缩减辅助时间

间接缩减辅助时间是指使辅助时间与基本时间部分或全部重合，以减少辅助时间。例如，采用往复式进给铣床夹具，如图 7-36 所示，当工件 2 在工位 Ⅰ 上加工时，工人在工位 Ⅱ 上装卸另一工件，切削完毕后，可以立即加工工位 Ⅱ 上的工件，使辅助时间与基本时间部分重合。

图 7-37 所示为采用回转工作台实现工件的连续送进。机床具有两个铣头，能顺次进行粗铣和精铣。装卸工件时，机床不需停顿，因此机床空程时间可以缩减到最低限度。

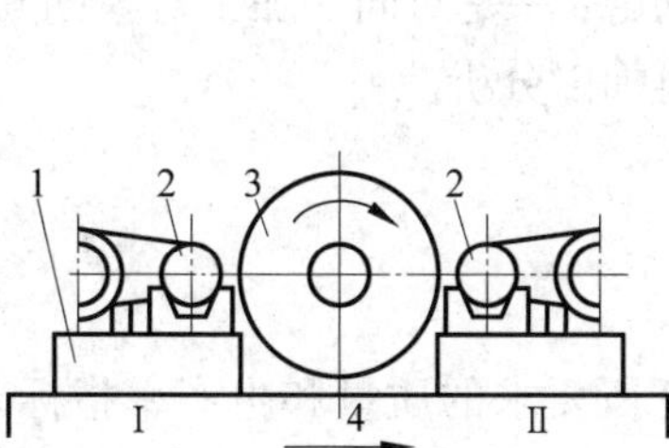

图 7-36　往复式进给铣床夹具
1—夹具；2—工件；3—铣刀；4—工作台

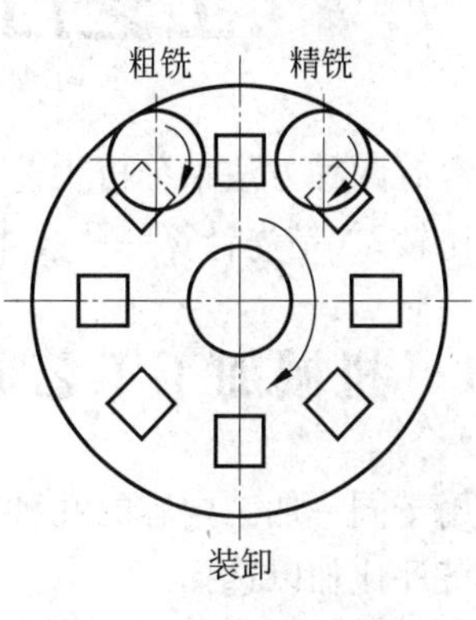

图 7-37　连续回转进给加工

3）缩减工作地点服务时间

缩减工作地点服务时间主要是缩减刀具调整和每次更换刀具的时间，提高刀具或砂轮的耐用度，使在一次刃磨和修整中可以加工更多的零件。例如，采用各种快换刀具、刀具微调机构、专用对刀样板以及自动换刀装置等，可以减少刀具的装卸、对刀所需的时间。采用不重磨硬质合金刀片，除减少刀具装卸和对刀时间外，还能节省刃磨时间。

4）缩减准备终结时间

在中、小批生产中，由于批量小、品种多，准备终结时间在单件时间中占有较大比重，生产率难以提高。因此，应设法使零件通用化和标准化，以增大批量或采用成组工艺。

2. 采用先进工艺方法

采用先进工艺或新工艺来提高生产率的方法有以下几项：

（1）对特硬、特脆、特韧材料及复杂型面采用特种加工来提高生产率。如用电火花成形加工锻模、用电解加工锻模、用电火花线切割加工冲模等，能减少大量钳工劳动。

（2）在毛坯制造中采用冷挤压、热挤压、粉末冶金、失蜡铸造、压力铸造、精锻和爆炸成形等新工艺，能提高毛坯精度，减少切削加工，节约原材料，经济效果十分显著。因此，提高劳动生产率不能只限于机械加工本身，要重视毛坯工艺及其他新工艺、新技术的应用，从根本上改革工艺。

（3）采用少、无切削工艺代替切削加工方法。例如，用冷挤压齿轮代替剃齿，表面粗糙度可达 $Ra1.25 \sim Ra0.63\ \mu m$，生产率提高 4 倍。

（4）改进加工方法。在大批大量生产中采用拉削、滚压代替铣削、铰削和磨削，在成批生产中采用精刨、精磨或金刚镗代替刮研，都能大大提高生产率。例如，某车床主轴铜轴承套采用金刚镗代替刮研，粗糙度可小于 $Ra0.16\mu m$，圆柱度误差小于 0.003 mm，装配后与主轴接触面积达 80%，而生产率提高 32 倍。

3. 进行高效及自动化加工

自动化是提高劳动生产率的一个极为重要的方向，详见 7.8 节。

7.7 工艺方案的比较与技术经济分析

通常有两种方法来分析工艺方案的技术经济问题：一是对同一加工对象的几种工艺方案进行比较；二是先计算一些技术经济指标，然后再加以分析。

7.7.1 机械加工工艺成本

当用于同一加工内容的几种工艺方案均能保证所要求的质量和生产率指标时，一般可通过经济评比加以选择。

零件生产成本的组成如图 7-38 所示。其中，与工艺过程有关的成本称为工艺成本，而与工艺过程无直接关系的成本，如行政人员的工资等，在工艺方案经济评比中可不予考虑。

- 全年零件成本
  - 全年工艺成本 S_n
    - 全年可变费用 VN
      - S_c（每件材料费）
      - S_z（每件机床工人工资）
      - S_w（每件机床维持费）
      - S_{tjz}（每件通用机床折旧费）
      - S_{dz}（每件刀具维持费及通用刀具折旧费）
      - S_{jz}（每件夹具维持费及通用夹具折旧费）
    - 全年不变费用 C_n
      - S_{tz}（调整工人工资）
      - S_{zz}（专用机床折旧费）
      - S_{zdz}（专用刀具折旧费）
      - S_{tjz}（专用夹具折旧费）
  - 其他费用
    - 行政、总务人员的工资及办公费用
    - 厂房维持及折旧费用
    - 照明、取暖、通风、水费
    - 运输费用

图 7-38　零件成本的组成

（有些费用是随生产批量而变化的，如调整费、用于在制品占用资金等，在一般情况下不予单列）

在全年工艺成本中包含两种类型的费用，如式(7-18)所示：一种是与年产量 N 同步增长的费用，称为全年可变费用 VN，如材料费、通用机床折旧费等；另一种是不随年产量变化的全年不变费用 C_n，如专用机床折旧费等，这是由于专用机床是专为某零件的某加工工序所用，它不能被用于其他工序的加工，当产量不足、负荷不满时，就只能闲置不用。由于设备的折旧年限(或年折旧费用)是确定的，因此专用机床的全年费用不随年产量变化。

零件(或工序)的全年工艺成本为

$$S_n = VN + C_n \tag{7-18}$$

式中：V 为每个零件的可变费用，元/件；N 为零件的生产纲领，件；C_n 为全年的不变费用，元。

S_n 与 N 的关系为一直线。图 7-39(a)中的直线Ⅰ，Ⅱ与Ⅲ分别表示 3 种加工方案，这 3 种方案的全年不变费用依次递增，而每件零件的可变费用 V 则依次递减。从图中可以看出，C_n 与年产量无关，VN 随年产量成正比增加。

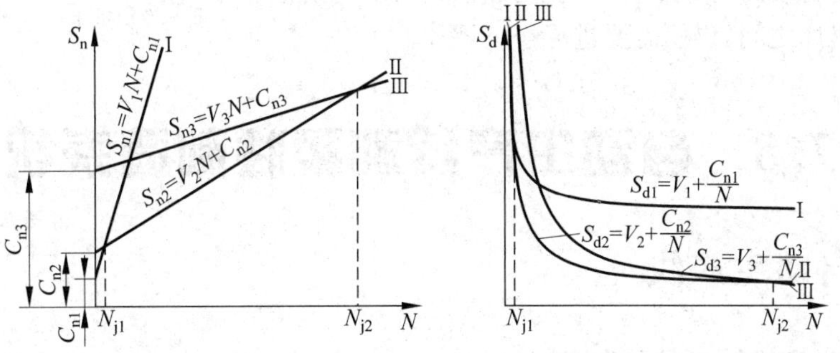

图 7-39　工艺成本与年产量的关系

(a) 全年工艺成本；(b) 单件工艺成本

Ⅰ—通用机床；Ⅱ—数控机床；Ⅲ—专用机床

单个零件(或单个工序)的工艺成本应为

$$S_d = V + \frac{C_n}{N} \tag{7-19}$$

S_d 与 N 的关系为一双曲线,如图 7-39(b)所示。3 条曲线对应上述 3 种加工方案。因为 C_n 值是不变费用,年产量 N 愈大,每一零件所占的不变费用愈小,故在大批量生产时,应注意控制可变费用 V,而在单件小批生产时,应注意控制不变费用 C_n。

7.7.2 工艺方案的技术经济对比

当需评比的工艺方案均采用现有设备或其基本投资相近时,对加工内容相同的几种工艺方案进行经济评比,工艺成本即可作为衡量各种工艺方案经济性的依据。各方案的取舍与加工零件的年生产纲领有密切关系,如图 7-39 所示。

临界年产量 N_j 由计算确定:

因为

$$S_n = V_1 N_j + C_{n1} = V_2 N_j + C_{n2}$$

所以

$$N_j = \frac{C_{n2} - C_{n1}}{V_1 - V_2} \tag{7-20}$$

在图 7-39 中,当 $N < N_{j1}$ 时,宜采用通用机床;当 $N > N_{j2}$ 时,宜采用专用机床;而数控机床介于两者之间(临界年产量的具体数值与加工对象的形状、尺寸和质量有关。图 7-39 中的 N_{j1} 一般为 20～30 件,N_{j2} 为 1000～3000 件,而重型机械零件的 N_{j1} 小于 10 件,N_{j2} 小于几百件)。

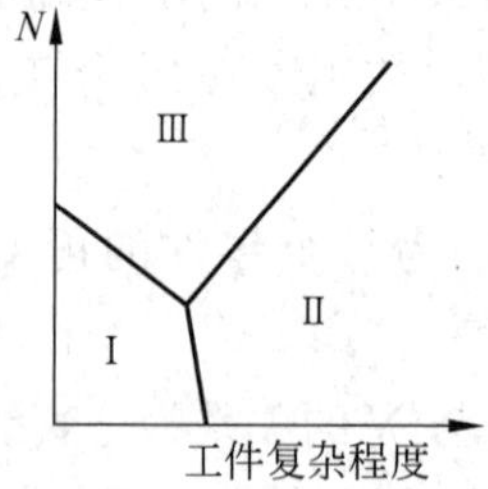

图 7-40 工件复杂程度与机床选择

Ⅰ—通用机床; Ⅱ—数控机床; Ⅲ—专用机床

顺便指出,当工件的复杂程度增加时,例如具有复杂曲面的成形零件,则不论年产量多少,采用数控机床加工在经济上都是合理的,如图 7-40 所示。当然,在同一用途的各种数控机床之间,仍然需要进行经济评比。

7.8 自动生产线和柔性制造系统

7.8.1 自动生产线

1. 自动生产线的组成和类型

自动生产线简称自动线,一般多指大量生产的专用刚性自动生产线,早在 20 世纪 40 年代就已经出现,现在已成为大量生产的重要手段,在汽车、拖拉机、轴承等制造业中应用十分广泛。

图 7-41 所示是由 3 台组合机床组成的自动线,用于加工箱体零件。自动线中有转台 9 和鼓轮 3,使工件转位以便进行多面加工。

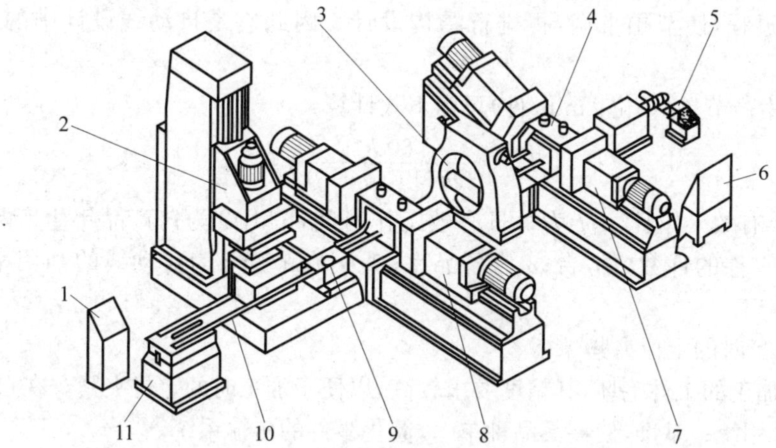

图 7-41　加工箱体零件的组合机床自动线

1—控制台；2—组合机床；3—鼓轮；4—夹具；5—切屑输送装置；6—液压油泵站；7—组合机床；8—组合机床；9—转台；10—工件输送线；11—输送带传动装置

自动线的组成如图 7-42 所示。由于工件类型、工艺过程、生产率的不同，自动线的结构差异较大，但基本组成部分相同。较长的自动线一般都分成若干段，每段之间配置储料装置，以免因故造成全线停车，从而保证自动线工作。

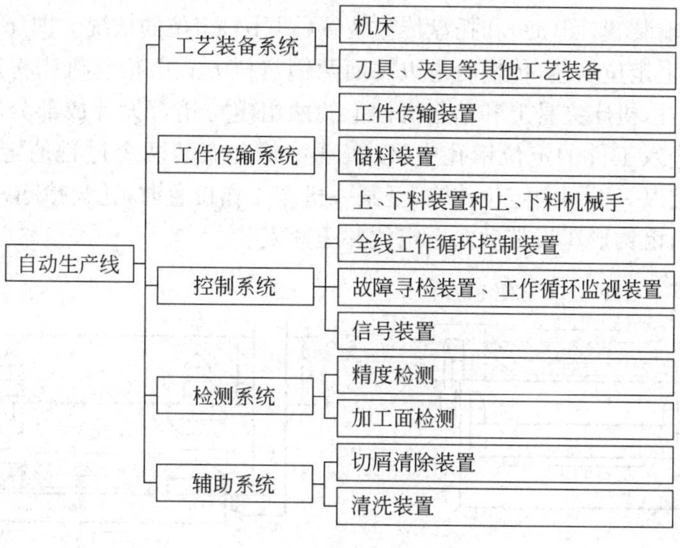

图 7-42　自动线的组成

自动线按所选用的机床类型，分为通用机床、组合机床、专用机床、转子机床自动线 4 类。转子机床各工位的主运动系统都安装在中央圆形或多角形的立柱上，工作台呈环形绕立柱回转，转子机床自动线占地面积小，生产率高。

2. 自动线设计

1）生产节拍及其平衡

生产节拍及其平衡是指根据产品生产纲领，计算自动线的生产节拍，并按此节拍拟订零件的工艺过程，使节拍平衡，再进行结构设计。因此它是自动线设计中的重要问题之一。

自动线的生产节拍(单位：min/件)可由下式计算：

$$T_{\mathrm{p}}=\frac{60dt}{Qn(1+\alpha+\beta)}\eta \tag{7-21}$$

式中：d 为全年有效工作日，d；t 为每日有效工作时间，h/d；Q 为该产品年生产数量，台；n 为每台产品该零件的件数，件/台；α 为备品率；β 为废品率；η 为自动线的利用率，一般为60%～80%。

2) 零件加工时的定位夹紧

自动线上加工的工件毛坯，其精度要求较高，以便于加工时的定位夹紧。在自动线上加工时，一般多采用统一基准，使夹具品种单一，简化零件的传输系统。

工件在夹具上的定位夹紧，一般有两种方案：

(1) 随行夹具法。工件安装在随行夹具上，成为一个整体，再在自动线各机床上定位夹紧，由于随行夹具的下部是统一的定位夹紧方式，故各机床上夹具的定位夹紧结构相同，全线的传输装置也相同，使整个自动线结构简单。但要制造相当数量的随行夹具，并有随行夹具在自动线上的返回问题，以便反复使用。

(2) 机床夹具法。工件在自动线上传输时，用抬起步进式传输装置或托盘传输装置定位，工件在机床上加工时，在机床夹具上定位夹紧。图 7-43 所示为连杆在自动线上加工时用抬起步进式传输装置(图(a))和托盘传输装置(图(b))定位的情况。图(a)中，连杆以一面两销在机床夹具上定位安装，传输时也以一面两销定位方式由抬起机构将连杆抬起步进传输到下一工作位置，机床夹具上和抬起机构上的两组定位销都设计成部分削除的不完整定位销，可以同时进入工件的定位销孔中，以实现传输和安装两个过程的定位转换。图(b)中，连杆在托盘上以一面两销定位传输，至某一机床工作位置时，托盘抬起，待连杆孔进入机床夹具定位销后，由钩形压板带动向上定位并压紧安装。

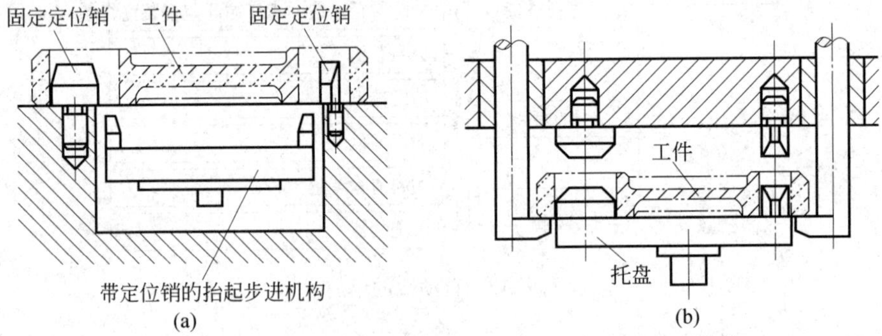

图 7-43　连杆零件在自动线上的定位和传输

(a) 抬起步进式传输装置；(b) 托盘传输装置

3) 布局形式

自动线的布局形式很多，按机床排列布局的情况可分为直线形、折线形、框形和环形等，如图 7-44 所示。自动线的布局形式可根据零件加工的工序长短、机床的数量和大小、车间的面积和形状等来选择。

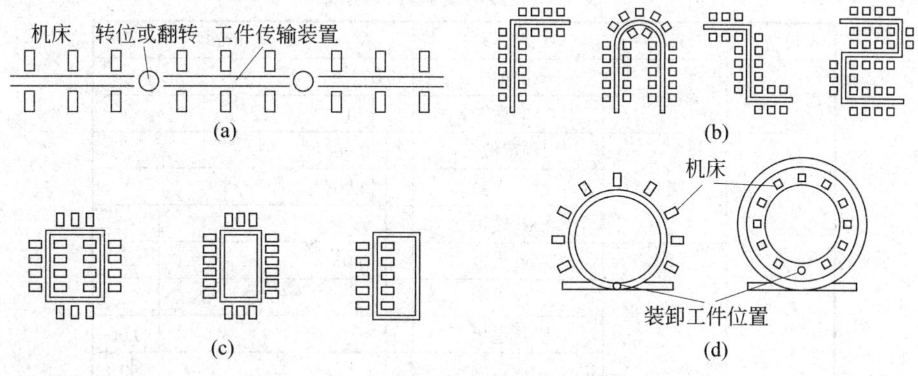

图 7-44　自动线的布局形式

(a) 直线形；(b) 折线形；(c) 框形；(d) 环形

4）工件传输系统

在自动线上，工件的传输时间一般可占整个生产过程时间的 80%，生产中的事故、故障，约 85%出于工件传输系统，因此工件传输系统的设计在自动线中占有很重要的地位。

工件的传输系统一般由输送装置、存储装置、上下料装置、转位翻转装置等组成。

工件的输送装置有多种结构形式，常用的有输送带、送料槽、有轨输送车、无轨输送车、机械手和工业机器人等。一条自动线的各个段可以采用不同的输送装置或几种输送装置的组合。

存储装置的设置是为了存储毛坯和零件，保证自动线正常连续工作。中间存储装置的设置是考虑到当自动线各段生产不平衡、毛坯供应不及时、某台机床出现故障等情况下，使自动线仍然正常工作一段时间，以便检修出故障的设备。

上下料装置是工件输送装置与机床的连接环节，视具体情况可采用料斗式、弹仓式、机械手、工业机器人等方案。

转位翻转装置是为工件的转位以便进行多面加工、工件的清除切屑和清洗等而配置的，一般多在自动线的各段之间和最终处设置。

5）控制方式

自动线的控制方式可分为分散控制和集中控制两种。分散控制的特点是：运动部件的主令信号按照动作顺序直接从上一运动部件的工作完成信号或状态信号获得。集中控制的特点是所有运动部件的主令信号统一由主令控制器发出。主令控制器是一个严格的程序连锁装置，在任何情况下，保证只有一条通路。对于运动部件较多、工作循环周期复杂、连锁信号和记忆信号繁多的自动线，用集中控制较好。当前多采用可编程逻辑控制器(PLC)来进行控制，能获得较好的效果。

在设计自动线时，为了能清楚地表示出各台机床和各种装置的动作顺序、动作时间和节拍，避免发生错误，可以绘制循环周期表。表 7-15 是加工汽缸盖零件的自动线循环周期表。这段自动线由铣床 C_1、钻床 C_2～C_4 和攻螺纹机 C_5 组成，生产节拍为 1.16 min/件。在绘制循环周期表时，应注意各个动作的先后次序和连锁关系。从循环周期表中可以清楚地看出整个自动线的薄弱环节(即循环周期最长的机床)，可以进行时间分析，判断影响生产率的主要因素。

表 7-15　自动线循环周期表

设备	部件	动作	时间 /min
传输装置	输送带	向前	0.07
		向后	0.07
铣床 C_1	夹具	预定位	0.06
		定位夹紧	0.06
		松开拔销	0.04
	铣头	趋近夹紧	0.06
		工作进给	0.72
		松开退出	0.06
		快速退回	0.1
钻床 C_2~C_4	夹具	定位夹紧	0.06
		松开拔销	0.04
	动力头	快速趋近	0.07
		工作进给	0.78
		快速退回	0.08
攻螺纹机 C_5	夹具	定位夹紧	0.06
		松开拔销	0.04
	动力头	快速趋近	0.07
		工作进给	0.4
		快速退回	0.12

7.8.2　柔性制造系统

1. 柔性制造系统的定义及其特点

柔性制造系统一般是指可变的、自动化程度较高的制造系统。它由多台加工中心和数控机床组成，有自动上、下料装置，自动化仓库和物流输送系统，可在计算机及其软件的分级集中控制下实现加工自动化。它具有高度柔性，是一种计算机直接控制的自动化可变加工系统。

柔性制造系统的适应范围很广，它主要解决多品种，中小批量生产自动化，把高柔性、高质量、高效率结合和统一起来，在机械制造业中的地位十分重要。图 7-45 表示了柔性制造系统的适应范围。

柔性制造系统与传统的制造系统比较，有许多突出的特点：

(1) 具有高度的柔性，能自动完成多品种、多工序零件的加工；

(2) 具有高度的自动化，能自动传输、储存、装卸物料，实现自动更换工件、刀具、夹具，并进行自动检验；

(3) 具有高度的稳定性和可靠性，能自动进行工况诊断和监视，保证质量和安全工作，如尺寸精度的控制和补偿、刀具磨损破损监测和更换等；

(4) 具有高效率、高设备利用率，能全面处理信息，进行生产、工程信息的分析，编制生

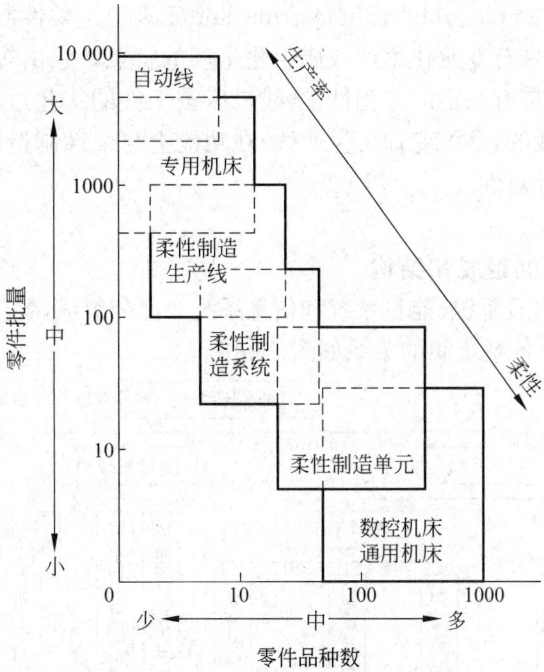

图 7-45　柔性制造系统的适应范围

产计划、调度、管理程序，实现可变加工和均衡生产。

2. 柔性制造系统的类型

柔性制造系统根据所用机床台数和工序数可以分为 3 种类型：

(1) 柔性制造单元(flexible manufacturing cell，FMC)。柔性制造单元由单台加工中心、环形托盘输送装置或工业机器人所组成，在计算机控制下，可实现不停机更换不同品种工件并连续进行生产。它是最简单的柔性制造系统，是最小可变加工单元。图 7-46 所示是一个带有环形托盘输送装置的柔性制造单元。

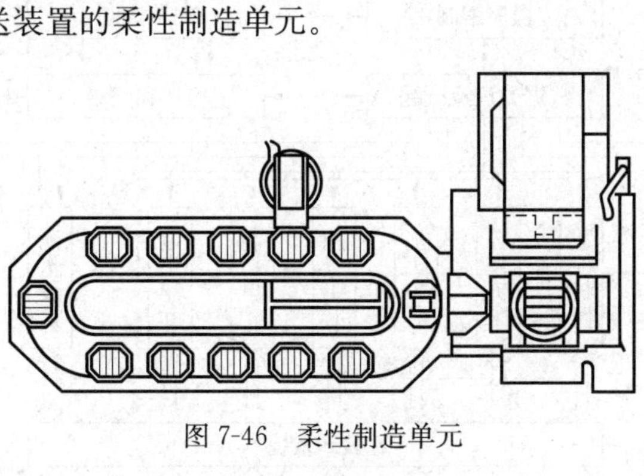

图 7-46　柔性制造单元

(2) 柔性制造系统(flexible manufacturing system，FMS)。柔性制造系统由两台或两台以上的加工中心或数控机床、自动上下料装置、自动输送装置、自动储存装置和计算机等组成，并由计算机实现综合控制、监视、数据处理、生产计划和生产管理等工作。柔性制造系统也可以由几个柔性制造单元扩展而成。

(3) 柔性制造生产线(flexible manufactring line,FML)。柔性制造生产线一般是针对某种类型(族)零件的,带有专业化生产或成组化生产的特点。它由多台加工中心或数控机床组成,其中有些机床带有一定的专用性,全线机床按工件的工艺过程布局,可以有生产节拍。但它本质上是柔性的,是可变加工生产线,在功能上与柔性制造系统相同,只是适用范围有一定的专业化和针对性。

3. 柔性制造系统的组成和结构

柔性制造系统由物质系统、能量系统和信息系统 3 部分组成,各个系统又由许多子系统组成,如图 7-47 所示。各系统间的关系如图 7-48 所示。

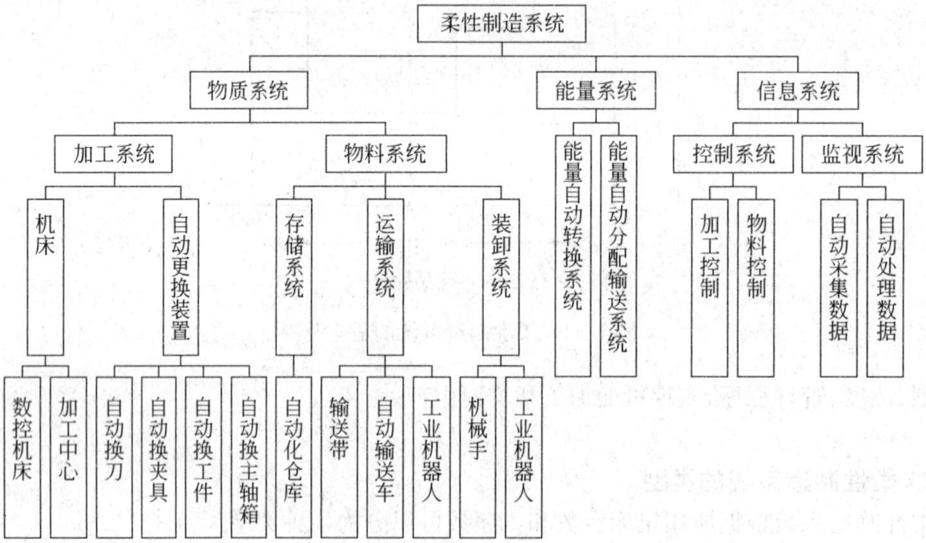

图 7-47 柔性制造系统的组成

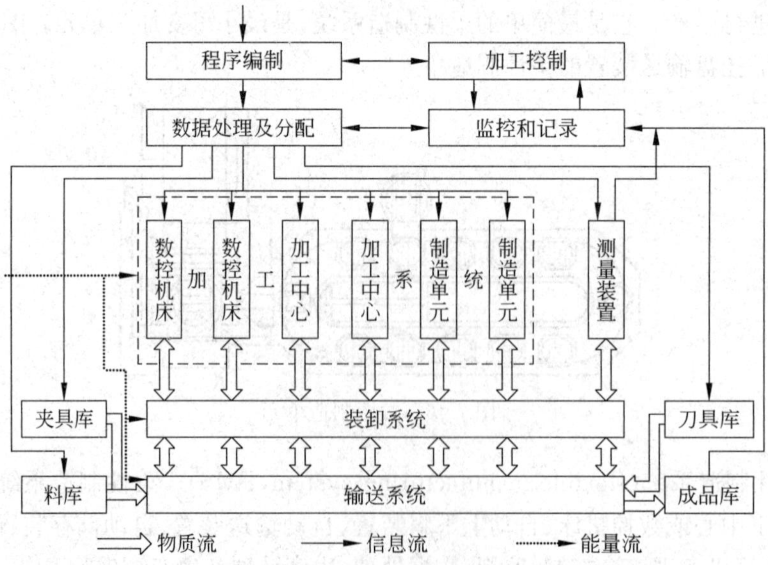

图 7-48 柔性制造系统各组成部分关系

柔性制造系统的主要加工设备是加工中心和数控机床，目前以铣削加工中心和车削加工中心占多数，一般多由 3～6 台机床组成。柔性制造系统常用的输送装置有输送带、有轨输送车或无轨输送车、行走式工业机器人等，也可用一些专用输送装置。在一条柔性制造系统中可以同时采用多种输送装置形成复合输送网。输送方式可以是线形、环形和网形。柔性制造系统的储存装置可采用立体仓库和堆垛机，也可采用平面仓库和托盘站。仓库又可分为毛坯库、零件库、刀具库和夹具库等。柔性制造系统中除主要加工设备外，还应有清洗工作站、去毛刺工作站和检验工作站等，它们都是柔性工作单元。

柔性制造系统多由超小型计算机、计算机工作站、微型计算机和设备控制装置进行递阶控制，其工作内容有以下几方面：

(1) 设计规范。全线设计方案的组成、布局、可靠性和技术经济指标可根据生产纲领、生产条件、技术可能、资金来源等方面来考虑，并要得到实际效果，为新设计和扩建设计提供有力判据，使现运行的柔性制造系统产生实际技术经济效益。

(2) 生产过程分析和设计。根据生产纲领和生产条件，对产品零件进行工艺过程设计，对整个产品进行装配工艺过程设计。设计时，应以单工序和多工序工艺过程优化为指导，在保证质量的前提下选定目标函数。

(3) 生产计划调度。制定生产作业计划，保证均衡生产，提高设备利用率。

(4) 工作站和设备的运行控制。工作站是由设备组成的，如铣削工作站是由铣削加工中心和工业机器人等组成的。工作站和设备的运行控制包括对加工中心、数控机床、工业机器人、物料输送系统、物料存储系统、测量机等的全面控制。

(5) 监测和质量保证。对全线工作状况进行监测和控制，保证工作稳定可靠，连续运行，质量合格。

习题与思考题

7-1 某厂年产 295 柴油机(2 缸，汽缸直径 95 mm)2000 台，已知连杆的备品率为 20%，机械加工废品率为 3%，试计算连杆的年生产纲领，并说明其生产类型及工艺特点(该柴油机属小型机械)。

7-2 T 形螺杆如图 7-49 所示。其工艺过程如下：

(1) 在锯床上切断下料 ϕ35 mm×125 mm；(2) 在车床上夹左端车右端面，打顶尖孔；(3) 用尾架后顶尖顶住工件后，车 ϕ30 mm 外圆；(4) 调头，夹 ϕ30 mm 外圆，车 ϕ18 mm 外圆及端面；(5) 调头，夹 ϕ18 mm 外圆，并用尾架后顶尖顶住工件后车 T20 mm 外圆(第一刀车至 ϕ24 mm，第二刀车至 ϕ20 mm)，车螺纹，倒角；(6) 在卧式铣床上用两把铣刀同时铣 ϕ18 mm 圆柱上的宽 15 mm 的两个平面，将工件回转 90°(利用转台)，铣另两个面，这样做出四方头。

请分出工序、安装、工位、工步及走刀。

7-3 图 7-50 所示为一锻造或铸造的轴套，通常是孔的加工余量较大，外圆的加工余量较小，试选择粗基准和精基准。

7-4 加工如图 7-51 所示零件，其粗基准、精基准应如何选择？(标有√符号的为加工面，其余为非加工面)图(a)、(b)及(c)所示零件要求内外圆同轴，端面与孔中心线垂直，非加工面与加工面间尽可能保持壁厚均匀；图(d)所示零件毛坯孔已铸出，要求孔加工余量尽可能均匀。

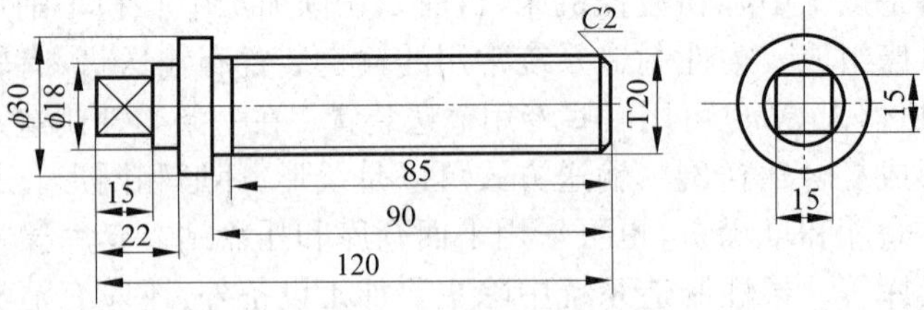

图 7-49　习题 7-2 附图

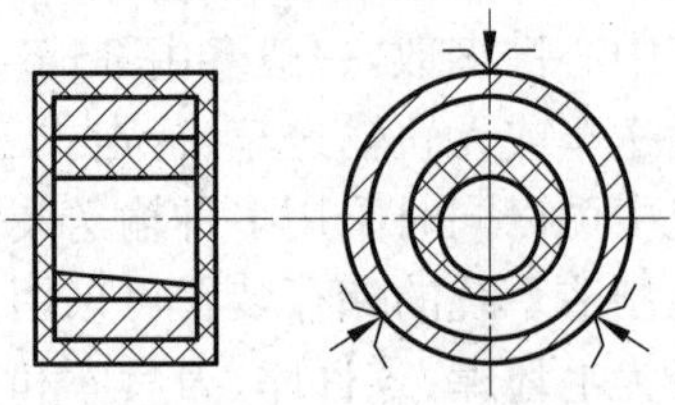

图 7-50　习题 7-3 附图

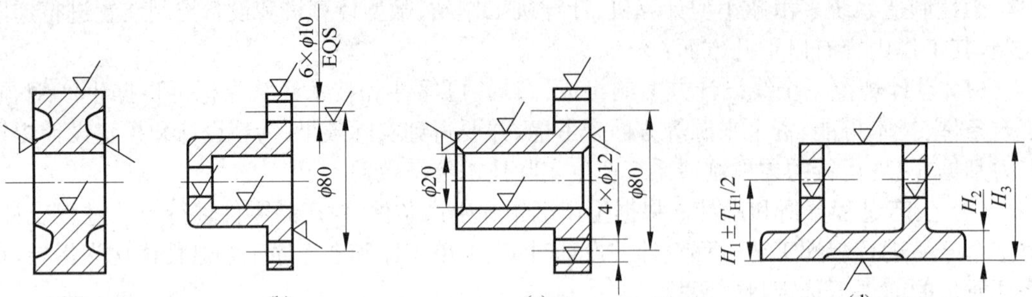

图 7-51　习题 7-4 附图

7-5　图 7-52 所示各零件加工时的粗基准、精基准应如何选择？试简要说明理由。

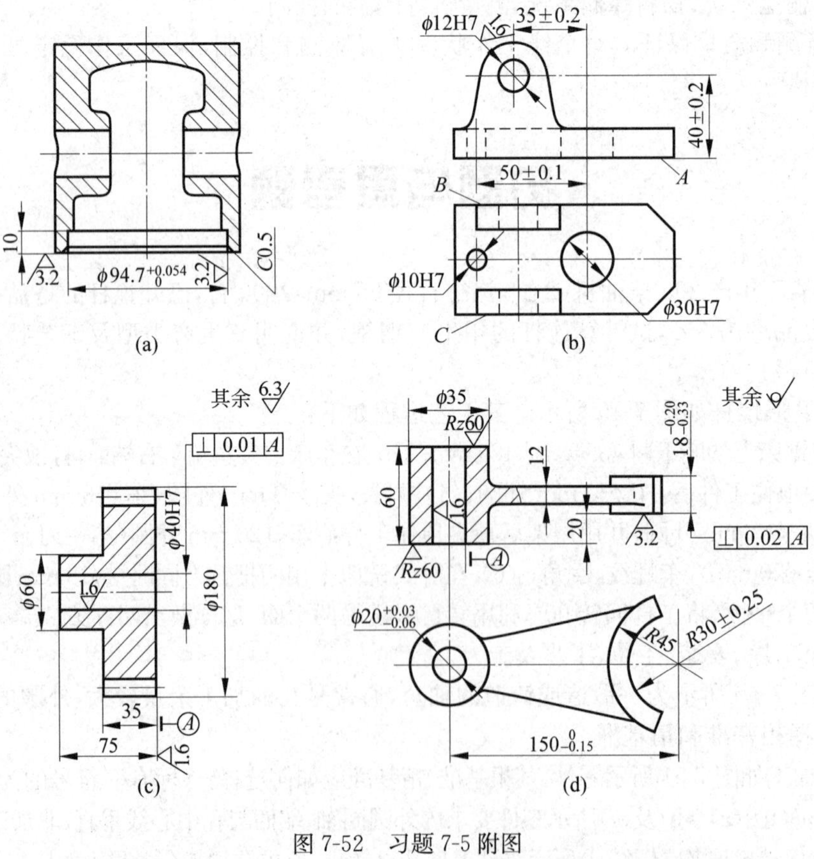

图 7-52　习题 7-5 附图

(a) 活塞（毛坯为精铸件）；(b) 支架（毛坯为铸件）；(c) 齿轮（毛坯为模锻件）；(d) 拨叉（毛坯为精铸件）

7-6　试提出成批生产如图 7-53 所示零件的机械加工工艺过程(从工序到工步),并指出各工序的定位基准。

7-7　某轴类零件,其中有一外圆直径的设计尺寸为 $\phi45_{-0.016}^{\ 0}$ mm,现已知其加工过程及各工序余量和精度,试确定各工序尺寸、偏差和毛坯尺寸,将结果填入表 7-16(表中余量为双边余量)。

表 7-16　工序尺寸表　　mm

工序名称	工序余量	精　度	工序尺寸及偏差(或毛坯尺寸)
磨外圆	0.2	IT6(0.016)	
精车外圆	0.8	IT7(0.025)	
半精车外圆	1.5	IT9(0.062)	
粗车外圆	3.5	IT10(0.100)	
毛坯	—	±1.0	

7-8　图 7-54 所示小轴的材料为普通精度的热轧圆钢,装夹在车床顶尖上加工,工艺过程如下:下料—车端面、打中心孔—粗车各面—精车各面—热处理—研磨中心孔—磨外圆。试求大端外圆加工中各道工序的工序尺寸及公差。

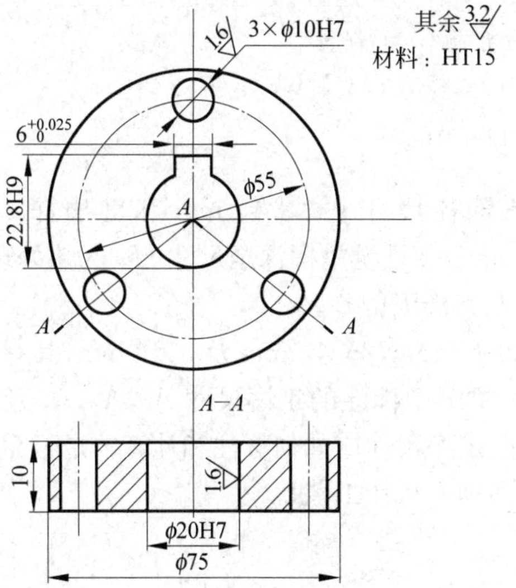

图 7-53　习题 7-6 附图

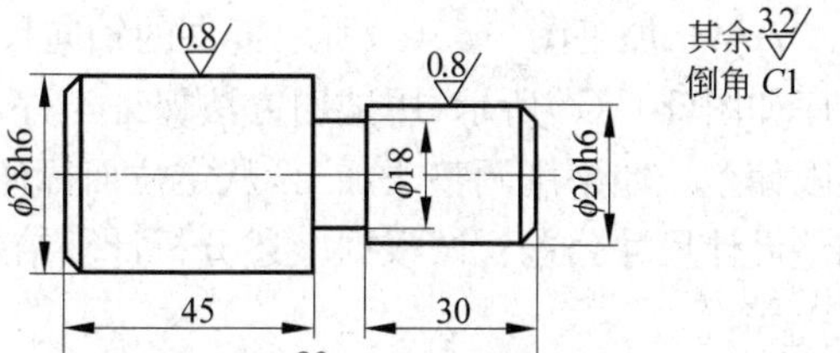

图 7-54　习题 7-8 附图

7-9　工艺尺寸是怎样产生的?在什么情况下必须进行工艺尺寸的换算?在工艺尺寸链中,封闭环是如何确定的?举例说明。

7-10　如图 7-55 所示套筒零件,加工表面 A 时要求保证尺寸 $10^{+0.10}$ mm,若在铣床上采用静调整法加工时以左端端面定位,试标注此工序的工序尺寸。

7-11　如图 7-56 所示定位套零件,在大批量生产时制定该零件的工艺过程是:先以工件的右端端面及外圆定位加工左端端面、外圆及凸肩,保证尺寸(5±0.05) mm 及将来车右端端面时的加工余量 1.5 mm ,然后再以已加工好的左端端面及外圆定位加工右端端面、外圆、凸肩及内孔，保持尺寸 $60_{-0.25}^{\ 0}$ mm 。试标注这两道工序的工序尺寸。

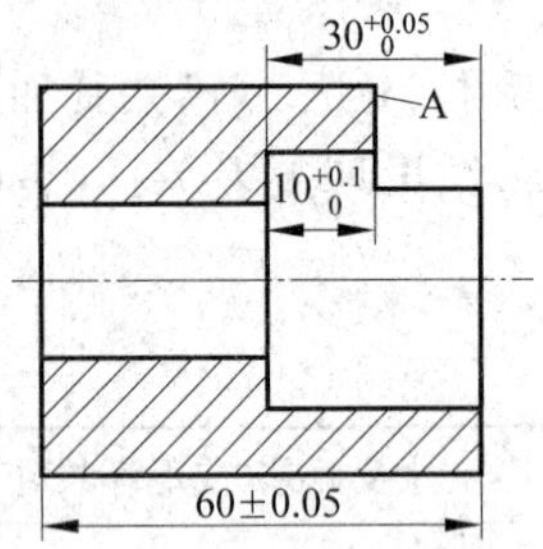

图 7-55　习题 7-10 附图

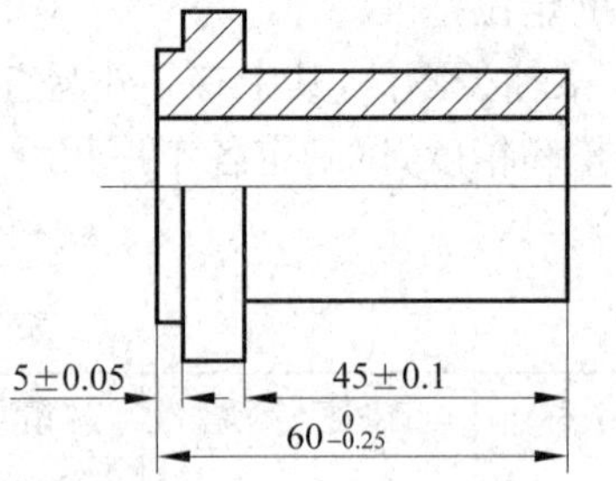

图 7-56　习题 7-11 附图

7-12　图 7-57(a)为一轴套零件图，图(b)为车削工序简图，图(c)为钻孔工序 3 种不同定位方案的工序简图，均需保证图(a)所规定的位置尺寸(10±0.1) mm 的要求，试分别计算 3 种方案中工序尺寸 A_1，A_2 与 A_3 的尺寸及公差。为表达清晰起见，图中只标出了与计算工序尺寸 A_1，A_2，A_3 有关的轴向尺寸。

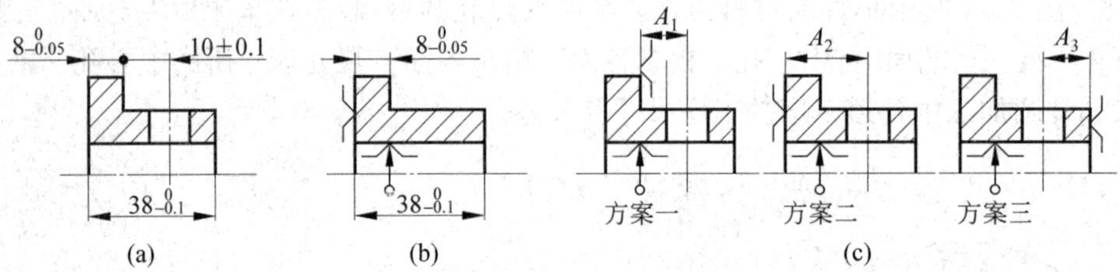

图 7-57　习题 7-12 附图

7-13　图 7-58 为齿轮轴截面图，要求保证轴径尺寸 $\phi28_{+0.008}^{+0.024}$ mm 和键槽深 $t=4_{0}^{+0.16}$ mm。其工艺过程为：①车外圆至 $\phi28.5_{-0.1}^{\ 0}$ mm；②铣键槽槽深至尺寸 H；③热处理；④磨外圆至尺寸 $\phi28_{+0.008}^{+0.024}$ mm。试求工序尺寸 H 及其极限偏差。

7-14　加工图 7-59(a)所示零件的轴向尺寸 $50_{-0.1}^{\ 0}$ mm，$25_{-0.3}^{\ 0}$ mm 及 $5_{0}^{+0.4}$ mm，其有关工序如图(b)、(c)所示，用试切方法保证工序尺寸，求图中标注的工序尺寸 A_1，A_2，A_3 及其极限偏差。如采用调整法加工，从定位面标注尺寸，工序尺寸应如何标注和计算？是否需要调整设计尺寸公差？试根据上述分析计算结果对两种方法作工艺比较。

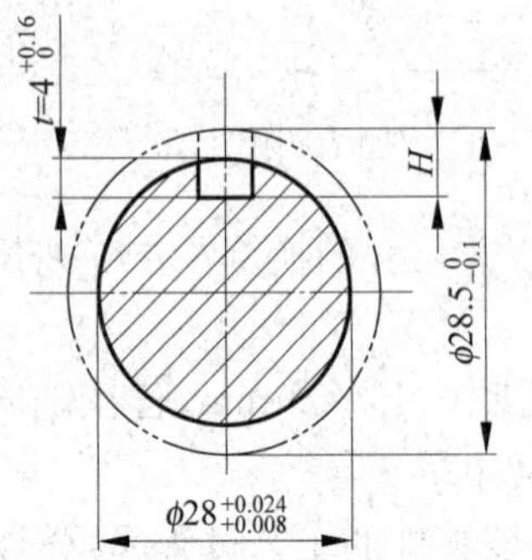

图 7-58　习题 7-13 附图

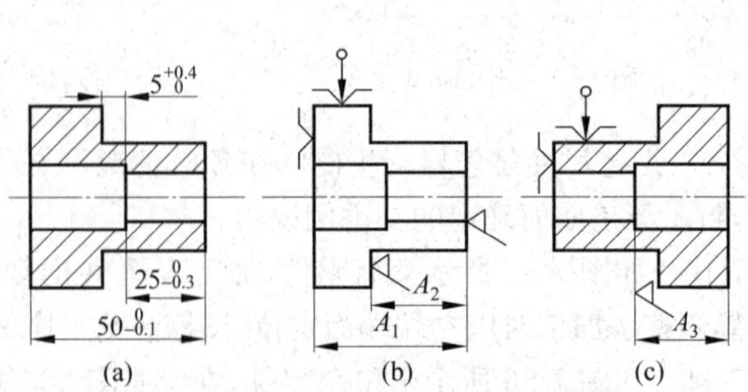

图 7-59　习题 7-14 附图

7-15　图7-60所示偏心轴零件的A表面需进行渗碳处理，渗碳层深度要求为0.5～0.8 mm。零件上与此有关的加工过程如下：

(1) 精车A面，保证尺寸$\phi 38.6_{-0.1}^{\ 0}$ mm；

(2) 渗碳处理，控制渗碳层深度为t；

(3) 精磨A面，保证尺寸$\phi 38.4_{-0.016}^{\ 0}$ mm，同时保证渗碳层深度达到规定要求。

试确定t的数值。

7-16　某零件的有关尺寸如图7-61所示，因(72±0.060)mm不便于直接测量，故选取测量尺寸为A，试确定测量尺寸A及其偏差。若实测尺寸A不超差，是否可以判定零件合格？若实测尺寸A超差了，能否判断该零件为废品？若不能判断为废品，应作何处理才能判定合格或是废品？A达到何值时，可以不必作这样的处理就判定为废品？

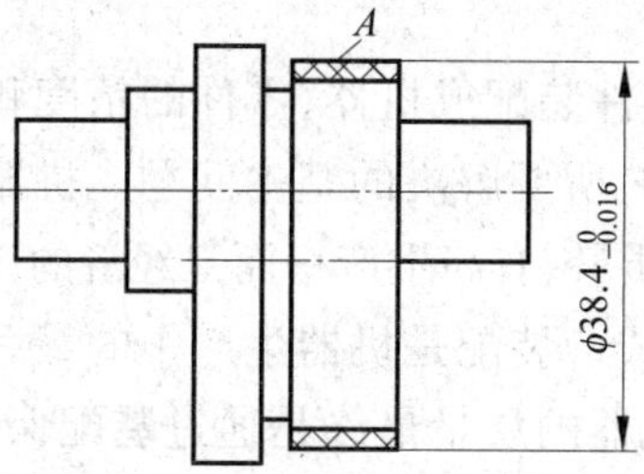

图7-60　习题7-15附图

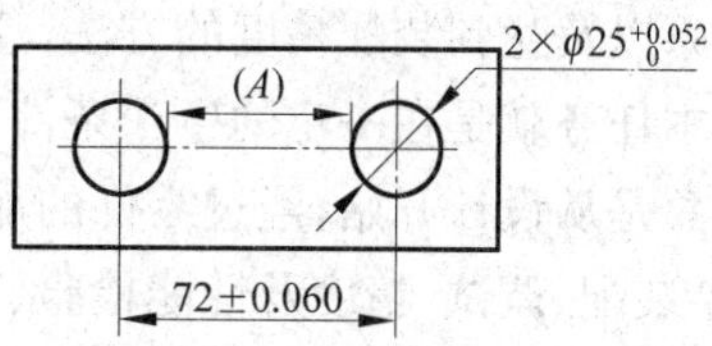

图7-61　习题7-16附图

7-17　有一对配合件ϕ40H9/f9，两者均需电镀，镀层厚度$t=0.008$～0.012 mm，试计算两零件电镀前的加工尺寸。

7-18　某零件的最终尺寸要求如图7-62(a)所示，加工顺序见图(b)，求钻孔工序尺寸F。

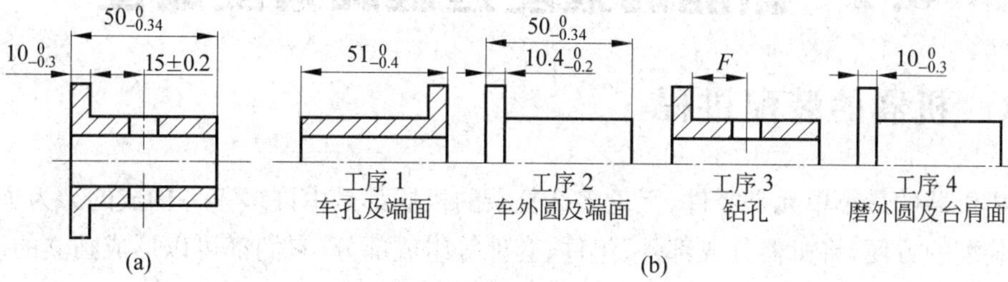

图7-62　习题7-18附图

8 装配工艺规程的制定

任何机器产品都是由零件装配而成的。如何从零件装配成机器、零件的精度和产品精度的关系以及达到装配精度的方法，这些都是装配工艺所要解决的基本问题。机器装配工艺的基本任务就是在一定的生产条件下，装配出保证质量、有高生产率而又经济的产品。一台机器总是从设计开始，经过零件的加工最后装配而成。装配是机器生产中的最后一个阶段，包括装配、调试、精度及性能检验、试车等工作。机器的质量最终是通过装配保证的，装配质量在很大程度上决定机器的最终质量。另外，通过机器的装配过程，可以发现机器设计和零件加工质量等存在的问题，并加以改进，以保证机器的质量。研究装配工艺过程和装配精度，采用有效的装配方法，制定出合理的装配工艺规程，对保证产品的质量有着十分重要的意义，对提高产品设计的质量有很大的影响。

8.1 机器的装配过程和装配精度

8.1.1 机器的装配过程

组成机器的最小单元是零件，无论多么复杂的机器都是由许多零件构成的。为了设计、加工和装配的方便，将机器分成部件、组件、套件等组成部分，它们都可以形成独立的设计单元、加工单元和装配单元。

在一个基准零件上，装上一个或若干个零件就构成了一个套件，它是最小的装配单元。每个套件只有一个基准零件，它的作用是连接相关零件和确定各零件的相对位置。为套件而进行的装配工作称为套装。图 8-1 所示的双联齿轮就是一个由小齿轮 1 和大齿轮 2 组成的套件，小齿轮 1 是基准零件。这种套件主要是考虑加工工艺或材料问题，分成几件制造，再套装在一起，在以后的装配中，就可作为一个零件，一般不再分开。图 8-2 所示为套件装配系统图，是一个由 3 个零件组成的套件。

在一个基准零件上，装上一个或若干个套件和零件就构成一个组件。每个组件只有一个基准零件，它连接相关零件和套件，并确定它们的相对位置。为形成组件而进行的装配称为组装。有时组件中没有套件，由一个基准零件和若干零件组成，它与套件的区别在于组件在以后的装配中可拆，而套件在以后的装配中一般不再拆开，可作为一个零件。图 8-3 所示为组件装配系统图。

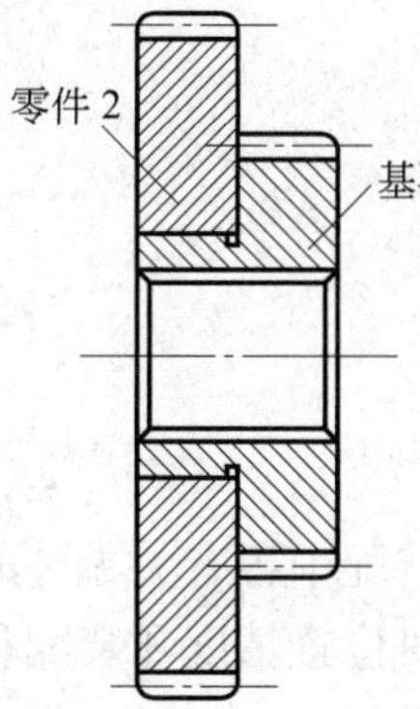

图 8-1　套件

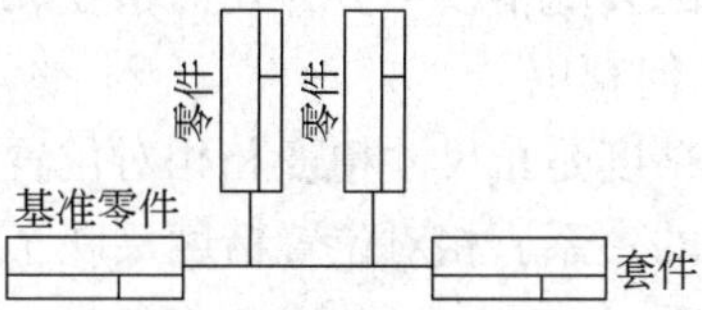

图 8-2　套件装配系统图

在一个基准零件上，装上若干个组件、套件和零件就构成部件，同样，一个部件只能有一个基准零件，由它来连接各个组件、套件和零件，决定它们之间的相对位置。为形成部件而进行的装配工作称为部装。图 8-4 所示为部件装配系统图。

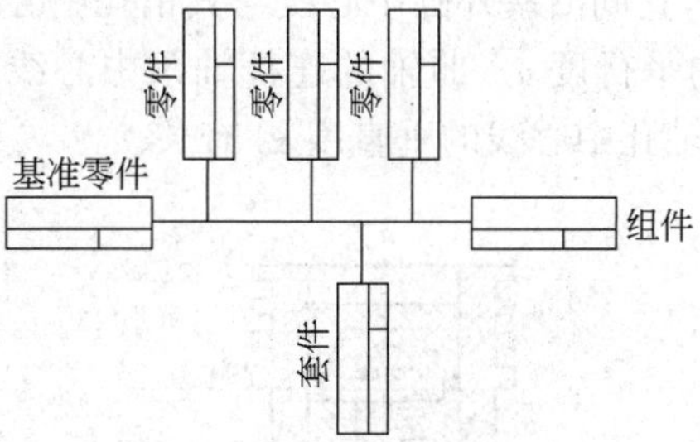

图 8-3　组件装配系统图

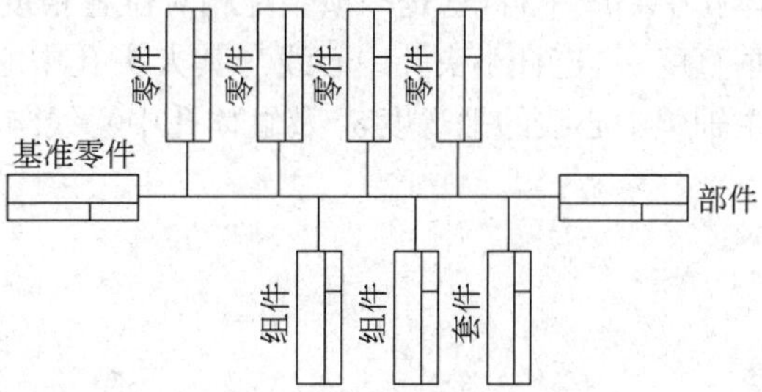

图 8-4　部件装配系统图

在一个基准零件上，装上若干个部件、组件、套件和零件就成为机器。同样，一台机器只能有一个基准零件，其作用与上述相同。为形成机器而进行的装配工作称为总装。例如，一台车床就是由主轴箱、进给箱、溜板箱等部件和若干组件、套件、零件组成的，而床身就是基准零件。图 8-5 所示为机器装配系统图。

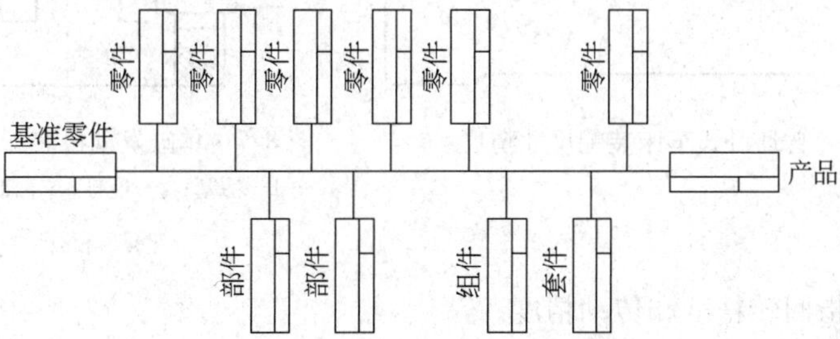

图 8-5　机器装配系统图

装配系统图表示了装配过程，是由基准零件开始，沿水平线自左向右进行装配，一般将零件画在上方，把套件、组件、部件画在下方，其排列的次序就是装配的次序。图中的每一方框表示一个零件、套件、组件或部件。每个方框分为 3 个部分：上方为名称，下左方为编号，下右方为数量。有了装配系统图，整个机器的结构和装配工艺就很清楚了，因此装配系统图是一个很重要的装配工艺文件。

8.1.2 机器的装配精度

1. 机器的装配精度

机器的装配精度可分为几何精度和运动精度两大部分。

1）几何精度

几何精度是指尺寸精度和相对位置精度。尺寸精度反映了装配中各有关零件的尺寸和装配精度的关系。相对位置精度反映了装配中各有关零件的相对位置精度和装配相对位置精度的关系。

图 8-6 所示为一台普通卧式车床简图，它要求后顶尖的中心比前顶尖的中心高 0.03～0.06 mm。这是装配尺寸精度的一项要求，粗略分析，它同主轴箱前顶尖的高度 A_1、尾架底板的高度 A_2 及尾架后顶尖高度 A_3 有关。

图 8-7 所示为一单缸发动机的结构简图，装配相对位置精度要求活塞外圆的中心线与缸体孔中心线平行，这是一项装配相对位置精度要求，它同活塞外圆中心线与其销孔中心线的垂直度 α_1、连杆小头孔中心线与其大头孔中心线的平行度 α_2、曲轴的连杆轴颈中心线与其主轴颈中心线的平行度 α_3 及缸体孔中心线与其主轴孔中心线的垂直度 α_0 有关。

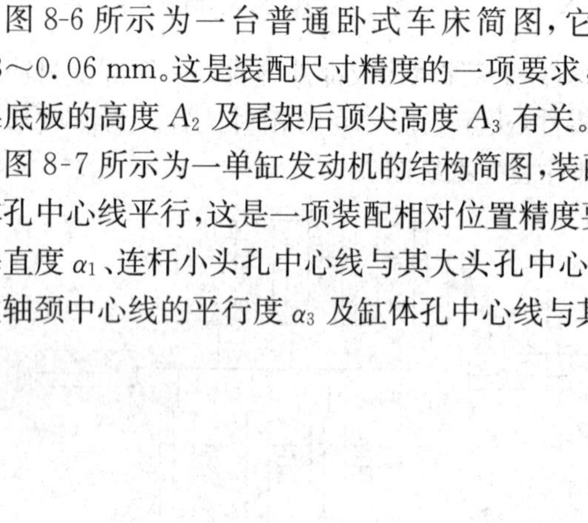

图 8-6 普通卧式车床装配尺寸精度

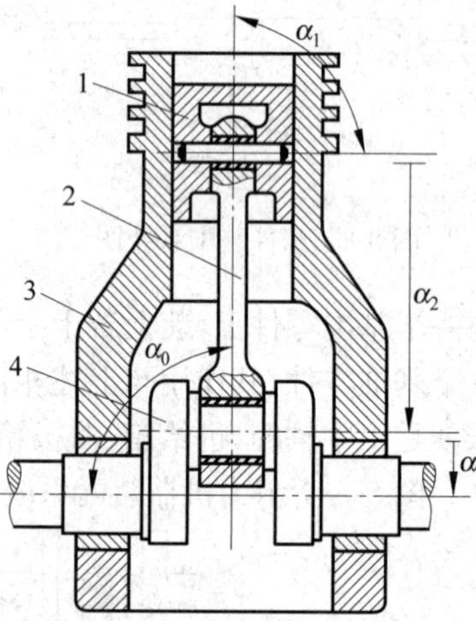

图 8-7 单缸发动机装配相对位置精度

1—活塞；2—连杆；3—缸体；4—曲轴

2）运动精度

运动精度是指回转精度和传动精度。

回转精度是指机器回转部件的径向跳动和轴向窜动。例如，主轴、回转工作台的回转精度，通常都是重要的装配精度。回转精度主要和轴类零件轴颈处的精度、轴承的精度、箱体轴孔的精度有关。

传动精度是指机器传动件之间的运动关系。例如，转台的分度精度、滚齿时滚刀与工件间的运动比例、车削螺纹时车刀与工件间的运动关系都反映了传动精度。影响传动精度的主要因素是传动元件本身的制造精度及它们之间的配合精度。传动元件越多，传动链愈长，影响也就愈大，因此，传动元件应力求最少。典型的传动元件有齿轮、丝杠螺母及蜗轮蜗杆等。对于要求传动精度很高的机器，可采用缩短传动链长度及校正装置来提高传动精度。实际上机器在工作时由于有力和热的作用，使传动链产生变形，因此传动精度不仅有静态精度，而且有动态精度。

2. 零件精度和装配精度的关系

零件的精度和机器的装配精度有着密切的关系。机器中有些装配精度往往只和一个零件有关，要保证该项装配精度只要保证该零件的精度即可，俗称“单件自保”，这种情况比较简单。而有些装配精度则和几个零件有关，要保证该项装配精度则必须同时保证这些零件的相关精度，这种情况比较复杂，涉及尺寸链问题，要用装配尺寸链来解决。

例如，卧式万能铣床的第 5 项精度要求工作台中央 T 形槽两侧壁对工作台纵向移动平行。要保证这项精度，只要保证工作台本身中央 T 形槽两侧壁对其导轨基准面的平行度就可以了，如图 8-8 所示。这种精度只涉及一个零件，情况比较简单。

图 8-9 表示了卧式万能铣床第 12 项精度的相关零件。第 12 项精度要求升降台垂直移动时对工作台台面垂直。检验时是在工作台面上放一个直角尺，垂直移动升降台，用千分表测量直角尺垂直边的偏差。这项装配精度最终是要保证工作台台面对升降台立导轨之间的垂直度，这两个零件是通过回转盘、床鞍连接起来的，因此这项装配精度与工作台、回转盘、床鞍和升降台这 4 个零件有关。影响这项精度的有：工作台台面对其下平导轨的平行度 $\delta_{工}$，回转盘上平导轨对其下回转面的平行度 $\delta_{回}$，床鞍上回转面对其下平导轨的平行度 $\delta_{鞍}$，升降台水平导轨对其立导轨的垂直度 $\delta_{升}$。因此要保证这项精度，必须同时保证这 4 个零件的上述相关精度，这就需要用尺寸链来求解。这项精度的要求就是该尺寸链的封闭环 δ_0。可见，保证这种类型的装配精度要复杂得多。

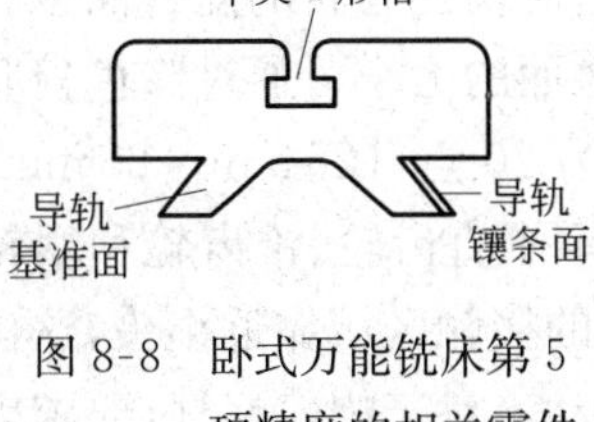

图 8-8　卧式万能铣床第 5 项精度的相关零件

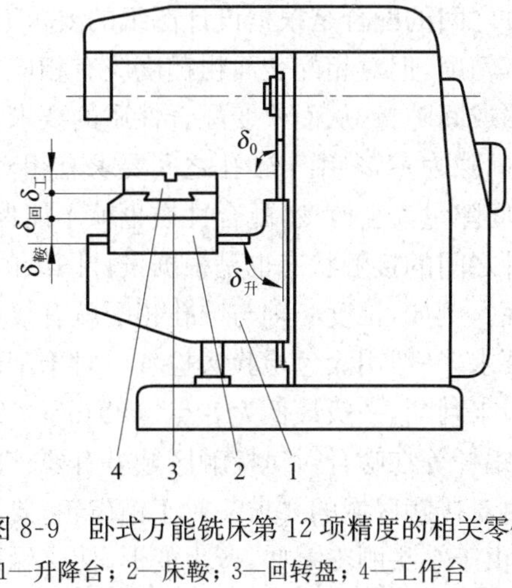

图 8-9　卧式万能铣床第 12 项精度的相关零件
1—升降台；2—床鞍；3—回转盘；4—工作台

从上述可知，机器装配精度的要求提出了相关零件相关精度的要求，而相关零件的相关精度的确定又与生产量和装配方法有关。装配方法不同，对相关零件的精度要求也不同。

大量生产时，装配多采用完全互换法，零件的互换性要求较高，从而零件的精度要求较高，这样才能达到装配精度及生产节拍。单件小批生产时，多用修配法进行装配，零件的精度可以低些，靠装配时的修配来达到装配精度。至于各相关零件的精度等级，不一定是相同的，可根据尺寸大小和加工难易程度来决定。

3. 影响装配精度的因素

1）零件的加工精度

机器的精度最终是在装配时达到的。保证零件的加工精度，其目的在于保证机器的装配精度，因此零件的精度和机器的装配精度有着密切的关系。一般来说，零件的精度愈高，装配精度愈容易保证，但并不是零件精度愈高愈好，这样会增加产品的成本，并且造成一定的浪费，应该根据装配精度来分析、控制有关零件的精度。

零件加工精度的一致性对装配精度有很大影响。零件加工精度一致性不好，装配精度就不易保证，同时增加了装配工作量。大批大量生产中由于多用专用工艺装备，零件加工精度受工人技术水平和主观因素的影响较小，因此，零件加工精度的一致性较好。在数控机床上加工，受计算机程序的控制，不论产量多少，零件加工精度一致性很好。对于单件小批生产，零件加工精度主要靠工人的技术和经验保证，因此，零件加工精度一致性不好，装配工作的劳动量大大增加。

有时，合格的零件不一定能装出合格的产品，这主要是装配技术问题。因为装配工作中包括修配、调整等内容，因此当装配出的产品不符合要求时，应分析是由于零件精度造成的，还是由装配技术造成的。

2）零件之间的配合要求和接触质量

零件之间的配合要求是指配合面间的间隙量或过盈量，它决定了配合性质。零件之间的接触质量是指配合面或连接表面之间的接触面积大小和接触位置的要求，它主要影响接触刚度即接触变形，同时也影响配合性质。

零件之间的配合是根据设计图纸的要求而提出的，间隙量或过盈量决定于相配零件的尺寸及其精度，但对相配表面粗糙度应有相应要求，表面粗糙度值大时，会因接触变形而影响过盈量或间隙量，从而改变配合性质的要求。例如，基本偏差 H/h 组成的配合，其间隙很小，最小间隙为零，多用于轴孔之间要求有相对滑动的场合。但如果接触质量不高，产生接触变形，间隙量就会改变，配合性质也就不能保证。

零件之间的接触状态也是根据设计图纸的要求提出的，它包括接触面积大小和接触位置两方面。例如，锥度心轴与锥孔相配就有接触面积的要求，对精密导轨的配合面也有接触面积的要求，一般用涂色检验法检查。对于刮研表面，其接触面的大小可通过涂色检验接触点的数量来判断，一般最低为 8 点/(25 mm×25 mm)，最高为 20 点/(25 mm×25 mm)。齿轮、蜗轮蜗杆等在啮合时对接触区域是有要求的，图 8-10 表示了直齿轮、锥齿轮和蜗轮蜗杆在啮合时对接触区域的要求。对于锥齿轮，要求在无载荷时的接触区域靠近小头，这样在有载荷时，由于小头刚度差些，产生变形，使接触区域向中部移动。对于蜗轮蜗杆，要求无载荷时的接触区靠近蜗轮齿面的啮合入口处，这样在有载荷时接触区域可移至中央部分。

现代机器装配中，提高配合质量和接触质量显然是一个非常重要的问题。特别是提高配合面的接触刚度，对提高整个机器的精度、刚度、抗振性和寿命等都有极其重要的作用。

提高接触刚度的主要措施是减少相连零件数，使接触面的数量尽量少；另一方面是增加接触面积，减少单位面积上所承受的压力，从而减少接触变形。但接触面积的实际大小与接触面的表面粗糙度、表面几何形状精度和相对位置精度有关。

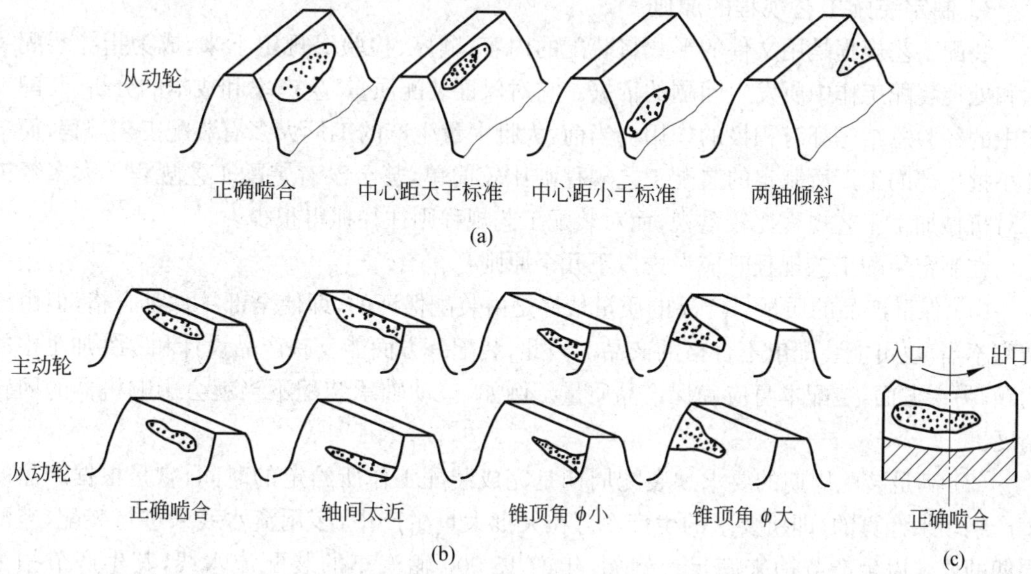

图 8-10 直齿轮、锥齿轮和蜗轮蜗杆在啮合时的接触区域

(a) 直齿轮；(b) 锥齿轮；(c) 蜗轮蜗杆

3）力、热、内应力等所引起的零件变形

零件在机械加工和装配中，由于力、热、内应力等所产生的变形，对装配精度有很大的影响。

零件产生变形的原因很多，有些零件在机械加工后是合格的，但由于装配不当，如装配过程中的碰撞、压配合所产生的变形就会影响装配精度。有些产品在装配时，由于零件本身自重产生变形，如机床中，龙门铣床的横梁、摇臂钻床的摇臂都会因自重及其上所装的主轴箱重量产生变形，从而影响装配精度。有些产品在装配时精度是合格的，但由于零件加工时零件的表层和里层有内应力，这种零件装配后经过一段时间或外界条件有变化时可能产生内应力变形，影响装配精度。有些产品在静态下装配精度是合格的，但在运动过程中由于摩擦生热，使某些运动件产生热变形，影响装配精度。某些精密仪器、精密机床等是在恒温条件下装配的，使用也必须在同一恒温条件下，否则零件也会产生热变形而不能保证原来的装配精度。

4）旋转零件的不平衡

旋转零件的平衡在高速旋转的机械中已经愈来愈受到重视，作为必要工序在工艺中进行安排。例如，发动机的曲轴和离合器、电机的转子及一些高速旋转轴等都要进行动平衡，以便在装配时能保证装配精度，使机器能正常工作，同时还能降低噪声。

现在，对一些中速旋转的机器，也开始重视动平衡问题，这主要是从工作平稳性、不产生振动、提高工作质量和寿命等来考虑的。可见，现代机器中，装配精度与零件动平衡有密切关系。

8.1.3 装配工艺规程的制定方法

1. 制定装配工艺规程的原则

装配工艺规程是用文件的形式将装配的内容、顺序、检验等规定下来，成为指导装配工作和处理装配工作中所发生问题的依据。它对保证装配质量、生产率和成本的分析、装配工作中的经验总结等都有积极的作用。当前，大批大量生产的工厂大多有装配工艺规程，而单件小批生产的工厂所制定的装配工艺规程则比较简单，甚至没有装配工艺规程。大多数工厂对机械加工工艺规程比较重视，而对装配工艺规程则往往抓得很少。

在制定装配工艺规程时应考虑以下几个原则：

(1) 保证产品的质量。产品的质量最终是由装配保证的，即使全部零件都合格，但由于装配不当，也可能装配出不合格的产品。因此，装配一方面能反映产品设计和零件加工中的问题，另一方面，装配本身应确保产品质量。例如，滚动轴承装配不当就会影响机器的回转精度。

(2) 满足装配周期的要求。装配周期是完成装配工作所给定的时间，它是根据产品的生产纲领来计算的，即所要求的生产率。在大批大量生产中，多用流水线来进行装配，装配周期的要求由生产节拍来满足。例如，年产 15 000 辆汽车的装配流水线，其生产节拍为 9 min(按每天一班 8 h 工作制计算)，它表示每隔 9 min 就要装配出一辆汽车，当然这要由许多装配工位的流水作业来完成，装配工位数与节拍有密切关系。在单件小批生产中，多用月产量来表示装配周期。

(3) 减少手工装配劳动量。大多数工厂目前仍处于手工装配方式，有的实现了部分机械化。装配工作的劳动量很大，也比较复杂，如装卸、修配、调整和实验等，有些工作实现自动化和机械化还比较困难。实现装配机械化和自动化是一个方向，近些年来这方面发展很快，出现了装配机械手、装配机器人，甚至由若干工业机器人等所组成的柔性装配工作站。

(4) 降低装配工作所占成本。要降低装配工作所占的成本，必须考虑减少装配的投资，如装配生产面积、装配流水线或自动线等的设备投资、装配工人水平和数量等。另外装配周期的长短也直接影响成本。

2. 制定装配工艺规程的原始资料

在制定装配工艺规程时，应事先有一些依据，具备一定的原始资料，才便于进行这一工作。

1) 产品图纸和技术性能要求

产品图纸包括全套总装图、部装图和零件图，从产品图纸能够了解产品的全部尺寸结构、配合性质、精度、材料和重量等，从而可以制定装配顺序、装配方法和检验项目，设计装配工具，购置相应的起吊工具和检验、运输等设备。

技术性能要求是指产品的精度、运动行程范围、检验项目、实验及验收条件等，其中，精度一般包括机器几何精度、部件之间的位置精度、零件之间的配合精度和传动精度等，而实验一般包括性能实验、温升实验、寿命实验和安全考核实验等方面。可见技术性能要求与装配工艺有密切关系。

2）生产纲领

生产纲领就是年生产量，它是制定装配工艺和选择装配生产组织形式的重要依据。对于大批大量生产，可以采用流水线和自动装配线的生产方式，这些专用生产线有严格的生产节奏，被装配的产品或部件在生产线上按生产节拍连续移动或断续移动，在行进的过程中或停止的装配工位上进行装配，组织十分严密。装配过程中，可以采用专用装配工具及设备。例如，汽车制造，轴承制造的装配生产就是采用流水线和自动装配线的生产方式。

对于成批或单件生产的产品，多采用固定生产地的装配方式，产品固定在一块生产地上装配完毕，实验后再转到下一道工序。如机床制造业的机床装配就是这样。

3）生产条件

在制定装配工艺规程时，要考虑工厂现有的生产和技术条件，如装配车间的生产面积、装配工具和装配设备、装配工人的技术水平等，使所制定的装配工艺能够切合实际，符合生产要求，这是十分重要的。对于新建厂，要注意调查研究，设计出符合生产实际的装配工艺。

3. 装配工艺规程的内容及制定步骤

1）产品图纸分析

产品图纸分析是指从产品的总装图、部装图和零件图了解产品结构和技术要求，审查结构的装配工艺性，研究装配方法，并划分装配单元。

2）确定生产组织形式

确定生产组织形式是指根据生产纲领和产品结构确定生产组织形式。装配生产组织形式可分为移动式和固定式两类，而移动式又可分为强迫节奏和自由节奏两种，如图 8-11 所示。

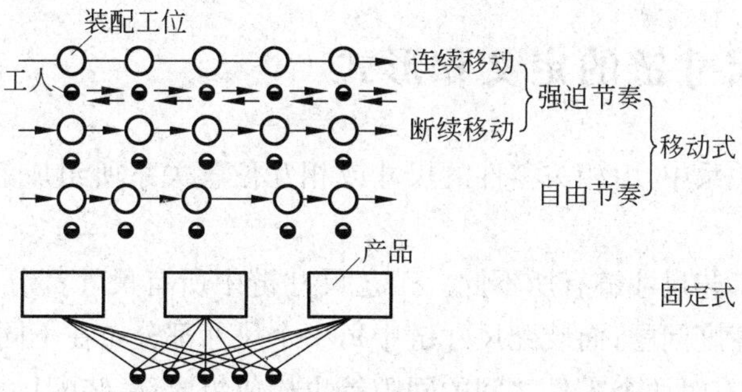

图 8-11　各种装配生产组织形式

移动式装配流水线工作时产品在装配线上移动，有强迫节奏和自由节奏两种，前者节奏是固定的，又可分为连续移动和断续移动两种方式，各工位的装配工作必须在规定的节奏时间内完成，进行节拍性的流水生产，装配中如出现装配不上或不能在节奏时间内完成装配工作等问题，则立即将装配对象调至线外处理，以保证流水线的流畅，避免产生堵塞。连续移动装配时，装配线作连续缓慢的移动，工人在装配时随装配线走动，一个工位的装配工作完毕后工人立即返回原地。断续移动装配时，装配线在工人进行装配时不动，到规定时间，装配线带着被装配的对象移动到下一工位，工人在原地不走动。移动式装配流水线多用于大批大量生产，产品可大可小，较多的用于仪器仪表等的装配，汽车拖拉机等大产品也可采用。

固定式装配即产品固定在一个工作地上进行装配，它也可能组织流水生产作业，由若干工人按装配顺序分工装配，这种方式多用于机床、汽轮机等的成批生产中。

3）装配顺序的决定

在划分装配单元的基础上决定装配顺序是制定装配工艺规程中最重要的工作，它是根据产品结构及装配方法划分出套件、组件和部件，划分的原则是先难后易、先内后外、先下后上，最后画出装配系统图。

4）合理装配方法的选择

装配方法的选择主要是根据生产纲领、产品结构及其精度要求等确定的。大批大量生产多采用机械化、自动化的装配手段；单件小批生产多采用手工装配。大批大量生产多采用互换法、分组法和调整法等来达到装配精度的要求；而单件小批生产多用修配法来达到要求的装配精度。某些要求很高的装配精度在目前的生产技术条件下，仍靠高级技工手工操作及经验来得到。

5）编制装配工艺文件

装配工艺文件主要有装配工艺过程卡片、主要装配工序卡片、检验卡片和试车卡片等。装配工艺过程卡片包括装配工序、装配工艺装备和工时定额等。简单的装配工艺过程有时可用装配（工艺）系统图代替。

8.2 装配尺寸链

8.2.1 装配尺寸链的定义和形式

在机器的装配关系中，由相关零件的尺寸或相互位置关系所组成的尺寸链称为装配尺寸链。

装配尺寸链与工艺尺寸链有所不同。工艺尺寸链中所有尺寸都分布在同一个零件上，主要解决零件加工精度问题；而装配尺寸链中每一个尺寸都分布在不同零件上，每个零件的尺寸是一个组成环，有时两个零件之间的间隙等也构成组成环，装配尺寸链主要解决装配精度问题。

装配尺寸链和工艺尺寸链都是尺寸链，有共同的形式、计算方法和解题类型。

装配尺寸链按照各个组成环和封闭环的相互位置分布情况可以分为直线尺寸链、平面尺寸链和空间尺寸链，前二者分别如图 8-12、图 8-13 所示。平面尺寸链可分解为两个直线尺寸链来求解，如图 8-14 所示。

装配尺寸链又可分为长度尺寸链（如图 8-12～图 8-14 所示）和角度尺寸链。图 8-15 所示为一分度机构的角度尺寸链。

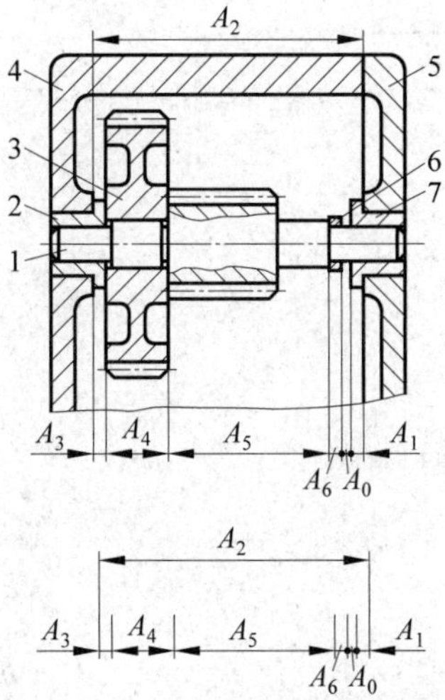

图 8-12　装配中的直线尺寸链

1—齿轮轴；2—左轴承；3—大齿轮；4—传动箱体；
5—箱盖；6—垫圈；7—右轴承

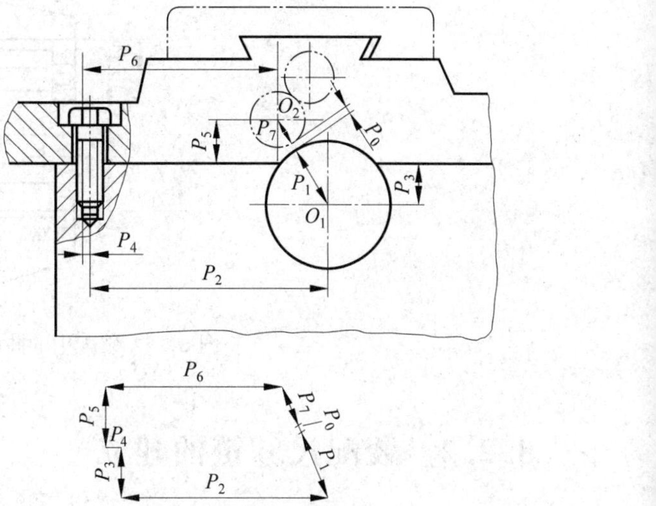

图 8-13　装配中的平面尺寸链

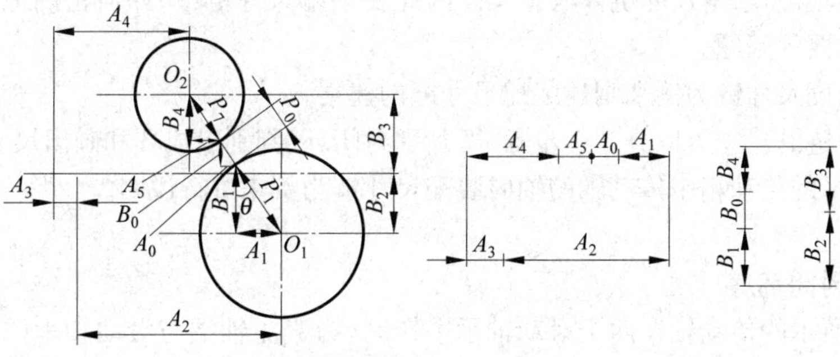

图 8-14　平面尺寸链的解法

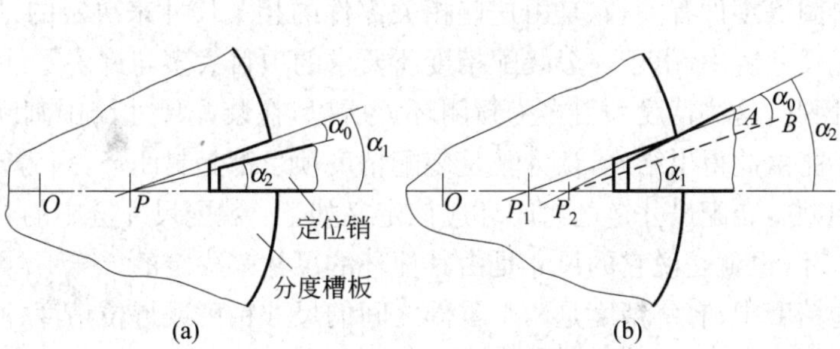

图 8-15　装配中的角度尺寸链

装配尺寸链中的并联、串联、混联尺寸链如图 8-16 所示。图中尺寸链 α 和 γ 构成并联尺寸链；尺寸链 α 和 β 构成串联尺寸链；尺寸链 α、β 和 γ 则形成混联尺寸链。

在精度项目要求较多的机器中，如机床等，并联尺寸链、串联尺寸链和混联尺寸链就比较多。因此，在解一个装配尺寸链时必须要注意其相邻的并联和串联尺寸链，特别是并联尺寸链中的公共环。

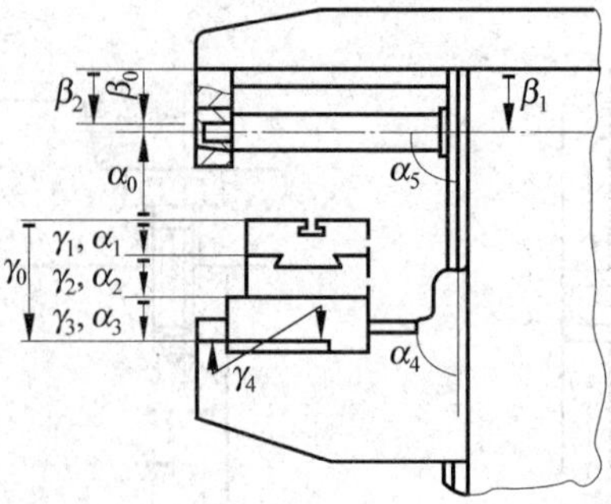

图 8-16　装配中的并联、串联、混联尺寸链

8.2.2　装配尺寸链的建立

装配尺寸链的建立就是在装配图上，根据装配精度的要求，找出与该项精度有关的零件及其有关的尺寸，最后画出相应的尺寸链线图。通常称与该项精度有关的零件为相关零件，零件上有关的尺寸称为相关尺寸。装配尺寸链的建立是解决装配精度问题的第一步，只有建立的尺寸链正确，求解尺寸链才有意义。因此在装配尺寸链中，如何正确地建立尺寸链，是一个十分重要的问题。

下面以长度尺寸链为例来阐述装配尺寸链的建立。

装配尺寸链的建立可以分 3 个步骤，即判别封闭环、判别组成环和画出尺寸链线图。现以图 8-12 所示的传动箱中传动轴的轴向装配尺寸链为例来进行说明。

1. 判别封闭环

图 8-12 所示的传动轴在两个滑动轴承中转动，为避免轴端与滑动轴承端面的摩擦，在轴向要有间隙，为此，在齿轮轴上套入了一个垫圈。从图中可以看出，间隙 A_0 的大小与大齿轮、齿轮轴、垫圈等零件有关，它是由这些相关零件的相关尺寸来决定的，所以间隙 A_0 为封闭环。在装配尺寸链中，由于一般装配精度所要求的项目大多与许多零件有关，不是由一个零件决定的，因此，这些精度项目多为封闭环。所以，在装配尺寸链中判断封闭环还是比较容易的。但不能由此得出结论，认为凡是装配精度项目都是封闭环，因为装配精度不一定都有尺寸链的问题。装配尺寸链的封闭环应该定义如下：装配尺寸链中的封闭环是装配过程最后形成的一环，也就是说它的尺寸是由其他环的尺寸来决定的。

由于在装配精度中，有些精度是两个零件之间的尺寸精度或形位精度，所以封闭环也是对两个零件之间的精度要求，这一点有助于判别装配尺寸链的封闭环。

2. 判别组成环

判别组成环就是要找出相关零件及其相关尺寸，方法是从封闭环出发，按逆时针或顺时针方向依次寻找相邻零件，直至返回封闭环，形成封闭环链，但并不是所有相邻的零件都是组成环，因此还要判别一下相关零件。如图 8-12 所示的结构，从间隙 A_0 向右，其相邻零件是右轴承、箱盖、传动箱体、左轴承、大齿轮、齿轮轴和垫圈共 7 个零件，但仔细分析一下，箱

盖对间隙 A_0 并无影响，故这个装配尺寸链的相关零件为右轴承、传动箱体、左轴承、大齿轮、齿轮轴和垫圈 6 个零件，再进一步找出相关尺寸 A_1，A_2，A_3，A_4，A_5 和 A_6，即可形成尺寸链。

3. 画出尺寸链线图

找出封闭环、组成环后，便可画出尺寸链线图，同时可清楚地判别增环和减环，根据所建立的尺寸链，就可以求解。

在建立尺寸链的过程中，会碰到以下一些问题，值得注意。

1）封闭的原则

尺寸链的封闭环和组成环一定要构成一个封闭的环链，在判别组成环时，从封闭环出发寻找相关零件，一定要回到封闭环。

2）最短的原则

装配尺寸链应力求组成环最少，以便于保证装配精度。要使组成环数最少，就要注意相关零件的判别和装配尺寸链中的工艺尺寸链。

（1）一定要找相关零件。将图 8-12 齿轮箱装配图重画如图 8-17 所示，从图中可以看出，与间隙 A_0 相邻的零件和尺寸（组成环）有 A_1，A'_7，A''_7，A'_2，A''_2，A'''_2，A_3，A_4，A'_5，A''_5 和 A_6，但仔细分析便知，箱盖是相邻零件，却不是相关零件，因此 A'_7 和 A''_7 两环应去除。图 8-16 所示的卧式万能铣床中，装配尺寸链 α 是保证工作台横向移动时工作台面与主轴中心线的平行度，它与 β_1，β_2，β_0 都无关，因此是一个 6 环尺寸链。此外 β_1，β_2 和 β_0 构成另一尺寸链 β，用来保证悬吊孔与主轴中心线等高。因此在建立装配尺寸链时，要找最短的相邻零件，使组成环数最少。在生产中，往往将工作台（α_1）和回转盘（α_2）合为一件进行加工和装配，这样，尺寸链 α 就成为一个 5 环尺寸链了。

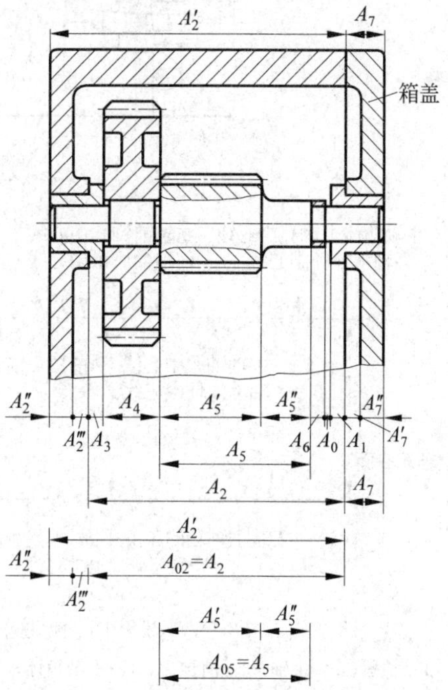

图 8-17　装配尺寸链中的工艺尺寸链

（2）一定要找出装配尺寸链中的工艺尺寸链。由于零件是组成机器的最小单元，因此在装配尺寸链中，一个零件上应只有一个尺寸作为组成环加入装配尺寸链中。如果在一个零件上出现了两个尺寸作为装配尺寸链中的组成环，则该零件上就有工艺尺寸链，这时应先解决工艺尺寸链，所得到的封闭环尺寸再进入装配尺寸链。图 8-17 所示装配尺寸链中的 A_2，A_5 环就都有工艺尺寸链，至于 A_7 也有工艺尺寸链，但它不是这个装配尺寸链的组成环，不必考虑。

在装配尺寸链中，有时会同时出现尺寸、形位误差和配合间隙等组成环，这时可以把形位误差和配合间隙看作基本尺寸为零的组成环。由于一个零件上可能同时存在尺寸、形位误差和配合间隙，因此在考虑形位误差和配合间隙时，一个零件上可能同时有两个组成环参加装配尺寸链，否则一个零件上只能有一个尺寸作为组成环参加装配尺寸链。在图 8-12 所示的轴向尺寸装配尺寸链中，只考虑了相关零件的相关尺寸，实际上大齿轮、左轴承、右轴承等的孔与端面的垂直度，都会对间隙 A_0 产生影响，如果考虑这些，则尺寸链的环数将增多，求解也将复杂得多，因此一般都进行简化。当这些形位误差和间隙相对于尺寸误差很小时，可以不考虑。

图 8-18 所示是普通车床的一项重要精度要求，即装配时要求前、后顶尖等高，只允许后顶尖比前顶尖高。这是一个装配尺寸链，其相关零件及其相关尺寸较多，其尺寸链线图如图 8-18(b)所示，可见有些零件上出现两个组成环。其化简的尺寸链如图 8-18(a)所示，是一个 4 环尺寸链，实际上是将一些形位误差组成环合并到尺寸上，有些形位误差组成环可以忽略，这样一来，这个尺寸链要简单得多。从图中还可以看出，组成环 A_1，A_3 本身又是一个装配尺寸链，整个尺寸链是一个复杂的并联尺寸链。

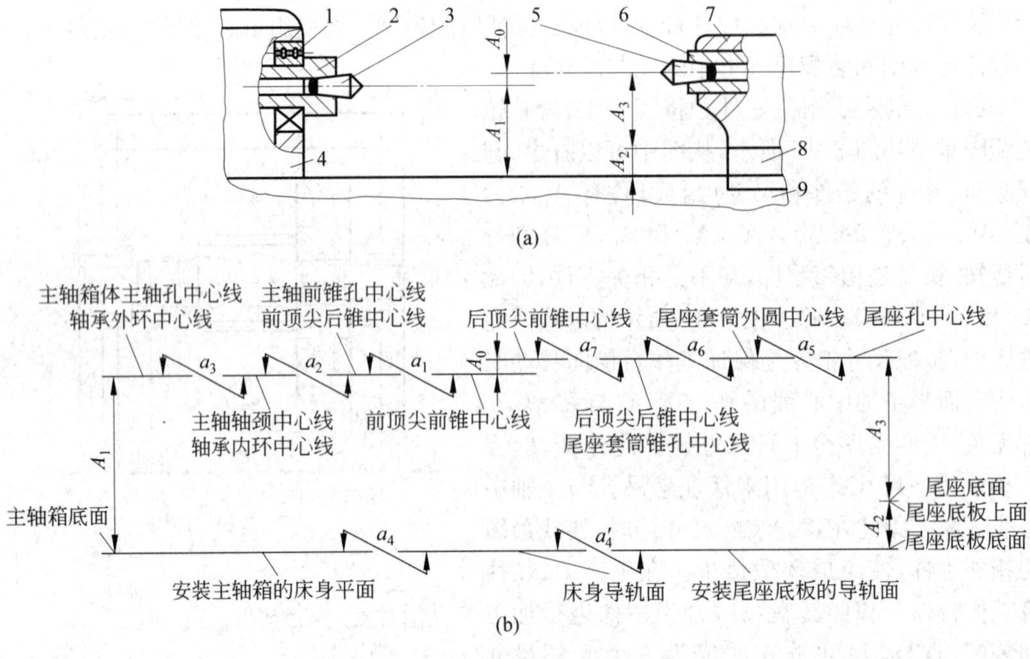

图 8-18　普通车床前后顶尖等高装配尺寸链

1—轴承；2—主轴；3—前顶尖；4—主轴箱体；5—后顶尖；6—尾座套筒；7—尾座体；8—尾座底板；9—床身

3）增减环的判别

尺寸链中的组成环，其增减环判别的原则是：当其他组成环尺寸不变时，该组成环的尺寸增加使封闭环的尺寸也增加为增环；该组成环的尺寸增加使封闭环的尺寸减小为减环。

对于形位误差组成环，由于其基本尺寸为零，其增减环的判定则应根据该装配尺寸链封闭环的要求及装配工艺来定。上述图 8-18(a)所示的装配尺寸链中，a_1 是前顶尖前、后锥的同轴度，当其前锥高于后锥时，其误差值增加将使封闭环减小，为减环；当其前锥低于后锥时，其误差值增加将使封闭环增加，为增环。考虑到这项装配精度要求后顶尖比前顶尖高，同时当封闭环 A_0 增大时可以方便地用减小尾架底板厚度 A_2 来修配，故为增环较好。但从该环本身来看可以是增环，也可以是减环。类似的情况很多，应根据具体工艺情况来确定。

对于封闭环基本尺寸为零的装配尺寸链，如对称度等，在建立尺寸链时，由于封闭环的位置不同，组成环的增减环判断也不同。如图 8-19 所示蜗轮蜗杆的对称啮合就是这种情况，此时可以出现两个尺寸链，考虑到这项精度采用修配蜗杆支架底面减小 A_1 尺寸来保证，用图 8-19(a)、(b)所示的尺寸链为好，即 A_1 为增环。

角度尺寸链的建立原则和步骤与长度尺寸链是一样的，但在组成环的选择和判断上比较复杂。

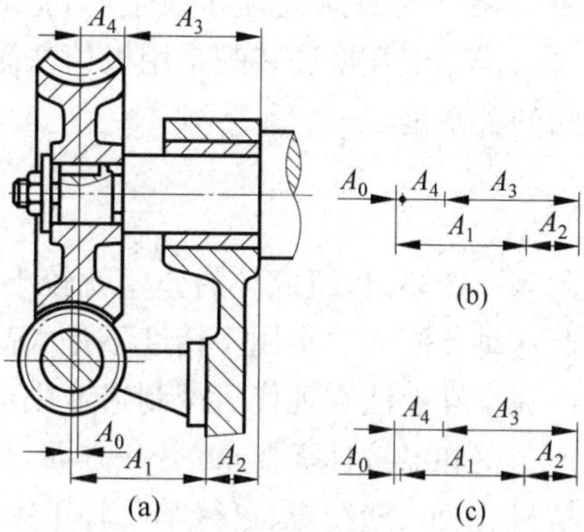

图 8-19　蜗轮副对称啮合装配尺寸链

8.3　利用装配尺寸链达到装配精度的方法

在机械产品的各级装配工作中，用什么装配方法来达到规定的装配精度，特别是怎样以较低的零件精度达到较高的装配精度，怎样以最少的装配劳动量来达到装配精度，这是装配工艺的核心问题。要解决这一问题，就要根据生产纲领、生产技术条件及产品的性能、结构和技术要求来制定具体的装配方法。有时在一台机器的装配中同时采用多种装配方法。

合理地选择装配方法来达到装配精度，目前最有效的方法就是建立相应的装配尺寸链，用不同的装配工艺方法来达到所要求的装配精度。

利用装配尺寸链来达到装配精度的工艺方法一般可以分为 4 类，即互换法、分组法、修配法及调整法。

8.3.1　互换法

零件加工完毕经检验合格后，在装配时不经任何调整和修配就可以达到要求的装配精度，这种装配方法就是互换法。互换法中，又分为完全互换法和不完全互换法。

1. 完全互换法

合格的零件在进入装配时，不经任何选择、调整和修配，就可以达到装配精度，称为完全互换法。

加工合格的零件也是有公差的，用完全互换法的装配工艺，零件不经任何选择、调整和修配，这就是说，当所有的增环零件都出现最大值，所有的减环零件出现最小值时，装配精度也应该合格；当所有的增环零件都出现最小值，所有的减环零件出现最大值时，装配精度也应合格，这样就实现了完全互换。

完全互换法的特点是：装配容易，工人技术水平要求不高，装配生产率高，装配时间定额稳定，易于组织装配流水线生产，企业之间的协作与备品问题易于解决。

由于完全互换法装配是用极值法来计算尺寸链的，其封闭环的公差与各组成环的公差之间的关系是

$$T_0 = \sum_{i=1}^{m} T_i \tag{8-1}$$

因此当环数多时，组成环的公差就较小，使零件精度提高，加工发生困难，甚至不可能达到。因此这种装配方法多用于精度不是太高的短环装配尺寸链。

完全互换法在现代机械制造业中应用十分广泛，特别是在大量生产中。一方面由于有生产节奏和经济性等要求；另一方面，从使用维修方面考虑有互换性的要求。因此在汽车、拖拉机、轴承、缝纫机、自行车及轻工家用产品中都广泛采用完全互换装配法。

用完全互换法装配就是用极值法来解装配尺寸链，具体计算可参考极值法的有关内容，对于装配尺寸链，大多数情况下碰到的是已知封闭环尺寸和公差，需求解组成环尺寸和公差的问题，可用等公差法、等精度法或经验法来确定各组成环的公差（即零件的尺寸公差）。用什么方法视具体情况而定。

2. 不完全互换法

当装配精度要求较高而尺寸链的组成环又较多时，如果用完全互换法装配，则势必使得各组成环的公差很小，造成加工困难，甚至不可能加工。用极值法来分析，装配时所有的零件同时出现极值的几率是很小的，而所有增环零件都出现最大值，所有的减环零件都出现最小值或者所有的增环零件都出现最小值，所有的减环零件都出现最大值的几率就更小。因此可以舍弃这些情况，将组成环的公差适当加大，装配时有为数不多的组件、部件或机械制品装配精度不合格，留待以后再分别进行处理，这种装配方法称为不完全互换法。

不完全互换法和完全互换法的装配过程没有什么不同，只是不完全互换法会产生为数不多的不合格品，因此又称为部分互换。由于不合格品的数量不会太多，故对装配工作影响不大。在实际生产中，由于影响生产的因素是多方面的，即使用完全互换法，也会产生个别的不合格品。

不完全互换法的基本理论就是用统计法，即按照所有零件出现尺寸分布曲线的状态来处理。假如封闭环的尺寸分布是正态分布曲线，其尺寸分散范围为$\pm 3\sigma$，则制品的合格品率有99.73%，也就是有0.27%的制品不能达到装配精度要求或不能装配。

与完全互换法比较，解反面问题以等公差法为例。

完全互换法（极值法）：

$$T_i = \frac{T_0}{m} \tag{8-2}$$

不完全互换法（统计法）：

$$T_i = \frac{T_0}{\sqrt{m}} = \frac{\sqrt{m}T_0}{m} \tag{8-3}$$

可知用不完全互换法时，组成环的公差可以加大$\sqrt{m}$倍，这对于环数较多的尺寸链，其效果是非常显著的。

不完全互换法的特点是可以扩大组成环的公差并保证封闭环的精度，但有部分制品要

进行返修，因此多用于生产节奏不是很严格的大批量生产中。例如，机床制造业及仪器、仪表制造业中用不完全互换装配法较多。又由于统计法对精度不太高的长环尺寸链比较有利，故不完全互换法多用于装配精度不是太高而环数又比较多的装配尺寸链中。

8.3.2 分组法

当封闭环的精度要求很高，用完全互换法或不完全互换法解装配尺寸链时，组成环的公差非常小，使加工十分困难而又不经济。这时可将组成环公差增大若干倍(一般为 3～6 倍)，使组成环零件能按经济公差加工，然后再将各组成环按原公差大小分组，按相应组进行装配，这就是分组法。这种方法实质仍是互换法，只不过是按组互换，它既能扩大各组成环的公差，又能保证装配精度的要求。

采用分组法必须要保证在装配中各组的配合精度和配合性质(间隙或过盈)与原来的要求相同，否则不能保证装配要求，这种方法也就失去了意义。下面以轴孔配合为例来说明这一问题。

图 8-20 表示轴孔配合情况，设轴的公差为 T_s，孔的公差为 T_h，$T_s=T_h=T$，即轴、孔公差相等。这是一个最简单的三环尺寸链，封闭环为配合性质(间隙或过盈)，轴、孔为组成环。图中左边为过盈配合的情况，右边为间隙配合的情况。在间隙配合的情况下，原来最大间隙为 X_{max}，即 $X_{max\,1}$，最小间隙为 X_{min}，即 $X_{min\,1}$。现在采用分组互换法，将 T_s 和 T_h 同方向增大 n 倍，则分别为 $T_s'=nT_s$，$T_h'=nT_h$，再将 T_s'和 T_h'分成 n 组，相应组的 T_s 和 T_h 进行装配，取任一组 k 来看，只要证明其配合精度和配合性质与原来一致，则这种方法就可行。由图看出，第 k 组的最大间隙为

$$\begin{aligned}X_{max\,k} &= X_{max\,1}+(k-1)T_h-(k-1)T_s\\ &= X_{max\,1}+(k-1)T-(k-1)T=X_{max\,1}=X_{max}\end{aligned}$$

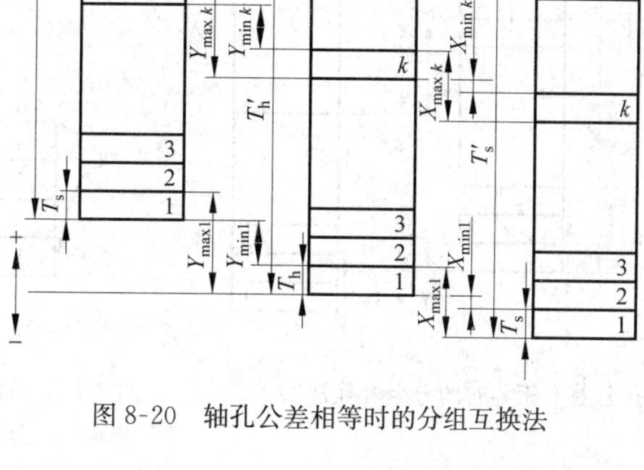

图 8-20 轴孔公差相等时的分组互换法

最小间隙为

$$\begin{aligned}X_{\min k} &= X_{\min 1} + (k-1)T_h - (k-1)T_s \\ &= X_{\min 1} + (k-1)T - (k-1)T = X_{\min 1} = X_{\min}\end{aligned}$$

配合精度为

$$T_k = \frac{X_{\max k} - X_{\min k}}{2} = \frac{X_{\max 1} - X_{\min 1}}{2} = \frac{T_h + T_s}{2} = T$$

可见配合精度和性质都不变。同理可证明过盈配合部分。因此当两相配零件公差相等时，同向增大它们的公差后再按原公差分组，进行分组装配是可行的。

图 8-21 表示轴、孔公差不相等时的情况，即 $T_h \neq T_s$，$T_h > T_s$。由图中看出，第 k 组的最大间隙为

$$X_{\max k} = X_{\max 1} + (k-1)T_h - (k-1)T_s = X_{\max 1} + (k-1)(T_h - T_s)$$

最小间隙为

$$X_{\min k} = X_{\min 1} + (k-1)T_h - (k-1)T_s = X_{\min 1} + (k-1)(T_h - T_s)$$

配合精度为

$$\begin{aligned}T_k &= \frac{X_{\max k} - X_{\min k}}{2} = \frac{[X_{\max 1} + (k-1)(T_h - T_s)] - [X_{\min 1} + (k-1)(T_h - T_s)]}{2} \\ &= \frac{X_{\max 1} - X_{\min 1}}{2} = \frac{T_h + T_s}{2} = T\end{aligned}$$

可知这时配合精度不变，但配合性质改变了。同理可证明过盈配合部分。所以一般来说，两配合件公差不相等时，不能用分组法。

分组法的特点是：

(1) 一般只用于组成环公差都相等的装配尺寸链。

(2) 零件分组后，应保证装配时能够配套。如果组成环的尺寸分布曲线都是正态分布曲线，则可以配套装配。如果组成环的尺寸分布不是正态分布曲线，如图 8-22 所示，则将产生各组零件数不等而不能配套。实际生产中这种情况是经常出现的，容易造成制品的积压，有时甚至要下达专门任务来解决。

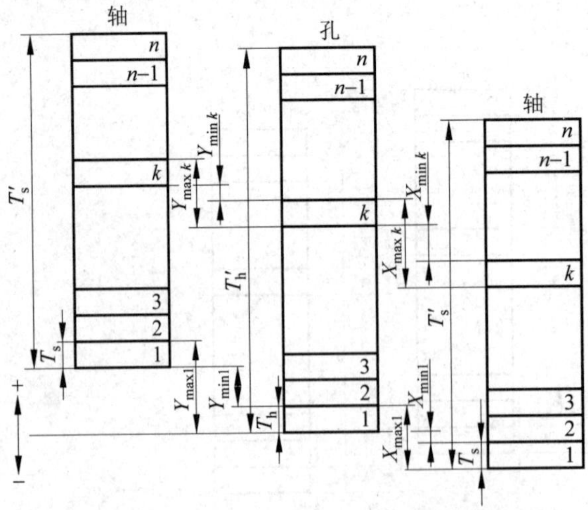

图 8-21 轴孔公差不相等时的分组互换法

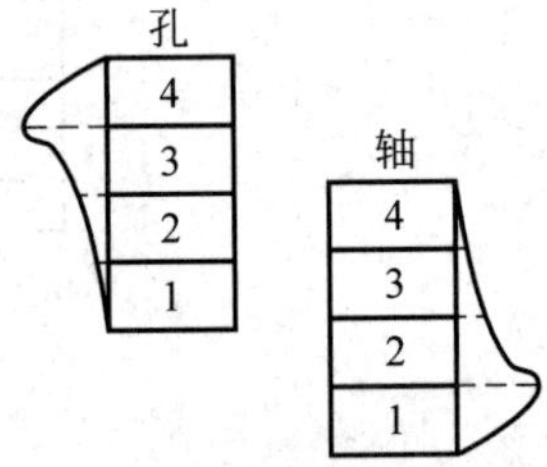

图 8-22 分组互换法中各组尺寸分布不对应的情况

(3) 分组数不宜太多。分组数就是公差扩大的倍数，分组数多表示公差扩大倍数多，这将使装配组织工作变得复杂。因为零件的尺寸测量、分类、保管、运输都必须有条不紊，必须有一套科学管理的方法。因此分组数只要使零件制造精度达到经济精度就可以了。

分组法多用于封闭环精度要求较高的短环尺寸链。一般组成环只有 2～3 个，因此应用范围较窄，通常用于汽车、拖拉机制造业及轴承制造业等大批量生产中。现列举汽车发动机中，活塞 、活塞销和连杆的分组装配实例来具体说明其应用情况。

图 8-23 所示为活塞、活塞销和连杆的组装图，活塞销和活塞销孔为过盈配合，活塞销和连杆小头孔为间隙配合。

活塞销和活塞销孔的最大过盈量为 0.0075 mm，最小过盈量为 0.0025 mm。这就要求活塞销的直径为 $\phi25_{-0.0125}^{-0.0100}$ mm，活塞销孔的直径为 $\phi25_{-0.0175}^{-0.0150}$ mm，公差都为0.0025 mm，从而使加工困难。现将它们的公差都扩大 4 倍，活塞销的直径为$\phi25_{-0.0125}^{-0.0025}$ mm，活塞销孔直径为 $\phi25_{-0.0175}^{-0.0075}$ mm，再分为 4 组，就可实现分组互换法装配，具体情况见表 8-1。

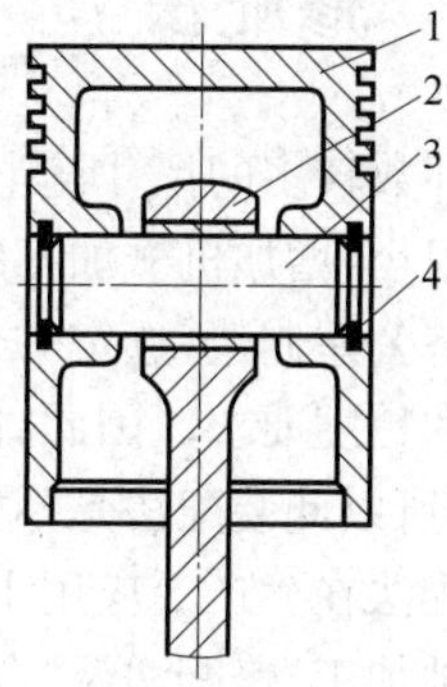

图 8-23 活塞、活塞销和连杆组装图

1—活塞；2—连杆；3—活塞销；4—挡圈

表 8-1 活塞销和活塞销孔的分组互换装配 mm

分组互换组别	标志颜色	活塞销孔直径	活塞销直径	配合性质	
				最大过盈	最小过盈
第一组	白	$\phi25_{-0.0100}^{-0.0075}$	$\phi25_{-0.0050}^{-0.0025}$	0.0075	0.0025
第二组	绿	$\phi25_{-0.0125}^{-0.0100}$	$\phi25_{-0.0075}^{-0.0050}$		
第三组	黄	$\phi25_{-0.0150}^{-0.0125}$	$\phi25_{-0.0100}^{-0.0075}$		
第四组	红	$\phi25_{-0.0175}^{-0.0150}$	$\phi25_{-0.0125}^{-0.0100}$		

活塞销和连杆小头孔的最大间隙为 0.0075 mm，最小间隙为 0.0025 mm，同样也将它们的公差扩大 4 倍，活塞销直径仍为 $\phi25_{-0.0125}^{-0.0025}$ mm，连杆小头孔直径为 $\phi25_{-0.0075}^{+0.0025}$ mm。活塞销各部分直径是一致的，活塞销孔的直径和连杆小头孔的直径是不同的，活塞销和连杆小头孔分组互换的情况如表 8-2 所示。

表 8-2 活塞销和连杆小头孔的分组互换装配 mm

分组互换组别	标志颜色	活塞销直径	连杆小头孔直径	配合性质	
				最大间隙	最小间隙
第一组	白	$\phi25_{-0.0050}^{-0.0025}$	$\phi25_{0}^{+0.0025}$	0.0075	0.0025
第二组	绿	$\phi25_{-0.0075}^{-0.0050}$	$\phi25_{-0.0025}^{0}$		
第三组	黄	$\phi25_{-0.0100}^{-0.0075}$	$\phi25_{-0.0050}^{-0.0025}$		
第四组	红	$\phi25_{-0.0125}^{-0.0100}$	$\phi25_{-0.0075}^{-0.0050}$		

在发动机装配中，同一发动机的各连杆重量要相等，因此连杆还要按重量分组，整个装配工作是比较复杂的。

上述几种装配方法，无论是完全互换法、不完全互换法，还是分组法，其特点都是能够互换。这一点对于大批大量生产的装配来说是非常重要的。

8.3.3 修配法

在环数较多的尺寸链中，当封闭环的精度要求较高时，用互换法来装配，势必使组成环的公差很小，增加机械加工的难度并影响经济性，这时可以采用修配法来装配，即将各组成环按经济公差制造，选定一个组成环为修配环(称补偿环)，在装配时修配该环的尺寸来满足封闭环的精度要求。因此，修配法的实质是扩大组成环的公差，在装配时通过修配来达到装配精度，所以此装配法是不能互换的。

修配法在生产上应用十分广泛，主要用于成批或单件生产。修配法中，又有单件修配法、“就地加工”修配法及“合并加工”修配法。下面仅就单件修配法做一些介绍。

最常见的单件修配法就是在单件生产中键与键槽的配合，这是一个最简单的三环尺寸链。将键和键槽都按经济公差制造，选键为修配环。在装配时，按键槽的实际大小来修配键的尺寸以达到配合的要求。这时键的尺寸要做得稍大一些，以便在装配时能进行修配。也可以选键槽为修配环。装配时，按键的实际尺寸来修配键槽的尺寸以达到配合的要求。这时键槽的尺寸就要做得小一些，以便在装配时能进行修配。由于修配键比较方便，一般都选键为修配环。键与键槽修配后就成对使用，不能互换。

单件修配法中，主要的问题有修配环的选择、修配量的计算及修配环基本尺寸的计算等。为了说明这些问题，先举一个例子。

例 8-1 前述的普通车床前、后顶尖与导轨的等高度，是一个多环尺寸链。在生产中都将它简化为一个四环尺寸链，如图 8-18 所示。

$$A_0 = 0^{+0.06}_{+0.03}\ \text{mm},\quad A_1 = 160\ \text{mm},\quad A_2 = 30\ \text{mm},\quad A_3 = 130\ \text{mm}$$

现画出尺寸链线图如图 8-24 所示。

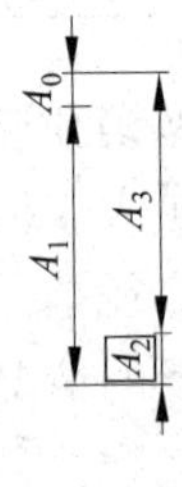

图 8-24 单件修配法

此项精度若用完全互换法求解，按等公差法算，则

$$T_1 = T_2 = T_3 = \frac{0.03}{m} = 0.01(\text{mm})$$

要达到这样的加工精度是比较困难的，即使用不完全互换法求解，也按等公差法进行计算，$T_1 = T_2 = T_3 = \frac{0.03}{\sqrt{m}} = 0.017$ mm，零件加工仍然困难，因此用修配法来装配。

1) 确定各组成环公差

各组成环按经济公差制造，确定

$$A_1' = (160 \pm 0.1)\text{mm},\quad A_2' = 30^{+0.2}_{0}\ \text{mm},\quad A_3' = (130 \pm 0.1)\text{mm}$$

这是考虑到主轴箱前顶尖至底面的尺寸精度不易控制，故用双向公差。尾架后顶尖至底面的尺寸精度也不易控制，也用双向公差。而尾架底板的厚度容易控制，故用单向公差。由于这项精度要求后顶尖高于前顶尖，故 A_2 取正公差。公差数值按加工的实际可能取就可以了。

2）选择修配环

在这几个零件中，考虑尾架底板加工最为方便，故取 A_2 为修配环，可在尺寸链线图上将 A_2 加一个方框来表示，见图 8-24。A_2 环是一个增环，因此修刮它时会使封闭环的尺寸减小。

3）确定修配环的基本尺寸

按照所确定的各组成环公差，用极值法计算一下封闭环的公差，由竖式法（表 8-3）得出 $A_0'=0_{-0.2}^{+0.4}$ mm。

表 8-3　竖式法计算尺寸链　　mm

尺 寸 链 环	A_0 算式	ES_0 算式	EI_0 算式
减环$\overleftarrow{A_1}$	−160	+0.1	−0.1
增环$\boxed{\overrightarrow{A_2}}$	+ 30	+0.2	0
增环$\overrightarrow{A_3}$	+130	+0.1	−0.1
封闭环 A_0'	0	+0.4	−0.2

与原来的封闭环要求值 $A_0=0_{+0.03}^{+0.06}$ mm 进行比较，可知：

新封闭环的上偏差 ES_0' 大于原封闭环的上偏差 ES_0，即 $ES_0'>ES_0$。由于是选 A_2 为修配环，它是一个增环，减小它的尺寸会使封闭环的尺寸减小，所以只要修配 A_2 的尺寸就可以满足封闭环的要求。

新封闭环的下偏差 EI_0' 小于原封闭环的下偏差 EI_0，即 $EI_0'<EI_0$。当新封闭环出现下偏差时，尺寸已比原封闭环小，这时由于修配环是增环，减小它的尺寸已无济于事，反而使新封闭环尺寸更小，但又不能通过修配操作使修配环尺寸增大，因为修配法只能将修配环尺寸在装配时现场进行加工来减小。因此，这时只能先增大修配环的基本尺寸来满足 $EI_0'>EI_0$，就可以修配 A_2 使其满足 A_0。

修配环基本尺寸的增加值 ΔA_2 为

$$\Delta A_2=|EI_0'-EI_0|=|-0.2-0.03|=0.23(\text{mm})$$

$$A_2''=(30+0.23)^{+0.2}=30.23^{+0.2}(\text{mm})$$

也就是在零件加工时，尾架底板的基本尺寸应增大至 30.23 mm。

所以，在选增环为修配环时，当按各组成环所定经济公差用极值法算出新封闭环 A_0'，若 $EI_0'>EI_0$，则修配环的基本尺寸不必改变（或减小一个数值 $|EI_0'-EI_0|$），否则要增加一个数值 $|EI_0'-EI_0|$。

4）计算修配量

修配量可以根据修配环增大尺寸后的数值 A_2'' 来计算封闭环 A_0''，再比较后得出。

$$A_2''=30.23^{+0.2}=30_{+0.23}^{+0.43}(\text{mm})$$

由竖式法（表 8-4）得出　$A_0''=0_{+0.03}^{+0.63}$ mm 与 $A_0=0_{+0.03}^{+0.06}$ mm 进行比较，可知

最大修配量：　$\delta_{cmax}=0.63-0.06=0.57(\text{mm})$

最小修配量：　$\delta_{cmin}=0$

表 8-4　竖式法计算尺寸链　　mm

尺寸链环	A_0 算式	ES_0 算式	EI_0 算式
减环$\overleftarrow{A}'_1$	−160	+0.1	−0.1
增环$\boxed{\overrightarrow{A}''_2}$	+ 30	+0.43	+0.23
增环$\overrightarrow{A}'_3$	+130	+0.1	−0.1
封闭环 A''_0	0	+0.63	+0.03

在机床装配中，尾架底板与床身导轨接触面需要刮研以保证接触点，故必须留有一定的刮研量，取刮研量为 0.15 mm。这时修配环的基本尺寸还应增加一个刮研量，故

$$A'''_2 = (A''_2 + 0.15)^{+0.2} = (30 + 0.23 + 0.15)^{+0.2} = 30^{+0.58}_{+0.38}\,(\text{mm})$$

用竖式法可以算出　$A'''_0 = 0^{+0.78}_{+0.18}$ mm，可得

最大修配量：　　$\delta'_{\text{cmax}} = 0.78 - 0.06 = 0.72(\text{mm})$

最小修配量：　　$\delta'_{\text{cmin}} = 0.15(\text{mm})$

或直接由上面所得的最大、最小修配量 δ_{cmax}，δ_{cmin}加上 0.15 mm，便可得到δ'_{cmax}和δ'_{cmin}。

下面再举一个选减环为修配环的例子。

例 8-2　图 8-25 所示的箱体中，为了要保证齿轮回转时和箱壁的间隙，选垫圈为修配环，用修配法进行装配，要求间隙为 0.1～0.2 mm，已知：$A_1 = 50$ mm，$A_2 = 45$ mm，$A_3 = 5$ mm。

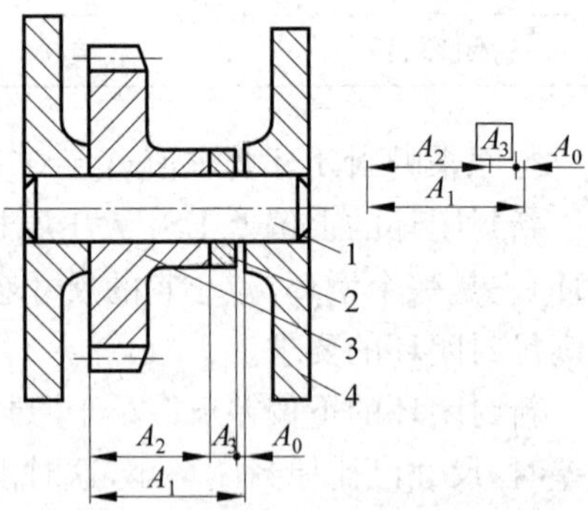

图 8-25　修配环为减环时的修配法

1—轴；2—垫圈；3—齿轮；4—箱体

1) 确定各组成环公差

从各环的加工难易程度和封闭环的要求考虑，取 $A_1 = 50^{+0.38}_{+0.13}$ mm，$A_2 = 45^{\ 0}_{-0.16}$ mm，$A_3 = 5^{\ 0}_{-0.12}$ mm。

2) 选择修配环

在这几个零件中，考虑垫圈加工最为方便，故取 A_3 为修配环，可在尺寸链线图上将 A_3 加一个方框来表示，见图 8-25。A_3 环是一个减环，因此修刮它时会使封闭环的尺寸增大。

3) 确定修配环的基本尺寸

由竖式法(表 8-5)算出新封闭环　$A'_0 = 0^{+0.66}_{+0.13}$ mm

而

$$A_0 = 0^{+0.2}_{+0.1}\ \text{mm}$$

表 8-5　竖式法计算尺寸链　　mm

尺寸链环	A_0 算式	ES_0 算式	EI_0 算式
增环$\overrightarrow{A}'_1$	+50	+0.38	+0.13
减环$\overleftarrow{A}'_2$	−45	+0.16	0
减环$\boxed{\overleftarrow{A}'_3}$	−5	+0.12	0
封闭环 A'_0	0	+0.66	+0.13

比较可知

$$ES_0' > ES_0, \quad EI_0' > EI_0$$

A_3 为减环，它的尺寸减小会使封闭环尺寸加大。现在新封闭环的上、下偏差均比要求的要大，如果减小 A_3 根本无济于事，必须事先增大修配环的基本尺寸。

由于 A_3 是减环，只需比较上偏差 ES 来确定 A_3 应增加的数值，则

$$\Delta A_3 = |ES_0' - ES_0| = |+0.66 - 0.2| = 0.46(\text{mm})$$

$$A_3'' = (5 + 0.46)_{-0.12}^{\ 0} = 5_{+0.34}^{+0.46}(\text{mm})$$

所以，在选减环为修配环时，若 $ES_0' < ES_0$，则修配环的尺寸不必变动（或减一个数值 $|ES_0' - ES_0|$），否则要增加一个数值 $|ES_0' - ES_0|$。这与选增环为修配环时的情况不同。

4）计算修配量

用加大基本尺寸的修配环 A_3'' 算出新封闭环 A_0''（见表 8-6）：

$$A_0'' = 0_{-0.33}^{+0.2}\ \text{mm}$$

可知

最大修配量： $\delta_{cmax} = 0.1 - (-0.33) = 0.43(\text{mm})$

最小修配量： $\delta_{cmin} = 0$

由于垫片粗糙度容易保证，不需要刮研量，所以 A_3'' 尺寸不必再增加。

表 8-6　竖式法计算尺寸链　　mm

尺寸链环	A_0 算式	ES_0 算式	EI_0 算式
增环 $\vec{A_1'}$	+50	+0.38	+0.13
减环 $\overleftarrow{A_2'}$	−45	+0.16	0
减环 $\boxed{\overleftarrow{A_3''}}$	−5	−0.34	−0.46
封闭环 A_0''	0	+0.20	−0.33

现将单件修配法中的几个主要问题总结如下：

（1）修配环（补偿环）的选择。应选择易于修配加工的零件为修配环，即零件较小并易于加工。若有并联尺寸链，应不选公共环为修配环，因为公共环的尺寸变动会同时影响几个尺寸链，而修配环的尺寸是会变动的。

（2）修配环基本尺寸的决定。修配环要能起作用则必须使修配环的尺寸有充分的修配量，以便装配时能在现场加工掉多余部分，保证封闭环的精度要求。当修配环为增环时，其尺寸变小会使封闭环尺寸变小。按经济公差计算出的新封闭环 A_0'，若其下偏差 $EI_0' > EI_0$，修配环的基本尺寸不必改动（或减小 $|EI_0' - EI_0|$），否则要增加数值 $|EI_0' - EI_0|$。当修配环为减环时，其尺寸变小会使封闭环尺寸加大。按经济公差计算出的新封闭环 A_0'，若其上偏差 $ES_0' < ES_0$，修配环的基本尺寸不必改动（或减小一个数值 $|ES_0' - ES_0|$），否则要增加数值 $|ES_0' - ES_0|$。

（3）修配量的决定。根据修配环调整尺寸后的数值计算封闭环，再与要求的封闭环比较来计算修配量。对于机床、仪器等，由于精度、配合等要求较高，在装配时要进行刮研，要有刮研量，这时应在修配量中加上刮研量。

8.3.4 调整法

修配法一般是要在现场进行修配,这就使得它的应用受到一定的条件限制。在大批大量生产的情况下,可以采用更换不同尺寸大小的某个组成环或调整某个组成环的位置来达到封闭环的精度要求,这就是调整法。所选的组成环称为调整环。因此,调整法的实质也是扩大组成环的公差,即各组成环按经济公差制造,并保证封闭环的精度,所选的调整环可以是一个,也可以是几个,组成一个调整环节系统。

根据具体的应用场合,有多种调整方法可供选择。

1. 设置调整机构

图 8-26 所示的结构用螺钉来调整轴承外环相对于内环的位置,以取得合适的轴承间隙或预紧过盈量;图 8-27 所示的结构用螺钉调整双螺母中间楔块的位置,以消除丝杠螺母副的传动间隙。

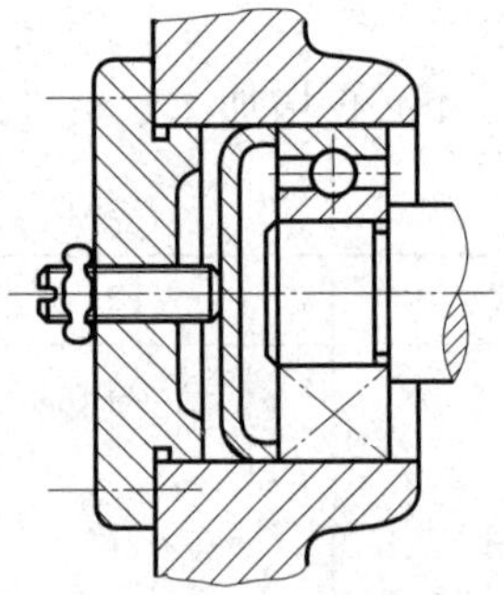

图 8-26 轴承间隙的调整

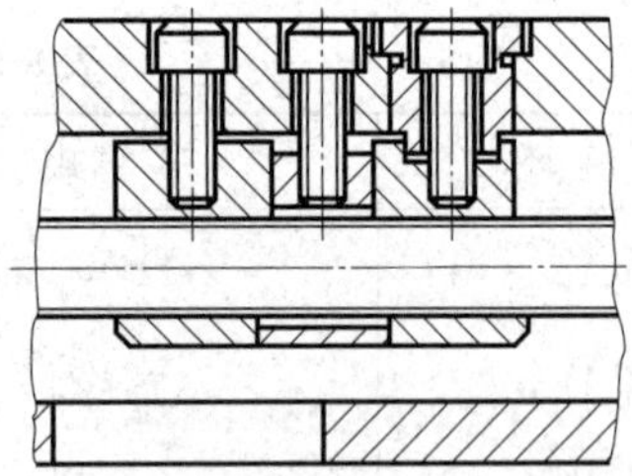

图 8-27 丝杠螺母副间隙的调整

2. 配备系列尺寸的调整元件备选

在装配尺寸链中,选定一个(或几个)零件为调整环(如垫圈、垫片、轴套等),根据封闭环的精度要求设计成系列尺寸的调整元件,在装配时备选以保证封闭环的精度。所选的调整环起补偿作用,因此也叫补偿环或补偿件。这些调整环有些是可以自由组合成所需尺寸的,称为自由组合调整环;有的是固定分组构成所需尺寸的,称为固定分组调整环。

1) 自由组合调整环

图 8-28 所示是用调整法来达到一对锥齿轮的啮合间隙要求,一般啮合间隙要求为 0.07~0.15 mm。从图中可以看出,这里有两个装配尺寸链,其中垂直轴的尺寸链是专门设计了调整环——垫圈 A 来调整小锥齿轮的位置;水平轴的尺寸链是专门设计了调整环——垫圈 B 来调整大锥齿轮的位置。

装配时,首先确定水平轴锥齿轮的位置,按设计尺寸 B 将水平轴装好,然后再装垂直轴锥齿轮:先装一尺寸较小的调整环 A_2,调整锥齿轮的间隙,达到要求后,测量 A_2 所需实际尺寸,再选出这一尺寸的调整环 A_2,重新装配;如果啮合间隙不合适,再修正 A_2 值重新装配。由于垂直轴的结构已考虑了拆装的要求使齿轮轴可以从上方抽出来,因此这种方法是可行的。如果调整 A_2 不能满足啮合间隙的要求，则再调整 B_3 的尺寸。这样的装配工艺方法复杂程度较高。

在大量生产中，调整环 A_2 是做成自由组合式的：先做一种基本尺寸的垫圈，一般都比实际需要的尺寸小些，再按一定间隔的尺寸做薄垫圈，如尺寸 0.1 mm，0.2 mm，0.5 mm，0.01 mm，0.02 mm，0.05 mm 等。由这些薄垫圈加上一个基本尺寸垫圈就可以组成需要的尺寸，以满足装配精度。当然调整环 B_3 也可以用自由组合式的。

一定尺寸间隔的薄垫圈等调整环可由专门工厂或车间按所需尺寸生产，以供装配需要，装配工作地应对备选件进行严格管理。

2) 固定分组调整环

图 8-28 所示的例子，可以采用固定分组调整环，这样装配工作可以简单得多。现以图中垂直轴齿轮为例说明如何进行分组调整。

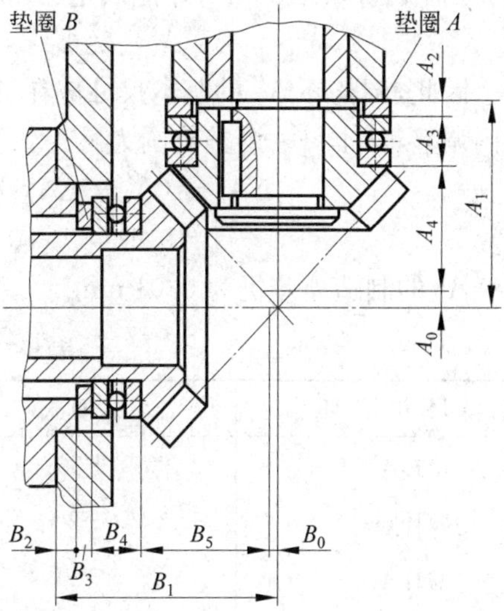

图 8-28　锥齿轮啮合间隙的调整

(1) 确定各组成环的经济公差

这是一个五环尺寸链，封闭环 A_0 是锥齿轮的齿面锥顶与水平齿轮轴线的不重合度，按实际工作要求 A_0 应小于 0.048 mm，但不得小于零，以保证啮合时有齿隙。如果用完全互换法或不完全互换法来解这个尺寸链，其组成环的公差太小，所以采用调整法，各组成环按经济公差制造。

A_1——箱体垂直孔内端面至水平孔中心线的距离，这个尺寸加工较困难。为了有齿隙，该尺寸取正公差，选 $A_1=56^{+0.074}_{0}$ mm。

A_2——垫圈厚度，这是调整环，尺寸加工容易保证，考虑齿隙，取负公差，选 $A_2=2^{0}_{-0.01}$ mm。

A_3——止推轴承厚度，根据轴承制造情况选 $A_3=(20\pm0.042)$ mm。

A_4——锥齿轮齿面锥顶至轴向定位面距离，选 $A_4=34^{0}_{-0.062}$ mm。

(2) 调整环调整尺寸范围的计算

根据经济公差所定的组成环尺寸，可以算出这时的封闭环尺寸及公差，用竖式法算出 $A_0'=0^{+0.188}_{-0.042}$ mm（见表 8-7）。而封闭环要求的尺寸是 $A_0=0^{+0.048}_{0}$ mm，A_0' 不满足 A_0 的要求，需要修改调整环 A_2' 的基本尺寸。

当 A_0' 取上极限值(0+0.188) mm 时，超差量为

$$ES_0'-ES_0=0.188-0.048=0.14(\text{mm})$$

需使 A_2' 的基本尺寸增加

$$\Delta A_{2S}'=ES_0'-ES_0=0.14\ \text{mm}$$

才能满足 A_0 的要求，此时 A_2' 的基本尺寸应为

$$A_2'+\Delta A_{2S}'=2+0.14=2.14(\text{mm})$$

当 A_0' 取下极限值(0−0.042) mm 时，超差量为

$$EI_0'-EI_0=-0.042-0=-0.042(\text{mm})$$

需使 A_2' 的基本尺寸增加

$$\Delta A_{2i}' = \mathrm{EI}_0' - \mathrm{EI}_0 = -0.042\ \mathrm{mm}$$

即 A_2' 需减小 0.042 mm，才能满足 A_0 的要求，此时 A_2' 的基本尺寸应为

$$A_2' + \Delta A_{2i}' = 2 - 0.042 = 1.958(\mathrm{mm})$$

因此，调整环 A_2' 的基本尺寸应在 $A_2' + \Delta A_{2i}' = 1.958$ mm 与 $A_2' + \Delta A_{2S}' = 2.14$ mm 的范围内调整，基本尺寸调整范围为

$$\begin{aligned}\Delta A_2' &= (A_2' + \Delta A_{2S}') - (A_2' + \Delta A_{2i}') = \Delta A_{2S}' - \Delta A_{2i}' \\ &= 0.14 - (-0.042) = 0.182(\mathrm{mm})\end{aligned}$$

A_2' 的制造公差仍为 0.01 mm。

表 8-7　竖式法计算尺寸链　　mm

尺 寸 链 环	A_0 算式	ES_0 算式	EI_0 算式
增环 $\vec{A}_1'$	+56	+0.074	0
减环 $\boxed{\overleftarrow{A}_2'}$	−2	+0.01	0
减环 $\overleftarrow{A}_3'$	−20	+0.042	−0.042
减环 $\overleftarrow{A}_4'$	−34	+0.062	0
封闭环 A_0'	0	+0.188	−0.042

(3) 确定调整尺寸的分组数

在求出调整尺寸 $\Delta A_2' = 0.182$ mm 后，就可以用下式求出调整尺寸的分组数 n：

$$n = \frac{\Delta A_2'}{T_0 - T_c} + 1$$

式中：$\Delta A_2'$ 为调整环所需调整尺寸范围；T_0 为封闭环原来要求的公差；T_c 为调整环本身的制造公差，即例中 A_2 的公差 0.01 mm。

因为封闭环原来要求的公差为 T_0，因此调整尺寸应按照 T_0 的尺寸间隔来分组，这样就可以满足封闭环的要求。但是，由于调整环尺寸本身也有制造公差，所以尺寸间隔要缩小调整环本身的制造公差，尺寸间隔为 $T_0 - T_c$。

另外，由 $\dfrac{\Delta A_2'}{T_0 - T_c}$ 得出的间隔数，加 1 后才是分组数。故分组数 n = 间隔数 +1。

代入例中的数值，可得

$$n = \frac{\Delta A_2'}{T_0 - T_c} + 1 = \frac{0.182}{0.048 - 0.01} + 1 = \frac{0.182}{0.038} + 1 = 4.79 + 1 \approx 6$$

可知，调整尺寸要分 6 组。分组数不能为小数，可适当圆整至接近的整数，一般圆整值应大于实算值。

(4) 求算各组尺寸

由调整尺寸 $\Delta A_2'$ 和分组数 n，可求出实际的间隔尺寸 $\Delta A_2''$：

$$\Delta A_2'' = \frac{\Delta A_2'}{n-1} = \frac{0.182}{5} = 0.0364(\mathrm{mm})$$

再由调整环的基本尺寸范围 1.958～2.14 mm，从最小尺寸开始，可得各组尺寸为 1.958，1.994，2.030，2.067，2.104，2.140，再加上它们的制造公差，最后可得

$$A_{21}=1.958_{-0.01}^{\ 0}\ \text{mm},\quad A_{22}=1.994_{-0.01}^{\ 0}\ \text{mm},\quad A_{23}=2.030_{-0.01}^{\ 0}\ \text{mm}$$

$$A_{24}=2.067_{-0.01}^{\ 0}\ \text{mm},\quad A_{25}=2.104_{-0.01}^{\ 0}\ \text{mm},\quad A_{26}=2.140_{-0.01}^{\ 0}\ \text{mm}$$

调整环即垫圈的厚度，可按这 6 组尺寸制作，至于各组数量可按尺寸分布曲线决定。

固定调整法虽然比修配法方便，但还是比较麻烦。因为事先要配置各种尺寸的调整环。对固定分组调整来说，如果封闭环公差较小，各组成环按经济公差制造，可能造成分组数太多，给实际装配工作带来诸多不便，一般分组数为 2～6 组比较合适。

3. 调整组成环误差方向使装配误差相互抵消

装配时，还可以根据尺寸链中某些组成环误差的方向调整装配方向，使其误差相互抵消一部分，以提高封闭环的精度。如图 8-29 所示，机床精度标准中规定了距主轴端 300 mm 处主轴锥孔中心线对主轴回转中心线（即前、后轴承外环内滚道中心 O_2，O_3 的连线）的径向跳动 C_Σ 的允差要求。C_Σ 主要与 3 个因素有关：主轴锥孔中心线与轴颈几何轴心线的不同轴度误差 C_1，前、后轴承内环的内孔相对于外滚道的不同轴度误差 C_2 和 C_3。图 8-29(a)表明了当只存在 C_2 时对主轴几何轴心线位置（图中以 J—J 表示）产生的影响 C_2'。图 8-29(b)则进一步表明了只存在 C_3 时所产生的影响 C_3'，以及 C_2 和 C_3 同时存在时所产生的综合影响 C_0'，当 C_2，C_3 装配方向不同时，C'_0 的大小将不同。当前、后轴承和主轴锥孔的径向跳动误差 C_2，C_3 及 C_1 不是分布在同一纵向平面内时，如图 8-29(c)所示，它们合成后的总误差 C_Σ 是各误差影响 C_2'，C_3'，C_1'的向量和。通过实测调整各误差的装配方向，将能减小装配误差。

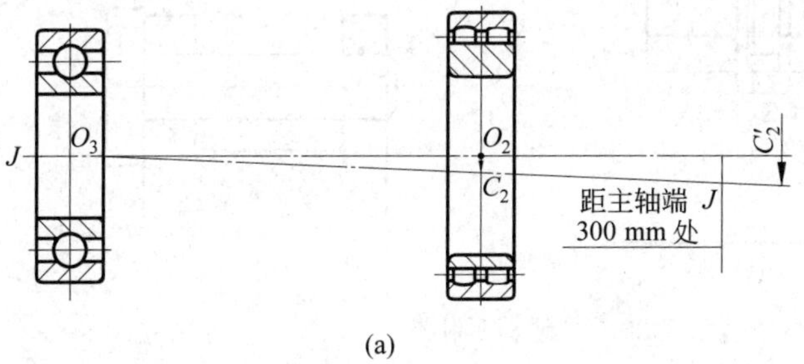

(a)

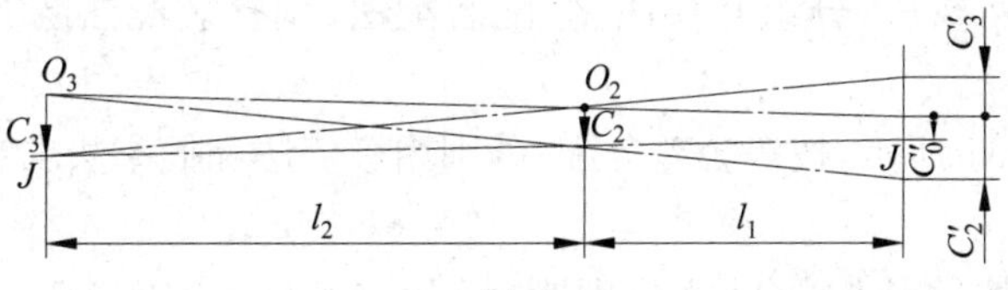

(b)

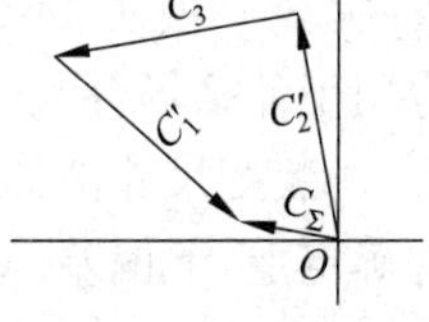

(c)

图 8-29　前、后轴承不同轴度误差的传递关系

上述的装配尺寸链分析，在方法上都是数学、几何方面的分析，而实际上机器在工作过程中，会受到许多因素的影响，如由于重力、切削力及振动等所引起的受力变形，由于环境条件、运转摩擦等所引起的受热变形，都会使尺寸链在理论上的计算值与实际情况有出入。因此不能只停留在静态尺寸链的分析，而应该着手进行动态尺寸链的研究。例如，机床动刚度的研究必然对尺寸链产生影响；机床的导轨考虑到磨损而做成凸形；铣床的升降台考虑到它上面工作台、回转盘及床鞍的重量而做成前面高一些；还有车床考虑到尾架的刚度较低，使

后顶尖中心线距床面的高度略大于主轴箱前顶尖中心线距床面的高度，这些问题都应在尺寸链中有进一步的反映。

习题与思考题

8-1　图 8-30 中所示结构从装配工艺性考虑应做哪些结构设计改进？说明理由。

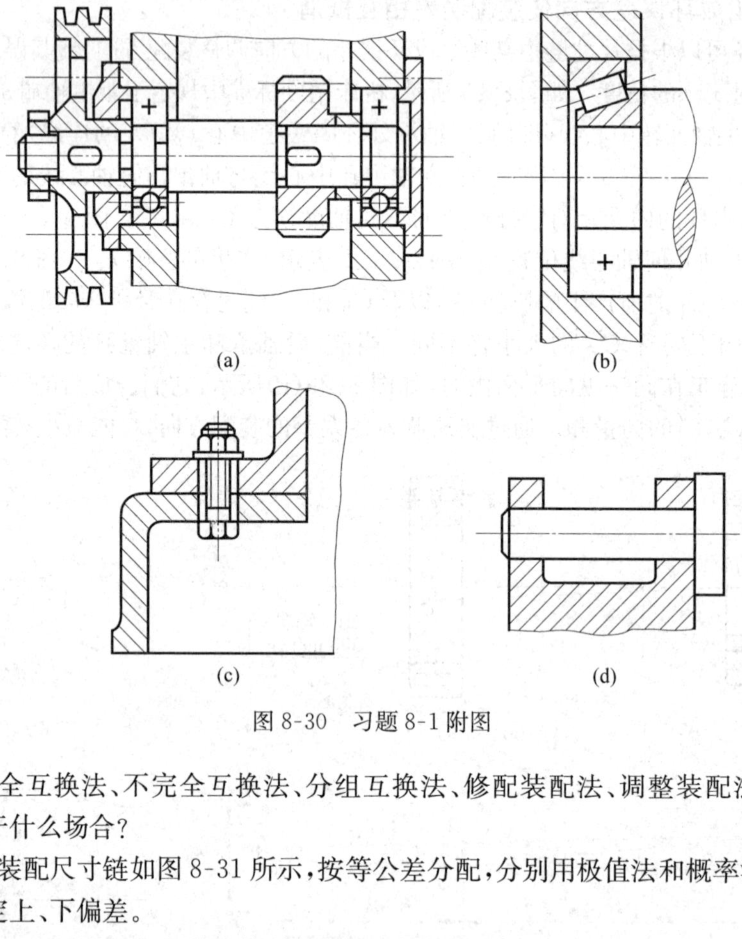

图 8-30　习题 8-1 附图

8-2　完全互换法、不完全互换法、分组互换法、修配装配法、调整装配法各有什么特点？各应用于什么场合？

8-3　一装配尺寸链如图 8-31 所示，按等公差分配，分别用极值法和概率法求算各组成环公差并确定上、下偏差。

8-4　图 8-32 所示减速器某轴结构的尺寸分别为：$A_1=40$ mm，$A_2=36$ mm，$A_3=4$ mm；要求装配后齿轮端部间隙 A_0 保持在 0.10～0.25 mm，如选用完全互换法装配，试确定 A_1，A_2，A_3 的精度等级和极限偏差。

8-5　如图 8-33 所示，在车床溜板与床身装配前有关组成零件的尺寸分别为：$A_1=46_{-0.04}^{\ 0}$ mm，$A_2=30_{\ 0}^{+0.03}$ mm，$A_3=16_{+0.03}^{+0.06}$ mm。试计算装配后，溜板压板与床身下平面之间的间隙 A_0。如要求间隙为 0.02～0.04 mm，应采用什么方法？请作设计计算。

8-6　图 8-34 所示的双联转子泵，装配要求冷态下轴向装配间隙 A_0 为 0.05～0.15 mm。图中 $A_1=62_{-0.2}^{\ 0}$ mm，$A_2=20.5\pm0.2$ mm，$A_3=17_{-0.2}^{\ 0}$ mm，$A_4=7_{-0.05}^{\ 0}$ mm，$A_5=17_{-0.2}^{\ 0}$ mm，$A_6=41_{+0.05}^{+0.10}$ mm。

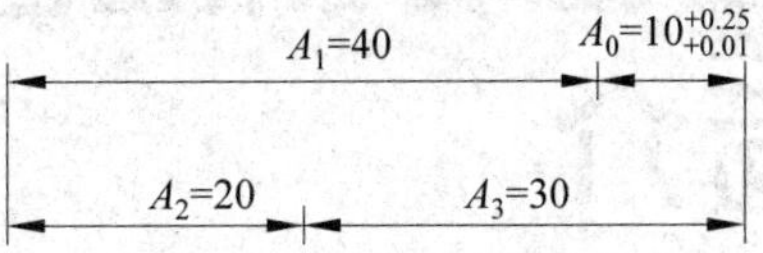

图 8-31　习题 8-3 附图

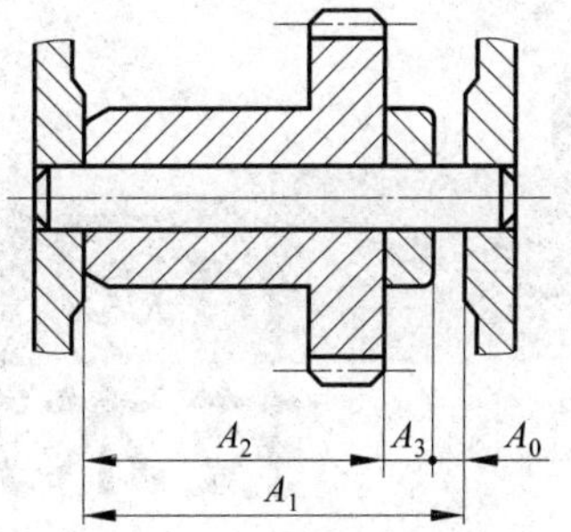

图 8-32　习题 8-4 附图

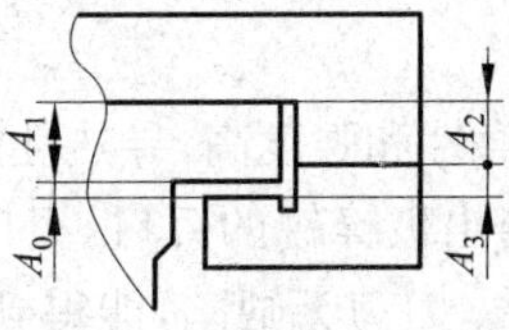

图 8-33　习题 8-5 附图

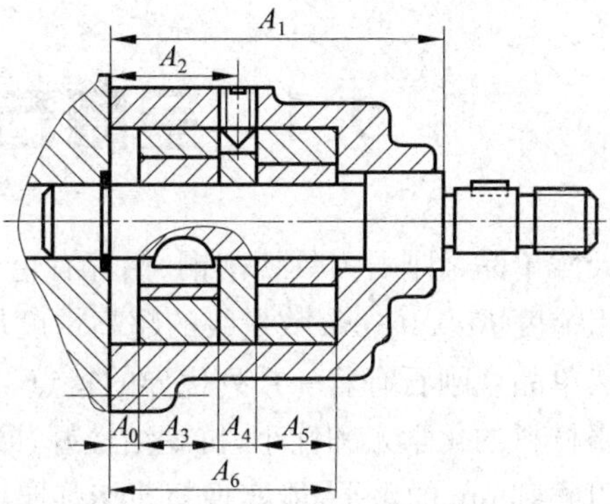

图 8-34　习题 8-6 附图

(1) 通过计算分析确定能否用完全互换法装配来满足装配要求；

(2) 若采用修配法装配，选取 A_4 为修配环，$T_4=0.05$ mm，试确定修配环的尺寸及上、下偏差，并计算可能出现的最大修配量。

9 精密、特种加工和新工艺技术方法简介

9.1 金刚石超精密切削

用天然单晶金刚石刀具切削铜、铝等有色金属材料，能得到尺寸精度为 0.1 μm 数量级和表面粗糙度 Ra0.01 μm 数量级的超高精度加工表面。

天然单晶金刚石有着一系列优异的特点，如硬度极高，耐磨性和强度高，导热性能好，与有色金属材料的化学亲和性小，抗黏结性好，摩擦系数低，能磨出极锋锐的刃口，刃口半径 ρ 值可以刃磨到 nm 的水平，能实现超薄切削厚度，且平刃性极高，刀刃无缺陷，能得到超光滑的镜面。因此，虽然它的价格昂贵，但仍被公认为理想的、不能替代的超精密切削刀具材料。

人造聚晶金刚石无法磨出极锋锐的刃口，刃口半径很难达到 $\rho<1$ μm，它只能用于有色金属和非金属的精切，很难达到超精密镜面切削。大颗粒人造单晶金刚石现在已能工业生产，并已开始用于超精密切削，但它的价格仍极为昂贵。立方氮化硼(CBN)刀具现在用于加工黑色金属，但还达不到超精密镜面切削。硬质合金刀具是用粉末冶金方法制成的，其粉末颗粒直径有几微米大，不可能形成很小的刃口半径，故不能适应超精密镜面车削。

金刚石车刀结构和刀具角度可参考图 9-1。

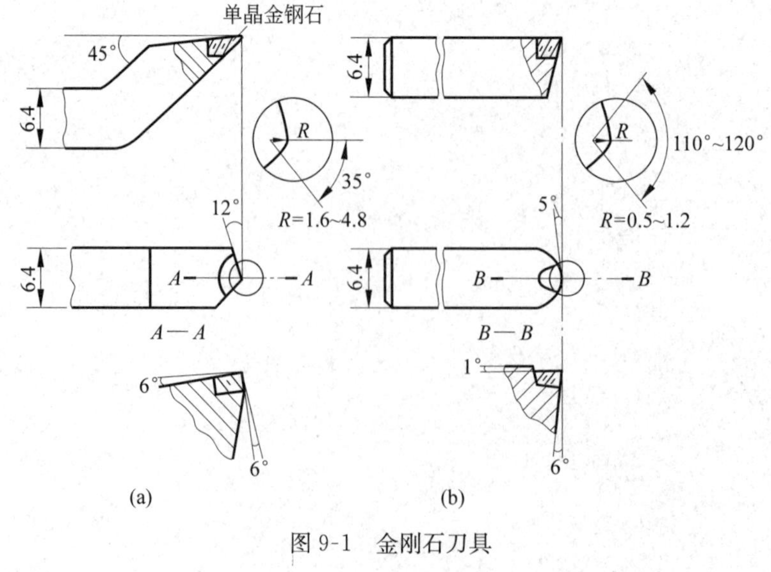

图 9-1 金刚石刀具

为了发挥金刚石车刀的切削性能和保证加工质量，金刚石车刀的刃磨是关键技术，包括刃磨方法、晶体定向和刀具角度。目前大多采用研磨方法，将金刚石选择好晶向后夹持在研具上，用回转的铸铁研磨盘研磨晶面。晶体定向是指刃磨新金刚石刀具时，需先确定金刚石的晶面和晶向。这是因为金刚石晶体具有各向异性（指晶体的破损强度和硬度在不同晶面和同一晶面沿不同晶向有很大差异）和解理的性质（解理是指外力作用下沿某一晶面最易劈开的现象，该面称为解理面，一般是(111)晶面）。刃磨刀具时，应选定承受切削力的前刀面在某一确定晶面上，而不可使受力方向与金刚石解理面平行。主切削刃应选择与硬度最大的晶向一致。据实验研究报道，当金刚石车刀后刀面分别取为(100)晶面与(110)晶面时，其磨损量相差 6 倍；又据统计计算表明，前刀面产生破损的概率因晶面方位不同而可能有 10^3 数量级的差异。因此，定向刃磨，正确地选取金刚石刀具的晶面方位，对提高刀具耐用度有极重要的意义。晶体定向方法有目测定向法、X 射线定向法，正在研究开发激光定向法。

金刚石车削主要用于铜、铝及其合金等软金属零件的精密加工。这些材料不像钢件那样可以采用精密磨削和研磨得到很高的加工精度，对软质金属采用磨削加工，由于磨粒的嵌入和表面容易划伤，很难得到较小的表面粗糙度，因此金刚石车削就成为软质金属材料零件实现精密加工的主要工艺手段。例如，用于车削铝合金磁盘基片，表面粗糙度可达 $Ra0.003$ μm，平面度可达 0.2 μm；金刚石数控车削可加工非球面光学金属反射镜；金刚石镜面铣削可加工多棱体光学金属反射镜等。

实现金刚石超精密切削，对机床的要求主要是具有很高的主轴回转精度、导轨运动精度和精细走刀的平稳性，对环境的要求主要是恒温、净化和防振隔振。

9.2 精密磨料加工

对钢、铁、玻璃及陶瓷等材料多采用磨料加工，即磨削和研磨、抛光，并在加工表面已经接近最后要求的条件下作为其最后的精密或超精密加工方法。

9.2.1 金刚石砂轮和 CBN（立方氮化硼）砂轮磨削

金刚石砂轮精密磨削主要应用于玻璃、陶瓷等硬脆材料，可实现精密镜面磨削。砂轮形式主要有金属结合剂、陶瓷结合剂、树脂结合剂砂轮和电镀金刚石砂轮等。由于金刚石砂轮磨粒很硬，因此砂轮修整较困难。常用的修整方法有放电修整法(图 9-2)、碳化硅杯形砂轮修整法(图 9-3)等。对钢铁材料则可采用 CBN 砂轮精密磨削。

9.2.2 精密砂带抛光

用细粒度磨料制成的砂带加工出的表面粗糙度可达 $Ra0.02$ μm。目前砂带的带基用聚氨酯薄膜材料，有较高的强度，用静电植砂法制作的砂带，砂粒的等高性和切削性能更好。

精密砂带抛光一般采用开式砂带加工方式。图 9-4 所示是开式砂带精密研抛硬磁盘涂层表面的情况，与闭合环形砂带高速循环磨削不同，砂带由卷带轮低速卷绕，始终有新砂带缓慢进入加工区，砂带经一次性使用即报废。这种开式砂带加工方法保持了加工工况的一致性，从而提高了生产过程中加工表面质量的稳定性。

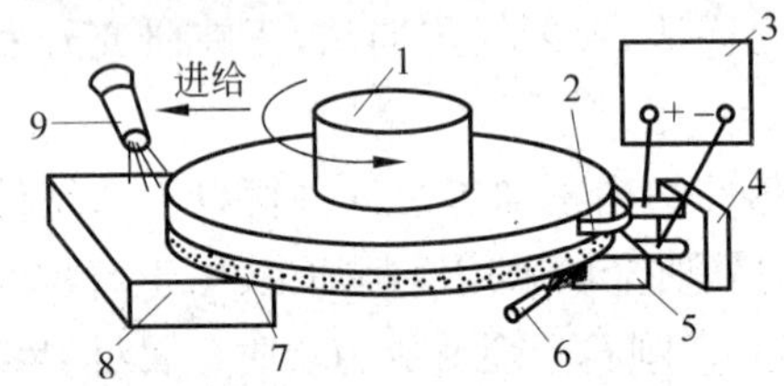

图 9-2　放电修整法原理图

1—主轴；2—电刷；3—电源；4—绝缘；5—工具电极；6—工作液；7—金刚石砂轮；8—工件；9—冷却

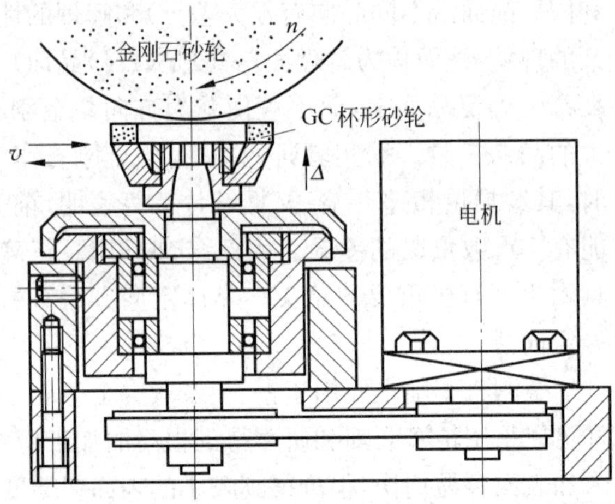

图 9-3　GC(碳化硅)杯形砂轮修整法

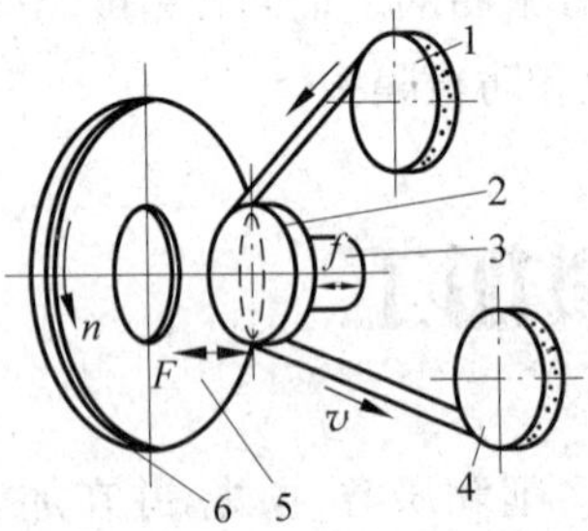

图 9-4　超精镜面砂带抛光硬磁盘涂层表面

1—砂带轮；2—接触轮；3—激振器；4—卷带轮；5—磁盘(工件)；6—真空吸盘

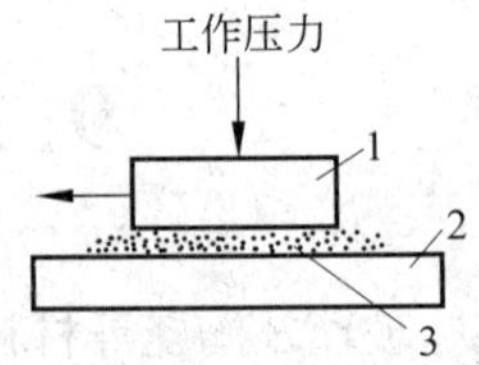

图 9-5　研磨原理

1—工件；2—研具；3—研磨剂

9.2.3　游离磨料研磨抛光

如图 9-5 所示，在研磨抛光工具与工件之间加入研磨抛光剂，并施加一定的压力做相对运动，对工件进行研磨抛光，精度可达 0.01 μm，表面粗糙度可达 Ra0.005 μm。研磨抛光剂根据粗研、精研、镜面研磨的不同要求选择颗粒大小为 W40～W0.5 的磨料和润滑剂混合而成，研具选用比工件软的材料，如铸铁、铜、青铜、巴氏合金、硬木和软钢等。研磨时部分磨粒悬浮于研具与工件表面之间，部分嵌入研具表面层，当研具与工件在一定压力下做相对运动时，磨粒就在工件表面研除极薄的金属层。

9.2.4 珩磨

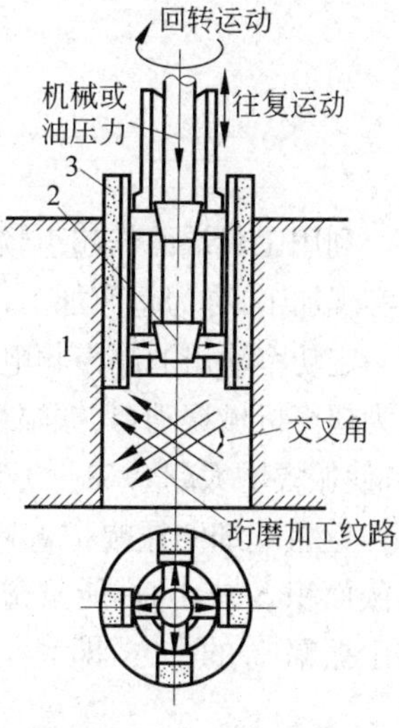

图 9-6 珩磨加工示意图
1—工件；2—顶杆；3—磨条

珩磨是一种在成批和大量生产中应用普遍的孔的精加工方法。例如，汽车发动机缸套常采用珩磨工艺进行精加工。珩磨所用的磨具，是由几根粒度很细的油石砂条所组成的珩磨头。珩磨时，珩磨头具有 3 种运动(图 9-6)，即旋转运动、往复运动和垂直于加工表面的径向加压运动。旋转和往复运动的合成使砂条上的磨粒在孔的表面上的切削轨迹呈交叉而不重复的网纹，因而易获得低粗糙度的加工表面。为了能使砂条与孔表面均匀接触，以保证切去小而均匀的余量，珩磨头相对于安装工件的夹具一般有少量的浮动。因此珩磨前的精加工工序应保证孔的位置精度。

珩磨的应用范围很广，可以加工铸铁、淬火或不淬火的钢件，但不宜加工易堵塞砂条的韧性有色金属零件。

9.2.5 超精研

超精研是超精密加工的重要工艺方法之一。与珩磨相似，超精研加工中也有 3 种运动(图 9-7)，即工件低速回转运动 1、研磨头轴向进给运动 2、油石磨条高速往复振动 3，这 3 种运动使磨粒在工件表面走过的轨迹呈余弦波曲线。

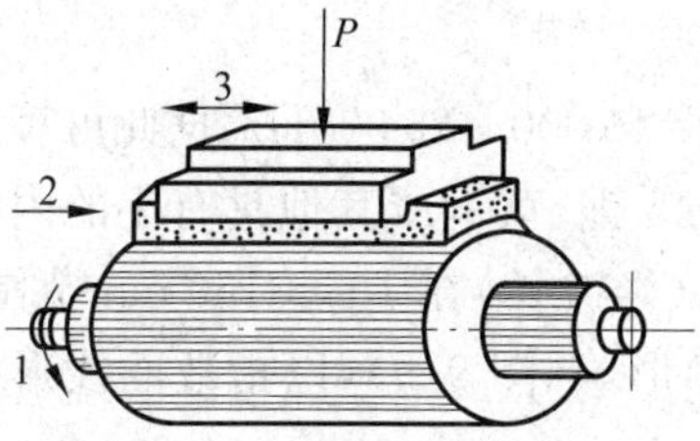

图 9-7 超精研加工运动

超精研加工的切削过程大致可分为 4 个阶段：

(1) 强烈切削阶段。超精研时虽然油石磨粒细、压力小，工件与磨条之间的油膜易形成，但工件粗糙表面的凸峰划破了油膜，单位面积上的压力很大，故切削作用强烈。

(2) 正常切削阶段。当少数凸峰磨平后，接触面积增加，单位面积上的压力降低，切削作用及磨条自锐作用都减弱，进入正常切削阶段。

(3) 微弱切削阶段。随着切削面积逐渐增加，单位面积上的压力更低，切削作用微弱，且细小的切屑形成氧化物而嵌入油石的空隙中，使油石产生光滑表面，具有摩擦抛光作用而降低工件表面的粗糙度。

(4) 自动停止切削阶段。工件磨平，单位面积上压力极低，工件与磨条之间又形成油膜，不再接触，切削作用自动停止。

超精研磨粒运动轨迹复杂，能由切削过程过渡到光整抛光过程，可获得 $Ra0.04$～$Ra0.01$ μm 的低粗糙度表面。

9.3 超声波加工

利用工具端面作超声频(16～25 kHz)振动,使工作液中的悬浮磨粒对工件表面撞击抛磨来实现加工,称为超声加工,其加工原理如图 9-8 所示。超声波发生器将工频交流电能转变为有一定功率输出的超声频电振荡,通过磁致伸缩换能器或压电效应换能器将超声频电振荡转变为超声机械振动,其振幅很小,一般只有 0.005～0.01 mm,再通过一个上粗下细的振幅扩大棒,使振幅增大到 0.01～0.15 mm,固定在振幅扩大棒端头的工具即产生超声振动。

上粗下细的振幅扩大棒之所以能扩大振幅,是因为整个振动子的能量 W 是不变的。当其截面积 S 减小时,能量密度增大,振幅也随扩大棒截面积的减小而增大。能量密度 J 正比于振幅 A 的平方,即

$$J=\frac{W}{S}=\frac{1}{2}kA^2 \tag{9-1}$$

式中: k 为系数;A 为振幅,$A=\sqrt{\frac{2J}{k}}=\sqrt{\frac{2W}{kS}}$。

若扩大棒的固有频率与外激振动频率相等,则处于共振状态,可得到最大的振幅。因此,扩大棒的长度 L 应等于超声频振动波的半波长或其整数倍。声速 c 等于波长 λ 乘以频率 f,即

$$c=\lambda f$$

所以

$$L=\frac{\lambda}{2}=\frac{c}{2f} \tag{9-2}$$

超声波在钢中的传播速度 $c=5050$ m/s,超声波频率 $f=16\,000$～$25\,000$Hz,据此可算出超声波在钢铁中传播的波长 $\lambda=0.31$～0.2 m(扩大棒常用 45 钢、黄铜或其他具有小的内摩擦损耗和高的耐疲劳强度的钢材),则钢制扩大棒的长度 L(半波长)在 100～160 mm范围。扩大棒的横截面为圆形,其外形有锥形、指数曲线形和阶梯形等(图 9-9),以指数曲线形的应用较多,阶梯形的因设计、制造简单也常采用。

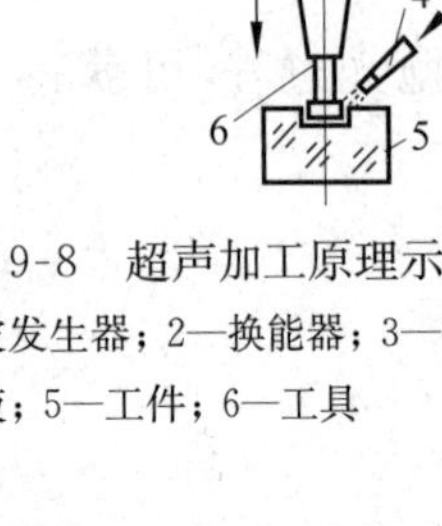

图 9-8　超声加工原理示意图

1—超声波发生器; 2—换能器; 3—振幅扩大棒; 4—工作液; 5—工件; 6—工具

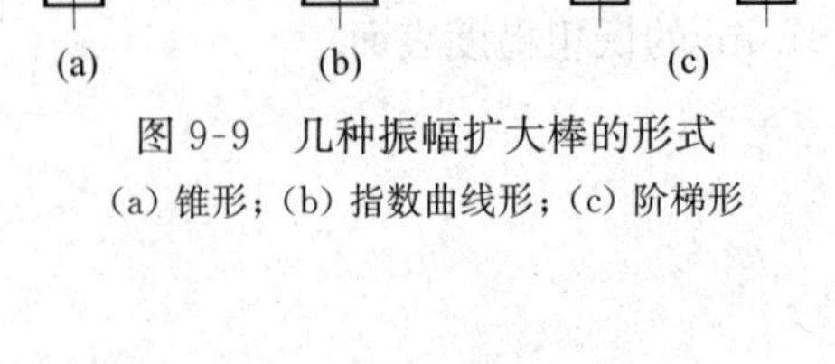

图 9-9　几种振幅扩大棒的形式

(a) 锥形; (b) 指数曲线形; (c) 阶梯形

超声加工特别适于加工硬脆的非金属材料，如玻璃、陶瓷、石英、硅、锗、玛瑙、宝石、玉石及金刚石等工件的切割、打孔和形面加工。工具可用较软的材料制造，如45钢、20钢、黄铜等。超声波加工机床的结构比较简单，操作维修都很方便。

9.4 电解加工

电解加工是利用金属在电解液中的"阳极溶解"作用使工件加工成形的，其原理如图9-10所示。工件接直流电源的正极，工具接负极，两极间保持较小的间隙(0.1～1 mm)，电解液以一定的压力(0.5～2 MPa)和速度(5～50 m/s)从间隙流过。当接通直流电源时(电压为5～25 V，电流密度10～100 A/cm²)，工件与阴极接近的表面金属开始电解，工具以一定的速度(0.5～3 mm/min)向工件进给，逐渐使工具的形状复制到工件上，得到所需要的加工形状。

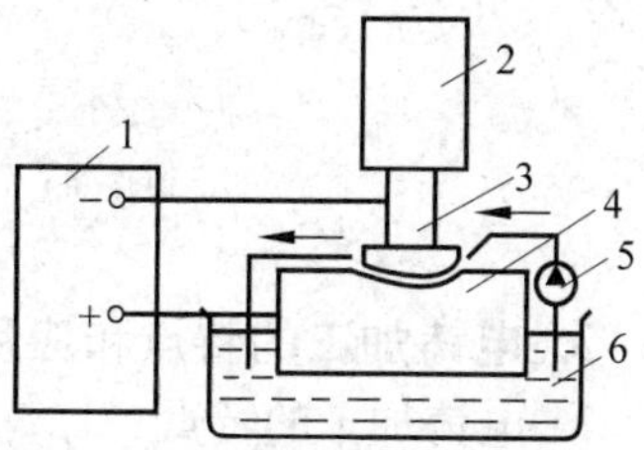

图9-10　电解加工原理示意图

1—直流电源；2—进给机构；3—工具；4—工件；5—电解液泵；6—电解液

电解加工中电解液成分、浓度及温度对各项工艺指标有很大影响，生产中应用最广的是NaCl电解液，此外，还有$NaNO_3$电解液、$NaClO_3$电解液等。

电解加工不受材料的硬度、强度和韧性的限制，可加工硬质合金、淬硬钢、不锈钢、耐热合金等材料制成的零件，并可在一个工序中加工出复杂的形面来，效率比电火花成形加工高5～10倍。电解过程中，作为阴极的工具理论上没有损耗，故加工重复精度可达0.1 mm。加工中没有切削力，因此不会产生残余应力和飞边毛刺，可以加工薄壁、深孔零件，加工后的表面粗糙度也较低。电解加工的主要缺点是：设备投资较大、耗电量大；此外，电解液有腐蚀性，对设备及夹具需采取防护措施，对电解产物也需要妥善处理，避免污染环境。

电解加工在兵器、航空、航天、汽车、拖拉机、农机及模具等机械制造行业中已广泛应用。例如，用于加工枪炮的膛线、喷气发动机叶片、汽轮机叶片、花键孔、深孔、内齿轮、拉丝模及各种金属模具的型腔等，此外还可用来进行电解抛光、电解倒棱、去毛刺等。

9.5 电铸加工

1. 电铸加工原理

电铸是在原模上电解沉积金属，然后分离以制造或复制金属制品的加工工艺。其基本原理与电镀相同。不同之处在于电镀时要求得到与基体结合牢固的金属镀层，以达到防护、装饰等目的；而电铸层要求与原模分离，其厚度也远大于电镀层。

电铸加工的原理如图9-11所示，用可导电的原模作阴极，用于电铸的金属作阳极，金属盐溶液作电铸液，即阳极金属材料与金属盐溶液中的金属离子的种类相同。在直流电源作用下，电铸溶液中的金属离子在阴极还原成金属，沉积于原模表面，而阳极金属则源源不断地变成离子溶解到电铸液中进行补充，使溶液中金属离子的浓度保持不变。当阴极原模电铸层逐渐加厚达到要求的厚度时，与原模分离即获得与原模型相反的电铸件。

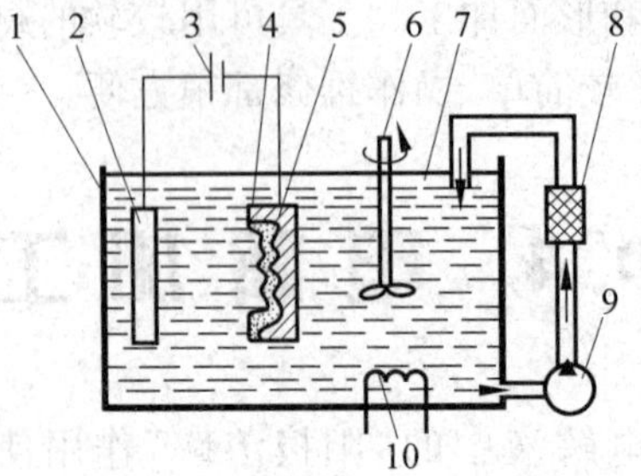

图 9-11 电铸加工原理图

1—电铸槽；2—阳极；3—直流电源；4—电铸层；5—原模(阴极)；
6—搅拌器；7—电铸液；8—过滤器；9—泵；10—加热器

2. 电铸加工的特点和应用范围

1) 电铸加工的特点

(1) 能把机械加工较困难的零件内表面转化为原模外表面，能把难成形的金属转化为易成形的原模材料(如石蜡、树脂等，然后在表面敷导电层)，因而能制造用其他方法不能或很难制造的特殊形状的零件。

(2) 能准确地复制表面轮廓和微细纹路。

(3) 能够获得尺寸精度高，表面粗糙度 $Ra0.1\ \mu m$ 以下的产品。同一原模生产的电铸件一致性好。

(4) 可以获得高纯度的金属制品。

(5) 可以制造多层结构的构件，并能把多种金属、非金属拼镀成一个整体。

电铸加工的缺点是：生产周期长，尖角或凹槽部分铸层不均匀，铸层存在一定的内应力，原模上的伤痕会带到产品上等。

2) 电铸加工的应用范围

电铸加工主要用于：

(1) 制造形状复杂、精度高的空心零件，如波导管等；注塑用的模具；厚度仅几十微米的薄壁零件等。

(2) 制造精细的表面轮廓，如唱片模、艺术品、纸币、证券、邮票的印刷版等。

(3) 制造表面粗糙度标准样块、反光镜、表盘、喷嘴和电加工电极等。

9.6 电火花成形加工与线切割

9.6.1 电火花成形加工

电火花成形加工是利用工具电极和工件电极间瞬时火花放电所产生的高温来熔蚀工件表面材料的，也称为放电加工或电蚀加工。电火花成形加工装置及原理如图 9-12 所示。工具和工件一般都浸在工作液中，自动调节进给装置使工具与工件之间保持一定的放电间隙

(约 0.01～0.20 mm)，当脉冲电压升高时，使两极间产生火花放电，放电通道的电流密度约为 10^5～10^6 A/cm²，放电区的瞬时高温 10 000℃以上，使工件表面的金属局部熔化，甚至气化蒸发而被蚀除微量的材料。当电压下降时，工作液恢复绝缘。这种放电循环每秒钟重复数千到数万次，就使工件表面形成许多小的凹坑，称为电蚀现象。

实现电火花加工必须具备以下条件：

(1) 工具电极与工件被加工表面之间经常保持一定的间隙。若极间间隙过大，则极间的脉冲电压便不能击穿极间绝缘介质，也就不会产生火花放电；若极间间隙过小，则很容易形成短路接触。因此，必须具有能使工具电极自动进给和精确调整的间隙自动控制机构。

(2) 工具与工件之间应是间歇的脉冲放电，即每次放电的延续时间(称为脉冲宽度，如图 9-13 中的 t_1)应足够短，相邻两次放电之间保持一定的时间间隔(称为脉冲间隔，简称脉间，如图 9-13 中的 t_0)。这样就可以使放电所产生的热量来不及传导扩散到其余部分，而仅仅是放电区局部产生瞬时高温，以免像电弧放电那样使表面大面积烧伤而达不到尺寸加工的目的。因此，电火花成形加工必须采用直流脉冲电源。图 9-13 为脉冲电源的电压波形。

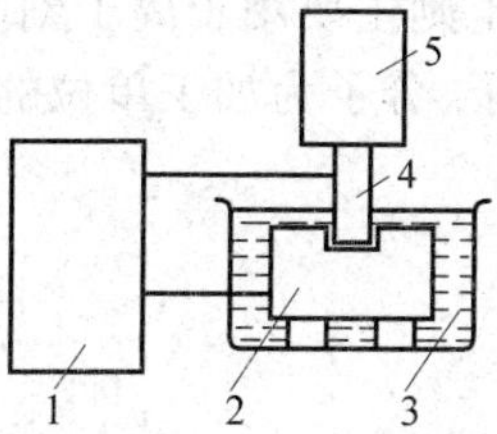

图 9-12　电火花成形加工装置及原理示意图

1—直流脉冲电源；2—工件；3—工作液；
4—工具电极；5—自动进给调节装置

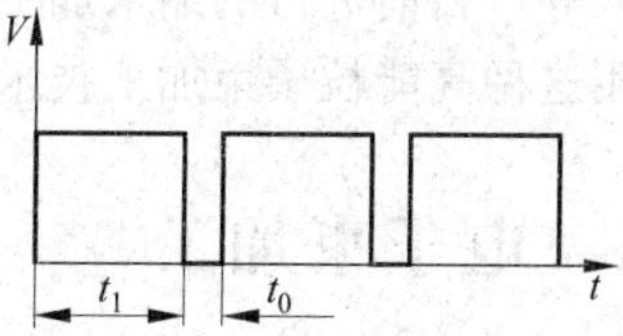

图 9-13　脉冲电源电压波形

(3) 火花放电要在有一定绝缘性能的液体介质中进行，例如，煤油、皂化液或去离子水等。它应具有较高的绝缘强度(10^4～10^7 Ω·cm)，以利于产生脉冲性的火花放电，同时也起着排除电蚀产物(如金属屑、炭黑等)和冷却电极的作用。工作液循环系统中应有滤清装置，以去除金属屑粒和杂质。

电火花成形加工适用于导电性较好的金属材料，而且不受材料的强度、硬度、脆性、韧性及熔点的影响，因此为耐热钢、淬火钢、硬质合金等工件提供了有效的加工手段。又由于加工过程中工具与工件不直接接触，故不存在切削力，从而工具电极可以用较软的材料如紫铜、石墨等制造，并可加工薄壁、小孔、窄缝等零件，在模具制造中已广泛应用。

电火花成形加工精度主要受下列因素影响：①工具电极的制造精度和在加工中的损耗大小及其稳定性；②放电间隙的大小及其一致性(因此要正确地选择电参数)；③电火花成形加工机床的精度和刚度以及工具电极的安装精度。

9.6.2　电火花线切割加工

电火花线切割是线电极电火花切割的简称，其加工原理与一般的电火花成形加工相同，区别是所使用的工具不同，它不靠成形的工具电极将形状尺寸复制在工件上，而是用移动着的电极丝(一般小型线切割机采用0.08～0.12 mm的钼丝，大型线切割机采用0.3 mm左右的钼丝)，以数控的方法按预定的轨迹进行切割加工，适于切割加工形状复杂、精密的模具和其他零件，加工精度可控制在0.01 mm左右，表面粗糙度 $Ra \leqslant 2.5\ \mu m$。图9-14为电火花线切割示意图。

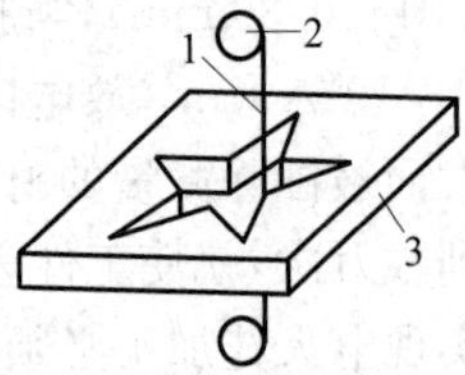

图9-14　电火花线切割示意图

1—钼丝；2—丝架；3—被加工零件

线切割加工时，阳极金属的蚀除速度大于阴极，因此采用正极性加工，即工件接高频脉冲电源的正极，工具电极(钼丝)接负极，工作液宜选用乳化液或去离子水。

9.7　电子束加工和离子束加工

电子束加工和离子束加工是利用高能粒子束进行精密微细加工的先进技术，尤其在微电子学领域内已成为半导体(特别是超大规模集成电路制作)加工的重要工艺手段。电子束加工主要用于打孔、切槽、焊接及电子束光刻；离子束加工则主要用于离子刻蚀、离子镀膜、离子注入等。目前进行的纳米加工技术的研究，实现原子、分子为加工单位的超微细加工，就是采用这种高能粒子束加工技术。

9.7.1　电子束加工

1. 电子束加工原理和特点

在真空条件下，将具有很高速度和能量的电子射线聚焦(一次或二次聚焦)到被加工材料上，电子的动能大部分转变为热能，使被冲击部分材料的温度升高至熔点，瞬时熔化、气化及蒸发而去除，达到加工目的。

电子束加工的特点是：

(1) 由于在极小的面积上具有高能量(能量密度可达 $10^6 \sim 10^9\ W/cm^2$)，故可加工微孔、窄缝等，其生产率比电火花加工高数十倍至数百倍。此外，还可利用电子束焊接高熔点金属和用其他方法难以焊接的金属以及用电子束炉生产高熔点高质量的合金及纯金属。

(2) 加工中电子束的压力很微小，主要靠瞬时蒸发，所以工件产生的应力及应变均甚小。

(3) 电子束加工是在真空度为 $1.33 \times 10^{-1} \sim 1.33 \times 10^{-3}$ Pa的真空加工室中进行的，加工表面无杂质渗入，不氧化，加工材料范围广泛，特别适宜加工易氧化的金属和合金材料以及纯度要求高的半导体材料。

(4) 电子束的强度和位置比较容易用电、磁的方法实现控制，加工过程易实现自动化，可进行程序控制和仿形加工。

电子束加工也有一定的局限性，一般只用于加工微孔、窄缝及微小的特形表面，而且因为它需要有真空设施及数万伏的高压系统，设备价格较贵。

2. 电子束加工装置

电子束加工装置的基本结构如图 9-15 所示。它由电子枪、真空系统、控制系统和电源等部分组成。

(1) 电子枪。电子枪是获得电子束的核心部件，由电子发射阴极、控制栅极和加速阳极等组成。发射阴极用钨或钽制成，在加热状态下可发射大量电子。控制栅极为一中间有孔的圆筒件，其上加以较阴极为负的偏压，其作用既能控制电子束的强度，又具有初步聚焦作用。加速阳极通常接地，为了使电子流得到更大的加速运动，常在阴极上施加很高的负电压。

(2) 真空系统。只有在高真空室内才能实现电子的高速运动。防止发射阴极及工件表面被氧化，需要真空系统经常保证电子束加工系统的高真空度要求。一般其真空度为 $1.33\times10^{-2}\sim1.33\times10^{-4}$Pa。

(3) 控制系统。控制系统的主要作用是控制电子束聚焦直径、束流强度、束流位置和工作台位置。电子束经过聚焦而成为很细的束斑，它决定着加工点的孔径或缝宽大小。聚焦方法有两种：一种是利用高压静电场聚焦；另一种是"电磁透镜"聚焦。束流位置控制可采用磁偏转和静电偏转，但偏转距离只能在数毫米范围内，所以在加工大面积工件时，还需要控制工作台作精密位移，与电子束偏转运动相配合来实现加工位置控制。

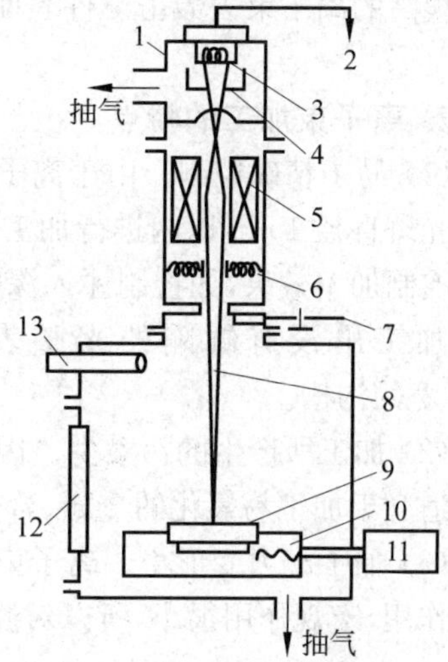

图 9-15 电子束加工装置示意图

1—电子枪；2—加速电压；3—发射阴极；4—控制栅极；5—束流聚焦控制；6—束流位置控制；7—更换工件用截止阀；8—电子束；9—工件；10—工作台；11—电机；12—换件盖；13—观察孔

(4) 电源系统，用来供给稳压电源及高压电源。

9.7.2 离子束加工

1. 离子束加工原理

离子束加工原理与电子束加工类似，也是在真空条件下，把氩(Ar)、氪(Kr)、氙(Xe)等惰性气体通过离子源产生离子束并经过加速、集束、聚焦后，投射到工件表面的加工部位，以实现去除加工。所不同的是离子的质量比电子的质量大千万倍。例如，最小的氢离子，其质量是电子质量的 1840 倍，氩离子的质量是电子质量的 7.2 万倍。由于离子的质量大，故离子束加速轰击工件表面时将比电子束具有更大的能量。

高速电子撞击工件材料时，因电子质量小、速度大，动能几乎全部转化为热能，使工件材料局部熔化、气化，通过热效应进行加工。而离子本身质量较大，速度较低，撞击工件材料时将引起变形、分离、破坏等机械作用。例如，加速到几十电子伏到几千电子伏时，主要用于离子溅射加工；如果加速到 1 万到几万电子伏，且离子入射方向与被加工表面成 25°～30°角时，则离子可将工件表面的原子或分子撞击出去，以实现离子铣削、离子蚀刻或离子抛光等；当加速到几十万电子伏或更高时，离子可穿入被加工材料内部，称为离子注入。

产生离子束的方法是将要电离的气态元素注入电离室，利用电弧放电或电子轰击等方法，使气态原子电离为等离子体（即正离子数和负离子数相等的混合体）。用一个相对于等离子体为负电位的电极（吸极），从等离子体中吸出离子束流，再通过磁场作用或聚焦，形成密度很高的离子束去轰击工件表面。

2. 离子束加工的特点

(1) 易于精确控制。由于离子束可以通过离子光学系统进行扫描，使微离子束可以聚焦到光斑直径 1 μm 以内进行加工，同时离子束流密度和离子的能量可以精确控制，因此能精确控制加工效果，如控制注入深度和浓度；抛光时可以一层层地把工件表面的原子抛掉，从而加工出没有缺陷的光整表面。此外，借助于掩膜技术可以在半导体上刻出 1 μm 宽的沟槽。

(2) 加工所产生的污染少。因加工是在较高的真空中进行的，离子的纯度比较高，因此特别适合于加工易氧化的金属、合金和半导体材料等。

(3) 加工应力变形小。离子束加工是靠离子撞击工件表面的原子而实现的。这是一种微观作用，宏观作用很小，所以对脆性、半导体、高分子等材料都可以加工。

9.8 激光加工

激光与其他光源相比具有很好的相干性、单色性和方向性，通过光学系统可以使它聚焦成一个极小的光斑（直径仅几微米到几十微米），从而获得极高的能量密度。当能量密度极高的激光束照射在被加工表面上时，光能被加工表面吸收，并转换成热能，使照射斑点的局部区域材料在千分之几秒甚至更短的时间内迅速被熔化甚至气化，从而达到材料蚀除的目的。为了帮助蚀除物的排除，还需对加工区吹气或吸气、吹氧（加工金属时）或吹保护性气体（CO_2，N_2 等）。

激光加工的基本设备包括激光器、电源、光学系统及机械系统等 4 部分，见图 9-16。其中，激光器是最主要的器件。激光器按照所用的工作物质种类可分为固体激光器、气体激光器、液体激光器和半导体激光器。激光加工中广泛应用固体激光器（工作物质有红宝石、钕玻璃及钇铝石榴石 YAG）和气体激光器（工作物质为 CO_2 分子）。

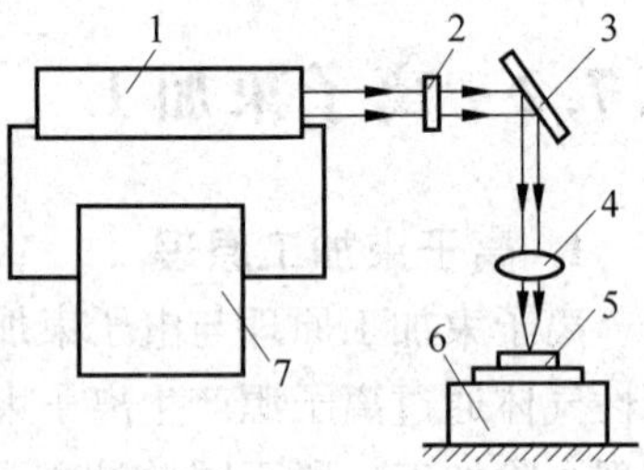

图 9-16 激光加工机床示意图

1—激光器；2—光圈；3—反射镜；4—聚焦镜；5—工件；6—工作台；7—电源

固体激光器具有输出能量较大、峰值功率高、结构紧凑、牢固耐用、噪声小等优点，因而应用较广，如切割、打孔、焊接、刻线等。随着激光技术的发展，固体激光器的输出能量逐步增大，目前单根 YAG 晶体棒的连续输出能量已达数百瓦，几根棒串联起来可达数千瓦。但固体激光器的能量效率都很低，红宝石激光器为 0.1%～0.3%，钕玻璃激光器为 1%，YAG 激光器为 1%～2%。

CO_2 激光器的能量效率高，可达 20%～25%；其工作物质 CO_2 来源丰富，结构简单，造价低廉；输出功率大，从数瓦到数万瓦；既能连续工作又能脉冲工作。所输出的激光波长为

10.6 μm 的红外光，对眼睛的危害比 YAG 激光小。其缺点是体积大，输出的瞬时功率不高，噪声较大。现已广泛用于金属热处理、钢板切割、焊接、金属表面合金化、难加工材料的加工等方面。

激光加工具有以下几个特点：

(1) 不需要加工工具，故不存在工具磨损问题，同时也不存在断屑、排屑问题，这对高度自动化生产系统非常有利。

(2) 激光束的功率密度很高，几乎对任何难加工材料(金属和非金属)都可以加工。

(3) 激光加工是非接触加工，加工中的热变形、热影响区都很小，适用于微细加工。

(4) 通用性强，同一台激光加工装置可作多种加工用，如打孔、切割、焊接等就可以在同一台机床上进行。这一新兴的加工技术正在改变着过去的生产方式，使生产效率大大提高。随着激光技术与电子计算机数控技术的密切结合，激光加工技术的应用将会得到更快、更广泛的发展，将在生产加工技术中占有越来越重要的地位。

当前激光加工存在的主要问题是：设备价格高，一次性投资大，更大功率的激光器尚在实验研究阶段，不论是激光器本身的性能质量，还是使用者的操作技术水平都有待于进一步提高。

9.9 快速成形制造技术

快速成形制造技术，是直接根据产品 CAD 的三维实体模型数据，经计算机数据处理后，将三维实体数据模型转化为许多平面模型的叠加，然后直接通过计算机进行控制制造这一系列的平面模型并加以连接，形成复杂的三维实体零件。这样，产品的研制周期可以显著缩短，研制费用也可以节省。

1. 快速成形制造原理

零件的快速成形制造过程根据具体使用的方法不同而有所差别，但其基本原理都是相同的。下面以激光快速成形为例来说明快速成形制造的原理。如图 9-17 所示，首先在 CAD 系统上设计零件，然后运用 CAD 软件对零件进行切片分层离散化，分层厚度应根据零件的技术要求和加工设备分辨能力等因素综合考虑。分层后对切片进行网格化处理，所得数据通过计算机进一步处理后生成格式文件，并驱动控制激光加工源在 XY 平面内进行扫描，使盛在容器中的液态光敏树脂有选择地被固化，从而得到第一层的平面切片形状。此时，计算机控制 Z 方向的支撑向下运动一个分层切片厚度，然后，激光扫描头又在计算机控制下进行 XY 方向的扫描，得到第二层的平面切片，激光束在固化第二层的同时，也使其与第一层粘连在一起。接着，支撑又向下运动一个切片厚度，激光扫描头又在 XY 平面内扫描，如此重复工作，直到所有的分层切片都被加工出来，整个零件的扫描造形工作即告完成。接着，通过强紫外光源的照射，使扫描所得的塑胶零件充分固化，从而得到所需零件的塑胶件。

用这一塑胶件借助电铸、电弧喷涂等技术，可以进一步得到由塑胶件制成的金属模具。也可以将塑胶件当作易熔铸模或木模，进一步浇铸金属铸件或制造砂型，从而缩短制模周期，这在产品研制阶段，对于缩短研制周期和节约昂贵的制模费用是非常有益的。同时，也

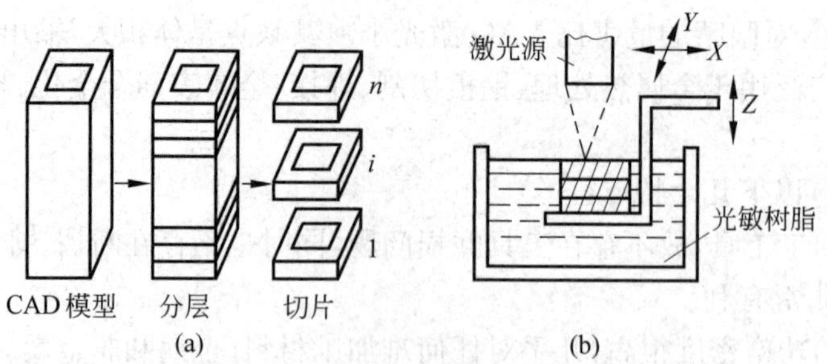

图 9-17 零件的激光快速成形过程

(a) 零件的设计及分层切片；(b) 零件的成形

可将获得的塑胶件作为实验模型，评价有限元分析等计算的正确性，为设计性能优越的产品提供可靠的基础。

2. 快速成形制造的主要方法

目前已开发出许多快速成形制造方法，大致可分为 3 种类型，即激光快速成形制造法、成形焊接快速制造法和喷涂式快速成形制造法等。

(1) 激光快速成形制造法。激光快速成形制造法是用激光束扫描各层材料，生成零件的各层切片形状，并连接各层切片形成所要求的零件。其基本工作过程如前面原理中所述。

(2) 成形焊接快速制造法。其基本思路是完全使用焊接材料来堆积形成复杂的三维零件。首先通过 CAD 软件包生成待加工零件的三维实体模型，并进行切片分层离散化，然后生成焊枪在每层切片上所走的空间轨迹和对应的焊枪开关状态，进行零件的成形焊接快速制造，加工出要求的零件。

(3) 喷涂式快速成形制造法。喷涂式快速成形制造法是用计算机控制喷嘴在 XY 平面内的运动轨迹，通过喷嘴中喷出的液体或微粒，来形成零件的各层切片形状，制造出三维零件。

9.10 微机械的制造技术

微机械指尺寸为毫米级以及更小的微型机械。这种微型机械的主要制造方法是采用微电子加工用的材料和加工工艺，即半导体微细加工技术。图 9-18 表示了半导体光刻工艺过程，包括原图和掩膜板的制备、涂覆光致抗蚀剂、曝光、显影、腐蚀和去胶等。微机械的制造技术主要基于从半导体集成电路微细加工工艺中发展起来的平面加工技术和体加工技术，所使用的材料以单晶硅及在其上形成的微米级厚的薄膜为主，通过氧化、化学气相淀积、溅射等方法形成薄膜，再通过光刻、腐蚀，特别是各相异性腐蚀、牺牲层腐蚀等方法形成各种形状，构成微型机械结构。图 9-19 表示了一个微型单向阀的结构、特性及其制造方法。

微机械加工所采用的主要技术见表 9-1。其中，刻蚀技术最重要、最关键。光刻法形成微机械的图形，腐蚀法形成微机械的整体，淀积法主要用于配合刻蚀加工或某些微机械构形的加工。键合法用于硅片与玻璃片键合或硅片与硅片键合的加工。除上述主要技术外，微机械加工中还需要其他技术的配合，例如扩散掺杂或离子注入掺杂等。

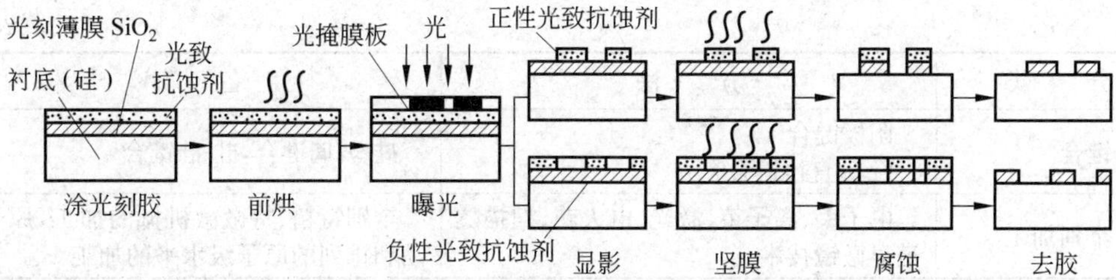

图 9-18　半导体光刻工艺示意图

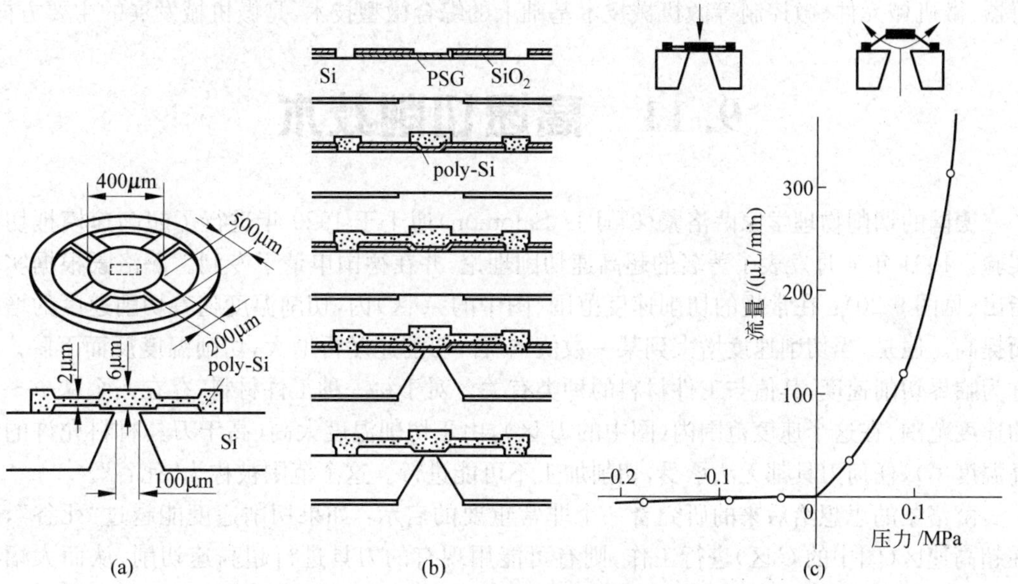

图 9-19　微型单向阀的结构、特性及制造方法

（a）构造；（b）制作方法；（c）特性

表 9-1　微机械主要加工技术

分　类	方　法	备　注
图形形成	紫外线光刻 同步加速器辐射光刻	半导体工艺
腐蚀	各向同性腐蚀 各向异性腐蚀 牺牲层腐蚀 与掺杂剂有关的腐蚀 干法腐蚀	$HF-HNO_3$ 系 KOH,EDP 等 多晶硅,SiO_2 等 浓硼扩散层,即 P^+ 层等离子体、反应离子、激光等
淀积	低压 CVD 等离子 CVD 溅射 真空蒸发 外延生长 选择 CVD 选择硅化处理 电镀	多晶硅,Si_3N_4 SiO_2,Si_3N_4 金属膜,绝缘膜 金属膜 单晶硅 W $TiSi_2$,WSi_2 LIGA

续表

分　类	方　法	备　注
键合	阳极键合 Si-Si 直接键合	硅-玻璃键合，硅-硅键合
个别加工	电子束、离子束、激光、电火花、扫描隧道显微镜技术	个别特精、特微微机械的加工，原子移动和排列的原子级水平的加工

几种具有代表性的微机械有微传感器、微马达、微泵等，微机器人是基于微传感器、微执行器、微机械元件、微控制等微机械技术基础上的综合微型技术，是微机械发展的主要方向。

9.11　高速切削技术

德国的切削物理学家萨洛蒙(Carl J. Salomon)博士于 1929 年进行了超高速模拟切削实验。1931 年 4 月发表了著名的超高速切削理论，并在德国申请了专利。萨洛蒙根据实验指出(见图 9-20)：在常规的切削速度范围(图中的 *A* 区)内，切削温度随着切削速度的增大而提高。但是，当切削速度增大到某一数值 v_c 后，切削速度再增大，切削温度反而下降。v_c 称为临界切削速度，其值与工件材料的种类有关。对于每一种工件材料，存在一个从 $v_l \sim v_h$ 的速度范围，在这个速度范围内(图中的 *B* 区)，由于切削温度太高(高于刀具材料允许的最高温度 t_0)，任何刀具都无法承受，切削加工不可能进行。这个范围被称为“死谷”。

萨洛蒙的思想给后来的研究者一个非常重要的启示：如果切削速度能越过“死谷”，而在超高速区(图中的 *C* 区)进行工作，则有可能用现有的刀具进行超高速切削，从而大幅度地减少切削工时，成倍地提高机床的生产率。

萨洛蒙对不同的材料做了很多的高速切削实验。但遗憾的是，在第二次世界大战中这些资料和数据都遗失了，所以无法证实他的研究成果。现在使用的萨洛蒙假设曲线大多是根据推论做出的。通常采用的萨洛蒙曲线如图 9-21 所示。萨洛蒙对铝和铸铜等有色金属进行的高速和超高速实验所得结果如图中的实线曲线所示。虚线表示的几种材料切削温度与切削速度的关系曲线，是萨洛蒙根据前面的实验推算出来的，并没有经过实验验证。

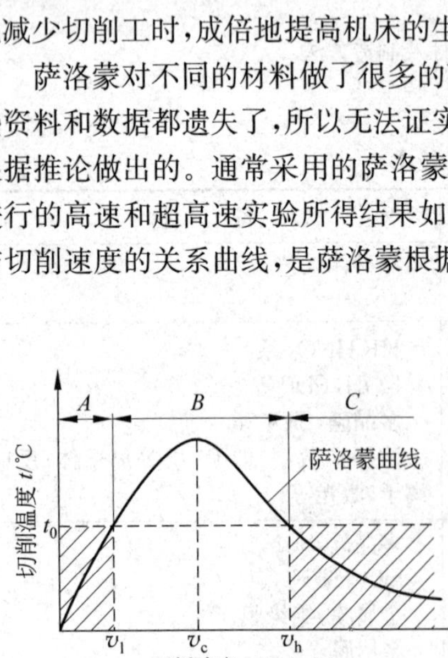

图 9-20　切削速度变化和切削温度的关系(萨洛蒙曲线)

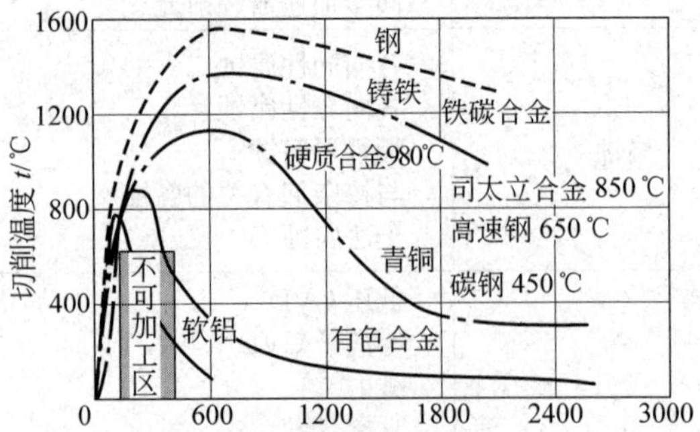

图 9-21　萨洛蒙对各种金属“切削速度与切削温度关系”的实验曲线和推论曲线

自从萨洛蒙提出高速切削的概念以来，高速切削技术的发展经历了高速切削理论的探索、应用探索、初步应用和较成熟应用等 4 个阶段，现已在生产中得到了一定的推广和应用。特别是 20 世纪 80 年代以来，各工业发达国家投入了大量的人力和物力，研究开发了高速切削设备及相关技术。20 世纪 90 年代以来发展更迅速。

高速切削技术是在机床结构及材料、机床设计、制造技术、高速主轴系统、快速进给系统、高性能 CNC 系统、高性能刀夹系统、高性能刀具材料及刀具设计制造技术、高效高精度测量测试技术、高速切削机理、高速切削工艺等诸多相关硬件和软件技术均得到充分发展基础之上综合而成的。因此，高速切削技术是一个复杂的系统集成技术。

高速切削的特点可归纳如下：

(1) 可提高生产效率。提高生产效率是机动时间和辅助时间大幅度减少、加工自动化程度提高的必然结果。据称，由于主轴转速和进给的高速化，加工时间减少了 50%，机床结构也大大简化，其零件的数量减少了 25%，而且易于维护。

(2) 可获得较高的加工精度。由于切削力可减少 30%以上，工件的加工变形减小，切削热还来不及传给工件，因而工件基本保持冷态，热变形小，有利于加工精度的提高。特别对大型的框架件、薄板件、薄壁槽形件的高精度高效率加工，高速铣削是有效的加工方法。

(3) 能获得较好的表面完整性。在保证生产效率的同时，可采用较小的进给量，从而减少了加工表面的粗糙度值。又由于切削力小且变化幅度小，切削振动频率很高，远离工艺系统的固有频率，切削振动的幅值较小，对表面质量的影响减小。而且由于加工表面的受热时间短，切削温度低，加工表面可保持良好的物理力学性能。

(4) 加工能耗低，节省制造资源。超高速切削时，单位功率的金属切除率显著增大。由于单位功率的金属切除率高，能耗低，工件的在制时间短，从而提高了能源和设备的利用率。

参考文献

[1] 周泽华.金属切削原理[M].2版.上海：上海科学技术出版社，1993.
[2] 中山一雄.金属切削加工理论[M].李云芳，译.北京：机械工业出版社，1985.
[3] G.布思罗伊德.金属切削加工的理论基础[M].山东工业大学机制教研室，译.济南：山东科学技术出版社，1980.
[4] 臼井英治.切削磨削加工学[M].高希正，刘德忠，译.北京：机械工业出版社，1982.
[5] 陶乾.金属切削原理[M].北京：中国工业出版社，1965.
[6] 肖诗钢.刀具材料及其合理选择[M].北京：机械工业出版社，1981.
[7] 魏庆同.刀具合理几何参数[M].兰州：甘肃人民出版社，1978.
[8] 艾兴，肖诗钢.切削用量手册[M].北京：机械工业出版社，1984.
[9] 华南工学院，甘肃工业大学.金属切削原理及刀具设计[M].上海：上海科学技术出版社，1979.
[10] 袁哲俊.金属切削刀具[M].上海：上海科学技术出版社，1993.
[11] 张幼桢.金属切削原理及刀具[M].北京：国防工业出版社，1990.
[12] 张维纪.金属切削原理及刀具[M].杭州：浙江大学出版社，1991.
[13] 吴圣庄.金属切削机床概论[M].北京：机械工业出版社，1985.
[14] 戴曙.金属切削机床[M].北京：机械工业出版社，1995.
[15] 王先逵.机械制造工艺学[M].北京：清华大学出版社，1989.
[16] 顾崇衔，等.机械制造工艺学[M].2版.西安：陕西科学技术出版社，1987.
[17] 王信义，计志孝，王润田，等.机械制造工艺学[M].北京：北京理工大学出版社，1990.
[18] 齐国光，陈良浩.机械制造工艺学[M].北京：石油工业出版社，1988.
[19] 王启平.机械制造工艺学[M].哈尔滨：哈尔滨工业大学出版社，1988.
[20] 齐世恩.机械制造工艺学[M].哈尔滨：哈尔滨工业大学出版社，1989.
[21] 宾鸿赞，曾庆福.机械制造工艺学[M].北京：机械工业出版社，1990.
[22] 黄克孚，王先逵.机械制造工程学[M].北京：机械工业出版社，1989.
[23] 董春玲，李棨，吴国梁.电子精密机械制造工艺学[M].西安：电子科技大学出版社，1994.
[24] 端木时夏.仪器制造工艺学[M].北京：机械工业出版社，1989.
[25] 郑志达.仪器制造工艺学[M].北京：机械工业出版社，1994.
[26] 金庆同.特种加工[M].北京：航空工业出版社，1988.
[27] 陈传梁.特种加工技术[M].北京：北京科学技术出版社，1989.
[28] 刘晋春，赵家齐.特种加工[M].2版.北京：机械工业出版社，1994.
[29] 贾延林. 金属切削机床试题精选与答题技巧[M]. 哈尔滨：哈尔滨工业大学出版社，2000.
[30] 张福润，徐鸿本，刘延林. 机械制造技术基础[M]. 武汉：华中科技大学出版社，2000.
[31] 卢秉恒. 机械制造技术基础[M].2版.北京：机械工业出版社，2005.
[32] 吴玉华.金属切削加工技术[M].北京：机械工业出版社，1998.
[33] 韩荣第，王杨，张文生.现代机械加工新技术[M].北京：电子工业出版社，2003.
[34] 黄鹤汀.机械制造装备[M].北京：机械工业出版社，2001.
[35] 冯辛安.机械制造装备设计[M].北京：机械工业出版社，2006.
[36] 吉卫喜.机械制造技术[M].北京：机械工业出版社，2001.
[37] 陈敏贤.机械制造技术基础[M].上海：上海大学出版社，2002.

[38] 张伯霖.高速切削技术及应用[M].北京：机械工业出版社，2002.
[39] 王爱玲. 现代数控机床[M].北京：国防工业出版社，2005.
[40] 朱秀娟，洪再吉. 概率统计问答 150 题[M]. 长沙：湖南科学技术出版社，1982.
[41] 中华人民共和国国家标准 GB/T 12204—2010 金属切削 名词术语[S].北京：中国标准出版社，2011.
[42] 中华人民共和国国家标准 GB/T 2075—2007 切削加工用硬切削材料的分类和用途[S].北京：中国标准出版社，2007.
[43] 中华人民共和国国家标准 GB/T 18376.1—2008 硬质合金牌号[S].北京：中国标准出版社，2008.
[44] 中华人民共和国国家标准 GB/T 15375—2008 金属切削机床型号编制方法[S].北京：中国标准出版社，2008.
[45] 产品样本 2013—2014. 株洲钻石切削刀具股份有限公司.
[46] 产品样本(中文/CN). CERATIZIT，2013.
[47] 文怀兴，夏田.数控机床系统设计[M].北京：化学工业出版社，2011.
[48] 龚仲华.现代数控机床设计典例[M].北京：机械工业出版社，2014.